T0132980

SÉRÉNUS

LA SECTION DU CYLINDRE

LA SECTION DU CÔNE

COLLECTION DES UNIVERSITÉS DE FRANCE
publiée sous le patronage de l'*ASSOCIATION GUILLAUME BUDÉ*

SÉRÉNUS

LA SECTION DU CYLINDRE

LA SECTION DU CÔNE

TEXTE INTRODUIT ET ÉTABLI

PAR

MICHELINE DECORPS-FOULQUIER

Professeur émérite à l'Université Clermont Auvergne

TRADUIT

PAR

MICHEL FEDERSPIEL †

Maître de conférences à l'Université Blaise Pascal

Avec la collaboration de

KOSTAS NIKOLANTONAKIS

Professeur de mathématiques à l'Université de Macédoine Occidentale

PARIS

LES BELLES LETTRES

2019

Conformément aux statuts de l'Association Guillaume Budé,
ce volume a été soumis à l'approbation de la commission
technique, qui a chargé M. Jacques Chollet d'en faire la révision et
d'en surveiller la correction en collaboration avec Mme Micheline
Decorps-Foulquier.

Tous droits de traduction, de reproduction et d'adaptation
réservés pour tous les pays.

© 2019. Société d'édition Les Belles Lettres
95 boulevard Raspail, 75006 Paris
www.lesbelleslettres.com

ISBN : 978-2-251-00631-4
ISSN : 0184-7155

NOTICE

(Micheline Decorps-Foulquier)

La Section du cylindre et la *Section du cône* du mathématicien tardif Sérénus[1] sont deux ouvrages géométriques relatifs aux sections planes de solides qui s'inscrivent à la fois dans la continuité du célèbre traité hellénistique des *Coniques* d'Apollonios de Pergé[2] et dans celle des recherches archimédiennes sur les minima et maxima en géométrie. Aucun autre écrit de Sérénus ne nous a été transmis. Dans le premier de ces ouvrages, Sérénus prend pour objet d'étude l'ellipse comme section transversale d'un cylindre quelconque à bases circulaires, ni parallèle ni antiparallèle aux bases, et démontre dans une première partie qu'elle n'est pas différente de l'ellipse obtenue dans le cône ; dans le second, il s'attache principalement à la comparaison des aires des sections triangulaires obtenues par des plans passant par le sommet du cône à base circulaire, droit ou oblique. Les deux traités, qui sont soigneusement composés et témoignent

---

1. Les historiens des sciences utilisent traditionnellement les noms latinisés des mathématiciens grecs, ce qui a été respecté dans la présente édition, sauf pour les savants antérieurs à l'ère chrétienne.

2. Sauf indication contraire, toutes les références au texte grec des *Coniques* seront faites aux deux tomes 1.2 (Livre I) et 2.3 (Livres II-IV) de l'édition de M. Decorps-Foulquier et M. Federspiel chez De Gruyter (*Apollonios de Perge, Coniques*, Scientia Graeco-Arabica, Berlin, 2008 et 2010).

d'un certain degré d'originalité[1], méritent largement d'être mieux connus[2]. Le texte transmis, sans doute en raison de sa date tardive, est nettement mieux conservé que le texte grec des *Coniques*[3] et ne présente pas de signes de réécriture. *L'editio princeps* est relativement récente, puisqu'il aura fallu attendre l'impressionnante édition gréco-latine des Livres I-VII du traité des *Coniques* que l'astronome Halley livre en 1710. Jusqu'à la présente édition, il n'existait qu'une seule édition critique des traités de Sérénus, celle du philologue danois J.L. Heiberg[4], parue en 1896, et une seule traduction française, celle de l'ingénieur Paul Ver Eecke[5], parue en 1929.

L'histoire du texte montre que les deux traités n'ont dû leur survie qu'à leur rattachement à la tradition grecque du traité des *Coniques*[6]. Les milieux qui, de la fin de l'Antiquité

1. Les bases du travail entrepris par Sérénus reposent sur des notions depuis longtemps acquises dans l'Antiquité et formulées en particulier dans l'introduction des *Phénomènes* d'Euclide, dans la proposition 9 des *Conoïdes et Sphéroïdes* d'Archimède, où il est demandé de construire un cylindre de révolution ayant son axe sur une droite donnée et contenant dans sa surface une ellipse donnée, et dans la proposition I.3 des *Coniques* qui démontre que les plans passant par le sommet du cône sont des triangles.

2. L'éminent historien des mathématiques grecques, Th. Heath, est le premier historien moderne à donner toute sa place aux deux traités de Sérénus, dont il traduit les principaux résultats en langue algébrique, dans la lignée de ses propres travaux sur les *Coniques* d'Apollonios (*A History of Greek Mathematics*, Oxford, 1921, II, p. 518-526).

3. Des huit livres originels, seuls les Livres I-IV ont été conservés en grec, mais dans la recension du commentateur d'Archimède, Eutocius d'Ascalon (vi[e] s.). Les Livres V-VII ont été transmis dans une traduction arabe des Livres I-VII faite au ixe siècle, et le Livre VIII est perdu.

4. *Sereni Antinoensis opuscula*, Leipzig, 1896.

5. *Serenus d'Antinoë, Le livre de la* Section du cylindre *et Le livre de la* Section du cône, Paris, 1929.

6. Je renvoie ici à mes deux études sur l'histoire du texte des *Coniques*, *Recherches sur les* Coniques *d'Apollonios de Pergé et*

jusqu'à la Renaissance, ont pris en main la transmission des textes scientifiques y ont vu, en effet, un utile complément à l'ouvrage d'Apollonios.

leurs commentateurs grecs, Paris, 2000, et « La tradition manuscrite du texte grec des *Coniques* d'Apollonios de Pergé (Livres I-IV) », *Revue d'Histoire des Textes*, 31, 2001, p. 61-116, ainsi qu'aux notices respectives des éditions des Livres I-IV des *Coniques* (2008 et 2010) et du commentaire d'Eutocius (*Eutocius d'Ascalon, Commentaire sur le traité des* Coniques *d'Apollonios de Perge (Livres I-IV)*, éd. M. Decorps-Foulquier et M. Federspiel, De Gruyter, Scientia Graeco-Arabica, Berlin, 2014).

I

LES ÉLÉMENTS BIOGRAPHIQUES

On dispose d'assez peu d'éléments sur la vie de Sérénus et son milieu scientifique[1], et bien des erreurs ont été commises à son sujet par les éditeurs et les historiens des sciences, à commencer par Halley, qui, dans la préface de l'édition de 1710, lui donnait comme lieu d'origine la ville de l'île de Lesbos, Antissa. De même, à la suite du mathématicien Michel Chasles[2], qui en faisait un contemporain de Pappus[3] (fin du IIIe s.), et de Paul Tannery[4], qui le plaçait entre Pappus et Théon d'Alexandrie (2e moitié du IVe s.), on l'a

1. La bibliographie relative à Sérénus a été rassemblée dans les deux articles de R. Goulet, *Dictionnaire des philosophes antiques*, tomes 6 (Paris, 2016, p. 212-214) et 7 (Paris, 2018, p. 894-895). Voir également l'article de I. Bulmer-Thomas, *Dictionary of Scientific Biography*, 12, 1975, p. 313-314.

2. *Aperçu historique sur l'origine et le développement des méthodes en géométrie*, Bruxelles, 1937, p. 47.

3. Un certain nombre de ses différents traités ont été rassemblés à la fin de l'Antiquité dans un recueil intitulé *Collection mathématique* (Συναγωγή), qui constitue un témoignage très précieux pour les historiens des sciences (voir mon étude *Recherches sur les* Coniques..., p. 43-59) ; pour une vue d'ensemble de son activité, voir S. Cuomo, *Pappus of Alexandria and the Mathematics of Late Antiquity*, Cambridge, 2000, et la notice que lui consacre R. Goulet, *Dictionnaire des philosophes antiques*, tome 5a, Paris, 2012, p. 147-149.

4. « Serenus d'Antissa », *Bulletin des sciences mathématiques et astronomiques*, 2e série, 7, 1883, p. 237-244.

associé aux périodes tardives de l'Antiquité grecque[1] sur des critères et des jugements de valeur obsolètes aujourd'hui. Dans leurs préfaces respectives, Heiberg et Ver Eecke ont avancé pour corroborer une datation postérieure à Pappus des arguments d'ordre mathématique et linguistique qui ne peuvent plus être retenus[2].

S'agissant de la ville de naissance de Sérénus, il n'y a pas lieu de remettre en cause la correction du terme Ἀντινσέως transmis par l'ancêtre de la tradition manuscrite conservée, le *Vaticanus gr.* 206[3] (fin XIIᵉ/début XIIIᵉ s.) en Ἀντινοέως ; la correction a été proposée par Heiberg, dans un article de 1894[4]. Cette correction fait de Sérénus, dont le nom est d'origine latine, un homme né dans la ville d'Antinoé en Egypte (Ἀντινόεια ou Ἀντινόου πόλις), fondée par l'empereur Hadrien en l'honneur de son jeune favori Antinoüs. La confusion des deux lettres circulaires, sigma et omicron, est un fait courant dans l'écriture majuscule, et le nom des habitants d'Antinoé (Ἀντινοεύς) nous est donné par le lexique géographique d'Etienne de Byzance[5]. En ce qui concerne la date de Sérénus, un certain nombre d'éléments

1. Et cela jusqu'à une époque récente, puisque l'historien des mathématiques, W. Knorr (*Textual Studies in Ancient and Medieval Geometry*, Boston, 1989, p. 799, note 73) demandait qu'on envisage sérieusement l'hypothèse qu'il soit postérieur à Eutocius.

2. Voir mon article, « L'époque où vécut le géomètre Serenus d'Antinoé », *Mathématiques dans l'Antiquité*, éd. J.-Y. Guillaumin, Saint-Etienne, 1982, p. 51-58, et le chapitre « Le témoignage de Sérénus » dans *Recherches sur les* Coniques..., p. 33-41.

3. Dans le manuscrit du Vatican, cet ethnique ne figure que dans le titre de rappel reproduit à la fin de la copie de la *Section du cylindre*. Un certain nombre de copies postérieures l'ont introduit dans le titre initial, tout comme Halley (mais *Antissensis* dans sa traduction).

4. « Über den Geburtsort des Serenos », *Biblioteca Mathematica*, 4, 1894, p. 97-98.

5. *Stephani Byzantii Ethnica*, éd. M. Billerbeck, I, Berlin, 2006, α 333 (= Meineke 99, 7-8).

doivent nous conduire à avancer dans le temps la période d'activité du mathématicien.

Les deux préfaces nous donnent quelques informations. Le fait que les deux traités aient le même dédicataire, un certain Cyrus, montre qu'ils ont été écrits dans un laps de temps relativement rapproché. Il est certain que Cyrus était un mathématicien, puisque, dans la préface de la *Section du cône*, Sérénus envisage qu'il puisse lui-même plus tard ajouter de la matière à la question traitée. La préface de la *Section du cylindre* montre que Sérénus ne vit pas dans un milieu isolé ; les discussions sont vives sur des questions de géométrie, et l'opposition toute platonicienne entre ce qui est démontré et ce qui relève de la vraisemblance nourrit les argumentations[1]. Apollonios qu'il faut reconnaître dans l'allusion aux auteurs qui ont traité des coniques dans toute leur généralité est la référence sur le sujet ; Sérénus le range parmi les παλαιοί.

Dans le cours du texte, Sérénus fait allusion, à la suite de la proposition 17 de la *Section du cylindre*, à un commentaire qu'il aurait lui-même écrit sur la proposition des *Coniques* qui donne la propriété caractéristique de l'ellipse (= *Coniques*, I.13). Son activité de commentateur est confirmée par un témoignage venu de la tradition manuscrite du traité du philosophe platonicien Théon de Smyrne[2] (début du IIe s.), *Expositio rerum mathematicarum ad legendum Platonem utilium*. Certains manuscrits ont transmis, à la fin de la partie astronomique, un fragment intitulé Σερήνου τοῦ φιλοσόφου ἐκ τῶν λημμάτων, dans lequel l'énoncé d'un théorème géométrique[3] est suivi de son application astronomique au mouvement du soleil, figure à

---

1. Depuis Ver Eecke, on n'a pas manqué de relever le parallèle entre ce passage de la préface et celui du *Théétète* (162e).

2. Voir la notice de F. M. Petrucci, dans le *Dictionnaire des philosophes antiques*, 6, 2016, p. 1016-1027.

3. En voici la traduction littérale : « Si, sur le diamètre d'un cercle, un certain point est pris, qui n'est pas le centre du cercle, et si des angles rectilignes ayant ce point comme sommet sont

l'appui. Heiberg a proposé une édition critique du fragment dans la préface de son édition de Sérénus[1]. On a considéré généralement que le théorème avait été tiré d'une collection de lemmes[2] rassemblés par Sérénus et que l'application astronomique était l'initiative d'un scholiaste, qui entendait compléter ce que Théon avait écrit sur l'utilisation de l'excentrique dans l'explication de l'anomalie solaire. Mais rien n'empêche de considérer que l'ensemble du fragment soit de Sérénus, et que le théorème ait été énoncé pour traduire en termes géométriques le fait que le soleil, en parcourant l'excentrique d'un mouvement uniforme, semble parcourir des arcs inégaux sur le cercle du zodiaque. On aurait alors un autre commentaire de Sérénus, cette fois, à un traité astronomique, et peut-être même à celui de Théon. Le *Vaticanus gr.* 206 donne l'épithète de « philosophe » à Sérénus[3] ; on voit que le titre de la scholie confirme son témoignage.

Dans le développement qui introduit, dans la *Section du cylindre*, les applications optiques des propriétés des coniques (propositions 29-33) comme dans la conclusion de l'ouvrage, on perçoit également un écho des questions épistémologiques traitées dans les milieux philosophiques : d'une part, le rôle de la sensation dans la connaissance, thème éminemment platonicien auquel renvoie l'explication

construits d'un même côté, sur des arcs égaux, plus l'angle sera proche du centre et plus il sera petit. »

1. Voir *Sereni Antinoensis opuscula*, p. XVIII-XIX.

2. Les lemmes sont des théorèmes auxiliaires soit explicitement démontrés par les auteurs des traités mathématiques soit postulés implicitement. La découverte de ces postulations implicites chez les anciens géomètres a nourri la tradition d'exégèse postérieure.

3. L'épithète est présente dans le titre de rappel de la *Section du cylindre*, écrit de la main du copiste (194r). On ne connaît pas la source d'information qui permet au copiste du *Parisinus gr.* 2358, l'humaniste Nicolas Sophianos, d'accoler l'épithète de « philosophe platonicien » à Sérénus dans le titre de la *Section du cylindre* (voir chapitre VI).

toute concrète relative aux droites parallèles proposée par le géomètre Pithon[1] ; d'autre part, la classification des sciences mathématiques selon leur degré de participation aux choses sensibles[2]. La justification par Sérénus de la présence de propositions optiques dans un ouvrage de géométrie évoque directement, en effet, la question débattue du statut de l'optique comparée à la géométrie. Si on ajoute à cela l'expérience très nette de l'enseignement qui affleure dans la démarche et le vocabulaire métamathématique présent dans les deux traités, on peut estimer avec une certaine vraisemblance que Sérénus appartient au milieu des écoles philosophiques de la fin de l'Antiquité, qui avaient conçu l'étude des textes mathématiques comme une initiation nécessaire à la lecture des œuvres de Platon et d'Aristote.

Un témoignage manuscrit permet d'être plus précis en offrant un *terminus post quem* assuré pour l'activité de Sérénus. Il s'agit des notes contenues dans le fragment byzantin anonyme des folios 144r-148r du manuscrit des commentateurs d'Aristote, le *Parisinus gr.* 1918 (fin du XIIIe s.). Dans son article « Harpocration and Serenus in a Paris manuscript », J. Whittaker[3], qui proposait d'attribuer le rassemblement de ces notes aux cercles proches de Psellus (XIe s.), en a souligné toute l'importance pour la datation de Sérénus. On y trouve, en effet, à la suite du traitement de brèves questions aristotéliciennes une série de notes, toutes

---

1. Voir *Section du cylindre*, Notes complémentaires [50] et [51].

2. Cette classification, d'origine aristotélicienne, est exposée par Proclus dans son commentaire du Livre I des *Éléments* d'Euclide, au cours de son introduction à la science mathématique en général. La source principale de Proclus est Géminos de Rhodes (sur Géminos de Rhodes, voir la notice de R.B. Todd, *Dictionnaire des philosophes antiques*, 3, 2000, p. 472-477). Pour une vue d'ensemble des classifications antiques, voir B. Vitrac, *Euclide d'Alexandrie. Les Éléments*, II, Paris, 1994, p. 19-32.

3. J. Whittaker, « Harpocration and Serenus in a Paris manuscript's », *Scriptorium*, 33, 1979, p. 59-62.

introduites par ὅτι, rassemblant des références néoplatoni-
ciennes aux doctrines sur l'âme, la matière et la nature du
mal (145v-148r), la discussion étant menée par un chré-
tien qui oppose ses vues à celles des Grecs. L'ensemble de
la doxographie rassemblée pourrait venir de Proclus[1].
La transition entre les problèmes aristotéliciens et la discussion
sur l'âme est assurée par une référence à l'interprétation
du philosophe Harpocration du mythe de la réincarnation.
Harpocration était un philosophe médio-platonicien, élève
d'Atticus (3ᵉ quart du iiᵉ s.) selon Proclus, dont il ne nous
reste que des fragments[2]. Or, dans cette référence, Harpocration est présenté comme « le commentateur de Platon
auquel s'en rapportait d'ordinaire le géomètre Sérénus pour
ce qui regarde la pensée platonicienne »[3]. Le témoignage du
Parisinus est très précieux, à plusieurs titres : d'une part,
il permet d'identifier sans doute possible le Sérénus dont
il est question dans l'allusion à Harpocration avec notre
géomètre ; d'autre part, il confirme l'activité philosophique
de Sérénus, dont il n'existe plus de témoignages ; enfin
il peut permettre d'élaborer une hypothèse vraisemblable
quant à la datation de Sérénus. Même s'il reste difficile
d'interpréter avec sûreté la raison pour laquelle le géomètre
est ainsi associé à Harpocration[4], la note donne une limite

---

1. Selon l'hypothèse de M. Rashed, *Revue des Études
Grecques*, 126, 2013, p. XI-XII.

2. Selon la *Souda*, il avait écrit un commentaire sur Platon
en 24 livres ; voir J. Dillon, « Harpocration's *Commentary on
Plato* : Fragments of a Middle Platonic Commentary », *California
Studies in Classical Antiquity*, 4, 1971, p. 125-146, et plus particulièrement p. 136-142 sur la question de la réincarnation ; voir la
notice de J. Wittaker, « Harpocration d'Argos », *Dictionnaire des
philosophes antiques*, 3, 2000, p. 503-504.

3. Ἁρποκρατίων ὁ τοῦ Πλάτωνος ἐξηγητὴς ᾧτινι καὶ τὰ πολλὰ
εἴωθε πιστεύειν Σερῖνος ὁ γεωμέτρης περὶ τῆς πλατωνικῆς ἐννοίας
(145v).

4. Que l'auteur de la note, soit lui-même un familier
des écrits philosophiques de Sérénus ou qu'il doive à des
sources intermédiaires cette allusion au géomètre, le lien

supérieure pour la datation de Sérénus dont on peut être
sûr : Sérénus est postérieur au médio-platonicien Harpocration. S'il s'avérait d'autre part, que toute la matière
néoplatonicienne réunie par l'auteur de ces notes venait
de Proclus, nous aurions une nouvelle confirmation d'une
date antérieure au ve siècle pour Sérénus. En l'absence de
limite inférieure assurée, et compte tenu de la proximité
qu'atteste la note du *Parisinus*, il reste logique de toute façon,
comme je l'avais proposé il y a quelques années[1], de rapprocher dans le temps Sérénus d'Harpocration. L'ensemble des
éléments rassemblés permettent d'affirmer que Sérénus est
un mathématicien originaire d'Égypte qui évolue de toute
évidence dans un environnement platonicien. Il faut plutôt
l'ancrer dans le milieu des écoles médio-platoniciennes,
auquel appartient également Théon de Smyrne[2].

établi entre Harpocration et Sérénus pourrait laisser penser
que l'interprétation d'Harpocration dont il est question était
connue indirectement par l'intermédiaire de Sérénus.

   1.   Voir mon article précité.

   2.   Cette datation haute pourrait enlever l'un des obstacles
à l'identification de Sérénus avec le « philosophe platonicien » « faisant partie des pensionnaires du Musée exemptés de
charges », Flavius Maecius Se [...] Dionysodoros, auquel rend
hommage la cité d'Antinoé dans une stèle mutilée datable de
la fin du iie siècle (voir les notices respectives de R. Goulet,
« Serenus », et « Severus », dans le tome 6 du *Dictionnaire des
philosophes antiques*, 2016, p. 212-214 et p. 236-241 et l'article
de Th. Auffret, « Serenus d'Antinoë dans la tradition gréco-
arabe des *Coniques* », *Arabic Sciences and Philosophy*, 24, 2014,
p. 181-209) ; elle se heurte cependant aux raisons d'ordre
épigraphique données par P. Cauderlier et K.A. Worp, (« SB
III 6012 = IBM 1076 : Unrecognised evidence for a mysterious
philosopher », *Aegyptus*, 62, 1982, p. 72-79 ; voir p. 75-76), et
qui m'ont été confirmées formellement par une communication personnelle de P. Cauderlier : l'examen de la cassure exclut
la possibilité d'une lettre commençant par un trait vertical
après la lettre E, car elle aurait laissé au moins une partie du
haut. D'où la proposition formulée en plein accord avec K.A.
Worp d'identifier plutôt le philosophe d'Antinoé avec le médio-
platonicien Sévère et de lire à la ligne 2 de la stèle : Φλάυϊον

Μαίκιον Σε[ουῆρον] Διονυσόδωρον, en supposant après la lettre E la lettre O de forme losangée (tout à fait exceptionnelle en Égypte), attestée dans le reste de la stèle ; voir aussi la notice de B. Puech, « Dionysodoros (Flavius Maecius Se[veros] », *Dictionnaire des philosophes antiques*, 2, 1994, p. 874.

II

LES SOURCES DE SÉRÉNUS

Dans la préface de la *Section du cône*, Sérénus dit avec une certaine satisfaction n'avoir aucun prédécesseur pour son étude sur les sections triangulaires du cône, qu'il présente comme une « théorie variée et élégante », exception faite des géomètres qui ont démontré le théorème de base selon lequel, lorsqu'un cône est coupé par un plan passant par le sommet, la section est un triangle (= Apollonios, *Coniques*, prop. I.3). La situation est évidemment différente dans la *Section du cylindre* puisque Sérénus s'appuie explicitement[1] sur les travaux d'Apollonios pour démontrer que l'ellipse obtenue dans le cylindre est identique à l'ellipse obtenue dans le cône. Ce sont les *Premières* et *Secondes définitions* et les propositions 3-21 du Livre I des *Coniques* qui sont mises à contribution. La référence de Sérénus à la proposition I.21 des *Coniques* sous le numéro 20, référence qu'il partage avec un certain nombre de sources pré-eutociennes[2], prouve qu'il ne travaille pas sur l'édition d'Eutocius, et infirme les datations très tardives qui ont été proposées. Sa définition des ellipses semblables (*Section du cylindre*, *définition* 8) et les propositions qui leur sont consacrées, montrent qu'il connaissait également le Livre VI des *Coniques*[3].

---

1. Sérénus cite explicitement le traité des *Coniques* d'Apollonios dans les propositions 17, 18, 19 et 29.
2. Voir *Section du cylindre*, p. 43, 15 et Note complémentaire [39].
3. Connaissance dont témoigne aussi Eutocius, dans son

Mais outre les *Coniques*, la lecture des deux traités révèle l'utilisation de bien d'autres sources :

(1) Sérénus avait accès à la même tradition d'exégèse du traité des *Coniques* que les commentateurs Pappus et Eutocius, comme le montre sa version de la démonstration de l'existence d'un côté *minimum* et d'un côté *maximum* dans le cône oblique[1] (*Section cône*, prop. 16).

(2) Les propositions *Section du cylindre* 4 et *Section du cône* 1, 17, 19 et 28 montrent que Sérénus pratiquait, comme Pappus et Eutocius, les collections de lemmes attachées au corpus des traités que l'Antiquité tardive avait associés à un champ d'étude désigné comme le « domaine de l'analyse » (ἀναλυόμενος τόπος) chez Pappus[2], Marinus (*Introduction aux* Données *d'Euclide*), et Eutocius (*Commentaire aux* Coniques) ; ce corpus est largement dominé par les œuvres d'Apollonios.

(3) L'optique et ses démonstrations relatives au cône visuel était un domaine de toute évidence familier pour Sérénus. En témoignent ses propositions optiques à la fin de la *Section du cylindre* et sa référence explicite aux Ὀπτικά dans la proposition 30 (= *Optique* d'Euclide, prop. 6).

(4) L'ensemble des démonstrations dans les deux traités révèle une très bonne connaissance des *Éléments* d'Euclide, en particulier des Livres stéréométriques, et sa maîtrise des procédures euclidiennes : en témoignent sa pratique du raisonnement de réduction à l'absurde, et son recours très fréquent à la théorie des proportions du Livre V pour ses démonstrations.

---

commentaire sur *l'Équilibre des figures planes* d'Archimède (*Archimède*, tome 4, *Commentaires d'Eutocius*, éd. Ch. Mugler, Paris, 1972, p. 178, 9).

1. Voir *Section du cône*, Note complémentaire [7].
2. Le Livre VII de la *Collection mathématique* est entièrement consacré aux lemmes utiles à la lecture des traités de la collection analytique ; voir l'édition de A. Jones, *Pappus of Alexandria. Book 7 of the* Collection, New York, 1986.

III

L'ORGANISATION DES DEUX TRAITÉS

Les deux traités sont parfaitement structurés. Aux préfaces succèdent les propositions mathématiques ordonnées logiquement dans la tradition euclidienne[1], auxquelles s'ajoutent, en particulier dans la *Section du cylindre*, des préambules qui présentent la raison d'être de la recherche entreprise. Au fur et à mesure de sa progression, Sérénus intègre à son exposé tout un corpus de propositions auxiliaires dont il a besoin dans ses démonstrations et qu'il développe à part.

1. On doit au philosophe Proclus, dans son *Commentaire au Livre I des* Éléments *d'Euclide*, non seulement la définition dans la mathématique grecque des deux formes de proposition (*théorème* et *problème*), mais aussi, une description précise des divisions formelles qui les structurent (voir *In primum Euclidis Elementorum Librum Commentarii*, éd. G. Friedlein, Leipzig, 1873, p. 205, 5-9 et p. 203, 1-210, 25). Voici ces différentes parties : *protase* (énoncé), *ecthèse*, littéralement « exposition » (reprise des données générales de la protase sous une forme particulière avec des lettres désignatrices), *diorisme* (énonciation dans les termes de l'ecthèse de l'objet de la recherche), *construction* (ajout aux données d'éléments complémentaires), *démonstration* et *conclusion* (suivie ou non des clausules anaphoriques ὅπερ ἔδει δεῖξαι *ce qu'il fallait démontrer*, dans les théorèmes, et ὅπερ ἔδει ποιῆσαι *ce qu'il fallait faire*, dans les problèmes).

I. LA *SECTION DU CYLINDRE*

Le traité comporte deux parties bien distinctes, mais dont Sérénus précise dans ses différents préambules et conclusions qu'elles concourent au même objet. La première (prop. 1-28) est constituée par deux ensembles de propositions : (1) dans les propositions 1-19, en se fondant sur le Livre I des *Coniques* d'Apollonios (propositions 1-21), Sérénus démontre l'identité des deux sections elliptiques obtenues respectivement dans le cylindre et le cône ; (2) dans les propositions 20-28, qu'il ordonne par couples, selon un procédé que l'on retrouve dans les propositions finales de la *Section du cône*, il propose un certain nombre de constructions : construire un cylindre et un cône coupés ensemble par une même ellipse, couper un cylindre et un cône par un même plan déterminant dans chacun d'eux des ellipses semblables, construire dans un cylindre ou dans un cône des ellipses semblables ; autant de propositions qui prouvent indirectement qu'il n'y a pas de différence de nature entre l'ellipse du cylindre et l'ellipse du cône. Dans la seconde partie (prop. 29-33), Sérénus applique à des problèmes optiques requérant la figure du cylindre et la figure du cône les instruments mathématiques que sont l'ellipse et les tangentes à l'ellipse. L'occasion de cette étude lui est fournie par une définition des parallèles proposée par le géomètre Pithon, qu'il veut confirmer par un traitement mathématique.

La première partie de la *Section du cylindre*, en particulier, est riche d'enseignements. Elle offre un témoignage très précieux pour l'histoire grecque de la géométrie des coniques, puisqu'elle constitue, en effet, avec le commentaire des *Coniques* d'Eutocius d'Ascalon, et les lemmes de la *Collection mathématique* de Pappus la tradition indirecte grecque du traité d'Apollonios. Elle montre également la maîtrise que Sérénus a de son sujet. Les éléments qui caractérisent l'ellipse obtenue dans le cône et l'ellipse obtenue dans le cylindre et sur lesquels Sérénus fonde la démonstration de l'identité des deux courbes sont clairement dégagés et mis en ordre. Sérénus travaille, d'une part, sur les plans sécants, pour identifier ceux qui vont engendrer l'ellipse dans le cylindre et, d'autre part, sur les termes de la relation d'égalité qui donne la propriété caractéristique de l'ellipse, valable pour tout point de la courbe. Sérénus suit à la fois une progression logique d'un point de vue mathématique, mais aussi une progression raisonnée qui montre un vrai talent d'exposition. La formulation de la propriété caractéristique de l'ellipse comme section de cylindre[1], qui est l'aboutissement de ce cheminement, se trouve à la proposition 17 sous la forme d'une équivalence d'aires, celle du carré construit sur la droite menée « de manière ordonnée »[2] au diamètre transverse d'un point quelconque de la courbe et celle de la figure, qui, appliquée au *côté droit*[3], est un rectangle dont la largeur est le segment « découpé » sur le diamètre transverse par l'ordonnée[4]. Elle correspond à la proposition 13 du Livre I des *Coniques*. Les deux propositions suivantes, qui correspondent respectivement aux propositions 15 et 21 du même livre des *Coniques*, parachèvent le processus d'identification. On ne manque pas d'observer au cours de toute cette étude que Sérénus choisit

---

1. Elle est formulée, comme pour le cône dans le traité d'Apollonios, en termes d'application des aires (voir plus loin), qui était un procédé habituel chez les géomètres grecs.

2. C'est-à-dire dans une direction donnée, en l'occurrence, celle de la tangente au sommet de la courbe (voir *Coniques*, *définition* 4).

3. Le *côté droit* (ou *latus rectum* chez les géomètres de la Renaissance) joue le rôle de notre paramètre dans l'équation des courbes du second degré et constitue avec le *côté transverse* auquel il est associé, la figure caractéristique qu'Apollonios nomme εἶδος, c'est-à-dire un rectangle dont l'un des côtés est le diamètre transverse de la section conique, et l'autre, le côté droit correspondant.

4. On retrouve dans les procédures grecques l'origine des noms modernes donnés au couple de coordonnées (abscisse et ordonnée) d'un point dans un repère du plan.

ses concepts et ne retient des notions mises en place par
Apollonios que les plus opératoires.

2. La Section du cône

L'étude relative au cône s'ordonne selon trois grands
axes : (1) la recherche des maxima et minima parmi les
triangles passant par le sommet du cône droit et du cône
oblique (propositions 1-44) ; (2) dans le prolongement de
cette recherche, l'exploration des relations entre triangles
axiaux dans le cône oblique (propositions 45-57) ; (3) la
comparaison des cônes droits relativement aux triangles
qui passent par leur axe (propositions 58-69). C'est dans
sa première partie que l'on mesure le mieux la rigueur
avec laquelle Sérénus procède dans ses comparaisons. Sa
recherche des maxima et des minima et des conditions
auxquelles leur détermination est soumise est conduite de
manière systématique, groupe par groupe, dans le cône
droit (acutangle, rectangle, obtusangle) comme dans le cône
oblique. Dans ce dernier cas, il procède d'abord à la comparaison des triangles passant par l'axe (avec la détermination
du maximum et du minimum dans la proposition 24), puis
à la comparaison du triangle axial perpendiculaire au plan
de la base du cône[1] (minimum) avec les triangles non axiaux
de base parallèle à la sienne (propositions 29-30), et enfin
à la comparaison du triangle isocèle axial (maximum) avec
les triangles isocèles non axiaux de base parallèle à la sienne
(propositions 31-44) ; une progression rigoureuse, dans les
limites que Sérénus s'est lui-même données, puisqu'il ne
traite pas le problème général, qui consiste à déterminer quel
est absolument le plus grand triangle parmi les plans passant

---

1. Le plan du triangle passant par l'axe et perpendiculaire à
la base circulaire du cône, qui coupe la base suivant le diamètre,
est ce qu'on appelle le plan principal.

par le sommet du cône oblique quelconque, et dont la solution réclame l'intervention des courbes du second degré[1].

3. La division du texte

La numérotation des propositions

Les propositions ne sont pas numérotées de première main dans l'ancêtre de la tradition médiévale, le *Vaticanus gr.* 206 (V). Comme dans sa copie des *Coniques*, le copiste signale la fin d'une proposition par deux points l'un au dessus de l'autre, suivis d'un trait horizontal, et le début de la proposition suivante, par un retour à la ligne. Le commencement de la proposition suivante est signalée, à quelques exceptions près, par une initiale qui est grossie ou pourvue de très modestes ornements, qu'elle soit en marge ou en début de ligne.

Mais dans le détail, en particulier pour la *Section du cylindre*, les choses ne sont pas toujours aussi claires, ce qui explique les variations constatées dans la numérotation des propositions chez les descendants de V. Certaines unités textuelles ne sont pas séparées dans V[2], quand d'autres, qui sont des paragraphes conclusifs, des avertissements de l'auteur, des points complémentaires de la démonstration, des corollaires, des cas de figure ou même des ecthèses font l'objet du même type de signalement que le passage à une

---

1. Voir la longue note que consacre Halley à cette solution, dans son édition du traité, à la suite de la proposition 44 (= 39 Halley), p. 68-70.
2. Pas de séparation entre la fin du préambule (définitions comprises) et le début de la proposition 1 ; entre la proposition 9 et la proposition 10 ; entre la fin de la proposition 19 et l'avertissement de l'auteur qui suit ; entre la fin de la proposition 28 et le corollaire relatif aux couples d'ellipses semblables ; entre la fin de ce corollaire et l'introduction de la seconde partie du traité ; entre la fin de cette introduction et la proposition 29 ; entre la fin de la proposition 33 et la conclusion du traité.

nouvelle proposition. Seule la compréhension du contenu mathématique peut rétablir une division correcte du texte.

Les références internes

La lecture d'un texte mathématique, comme celui de Sérénus, tout comme celle des traités des anciens géomètres, supposent de la part du lecteur la connaissance d'un ensemble de propriétés relatives au plan et à l'espace que l'on trouve rassemblées et démontrées dans le corpus euclidien. Ces propriétés sont utilisées tacitement par Sérénus, tout comme, le plus souvent, les propriétés déjà démontrées dans le traité et qui constituent au fur et à mesure de sa progression autant d'acquis disponibles dans les démonstrations. Signe sans doute d'une époque relativement tardive, Sérénus se soucie de son lecteur en lui donnant les moyens de mieux se repérer dans son ouvrage. C'est le rôle dévolu aux références internes, assez nombreuses chez Sérénus, et qui s'ajoutent aux différentes explications que le mathématicien livre sur sa démarche.

Les références internes dans un traité mathématique ont une justification naturelle puisque les propositions sont liées par un enchaînement logique, et il peut s'avérer très utile de rappeler que la propriété utilisée a déjà été démontrée. Ces références, qui peuvent prendre des formes diverses, selon leur degré de précision, sont toujours précieuses pour l'éditeur du texte, puisqu'elles permettent de s'assurer de la cohésion de l'ensemble et de repérer d'éventuelles anomalies dans la transmission. On trouve dans les deux traités trois types de références, toutes exprimées avec le verbe δεικνύναι, qui est le pivot des formules de renvoi : (1) des références, en association avec toutes sortes de déictiques, qui permettent de renvoyer sans autre précision à une antériorité ou une postériorité plus ou moins immédiate dans le texte : temps verbaux (futur et aoriste de l'indicatif), préverbes (avec le composé προδεικνύναι), adverbes (πρότερον ; ἤδη ; ἐξῆς) sont mis à contribution — ces références bien intégrées dans la trame du discours orientent plus qu'elles ne localisent,

mais c'est le format observé dans les textes du corpus classique (Euclide, Archimède, Apollonios), qui supposaient des
lecteurs avertis — ; (2) des références qui, avec l'emploi du
substantif θεώρημα, exprimé ou sous-entendu, permettent
d'insérer la proposition dans un ordre de succession déterminé, avec des renvois à la proposition précédente (διὰ τὸ
πρὸ τούτου <θεωρήματος>) ou à la proposition suivante (ὡς
ἐν τῷ ἑξῆς δείκνυται)[1] ; (3) des références qui renvoient à
une proposition précédente par son numéro (13 au total dans
les deux traités)[2], et qui peuvent être considérées comme
authentiques pour la majorité d'entre elles[3]. Leur accord
avec la succession des propositions telle qu'elle se présente
dans l'état actuel du texte est un signe parmi d'autres que les
ouvrages de Sérénus n'ont pas connu trop d'aléas dans leur
transmission.

4. LE CORPUS DES FIGURES

Comme tous les traités géométriques de tradition euclidienne de l'Antiquité grecque, les deux ouvrages de Sérénus

---

1. Deux références (prop. 63 et 64 de la *Section du cône*)
renvoient à l'avant-dernière proposition.
2. Dans les textes du corpus classique, ces références
numériques sont rares, et doivent être suspectées ; elles sont
placées, en effet, presque toujours en fin de phrase, souvent
en fin de proposition, et introduites par des expressions stéréo-
typées ; elles sont souvent localisées soit dans une même
proposition, soit dans un groupe de propositions apparentées,
ce qui signale l'intérêt d'un lecteur.
3. Dans la *Section du cylindre*, l'interpolation est certaine
dans le cas de la référence à la proposition 9 trouvée dans la
proposition 16 (voir p. 36, note 1) ; elle est probable dans le cas
des deux références à la proposition 3 des propositions 16 et 29 :
c'est une des propositions de base du traité, et Sérénus a utilisé
la propriété plus haut (p. 37, 2-3) dans la proposition 16 sans
faire de référence explicite.

sont accompagnés d'un corpus de figures[1]. Dans ces traités, la figure (σχῆμα) relève de la même conception idéale de l'objet géométrique[2], qui a marqué si fortement la langue géométrique. Mais ce qui accompagne le texte, c'est une représentation graphique (καταγραφή), toute matérielle et particulière, qui représente le cas traité dans la démonstration et à laquelle sont attachées les lettres désignatrices introduites par l'ecthèse et la construction de la proposition ; le dessin proposé donne à voir en une seule fois l'état achevé des constructions demandées. En ne retenant que le caractère accompli de l'opération géométrique, les figures ainsi conçues ne contrevenaient pas à l'immuabilité et la stabilité que la tradition philosophique donnait à l'objet mathématique représenté.

Il n'est pas sûr que les figures qui nous ont été transmises par la tradition manuscrite médiévale soient l'exact reflet des figures originelles. Cela est particulièrement vrai pour les textes de géométrie dans l'espace, dont relèvent les deux traités de Sérénus. Sans parler de leur vulnérabilité en raison de leur emplacement souvent marginal dans les manuscrits, ces figures sont par nature complexes. Or les ateliers de reproduction médiévaux avaient des habitudes qui ont pu modifier l'aspect de la figure d'origine, sans parler de l'impossibilité pour les copistes de respecter les relations métriques qui devaient régler les figures initiales.

Certains figures de Sérénus ont bien souffert, soit en raison des dommages matériels subis par V, soit parce

1. Sur les relations entre texte et figure, voir mon article « Sur les figures du traité des *Coniques* d'Apollonios de Pergé édité par Eutocius d'Ascalon », *Revue d'Histoire des Mathématiques*, 5, 1999, p. 61-82.

2. Sur les différentes conceptions de l'Antiquité grecque, entre idéalisme philosophique et pragmatisme mathématique, voir la vue d'ensemble proposée par B. Vitrac, dans son étude « Quelques remarques sur l'usage du mouvement en géométrie dans la tradition euclidienne : de Platon et Aristote à Omar Khayyâm », *Fahrang. Quarterly Journal of Humanities Cultural Studies*, 2005, p. 1-56. L'article est en ligne.

qu'elles ont été corrompues. Dans l'ensemble, cependant, le corpus transmis est cohérent. Il présente néammoins quelques traits distinctifs qui méritent d'être soulignés : (1) dans les situations qui s'y prêtent, les figures ont tendance à représenter des cas particuliers très identifiables[1] ; (2) un certain nombre de figures se limitent à la seule représentation des éléments sur lesquels porte la démonstration[2] ; (3) les propositions relatives au cône obtusangle sont illustrées par des figures représentant la figure du cône acutangle, plus simple d'exécution[3] ; (4) dans certaines propositions, les cas traités ne font pas l'objet de représentations séparées, et les constructions propres à chacune des démonstrations se juxtaposent dans une même figure[4]. Autant d'exemples qui semblent montrer que les figures de Sérénus n'ont pas pour principal objet d'offrir une vision d'ensemble de la figure construite ; ce sont plutôt des figures de travail, sur lesquelles le mathématicien positionne ses points au fur et à mesure des constructions, de manière simplifiée, comme un professeur de mathématiques devant un public étudiant. On observe enfin que, dans la *Section du cône*, la tradition manuscrite ne prend pas en compte le fait que le cône est une figure dans l'espace : la base circulaire est représentée par un cercle et non par une ligne de forme elliptique[5].

1.   Voir *Section du cylindre*, prop. 8, 13, 15 et *Section du cône*, prop. 22. De manière générale, les propositions relatives aux cylindres quelconques sont illustrées par des figures représentant des cylindres droits.

2.   Voir *Section du cylindre* (prop. 7 et 8) ; voir les propositions de la *Section du cône* relatives à la comparaison des triangles isocèles passant par le sommet dans le cône oblique (prop. 31 et suivantes).

3.   *Section du cône*, prop. 10-14.

4.   Voir les propositions 43 et 44 de la *Section du cône*.

5.   Ce qui n'est pas le cas dans la *Section du cylindre* ; la forme elliptique de la base du cône est rendue, comme dans les figures des *Coniques*, par le tracé de deux arcs de cercle.

IV

L'ÉCRITURE DE SÉRÉNUS

Dans les parties proprement mathématiques des deux traités, l'écriture de Sérénus[1] est simple et directement opératoire. Il suffit de comparer les énoncés de la *Section du cylindre* aux énoncés complexes des propositions correspondantes d'Apollonios, pour le percevoir immédiatement. On n'observe pas une grande différence de style entre les deux traités, et le lexique mathématique reste homogène. Les deux préfaces, en revanche, qui ont pourtant le même dédicataire, n'ont pas été écrites dans le même registre. Celle de la *Section du cylindre* est relativement proche des préfaces des mathématiciens hellénistiques, qui éclairent le lecteur sur les circonstances de la composition de l'ouvrage, la nature exacte des problèmes traités et les discussions qui s'y attachent dans la communauté scientifique. Celle de la *Section du cône* est plus conventionnelle, sans informations réelles sur le fond.

Le lexique propre à la géométrie des coniques, fixé par Apollonios, est repris dans le traité de la *Section du cylindre*

---

1. Le corpus constitué par les deux traités de Sérénus a été très peu exploité par Ch. Mugler dans son *Dictionnaire historique de la langue géométrique des Grecs*, Paris, 1958. C'est pourquoi un certain nombre de notes complémentaires de la présente édition ont été consacrées aux usages relevés chez Sérénus, qui s'ajoutent aux usages cités dans l'*Index des termes techniques*, en fin de volume.

(nom de l'ellipse[1] et désignation des principaux concepts, ordonnée, diamètres, côté droit), mais on ne sera pas surpris de constater que dans l'ensemble des deux traités, le vocabulaire de Sérénus est moins riche, l'expression moins sophistiquée, et les procédures plus répétitives que chez Apollonios. Quant aux usages très codifiés[2] de l'écriture des textes géométriques[3] (règles d'exposition, divisions formelles des propositions, structures syntaxiques, figures rhétoriques, formes verbales, emploi réglé de l'article, emploi figé des particules, procédures d'abrègement), on

1. L'ellipse était désignée dans l'ancien vocabulaire, encore utilisé par Archimède, comme la « section de cône acutangle ». Les noms des trois sections coniques décrivaient un procédé de construction, qui, selon les témoignages antiques, dont celui d'Eutocius, consistait à couper un cône droit (rectangle, obtusangle et acutangle) par un plan perpendiculaire à une génératrice pour obtenir respectivement une parabole, une hyperbole et une ellipse. L'obtention de ces trois courbes en coupant un même cône quelconque par un plan dont on varie les inclinaisons, tel qu'on le trouve décrit dans les *Coniques* d'Apollonios, a sans doute eu pour conséquence l'abandon des anciens noms. Les nouvelles désignations, encore en usage aujourd'hui, font référence au procédé géométrique grec de l'application des aires utilisé par Apollonios pour formuler les propriétés fondamentales des trois courbes (*Coniques*, prop. I, 11, 12, 13) ; l'application simple (παραβολή) d'une aire égale au carré de l'ordonnée sur le côté droit associé au diamètre transverse de la courbe a donné son nom à la parabole ; l'application avec excès a donné son nom à l'hyperbole, et l'application avec défaut a donné son nom à l'ellipse.

2. Ces usages, déjà antérieurs à Euclide, sont fondés sur le statut philosophique des objets d'étude que se donne la géométrie et la nécessité d'énoncer les propriétés qui s'y attachent de la manière la plus rigoureuse et pérenne possible. Sur ce sujet, voir l'Introduction de Ch. Mugler à son *Dictionnaire historique de la langue géométrique des Grecs*, et l'article de G. Aujac, « Le langage formulaire dans la géométrie grecque », *Revue d'Histoire des Sciences*, 37-2, 1984, p. 97-109.

3. On trouvera dans les Notes complémentaires de la présente édition, les références aux études de M. Federspiel consacrées à l'élocution de ces textes.

observe chez Sérénus une relative évolution par rapport aux textes classiques, qui va dans le sens d'un assouplissement et d'un moins grand formalisme.

On note tout d'abord dans les deux traités le nombre relativement important de démonstrations auxiliaires qui gravitent autour d'une proposition principale : ce sont des lemmes, des cas traités à part, des points particuliers dont Sérénus retarde la démonstration, des propositions qui reprennent sans plus les détailler les données de la proposition antérieure ainsi que la figure[1], autant de propositions secondaires qui fluidifient l'exposé. À cela s'ajoutent les corollaires qui suivent certaines propositions et généralisent la portée des résultats acquis[2], ou les passages qui viennent commenter et justifier la démarche adoptée[3]. La présence d'un vocabulaire métamathématique au sein même de la démonstration, usage inconnu des textes classiques, où l'auteur, en commentant en quelque sorte ses propres procédures, donne le sentiment d'être un professeur s'adressant à des étudiants[4].

Sérénus suit la tradition d'exposition euclidienne en respectant l'ordre des parties qui divisent formellement la proposition ainsi que les conventions liées à leur rédaction, à quelques exceptions près[5]. Mais dans le détail de

1. Voir *Section du cône*, prop. 38 et 39.
2. Voir *Section du cylindre*, prop. 28 et *Section du cône*, prop. 46.
3. Voir les développements qui suivent les propositions 17 et 19 de la *Section du cylindre*.
4. On relève par exemple dans la *Section du cône* les séquences suivantes ὡς ἤδη μεμαθήκαμεν (p. 171, 19), τὸ εἰωθός (p. 200, 14), διὰ τὰ δειχθέντα πολλάκις (p. 200, 16), καὶ τοῦτο γὰρ εὐκατανόητον ἐκ τῶν ἤδη δειχθέντων (p. 218, 4-5) ; ὃ ἐχρησίμευεν ἡμῖν εἰς τὸ πρὸ τούτου (p. 181, 8). De même dans la *Section du cylindre* : κατὰ τὸν παραδεδομένον τρόπον (p. 60, 24).
5. Elle se rencontrent dans des propositions secondaires ou dans des problèmes : absence de l'énoncé (*Section du cylindre*, prop. 25 et *Section du cône*, prop. 26) ; formule du diorisme utilisée dans la protase (*Section du cylindre*, prop. 20) ; réunion

l'écriture, on le voit s'écarter à bien des égards de la norme classique[1]. L'usage réglé de la présence ou de l'absence de l'article, qui joue un rôle capital dans les textes mathématiques pour l'expression de l'opposition défini/indéfini[2], est plus ou moins suivi. Il en est de même des usages relatifs à l'emploi des particules attachées aux parties de la proposition[3]. On voit même Sérénus introduire la particule τοίνυν[4] au lieu et place des particules δή et οὖν.

On trouve d'autre part des occurrences relativement nombreuses où Sérénus contrevient aux principes qui ont prévalu chez les mathématiciens classiques pour l'emploi des temps et des personnes. Ces principes, fondés sur une véritable métaphysique des mathématiques, ont fait que l'écriture géométrique s'est efforcée, autant que faire se peut, d'effacer le sujet humain, le mouvement et la temporalité dans l'expression des opérations conduites par le mathématicien. De là l'utilisation des formes verbales au parfait passif qui disent concrètement que la construction est une opération déjà accomplie de toute éternité. Or on relève dans les deux traités un certain nombre de formes verbales à la 1ʳᵉ personne du pluriel, à la seconde personne du singulier et même à la 1ʳᵉ personne du singulier[5] (en excluant la forme λέγω du diorisme). Si l'on met à part les corollaires qui ne relèvent pas de la proposition proprement dite, et dont l'écriture cursive se prête plus facilement à l'emploi de ces formes, les verbes concernés sont les suivants : νοεῖν (*Section du cylindre*, prop. 2, 21, 22, 26), ἄγειν et ses composés (*Section du cylindre*, prop. 20, 23, 24, 27, 28 ; *Section du cône*, prop. 6, 43, 45), les composés de βάλλειν (*Section du*

de l'ecthèse et du diorisme dans *Section du cône*, prop. 14.

1. Ces écarts ont été relevés dans les Notes complémentaires aux deux traités.

2. Voir *Section du cylindre*, Note complémentaire [9].

3. Voir *Section du cylindre*, Notes complémentaires [16] et [36] ; *Section du cône*, Note complémentaire [6].

4. Voir *Section du cylindre*, Note complémentaire [35].

5. *Section du cylindre*, prop. 25.

cylindre, prop. 23, 25, 26, 27 ; *Section du cône*, prop. 9, 14) ; ἐπιζευγνύναι (*Section du cône*, prop. 43, 46), ἐναρμόζειν (*Section du cône*, prop. 9), ἔχειν (*Section du cône*, prop. 27). Toutes ces formes verbales sont dans des corrélations hypothétiques. Même si elles renvoient en fait à un opérateur désigné de manière impersonnelle (on trouve même dans cette fonction l'indéfini τις[1]), elles introduisent un sujet humain que les classiques avaient cherché à éliminer, en particulier dans les théorèmes[2]. S'agissant des temps, on voit que Sérénus utilise couramment l'aoriste là où l'on attend le parfait, ce qui élimine la notion d'accompli. On remarque enfin que Sérénus, sans doute à la faveur de sa proximité avec les *Éléments* d'Euclide, a perpétué certains usages euclidiens qui ont disparu de la langue apollonienne[3]. L'ensemble de ces observations montrent que, dans son écriture, Sérénus reste proche d'Euclide et d'Apollonios, ses principales sources dans l'étude des figures solides, mais il ne se laisse pas enfermer dans un respect étroit de normes et de principes. Son écriture est d'abord celle d'un mathématicien soucieux de simplicité et d'efficacité.

1. *Section du cône*, prop. 28.
2. Voir *Section du cylindre*, Note complémentaire [19].
3. Comme le tour ἔστω... + participe (voir *Section du cylindre*, Note complémentaire [47] et la particule ἀλλὰ δή (voir *Section du cône*, Note complémentaire [32]. On peut faire la même remarque à propos des formes verbales personnelles, relativement fréquentes dans les Livres XI-XIII des *Éléments*.

V

LE DEVENIR DES DEUX OUVRAGES

Il est difficile d'évaluer le retentissement que les deux ouvrages de Sérénus ont pu connaître à son époque. La préface de Sérénus montre qu'il s'inscrit dans un milieu savant où les questions d'ordre scientifique alimentent un certain nombre de discussions. Mais les noms cités sont restés anonymes pour nous et rien ne nous a été conservé des travaux contemporains sur la géométrie des coniques. Cette absence de témoignages ne permet pas de situer l'apport de Sérénus dans les champs de recherche exploités par ses contemporains ou ses prédécesseurs immédiats. L'absence de tradition indirecte— Sérénus n'a été ni traduit ni commenté— n'a pas contribué à sortir de l'oubli son travail auquel l'histoire des mathématiques de manière générale s'est peu intéressée. Les traités de Sérénus, considérés sans doute comme mineurs et sans influence avérée sur le développement des idées, sont à peine évoqués dans les ouvrages des grands noms de l'histoire des sciences du XIXe siècle. Le caractère élémentaire des propriétés de l'ellipse utilisées, comme l'étude, pourtant très minutieuse, de la section plane la plus simple du cône, celle du triangle passant par le sommet, ont sans doute contribué à ce manque d'intérêt[1], ainsi que le note Paul Ver Eecke, dans la préface à

---

1. La *section du cône*, en particulier, fait l'objet d'un jugement négatif de la part du grand historien M. Cantor dans le premier volume de ses *Vorlesungen über Geschichte der Mathematik* (1894, 2e éd., p. 384), alors que, dans le volume I de son

sa traduction des deux ouvrages, tout en appelant à juste titre l'attention sur le traitement assez remarquable d'un certain nombre de propositions[1].

L'intérêt historique des deux traités est quant à lui évident. Ils témoignent des pratiques mathématiques des Grecs à une époque relativement tardive, et attestent la continuité des traditions euclidienne, apollonienne et archimédienne dans l'étude des solides et de leurs sections ; on y trouve, d'autre part, des théorèmes auxiliaires qui sont parfois les seules démonstrations connues de propriétés utilisées bien antérieurement[2] ou encore des résultats absents des *Éléments* et recueillis dans la tradition des lemmes[3].

La recherche des témoignages qui attestent la circulation du texte montre que les deux traités ont malgré tout suscité une certaine curiosité.

Histoire des Mathématiques (nouvelle édition augmentée, 1807, p. 315), J.F. Montucla reconnaissait l'originalité du travail de Sérénus en notant qu'il avait entrepris « diverses recherches concernant la section du cône par le sommet, dont quelques-unes sont assez curieuses » ; on lit à la suite : « Il examine, par exemple, quel est le plus grand triangle formé, en coupant le cône de cette manière, et quels sont les cas où ce problème peut avoir lieu ; ce qui est au reste fort facile à déterminer par nos calculs modernes. Mais il n'examine pas quel est absolument le plus grand triangle dans un cône scalène quelconque. Ce problème, qui est solide, a été résolu par M. Halley dans l'édition qu'il a donnée de Sérénus. »

1. Par exemple les constructions des propositions 21 et 22 de la *Section du cylindre*, également signalées par Michel Chasles dans son *Aperçu historique sur l'origine et le développement des méthodes en géométrie* (p. 47), ou encore les propositions 27 et 28 relatives aux deux familles d'ellipses semblables que l'on peut placer à l'infini sur un cylindre ou un cône obliques.

2. Comme la proposition 31 du groupe des propositions optiques 29-32 de la *Section du cylindre*.

3. Comme la relation métrique établie dans la proposition 17 de la *Section du cône* entre les côtés du triangle et la médiane.

I. LA CONNAISSANCE DE SÉRÉNUS PAR LES MATHÉMATICIENS ARABES

Même si Sérénus n'est pas cité par les bio-bibliographes arabes, son traité sur la *Section du cylindre* a été connu de manière plus ou moins directe dès le IXe siècle dans les cercles de mathématiciens qui non seulement ont le plus enrichi la géométrie des coniques[1], mais pratiquaient l'ouvrage d'Apollonios. Parmi ces premiers fondateurs, on trouve les trois frères, fils de Mūsā Ibn Shākir, désignés communément sous le nom des Banū Mūsā (IXe s.)[2], auxquels on doit non seulement l'introduction à Bagdad du texte grec des Livres I-VII des *Coniques* et de la version eutocienne des Livres I-IV[3], découverte dans un deuxième temps en Syrie, mais aussi la direction de l'édition magistrale des Livres I-VII qui nous a été transmise[4]. Or un certain nombre d'indices

1. Pour une vue d'ensemble sur les mathématiques arabes, voir les contributions rassemblées dans *Histoire des Sciences arabes*, éd. R. Rashed, 2, Paris, 1997.

2. Voir R. Rashed, *Les mathématiques infinitésimales du IXe au XIe siècle*, I, Londres, 1996, p. 1-7.

3. Voir le fascicule rédigé par Aḥmad, le frère cadet, en guise d'introduction à leur traduction des *Coniques*, édité par R. Rashed (*Apollonios de Perge, Coniques*, tome 1.1, Berlin, 2008), p. 500-507.

4. Sur l'histoire de cette traduction et les collaborations scientifiques qu'elle a nécessitées, voir R. Rashed, *Apollonios de Perge, Coniques*, tome 1.1, p. 25-44. Dans leur préface, les Banū Mūsā font état de deux sources grecques : (1) un texte des Livres I-VII fort altéré par les fautes de copie et détérioré matériellement (*ibid.*, p. 500-501), qu'ils ont eu de grandes difficultés à comprendre ; (2) un exemplaire de l'édition d'Eutocius des Livres I-IV, découvert postérieurement en Syrie par Aḥmad, et qui a permis à ce dernier de maîtriser assez le sujet pour revenir au premier projet d'édition (*ibid.*, p. 504-507). Les précisions données dans le fascicule sur le travail d'Eutocius et sa méthode éditoriale montrent qu'on trouvait dans l'exemplaire syrien le commentaire d'Eutocius (voir *Eutocius d'Ascalon...*, p. XCII-XCIII).

font supposer que dans le cercle des Banū Mūsā, le travail de Sérénus était connu.

Dans le fascicule qui sert d'introduction à leur édition des *Coniques*, on lit[1] que le jeune frère al-Ḥasan, prématurément décédé[2], avait travaillé sur « la section du cylindre coupé par un plan non parallèle à sa base » et découvert « la science des propriétés fondamentales qui s'y attachent, relatives aux diamètres, aux axes et aux cordes » ainsi que « la science de son aire ». On lit ensuite que cette étude lui avait servi de « propédeutique à la science des sections coniques » et qu'il avait découvert que « la figure des sections du cylindre [...] est la figure des sections du cône cylindrique » : « et il a réussi à démontrer que pour toute section qui se trouve dans le cylindre faite de la manière que nous avons décrite, il y a un certain cône cylindrique dans lequel se trouve l'analogue de cette section et que pour toute section d'un cône cylindrique faite de cette manière, il y un certain cylindre qui contient l'analogue de cette section. » Le livre qu'al-Ḥasan aurait ensuite composé sur cette matière[3] n'a pas été transmis. Les sujets évoqués, à l'exception de la détermination de l'aire de l'ellipse, peuvent trouver un écho dans les propositions de la première partie de la *Section du cylindre*, et tout particulièrement dans les propositions 20-26, assez, tout au moins, pour ne pas exclure la possibilité qu'al-Ḥasan ait pu connaître plus ou moins directement le contenu du livre de Sérénus.

On a la certitude, en revanche, que le traité de Sérénus a été utilisé par le remarquable disciple des Banū Mūsā, Thābit ibn Qurrah, auquel ces derniers confièrent la traduction des Livres V-VII des *Coniques* d'Apollonios. La comparaison de l'un de ses écrits en géométrie infinitésimale, intitulé *Sur les*

---

1. *Op. cit.*, p. 504-505.

2. Al-Hasan est décédé avant la découverte de l'exemplaire d'Eutocius et n'avait donc pas une connaissance approfondie des *Coniques*.

3. Sans doute le même écrit signalé par les anciens bio-bibliographes arabes sous le titre *La figure circulaire allongée* (*Les mathématiques infinitésimales...*, p. 6).

sections du cylindre et sur sa surface latérale[1] avec la *Section du cylindre* de Sérénus ne laisse aucun doute. La lecture des *définitions* et des 11 premières propositions du livre de Thābit, jusqu'à la démonstration qui établit que la section obtenue est une ellipse, révèle des analogies frappantes avec les *définitions* et propositions correspondantes chez Sérénus jusqu'à la proposition 18. Elles attestent, dans la toute première partie de son ouvrage, non seulement la connaissance, mais l'utilisation directe par Thābit de la *Section du cylindre* de Sérénus[2], même si le recours aux transformations et projections montre que nous avons déjà changé de mathématique ; la progression suivie et la logique de la démarche démonstrative, calquées sur le modèle du Livre I des *Coniques* que revendique Sérénus, reste la même.

Le fameux traité d'optique du xie siècle d'Ibn al-Haytham (Alhazen), qui connaissait fort bien l'ouvrage d'Apollonios[3], fut, on le sait, un chaînon précieux pour la connaissance en Occident de l'optique gréco-arabe[4] ; on n'y trouve pas de référence explicite à Sérénus, mais la reconnaissance formelle de l'ellipse comme section du cylindre est régulièrement formulée, et les constructions qui font l'objet des propositions 5, 7 et 9 de la *Section du cylindre* sont bien représentées dans les propositions des livres de catoptrique

---

1. Voir son édition dans *Les mathématiques infinitésimales...*, p. 500-673.

2. Voir *Les mathématiques infinitésimales...*, p. 887-889.

3. On lui doit une restitution du Livre VIII des *Coniques*, *L'Achèvement des Coniques* (voir son édition par R. Rashed dans *Les mathématiques infinitésimales du* ixe *au* xie *siècle*, III, Londres, 1999, p. 147-271) et une copie des Livres I-VII datée de 1024 (*Apollonios de Perge, Coniques*, tome 1.1, p. 218-223).

4. L'ouvrage a été traduit en latin dès le xiie siècle et a circulé sous le titre *De aspectibus* avant d'être édité à Bâle en 1572 par F. Risner (*Opticae Thesaurus Alhazeni Arabis libri septem, nunc primum editi. Ejusdem liber De Crepusculis et Nubium ascensionibus. Item Vitellonis Thuringopoloni Libri X*, Bâle, 1572). Voir maintenant les éditions successives de A.M. Smith et P. Pietquin.

(Livres IV-VII)[1]. Le nom de Sérénus est, en revanche, cité par le célèbre savant persan al-Bīrūnī (973-c.1050) dans son traité trigonométrique des *Cordes*, en association avec le nom d'Archimède, pour un traité intitulé *Éléments de géométrie*[2].

Le fait que les deux traités de Sérénus aient dès le début circulé dans les milieux qui ont fait connaître Apollonios n'est certainement pas un hasard, et doit nous faire penser que Sérénus était déjà associé à la lecture des *Coniques* à la fin de l'Antiquité.

2. La diffusion des traités de Sérenus à Byzance

De la fin de l'Antiquité au *Vaticanus gr.* 206

Compte tenu de l'affaiblissement progressif en terres grecque et byzantine des communautés scientifiques susceptibles d'assimiler en profondeur les traités relevant de la géométrie des coniques, il est difficile, d'évaluer l'intérêt suscité par les deux traités de Sérénus avant les premiers témoignages occidentaux. On peut cependant dans un premier temps tirer quelques informations significatives de l'examen de la tradition manuscrite.

Les manuscrits byzantins qui ont permis la diffusion des deux ouvrages dérivent tous d'un même exemplaire conservé, le *Vaticanus gr.* 206. Ce manuscrit (V), qui est également l'ancêtre de la tradition médiévale du traité des *Coniques*, dans sa version eutocienne des quatre premiers

1. Comme l'avait bien repéré Risner.
2. Voir F. Sezgin (*Geschichte der arabischen Schrifttums*, V, Leyde, 1974, p. 186 et p. 122-123, 143), qui a repéré les trois occurrences et renvoie aux pages 7, 18 et 20 de l'édition parue à Hyderabad en 1948 (= p. 38, 51, 53 de l'édition de A.S. Demerdash, parue vraisemblablement au Caire en 1965) ; il s'agit chaque fois de la même preuve alternative ; voir les pages 13-15 de l'étude de H. Suter, *Das Buch der Auffindung der Sehnen im Kreise...*, *Bibliotheca Mathematica*, 3 Folge, elfter Band, 1910-1911, p. 11-78.

livres, est datable de la fin xiie ou du début du xiiie siècle. L'unicité de cette voie de transmission, comme la date relativement récente du manuscrit du Vatican, montrent, aussi bien pour le prestigieux traité des *Coniques* que pour les deux traités de Sérénus, la raréfaction des exemplaires en circulation dans ces périodes qui ont vu le transfert du patrimoine antique au monde médiéval[1]. Cette histoire du texte nous dit également que Sérénus n'était sans doute pas assez lu, étudié et diffusé pour bénéficier d'une transmission autonome, mais était assez remarqué pour rejoindre la tradition de l'ouvrage d'Apollonios.

La question est de savoir si ce rattachement observé dans le manuscrit relativement récent du Vatican est une innovation du copiste ou de son modèle ou s'il trouvait ses racines dans une tradition antérieure. Question d'autant plus difficile que nous ne disposons d'aucune information relative à Sérénus avant le xiiie siècle, alors que pour le traité des *Coniques*, nous avons au moins le témoignage d'une épigramme de Léon le mathématicien[2], l'un des artisans de la « première renaissance byzantine »[3], pour attester que le texte circulait au ixe siècle[4]. On peut néammoins tenter de dégager des points de repère dans le temps et développer quelques hypothèses relatives aux formes que ce rattachement a pu prendre.

---

1. Aḥmad ibn Mūsā notait déjà dans la préface de la traduction arabe des *Coniques* (*op. cit.*, p. 504-505) qu'il a vainement cherché au cours de son séjour en Syrie d'autres exemplaires de l'édition d'Eutocius.

2. *Anthologie palatine* IX, 578.

3. Sur la vie et l'activité de ce grand savant, voir en particulier N.G. Wilson, *From Byzantium to Italy. Greek studies in the Italian Renaissance*, Londres, 1992. p. 79-84.

4. Ce qui ne veut pas dire pour autant qu'il était lu, compris et étudié ; sur la difficile évaluation du niveau des études scientifiques à Byzance, voir les remarques liminaires de A. Tihon dans son article « Enseignement scientifique à Byzance », *Organon*, 24, 1988, p. 99-108.

On a vu que les mathématiciens arabes qui ont longuement pratiqué les Livres I-VII du traité d'Apollonios ainsi
que sa version eutocienne sont les mêmes dont les écrits
font supposer qu'ils ont eu en mains le texte de la *Section
du cylindre*. Cette proximité doit nous laisser penser que
leurs sources grecques associaient déjà Sérénus à la lecture
du traité d'Apollonios. Le témoignage des Banū Mūsā dans
leur préface aux *Coniques* semble montrer que leur connaissance de Sérénus est antérieure à leur découverte de l'édition
d'Eutocius[1], ce qui signifie que le rattachement de Sérénus
aux *Coniques* a pu ne pas être lié à l'origine à la diffusion de
la recension des Livres I-IV[2]. D'autre part, si les mathématiciens arabes du IXe siècle ont sans doute eu accès à l'édition
d'Eutocius dans sa forme originelle, c'est-à-dire avec son
commentaire marginal[3], ce n'est plus la tradition attestée
par les Byzantins. Il y a peut-être même un lien à établir entre
la présence des traités de Sérénus à la suite des *Coniques* dans
le seul témoin qui nous reste de l'édition d'Eutocius, le *Vaticanus gr.* 206, et la disparition de la forme originelle de cette
édition. Le rattachement direct à la recension eutocienne des
deux traités de Sérénus, dont la *Section du cône*, qui ne traite
pas des propriétés des coniques, relève, en effet, d'une tout
autre logique que celle qui se manifeste dans le projet initial
d'Eutocius.

À l'origine, l'édition d'Eutocius était une « édition
commentée », où l'on trouvait les propositions des Livres
I-IV des *Coniques* accompagnées en marge des commentaires d'Eutocius. La lecture du commentaire d'Eutocius
atteste l'existence d'un système de renvois qui montrent

1. Le plus jeune des frères, dont on peut supposer raison-
nablement qu'il avait une connaissance directe ou indirecte de
Sérénus, a travaillé sur la section du cylindre avant que ne soit
découverte l'édition d'Eutocius en Syrie.

2. Contrairement à l'affirmation de l'éditeur Heiberg
(*Sereni Antinoensis opuscula*, p. XVII).

3. Voir plus haut, p. XXXIX, note 4.

l'interdépendance complexe des deux textes[1]. Le *Vaticanus gr.* 204 (ixe s.), qui est l'ancêtre de la tradition médiévale du commentaire des *Coniques*[2], et le *Vaticanus gr.* 206 ne sont plus les représentants de cette première configuration. Les deux parties de l'« édition commentée » ont été séparées, et le commentaire a rejoint la tradition de la collection de la « Petite Astronomie »[3] ; non seulement, on a mis fin à la cohésion interne voulue par Eutocius et aux correspondances ménagées entre son commentaire marginal et son édition du texte d'Apollonios, mais on a créé pour les deux textes, primaire et secondaire, des lignes différentes de transmission. Même si l'on peut supposer une durée de vie relativement longue à l'« édition commentée » d'Eutocius, compte tenu des milieux scientifiques qui l'ont accueillie, et, en tout premier lieu, celui des mécaniciens de Justinien[4], la complexité de sa configuration n'a pas résisté au temps.

La séparation du texte d'Apollonios et du commentaire d'Eutocius, qui a ainsi mis un terme à une lecture dyna-

---

1. Sur le fonctionnement de cette « édition commentée », voir *Eutocius d'Ascalon...*, p. XIX-LII.

2. *Ibid.*, p. LIV-LX.

3. Le *Vaticanus gr.* 204 est le plus ancien témoin de cette collection, d'origine hellénistique, de traités d'astronomie mathématique, commentée au Livre VI de la *Collection mathématique* de Pappus, et diffusée dans les milieux scientifiques grecs et arabes comme complément à l'étude de l'*Almageste*. Le *Vaticanus* contient à la suite le *Commentaire aux* Coniques d'Eutocius, les *Données* d'Euclide suivies des prolégomènes du philosophe Marinus et une collection de scholies aux *Éléments* I.88-X.352.

4. Sur cette question, voir *Eutocius d'Ascalon...*, p. LXXXVI-LXXXIX. Sur le milieu des mécaniciens de Justinien, voir en particulier B. Gille, *Les mécaniciens grecs*, Paris, 1980 et N. Schibille, « The profession of the architect in Late Antique Byzantium », *Byzantion*, 79, 2009, p. 360-379. C'est à ce milieu, qui maintient une tradition de recherche vivante sur les applications des sections coniques, qu'appartient le célèbre architecte de Sainte Sophie, Anthémius de Tralles, auquel Eutocius dédie son commentaire des *Coniques*, voir *Eutocius d'Ascalon...*, p. XI-XIII.

mique du traité des *Coniques*, a pu favoriser des stratégies de regroupement et faire qu'on diffusait désormais dans les mêmes exemplaires le texte d'Apollonios édité par Eutocius (mais sans le commentaire) et les traités de Sérénus, qui étaient associés depuis longtemps à la lecture de l'ouvrage d'Apollonios.

Dans cette hypothèse, la question se pose de savoir s'il faut rapporter ce nouveau mode de transmission du traité des *Coniques* à l'époque médiévale ou à la toute fin de l'Antiquité. La deuxième hypothèse est la plus vraisemblable, et cela pour trois raisons de nature différente : (1) le manuscrit du Vatican, exclusivement consacré aux ouvrages d'Apollonios et de Sérénus, témoigne par sa composition d'une véritable curiosité scientifique ; il manifeste, en effet, un intérêt particulier porté à des questions mathématiques bien déterminées[1], et en cela, a toute chance d'être l'héritier d'une tradition antérieure ; (2) la collation du *Vaticanus gr.* 204 donne des indices matériels qui ouvrent la possibilité que la séparation du texte d'Apollonios d'avec le commentaire d'Eutocius ait été déjà acquise avant la translittération des deux ouvrages[2] ; (3) la collation du *Vaticanus gr.* 206 fournit quelques leçons significatives qui pourraient indiquer que la copie des *Coniques* et celle des traités de Sérénus ont partagé pendant un temps le même passé oncial[3].

---

1. Ce ne sera plus le cas des grands ensembles dans lesquels les Byzantins des XIIIe et XIVe siècles vont intégrer les deux ouvrages.

2. Voir ma discussion dans *Recherches sur les* Coniques..., p. 176-180 et dans *Apollonios de Perge, Coniques*, tome 1.2, p. LIV-LVI. Le rattachement du commentaire d'Eutocius aux traités d'astronomie mathématiques du *Vaticanus gr.* 204 est, en revanche, une initiative de son copiste ou de son commanditaire ; le copiste a marqué, en effet, de manière très nette la séparation entre la copie de la collection astronomique et celle du commentaire d'Eutocius, indiquant par là-même un changement de modèle (*Eutocius d'Ascalon...*, p. LVII).

3. Dans *Coniques*, I.13 (*Apollonios de Perge, Coniques*, tome 1.2, p. 52, 24), V a la leçon εὐθείαις, qui était corrigée en

Théodore Métochite et la production manuscrite contemporaine

Il faut attendre le témoignage de la grande figure politique et intellectuelle de l'ère des Paléologues que fut Théodore Métochite (1270-1332)[1] pour voir Sérénus cité explicitement parmi les auteurs du *quadrivium* auxquels s'attachent après Maxime Planude[2] toute une génération de lettrés, qui les rassemblent dans de vastes corpus et les annotent[3].

Dans le préambule de son *Introduction à l'astronomie*[4], le grand bibliophile qu'était Métochite s'est plu à décrire et commenter les deux cursus d'études qu'il a eu l'occasion

γωνίαις dans la marge, comme en témoignent encore les copies byzantines. On retrouve la même faute (εὐθείας pour γωνίας) dans la *Section du cylindre* (p. 48, 8), corrigée en marge par le copiste (γρ. Γ^ω). Le plus vraisemblable est de supposer une confusion d'abréviation dans un même manuscrit en majuscule. C'est sans doute la même mécoupure au moment de la translittération qui a conduit aux deux fautes parallèles relevées en *Coniques*, I.54 (*ibid.*, p. 188, 5), μεῖζον ἀνάλογον pour μείζονα λόγον, et dans la *Section du cône* (p. 131, 1), ἔλαττον ἀνάλογον pour ἐλάττονα λόγον.

1. Pour des approches modernes de l'homme et son œuvre, voir E. de Vries-van der Velden, *Théodore Métochite. Une réévaluation*, Amsterdam, 1987 et B. Bydén, *Theodore Metochites' Stoicheiosis astronomike and the Study of Natural Philosophy and Mathematics in early Palaiologan Byzantium*, Göteborg, 2003.

2. Voir B. Mondrain, « Maxime Planude, Nicéphore Grégoras et Ptolémée », *Palaeoslavica*, 10, 2002, p. 312-322.

3. Voir B. Mondrain, « Traces et mémoire de la lecture des textes : les *marginalia* dans les manuscrits scientifiques byzantins », *Scientia in margine*, éd. D. Jacquart et Ch. Burnett, Genève, 2005, p. 1-25 ; voir également à titre d'exemple l'article de J.-B Clérigues, « Nicéphore Grégoras, copiste et superviseur du *Laurentianus 70,5* », *Revue d'Histoire des Textes*, n.s., 2, p. 21-47.

4. L'ouvrage est encore en partie inédit. Le préambule, naguère édité par K. Sathas (Μεσαιωνικὴ Βιβλιοθήκη, I, Venise, 1872, p. πε′-ρια′), a fait l'objet d'une édition critique en 2003 (éd. B. Bydén, *op. cit.*, p. 417-443) avec les 5 premiers chapitres du Livre I.

de suivre : le premier[1] dans sa jeunesse solitaire avant qu'Andronic II ne l'appelle à la cour, le second[2], à l'âge de 43 ans pour s'initier, sous la direction de Manuel Bryenne, à l'astronomie ptolémaïque, dont il sera un grand défenseur. Dans l'évocation des deux parcours, Métochite cite les contributions remarquables d'Apollonios de Pergé et de Sérénus à la science des coniques et du cylindre. Il importe peu pour notre sujet que Métochite ait réellement étudié les deux œuvres dont il souligne avec emphase la difficulté ; son témoignage montre que dans le dernier quart du XIIIe siècle, à la faveur de la mise à l'honneur de l'astronomie ptolé-

1. Après avoir étudié la grammaire, la rhétorique et la philosophie, Métochite dit s'être heurté à la difficulté de trouver un maître pour l'enseignement de la science mathématique en raison de l'abandon depuis longtemps de cette discipline ; il souligne à l'envi à quel point étaient hors de portée de ses contemporains l'étude d'un certain nombre de domaines, au-delà de *l'Introduction arithmétique* de Nicomaque et des livres de géométrie plane d'Euclide, en particulier l'étude des « lignes et figures exprimables et irrationnelles » du Livre X des *Éléments* et, pour la science des solides, celle des coniques et du cylindre auxquelles il associe les noms d'Apollonios et de Sérénus (*Introduction à l'astronomie*, I.1.1-6).

2. Ce deuxième cursus est présenté comme un véritable parcours initiatique, tout entier tourné vers la connaissance de *l'Almageste* de Ptolémée (*Introduction à l'astronomie*, I.1.31). Certaines des œuvres que Métochite dit avoir lues et étudiées pour s'initier à l'astronomie sont citées avec assez de précision (avec pour la plupart le nom de leur auteur) pour être identifiables (*Introduction à l'astronomie*, I.1.32) : on reconnaît, en suivant l'ordre de Métochite, les *Éléments* d'Euclide (pour la géométrie des plans et des solides) ; d'Euclide toujours, l'*Optique*, la *Catoptrique*, les *Données* et les *Phénomènes* ; de Théodose, les *Sphériques*, les *Lieux géographiques* et les *Nuits et Jours* ; les *Levers et Couchers héliaques* (<d'Autolycos de Pitane>). On reconnaît aisément ici la collection de la « Petite Astronomie ». Avant de traiter de l'harmonique, Métochite s'étend longuement sur les efforts que lui a coûtés la lecture des *Coniques* d'Apollonios et des « *Cylindriques* » de Sérénus (éd. Bydén, l. 611-617).

maïque, l'étude des solides qui en représentait les bases mathématiques, ne se limitait plus aux livres stéréométriques d'Euclide[1], mais s'était élargie à la tradition des coniques, Sérénus compris. On observe d'autre part que c'est bien la configuration du *Vaticanus gr.* 206 qui est attestée par Métochite, aussi bien pour l'association des traités de Sérénus à l'ouvrage d'Apollonios que pour leur place, à la suite des *Coniques*[2].

Le second cursus décrit par Méthochite correspond au contenu des grands corpus astronomicaux-mathématiques qui voient le jour à partir des années 1300 et que nous a conservés la tradition manuscrite[3]. Le traité des *Coniques* et les deux traités de Sérénus y sont reproduits au côté d'œuvres aussi fondamentales dans la tradition des études scientifiques supérieures que les *Éléments* d'Euclide, l'*Introduction aux Phénomènes* de Géminus, les traités de la « Petite Astronomie » ou les commentaires de Pappus et Théon à

---

1.   Deux manuels du *quadrivium*, le premier, rédigé au tout début du XIe siècle et resté anonyme, et le second, composé par Georges Pachymère (1242-*ca* 1310), permettent de mesurer du XIe au XIIIe siècle l'élargissement des sujets traités (voir *Recherches sur les* Coniques..., p. 183-190). On note que Pachymère accorde une grande place à la partie de la géométrie relative aux solides, signe de l'attrait grandissant des études astronomiques, mais il ne rend compte que des livres XI-XIII des *Éléments*, complétés par les Livres XIV-XV, sans aucune allusion à la théorie des courbes coniques. Les deux manuels ont été édités respectivement par Heiberg (*Anonymi Logica et Quadrivium*, Copenhague, 1929) et par P. Tannery (texte révisé et établi par E. Stephanou), *Quadrivium de Georges Pachymère*, *Studi e Testi*, 94, Cité du Vatican, 1940.

2.   Il est probable que le titre des « *Cylindriques* » ne renvoie pas seulement à la *Section du cylindre* mais intègre aussi la *Section du cône*, puisque ce dernier ouvrage n'a pas de titre propre dans la tradition attestée par le *Vaticanus gr.* 206 (voir chapitre VI).

3.   Pour la tradition des *Coniques*, on citera ici les *Vaticani gr.* 191 et 203 et le *Constantinopolitanus Seragliensis gr.* 40.

l'*Almageste* de Ptolémée[1]. L'association d'Apollonios et de
Sérénus à ces grands ensembles explique également que
le traité des *Coniques* et les traités de Sérénus aient pu
bénéficier, dans cette première moitié du xive siècle, d'une
recension byzantine remarquablement soigneuse.

Le dernier témoignage qui ancre la lecture des traités
de Sérénus dans les cercles les plus éminents de la vie
intellectuelle byzantine est leur copie dans un des fleu-
rons de la production livresque contemporaine de Nicéphore
Grégoras[2], le *Parisinus gr.* 2342 (autour de 1360), à la
suite du traité des *Coniques*. Le traité des *Coniques*, entouré
du commentaire d'Eutocius et suivi des deux traités de
Sérénus, constitue, en effet, avec les *Éléments* d'Euclide et
la « Petite Astronomie », l'un des trois ensembles dédiés au
quadrivium contenus dans ce remarquable corpus (incomplet
aujourd'hui) dû à un copiste fort érudit, qui a travaillé dans
l'entourage très proche de l'ex-empereur Jean VI Cantacu-
zène et de son ami, le patriarche Philothée Kokkinos[3].

---

1. Sur l'enseignement et ses corpus, voir M. Cacouros, « La
philosophie et les sciences du *trivium* et du *quadrivium* à Byzance
de 1204 à 1453 entre tradition et innovation : les textes et
l'enseignement, le cas de l'école du Prodrome (Pétra) », *Philosophie et Sciences à Byzance* de 1204 à 1453, Louvain, 2006, p. 1-51.

2. Métochite lui avait légué le soin de veiller après sa mort
à sa très riche bibliothèque du monastère de Chora.

3. Depuis Heiberg (*Coniques*, II p. LXIX-LXX), qui avait
rapproché le manuscrit de Paris d'autres manuscrits aristotéliciens, dont le *Parisinus gr.* 1921 et les *Coislin* 161 et 166,
les recherches modernes n'ont cessé d'augmenter la liste des
exemplaires dus à la main de ce copiste (l'*anonymus aristotelicus*
de D. Harlfinger), qui montre dans ses *marginalia* qu'il avait
accès à une très riche documentation ; les recherches successives entreprises par B. Mondrain permettent de lui donner un
nom, celui du « papas Malachias » (« Traces et mémoire de la
lecture des textes... », p. 24-25). On retrouve dans sa production
un autre corpus comparable au *Parisinus gr.* 2342, présentant
les mêmes caractéristiques codicologiques, et complémentaire
de celui-ci, le *Vaticanus gr.* 198, consacré aux textes fondateurs
de trois des quatre disciplines du *quadrivium* (arithmétique,

3. LA CONNAISSANCE DE SÉRÉNUS EN OCCIDENT

Les premiers témoignages

Contrairement à ce que l'on observe pour la tradition archimédienne, on ne dispose d'aucune traduction latine faite sur le grec des *Coniques* d'Apollonios et des traités de Sérénus avant la Renaissance. Dans son imposante synthèse sur la tradition médiévale des sections coniques, M. Clagett[1] a montré que, sur ce sujet, l'essentiel des connaissances en Occident étaient acquises dans le cadre de l'optique et de la catoptrique, et principalement par l'intermédiaire des traductions latines de l'*Optique* et des *Miroirs ardents* d'Ibn al-Haytham[2]. Au xiiie siècle, le célèbre savant silésien Witelo recueille cette tradition médiévale en s'inspirant largement d'Ibn al-Haytham dans les 10 Livres de sa *Perspective*[3], rédigée à Viterbe durant son séjour à la cour pontificale[4].

musique et astronomie), accompagnés de leurs commentaires. C'est dans ce manuscrit qu'a été retrouvée, en marge du Livre V de l'*Almageste*, de la main de notre copiste, la presque totalité du commentaire de Théon du Livre V (A. Tihon, « Le Livre V retrouvé du Commentaire à l'Almageste de Théon d'Alexandrie, *L'Antiquité classique*, 56, 1987, p. 201-218).

1. *Archimedes in the Middle Ages*, 4, Philadelphie, 1980, p. 3-158.

2. La traduction du xiie siècle des *Miroirs ardents*, due à Gérard de Crémone, commence par un extrait (voir *Archimedes in the Middle Ages*, 4, p. 3-13) du début du texte arabe des *Coniques* (*Premières définitions* suivies des *Préliminaires*, absents du texte grec). Il faut ajouter à cette tradition l'opuscule arabe sur l'hyperbole (*De duabus lineis*), traduit à la cour de Frédéric II par Jean de Palerme (*Archimedes in the Middle Ages*, 4, p. 33-61).

3. La *Perspective* de Witelo a été publiée par F. Risner à la suite de la traduction médiévale de l'*Optique* d'Ibn al-Haytham (voir plus haut, p. XLI, note 4). Witelo ne fait pas état de ses multiples emprunts à l'*Optique* ; les deux seules sources reconnues sont citées dans son introduction : les *Éléments* d'Euclide et les *Coniques* d'Apollonios (sous le titre *Conica Elementa*).

4. À placer entre 1271 et 1277 selon A. Paravicini Bagliani, (« Guillaume de Moerbeke et la cour pontificale », *Guillaume de Moerbeke : recueil d'études à l'occasion du 700e anniversaire de sa mort*

Il est le premier savant occidental connu à se montrer relativement familier avec l'usage des sections coniques[1]. En ce qui concerne Sérénus, on retrouve dans le Livre I de la *Perspective*[2] (prop. 100, 101, 103) l'utilisation des propriétés exposées dans les propositions 5, 7 et 9 de la *Section du cylindre*, déjà mentionnées pour Ibn al-Haytham, mais sous la forme de propositions à part entière relatives au cône et au cylindre[3]. Cette configuration évoque la présentation adoptée dans le traité de Sérénus, mais il est difficile d'aller au-delà de cette constatation, car cette analogie dans le mode d'exposition peut relever de la volonté de Witelo de donner la forme d'un exposé mathématique à des acquis élémentaires, couramment utilisés dans l'ouvrage d'Ibn al-Haytham[4].

C'est en fait la présence probable du *Vaticanus gr.* 206 parmi les volumes rapportés d'Orient en 1427 par Francesco Filelfo[5] et la diffusion progressive de ses copies qui ouvre

---

(1286), éds. J. Brams et W. Vanhamel, Louvain, 1989, p. 23-52).

1. S. Unguru («A very Acquaintance with Apollonios of Perga's Treatise on Conic Sections in the Latin West», *Centaurus*, 20, 1976, p. 112-128) a soulevé l'hypothèse selon laquelle Witelo aurait eu une connaissance partielle et sans doute indirecte du traité des *Coniques* avant l'arrivée du *Vaticanus gr.* 206, du fait des sources grecques à la disposition de son ami Guillaume de Moerbeke, traducteur d'Archimède. Mais l'examen critique opéré par M. Clagett des passages de la *Perspective* qui pourraient alimenter le doute (*op. cit.*, p. 63-98) n'élimine aucune des explications alternatives fondées sur l'utilisation des sources indirectes, traduites en latin, à la disposition de Witelo.

2. Il est la base mathématique pour le reste du traité. Il a été édité, traduit et commenté par S. Unguru en 1977.

3. Comme chez Ibn al-Haytham, le traité de la *Section du cylindre* n'est pas cité.

4. Voir également les doutes exprimés par A. M. Smith : *Alhacen on the Principles of Reflection. A Critical Edition, with English Translation and Commentary, of Books 4 and 5 of Alhacen's* De Aspectibus, *the Medieval Latin Version of Ibn al-Haytham's* Kitâb al-Manâzir, Philadelphia, 2006, p. CI, n. 77.

5. Dans sa lettre adressée à Ambrogio Traversari de juin

la voie à la connaissance de Sérénus par les mathématiciens
occidentaux.

La diffusion des traités de Sérénus à la Renaissance

Les mathématiciens qui ont développé toutes les applications des courbes héritées de l'Antiquité, avant et après la
révolution opérée par la géométrie analytique de Descartes,
ont largement bénéficié des efforts des érudits de la Renaissance pour rechercher, diffuser et faire revivre les textes
grecs qui donnaient accès à cette branche des mathématiques. À la faveur de leur proximité avec le traité des
Coniques d'Apollonios, les deux ouvrages de Sérénus n'ont
pas été oubliés. Mathématiciens ou curieux de sciences
ou simplement bibliophiles, les humanistes ont largement
contribué à la circulation du texte et parfois sauvegardé des
sources essentielles[1]. On retrouve des érudits grecs bien
connus parmi les copistes et les restaurateurs des manuscrits de Sérénus ou leurs possesseurs (Jean Lascaris et

---

1428 (L. Mehus, *Ambrogio Traversari [...] latinae Epistolae*,
Florence 1759 (repr. A. Forni, Bologne 1968), 2, lettre 32, col.
1010-1011), Filelfo cite « Appollonius Pergaeus » dans la liste
des livres qu'il a rapportés d'Orient. Il s'agit selon toute vraisemblance du *Vaticanus gr.* 206.

1. On peut citer le bibliophile padouan Gian Vincenzo
Pinelli (1535-1601), qui a permis la conservation du témoin le
plus fidèle de la recension byzantine des *Coniques* et des traités
de Sérénus, l'*Ambrosianus* A 101 sup. ; sur son intérêt pour les
livres de sciences, voir A.M. Raugei, « Gian Vincenzo Pinelli
1535-1601. Ses livres, ses amis » dans *Les labyrinthes de l'esprit.
Collections et Bibliothèques à la Renaisssance*, éds. R.G. Camos et
A. Vanautgaerden, Genève, 2015, p. 213-227. On verra plus loin
la contribution importante de la collection Mieg-Scheffer, avec
en arrière-plan, la bibliothèque du mathématicien strasbourgeois Conrad Dasypodius (c. 1532-1600), puisqu'elle fournit
un autre témoin de la recension byzantine, l'*Upsaliensis gr.* 50
(autour de 1582) ; la même collection fournit l'*Upsaliensis gr.* 48,
copié directement sur le manuscrit de l'astronome Petrus Saxonius, le *Monacensis gr.* 576, copié lui-même sur le manuscrit du
mathématicien et astronome Regiomontanus, le *Norimbergensis
Cent.* V *Append.* 6 (voir chapitre VI).

ses élèves, Nicolas Sophianos et Matthieu Devaris, Michel Damascène, Jean Honorius). Rome et Venise sont les deux centres urbains qui ont fourni les sources. Ceux qui ont fait circuler les traités de Sérénus ont d'autre part bénéficié, au milieu du xvie siècle, d'un instrument de diffusion extrêmement précieux, l'atelier des Zanetti à Venise[1], qui a fourni la plupart des copies directes et indirectes du manuscrit du Cardinal Bessarion (1403-1472), le *Marcianus gr.* 518. L'examen d'un certain nombre de manuscrits de Sérénus montre également que leurs divers possesseurs ont pris soin de reporter ou de faire reporter en marge et en interligne des corrections et des conjectures qui témoignent à des titres divers de l'intérêt porté au texte des deux traités.

Les premières publications relatives à la tradition des coniques incluent les deux traités de Sérénus. Avant la remarquable traduction latine du mathématicien d'Urbino, Federico Commandino (1509-1575), parue en 1566[2], et qui, jusqu'à Halley, fut l'instrument de travail priviligié des mathématiciens postérieurs, trois hommes ont joué un rôle déterminant dans l'intérêt porté aux ouvrages de Sérénus, toujours à la faveur de leur rattachement au traité d'Apollonios : (1) le mathématicien et astronome allemand Regiomontanus (1436-1476)[3], ami et protégé du Cardinal Bessarion (Sérénus est cité dans son programme de publications, édité en 1474[4]) ; (2) l'humaniste vénitien Giorgio Valla

1. La figure la plus connue est celle de Camille Zanetti (né après 1517, mort après 1588), qui fut un copiste très prolifique et très apprécié en son temps ; voir G. Derenzini, « Camillo Zanetti copista : tra vivere e scrivere », *Annali della Facoltà di lettere e filosofia dell'Università di Siena*, 9, 1988, p. 19-43.

2. On verra plus loin que la source grecque utilisée appartient à la famille du *Marcianus*.

3. Voir M. Folkerts, « Regiomontanus' Role in the Transmission and Transformation of Greek Mathematics » dans *Tradition, Transmission, Transformation*, éds. F.J. Ragep et S. Ragep, Leyde, New York, Köln, 1996, p. 89-113.

4. E. Zinner, *Leben und Wirken des Joh. Müller von Königsberg gennant Regiomontanus*, Osnabrück, 1968 (1ère éd. 1938), p. 178

(1447-1501) auquel on doit les premiers extraits imprimés de Sérénus[1] ; (3) le célèbre mathématicien de Messine, Francesco Maurolico (1494-1575), auteur d'une reconstruction du traité de la *Section du cylindre*[2], et qui fait figurer Sérénus dans ses plans de restauration des traités mathématiques de l'Antiquité[3]. Les successeurs de Commandino continuent d'inscrire Sérénus au côté des grands noms de la mathématique grecque qu'ils s'attachent à faire connaître[4].

et Abb. 45 (*Apollonii Pergensis Conica. Item Sereni Cylindrica*) ; M. Folkerts, *op. cit.*, p. 91. Regiomontanus possédait un manuscrit d'Apollonios et de Sérénus (E. Zinner, *op. cit.*, p. 328), le *Norimbergensis Cent.* V *Append.* 6 (voir chapitre VI).

1. Les extraits (sans nom d'auteur) figurent au Livre XIII de son encyclopédie *De expetendis et fugiendibus rebus opus*, parue à Venise en 1501 (voir chapitre VII).

2. Cette reconstruction fait l'objet de deux Livres, *Sereni Cylindricorum liber I* (34 propositions auxquelles il faut ajouter deux séries de définitions) et *Sereni Cylindricorum liber II* (7 propositions), qui figurent aux folios 2r-20r du *Parisinus lat.* 7465, manuscrit autographe (on lit de la main de Maurolico, à la fin du folio 20r, la date du 16 août 1534). Le texte est resté inédit jusqu'à l'édition critique procurée par R. Tassora en 1995 ; il est mis en ligne sur le site de l'Université de Pise.

3. Les *Cylindrica* de Sérénus sont cités dans sa lettre du 24 janvier 1540 à Pietro Bembo, publiée comme lettre de dédicace dans sa *Cosmographie* (Venise 1543), ainsi que dans sa lettre du 8 août 1556 au vice-roi de Sicile, Juan de Vega, qui fournit une première ébauche de son *Index lucubrationum* de 1568 ; voir M. Clagett, « The works of Francesco Maurolico », *Physis*, 16, 1974, et les lettres publiées sur le site de l'Université de Pise.

4. Le célèbre érudit Bernardino Baldi (1553-1617), par exemple, possédait un manuscrit de Sérénus et l'édition de Commandino (A. Serrai, *Bernardino Baldi. La vita, le opere, la biblioteca*, Milan, 2002, p. 691 et 711), et Sérénus figure dans la liste des biographies composées par Baldi dans ses *Vite dei Matematici* (B. Bilinski, *Prolegomena alle Vite dei matematici Bernardino Baldi (1587-1596)*, Wrocław, 1977, p. 53), encore en partie inédites. La traduction de Commandino des deux traités de Sérénus est encore reprise *in extenso* (préfaces, définitions, énoncés des propositions) dans la *Synopsis* du grand vulgarisateur que fut le Père Mersenne (= p. 313-328 de l'édition de 1644).

VI

LES SOURCES MANUSCRITES
DES TRAITÉS DE SÉRÉNUS

Les deux traités, sans doute en raison de leur date tardive et de leur configuration relativement simple, n'ont pas subi tous les aléas de la transmission que connurent les huit livres du traité des *Coniques* d'Apollonios. Les deux ouvrages de Sérénus se sont transmis de manière groupée[1].

On dénombre à ce jour 23 manuscrits pour la *Section du cylindre* et 24 manuscrits pour la *Section du cône*. Voici la liste des manuscrits des deux traités classés par siècle, et, à l'intérieur de chaque siècle, par ordre alphabétique :

1. *Vaticanus gr.* 206 (V) s. XIIe/XIIIe
2. *Constantinopolitanus Seragliensis gr.* 40 (c) s. XIIIe/XIVe
3. *Vaticanus gr.* 203 (v) s. XIIIe/XIVe
4. *Parisinus gr.* 2342 (p) s. XIVe
5. *Marcianus gr.* 518 s. XVe
6. *Norimbergensis Cent.* V *Append.* 6 s. XVe
7. *Parisinus gr.* 2363 (*Section du cône*) s. XVe
8. *Ambrosianus* A 101 sup. s. XVIe
9. *Berolinensis Phillippicus* 1545 s. XVIe
10. *Bononiensis Bibl. Univ.* 2048[2] s. XVIe
11. *Matritensis Bibl. Nat.* 4744[3] s. XVIe

---

1. Un seul manuscrit fait exception, le *Parisinus gr.* 2363 (XVe s.), qui ne contient que la *Section du cône*, et en partie seulement (voir plus loin).
2. Ce manuscrit est inconnu de l'éditeur Heiberg.
3. Le manuscrit n'est pas connu par Heiberg.

12. *Monacensis gr.* 76 s. xvi[e]
13. *Parisinus gr.* 2357 s. xvi[e]
14. *Parisinus gr.* 2358 s. xvi[e]
15. *Parisinus gr.* 2367 s. xvi[e]
16. *Parisinus Suppl. gr.* 451[1] s. xvi[e]
17. *Scorialensis* X. I.7 s. xvi[e]
18. *Taurinensis* B. I.14 s. xvi[e]
19. *Upsaliensis gr.* 48 s. xvi[e]
20. *Upsaliensis gr.* 50 s. xvi[e]
21. *Vaticanus gr.* 205 a. 1536
22. *Vindobonensis Suppl. gr.* 9 s. xvi[e]
23. *Monacensis gr.* 576 s. xvii[e]
24. *Oxoniensis Aedis Christi* 85[2] s. xviii[e]

Le *Vaticanus gr.* 206 (V) est la source unique de toute la tradition manuscrite, comme dans le cas du traité des *Coniques*. L'examen des copies dérivées de V montre qu'elles se répartissent également entre les mêmes familles qui ont été déterminées pour le traité d'Apollonios[3].

On notera toutefois deux différences importantes par rapport à la tradition manuscrite de l'ouvrage d'Apollonios : (1) le texte transmis par V a été nettement moins dégradé que le texte des *Coniques* ; les omissions par saut du même au même, qui sont nombreuses dans le texte des *Coniques*, sont quasi inexistantes dans le texte de Sérénus, ce qui signifie que les graves fautes dont le texte d'Apollonios est porteur reviennent à une tradition antérieure à V ; (2) on remarque que la source du *Vaticanus gr.* 203, si importante pour le texte des *Coniques*, a été ignorée (exception faite des extraits

---

1. Ce manuscrit des *Coniques* contient bien les deux traités de Sérénus, ce que n'a pas vu l'éditeur Heiberg (*Coniques*, II, p. XIII, n° 16), qui ne l'a donc pas classé.

2. Ce manuscrit est inconnu de l'éditeur Heiberg.

3. Voir mon étude « La traduction manuscrite du texte grec des *Coniques* d'Apollonios de Pergé (Livres I-IV) » (*Revue d'Histoire des Textes*, 31, 2001, p. 61-116), complétée et revue dans les introductions des éditions précitées d'Apollonios et Eutocius (2008 et 2014).

traduits par Giorgio Valla). Il se peut que les ruptures du texte dont le manuscrit a gardé la trace[1], alors qu'elles ont été corrigées postérieurement dans le *Vaticanus gr.* 206, aient joué un rôle dans cette élimination.

Les deux ouvrages de Sérénus ont bénéficié en revanche de la même recension byzantine que pour les *Coniques* ; il nous reste quatre témoins, trois copies indépendantes descendant d'un même modèle, le *Parisinus gr.* 2342, l'*Ambrosianus* A 101 sup. et l'*Upsaliensis gr.* 50, auxquelles il faut ajouter les folios additionnels de V pour la partie finale de la *Section du cône*. La tradition manuscrite des deux traités offre également des témoignages concrets de la curiosité scientifique suscitée par le travail de Sérénus chez les érudits de la Renaissance : (1) trois manuscrits, les *Parisini gr.* 2367, 2358 et 2363, transmettent les deux ouvrages sans le traité des *Coniques* ; dans l'*Upsaliensis gr.* 48, le traité des *Coniques* est présent, mais seulement sous la forme d'extraits reproduits à titre de compléments pour la lecture de Sérénus ; (2) des manuscrits de Sérénus attestent la diffusion de corpus de corrections qui se sont attachés à en améliorer la lecture : c'est le cas du *Parisinus gr.* 2367, déjà cité, du *Parisinus gr.* 2363, mais aussi du *Vindobonensis Suppl. gr.* 9, autant de témoins de travaux d'érudition très soigneux, qui montrent eux aussi l'intérêt porté aux traités de Sérénus.

L'état matériel du *Vaticanus gr.* 206 s'est dégradé au fil du temps en raison de mauvaises conditions de conservation. Le manuscrit a subi également un dommage important en perdant les folios originels de la *Section du cône* à partir de la proposition 60. Les copies du manuscrit, qui ont été exécutées à des époques différentes, témoignent de cette dégradation progressive. Leur consultation s'avère nécessaire pour retrouver le texte et les figures de V aux endroits détériorés et pour avoir accès au texte de la *Section du cône* avant la disparition des derniers folios.

---

1. Voir plus loin.

L'ancêtre de la tradition manuscrite conservée :
le *Vaticanus gr.* 206

Manuscrit[1] de la fin du XIIe ou du début du XIIIe siècle[2],
papier espagnol[3], mm 340 x 210, I + 239 folios, 30 lignes
à la page, en deux parties (1r-120v et 121r-239v). Les folios
originels très abîmés ont été remontés sur cadres à la Renaissance et recouverts d'un papier transparent au XIXe siècle.
Le manuscrit est dû à un seul copiste. Les signatures originelles des cahiers ont disparu. Le manuscrit est consacré au
traité des *Coniques* (1r-160v) et aux deux traités de Sérénus,
la *Section du cylindre* (161r-194r)[4] et la *<Section du cône>*
(194r-239v)[5]. Les figures sont de la main du copiste[6] et
ont été dessinées à la règle et au compas, après copie du
texte[7]. Une main postérieure complète et corrige les titres

---

1. Le manuscrit est décrit dans G. Mercati et P. Franchi de'
Cavalieri, *Codices Vaticani graeci*, I, *Codices 1-329*, Rome, 1923,
p. 248-249. Voir également *Apollonios de Perge, Coniques*, tome
1.2, p. XX-XXIII.

2. La datation est fondée sur l'examen de l'écriture.

3. Compte tenu de l'absence d'ornementation,
l'utilisation d'un papier occidental n'est pas significative
pour déterminer l'origine du manuscrit et ne permet donc pas
de trancher entre une origine italo-grecque ou constantinopo-
litaine, selon Paul Canart (communication personnelle).

4. On lit en titre, de la main du copiste, le titre suivant :
σερήνου περὶ κυλίνδρου τομῆς. À la fin du traité, le copiste inscrit
un titre de rappel plus complet : σερήνου ἀντινσέως (*sic*) φιλοσόφου
περὶ κυλίνδρου τομῆς.

5. La *Section du cône* n'a pas de titre.

6. La figure est représentée, selon un usage ancien, au
début de la proposition suivante, dans un espace ménagé dans
la partie droite de la surface écrite. Dans les propositions qui
examinent plusieurs cas, les figures sont regroupées à la fin de
la proposition et dessinées à pleine page.

7. D'où des débordements sur le texte quand l'espace
préparé s'avère insuffisant.

du copiste dans tout le manuscrit[1]. Le folio Ir présente la notice de Leone Allacci.

Le manuscrit a souffert. Les dommages n'ont pas épargné les figures, et la fin du manuscrit a été détériorée. Une main, plus récente[2], a suppléé le texte final de la *Section du cône*, à partir d'une source issue de la recension byzantine. Elle est intervenue dans la partie supérieure du folio 237r (= p. 236, 5 τρίγωνον — 9 ἀντιπεπόνθασι) et du folio 237v (= p. 237, 3 <καὶ> ἐπεὶ — 6 λόγον) ainsi que dans les folios additionnels 238 et 239 (propositions 61-69). À la suite d'une erreur de reliure, le manuscrit a également subi une interversion de folios qui a conduit à trois ruptures textuelles dans la *Section du cylindre*[3], dont le *Vaticanus gr.* 203 garde encore la trace[4].

L'état du manuscrit dans les traités de Sérénus a nécessité à de multiples reprises l'intervention de Matthieu Devaris (*ca* 1500-1581)[5], qui reprend les mots en voie d'effacement,

---

1. À la fin de la *Section du cylindre* (194r), elle porte la mention τέλος τοῦ α^{ου} et ajoute τὸ β^{ον} au titre de rappel du copiste, ce qui fait de la *Section du cône* le Livre II de la *Section du cylindre*. Les corrections de cette main sont inconnues des copies byzantines du xiiie siècle.

2. Son intervention est antérieure aux premières copies occidentales du xve siècle.

3. Le folio 176 contenant la proposition 19 et le début de la proposition 20 (= p. 42, 15 ᾿Εὰν ἐν κυλίνδρου — 44, 25 καὶ πρὸς) était venu s'intercaler entre les folios 169 et 170, d'où trois ruptures à partir de la proposition 12 (après ἀγόμεναι, p. 27, 3, après κυλίνδρου, p. 42, 13, après πρὸς, p. 44, 25).

4. L'ordre des folios a été rétabli antérieurement aux premières copies du xve siècle. Le manuscrit garde aux endroits des ruptures les signalements qui ont été faits pour aider le lecteur à retrouver la continuité du texte : outre des signes divers indiquant la rupture du texte à la fin du folio 169v, au début du folio 170r, et à la fin du folio 175v, on trouve deux avertissements : ζήτει τὸ ἑπόμενον πρὸ φυλλῶν, dans la marge inférieure du folio 175v et τοῦτο ζητεῖται πρὸ φυλλῶν ἕξ, au début du folio 177r.

5. Voir E. Gamillscheg et D. Harlfinger, *Repertorium der griechischen Kopisten 800-1900* (= *RGK*), II 364 et III 440.

supplée les mots disparus[1] et porte des notes marginales[2] parfois accompagnées de son monogramme (Mτ). On lui doit également les numéros des propositions portés en marge, qui offrent une série plus complète que dans les *Coniques*[3], mais ne sont pas exempts d'erreurs.

Le *Vaticanus gr.* 206 est sans doute le manuscrit des *Coniques* répertorié sous la rubrique « Apollonii Conica et Cylimbrica ex papiro in albo » dans l'inventaire de la Vaticane effectué sous Sixte IV, en 1475. Le volume a dû entrer à la Bibliothèque Vaticane entre 1455 et 1475, puisqu'il ne figure pas au nombre des douze *libri mathematici* répertoriés dans l'inventaire de 1455 des manuscrits grecs, dressé par Cosme de Montserrat à la mort de Nicolas V.

Les descendants du *Vaticanus gr.* 206

Dans la présentation qui suit, les copies directes ou indirectes de V, classées par famille, ont été réparties en trois groupes : (1) le premier groupe est constitué par les deux manuscrits byzantins, le *Vaticanus gr.* 203 et le *Constantinopolitanus Seragliensis gr.* 40, et par le *Marcianus gr.* 518 ; ces trois copies permettent de restituer le contenu des parties dégradées ou disparues dans V ; (2) le second groupe est constitué par les manuscrits annotés, témoins des corpus de correction qui ont circulé chez les lecteurs de la Renaissance, et utilisés dans la présente édition ; (3) le

---

1. Ses interventions sont parfois accompagnées des mentions « apogr. », « in apographo » ou « sic in apographo ». On peut identifier aisément le manuscrit utilisé pour cette restauration : il s'agit, comme pour les *Coniques*, du *Vaticanus gr.* 205.

2. On trouve de rares conjectures personnelles précédées de « puto » sur des points très formels, quelques variantes issues du *Vaticanus gr.* 205 et des indications relatives à son travail de restaurateur, en particulier dans les derniers folios anciens de la *Section du cône* fort endommagés.

3. Dans les *Coniques*, seul le Livre III a été numéroté de manière continue par Devaris.

troisième groupe rassemble les copies qui n'ont pas été utilisées pour l'édition et dont l'intérêt est seulement historique, puisqu'elles montrent par quels canaux le texte a circulé avant les premières publications.

A. Les manuscrits utiles
à la restitution du texte de V et des figures

a) Le *Vaticanus gr.* 203 (v)

Manuscrit byzantin[1] copié dans le tournant du XIIIe au XIVe siècle ; papier oriental[2], mm 344 × 252, VI + 104 folios (folios additionnels 99-104 vides) ; lignes à la page : 42-44 et 60-63 (à partir du fol. 56). Il est formé par la réunion de deux unités codicologiques : la première (1r-55v)[3] contient les traités d'astronomie mathématique appartenant à la collection dite de la « Petite astronomie » (1r-44r)[4] et le

1. Voir également la description de G. Mercati et P. Franchi de' Cavalieri, *op. cit.*, p. 245-246.

2. Le papier est un papier arabe oriental de grand format, plié in-4° (vergeures verticales : 26mm pour 20 ; pontuseaux écartés de 38mm).

3. Elle est constituée de 7 quaternions (le dernier n'a plus que 7 folios) ; les signatures des cahiers ne sont pas visibles en l'état actuel du manuscrit. L'écriture très dense, qui appartient au style « bêta-gamma » avec de très fortes influences de la *Fettaugenmode* (communication de Paul Canart) est décrite avec précision par D. Bianconi (« Libri e mani. Sulla formazione di alcune miscellanee dell'età dei Paleologi », dans *Segno e testo*, 2, 2004, p. 332) et rapprochée de la main A du manuscrit d'Oxford, *Baroccianus* 131. Les numéros 40, 41, 49 etc. encore lisibles dans l'angle inférieur externe des folios 12, 13, 21, etc. montrent que le manuscrit a perdu 28 folios initiaux depuis le XVe siècle (G. Mercati et P. Franchi de' Cavalieri, *op. cit.*, p. 246).

4. Les traités y sont regroupés par auteur. Il est possible que, comme dans le *Vaticanus gr.* 191, autre corpus scientifique contemporain (constitué autour de 1296), les folios initiaux perdus contenaient les traités euclidiens de la collection (*Catoptrique*, *Phénomènes*, *Optique* dans la recension *b*) et les *Données*.

Commentaire d'Eutocius (44r-55v)[1]. La seconde (56r-98v)[2] copiée dans une écriture archaïsante[3], contient le traité des *Coniques*, suivi de la *Section du cylindre* (84r-90r)[4] et de la *<Section du cône>* (90r-98v)[5]. Les figures sont dessinées en marge, avec soin, à la règle et au compas, dans les deux parties du manuscrit, mais certaines sont difficilement lisibles aujourd'hui. Dans la *Section du cylindre*, il est le seul manuscrit à avoir gardé la trace de l'interversion de folios de V, signalée plus haut. Le manuscrit était à la Vaticane sous Jules II [6].

1. Pour la copie du commentaire d'Eutocius, v est une copie indirecte du *Vaticanus gr.* 191, voir *Eutocius d'Ascalon*, p. LXIV, n. 234.

2. Elle est constituée de 5 quaternions signés par le copiste auxquels il faut ajouter 3 folios d'un cahier laissé sans signature (96r-98v), qui pouvait être un binion car seules manquent les trois dernières lignes du texte, suppléées d'une autre main.

3. C'est une écriture d'imitation typique ; D. Bianconi (*op. cit.*, p. 330, note 55) identifie cette main avec celle qui copie les trois traités de Théodose dans le *Vaticanus gr.* 191.

4. Le copiste écrit le titre du traité en petites capitales (Σερήνου περὶ κυλίνδρου τομῆς) à la suite de la souscription finale du Livre IV des *Coniques* (voir *Apollonios de Perge*, 2.3, p. 470), elle-même écrite dans la continuité de la fin du texte d'Apollonios. Il copie dans la même continuité le début du texte de la *Section du cylindre*. La séparation des différentes entités a été soulignée postérieurement en marge et dans le texte.

5. Le copiste reproduit le titre de rappel de V et écrit en petites capitales Σερήνου ἀντινσέως φιλοσόφου περὶ κυλίνδρου τομῆς, dans la continuité de ce qui précède. Un élément décoratif et une initiale ornementée soulignent en marge le début d'un nouveau traité.

6. Voir l'édition de G. Cardinali (2015) de l'inventaire anonyme (1504-1505) et de l'inventaire de Fabio Vigili (1508-1510), p. 105 et 188. La description du contenu ne laisse aucun doute. Les deux parties du manuscrit sont associées à un corpus musical (= *Vat. gr.* 2338, fol. 1r-22v), sous une même entrée ; c'est encore le cas dans les inventaires de 1518 et 1533 ; voir M.L. Sosower, D.F. Jackson, A. Manfredi (2006), p. 40.

CARTE POSTALE

Librairie où vous avez acheté ce livre :

....

Ville : ....

Titre du volume acheté : ....

....

Suggestions : ....

....

....

À .... le : ....

Societe d'Edition

LES BELLES LETTRES

95, boulevard Raspail

75006 PARIS

FRANCE

Vous venez d'acheter cet ouvrage et nous vous en remercions vivement. Pour mieux vous satisfaire, merci de nous signaler les domaines qui vous intéressent particulièrement :

- [ ] Philosophie
- [ ] Histoire
- [ ] Textes grecs et latins
- [ ] Moyen Age, Renaissance
- [ ] Ésotérisme, mythes et religions
- [ ] Histoire des sciences
- [ ] Essais, documents, littérature

Nous vous proposons de vous envoyer gratuitement :

- [ ] Notre catalogue général
- [ ] Nos avis de nouveautés

Veuillez cocher les cases correspondantes.

NOM : ....

PRENOM : ....

PROFESSION : ....

ADRESSE : ....

....

CODE POSTAL : ....

VILLE : ....

E.MAIL : ....

Retrouvez aussi notre catalogue et nos nouveautés sur www.lesbelleslettres.com

Comme pour le traité des *Coniques*, le *Vaticanus* est une copie soignée de V[1], mais il n'a pas dans le cas de Sérénus de descendant connu[2]. Il est le seul manuscrit à présenter le texte ancien des propositions 61 à 69 de la *Section du cône*. Pour ces propositions, le *Vaticanus gr.* 203 se substituera donc à V dans l'apparat critique.

b) Le *Constantinopolitanus Seragliensis gr.* 40 (c)

Manuscrit byzantin copié dans le tournant du xIII[e] au xIV[e] siècle[3] ; papier oriental, mm 323 × 240, 588 pages (282, 348 vides), écrit sur 2 colonnes. Le manuscrit est un corpus astronomico-mathématique. Le même copiste[4] a reproduit le traité des *Coniques* (p. 349-518), et, à sa suite, la *Section du cylindre*[5] (p. 519-551) et la *<Section du cône>*[6] (p. 551-

---

1. Pour prendre un point de repère, qui servira dans la suite, on relève du début de la *Section du cylindre* jusqu'à la prop. 20 non comprise 14 fautes propres et quelques corrections minimes.

2. Il faut corriger l'affirmation de l'éditeur Heiberg (*Praefatio*, p. IX), qui affirme que, pour Sérénus également, le *Parisinus gr.* 2358 (voir plus loin) est une copie de v.

3. Le manuscrit est décrit dans le catalogue de A. Deissmann, *Forschungen und Funde im Serai. Mit einem Verzeichnis der nichtislamischen Handschriften im Topkapu Serail zu Istanbul*, Berlin-Leipzig, 1933, p. 74-79.

4. Exception faite des propositions 46-51 de la *Section du cône*. Un nouveau copiste prend le relais à partir de la 2e colonne de la page 585 (*inc.* ἴση, p. 210, 6) et jusqu'à la fin de la prop. 51. La première main revient au début de la prop. 52 (p. 588).

5. Le titre initial manque, comme l'initiale du premier mot (ολλοὺς c). Ils devaient faire l'objet d'une décoration en marge, qui n'a pas été réalisée, sur le modèle du début des *Coniques* (le titre du Livre I (p. 349) est encadré sur trois côtés par une tresse dans la marge supérieure de la première colonne). Le titre de rappel de V est reproduit à la fin du traité.

6. Le titre manque. Le texte commence après un espace de quelques lignes au-dessous du titre de rappel de la *Section du cylindre*. L'initiale du premier mot τῆς n'est pas placée en retrait positif ; elle est seulement pourvue d'une très modeste ornementation.

588) ainsi que les commentaires à l'*Almageste* de Théon d'Alexandrie et de Pappus (p. 1-180). On a inséré après coup (p. 181-347) 11 cahiers (10 quaternions et un binion) contenant des traités de Proclus, Philopon et Géminus, copiés d'une autre écriture, et qui n'ont pas autant souffert que le reste du manuscrit de mauvaises conditions de conservation. Les figures d'Apollonios et de Sérénus sont dessinées par le copiste dans la continuité de la copie, à la fin de chaque proposition, dans des espaces variés, selon les dimensions propres de la figure[1]. La fin du manuscrit est aujourd'hui très abîmée. Le traité de la *Section du cône* a beaucoup souffert dans ses quinze dernières pages, et la partie finale a été mutilée (*des.* prop. 53, τυχοῦσαι, p. 220, 23).

Heiberg a éprouvé une grande difficulté à classer cet exemplaire aussi bien dans le cas des *Coniques* que dans celui des traités de Sérénus. Dans son édition des *Coniques*, tout en reconnaissant que le manuscrit n'était pas une copie directe de V, il estimait qu'il descendait du même apographe de V que l'un des trois manuscrits de la recension byzantine, le *Parisinus gr.* 2342[2], qu'il croyait à tort le modèle des deux autres. C'est la raison pour laquelle il a donné le relevé complet de ses leçons propres dans les *Prolegomena* de son édition des *Coniques*[3]. Il va plus loin dans son édition de Sérénus, en faisant figurer le manuscrit dans son apparat critique au même rang que V[4].

---

1. La figure peut être reproduite dans la surface écrite de l'une ou l'autre colonne ou en marge ou entre les deux colonnes. Il n'est pas rare que le texte de la proposition suivante épouse les contours de la figure de la proposition précédente.

2. Voir *Coniques*, II, p. LIV. Cette hypothèse doit être abandonnée ; voir ma discussion dans « La tradition manuscrite du texte grec des *Coniques*... », p. 68, note 41.

3. *Coniques*, II, p. XXII-XXXI.

4. Au terme d'une discussion peu significative (*op. cit.*, p. V), Heiberg a conclu que, pour Sérénus, c et V descendaient d'un même modèle. L'hypothèse d'un changement de modèle entre la copie d'Apollonios et de Sérénus n'est étayée par aucun indice codicologique. Quant aux exemples cités par Heiberg à

La collation du manuscrit dans les traités de Sérénus confirme les résultats obtenus pour le traité des *Coniques*. Il s'agit bien d'une copie de V[1], mais très certainement d'une copie indirecte[2]. La collation de c permet de restituer comme modèle un exemplaire d'une vingtaine de lettres par ligne[3], sans doute un manuscrit à 2 colonnes.

Comme c ne présente pas le déplacement des propositions 19 et 20 de la *Section du cylindre* signalé plus haut, contrai-

l'appui de son classement (éd. Heiberg, p. 166, 3 ; 208, 9 et 250, 4), il s'agit de leçons où le copiste de V se corrige lui-même et laisse encore bien visible l'ancienne leçon, que le copiste de c a préféré reproduire. Heiberg a commis par ailleurs des erreurs dans sa collation de c.

1. On retrouve toutes les leçons de V, à l'exception, comme dans la copie des *Coniques*, de quelques corrections minimes de forme ou de quelques innovations, dont la plupart ont pu être faites au fil de la copie, et ne doivent pas faire penser que c a eu un accès direct au modèle de V. D'autre part, sans parler des sauts du même au même qui s'expliquent directement par la place des mots dans V ou correspondent à l'omission d'une ou deux lignes entières de V (*Section du cône*, τοῦ ΑΖΔ — ΑΓΔ, p. 132, 3-5 ; καὶ — ΔΖ, p. 152, 4-5 ; ἐστίν — λόγῳ, p. 167, 12-13 ; καὶ — ΗΒ, p. 184, 15-16 ; πρὸς — ἄξονος, p. 215, 21), un certain nombre de fautes de lecture de c trouvent leur origine dans V. Un seul exemple, pris dans la *Section du cône*, suffira : p. 184, 11, dans la séquence Ε παρὰ τὴν, le copiste de V, qui dans un premier temps interprète faussement la lettre Π comme une lettre désignatrice, se reprend pour restituer l'abréviation de παρά ; le tout a autorisé la lecture ἐπὶ τὴν, lecture commune à c et au *Vaticanus gr.* 203.

2. Si l'on prend, en effet, comme point de repère le nombre de fautes commises du début de la *Section du cylindre* jusqu'à la prop. 20 non comprise, on relève 27 fautes, le double de fautes commises pour le même texte par le *Vaticanus gr.* 203. D'autre part, un certain nombre de sauts du même au même, de répétitions, de mélectures ou même d'hésitations du copiste ne sont pas explicables directement par la lecture de V. Dans la *Section du cône*, 4 répétitions de séquences entières dans V sont absentes de c et avaient dû être repérées dans le modèle intermédiaire.

3. En se corrigeant lui-même, le copiste de c commet une faute particulièrement significative. Dans la prop. 50 de la *Section du cône*, p. 216, 7, au lieu de τοῦ δὲ, il écrit après ἡ ΕΖ la préposition πρός, puis se corrige. Il allait ainsi faire un saut

rement au manuscrit contemporain, le *Vaticanus gr.* 203, on doit supposer que son modèle direct a été copié sur V avant que ne se produise cet incident codicologique.

c) Le *Marcianus gr.* 518

Manuscrit de parchemin, mm 370 × 265, 173 folios (numéros 117,151,168 omis dans le foliotage ; fol. 1-3, 81r, 97-100 vides)[1]. Son copiste a été identifié : il s'agit du prêtre crétois Georges Tribizios[2]. Le manuscrit a été écrit pour Bessarion (1403-1472)[3] et légué par lui au Sénat de Venise en 1468[4]. On distingue deux parties dans ce manuscrit très soigné : la première (1r-100v) contient le *De natura animalium* d'Elien (4r-80v), suivi des *Vies de philosophes*

du même au même, car la séquence ἡ EZ, suivie de πρὸς ΘK, est répétée un peu plus loin (l. 7). Il faut supposer que les positions respectives des deux séquences ἡ EZ dans la page ont favorisé la première erreur. L'hypothèse la plus probable est qu'elles se trouvaient l'une au dessus de l'autre, à une ligne d'intervalle, dans le modèle. Si c'est le cas, ce modèle ne peut pas être V. Le membre de phrase qui a failli être omis (τοῦ δὲ ΘAK ἡ ΘK, ὡς ἄρα ἡ EZ) compte 19 lettres. Cet intervalle fait supposer un manuscrit d'une vingtaine de lettres par ligne, et donc plutôt un manuscrit à deux colonnes. On est renvoyé à ce même nombre de lettres pour des omissions par saut du même (ou à l'inverse des répétitions, avec retour en arrière), très peu explicables par la position des segments de texte correspondants dans V, comme les omissions dans la *Section du cône* de τῇ EΔ — ἴσῳ (20 × 4), p. 157, 25-27 ; ὅ ἐστιν — ὀρθῶν (20 × 2), p. 191, 6-7 ; ὡς ἡ — ΓAΔ (19 × 2), p. 216, 14-15.

1. Voir sa description complète dans le catalogue de E. Mioni, *Bibliothecae Divi Marci Venetiarum codices graeci manuscripti*, II, Rome, 1985, p. 386-387.

2. L'un des copistes habituels du Cardinal Bessarion ; voir E. Mioni, « Bessarione scriba e alcuni suoi collaboratori », *Miscellanea Marciana di Studi Bessarionei, Medioevo e Umanesimo*, 24, 1976, p. 263-318.

3. Son *ex libris* grec et latin figure au bas de l'*index*.

4. Sous le numéro 242, voir L. Labowsky, *Bessarion's Library and the Biblioteca Marciana. Six Early Inventories*, Rome, 1979, p. 167 et 443.

et de sophistes d'Eunape de Sardes (82r-96v) ; la deuxième partie, formée de 7 quinions numérotés par le copiste (101r-173v), reproduit à la suite du traité des *Coniques* (101r-149v) la *Section du cylindre*[1] (150r-160v) et la <*Section du cône*> (160v-173v)[2].

Même s'il n'est pas une copie directe de V[3], le manuscrit donne des indications sur l'état matériel de V dans la première moitié du xve siècle et permet une datation relative des corrections des mains postérieures dans V ; d'autre part sa consultation est nécessaire quand le témoignage des

1. Bessarion écrit le titre suivant (160v) : Σερήνου ἀντινσέως φιλοσόφου περὶ κυλίνδρου τομῆς (= titre de rappel du traité dans V) α^{ον}. Il écrit également en marge l'avertissement suivant au folio 159r : ἐνταῦθα δοκεῖ ἐλλείπειν καὶ μὴ ἀκολουθεῖν τὸ ἑπόμενον *hic videtur aliquid deficere* ; le copiste du *Marcianus* a mis fin à la proposition 30 au même endroit que V (...ἡ ΜΞ εὐθεῖα τῇ ΛΝ, p. 75, 10) et laissé, comme dans V, le restant du folio vide (l'application optique du théorème (p. 75, 11-76, 4) fait l'objet d'une nouvelle proposition au début du folio 159v).

2. On lit de la main de Bessarion le titre suivant Σερήνου ἀντινσέως φιλοσόφου περὶ κυλίνδρου τομῆς β^{ον}. Postérieurement le mot κώνου a été écrit au-dessus de κυλίνδρου et β^{ον} a été exponctué. On lit également de la main de Bessarion, à la fin de la *Section du cône*, dans la marge inférieure du f. 173v, la remarque suivante : οὐχ εὕρηται πλέον.

3. Comme pour le traité des *Coniques*, on retrouve un nombre relativement important de fautes de copie (53 fautes du début de la *Section du cylindre* à la proposition 20 non comprise, pour prendre toujours le même point de repère). Outre l'accumulation des fautes, on note un certain nombre d'omissions par saut du même au même et de répétitions qui s'expliquent difficilement par une lecture directe de V : (*Section du cylindre*) σκαληνοὶ — βάσεσι om., p. 3, 14-15 ; τῇ ΑΘ — τῆς ΑΘ bis, p. 9, 13-15 ; καὶ τοῦ — παραλληλογράμμου om., p. 9, 21-23 ; καὶ — ΒΕ om., p. 11, 10-11. Pour cette dernière omission, il faut supposer une première faute dans un modèle intermédiaire, à savoir ΒΕ devant καὶ (l. 10) au lieu de ΗΕ (V), pour expliquer le saut du même au même qui s'en est suivi dans le *Marcianus*. On peut ajouter la lecture très fautive ΙΑϛΤ, ΕΚ de la séquence τάς τε ΑΓ, ΕΗ (*Section cône*, p. 159, 17-160, 1), très lisible dans V.

deux copies byzantines précédentes ne peut être utilisé pour restituer certaines figures qu'on ne peut plus lire aujourd'hui dans V[1].

d) Les copies de Jean Honorius

On doit au copiste officiel de la Vaticane, Jean Honorius[2] deux copies directes de V : le *Vaticanus gr.* 205[3], daté de l'année 1536[4], et le *Parisinus gr.* 2357[5] (avant 1550), qui

1. Les figures d'Apollonios et de Sérénus sont dessinées le plus souvent dans un espace réservé au début de la proposition suivante ou entre deux propositions, ce qui a permis de bien les conserver. L'espace a été réservé avant l'exécution de la figure, d'où de fréquents débordements dans le texte.

2. La carrière de Jean Honorius a fait l'objet d'une monographie très complète, due à Maria Luisa Agati, à la faveur d'un nouvel examen des documents d'archives (*Giovanni Onorio da Maglie. Copista greco (1535-1563)*, Supplemento n. 20 al *Bollettino dei Classici*, Accademia Nazionale dei Lincei, Rome, 2001).

3. Manuscrit daté de l'année 1536, papier, mm 410 × 270, I + p. 207 (76, 142 vides) ; pour une description codicologique complète, voir *Giovanni Onorio da Magli*, p. 286-287. Le manuscrit contient le traité des *Coniques* suivi de la *Section du cylindre* (p. 143-168) et de la <*Section du cône*> (p. 169-207). Les registres de prêts de la Vaticane ont gardé la trace de son emprunt par Jean Honorius, le 11 juillet 1535 ; voir M. Bertòla, *I due primi registri di prestito della Biblioteca Apostolica Vaticana*, Cité du Vatican, 1942, p. 39. On a vu que Devaris l'avait utilisé plus tard pour sa restauration de V.

4. La souscription de Jean Honorius figure à la page 207r.

5. Manuscrit de la première moitié du xvie siècle, papier, mm 330 × 220 (le folio chiffré I est le folio initial du premier cahier ; 86v-87v, 120v-121v vides) ; pour une description codicologique complète, voir *Giovanni Onorio da Maglie*, p. 270-271. Le manuscrit est constitué de trois volumes distincts (avec πίναξ aux folios 87r et 121r). Le premier (paginé par le copiste 1-171) contient les *Coniques* (1r-86r) ; le deuxième (paginé par le copiste 1-65) contient le commentaire d'Eutocius (88r-120r) ; le troisième (paginé par le copiste 1-95) contient la *Section du cylindre* (122r-141r) et la <*Section du cône*> (141v-170r). Le manuscrit vient peut-être de la bibliothèque du professeur de mathématiques, Pietro Grassi ; voir D. Muratore, *La Biblioteca*

a appartenu au Cardinal Ridolfi (1501-1550). Grâce au soin apporté à leur exécution[1], les deux copies donnent des points de repère pour établir la chronologie relative des mains correctrices dans V.

B. Les manuscrits témoins de corpus de corrections

a) Les témoins de la recension byzantine : le groupe Ψ

Il s'agit de trois corpus scientifiques de date et de nature différentes : le *Parisinus gr.* 2342 (p), manuscrit byzantin du 3e quart du xive siècle, dont il a déjà été question, et l'*Upsaliensis gr.* 50 du dernier quart du xvie siècle sont des manuscrits d'érudit ; l'*Ambrosianus* A 101 sup. (*gr.* 28), datable de la première moitié du xvie siècle est dû à un copiste professionnel. Ils sont trois témoins d'une recension byzantine qui a considérablement amélioré la lecture des *Coniques* et des traités de Sérénus[2]. En rapportant à la

---

del Cardinale Niccolò Ridolfi, Alessandria, 2009, I, p. 185 (voir aussi, I, p. 76, note 85). Pietro Grassi fut aussi le professeur de mathématiques de Commandino, voir P.L. Rose, *The Italian Renaissance of Mathematics*, Genève, 1975, p. 186.

1. Le manuscrit de Paris est une copie plus fidèle que celle du *Vaticanus* en ce sens que Jean Honorius reproduit les quelques corrections et avertissements marginaux de V et parfois même l'exact emplacement des figures. De même dans les propositions 37 et 38 de la *Section du cône*, Jean Honorius reproduit les corrections interlinéaires portées par une main postérieure dans V, alors que, dans le manuscrit du Vatican, les corrections sont directement intégrées.

2. Outre la correction de multiples fautes, on retrouve pour les traités de Sérénus le même soin apporté à la lisibilité du texte que dans le traité des *Coniques* : restitution de maillons manquants dans la démonstration ou précisions apportées dans les constructions demandées, révision des figures, réécriture des tracés, numérotation des propositions. On y retrouve le même attachement à une certaine forme de tradition dans l'expression mathématique (addition de καὶ devant ἐπεί, addition de l'article dans l'expression du rectangle et du carré, en cas

sagacité du copiste du *Parisinus gr.* 2342 toutes les corrections et les réécritures d'envergure dont elle est porteuse, l'éditeur Heiberg en a complètement méconnu la nature et l'importance.

Le *Parisinus gr.* 2342 (p)

Manuscrit byzantin écrit sur du papier italien datable du 3ᵉ quart du xivᵉ siècle[1], 293 × 222mm, 200 folios (+ 126a), nombre de lignes variable ; figures exécutées à main levée (à l'exception des cercles) dans la marge externe, en regard des propositions correspondantes. Le manuscrit se compose aujourd'hui de 25 quaternions, numérotés de 23 à 47, et du premier folio d'un cahier qui porte le numéro 48. Il manque donc, au début, 22 cahiers, et à la fin, au moins un cahier. Son copiste a été identifié comme étant l'*anonymus aristotelicus*, selon la dénomination de D. Harlfinger, auquel il faut désormais associer le nom d'un certain « Malachias »[2]. Le volume actuel contient les Livres I-XV des *Éléments* d'Euclide, les *Données* précédées des prolégomènes de Marinus, les traités de la « Petite astronomie »[3], et se termine

d'omission). On notera, comme dans les *Coniques*, l'omission systématique des clausules du type ὅπερ ἔδει δεῖξαι, quand on les trouve dans le texte de Sérénus. Le recenseur élimine les formes rares pour retrouver les tournures usitées, omet les séquences jugées inutiles, mais restitue les énoncés (*Section du Cylindre*, prop. 25) ou les *diorismes* qui lui semblent manquer. Sa restitution des proportions omises par saut du même au même dans le texte transmis par V manifeste les mêmes insuffisances en mathématiques que celles qui sont observables dans sa correction du traité des *Coniques*.

1. Cette datation est établie par l'examen des filigranes.

2. Voir plus haut, p. L, note 3.

3. Dans l'ordre suivant : *Optique* d'Euclide (dans la recension *b*), suivie de l'*Optique* de Damien et des extraits de Géminus ; *Catoptrique* d'Euclide ; *Sphériques* de Théodose ; *Sphère en mouvement* d'Autolycos ; *Phénomènes* d'Euclide ; *Lieux géographiques* et *Nuits et jours* de Théodose ; *Dimensions et Distances du soleil et de la lune* d'Aristarque ; *Levers et Couchers héliaques* d'Autolycos ; *Anaphoricos* d'Hypsiclès.

par un ensemble constitué du traité des *Coniques* (156v-187r), accompagné en marge du commentaire d'Eutocius (155v-186v)[1] et des deux ouvrages de Sérénus, la *Section du cône*[2] (187r-195v) et la *Section du cylindre*[3] jusqu'au début de la proposition 30 (195v-200v)[4]. Avant d'entrer à la Bibliothèque royale sous la cote *Regius* 2714, le manuscrit avait appartenu à Mazarin[5].

L'*Ambrosianus* A 101 sup. (*gr.* 28)

Manuscrit de la première moitié ou du milieu du XVIe siècle, papier, 231 × 171mm, VIII + 226 + XXXVII folios (109v, 110 vides), 30 lignes à la page[6]. Le volume est dû à un seul copiste, dont l'écriture est particulièrement soignée, et ne présente aucune figure. Il contient les Livres XIV et XV[7] des *Éléments* d'Euclide (1r-5v), les *Données* précédées des prolégomènes de Marinus (6r-25r) et suivies des extraits de Géminus (25v) ; deux traités euclidiens de la « Petite astronomie », l'*Optique* d'Euclide (dans la recension *b*), suivie de l'*Optique* de Damien, et la *Catoptrique* (26r-39v) ; les *Coniques* (40r-86v) suivies des deux traités de Sérénus, la *Section du cône* (86v-100r) et la *Section du cylindre* (100r-109r) ; les autres traités de la « Petite Astronomie »[8] (111r-189v) ; le « *Grand Commentaire* » *aux Tables*

1. Sur les stratégies de mise en page très maîtrisées pour une exacte correspondance entre le texte des *Coniques* et son commentaire par Eutocius, voir *Eutocius d'Ascalon*, p. LXV.

2. On lit en titre : σερήνου ἀντινέως (*sic*) φιλοσόφου περὶ κώνου τομῆς ; à la fin du traité, on lit : τέλος τοῦ περὶ κώνου τομῆς σερήνου.

3. *Desinit* σημεῖα, p. 74, 4.

4. On lit en titre : σερήνου ἀντινσέως φιλοσόφου περὶ κυλίνδρου τομῆς.

5. Voir H. Omont, *Anciens inventaires et catalogues de la Bibliothèque nationale*, IV, Paris, 1913, p. 340.

6. Voir A. Martini et D. Bassi, *Catalogus codicum graecorum Bibliothecae Ambrosianae*, Milan, 1906, p. 32.

7. *Desinit* ἑκατέρα γὰρ = Heiberg-Stamatis, *Euclides*, V,1, Leipzig, 1977, p. 32, 7.

8. Même ordre que dans le *Parisinus gr.* 2342.

Faciles de Ptolémée, (190r-226r) de Théon d'Alexandrie. Le manuscrit a été reconnu comme ayant appartenu au grand collectionneur et bibliophile padouan Gian Vincenzo Pinelli[1].

L'*Upsaliensis gr.* 50

Manuscrit du dernier quart du XVIe siècle[2], papier, 315 × 210 mm, 315 folios (73-74, 237 vides)[3]. Le manuscrit est un manuscrit d'érudit, dû à une seule main. Les figures sont dessinées en marge. L'ex-libris (« ex bibliotheca Sebastiani Miegii ») atteste qu'il a appartenu à l'érudit strasbourgeois, Sébastien Mieg[4]. Voici le contenu du manuscrit : une traduction latine (avec de nombreuses annotations marginales de première main) du début des prolégomènes de Marinus aux *Données* d'Euclide (1r-v) ; les prolégomènes aux *Données* d'Euclide de Marinus (3r-10v) ; les *Données* d'Euclide (10v-72v) ; les *Coniques* d'Apollonios (75r-236v) suivies de la *Section du cône* (238r-285v) et de la *Section du Cylindre* (286r-315r). C'est un manuscrit de travail, comme le montrent l'écriture rapide sans accentuation[5], les notes en marge du texte de Marinus[6] et les nombreuses manchettes

1. Voir plus haut, p. LIII, note 2. Voir également M. Grendler, « A Greek Collection in Padua : the Library of Gian Vincenzo Pinelli (1535-1601) », *Renaissance Quaterly*, 33, 1980, p. 386-416 ; le manuscrit est cité p. 413.

2. D'après les filigranes relevés (communication de Häkan Hallberg) : la plupart sont aux armoiries de Strasbourg avec ou sans les lettres WR, écu entre deux lions ou sur un aigle (à rapprocher du type Briquet 997, a. 1582). Parmi les 60 premiers folios, on trouve Briquet 1374, a. 1575.

3. Voir Ch. Graux et A. Martin, *Notices sommaires des manuscrits grecs de Suède*, Paris, 1889, p. 67.

4. Trois membres de la famille des Müg von Boofzheim portent ce nom (Sébastien I (mort en 1609), son neveu Sébastien II (mort en 1596) et Sébastien III (mort en 1624), fils du précédent et la figure la plus connue pour son érudition.

5. À l'exception des prolégomènes de Marinus aux *Données*.

6. Comme dans le cas de la tradition latine qui précède, la même main copie le texte et porte des annotations grecques

au début des *Données* d'Euclide et des *Coniques*[1]. Le manuscrit fait partie d'un lot de 10 manuscrits (*Upsalienses gr.* 26, 33, 45[2], 48-54)[3] achetés en 1719 par la Bibliothèque

et latines, parmi lesquelles on trouve des références à Euclide, Héron d'Alexandrie et Pappus, des leçons en provenance de l'*editio princeps* de Simon Grynaeus (1533) et des conjectures.

1. On retrouve la même main dans d'autres manuscrits d'Upsal venant de la collection Mieg. On peut citer entre autres les folios 363r-382v de l'*Upsaliensis gr.* 53, contenant l'ouvrage d'Aristarque de Samos, *Dimensions et distances du soleil et de la lune* (voir la planche XXXI de l'ouvrage de B. Noack, (*Aristarch von Samos. Untersuchungen zur Überlieferungsgeschichte der Schrift* Περὶ μεγέθων καὶ ἀποστημάτων ἡλίου καὶ σελήνης, Wiesbaden, 1992, p. 261-270), qui reproduit le folio 368r (planche XXXI). On fera, d'autre part, une mention particulière de l'*Upsaliensis gr.* 47 (Proclus, Théon de Smyrne, Psellus, Théodose ; voir T.J. Mathiesen, *Ancient Greek Musik Theory. A Catalogue Raisonné of Manuscripts*, Munich, 1988, p. 753-755), où l'on retrouve dans les folios 197r-258r des *Sphériques* de Théodose, exactement la même écriture sans accentuation et la même mise en page que dans l'*Upsaliensis gr.* 50 (mêmes filigranes relevés). On ne retiendra pas de ce fait l'attribution de ces folios au dernier propriétaire du manuscrit, le prédécesseur d'Eric Benzelius à la Bibliothèque universitaire d'Upsal, Lars Norrman (1651-1703), comme suggéré dans le catalogue Graux-Martin, p. 66.

2. Ce manuscrit des *Harmoniques* de Ptolémée, copié par Camille Zanetti et qui porte l'ex-libris de Mieg, était dans la bibliothèque du célèbre mathématicien strasbourgeois Conrad Rauchfuss, dit Dasypodius (mort en 1600). Le don qu'en fit Dasypodius de son vivant à son collaborateur Wolckenstein lui a permis d'échapper à l'incendie du Séminaire Protestant de Strasbourg (24 août 1870), qui a détruit la bibliothèque de Dasypodius. Il est donc très possible, comme le note A. Martin dans sa préface au catalogue de Charles Graux (*op. cit.*, p. 21), que parmi les manuscrits scientifiques de la collection Mieg, certains aient pu être copiés sur des manuscrits de Dasypodius.

3. Manuscrits du *quadrivium* à l'exception du numéro 33. Dans sa préface, A. Martin (p. 19) rapporte la formation de la collection à Sébastien Mieg II, pour des raisons d'ordre chronologique, en s'appuyant sur E. Rosengren (*De origine Aristoxeni Elementorum Harmonicorum Codicis Upsaliensis disputatio*, Hernösand, 1888) et son étude relative à l'*Upsaliensis gr.* 52, qui aurait

de l'Université, sous l'administration d'Eric Benzélius, aux héritiers du grand érudit strasbourgeois Jean Scheffer (1621-1679), qui avait été appelé en 1648 à Upsal par la reine Christine. Ce dernier avait acquis un certain nombre de manuscrits grecs ayant appartenu à la collection Mieg[1].

Les trois manuscrits sont indépendants[2] et dépendent d'un même modèle dont le ou les copistes ont dégradé par des fautes et des omissions[3] la très grande qualité du travail du recenseur[4]. En raison de la perte du texte des proposi-

été copié par Sébastien Mieg à Strasbourg un peu avant 1590.

1. Pour le détail de ces acquisitions voir S.Y. Rudberg, « Notices sur les manuscrits grecs d'Upsal », *Studia codicologica* (*Texte und Untersuchungen zur Geschichte der altchristlichen Literatur* 124), Berlin, 1977, p. 395-400.

2. La copie la plus fidèle est celle de l'*Ambrosianus* ; le copiste du *Parisinus* commet un certain nombre d'omissions, qui peuvent parfois altérer le travail même du recenseur : dans la prop. 17 de la *Section du cylindre*, le recenseur avait corrigé l'omission de V ZA — BZ (avec <τῆς> ZE pour EZ), p. 40, 4-5 ; cette correction disparaît avec l'omission par saut du même au même dans le *Parisinus* de la séquence πρὸς τό ἀπὸ <τῆς> ZE — BZ,ZA (l. 4-5). Le copiste restitue lui-même des maillons dans le raisonnement, comme dans la proposition 27 de la *Section du cylindre*, où il ajoute directement dans le texte une conclusion intermédiaire au calcul de proportions. La copie de l'*Upsaliensis* est la plus fautive.

3. Voici quelques exemples pris dans la *Section du cylindre* : ont été omises par saut du même au même les séquences suivantes : σκαληνοὶ — βάσεσι, p. 3, 14-15 ; Διὰ — ἐστιν, p. 13, 5-6 ; ἐπεὶ — ἐπιπέδῳ, p. 18, 17-18 ; πρὸς — HΘ (avec HΘ pour ΘH, l. 8), p. 46, 8-9 ; ἐπεὶ — AZ, p. 77, 13-78, 2. Compte tenu de l'extrême attention portée au texte par le recenseur, ces omissions ne sauraient lui être imputées.

4. L'*Ambrosianus*, qui est le reflet le plus soigneux de ce travail, reproduit également le texte d'une recension pour tous les autres traités qu'il contient. J'ai montré ailleurs (« Un corpus astronomico-mathématique au temps des Paléologues. Essai de reconstitution d'une recension », *Revue d'Histoire des Textes*, tome 17, 1987, p. 15-54 », repris et révisé dans *Recherches sur les Coniques...*, p. 197-226), les liens qu'il y a lieu d'établir entre les diverses recensions reproduites dans l'*Ambrosianus* en raison

tions 30-33 de la *Section du cylindre* dans p, l'*Ambrosianus* et l'*Upsaliensis* deviennent les deux seuls témoins de la recension pour cette partie du texte, et l'*Upsaliensis* le témoin unique pour les figures. Il faut ajouter au groupe Ψ le témoignage des folios additionnels de la *Section du cône* (prop. 61-69) dans V. La source utilisée est indépendante de Ψ, qui omet seul, dans la proposition 61, le membre de phrase ἔχει — AH (p. 239, 5-7).

b) Le *Parisinus gr.* 2363

Manuscrit du milieu du xve siècle[1], papier, mm 288 × 210, II + 220 folios (folios 98, 125-128, 140v, 141-144, 149r, 219-220 vides). Le manuscrit, dû à un seul copiste, contient la collection de la « Petite astronomie » (1r-124v)[2], la *Section du cône* (129r-140r), jusqu'à la proposition 42 comprise, le *De iudicandi facultate et animi principatu* et le *Tetrabiblon* de Ptolémée (145r-191v), suivis de l'*Hypotyposis* de Proclus (192r-218v)[3]. Le manuscrit est entré à la bibliothèque de Fontainebleau sous Henri II, peu après 1550[4].

des correspondances qu'elles présentent (types d'intervention, sources manuscrites utilisées pour le travail de correction, manuscrits témoins des mêmes recensions).

1. D'après l'examen des filigranes, d'origine italienne ; voir J. Mogenet, *Autolycus de Pitane*, Louvain, 1950, p. 93 et B. Noack, *Aristarch von Samos*, p. 254-255.

2. Cette partie du manuscrit a été directement copiée sur le *Parisinus gr.* 2472 (xive s.).

3. Le manuscrit a sans doute perdu deux cahiers à la fin, si l'on se fie à la signature postérieure des cahiers portée en caractères arabes et commençant par la fin (la première signature est un taâ, 3e lettre de l'alphabet). Ange Vergèce qui écrit l'index au folio IIv s'arrête à la mention du traité de Proclus.

4. H. Omont, *Catalogue des manuscrits grecs de Fontainebleau sous François Ier et Henri II*, Paris 1889, p. 456 (n° 7).

Le manuscrit est une copie directe de V[1], et, à ce titre, l'apographe occidental le plus ancien de V pour la *Section du cône*. Il a fait l'objet d'une révision qui a éliminé en particulier un certain nombre de fautes héritées de V (par grattage ou par des corrections interlinéaires et marginales) et porté quelques conjectures ; le corpus de figures que le copiste reproduit en marge a été renouvelé[2], ce qui suppose l'utilisation d'une autre source.

c) Le groupe Ω

Ce groupe de manuscrits est constitué par le manuscrit de Regiomontanus, le *Norimbergensis Cent.* V *Append.* 6[3] (avec

---

1. Comme dans sa copie de la « Petite Astronomie » (J. Mogenet, *op. cit.*, p. 101-102), le copiste commet très peu de fautes. Dans la proposition 35 de la *Section du cône*, il montre qu'il a directement V sous les yeux : il écrit, en effet, après ἴση ἄρα ἡ ΛΒ [τῇ ΗΕ, p. 184, 22, la préposition πρὸς avant de se reprendre (il barre πρὸς et écrit au-dessus l'article attendu τῇ) ; il est en fait remonté à la ligne précédente où la même séquence ὡς] ἄρα ἡ ΛΒ [πρὸς figure juste au-dessus.

2. Les erreurs ne sont pas exemptes de ce corpus, comme par exemple dans la figure de la proposition 9 de la *Section du cône*, où le point Η est situé sur la base ΓΔ du triangle et non pas sur le cercle circonscrit.

3. Manuscrit de la 2e moitié du xve siècle, parchemin, mm 290 × 200, 157 folios (157 vide), copié par Jean Scutariotès (*RGK*, I 183, II 242, III 302) ; voir la description du manuscrit dans I. Neske, *Die lateinischen mittelalterlichen Handschriften : Varia: 13.-15. und 16.-18. Jh.* (Die Handschriften der Stadtbibliothek Nürnberg, 4), Wiesbaden, 1997, p. 213. Le manuscrit est entièrement consacré au traité des *Coniques* (1r-108v) suivi des deux traités de Sérénus, la *Section du cylindre* (109r-128v) et la <*Section du cône*> (128v-156v). Les emplacements prévus pour les figures sont restés vides. On reconnaît la main de Peter Saxonius (1591-1625), qui a copié le *Monacensis* 576, dans les corrections et manchettes inscrites en marge de la *Section du cylindre*. L'ex-libris de Regiomontanus (croix sur une montagne entre deux étoiles) est bien visible à l'intérieur de la couverture.

ses deux descendants, le *Monacensis gr.* 576[1] et son apographe, l'*Upsaliensis gr.* 48[2]), le *Parisinus Suppl. gr.* 451[3],

1. Manuscrit du début du XVIIe siècle, papier, mm 320 × 200, I + 127 + I folios. Voir la description du manuscrit dans F. Berger, *Katalog der griechischen Handschriften der Bayerischen Staastsbibliothek München*, 9, *Codices graeci Monacenses 575-650 (Handschriften des Supplements)*, Wiesbaden, 2014, p. 27-28. Z. Wardeska (« Die Universität Altdorf als Zentrum der Copernicus-Rezeption um die Wende vom 16. zum 17. Jahrhundert », *Sudhoffs Archiv*, 61,2, 1977, p. 159) a reconnu dans le manuscrit munichois un manuscrit autographe de l'astronome Pierre Saxonius. Le manuscrit vient donc de la bibliothèque de l'Université d'Altdorf où ont enseigné Pierre Saxonius et avant lui son maître, l'astronome Jean Praetorius (1537-1616). Le manuscrit ne contient que les *Coniques* (1r-83v) suivies de la *Section du cylindre* (84r-100r) et de *la section du cône* (100v-124v).

2. Manuscrit de la collection Mieg-Scheffer (voir plus haut). L'*Upsaliensis gr.* 48 (papier, mm 330 × 215, 73 folios) n'est pas écrit de la même main que l'*Upsaliensis gr.* 50 et n'est pas un manuscrit de travail. Il ne présente aucune figure. Le copiste reproduit d'abord les deux traités de Sérénus, la *Section du cylindre* (2r-21v) et la <*Section du cône*> (21v-51r), puis les *Coniques* (51v-73v), dont il ne donne que les différentes préfaces, les *Premières* et *Secondes définitions* et les énoncés des propositions des Livres I-IV. Le manuscrit, qui compte de nombreuses fautes, n'est qu'une copie indirecte du manuscrit de Nuremberg. La collation des traités de Sérénus permet d'affirmer sans doute possible qu'il est une copie directe du *Monacensis gr.* 576.

3. Manuscrit du premier quart du XVIe siècle ; papier ; mm 284 × 208 ; 248 folios (les fol. 247-248 sont des folios de garde ; fol. 1v, 2, 45v, 52v, 53, 210-213, 246v vides), dû à trois copistes contemporains et richement décoré. Le manuscrit est constitué de trois parties. La première contient les *Sphériques* de Théodose (3r-45r) ainsi que la *Sphère en mouvement* d'Autolycus de Pitane (46r-52r) ; elle a été copiée sur le manuscrit d'Andreas Coner, le *Parisinus gr.* 2364 (J. Mogenet, *Autolycus de Pitane*, p. 88-90) ; la seconde, constituée de 20 quaternions numérotés α'-<κ'>, reproduit,

le *Taurinensis* B. I.14[1] et le *Parisinus gr.* 2367. Ces quatre exemplaires sont des copies indépendantes d'un même modèle issu de V, qui présentait des corrections interlinéaires ou marginales reproduites avec plus ou moins de fidélité par ses descendants[2]. On doit à ce modèle des corrections judicieuses du texte de V.

d) Le *Parisinus gr.* 2367

Manuscrit du premier quart du xvie siècle, papier, mm 243 × 177, 69 folios, copié par Michel Damascène[3] (jusqu'au folio 62r). Le manuscrit a été acheté à Mantoue en 1510 par

sans les figures, le traité des *Coniques* (54r-157r), la <*Section du cylindre*> (157v-178v), et la <*Section du cône*> (178v-209v) ; dans cette partie (folios 62r et suiv.), les espaces prévus pour le rubricateur, titres et initiales, n'ont pas été remplis ; la troisième contient le *Commentaire* d'Eutocius du traité des *Coniques* (214r-246r). Le copiste A (3r-61v) est identifié : il s'agit de Zacharie Calliergès (*RGK*, I 119, II 156, III 197). La main du copiste B (62r-209v), qui prend le relais de Calliergès au début du 7e cahier, au milieu de la proposition I.12 des *Coniques*, a été repérée ailleurs (voir V. Chatzopoulou, « L'étude de la production manuscrite d'un copiste de la Renaissance au service de l'histoire des textes : le cas du crétois Zacharie Calliergis », *Revue d'Histoire des Textes*, 7, 2012, p. 32). Le manuscrit a appartenu à Lattanzio Tolomei (son sigle figure au folio 246r), qui fut ambassadeur de sa cité auprès de Paul III (il meurt à Rome en 1543) ; le volume fut offert par son petit-fils en 1589 au mathématicien français Maurice Bressieu (*ca* 1546-1617).

1. Manuscrit du xvie siècle, papier, mm 335 × 230, 258 folios ; dû à trois copistes contemporains (1r-60v ; 61r-159v ; 160r-258r). Les deux traités de Sérénus, la *Section du cylindre* (107r-129r) et la <*Section du cône*> (129r-159v) suivent le traité des *Coniques* (1r-106v) et précèdent une vaste collection d'écrits alchimiques.

2. Ajoutons que ce modèle disparu avait innové dans le dessin des figures de la *Section du cylindre*, en représentant horizontalement un certain nombre d'entre elles. En témoignent les figures du manuscrit de Turin et la forme des emplacements laissés vides dans le *Norimbergensis*.

3. Voir *RGK* I 279, II 381, III 457.

Andreas Coner († 1527)[1], dont l'emblème (cône noir dans un cercle de fond jaune) figure au bas du premier folio. Il a appartenu au Cardinal Ridolfi (1501-1550)[2], avant d'entrer dans la bibliothèque de Catherine de Médicis[3] puis dans la Bibliothèque royale.

Heiberg n'a pas classé correctement ce manuscrit, qui n'est pas une copie directe de V[4]. Le manuscrit partage un lot de leçons communes[5] avec les trois autres exemplaires de la Renaissance précités, indépendants entre eux, le *Norimbergensis Cent.* V *Append.* 6, le *Parisinus Suppl. gr.* 451 et le *Taurinensis* B. I.14[6]. Il faut sans doute ajouter un intermédiaire supplémentaire dans sa filiation[7]. Son grand intérêt pour l'édition du texte réside dans la pertinence des corrections dont il est porteur. Le manuscrit a fait l'objet, en effet, dans un deuxième temps, d'une révision extrêmement

---

1. Selon la note portée dans la marge supérieure du folio 1r.

2. La possibilité existe qu'il vienne de la collection de Jean Lascaris, voir D.F. Jackson « An Old Book List Revised : Greek Manuscripts of Janus Lascaris from the Library of Cardinal Niccolò Ridolfi », *Manuscripta*, 43-44, 1999-2000, p. 93-94.

3. Voir H. Omont, *Anciens inventaires*, I, Paris, 1908, p. 464.

4. Comme il l'affirme dans son édition, *Praefatio*, p. XI.

5. Si l'on prend comme point de repère le nombre de fautes commises du début de la *Section du cylindre* jusqu'à la prop. 20 non comprise, on relève 9 fautes communes avec les autres manuscrits du groupe : ὑποτεθέντες pour ὑποτεθέντος, p. 2, 16 ; omission de καί, p. 3, 1 ; οὔ (*Par.* 2367 a.c.) pour οὖσα (οὖ *Norimb. Par.* 451 *Taur.*), p. 3, 10 ; ἐπίπεδον pour ἐπιπέδου, p. 9, 3 ; αὐτῇ (*Par.* 2367 a.c.) pour pr. αὐτῷ, p. 14, 9 ; εὐθεῖα pour εὐθεῖαν, p. 17, 1 ; κατά pour καί, p. 22, 18 ; ἡ pour ὁ, p. 38, 10 ; omission de μέν, p. 40, 10. Il faut ajouter à ce lot des corrections et des innovations communes.

6. Voir plus haut.

7. En raison du nombre important de fautes de copie (27 du début de la *Section du cylindre* jusqu'à la prop. 20 non comprise ; soit plus du triple des fautes propres du *Norimbergensis* (7), et plus du double des fautes propres du *Parisinus Suppl.* 451 (12) et du *Taurinensis* (12). Ce sont essentiellement des omissions.

soigneuse et qui a bénéficié des corrections d'un mathématicien[1] : de nombreuses fautes héritées de V ont été ainsi corrigées, le plus souvent après grattage de la leçon initiale. Les figures, dessinées avec soin en marge, offrent un corpus totalement renouvelé, avec de rares erreurs dans l'exécution des tracés. Halley a directement profité de ce travail.

e) Le *Vindobonensis Suppl. gr.* 9

Manuscrit du milieu du XVIe siècle[2], papier, mm 342×245, V + 252 folios (folio 111 numéroté 112 par erreur ; folios 42v, 68v, 119v, 209v , 250-252 vides). Ses deux copistes ont été identifiés : Camille Zanetti (1r-209r) et Emmanuel Provatoris (210r-249v)[3]. Le manuscrit est un corpus de textes mathématiques et d'astronomie mathématique[4] qui débute par la copie des *Coniques* suivies de la *Section du cylindre* (120r-143v) et de la *Section du cône* (144r-177v). Le manuscrit a appartenu à l'astronome Ismaël Boulliau (1605-1694) avant de rejoindre la collection Hohendorf et d'entrer à la Hofbibliothek en 1720.

Comme pour le traité des *Coniques*, le *Vindobonensis* est une copie très fidèle du *Marcianus*[5]. L'intérêt du manuscrit de Vienne réside dans les corrections continues du texte

---

1. Le report des corrections a été confié, semble-t-il, au copiste lui-même.

2. Voir H. Hunger, *Katalog der griechischen Handschriften der Österreichischen Nationalbibliothek*, 4, *Supplementum Graecum*, Vienne, 1994, p. 18-20.

3. Emmanuel Provatoris a été *scriptor graecus* de la Bibliothèque Vaticane (le relevé des lettres utilisées sur quelques folios du manuscrit de Vienne exclut la période antérieure à la fin 1549 et la période qui commence à partir de 1556, selon les critères déterminés par P. Canart ; voir « Les manuscrits copiés par Emmanuel Provatoris (1546-1570 environ). Essai d'étude codicologique », *Studi e Testi*, 236, 1964, p. 173-287).

4. Pour une description plus détaillée de ce contenu, voir « La tradition manuscrite du texte grec des *Coniques*... », p. 96.

5. Si l'on prend toujours le même point de repère dans la *Section du cylindre*, on compte seulement 8 fautes du début jusqu'à la proposition 20 non comprise.

et des figures dont il est porteur. Toutes ces corrections, à l'exception des corrections faites au cours de la révision, sont postérieures à la copie du manuscrit, le *Berolinensis Phillippicus* 1545[1]. On y retrouve les deux séries d'annotations interlinéaires et marginales, présentes dans les *Coniques*[2]. La première série[3], qui est aussi la première dans le temps, est constituée de références en latin à Euclide et Apollonios, de diverses manchettes, de corrections et de conjectures, toutes portées d'une écriture régulière et soigneuse. Les fautes héritées du *Marcianus* et de V sont pour la plupart corrigées. Certaines omissions du *Marcianus* et de V sont parfois suppléées avec la mention *for<te>*, que l'on retrouve aussi devant certains ajouts proposés. On retrouve la plus grande partie de ce corpus de corrections dans la traduction de Commandino[4]. Il est clair que les corrections reportées ont été faites à partir du texte transmis par le *Marcianus*[5]. Cette première série d'annotations est surtout présente dans la *Section du cylindre*. La deuxième série vient compléter la première tout au long des deux traités[6]. Elle s'appuie

1. Voir plus loin.

2. « La tradition manuscrite du texte grec des *Coniques*... », p. 98. J'ai montré que, pour la première série de corrections du traité d'Apollonios, le corpus utilisé venait d'une recension occidentale qui avait pris pour base le texte du *Vaticanus gr.* 203.

3. C'est la seule prise en compte dans l'apparat (Vind[2]).

4. Comme également la substitution du point X au point Ψ tout au long du texte de *Section du cylindre* 23.

5. Un seul exemple suffira, parmi bien d'autres : dans la proposition 4 de la *Section du cylindre*, le *Vindobonensis* transmet les deux fautes propres du *Marcianus*, BE^2 pour HE^2 (p. 11, 10) et l'omission de καὶ — BE (l. 10-11), qui correspond au développement de l'opération *Éléments*, II.5 et à son résultat ; l'ajout marginal du correcteur après BE^2 de καὶ τῷ ἀπὸ HE (= « + HE^2 »), conjecture également présente dans la traduction de Commandino (*et quadrato ge*), restitue seulement un résultat, qui est juste, mais dont le texte ne peut s'expliquer qu'à partir des deux fautes du *Marcianus*.

6. Certaines corrections de la première série sont corrigées, comme dans la proposition 22 de la *Section du cylindre*

manifestement sur l'édition de Commandino[1]. Une autre
série encore, antérieure à cette dernière et présente presque
exclusivement dans la *Section du cône*, reporte les leçons du
Vaticanus gr. 203, mais sans intelligence du texte[2].

C. Les autres manuscrits

Les autres manuscrits de la tradition conservée sont des
copies ordinaires, directes ou indirectes. L'éditeur Heiberg,
en se fiant à des collations très superficielles, a commis un
certain nombre d'erreurs dans l'établissement des filiations.
Ces exemplaires montrent l'intérêt porté aux deux traités de
Sérénus à la Renaissance ; leur histoire constitue à ce titre
un témoignage historique.

a) Les descendants du *Marcianus gr.* 518

Le manuscrit de Bessarion est parmi tous les descendants
de V l'exemplaire qui a joué le rôle historique le plus important, ses copies ayant proliféré à Venise à partir du milieu
du xvie siècle. L'une d'elles a servi de base à l'excellente
traduction latine de Commandino[3]. Outre le *Vindobonensis
Suppl. gr.* 9, déjà cité, et sa copie directe, le *Berolinensis
Phillippicus* 1545[4], qui a servi de modèle au *Matritensis gr.*

(p. 50, 11-12) où le texte juste de Commandino permet de
corriger la restitution erronée d'une proportion proposée en
marge.

1. Elle en introduit les divisions, en restitue le texte en
grec, non sans fautes d'orthographe.

2. Elle introduit ainsi des fautes propres au *Vaticanus gr.*
203 (répétitions et mélectures). Le correcteur qui collationne
après elle l'édition de Commandino complète et corrige ses
annotations.

3. Voir plus loin.

4. Manuscrit du milieu du xvie siècle, papier, mm
354 × 250, 178 folios (118v, 119-120 vides), dont la copie est
rapportée au père de Camille Zanetti, Bartholomée Zanetti ;
voir l'étude de A. Cataldi Palau, « Une collection de manuscrits
grecs du xvie siècle (ex-libris : "Non quae super terram") »

4744[1], appartiennent à la famille du *Marcianus* les manuscrits suivants : le *Scorialensis* X. I.7[2], le *Monacensis gr.* 76[3],

(*Scriptorium*, 43, 1989, p. 35-75), p. 45. Il est entièrement consacré aux *Coniques* et aux traités de Sérénus (*Section du cylindre*, 121r-144v ; *Section du cône*, 145r-178v).

1. Manuscrit du milieu du xvie siècle, papier, mm 333 × 240, III + 617 folios (+ 144a, 176a-c, 242a-b, 286a, 393a-b, 563a-b), dû à cinq mains contemporaines, dont quatre sont identifiées ; voir G. de Andrés, *Catálogo de los códices griegos de la Biblioteca Nacional*, Madrid, 1987, p. 325-328. Le manuscrit est une collection de textes variés. La partie VI contient, après le traité des *Coniques*, la *Section du cylindre* (507r-530v) et la <*Section du cône*> (531r-563v). Cette partie du manuscrit a été copiée par Camille Zanetti ; voir M. Sosower, « Some manuscripts in the Biblioteca Nacional correctly and incorrectly attributed to Camillus Venetus », *The Legacy of Bernard de Montfaucon : Three Hundred Years of Studies on Greek Handwriting*, éd. A. Bravo Garcia et I. Pérez Martin, Turnhout, 2010, p. 226. Le manuscrit a appartenu au Cardinal de Burgos, Francisco de Mendoza y Bobadilla (1508-1566). C'est une copie très soignée du manuscrit de Berlin, dont on retrouve les fautes propres et la mise en page.

2. Manuscrit du milieu du xvie siècle, papier, mm 333 × 232, III + 332 folios, dû à trois copistes (copiste A : 1r-40v ; copiste B : 41r-280v ; copiste C : 281r-332r). Le copiste B, qui prend le relais du copiste A au milieu de la prop. I, 51 des *Coniques* est identifié : il s'agit d'Andronic Nuccius (*RGK*, I 20, II 27, III 32). Le manuscrit contient le traité des *Coniques* (1r-183v), suivi de la *Section du cylindre* (185r-224r) et de la <*Section du cône*> (224v-280v), ainsi que les *Sphériques* de Théodose (281r-332r). Le manuscrit a appartenu à Diego Hurtado de Mendoza (1504-1575), qui fut ambassadeur impérial à Venise et à Trente de 1539 à 1546.

3. Manuscrit du milieu du xvie siècle, papier, mm 340 × 240, I + 458 folios +I' ; en trois parties ; voir M. Molin Pradel, *Katalog der griechischen Handschriften der Bayerischen Staatsbibliothek München*, 2, *Codices graeci Monacenses 56–109*, Wiesbaden, 2013, p. 156-160. Le manuscrit contient les différentes recensions plus ou moins complètes des commentaires à l'*Introduction arithmétique* de Nicomaque de Gérasa (1r-220r), l'*Introduction arithmétique* de Nicomaque de Gérasa (220r-276r), le traité des *Coniques* (277r-393v) suivi de la *Section du cylindre*

le *Bononiensis Bibl. Univ.* 2048[1], trois copies indépendantes entre elles, comme dans les *Coniques*.

b) Le *Parisinus gr.* 2358

Le *Parisinus gr.* 2358[2], copié par l'humaniste Nicolas Sophianos, constitue la suite du *Parisinus gr.* 2354, consacré au traité des *Coniques*. Il contient le commentaire d'Eutocius des *Coniques*[3] suivi des deux traités de Sérénus (*Section du*

(394r-418v) et de la *Section du cône* (419r-453r). Le manuscrit a appartenu au banquier d'Augsbourg Johann Jakob Fugger (1516-1575). Les folios 1r-93v et 277r-453r ont été respectivement rapportés par B. Mondrain à Bartholomée Zanetti et à son fils, Camille Zanetti dans son article, « Copistes et collectionneurs de manuscrits grecs au milieu du xvie siècle : le cas de Johann Jakob Fugger d'Augsbourg », *Byzantinische Zeitschrift* 84-85, 2, 1991-1992, p. 358.

1. Manuscrit du milieu du xvie siècle, papier, mm 377 × 260, relié en cinq volumes, tous consacrés au *quadrivium*, principalement à la musique ; voir C. Faraggiana di Sarzana, « Vicende di due manoscritti emiliano-romagnoli prodotti dall'atelier di Bartolomeo Zanetti », *Codices Manuscripti et Impressi*, 105, 2016, p. 13-33. La partie III qui nous intéresse ici, ne contient que le traité des *Coniques* (1r-128r), suivi de la *Section du cylindre* (130r-156r) et de la *Section du cône* (156r-191r). Le manuscrit est passé dans la bibliothèque de l'élève de Commandino, Bernardino Baldi (1553-1617), dont on reconnaît la main dans une note relevée par C. Faraggiana di Sarzana (*op. cit.*, p. 13).

2. Manuscrit de la première moitié du xvie siècle, papier, 329 × 220mm, 94 folios ; le manuscrit figurait dans la bibliothèque de la famille de Mesmes ; voir pour plus de détails mon édition *Eutocius d'Ascalon*, p. LXXII-LXXIII. Il est le seul manuscrit de la tradition à donner à la *Section du cylindre* le titre : σερήνου ἀντισσέως πλατωνικοῦ φιλοσόφου περὶ κυλίνδρου τομῆς βιβλίον α[ον].

3. Les cahiers, numérotés par le copiste κδ′-κζ′, qui contiennent le commentaire d'Eutocius (1r-32r), suivaient originellement la copie des deux traités de Sérénus (cahiers numérotés ις′-κγ′), lesquels prenaient donc directement la suite des quinze quaternions de la copie des *Coniques* contenue dans le premier volume du *Parisinus gr.* 2354.

cylindre, 33r-57r, et *Section du cône*, 57r-94r). Contrairement à ce qu'affirme l'éditeur Heiberg[1], et contrairement à la copie des *Coniques* et celle du commentaire d'Eutocius, il n'est pas, dans le cas des traités de Sérénus, un descendant du *Vaticanus gr.* 203, mais une copie directe du manuscrit de Ridolfi, le *Parisinus gr.* 2367. Il en reprend les fautes propres[2], non corrigées, intègre toutes ses corrections et conjectures interlinéaires et marginales, et reproduit avec soin toutes ses figures[3].

---

1. *Praefatio*, p. IX.
2. C'est-à-dire à la fois les fautes partagées avec les autres manuscrits du groupe Ω et les fautes propres du *Parisinus*.
3. Les omissions propres de Sophianos font apparaître qu'il a le *Parisinus gr.* 2367 sous les yeux. Mais, dans un deuxième temps, il a collationné un autre manuscrit issu de v, comme le montrent ses corrections marginales dans les dernières propositions de la *Section du cône*. Cette consultation lui permet de faire disparaître quelques fautes non corrigées du *Parisinus gr.* 2367, mais le conduit parfois à réintroduire les fautes de la tradition ou à éliminer les conjectures de son modèle.

VII

LA TRADITION IMPRIMÉE

Les extraits de Giorgio Valla (1501)

On doit au célèbre humaniste vénitien, Giorgio Valla, la parution en Occident des premiers extraits relatifs aux *Coniques* d'Apollonios et au commentaire d'Eutocius[1]. Ils ont fait l'objet de morceaux choisis traduits en latin dans le Livre XIII de sa monumentale encyclopédie *De expetendis et fugiendibus rebus opus* (Venise 1501), consacré aux figures solides (chapitre 3). C'est à leur suite (chapitre 4) que l'on trouve, sans nom d'auteur, la traduction latine de 22 extraits de Sérénus intitulés « De cylindrica sectione » : *Section du cylindre*, *définitions* 1-3, propositions 1-8, 13-18, 25-26 ; *Section du cône*, propositions 1-5. C'est donc la première partie de la *Section du cylindre*, plus directement liée à la théorie des sections coniques développée par Apollonios, que Valla édite. La partie la plus originale du traité, qui commence à partir de la proposition 20 est bien moins représentée ; les remarquables propositions 27 et 28 sont omises, et les dernières propositions optiques n'ont pas été reprises. L'ouvrage de la *Section du cône* est nettement moins bien traité, mais permet de faire connaître au moins la proposition

---

1. La traduction des extraits est reproduite dans l'ouvrage de M. Clagett, *Archimedes in the Middle Ages*, IV,1, Philadelphie, 1980, chap. 6, n. 3, p. 236-240. M. Clagett a montré que le choix des extraits traduits restait encore très proche de la tradition médiévale des travaux sur les sections coniques.

5, l'une des propositions fondamentales du traité, qui établit que, dans le cône droit rectangle ou acutangle, le triangle maximum est le triangle axial.

On ne dispose pas d'un manuscrit de Sérénus ayant appartenu à Valla[1], mais la collation des extraits montre que la source manuscrite de sa traduction, très littérale[2], appartient à la tradition du *Vaticanus gr.* 203[3]. Il est possible de ce fait que les ruptures dans le texte de la *Section du cylindre* dont v garde encore la trace, aient joué un rôle dans le choix des propositions retenues par Valla.

Ces extraits ont servi de base à la reconstruction de la *Section du cylindre* proposée par Maurolico[4].

La traduction latine de Commandino (1566)

La traduction du célèbre mathématicien d'Urbino, Federico Commandino, des *Coniques* d'Apollonios, parue à

1. Le manuscrit de Valla, le *Mutinensis* α. V.7.16, qui lui a directement servi pour l'édition des extraits des *Coniques* et du commentaire d'Eutocius (voir *Eutocius d'Ascalon*, p. LXXVII-LXXVIII), ne contient pas Sérénus. Le manuscrit était une copie indirecte du *Vat. gr.* 203.

2. Valla est très dépendant de sa source grecque ; hormis quelques corrections minimes, on retrouve la plupart des mélectures et omissions transmises par V, auxquelles il faut ajouter des fautes propres et l'omission d'un certain nombre de lettres dans les figures.

3. On retrouve les leçons caractéristiques de v : *Section du cylindre*, ἐπιζευγνυούσης pour ἐπιζευγνύουσιν, p. 7, 18 ; ΘΖ pour ΖΘ, p. 15, 5 ; ΜΝΞ pour ΜΕΝ, p. 38, 4 ; l'abréviation de διαμέτρου (p. 38, 13) en fin de ligne dans v, a été mal comprise et lue δευτέρας (*secunda* dans l'extrait de Valla).

4. Voir plus haut, p. LV, note 3. Le travail de Maurolico restructure l'étude de Sérénus et en élargit la perspective. Dans sa connaissance du texte de Sérénus, il dépend du choix des extraits traduits en latin par Valla, comme le montrent toutes les définitions et propositions qu'il reprend à Sérénus, en les reformulant : *définitions* 1-3 (= Maurolico, *définitions* I.1-7) ; propositions 1-3 (= Maurolico, I.1-3) ; propositions 5-6 (= Maurolico, I.13, 16), 7-8 (= Maurolico, I.8-9) et 25-26 (= Maurolico, II.6-7).

Bologne en 1566, accompagnée des lemmes de Pappus et du commentaire d'Eutocius et suivie des deux traités de Sérénus, est remarquable par l'intelligence du texte dont elle témoigne, la qualité de ses notes et son respect des sources. Commandino renvoie à plusieurs reprises au texte grec de son manuscrit (*Section du cylindre*, prop. 22 et 26 ; *Section du cône*, prop. 52) pour avertir son lecteur qu'il a apporté des modifications au texte transmis ou suppléé des omissions. L'omission qu'il signale dans la proposition 26 de la *Section du cylindre* (οὕτως — διάμετρον, p. 59, 26-27) prouve formellement qu'il utilise, comme pour le traité des *Coniques*, une source appartenant à la tradition du *Marcianus gr.* 518.

L'editio princeps de Halley (1710)

La traduction de Commandino a été longtemps un instrument de travail irremplaçable pour les mathématiciens des générations suivantes, jusqu'à la magistrale édition gréco-latine de l'astronome Halley en 1710[1]. Halley a présenté dans un même volume le texte grec des *Coniques* (Livres I-IV) et sa traduction latine, la traduction latine des Livres arabes V-VII, le commentaire d'Eutocius aux *Coniques* (texte grec et traduction), et les deux traités de Sérénus (texte grec et traduction). Cependant, malgré la somme de travail qu'elle représentait, l'édition de Halley offrait un texte grec relativement peu utilisable en raison des fautes de la tradition manuscrite qu'elle continuait, pour un certain nombre d'entre elles, à transmettre, sans parler des initiatives personnelles prises par l'astronome dans la restitution du texte. Grâce aux propres indications de Halley, les sources utilisées dans les deux traités de Sérénus peuvent être aisément identifiées. Outre la traduction de Commandino, Halley a utilisé trois manuscrits grecs. Voici ce qu'il écrit dans sa préface :

---

1. Voir *Apollonios de Perge, Coniques*, t. 1.2, p. LXIII-LXIV.

Sereni libros duos de *Sectione Cylindri et Coni* publico donare haud gravatus sum, jam primum Graece impressos : quos e codicibus tribus Bibliothecae Regiae Parisiensis sui in usum describi curaverat vir doctissimus Henricus Aldrichius S.T.P. Aedis Christi Decanus ; mihique, ut simul cum Apollonio lucem aspicerent, perhumaniter impertiit. « Je n'ai pas répugné à donner au public les deux livres de Sérénus, qui paraissent pour la première fois ; le très savant Henri Aldrich, doyen du *Collège de Christ Church*, avait pris soin de les faire copier pour son usage d'après trois manuscrits de la Bibliothèque Royale de Paris, et il me les communiqua très gentiment pour qu'ils voient le jour en même temps qu'Apollonios »

Le manuscrit d'Henry Aldrich (1648-1710) est l'*Oxoniensis Aedis Christi gr.* 85 (a. 1704)[1]. Les trois manuscrits de la Bibliothèque royale cités au folio 1r, les *Parisini* 2152, 2714 et 2719, sont actuellement les *Parisini gr.* 2357, 2342 et 2367 ; c'est le *Parisinus gr.* 2357 qui est le manuscrit de base, les leçons des deux autres manuscrits sont données en marge en cas de divergence.

Éditions et traductions modernes

La première et seule édition critique moderne (avec traduction latine) est celle de J.L. Heiberg (1896). Cette édition a servi de base à la première traduction française des traités de Sérénus due à P. Ver Eecke (1929), dont les notes en font un instrument de travail précieux. Auparavant, l'helléniste danois, E. Nizze, avait publié séparément les deux traductions allemandes de la *Section du cylindre* (1860)[2] et *de la Section du cône* (1861)[3], établies à partir des

---

1. G. W. Kitchin, *Catalogus codicum mss. qui in Bibliotheca Aedis Christi apud Oxonienses adservantur*, Oxford, 1867, p. 30.

2. *Serenus von Antissa. Ueber den Schnitt des Cylinders. Aus dem Griechischen übersetzt*, Stralsund 1860.

3. *Serenus von Antissa. Ueber den Schnitt des Kegels*, Stralsund, 1861.

manuscrits de Munich et de Nuremberg[1]. L'édition grecque
d'E. Spandagos (Athènes 2001) n'apporte pas d'éléments
nouveaux, car elle prend pour base l'édition Heiberg.

---

1. *Ueber den Schnitt des Cylinders*, *Vorwort*, p. 2.

VIII

PRINCIPES ÉDITORIAUX

Le texte de la présente édition est fondé sur le témoignage de l'ancêtre de la tradition manuscrite conservée, le *Vaticanus gr.* 206 (V) et sur sa copie byzantine, le *Vaticanus gr.* 203 (v) pour les parties finales de la *Section du cône* disparues (propositions 61-69). Dans l'apparat critique, les leçons du *Vaticanus gr.* 206 et celles du *Vaticanus gr.* 203 (pour les propositions 61-69 de la *Section du cône*) sont donc citées chaque fois qu'elles divergent du texte édité. L'apparat critique fait également une place aux copies qui sont les témoins des différents corpus de corrections d'origine byzantine ou occidentale, à savoir, en tout premier lieu, le groupe Ψ (*Ambrosianus* A 101 sup., *Parisinus gr.* 2342, *Upsaliensis gr.* 50), témoin de la recension byzantine des traités de Sérénus. Quand la correction de la recension byzantine n'a pas été retenue, les deux manuscrits de la Renaissance richement annotés, le *Parisinus gr.* 2367 et le *Vindobonensis Suppl. gr.* 9, pour sa première série d'annotations, ont été requis, tout comme le groupe Ω (*Parisinus gr.* 2367 avant correction, le *Norimbergensis Cent.* V *Append.* 6, le *Parisinus Suppl. gr.* 451, et le *Taurinensis* B. I.14), mais plus rarement.

V présente quelques corrections inscrites par des mains postérieures ; leur caractère sporadique et le fait qu'elles se limitent le plus souvent à une ou deux lettres écrites en interligne au dessus de la leçon fautive rend douteuse la distinction entre les mains correctrices. Les corrections interlinéaires (ou marginales) portées dans V ont donc été distinguées selon des critères exclusivement chronologiques, puisque la date des copies de V qui les enregistrent offre un point d'appui pour les situer dans le temps : V^2 signale ainsi une correction apparue entre la copie des manuscrits byzantins et la copie du manuscrit de Bessarion, le *Marcianus gr.* 518 ; V^3, une intervention apparue entre la copie du *Marcianus* et la copie datée de Jean Honorius dans le *Vaticanus gr.* 205 (a. 1536).

Le papier s'est beaucoup dégradé dans la partie finale de V, ce qui a affecté directement le texte de Sérénus. Le témoignage des deux descendants byzantins, le *Constantinopolitanus Seragl. gr.* 40 (c) et le *Vaticanus gr.* 203 (v) ainsi que celui des exemplaires de la Renaissance permet de confirmer de manière sûre la lecture de leçons devenues progressivement de moins en moins lisibles dans V, soit parce qu'elles se sont plus ou moins effacées soit parce que l'attaque du papier en surface les a partiellement emportées. Comme aucun doute ne subsiste quant au texte originellement écrit, ces dégradations très fréquentes n'ont pas été signalées pour ne pas alourdir l'apparat.

Quant à la division du texte, afin de limiter les risques de confusion dans les références aux deux ouvrages, aucune modification n'a été apportée à celle de l'édition Heiberg.

La traduction de Michel Federspiel suit les règles qu'il a lui même édictées dans le cadre de ses recherches sur la langue mathématique grecque[1] ; les références à ses articles sont données dans les Notes complémentaires.

Les figures reproduites sont les figures de V. Mais j'ai dû parfois les restituer à l'aide des copies byzantines (v et c)[2], quand celles-ci ne sont pas elles-mêmes dégradées par les reliures successives ou l'humidité ; auquel cas, ce sont les copies occidentales directes de V qui ont été utilisées. Les

1. On pourra se reporter à son *Avertissement du traducteur* dans Apollonios, *Coniques*, t. 1.2, p. LXX-LXXII.

2. Il faut signaler ici que l'éditeur Heiberg, sans le dire, reproduit souvent la figure du *Parisinus gr.* 2342, au lieu de celle de V.

corrections que j'ai dû apporter aux tracés des figures transmises, souvent très approximatifs [1], ont été signalées dans les
notes [2].

Chaque traité est suivi d'une analyse mathématique des
propositions et d'une étude de la structure déductive, dues
à Kostas Nikolantonakis.

On trouvera en fin de volume le texte et la traduction
d'un certain nombre d'énoncés euclidiens requis dans les
démonstrations de Sérénus et dans les Notes complémentaires, ainsi qu'un index des termes techniques utilisés dans
les deux traités.

Remerciements

La présente édition du mathématicien grec Sérénus est
le résultat d'un travail qui a réuni plusieurs compétences
et qui a pu être mené à son terme malgré la disparition
brutale de mon collègue, maître et ami, Michel Federspiel.
On lui doit la traduction des deux traités de Sérénus et celle
des énoncés euclidiens réunis à la fin du volume pour faci-
liter la lecture des démonstrations. Kostas Nikolantonakis a
accepté que soit intégrés à cette édition son travail de thèse et
ses publications ultérieures sur l'analyse mathématique des
deux traités. Qu'il en soit ici remercié. Je me suis consacrée
moi-même à la Notice introductive, l'établissement du texte,
les notes et les figures ainsi qu'à la rédaction d'un lexique
des termes techniques, nécessaire à la compréhension d'un
texte dont l'expression linguistique est spécifique. Ce travail
commun a pour ambition de donner accès à un ouvrage
d'époque romaine, original et relativement méconnu, qui

---

1. Les parallélismes, par exemple, sont rarement
respectés, sans parler évidemment des relations métriques qui
réglaient les figures originelles, même si les copistes restent
fidèles à ce qu'ils voient dans leur modèle.

2. Les nombreuses fautes commises sur les lettres désignatrices ou leur omission ou leur effacement n'ont pas fait l'objet
d'un relevé dans la présente édition.

s'inscrit encore dans la grande tradition de la mathématique hellénistique.

Je voudrais remercier ici plus particulièrement M. le Professeur Jacques Jouanna, d'avoir souhaité accueillir dans la Collection des Universités de France une œuvre scientifique comme celle de Sérénus, qui, au-delà de son intérêt propre pour l'histoire des mathématiques, est avant tout un texte et appartient donc au patrimoine littéraire et culturel de l'Antiquité grecque.

M. D.-F.

STEMMA CODICVM[1]

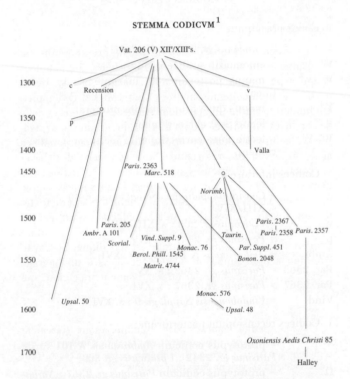

1. Les copies directes ne sont pas distinguées des copies indirectes.

CONCEPTVS SIGLORVM

CODICES GRAECI

Codex praecipuus :

V	= *Vaticanus gr.* 206 ; s. XII/XIII.
V¹	= emendatio scribae ipsius.
V², V³	= manus posteriores in margine vel in interlinea.
V⁴	= manus quae propositiones numerat.
Vᶜᵒʳʳ	= lectio post correctionem.
Vᵃᶜ Vᵖᶜ	= lectio ante correctionem ; lectio post correctionem.

Codices inferiores :

c	= *Constantinopolitanus Seragliensis gr.* 40 ; s. XIII/XIV.
v	= *Vaticanus gr.* 203 ; s. XIII/XIV.
p	= *Parisinus gr.* 2342 ; s. XIV.
Ambr.	= *Ambrosianus* A 101 sup. ; s. XVI.
Par. 2363	= *Parisinus gr.* 2363 ; s. XV.
Par. 2367	= *Parisinus gr.* 2367 ; s. XVI.
Vind	= *Vindobonensis Suppl. gr.* 9 ; s. XVI.

Codices recensionum posteriorum :

Ψ	= prototypus codicum *Ambrosianus* A 101 sup. ; *Parisinus gr.* 2342 ; *Upsaliensis gr.* 50.
Ω	= prototypus codicum *Parisinus gr.* 2367 ; *Norimbergensis Cent.* V, *Append.* 6 ; *Parisinus Suppl. gr.* 451 ; *Taurinensis* B. I.14.

TRANSLATIONES LATINAE

Comm.   = F. Commandino, *Sereni Antinsensis philosophi libri duo*, Bologne, 1566.

EDITIONES

Edd.   = Halley et Heiberg.

Halley   = E. Halley, *Sereni Antissensis philosophi De sectione cylindri liber, De sectione coni liber*, Oxford, 1710.

Heiberg = J.L. Heiberg, *Sereni Antinoensis Opuscula*, Leipzig, 1896.

SÉRÉNUS
SECTION DU CYLINDRE

—

ΣΕΡΗΝΟΥ
ΠΕΡΙ ΚΥΛΙΝΔΡΟΥ ΤΟΜΗΣ

SÉRÉNUS

SECTION DU CYLINDRE

Mon cher Cyrus.

Comme je m'apercevais qu'un grand nombre de personnes qui s'adonnent à la géométrie s'imaginent que la section[1] oblique du cylindre[2] est différente de la section du cône appelée ellipse, il m'a paru judicieux de ne pas laisser dans l'erreur ni eux ni ceux qu'ils ont persuadés d'adopter cette opinion[3]. Et pourtant, il est probable que tout le monde jugera absurde que des géomètres, en matière de géométrie, puissent affirmer quelque chose sans démonstration et adopter une attitude résolument étrangère à la géométrie en se contentant de la vraisemblance.

Cependant, puisqu'ils sont de cet avis, et que nous ne sommes pas d'accord avec eux, eh bien ! démontrons géométriquement qu'il n'existe nécessairement qu'une seule et même section, quant au type, dans le cas de l'une et l'autre figure, j'entends le cône et le cylindre, si elles sont coupées d'une manière définie et pas n'importe comment.

Or les Anciens qui se sont occupés des coniques ne se sont pas contentés de la notion commune de cône, en vertu de laquelle le cône est construit par la révolution d'un

1. Voir Note complémentaire [1].
2. C'est-à-dire la courbe obtenue par la section d'un cylindre par un plan qui ne passe pas par l'axe (sans être ni parallèle aux bases ni parallèle à l'axe).
3. Voir Note complémentaire [2].

ΣΕΡΗΝΟΥ

ΠΕΡΙ ΚΥΛΙΝΔΡΟΥ ΤΟΜΗΣ

Πολλοὺς ὁρῶν, ὦ φίλε Κῦρε, τῶν περὶ γεωμε-
τρίαν ἀναστρεφομένων οἰομένους τὴν τοῦ κυλίνδρου
πλαγίαν τομὴν ἑτέραν εἶναι τῆς τοῦ κώνου τομῆς 5
τῆς καλουμένης ἐλλείψεως ἐδικαίωσα μὴ χρῆναι
περιορᾶν ἀγνοοῦντας αὐτούς τε καὶ τοὺς ὑπ᾽ αὐτῶν
οὕτω φρονεῖν ἀναπεπεισμένους. Καίτοι δόξειεν ἂν
παντὶ ἄλογον εἶναι γεωμέτρας γε ὄντας περὶ γεωμε-
τρικοῦ προβλήματος ἄνευ ἀποδείξεως ἀποφαίνεσθαί 10
τι καὶ πιθανολογεῖν ἀτεχνῶς ἀλλότριον γεωμετρίας
πρᾶγμα ποιοῦντας.

Ὅμως δ᾽ οὖν, ἐπείπερ οὕτως ὑπειλήφασιν, ἡμεῖς
δὲ οὐ συμφερόμεθα, φέρε γεωμετρικῶς ἀποδείξωμεν
ὅτι μίαν καὶ τὴν αὐτὴν κατ᾽ εἶδος ἀνάγκη γίνεσθαι 15
ἐν ἀμφοτέροις τοῖς σχήμασι τομήν, τῷ κώνῳ λέγω
καὶ τῷ κυλίνδρῳ, τοιῶσδε μέντοι, ἀλλ᾽ οὐχ ἁπλῶς
τεμνομένοις.

Ὥσπερ δὲ οἱ τὰ κωνικὰ πραγματευσάμενοι τῶν
παλαιῶν οὐκ ἠρκέσθησαν τῇ κοινῇ ἐννοίᾳ τοῦ 20

Tit. ΣΕΡΗΝΟΥ ΠΕΡΙ ΚΥΛΙΝΔΡΟΥ ΤΟΜΗΣ V : Σερήνου ἀντιν-
σέως (sic) φιλοσόφου περὶ κυλίνδρου τομῆς Ψ || 3 Κῦρε Heiberg :
Κύρε V || 13 Ὅμως Ψ : Ὁμοίως V.

triangle rectangle[1], mais ont traité le problème de manière plus développée et plus générale en considérant les cônes pas seulement droits, mais aussi obliques[2]. Nous devrons nous aussi faire comme eux et, puisque nous nous sommes proposé d'étudier la section du cylindre, nous ne nous limiterons pas à l'étude du seul cylindre droit, mais nous devrons aussi en développer la théorie en y incluant le cylindre oblique.

Pourtant, je sais pertinemment que personne n'admettra volontiers que tout cylindre n'est pas droit, puisque le concept de cylindre implique qu'il est droit[3]. Néanmoins, pour les besoins de la théorie, je pense qu'il est préférable de prendre une définition plus générale ; en effet, si l'on s'en tient au seul cylindre droit, le résultat sera une section identique à la seule ellipse du cône droit, tandis que, si nous supposons un cylindre plus général, la section sera identique à tout genre d'ellipse, ce que justement le présent traité se propose de démontrer.

Il nous faut donc aborder notre propos par les définitions suivantes.

<DÉFINITIONS>

1. Si deux cercles égaux et parallèles demeurent immobiles, que les diamètres eux-mêmes constamment parallèles et tournant dans le plan des cercles autour du centre immobile, entraînent dans leur mouvement circulaire la droite qui joint leurs extrémités du même côté et reviennent au même

---

1. C'est la définition euclidienne (*Éléments*, XI, *définition* 18), fondée sur la considération exclusive du cône à base circulaire droit, qui est une figure de révolution.

2. Voir *Coniques*, I. *Premières définitions*, *définition* 3. Les notes de la présente édition renvoient au texte grec des *Coniques*.

3. Voir la définition euclidienne du cylindre (*Éléments*, XI, *définition* 21) comme figure de révolution (rotation d'un rectangle autour de l'un de ses côtés).

κώνου, ὅτι τριγώνου περιενεχθέντος ὀρθογωνίου
συνίσταιτο, περισσότερον δὲ καὶ καθολικώτερον
ἐφιλοτεχνήσαντο μὴ μόνον ὀρθούς, ἀλλὰ καὶ σκαλη-
νοὺς ὑποστησάμενοι κώνους, οὕτω χρὴ καὶ ἡμᾶς,
ἐπειδὴ πρόκειται περὶ κυλίνδρου τομῆς ἐπισκέ-   5
ψασθαι, μὴ τὸν ὀρθὸν μόνον ἀφορίσαντας ἐπ᾽ αὐτοῦ
ποιεῖσθαι τὴν σκέψιν, ἀλλὰ καὶ τὸν σκαληνὸν περι-
λαβόντας ἐπὶ πλέον ἐκτεῖναι τὴν θεωρίαν.
῎Οτι μὲν γὰρ οὐκ ἂν προσοῖτό τις ἑτοίμως μὴ
οὐχὶ πάντα κύλινδρον ὀρθὸν εἶναι τῆς ἐννοίας   10
τοῦτο συνεφελκούσης, οὐκ ἀγνοῶ δήπουθεν. Οὐ μὴν
ἀλλ᾽ ἕνεκά γε τῆς θεωρίας ἄμεινον οἶμαι καθο-
λικωτέρῳ ὁρισμῷ περιλαβεῖν, ἐπεὶ καὶ τὴν τομὴν
ὀρθοῦ μένοντος αὐτοῦ μόνῃ τῇ τοῦ ὀρθοῦ κώνου
ἐλλείψει τὴν αὐτὴν εἶναι συμβήσεται, καθολικώτερον   15
δὲ ὑποτεθέντος ὅλῃ τῇ ἐλλείψει καὶ αὐτὴν ἐξισάζειν,
ὃ δὴ καὶ δείξειν ὁ παρὼν λόγος ἐπαγγέλλεται.
᾽Ιτέον οὖν ἡμῖν ἐπὶ τὸ προκείμενον ὁρισαμένοις
τάδε.
᾽Εὰν μενόντων δύο κύκλων ἴσων τε καὶ παραλ-   20
λήλων αἱ διάμετροι παράλληλοι οὖσαι διὰ παντὸς
αὐταί τε περιενεχθεῖσαι ἐν τοῖς τῶν κύκλων ἐπιπέδοις περὶ μένον τὸ κέντρον καὶ συμπεριενεγκοῦσαι
τὴν τὰ πέρατα αὐτῶν κατὰ τὸ αὐτὸ μέρος ἐπιζευ-
γνύουσαν εὐθεῖαν εἰς ταὐτὸ πάλιν ἀποκαταστῶσιν,   25
ἡ γραφεῖσα ὑπὸ τῆς περιενεχθείσης εὐθείας ἐπιφά-

1 ὀρθογωνίου Ψ : ὀρθογώνῳ V ‖ 18 ἐπὶ Heiberg : περὶ V ‖
20 μενόντων Heiberg : μὲν οὖν τῶν V ‖ 22 αὐταί Heiberg (jam
Comm.) : αὗται V.

endroit, appelons *surface cylindrique* la surface décrite par la droite mue circulairement, surface qui peut s'accroître indéfiniment si la droite qui la décrit est prolongée indéfiniment[1].

2. Appelons *cylindre* la figure comprise par les cercles parallèles et la surface cylindrique découpée entre les cercles ; *bases* du cylindre les cercles ; *axe* la droite menée par leurs centres ; *côté* du cylindre une certaine ligne qui, étant une droite et située sur la surface du cylindre, touche chacune des bases, et est aussi la droite dont le mouvement circulaire, disons-nous, décrit la surface cylindrique[2].

3. Appelons *droits* les cylindres dont l'axe est à angles droits avec les bases, obliques ceux dont l'axe n'est pas à angles droits avec les bases[3].

Il faut aussi donner les définitions que voici d'après Apollonius :

4.[4] Appelons *diamètre* de toute ligne courbe située dans un seul plan une certaine droite menée de la ligne courbe et coupant en deux parties égales toutes les droites menées dans la ligne parallèlement à une certaine droite ; appelons *sommet* de la ligne l'extrémité, située sur la ligne, de la droite ; enfin, je dis que chacune des parallèles[5] *est abaissée sur le diamètre de manière ordonnée*[6].

---

1. Cette définition est une adaptation au cylindre de la *définition* 1 du Livre I des *Coniques* (*Premières définitions*) qui décrit la génération de la surface conique.

2. Même adaptation au cas du cylindre de la *définition* 2 du Livre I des *Coniques* (*Premières définitions*).

3. Cf. *Définition* 3 du Livre I des *Coniques* (*Premières définitions*).

4. Cette définition reproduit presque mot à mot la *définition* 4 du Livre I des *Coniques* (*Premières définitions*), jusqu'à reprendre la séquence πάσης καμπύλης γραμμῆς, alors que, dans le cas du cylindre, il ne s'agit que de l'ellipse.

5. Voir Note complémentaire [3].

6. Voir Note complémentaire [4].

νεια κυλινδρικὴ ἐπιφάνεια καλείσθω, ἥτις καὶ ἐπ'
ἄπειρον αὔξεσθαι δύναται τῆς γραφούσης αὐτὴν
εὐθείας ἐπ' ἄπειρον ἐκβαλλομένης.

Κύλινδρος δὲ τὸ περιεχόμενον σχῆμα ὑπό τε τῶν
παραλλήλων κύκλων καὶ τῆς μεταξὺ αὐτῶν ἀπει- 5
λημμένης κυλινδρικῆς ἐπιφανείας· βάσεις δὲ τοῦ
κυλίνδρου οἱ κύκλοι· ἄξων δὲ ἡ διὰ τῶν κέντρων
αὐτῶν ἀγομένη εὐθεῖα· πλευρὰ δὲ τοῦ κυλίνδρου
γραμμή τις, ἥτις εὐθεῖα οὖσα καὶ ἐπὶ τῆς ἐπιφανείας οὖσα τοῦ κυλίνδρου τῶν βάσεων ἀμφοτέρων 10
ἅπτεται, ἣν καί φαμεν περιενεχθεῖσαν γράφειν τὴν
κυλινδρικὴν ἐπιφάνειαν.

Τῶν δὲ κυλίνδρων ὀρθοὶ μὲν οἱ τὸν ἄξονα πρὸς
ὀρθὰς ἔχοντες ταῖς βάσεσι, σκαληνοὶ δὲ οἱ μὴ πρὸς
ὀρθὰς ἔχοντες ταῖς βάσεσι τὸν ἄξονα. 15

Ὁριστέον δὲ κατὰ Ἀπολλώνιον καὶ τάδε.

Πάσης καμπύλης γραμμῆς ἐν ἑνὶ ἐπιπέδῳ οὔσης
διάμετρος καλείσθω εὐθεῖά τις, ἥτις ἠγμένη ἀπὸ
τῆς καμπύλης γραμμῆς πάσας τὰς ἀγομένας ἐν
τῇ γραμμῇ εὐθείας εὐθείᾳ τινὶ παραλλήλους δίχα 20
διαιρεῖ, κορυφὴ δὲ τῆς γραμμῆς τὸ πέρας τῆς
εὐθείας τὸ πρὸς τῇ γραμμῇ, τεταγμένως δὲ ἐπὶ τὴν
διάμετρον κατῆχθαι ἑκάστην τῶν παραλλήλων.

6 βάσεις Ψ : βάσις V ‖ 19-21 πάσας – κορυφὴ [κορυφὴν Ψ] δὲ
τῆς γραμμῆς Ψ : om. V.

5. Appelons *diamètres conjugués* les diamètres qui, †menés de la ligne aux diamètres conjugués de manière ordonnée, les coupent pareillement†[1].

6. Appelons *centre* de la section[2] le point qui divise en deux parties égales le diamètre des lignes qui prennent ainsi naissance dans les sections obliques du cylindre ; *rayon*[3] la droite qui tombe du centre sur la ligne.

7. Appelons *second diamètre* la droite menée par le centre de la section parallèlement à une droite abaissée de manière ordonnée, et bornée par la ligne ; car il sera démontré qu'elle coupe en deux parties égales toutes les droites menées dans la section parallèlement au diamètre[4].

8. En outre, définissons préalablement que les ellipses semblables sont celles dont les diamètres conjugués de chacune d'elles ont entre eux le même rapport et se coupent l'un l'autre à angles égaux[5].

1[6]

Si deux droites se rencontrant entre elles sont parallèles à deux droites qui se rencontrent entre elles et sont égales chacune à chacune[7], les droites joignant leurs extrémités sont elles-mêmes aussi égales et parallèles.

Que deux droites AB et BΓ[8] se rencontrant l'une l'autre

1. La définition est tautologique et a été corrompue ; voir Note complémentaire [5].
2. La *définition* 6, comme la suivante, a été rédigée d'après les *définitions* 1 et 3 des *Secondes définitions* du Livre I des *Coniques*.
3. Littéralement « droite menée du centre » ; voir Note complémentaire [6].
4. Le *second diamètre* est le diamètre conjugué au premier diamètre.
5. Voir Note complémentaire [7].
6. Dans le *Vaticanus gr.* 206 (V), rien ne sépare la fin du prologue et le début de la première proposition.
7. Voir Note complémentaire [8].
8. Voir Note complémentaire [9].

Συζυγεῖς δὲ διάμετροι καλείσθωσαν αἵτινες †ἀπὸ τῆς γραμμῆς τεταγμένως ἀχθεῖσαι ἐπὶ τὰς συζυγεῖς διαμέτρους ὁμοίως αὐτὰς τέμνουσιν†.

Τοιούτων δὲ γραμμῶν ὑφισταμένων καὶ ἐν ταῖς πλαγίαις τομαῖς τοῦ κυλίνδρου ἡ διχοτομία τῆς 5 διαμέτρου κέντρον τῆς τομῆς καλείσθω, ἡ δὲ ἀπὸ τοῦ κέντρου ἐπὶ τὴν γραμμὴν προσπίπτουσα ἐκ τοῦ κέντρου τῆς γραμμῆς.

Ἡ δὲ διὰ τοῦ κέντρου τῆς τομῆς παρὰ τεταγμένως κατηγμένην ἀχθεῖσα περατουμένη ὑπὸ τῆς 10 γραμμῆς δευτέρα διάμετρος καλείσθω· δειχθήσεται γὰρ πάσας τὰς ἀγομένας ἐν τῇ τομῇ παρὰ τὴν διάμετρον δίχα τέμνουσα.

Ἔτι κἀκεῖνο προδιωρίσθω ὅτι ὅμοιαι ἐλλείψεις εἰσὶν ὧν ἑκατέρας αἱ συζυγεῖς διάμετροι πρὸς 15 ἀλλήλας τὸν αὐτὸν ἔχουσι λόγον καὶ πρὸς ἴσας γωνίας τέμνουσιν ἀλλήλας.

α'

Ἐὰν ὦσι δύο εὐθεῖαι ἁπτόμεναι ἀλλήλων παρὰ δύο εὐθείας ἁπτομένας ἀλλήλων καὶ ἴσας ἑκατέραν 20 ἑκατέρᾳ, αἱ τὰ πέρατα αὐτῶν ἐπιζευγνύουσαι καὶ αὐταὶ ἴσαι τε καὶ παράλληλοί εἰσιν.

Ἔστωσαν δύο εὐθεῖαι ἁπτόμεναι ἀλλήλων αἱ ΑΒ,

soient parallèles à deux droites ΔE et EZ se rencontrant l'une l'autre ; que AB soit égale à ΔE, BΓ égale à EZ, et que soient menées[1] des droites de jonction[2] AΓ et ΔZ.

Je dis que les droites AΓ et ΔZ sont égales et parallèles.

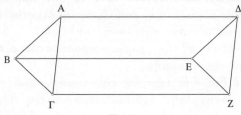

Fig. 1

Que[3] soient menées des droites de jonction BE, ΓZ et AΔ.

Puisque[4] AB est égale et parallèle à ΔE, alors BE est aussi <égale et parallèle à AΔ[5]. Puisque BΓ est égale et parallèle à EZ, alors BE est aussi égale et parallèle à ΓZ ; AΔ est donc aussi>[6] égale et parallèle à ΓZ[7].

AΓ et ΔZ sont donc aussi égales et parallèles[6], ce qu'il était proposé de démontrer.

1. Voir Note complémentaire [10].
2. Voir Note complémentaire [11].
3. On attend ici l'emploi de la particule γάρ, dont l'emploi est canonique pour introduire le développement qui suit le diorisme. Mais cet usage n'est pas systématique chez Sérénus.
4. Voir Note complémentaire [12].
5. *Éléments*, I.33.
6. L'omission de V a été corrigée par la recension byzantine. La traduction du passage omis se fonde ici sur la restitution proposée par Heiberg dans son apparat critique : τῇ ΑΔ ἴση τε καὶ παράλληλός ἐστιν. Καὶ ἐπεὶ ἡ ΒΓ τῇ EZ ἴση τε καὶ παράλληλός ἐστιν, καὶ ἡ BE ἄρα τῇ ΓZ ἴση τε καὶ παράλληλός ἐστιν· καὶ ἡ ΑΔ ἄρα.
7. *Éléments*, I.30.
8. *Éléments*, I.33.

ΒΓ παρὰ δύο εὐθείας ἁπτομένας ἀλλήλων τὰς ΔΕ, ΕΖ, καὶ ἴση ἔστω ἡ μὲν ΑΒ τῇ ΔΕ, ἡ δὲ ΒΓ τῇ ΕΖ, καὶ ἐπεζεύχθωσαν αἱ ΑΓ, ΔΖ. Λέγω ὅτι αἱ ΑΓ, ΔΖ ἴσαι τε καὶ παράλληλοί εἰσιν.

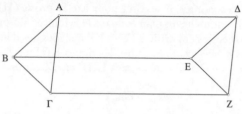

Fig. 1

Ἐπεζεύχθωσαν αἱ ΒΕ, ΓΖ, ΑΔ.

Ἐπεὶ ἡ ΑΒ τῇ ΔΕ ἴση τε καὶ παράλληλός ἐστιν, καὶ ἡ ΒΕ ἄρα <...> τῇ ΓΖ ἴση τε καὶ παράλληλός ἐστιν.

Καὶ αἱ ΑΓ, ΔΖ ἄρα ἴσαι τε καὶ παράλληλοί εἰσιν, ὃ προέκειτο δεῖξαι.

7 post Ἐπεὶ add. οὖν Ψ ‖ 8 post ἄρα lacunam ind. Heiberg.

2

Si un cylindre est coupé par un plan[1] mené par l'axe[2], la section sera un parallélogramme[3].

Soit[4] un cylindre, ayant[5] pour bases les cercles décrits autour des centres A et B et pour axe la droite AB ; que, par AB, soit mené un plan coupant le cylindre ; il fera alors[6] dans les cercles des droites ΓΔ et EZ qui sont des diamètres, et, dans la surface du cylindre, les lignes EHΓ et ZΔ.

Je dis que chacune des lignes EHΓ et ΔZ est une droite.

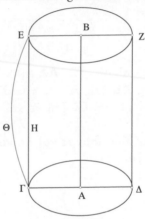

Fig. 2[7]

1. Ce premier plan, qui passe par l'axe, est le plan de référence par rapport auquel sera définie la position du plan sécant qui engendrera l'ellipse. Dans le cas du cylindre droit, il est toujours orthogonal aux plans de base.

2. Voir Note complémentaire [13].

3. La proposition correspond à *Coniques*, I.3.

4. Voir Note complémentaire [14].

5. Voir Note complémentaire [15].

6. Voir Note complémentaire [16].

7. Quand la proposition est relative à un cylindre à bases circulaires quelconque, V représente un cylindre droit. Le témoignage du manuscrit a été respecté dans la présente édition.

β΄

Ἐὰν κύλινδρος ἐπιπέδῳ τμηθῇ διὰ τοῦ ἄξονος, ἡ
τομὴ παραλληλόγραμμον ἔσται.

Ἔστω κύλινδρος οὗ βάσεις μὲν οἱ περὶ τὰ Α,
Β κέντρα κύκλοι, ἄξων δὲ ἡ ΑΒ εὐθεῖα· καὶ διὰ 5
τῆς ΑΒ ἐκβεβλήσθω ἐπίπεδον τέμνον τὸν κύλινδρον·
ποιήσει δὴ ἐν μὲν τοῖς κύκλοις εὐθείας τὰς ΓΔ, ΕΖ
διαμέτρους οὔσας, ἐν δὲ τῇ ἐπιφανείᾳ τοῦ κυλίνδρου
τὰς ΕΗΓ, ΖΔ γραμμάς.
Λέγω ὅτι καὶ ἑκατέρα τῶν ΕΗΓ, ΔΖ γραμμῶν 10
εὐθεῖά ἐστιν.

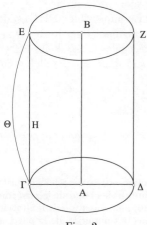

Fig. 2

1 β΄ Ψ V⁴ : om. V ‖ 2 Ἐ[ὰν iter. V¹ᵐᵍ ‖ 4 βάσεις Ψ : βάσις V.

Qu'elles ne soient pas des droites, si[1] c'est possible[2], et que soit menée la droite de jonction EΘΓ.

Dès lors, puisque la ligne EHΓ et la droite EΘΓ sont dans le plan EΔ et se rencontrent aux points E et Γ, et que la ligne EHΓ est sur la surface du cylindre, alors la droite EΘΓ n'est pas sur la surface du cylindre.

Dès lors, puisque les cercles A et B[3] sont égaux et parallèles[4] et sont coupés par le plan EΔ, alors leurs intersections[5] sont parallèles[6]. Or elles sont aussi égales, car ce sont des diamètres des cercles égaux.

Si donc, les points A et B restant fixes, nous imaginons[7] les diamètres AΓ et BE entraînant la droite EΘΓ dans son mouvement circulaire autour des cercles A et B et la ramenant à sa place initiale[8], la droite EΘΓ décrira la surface du cylindre, et Θ sera sur la surface ; or, on l'a vu, il est à l'extérieur, ce qui est impossible ; EHΓ est donc une droite. ZΔ est pareillement aussi une droite. D'autre part, elles joignent les droites égales et parallèles EZ et ΓΔ.

La figure EΔ est donc un parallélogramme[9], ce qu'il fallait démontrer.

3

Si un cylindre est coupé par un plan parallèle au parallélo-

---

1. C'est la première occurrence de la particule γάρ dont l'emploi est de règle dans les textes de géométrie classique pour introduire le développement qui suit le diorisme. Cet emploi figé ne demande pas la traduction de la particule.
2. Voir Note complémentaire [17].
3. Voir Note complémentaire [18].
4. *Définition* 1.
5. L'expression κοινὴ τομή est réservée à l'intersection de deux plans ou de deux lignes.
6. *Éléments*, XI.16.
7. Voir Note complémentaire [19].
8. Voir Note complémentaire [20].
9. *Éléments*, I.33.

Εἰ γὰρ δυνατόν, μὴ ἔστωσαν εὐθεῖαι, καὶ ἐπεζεύχθω
ἡ ΕΘΓ εὐθεῖα.

Ἐπεὶ οὖν ἡ ΕΗΓ γραμμὴ καὶ ἡ ΕΘΓ εὐθεῖα ἐν τῷ
ΕΔ ἐπιπέδῳ εἰσὶ συνάπτουσαι κατὰ τὰ Ε, Γ σημεῖα,
καὶ ἔστιν ἡ ΕΗΓ γραμμὴ ἐπὶ τῆς τοῦ κυλίνδρου   5
ἐπιφανείας, ἡ ΕΘΓ ἄρα εὐθεῖα οὐκ ἔστιν ἐπὶ τῆς
τοῦ κυλίνδρου ἐπιφανείας.

Ἐπεὶ οὖν οἱ Α, Β κύκλοι ἴσοι τε καὶ παράλληλοί
εἰσι καὶ τέμνονται ὑπὸ τοῦ ΕΔ ἐπιπέδου, αἱ ἄρα
κοιναὶ αὐτῶν τομαὶ παράλληλοί εἰσιν. Εἰσὶ δὲ καὶ   10
ἴσαι· διάμετροι γάρ εἰσιν ἴσων κύκλων.

Ἐὰν ἄρα μενόντων τῶν Α, Β σημείων τὰς ΑΓ,
ΒΕ διαμέτρους νοήσωμεν περιενεγκούσας τὴν ΕΘΓ
εὐθεῖαν περὶ τοὺς Α, Β κύκλους καὶ ἀποκαθιστα-
μένας, ἡ ΕΘΓ εὐθεῖα γράψει τὴν τοῦ κυλίνδρου   15
ἐπιφάνειαν, καὶ ἔσται τὸ Θ ἐπὶ τῆς ἐπιφανείας· ἣν
δὲ ἐκτός, ὅπερ ἀδύνατον· εὐθεῖα ἄρα ἐστὶν ἡ ΕΗΓ.
Ὁμοίως δὲ καὶ ἡ ΖΔ. Καὶ ἐπιζευγνύουσιν ἴσας τε
καὶ παραλλήλους τὰς ΕΖ, ΓΔ.

Τὸ ΕΔ ἄρα παραλληλόγραμμόν ἐστιν, ὅπερ ἔδει   20
δεῖξαι.

γ′

Ἐὰν κύλινδρος ἐπιπέδῳ τμηθῇ παραλλήλῳ τῷ
διὰ τοῦ ἄξονος παραλληλογράμμῳ, ἡ τομὴ παραλ-

18 ἐπιζευγνύουσιν Ψ : -σις V ‖ 20-21 ἔδει δεῖξαι c v : ἔδειξαι V ‖
21 post δεῖξαι add. ἑξῆς τὸ σχῆμα V¹ (propositionis figura in
margine) ‖ 22 γ′ Ψ V⁴ : om. V.

gramme axial[1], *la section sera un parallélogramme ayant des angles égaux au parallélogramme axial.*

Soit un cylindre, ayant pour bases les cercles décrits autour des centres A et B, pour axe la droite AB, pour parallélogramme axial le parallélogramme ΓΔ, et que le cylindre soit coupé par un autre plan mené par les points E, Z, H, Θ, parallèle au parallélogramme ΓΔ et déterminant dans les bases des sections[2] qui sont les droites EZ et HΘ, et, dans la surface du cylindre, les lignes EH et ZΘ.

Je dis que la figure EHZΘ est un parallélogramme équiangle au parallélogramme ΓΔ.

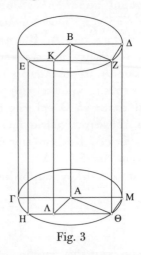

Fig. 3

Que soit menée du centre B à la droite EZ une perpendiculaire BK ; que, par les droites KB et BA, soit mené un plan ; soient des intersections AΛ et KΛ, et que soient menées des droites de jonction BZ et AΘ.

---

1. Littéralement « parallélogramme <mené> par l'axe ».
2. Voir Note complémentaire [21].

λαλόγραμμον ἔσται ἴσας γωνίας ἔχον τῷ διὰ τοῦ
ἄξονος παραλληλογράμμῳ.

Ἔστω κύλινδρος οὗ βάσεις μὲν οἱ περὶ τὰ Α, Β
κέντρα κύκλοι, ἄξων δὲ ἡ ΑΒ εὐθεῖα, τὸ δὲ διὰ τοῦ
ἄξονος παραλληλόγραμμον τὸ ΓΔ, καὶ τετμήσθω 5
ὁ κύλινδρος ἑτέρῳ ἐπιπέδῳ τῷ διὰ τῶν Ε, Ζ, Η,
Θ παραλλήλῳ ὄντι τῷ ΓΔ παραλληλογράμμῳ καὶ
ποιοῦντι τομὰς ἐν μὲν ταῖς βάσεσι τὰς ΕΖ, ΗΘ
εὐθείας, ἐν δὲ τῇ ἐπιφανείᾳ τοῦ κυλίνδρου τὰς ΕΗ,
ΖΘ γραμμάς. 10
Λέγω ὅτι τὸ ΕΗΖΘ σχῆμα παραλληλόγραμμόν
ἐστιν ἰσογώνιον τῷ ΓΔ.

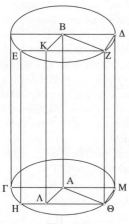

Fig. 3

Ἤχθω ἀπὸ τοῦ Β κέντρου ἐπὶ τὴν ΕΖ εὐθεῖαν
κάθετος ἡ ΒΚ, καὶ διὰ τῶν ΚΒ, ΒΑ διεκβεβλήσθω
ἐπίπεδον, καὶ ἔστωσαν κοιναὶ τομαὶ αἱ ΑΛ, ΚΛ, καὶ 15
ἐπεζεύχθωσαν αἱ ΒΖ, ΑΘ.

3 βάσεις Ψ : βάσις V ‖ 3-4 τὰ Α, Β κέντρα Ψ : τὸ Α, Β κέντρον V.

Dès lors, puisque le cercle A est parallèle au cercle B, que le plan EΘ est parallèle au plan ΓΔ, et que ces plans sont coupés par le plan ABKΛ, alors la droite AΛ est parallèle à la droite BK, et la droite KΛ est parallèle à la droite BA[1] ; le quadrilatère KA est donc un parallélogramme ; la droite KΛ est donc égale à la droite BA, et la droite BK est égale à la droite AΛ[2].

D'autre part, puisque BK est parallèle à AΛ, et que KZ est parallèle à ΛΘ[3], l'angle BKZ est aussi égal à l'angle AΛΘ[4] ; d'autre part, BK est perpendiculaire à KZ ; AΛ est donc aussi perpendiculaire à ΛΘ ; or elles sont égales ; EZ et HΘ sont donc aussi égales[5] ; mais elles sont aussi parallèles[5].

D'autre part, puisque BZ est parallèle à AΘ[7], alors le plan mené par BZ et l'axe passera aussi par AΘ et déterminera une section qui est un parallélogramme, dont le côté est la droite joignant les points Z et Θ et située sur la surface du cylindre[8] ; or le côté ZΘ de la figure EZHΘ est aussi sur la surface du cylindre ; il est donc le côté commun du parallélogramme axial[9] et de la figure EHZΘ ; or il a été démontré que le côté du parallélogramme axial était une droite[10] ; la ligne ΘZ est donc une droite. Pareillement aussi pour EH ; d'autre part, ces droites joignent les droites égales et parallèles EZ et HΘ ; EΘ est donc un parallélogramme[11].

Je dis maintenant que, de plus[12], ce parallélogramme est équiangle au parallélogramme ΓΔ.

1. *Éléments*, XI.16.
2. *Éléments*, I.34.
3. *Éléments*, XI.16.
4. *Éléments*, XI.10.
5. *Éléments*, III.14.
6. *Éléments*, XI.16.
7. Proposition 1.
8. *Définition 2*.
9. Il s'agit du parallélogramme BZΘA.
10. Proposition 2.
11. *Éléments*, I.33.
12. Voir Note complémentaire [22].

Ἐπεὶ οὖν παράλληλος ὁ μὲν Α κύκλος τῷ Β, τὸ δὲ ΕΘ ἐπίπεδον τῷ ΓΔ ἐπιπέδῳ, καὶ τέμνεται ὑπὸ τοῦ ΑΒΚΛ ἐπιπέδου, παράλληλος ἄρα ἡ μὲν ΑΛ τῇ ΒΚ, ἡ δὲ ΚΛ τῇ ΒΑ· παραλληλόγραμμον ἄρα ἐστὶ τὸ ΚΑ· ἴση ἄρα ἡ μὲν ΚΛ τῇ ΒΑ, ἡ δὲ ΒΚ τῇ 5 ΑΛ.

Καὶ ἐπεὶ ἡ μὲν ΒΚ τῇ ΑΛ παράλληλός ἐστιν, ἡ δὲ ΚΖ τῇ ΛΘ, καὶ ἡ ὑπὸ ΒΚΖ ἄρα γωνία τῇ ὑπὸ ΑΛΘ ἴση ἐστίν· καὶ ἔστιν ἡ ΒΚ κάθετος ἐπὶ τὴν ΚΖ· καὶ ἡ ΑΛ ἄρα κάθετός ἐστιν ἐπὶ τὴν ΛΘ· 10 καί εἰσιν ἴσαι· ἴσαι ἄρα καὶ αἱ ΕΖ, ΗΘ· ἀλλὰ καὶ παράλληλοι.

Καὶ ἐπεὶ ἡ ΒΖ τῇ ΑΘ παράλληλός ἐστιν, τὸ ἄρα διὰ τῆς ΒΖ καὶ τοῦ ἄξονος ἀγόμενον ἐπίπεδον ἥξει καὶ διὰ τῆς ΑΘ καὶ τομὴν ποιήσει παραλ- 15 ληλόγραμμον, καὶ πλευρὰ αὐτοῦ ἔσται ἡ τὰ Ζ, Θ ἐπιζευγνύουσα εὐθεῖα ἐπὶ τῆς ἐπιφανείας οὖσα τοῦ κυλίνδρου· ἔστι δὲ καὶ ἡ ΖΘ πλευρὰ τοῦ ΕΖΗΘ σχήματος ἐπὶ τῆς τοῦ κυλίνδρου ἐπιφανείας· κοινὴ ἄρα πλευρά ἐστι τοῦ τε διὰ τοῦ ἄξονος παραλ- 20 ληλογράμμου καὶ τοῦ ΕΗΖΘ σχήματος· εὐθεῖα δὲ ἐδείχθη ἡ πλευρὰ τοῦ διὰ τοῦ ἄξονος παραλληλο-γράμμου· ἡ ΘΖ ἄρα ἐστὶν εὐθεῖα. Ὁμοίως δὲ καὶ ἡ ΕΗ· καὶ ἐπιζευγνύουσιν ἴσας καὶ παραλλήλους τὰς ΕΖ, ΗΘ· τὸ ΕΘ ἄρα παραλληλόγραμμόν ἐστιν. 25

Λέγω δὴ ὅτι καὶ ἰσογώνιον τῷ ΓΔ.

4 ΒΚ [Β evan. V^{1mg}] V^{1mg} v Ψ : ΚΛ V ‖ 5 ΚΛ [ΛΚ Ψ] Ψ : ΚΑ V ‖ 9 Β[Κ e corr. V^1 ‖ 24 ΕΗ [ΗΕ Ψ] V^1 Ψ : ΕΖ V.

Puisque[1] deux droites ΔB et BZ sont parallèles aux deux droites MA[2] et AΘ, et que les quatre droites sont égales, les droites ZΔ et MΘ sont aussi égales et parallèles en vertu du théorème[3] 1 ; ZΘ et ΔM elles-mêmes sont donc aussi égales et parallèles[4] ; or $\Lambda\Theta$ est aussi parallèle à AM ; l'angle $\Lambda\Theta$Z du parallélogramme EΘ est donc égal à l'angle ΓMΔ du parallélogramme $\Gamma\Delta$[5].

Le parallélogramme EΘ est donc équiangle au parallélogramme $\Gamma\Delta$.

4[6]

Si une droite sous-tend une ligne courbe, et que les perpendiculaires menées de la ligne à la droite sous-tendante aient leur carré égal[7] au rectangle[8] compris par les segments de la sous-tendante, la ligne sera un arc de cercle[9].

1. Nouvelle occurrence de l'emploi régulier de la particule γάρ, dont l'emploi est canonique pour introduire le développement qui suit un diorisme. On ne le notera plus.

2. On note ici, comme souvent un appel à la figure, puisque le point M n'a pas été explicitement construit.

3. Au sens de « proposition ». Cette manière de dire a été respectée dans la traduction.

4. *Éléments*, I.33.

5. *Éléments*, XI.10.

6. Ce lemme est attaché à l'étude des *Coniques*. On le retrouve chez Pappus, dans les lemmes au Livre I des *Coniques* (*Collection mathématique*, VII, prop. 168), et dans le commentaire d'Eutocius à *Coniques* I.5, qui donne une démonstration par la voie directe, semblable à celles de Pappus et Sérénus, et une démonstration par l'absurde.

7. Voir Note complémentaire [23].

8. L'expression du rectangle est formulaire. Il faut entendre : τὸ <περιεχόμενον ὀρθογώνιον> ὑπὸ τῶν τμημάτων τῆς ὑποτεινούσης «la <figure rectangulaire comprise> par les segments de la droite qui sous-tend ».

9. En l'espèce, il s'agit d'un demi-cercle. Dans les mathématiques grecques, le mot περιφέρεια désigne indifféremment un arc ou une circonférence de cercle.

Ἐπεὶ γὰρ δύο αἱ **ΔΒ, ΒΖ** δυσὶ ταῖς **ΜΑ, ΑΘ**
παράλληλοί εἰσιν, καί εἰσιν αἱ τέσσαρες εὐθεῖαι ἴσαι,
καὶ αἱ **ΖΔ, ΜΘ** ἄρα ἴσαι τε καὶ παράλληλοί εἰσι
διὰ τὸ πρῶτον θεώρημα· καὶ αἱ **ΖΘ, ΔΜ** ἄρα καὶ
αὐταὶ ἴσαι τε καὶ παράλληλοί εἰσιν· ἔστι δὲ καὶ ἡ 5
ΛΘ τῇ **ΑΜ** παράλληλος· ἡ ἄρα ὑπὸ **ΛΘΖ** γωνία τοῦ
ΕΘ παραλληλογράμμου τῇ ὑπὸ **ΓΜΔ** γωνίᾳ τοῦ **ΓΔ**
παραλληλογράμμου ἴση ἐστίν.
Ἰσογώνιον ἄρα τὸ **ΕΘ** τῷ **ΓΔ**.

δ′ 10

Ἐὰν καμπύλην γραμμὴν ὑποτείνῃ εὐθεῖα, αἱ δὲ
ἀπὸ τῆς γραμμῆς ἐπὶ τὴν ὑποτείνουσαν κάθετοι ἴσον
δύνωνται τῷ ὑπὸ τῶν τμημάτων τῆς ὑποτεινούσης,
ἡ γραμμὴ κύκλου περιφέρεια ἔσται.

5 αὐταὶ Heiberg (jam Comm.) : αὗται V ‖ 9 τὸ ΕΘ [τὸ ΘΕ
Ψ] Ψ : τῷ Θ V ‖ τῷ Ψ : τὸ V ‖ 10 δ′ Ψ V⁴ : om. V ‖ 11 Ἐ[ὰν
iter. V^{1mg}.

Soient une ligne courbe ABΔ et la droite AΔ qui la sous-tend ; que soient menées des perpendiculaires BE et ΓZ à AΔ ; que, par hypothèse, le carré sur BE[1] soit égal au rectangle AE,EΔ, et le carré sur ΓZ soit égal au rectangle AZ,ZΔ.

Je dis que la ligne ABΔ est un arc de cercle.

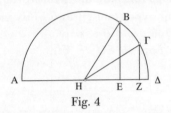

Fig. 4

Que AΔ soit coupée en deux parties égales en un point H, et que soient menées des droites de jonction HB et HΓ.

Dès lors, puisque le carré sur HΔ est égal à la somme[2] du carré sur HE et du rectangle AE,EΔ[3], c'est-à-dire du carré sur BE, que, d'autre part, le carré sur BH est égal à la somme des carrés sur HE et EB[4], alors BH est égale à HΔ. On démontre pareillement aussi que ΓH est égale à HΔ, tout comme les autres droites.

La ligne ABΔ est donc un demi-cercle.

5[5]

Si un cylindre est coupé par un plan parallèle aux bases, la section sera un cercle ayant son centre sur l'axe.

---

1. L'expression est formulaire : τὸ ἀπὸ τῆς BE <τετράγωνον> « la <figure carrée construite> sur la droite BE ».
2. Voir Note complémentaire [24].
3. *Éléments*, II.5.
4. *Éléments*, I.47.
5. La proposition correspond à *Coniques*, I.4.

Ἔστω καμπύλη γραμμὴ ἡ ΑΒΔ ὑποτείνουσα δὲ
αὐτὴν ἡ ΑΔ εὐθεῖα, καὶ κάθετοι ἤχθωσαν ἐπὶ τὴν
ΑΔ αἱ ΒΕ, ΓΖ, καὶ ὑποκείσθω τὸ μὲν ἀπὸ τῆς ΒΕ
ἴσον τῷ ὑπὸ τῶν ΑΕ, ΕΔ, τὸ δὲ ἀπὸ τῆς ΓΖ ἴσον
τῷ ὑπὸ ΑΖΔ.   5
Λέγω ὅτι ἡ ΑΒΔ κύκλου περιφέρειά ἐστιν.

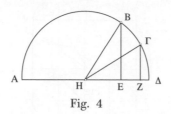

Fig. 4

Τετμήσθω δίχα ἡ ΑΔ κατὰ τὸ Η, καὶ ἐπεζεύχ-
θωσαν αἱ ΗΒ, ΗΓ.
Ἐπεὶ οὖν τὸ ἀπὸ τῆς ΗΔ ἴσον ἐστὶ τῷ τε ἀπὸ
τῆς ΗΕ καὶ τῷ ὑπὸ τῶν ΑΕ, ΕΔ, ὅ ἐστι τὸ ἀπὸ τῆς   10
ΒΕ, ἀλλὰ καὶ τὸ ἀπὸ τῆς ΒΗ ἴσον ἐστὶ τοῖς ἀπὸ
ΗΕ, ΕΒ, ἴση ἄρα ἡ ΒΗ τῇ ΗΔ. Ὁμοίως δὲ καὶ ἡ
ΓΗ τῇ ΗΔ ἴση δείκνυται καὶ αἱ ἄλλαι.
Ἡμικύκλιον ἄρα τὸ ΑΒΔ.

ε΄   15

Ἐὰν κύλινδρος ἐπιπέδῳ τμηθῇ παραλλήλῳ ταῖς
βάσεσιν, ἡ τομὴ κύκλος ἔσται τὸ κέντρον ἔχων ἐπὶ
τοῦ ἄξονος.

10 τὸ Ψ : τῷ V ‖ 12 Β]Η e corr. V¹ ‖ 15 ε΄ Ψ V⁴ : om. V.

Soit un cylindre, ayant pour bases les cercles A et B, pour axe la droite AB ; que le cylindre soit coupé par un plan parallèle aux bases et déterminant la ligne ΓΞΔ dans la surface du cylindre.

Je dis que la ligne ΓΞΔ est une circonférence de cercle.

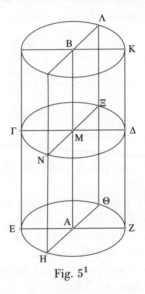

Fig. 5[1]

Que soient menés dans le cercle A des diamètres EZ et HΘ, et que, par chacune des droites EZ et HΘ et l'axe, soient menés des plans coupant le cylindre ; ils détermineront alors des parallélogrammes, qui sont les sections. Soit

1. Il s'agit bien ici de la figure de V. L'éditeur Heiberg reproduit, de sa propre initiative semble-t-il, une figure dont les bases ont été inversées.

Ἔστω κύλινδρος οὗ βάσεις μὲν οἱ **Α, Β** κύκλοι, ἄξων δὲ ἡ **ΑΒ** εὐθεῖα, καὶ τετμήσθω ὁ κύλινδρος ἐπιπέδῳ παραλλήλῳ ταῖς βάσεσι ποιοῦντι ἐν τῇ ἐπιφανείᾳ τοῦ κυλίνδρου τὴν **ΓΞΔ** γραμμήν. Λέγω ὅτι ἡ **ΓΞΔ** γραμμὴ κύκλου ἐστὶ περιφέρεια. 5

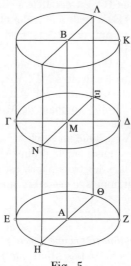

Fig. 5

Ἤχθωσαν ἐν τῷ **Α** κύκλῳ διάμετροι αἱ **ΕΖ, ΗΘ**, καὶ δι' ἑκατέρας τῶν **ΕΖ, ΗΘ** καὶ τοῦ ἄξονος ἐκβεβλήσθω ἐπίπεδα τέμνοντα τὸν κύλινδρον· ποιήσει δὴ παραλληλόγραμμα τὰς τομάς. Ἔστω τοῦ μὲν **ΕΚ** παραλληλογράμμου καὶ τοῦ **ΓΞΔ** ἐπιπέδου κοινὴ 10

1 βάσεις Ψ : βάσις V ‖ 2 Α]Β V¹ : Θ V.

ΓΔ l'intersection[1] du parallélogramme EK et du plan ΓΞΔ, et soit NΞ l'intersection du parallélogramme HΛ et du plan ΓΔΞ.

Dès lors, puisque le plan ΓΞΔ est parallèle au cercle A et est coupé[2] par le plan EK, alors ΓΔ est parallèle à EZ[3]. Pour les mêmes raisons, NΞ est aussi parallèle à HΘ.

Dès lors, puisque BA est parallèle à chacune des droites ΓE et ΔZ, et que AE est égale à AZ, alors ΓM est aussi égale à MΔ. Pareillement, puisque HA est égale à AΘ, alors MN est aussi égale à MΞ.

Puisque AE et AH sont égales, alors MΓ et MN sont aussi égales ; toutes les droites MΓ, MΔ, MN et MΞ sont donc égales entre elles. Pareillement, si sont menées d'autres droites, toutes les droites tombant de M sur la ligne ΓΞΔ seront trouvées égales.

La section ΓΞΔ est donc un cercle[4].

Que le centre est aussi sur la droite AB est évident ; en effet, M, qui est dans les trois plans, est sur l'intersection AB des parallélogrammes, c'est-à-dire sur l'axe.

6[5]

Si un cylindre oblique est coupé par un plan mené par l'axe à angles droits avec les bases[6] *ainsi que par un autre plan à angles droits*[7] *avec le parallélogramme axial et détermi-*

---

1. Voir Note complémentaire [25].
2. Voir Note complémentaire [26].
3. *Éléments*, XI.16.
4. *Éléments*, I, *définition* 15.
5. La proposition correspond à *Coniques* I.5.
6. Il contient donc la hauteur du cylindre.
7. Le tour ὀρθός πρὸς (+ acc.), « faisant un angle droit avec », est relativement fréquent chez Sérénus pour exprimer la perpendicularité de deux plans ; il est l'équivalent de l'expression usuelle πρὸς ὀρθάς.

τομὴ ἡ ΓΔ, τοῦ δὲ ΗΛ παραλληλογράμμου καὶ τοῦ
ΓΔΞ ἐπιπέδου κοινὴ τομὴ ἡ ΝΞ.

Ἐπεὶ οὖν τὸ ΓΞΔ ἐπίπεδον παράλληλόν ἐστι τῷ
Α κύκλῳ καὶ τέμνεται ὑπὸ τοῦ ΕΚ ἐπιπέδου, ἡ ΓΔ
ἄρα εὐθεῖα τῇ ΕΖ παράλληλός ἐστιν. Διὰ τὰ αὐτὰ 5
δὲ καὶ ἡ ΝΞ τῇ ΗΘ παράλληλός ἐστιν.

Ἐπεὶ οὖν ἡ ΒΑ ἑκατέρᾳ τῶν ΓΕ, ΔΖ παράλληλός
ἐστιν, καὶ ἴση ἡ ΑΕ τῇ ΑΖ, ἴση ἄρα καὶ ἡ ΓΜ τῇ
ΜΔ. Ὁμοίως ἐπεὶ ἴση ἐστὶν ἡ ΗΑ τῇ ΑΘ, ἴση ἄρα
καὶ ἡ ΜΝ τῇ ΜΞ.   10

Ἐπεὶ δὲ αἱ ΑΕ, ΑΗ ἴσαι εἰσίν, καὶ αἱ ΜΓ, ΜΝ ἄρα
ἴσαι εἰσίν· πᾶσαι ἄρα αἱ ΜΓ, ΜΔ, ΜΝ, ΜΞ ἴσαι εἰσὶν
ἀλλήλαις. Ὁμοίως δὲ κἂν ἄλλαι διαχθῶσιν, πᾶσαι
αἱ ἀπὸ τοῦ Μ ἐπὶ τὴν ΓΞΔ γραμμὴν προσπίπτουσαι
ἴσαι εὑρεθήσονται.   15

Κύκλος ἄρα ἐστὶν ἡ ΓΞΔ τομή.

Ὅτι δὲ καὶ τὸ κέντρον ἐπὶ τῆς ΑΒ εὐθείας ἔχει,
δῆλον· τὸ γὰρ Μ ἐν τοῖς τρισὶν ἐπιπέδοις ὂν ἐπὶ τῆς
ΑΒ κοινῆς τομῆς τῶν παραλληλογράμμων ἐστίν,
τουτέστιν ἐπὶ τοῦ ἄξονος.   20

ς΄

Ἐὰν κύλινδρος σκαληνὸς ἐπιπέδῳ διὰ τοῦ ἄξονος
τμηθῇ πρὸς ὀρθὰς τῇ βάσει, τμηθῇ δὲ καὶ ἑτέρῳ
ἐπιπέδῳ ὀρθῷ τε πρὸς τὸ διὰ τοῦ ἄξονος παραλληλόγραμμον καὶ ποιοῦντι τὴν κοινὴν τομὴν ἐν 25

1 ΗΛΨ : ΗΓV ‖ 7 Δ]Ζ e corr. Par. 2367 : ΞV ‖ 13 ἀλλήλαις
huc transp. Decorps-F. : post pr. εἰσίν (l. 12) habet V ‖ 21 ς΄
Ψ V⁴ : om. V.

nant dans le parallélogramme une droite, qui est l'intersection, faisant des angles égaux à ceux du parallélogramme, sans être parallèle aux bases du parallélogramme, la section sera un cercle. — Appelons *contraire* une telle façon de mener le plan[1].

Soit un cylindre oblique de parallélogramme axial AΔ mené à angles droits avec la base ; que le cylindre soit aussi coupé par un autre plan EZH à angles droits lui-même avec le parallélogramme AΔ et faisant dans le plan une intersection qui est la droite EH, non parallèle aux droites AB et ΓΔ, et faisant l'angle HEA[2] égal à l'angle EAB et l'angle EHB égal à l'angle ABH.

Je dis que la section EZH est un cercle.

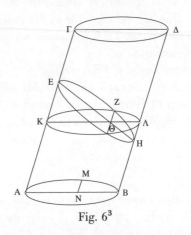

Fig. 6[3]

1. Voir Note complémentaire [27].
2. La lacune ménagée entre ὑπὸ et HEA dans V (f. 165v) ne s'accompagne pas d'une perte de texte. Il semble que le copiste n'ait pas voulu écrire sur un espace dont le papier a été dégradé par l'écriture du recto.
3. Dans V, un premier dessin assez maladroit de la figure (sans la section EZH) occupe l'espace ménagé pour l'emplacement des figures, mais il a été biffé. Le second dessin reproduit ici est en marge. Les deux copies byzantines, c et v, ont les deux figures.

τῷ παραλληλογράμμῳ εὐθεῖαν ἴσας μὲν ποιοῦσαν
γωνίας ταῖς τοῦ παραλληλογράμμου, μὴ παράλληλον δὲ οὖσαν ταῖς βάσεσι τοῦ παραλληλογράμμου, ἡ τομὴ κύκλος ἔσται. Καλείσθω δὲ ἡ
τοιαύτη ἀγωγὴ τοῦ ἐπιπέδου ὑπεναντία.   5

Ἔστω σκαληνὸς κύλινδρος οὗ τὸ διὰ τοῦ ἄξονος
παραλληλόγραμμον ἔστω τὸ ΑΔ πρὸς ὀρθὰς ὂν τῇ
βάσει, τετμήσθω δὲ ὁ κύλινδρος καὶ ἑτέρῳ ἐπιπέδῳ
τῷ ΕΖΗ ὀρθῷ καὶ αὐτῷ πρὸς τὸ ΑΔ παραλληλόγραμμον καὶ ποιοῦντι ἐν αὐτῷ κοινὴν τομὴν τὴν ΕΗ   10
εὐθεῖαν μὴ παράλληλον μὲν ταῖς ΑΒ, ΓΔ, ἴσας δὲ
γωνίας ποιοῦσαν τὴν μὲν ὑπὸ ΗΕΑ τῇ ὑπὸ ΕΑΒ,
τὴν δὲ ὑπὸ ΕΗΒ τῇ ὑπὸ ΑΒΗ.
Λέγω ὅτι ἡ ΕΖΗ τομὴ κύκλος ἐστίν.

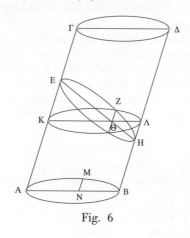

Fig. 6

12 post pr. ὑπὸ lacunam fere 10 litt. praebet V vide adn. ||
13 ΑΒΗ Ψ : ΑΗΒ V.

Que soit pris un certain point Θ sur la droite EH, et que soit menée une droite ΘZ à angles droits avec EH, dans le plan EZH ; $Z\Theta$ est donc perpendiculaire au plan $A\Delta$[1].

Que soit menée par Θ une parallèle $K\Theta\Lambda$ à AB ; que soit placée une droite MN à angles droits avec AB, et que, par $Z\Theta$ et $K\Lambda$, soit mené un plan déterminant la section $KZ\Lambda$.

Dès lors, puisque MN est perpendiculaire à l'intersection AB des plans[2] et est située dans le plan de la base, alors MN est perpendiculaire au plan $A\Delta$[3] ; $Z\Theta$ et MN sont donc parallèles[4] ; or $K\Lambda$ et AB sont aussi parallèles ; les plans menés par ces droites le sont donc aussi[5]. La section $KZ\Lambda$ est donc parallèle à la base ; la section $KZ\Lambda$ est donc un cercle[6].

Or $K\Lambda$ est un diamètre du cercle et $Z\Theta$ est à angles droits avec $K\Lambda$; le rectangle $K\Theta,\Theta\Lambda$ est donc égal au carré sur ΘZ[7] ; mais le rectangle $E\Theta,\Theta H$ est égal au rectangle $K\Theta,\Theta\Lambda$, puisque $E\Theta$ est égale à ΘK et que $H\Theta$ est égale à $\Theta\Lambda$ du fait que les angles situés aux bases EK et ΛH sont égaux[8] ; le carré sur $Z\Theta$ est donc aussi égal au rectangle $E\Theta,\Theta H$; d'autre part, $Z\Theta$ fait un angle droit[9] avec EH ; pareillement, si nous menons[10] une autre parallèle à $Z\Theta$ vers EH, le carré de cette droite sera équivalent au rectangle compris par les segments produits sur EH.

La section EZH est donc un cercle[11], de diamètre $E\Theta H$[12].

---

1. *Éléments*, XI, *définition* 4.
2. AB est l'intersection du cercle de base et du parallélogramme axial $A\Delta$.
3. *Éléments*, XI, *définition* 4.
4. *Éléments*, XI.6.
5. *Éléments*, XI.15.
6. Proposition 5.
7. Par application d'*Éléments*, III.31 et VI.8 *porisme*.
8. *Éléments* I.6.
9. Voir Note complémentaire [28].
10. Voir Note complémentaire [29].
11. Proposition 4.
12. Voir Note complémentaire [30].

Εἰλήφθω τι σημεῖον ἐπὶ τῆς ΕΗ εὐθείας τὸ Θ, καὶ πρὸς ὀρθὰς τῇ ΕΗ ἤχθω ἡ ΘΖ ἐν τῷ ΕΖΗ ἐπιπέδῳ οὖσα· ἡ ΖΘ ἄρα κάθετός ἐστιν ἐπὶ τὸ ΑΔ ἐπίπεδον. Ἤχθω διὰ τοῦ Θ τῇ ΑΒ παράλληλος ἡ ΚΘΛ, καὶ κείσθω τῇ ΑΒ πρὸς ὀρθὰς ἡ ΜΝ, καὶ διὰ τῶν ΖΘ, 5 ΚΛ ἤχθω ἐπίπεδον ποιοῦν τὴν ΚΖΛ τομήν.

Ἐπεὶ οὖν ἡ ΜΝ κάθετός ἐστιν ἐπὶ τὴν ΑΒ κοινὴν τομὴν τῶν ἐπιπέδων ἐν τῷ τῆς βάσεως ἐπιπέδῳ οὖσα, κάθετος ἄρα ἐστὶν ἡ ΜΝ ἐπὶ τὸ ΑΔ ἐπίπεδον· παράλληλοι ἄρα εἰσὶν αἱ ΖΘ, ΜΝ· παράλληλοι δὲ 10 καὶ αἱ ΚΛ, ΑΒ· καὶ τὰ δι' αὐτῶν ἄρα ἐπίπεδα. Ἡ ΚΖΛ ἄρα τομὴ παράλληλός ἐστι τῇ βάσει· κύκλος ἄρα ἐστὶν ἡ ΚΖΛ τομή.

Διάμετρος δὲ τοῦ κύκλου ἡ ΚΛ, καὶ τῇ ΚΛ πρὸς ὀρθὰς ἡ ΖΘ· ἴσον ἄρα τὸ ὑπὸ τῶν ΚΘ, ΘΛ τῷ ἀπὸ 15 τῆς ΘΖ· ἀλλὰ τῷ ὑπὸ τῶν ΚΘ, ΘΛ τὸ ὑπὸ τῶν ΕΘ, ΘΗ ἴσον ἐστίν· ἴση γὰρ ἡ μὲν ΕΘ τῇ ΘΚ, ἡ δὲ ΗΘ τῇ ΘΛ διὰ τὸ τὰς πρὸς ταῖς ΕΚ, ΛΗ βάσεσι γωνίας ἴσας εἶναι· καὶ τῷ ὑπὸ τῶν ΕΘ, ΘΗ ἄρα τὸ ἀπὸ τῆς ΖΘ ἴσον ἐστίν· καὶ ἔστιν ὀρθὴ ἡ ΖΘ ἐπὶ τὴν ΕΗ· 20 ὁμοίως δὲ κἂν ἄλλην ἀγάγῃς παράλληλον τῇ ΖΘ ἐπὶ τὴν ΕΗ, ἴσον δυνήσεται τῷ ὑπὸ τῶν γενομένων τμημάτων τῆς ΕΗ.

Κύκλος ἄρα ἐστὶν ἡ ΕΖΗ τομὴ οὗ διάμετρος ἡ ΕΘΗ εὐθεῖα.   25

---

3 Α]Δ V¹ : Θ V ‖ 4 τῇ Ψ : τὴν V ‖ 12 ΚΖΛ Ψ : ΚΖ V ‖
23 Ε]Η Ω Vind² : Κ V Vind.

7

*Un certain point étant donné sur la surface d'un cylindre,
mener par ce point un côté du cylindre.*

Soit un cylindre, ayant pour bases les cercles A et B et
pour axe la droite AB ; que le point donné sur la surface soit
le point Γ, et qu'il faille[1], par Γ, mener le côté du cylindre[2].

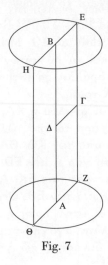

Fig. 7

Que soit menée de Γ une perpendiculaire ΓΔ à AB[3], et
que, par les droites AB et ΓΔ soit mené un plan coupant le

---

1. Voir Note complémentaire [31].
2. C'est-à-dire une génératrice de la surface cylindrique
(voir *définition* 1).
3. Le plan qui passe par l'axe AB et par la perpendiculaire
menée de Γ sur l'axe produit une section qui sera un parallélogramme rectangle. On est donc dans le cas d'un plan axial
orthogonal au plan de base.

ζ'

Δοθέντος κυλίνδρου σημείου τινὸς ἐπὶ τῆς ἐπιφανείας ἀγαγεῖν διὰ τοῦ σημείου πλευρὰν τοῦ κυλίνδρου.

Ἔστω κύλινδρος οὗ βάσεις μὲν οἱ Α, Β κύκλοι, 5 ἄξων δὲ ἡ ΑΒ εὐθεῖα· τὸ δὲ δοθὲν σημεῖον ἐπὶ τῆς ἐπιφανείας τὸ Γ, καὶ δέον ἔστω διὰ τοῦ Γ ἀγαγεῖν τοῦ κυλίνδρου πλευράν.

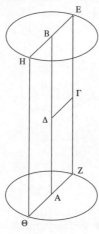

Fig. 7

Ἤχθω ἀπὸ τοῦ Γ σημείου κάθετος ἐπὶ τὴν ΑΒ ἡ ΓΔ, καὶ διὰ τῶν ΑΒ, ΓΔ εὐθειῶν ἐκβεβλήσθω 10 ἐπίπεδον τέμνον τὸν κύλινδρον· ἥξει ἄρα ἡ τομὴ

1 ζ' Ψ V⁴ : om. V.

cylindre ; la section passera donc par Γ et déterminera une droite ΓE[1], laquelle est un côté du cylindre.

8[2]

Si, sur la surface d'un cylindre, sont pris deux points non situés sur un seul côté du parallélogramme axial du cylindre, la droite qui les joint tombera à l'intérieur de la surface du cylindre.

Soit un cylindre, ayant pour bases les cercles A et B ; que soient pris sur sa surface deux points Γ et Δ, non situés sur un seul côté du parallélogramme axial du cylindre, et que soit menée la droite de jonction ΓΔ.

Je dis que ΓΔ tombe à l'intérieur de la surface.

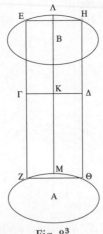

Fig. 8[3]

1. Proposition 2.
2. La proposition correspond à *Coniques*, I.2.
3. La figure de V, reproduite ici, représente un cas particulier : cylindre droit ; ΓΔ parallèle aux côtés EH et ZΘ du parallélogramme axial et K sur l'axe du cône.

διὰ τοῦ Γ καὶ ποιήσει εὐθεῖαν ὡς τὴν ΓΕ, ἥτις ἐστὶ
πλευρὰ τοῦ κυλίνδρου.

η΄

Ἐὰν ἐπὶ κυλίνδρου ἐπιφανείας δύο σημεῖα ληφθῇ
μὴ ἐπὶ μιᾶς ὄντα πλευρᾶς τοῦ παραλληλογράμμου   5
τοῦ διὰ τοῦ ἄξονος τοῦ κυλίνδρου, ἡ ἐπιζευγνυμένη
εὐθεῖα ἐντὸς πεσεῖται τῆς τοῦ κυλίνδρου ἐπιφανείας.

Ἔστω κύλινδρος οὗ βάσεις εἰσὶν οἱ Α, Β κύκλοι,
καὶ εἰλήφθω ἐπὶ τῆς ἐπιφανείας αὐτοῦ δύο σημεῖα
τὰ Γ, Δ μὴ ὄντα ἐπὶ μιᾶς πλευρᾶς τοῦ παραλλη-   10
λογράμμου τοῦ διὰ τοῦ ἄξονος τοῦ κυλίνδρου, καὶ
ἐπεζεύχθω ἡ ΓΔ εὐθεῖα.

Λέγω ὅτι ἡ ΓΔ ἐντὸς πίπτει τῆς ἐπιφανείας.

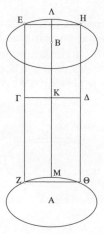

Fig. 8

3 η΄ Ψ V⁴ : om. V ‖ 4 δύο edd. : β΄ V.

Qu'elle tombe ou bien sur la surface ou à l'extérieur de la surface, si c'est possible.

Puisque les points Γ et Δ ne sont pas sur le même côté du cylindre, que soit mené par Γ le côté $E\Gamma Z^1$ et, par Δ, le côté $H\Delta\Theta$, et que soient menées les droites de jonction EH et $Z\Theta$; les droites EH et $Z\Theta$ tombent donc à l'intérieur des cercles[2]. Que soit pris un certain point K sur $\Gamma\Delta$.

K est ou bien sur la surface du cylindre ou à l'extérieur.

Qu'il soit d'abord sur la surface, et que, par K, soit mené un côté du cylindre qui est la droite ΛKM, laquelle, prolongée, tombe sur les arcs EH et $Z\Theta$. Elle ne coupera donc aucune des droites EH et $Z\Theta$. ΛM n'est donc pas dans le plan $ZEH\Theta$; or K est situé sur cette droite ; K n'est donc pas non plus dans le plan $ZEH\Theta$.

Puisque $\Gamma\Delta$ est dans le plan $ZEH\Theta$ et que K est sur elle, alors K est dans le plan $ZEH\Theta$. Donc K est et n'est pas dans le plan[3], ce qui est impossible. $\Gamma\Delta$ n'est donc pas sur la surface.

Qu'il[4] soit maintenant[5] à l'extérieur de la surface, et que, un certain point Λ étant pris sur l'arc EH, soit menée une droite de jonction $K\Lambda$; prolongée de part et d'autre, $K\Lambda$ ne coupera alors aucune des droites EH et $Z\Theta$; de sorte que $K\Lambda$ ne sera pas dans le plan $ZEH\Theta$; et le reste est évident.

---

1. Voir proposition 7.
2. *Éléments*, III.2.
3. Cette expression de l'*adunaton* : « est et n'est pas » est unique chez Sérénus et ne se rencontre pas non plus dans le corpus des grands auteurs classiques (Euclide, Archimède et Apollonios).
4. Il s'agit toujours du point K ; on traite ici du deuxième cas de figure annoncé plus haut.
5. Voir Note complémentaire [32].

Εἰ γὰρ δυνατόν, πιπτέτω ἢ ἐπὶ τῆς ἐπιφανείας ἢ ἐκτὸς αὐτῆς.

Καὶ ἐπεὶ τὰ Γ, Δ σημεῖα οὐκ ἔστιν ἐπὶ τῆς αὐτῆς πλευρᾶς τοῦ κυλίνδρου, ἤχθω διὰ μὲν τοῦ Γ ἡ ΕΓΖ πλευρά, διὰ δὲ τοῦ Δ ἡ ΗΔΘ, καὶ ἐπεζεύχθωσαν αἱ 5 ΕΗ, ΖΘ εὐθεῖαι· ἐντὸς ἄρα πίπτουσι τῶν κύκλων αἱ ΕΗ, ΖΘ. Εἰλήφθω τι σημεῖον ἐπὶ τῆς ΓΔ τὸ Κ. Τὸ δὴ Κ ἤτοι ἐπὶ τῆς ἐπιφανείας ἐστὶ τοῦ κυλίνδρου ἢ ἐκτός.

Ἔστω πρότερον ἐπὶ τῆς ἐπιφανείας, καὶ διὰ τοῦ 10 Κ ἤχθω πλευρὰ τοῦ κυλίνδρου ἡ ΛΚΜ εὐθεῖα πίπτουσα ἐπὶ τὰς ΕΗ, ΖΘ περιφερείας ἐκβαλλομένη. Οὐδετέραν <ἄρα> τεμεῖ τῶν ΕΗ, ΖΘ εὐθειῶν. Οὐκ ἄρα ἐστὶν ἡ ΛΜ ἐν τῷ ΖΕΗΘ ἐπιπέδῳ· καὶ ἐπ᾽ αὐτῆς τὸ Κ· οὐδὲ τὸ Κ ἄρα ἐστὶν ἐν τῷ ΖΕΗΘ 15 ἐπιπέδῳ.

Ἐπεὶ δὲ ἡ ΓΔ ἐστιν ἐν τῷ ΖΕΗΘ ἐπιπέδῳ καὶ ἐπ᾽ αὐτῆς τὸ Κ, τὸ Κ ἄρα ἐν τῷ ΖΕΗΘ ἐστιν ἐπιπέδῳ. Καὶ ἔστιν ἄρα καὶ οὐκ ἔστιν ἐν τῷ ἐπιπέδῳ τὸ Κ· ὅπερ ἀδύνατον. Οὐκ ἄρα ἐπὶ τῆς ἐπιφανείας ἐστὶν 20 ἡ ΓΔ.

Ἀλλὰ δὴ ἔστω ἐκτός, καὶ ληφθέντος σημείου τινὸς ἐπὶ τῆς ΕΗ περιφερείας τοῦ Λ ἐπεζεύχθω ἡ ΚΛ· ἐκβληθεῖσα δὴ ἐφ᾽ ἑκάτερα ἡ ΚΛ οὐδετέραν τεμεῖ τῶν ΕΗ, ΖΘ εὐθειῶν· ὥστε οὐκ ἔσται ἡ ΚΛ ἐν τῷ 25 ΖΕΗΘ ἐπιπέδῳ· καὶ τὰ λοιπὰ δῆλα.

13 ἄρα add. Heiberg.

9[1]

*Si un cylindre est coupé par un plan qui n'est ni parallèle
aux bases, ni dans une position contraire, ni mené par l'axe,
ni parallèle à un plan axial[2], la section ne sera ni un cercle,
ni une figure rectiligne.*

Soit un cylindre, ayant pour bases les cercles A et B ; qu'il
soit coupé par un plan qui n'est ni parallèle aux bases, ni
dans une position contraire, ni mené par l'axe, ni parallèle
à l'axe.

Le plan sécant coupe ou bien les deux bases[3], ou bien
l'une d'elles[4], ou bien aucune.

Qu'il n'en coupe d'abord aucune et qu'il détermine dans
la surface du cylindre une ligne ΓΕΔ.

Je dis que la section ΓΕΔ n'est ni un cercle, ni une figure
rectiligne.

---

1. La proposition correspond à *Coniques*, I.9.
2. Voir les propositions 5, 6, 2, 3 qui correspondent respectivement aux cas éliminés par l'énoncé.
3. Ce cas fait l'objet de la proposition 10.
4. Ce cas de figure ne sera pas traité dans la suite.

θ'

Ἐὰν κύλινδρος ἐπιπέδῳ τμηθῇ μήτε παρὰ τὰς βάσεις μήτε ὑπεναντίως μήτε διὰ τοῦ ἄξονος μήτε παραλλήλως τῷ διὰ τοῦ ἄξονος ἐπιπέδῳ, ἡ τομὴ οὐκ ἔσται κύκλος οὐδὲ εὐθύγραμμον. 5

Ἔστω κύλινδρος οὗ βάσεις οἱ Α, Β κύκλοι, καὶ τετμήσθω ἐπιπέδῳ μήτε παρὰ τὰς βάσεις μήτε ὑπεναντίως μήτε διὰ τοῦ ἄξονος μήτε παραλλήλως τῷ ἄξονι.

Τὸ δὴ τέμνον ἐπίπεδον ἤτοι καὶ τὰς βάσεις τέμνει 10 ἀμφοτέρας ἢ τὴν ἑτέραν ἢ οὐδετέραν.

Πρῶτον δὴ μηδετέραν τεμνέτω καὶ ποιείτω γραμμὴν ἐν τῇ ἐπιφανείᾳ τοῦ κυλίνδρου τὴν ΓΕΔ.

Λέγω ὅτι ἡ ΓΕΔ τομὴ οὔτε κύκλος ἐστὶν οὔτε εὐθύγραμμον. 15

1 θ' Ψ V⁴ : om. V ‖ 2 τμηθῇ Halley (jam Comm.) : τμηθεὶς V ‖ 4 παραλλήλως Decorps-F. (vide l. 8) : παραλλήλῳ V.

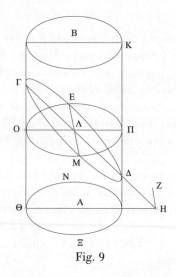

Fig. 9

D'abord[1], il est évident que ce n'est pas une figure rectiligne.

En effet, que ce soit une figure rectiligne, si c'est possible,
et que soit pris un certain côté ΓE de cette figure.

Dès lors, puisque, sur la surface du cylindre, ont été pris
deux points Γ et E non situés sur un même côté du cylindre
(car le côté ne coupe pas une ligne de cette sorte en deux
points), alors la droite joignant les points Γ et E est sur la
surface du cylindre ; or on a montré que c'était impossible[2].
La ligne ΓE n'est donc pas une droite ; la figure ΓEΔ n'est
donc pas rectilinéaire.

1. Il faut rétablir ici le syntagme μὲν <οὖν> auquel répond
la particule δή dans le diorisme qui suit, introduit par δεικτέον. La corrélation μὲν <οὖν>/ δή est régulière dans les textes
mathématiques, et la particule οὖν a pu disparaître par simple
haplographie.
2. Proposition 8.

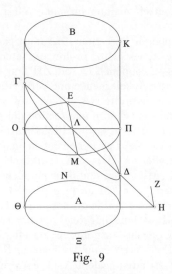

Fig. 9

Ὅτι μὲν <οὖν> οὐκ ἔστιν εὐθύγραμμον, δῆλον.
Εἰ γὰρ δυνατόν, ἔστω εὐθύγραμμον, καὶ εἰλήφθω
πλευρά τις αὐτοῦ ἡ ΓΕ.

Ἐπεὶ οὖν ἐπὶ τῆς ἐπιφανείας τοῦ κυλίνδρου δύο
σημεῖα εἴληπται τὰ Γ, Ε μὴ ὄντα ἐπὶ τῆς αὐτῆς   5
πλευρᾶς τοῦ κυλίνδρου· ἡ γὰρ πλευρὰ κατὰ δύο
σημεῖα οὐ τέμνει τὴν τοιαύτην γραμμήν· ἡ ἄρα τὰ Γ,
Ε σημεῖα ἐπιζευγνύουσα εὐθεῖα ἐπὶ τῆς ἐπιφανείας
ἐστὶ τοῦ κυλίνδρου· ὅπερ ἀδύνατον ἐδείχθη. Οὐκ
ἄρα εὐθεῖά ἐστιν ἡ ΓΕ γραμμή· τὸ ἄρα ΓΕΔ σχῆμα   10
οὐκ ἔστιν εὐθύγραμμον.

---

1 οὖν add. Federspiel vide adn.

Il faut démontrer[1] maintenant que ce n'est pas non plus un cercle.

Puisque le plan de la section ΓΕΔ n'est pas parallèle au plan du cercle A, les plans, prolongés, se couperont l'un l'autre ; qu'ils se coupent[2], et soit ZH leur intersection ; que, par le centre A, soit menée une perpendiculaire ΘΑΗ à ZH[3] ; que, par la droite ΘΑ et l'axe, soit mené un plan déterminant dans le cylindre une section qui est le parallélogramme ΘΚ et, dans la section ΓΕΔ, la droite ΓΔ[4] ; que, ΓΔ étant coupée en deux parties égales en un point Λ, soient menées des parallèles à ZH, par Λ, la droite ΕΛΜ et, par A, la droite ΝΑΞ ; ΜΕ et ΝΞ sont donc parallèles entre elles[5].

Que soit mené[6] par ΕΜ un plan parallèle à la base du cylindre, déterminant dans le cylindre une section ΟΕΠΜ ; la section ΟΕΠ est donc un cercle[7], de diamètre ΟΠ coupé en deux parties égales au point Λ ; en effet, puisque, les triangles ΛΟΓ et ΛΠΔ étant semblables, ΓΛ est égale à ΛΔ, alors ΟΛ est aussi égale à ΛΠ[8]. ΕΛΜ est donc aussi un diamètre du cercle ΟΕΠ.

Dès lors, puisque ΟΛ est parallèle à ΘΑ et que ΛΜ l'est à ΑΞ, alors l'angle ΟΛ,ΛΜ est égal à l'angle ΘΑ,ΑΞ[9] ;

1. Voir Note complémentaire [33].
2. C'est ici la première occurrence de la figure rhétorique de l'anadiplose, largement utilisée par les mathématiciens grecs, voir Note complémentaire [34].
3. Le plan sécant qui coupe le plan de base suivant la droite ZH, perpendiculaire à ΘΑΗ en H, engendrera l'ellipse. ZH donnera la direction des ordonnées menées dans l'ellipse d'un point de la section au diamètre.
4. La droite ΓΔ, qui est l'intersection du plan sécant et du parallélogramme axial ΘΚ, sera le diamètre de l'ellipse.
5. *Éléments*, XI.9.
6. Voir Note complémentaire [35].
7. Proposition 5.
8. *Éléments*, VI.4.
9. *Éléments*, XI.10.

Δεικτέον δὴ ὅτι οὐδὲ κύκλος.

Ἐπεὶ γὰρ τὸ τῆς ΓΕΔ τομῆς ἐπίπεδον τῷ τοῦ Α κύκλου ἐπιπέδῳ οὐκ ἔστι παράλληλον, ἐκβαλλόμενα τὰ ἐπίπεδα τεμεῖ ἄλληλα· τεμνέτω, καὶ ἔστω κοινὴ τομὴ αὐτῶν ἡ ΖΗ, καὶ διὰ τοῦ Α κέντρου 5 ἤχθω κάθετος ἐπὶ τὴν ΖΗ ἡ ΘΑΗ, καὶ διὰ τῆς ΘΑ καὶ τοῦ ἄξονος ἐκβεβλήσθω ἐπίπεδον ποιοῦν ἐν μὲν τῷ κυλίνδρῳ τομὴν τὸ ΘΚ παραλληλόγραμμον, ἐν δὲ τῇ ΓΕΔ τομῇ τὴν ΓΔ εὐθεῖαν, καὶ τῆς ΓΔ δίχα τμηθείσης κατὰ τὸ Λ ἤχθωσαν τῇ ΖΗ παράλληλοι 10 διὰ μὲν τοῦ Λ ἡ ΕΛΜ, διὰ δὲ τοῦ Α ἡ ΝΑΞ· αἱ ἄρα ΜΕ, ΝΞ παράλληλοί εἰσιν ἀλλήλαις.

Ἤχθω τοίνυν διὰ τῆς ΕΜ ἐπίπεδον παράλληλον τῇ βάσει τοῦ κυλίνδρου ποιοῦν ἐν τῷ κυλίνδρῳ τομὴν τὴν ΟΕΠΜ· ἡ ΟΕΠ ἄρα τομὴ κύκλος ἐστὶν οὗ διάμε- 15 τρός ἐστιν ἡ ΟΠ δίχα τετμημένη κατὰ τὸ Λ· ἐπεὶ γὰρ τῶν ΛΟΓ, ΛΠΔ τριγώνων ὁμοίων ὄντων ἴση ἐστὶν ἡ ΓΛ τῇ ΛΔ, ἴση ἄρα καὶ ἡ ΟΛ τῇ ΛΠ. Διάμετρος ἄρα καὶ ἡ ΕΛΜ τοῦ ΟΕΠ κύκλου.

Ἐπεὶ οὖν παράλληλός ἐστιν ἡ μὲν ΟΛ τῇ ΘΑ, 20 ἡ ΛΜ δὲ τῇ ΑΞ, ἡ ἄρα ὑπὸ τῶν ΟΛ,ΛΜ γωνία

---

11 ΝΑΞ Ψ : ΝΕΑ V ‖ 17 τῶν Ψ : τὸ V ‖ ΛΠΔ Ψ : ΑΠΔ V ‖ τριγώνων Ψ : τρίγωνον V ‖ 21 ΛΜ δὲ V : δὲ ΛΜ Ψ.

l'angle OΛ,ΛM est donc aussi un angle droit[1]. EΛ est donc perpendiculaire au diamètre OΠ du cercle ; le carré sur EΛ est donc égal au rectangle OΛ,ΛΠ[2].

Et puisque la section n'est pas dans une position contraire, alors l'angle ΛOΓ n'est pas égal à l'angle OΓΛ[3] ; la droite OΛ n'est donc pas non plus égale à la droite ΓΛ ; le carré sur OΛ, c'est-à-dire le rectangle OΛ,ΛΠ, n'est donc pas non plus égal au carré sur ΛΓ, c'est-à-dire au rectangle ΓΛ,ΛΔ ; mais le carré sur EΛ est égal au rectangle OΛ,ΛΠ ; le carré sur EΛ n'est donc pas égal au rectangle ΓΛ,ΛΔ.

La section ΓEΔ n'est donc pas un cercle[4] ; or il a été démontré que ce n'était pas non plus une figure rectiligne, ce qu'il fallait démontrer[5].

On a démontré en même temps que la droite parallèle à ZH et qui, dans la section, coupe en deux parties égales la droite ΓΔ[6], était égale au diamètre de la base[7].

10

Que, maintenant, le plan sécant coupe aussi les bases, la base A selon la droite ΓE, la base B selon la droite ZH ; que, par A, soit menée une perpendiculaire ΘAΛ à ΓE ; que, par le diamètre ΘA et l'axe, soit mené un plan déter-

1. Voir plus haut la construction de la droite NΞ.
2. Par application d'*Éléments*, III.31 et VI.8 *porisme*.
3. Voir proposition 6.
4. Voir proposition 4.
5. V signale ici la fin de la proposition, alors qu'il ne s'agit que de la conclusion du premier cas de figure. Le corollaire qui suit constitue dans V le début de la proposition suivante. Commandino et Halley ont respecté l'unité de la proposition en ne tenant pas compte des divisions observables dans V et en réunissant les propositions 9 et 10.
6. La droite EΛM.
7. Voir plus haut la construction du cercle OEΠ parallèle au cercle de base.

τῇ ὑπὸ ΘΑ, ΑΞ ἴση ἐστίν· ὀρθὴ ἄρα καὶ ἡ ὑπὸ
τῶν ΟΛ,ΛΜ. Ἡ ΕΛ ἄρα κάθετός ἐστιν ἐπὶ τὴν ΟΠ
διάμετρον τοῦ κύκλου· τὸ ἄρα ἀπὸ τῆς ΕΛ ἴσον
ἐστὶ τῷ ὑπὸ ΟΛ,ΛΠ.
Ἐπεὶ δὲ οὐκ ἔστιν ἡ τομὴ ὑπεναντία, ἡ ἄρα ὑπὸ 5
ΛΟΓ γωνία οὐκ ἔστιν ἴση τῇ ὑπὸ ΟΓΛ· οὐδὲ ἡ ΟΛ
ἄρα εὐθεῖα τῇ ΓΛ ἴση ἐστίν· οὐδὲ τὸ ἀπὸ τῆς ΟΛ
ἄρα, τουτέστι τὸ ὑπὸ τῶν ΟΛ, ΛΠ, τῷ ἀπὸ τῆς ΛΓ,
τουτέστι τῷ ὑπὸ τῶν ΓΛ, ΛΔ, ἴσον ἐστίν· ἀλλὰ τῷ
ὑπὸ τῶν ΟΛ, ΛΠ τὸ ἀπὸ τῆς ΕΛ ἴσον· τὸ ἄρα ἀπὸ 10
τῆς ΕΛ οὐκ ἔστι τῷ ὑπὸ τῶν ΓΛ, ΛΔ ἴσον.
Οὐκ ἄρα κύκλος ἐστὶν ἡ ΓΕΔ τομή· ἐδείχθη δὲ
ὅτι οὐδὲ εὐθύγραμμον, ὅπερ ἔδει δεῖξαι.
Καὶ συναπεδείχθη ὅτι ἡ τὴν ΓΔ ἐν τῇ τομῇ παρὰ
τὴν ΖΗ διχοτομοῦσα εὐθεῖα ἴση ἐστὶ τῇ διαμέτρῳ 15
τῆς βάσεως.

ι′

Ἀλλὰ δὴ τὸ τέμνον ἐπίπεδον τεμνέτω καὶ τὰς
βάσεις, τὴν μὲν Α βάσιν τῇ ΓΕ εὐθείᾳ, τὴν δὲ
Β τῇ ΖΗ, καὶ διὰ τοῦ Α ἤχθω κάθετος ἐπὶ τὴν 20
ΓΕ ἡ ΘΑΛ, καὶ διὰ τῆς ΘΑ διαμέτρου καὶ τοῦ

1 post ἐστίν· add. ὀρθὴ δὲ ἡ ὑπὸ ΘΑΞ Ψ ‖ 4 τῷ Ψ : τὸ V ‖
9 alt. τῷ e corr. V¹ ‖ 12 ΓΕΔ Ψ : ΓΕ V ‖ 13 post δεῖξαι finem
propositionis ind. V ‖ 14 ante Καὶ add. ι′ V⁴ᵐᵍ ‖ 17 ι′ Ψ :
om. V ‖ 18 initium propositionis non ind. V.

minant une section qui est le parallélogramme ΘK[1] ; soit
ΛM l'intersection de la section ZE et du parallélogramme
ΘK.

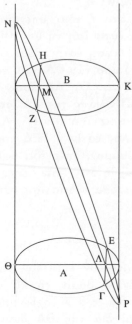

Fig. 10

Dès lors, puisque le plan ZE n'est pas mené par l'axe ni
parallèlement à l'axe, alors le prolongement à l'infini de ΛM
coupera l'axe ; il coupera donc aussi la droite ΘN[2] qui est

---

1. Proposition 2.
2. On trouve ici un mode d'expression courant dans les
textes mathématiques grecs : le point N est nommé par anti-
cipation pour désigner le segment de droite ΘN, et construit à
la suite.

ἄξονος ἐκβεβλήσθω ἐπίπεδον ὃ ποιεῖ τομὴν τὸ ΘΚ
παραλληλόγραμμον· τῆς δὲ ΖΕ τομῆς καὶ τοῦ ΘΚ
παραλληλογράμμου <ἔστω> κοινὴ τομὴ ἡ ΛΜ.

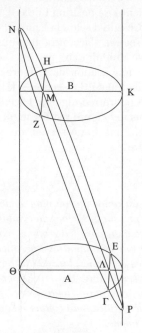

Fig. 10

Ἐπεὶ οὖν τὸ ΖΕ ἐπίπεδον οὔτε διὰ τοῦ ἄξονος
ἦκται οὔτε παραλλήλως τῷ ἄξονι, ἡ ΛΜ ἄρα ἐπ' 5
ἄπειρον ἐκβαλλομένη τεμεῖ τὸν ἄξονα· τεμεῖ ἄρα καὶ

---

2 τῆς δὲ ΖΕ τομῆς V : τοῦ δὲ ΖΕ ἐπιπέδου Vind²ᵐᵍ ‖ post ΖΕ
1 litt. eras. V ‖ 3 ἔστω add. Decorps-F ‖ ἡ ΛΜ c v Ψ : ΗΛΜ V.

parallèle à l'axe, car l'une et l'autre sont dans le plan ΘK ;
qu'il la coupe en un point N, et que ΘN soit prolongée de
part et d'autre.

Si, l'axe et les cercles restant fixes, ΘN tourne avec les
diamètres et revient à sa position initiale[1], elle agrandira la
surface du cylindre initial selon la hauteur, et, si le plan ZE
est prolongé, la section s'accroîtra aussi jusqu'au point N ;
la même chose se produira aux parties Γ et Λ ; la section
NHEP est donc une section de cylindre, comme dans le
théorème précédent aussi. La section NHEP n'est donc ni
un cercle ni une figure rectiligne ; la section ΓEHZ n'est
donc pas non plus une figure rectiligne, ni un cercle, ni un
segment de cercle, mais une section de ce genre est une
section de cylindre[2].

11[3]

*Si un cylindre est coupé par un plan mené par l'axe, qu'un
certain point soit pris sur la surface du cylindre, point qui n'est
pas situé sur le côté du parallélogramme axial, et que, de ce
point, soit menée une certaine droite parallèle à une certaine
droite[4] située dans le même plan que la base du cylindre et
à angles droits avec la base du parallélogramme axial, elle
tombera à l'intérieur du parallélogramme et, prolongée jusqu'à
l'autre partie de la surface, sera coupée en deux parties égales
par le parallélogramme.*

---

1. L'expression grecque est abrégée. Le tour classique
est εἰς τὸ αὐτὸ <πάλιν> ἀποκατασταθῇ. Voir Note complémentaire [20].
2. Plus exactement, un segment de section de cylindre.
3. La proposition correspond à *Coniques*, I.6.
4. La proposition démontre que le parallélogramme axial
est un plan de symétrie pour la surface cylindrique. La direction de la symétrie est celle de la droite à laquelle sera parallèle
la droite EZ menée d'un point de la surface ; cette droite,
perpendiculaire dans le plan du cercle de base à la base du
parallélogramme axial, n'est pas représentée sur la figure.

τὴν ΘΝ παράλληλον οὖσαν τῷ ἄξονι· ἀμφότερα γὰρ
ἐν τῷ ΘΚ εἰσιν ἐπιπέδῳ· τεμνέτω δὴ κατὰ τὸ Ν, καὶ
ἐκβεβλήσθω ἐφ' ἑκάτερα ἡ ΘΝ.

Ἐὰν δὴ μένοντος τοῦ ἄξονος καὶ τῶν κύκλων
ἡ ΘΝ περιενεχθεῖσα σὺν ταῖς διαμέτροις ἀποκα- 5
τασταθῇ, αὐξήσει τὴν τοῦ ἐξ ἀρχῆς κυλίνδρου
ἐπιφάνειαν κατὰ τὸ ὕψος, καὶ προσεκβληθέντος τοῦ
ΖΕ ἐπιπέδου αὐξηθήσεται καὶ ἡ τομὴ μέχρι τοῦ Ν·
τὸ δ' αὐτὸ ἔσται καὶ ἐπὶ τὰ Γ, Λ μέρη· ἡ ΝΗΕΡ
ἄρα τομή ἐστι κυλίνδρου, οἷα καὶ ἐν τῷ πρὸ τούτου 10
θεωρήματι. Ἡ ΝΗΕΡ ἄρα τομὴ οὔτε κύκλος οὔτε
εὐθύγραμμόν ἐστιν· καὶ ἡ ΓΕΗΖ ἄρα τομὴ οὔτε
εὐθύγραμμον οὔτε κύκλος οὔτε τμῆμα κύκλου, ἀλλ'
ἔστιν ἡ τοιαύτη τομὴ κυλίνδρου τομή.

ια' 15

Ἐὰν κύλινδρος ἐπιπέδῳ τμηθῇ διὰ τοῦ ἄξονος,
ληφθῇ δέ τι σημεῖον ἐπὶ τῆς τοῦ κυλίνδρου ἐπιφανείας, ὃ μὴ ἔστιν ἐπὶ τῆς πλευρᾶς τοῦ διὰ τοῦ
ἄξονος παραλληλογράμμου, καὶ ἀπ' αὐτοῦ ἀχθῇ
τις εὐθεῖα παράλληλος εὐθείᾳ τινὶ ἥτις ἐν τῷ αὐτῷ 20
ἐπιπέδῳ οὖσα τῇ βάσει τοῦ κυλίνδρου πρὸς ὀρθάς
ἐστι τῇ βάσει τοῦ διὰ τοῦ ἄξονος παραλληλογράμμου, ἐντὸς πεσεῖται τοῦ παραλληλογράμμου
καὶ προσεκβαλλομένη ἕως τοῦ ἑτέρου μέρους τῆς
ἐπιφανείας δίχα τμηθήσεται ὑπὸ τοῦ παραλληλο- 25
γράμμου .

8 ΖΕ Ψ : ΞΕ V ‖ 14 alt. τομή Ψ : τομῆς κύκλου V τομῆς τμῆμα
Par. 2367 (τμῆμα e corr.) ‖ 15 ια' Ψ V⁴ : om. V.

Soit un cylindre, ayant pour bases les cercles A et B, et pour parallélogramme axial le parallélogramme ΓΔ ; que soit pris un certain point E sur la surface du cylindre ; que, de E, soit menée une parallèle à une certaine droite perpendiculaire à la base ΓA du parallélogramme, et soit EZ cette parallèle.

Je dis que EZ tombera à l'intérieur du parallélogramme ΓΔ et que, prolongée jusqu'à l'autre partie de la surface, elle sera coupée en deux parties égales par le parallélogramme.

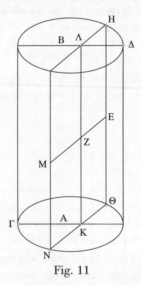

Fig. 11

Que soit menée par le point E la droite ΘEH parallèle à

Ἔστω κύλινδρος οὗ βάσεις μὲν οἱ **Α, Β** κύκλοι, τὸ δὲ διὰ τοῦ ἄξονος παραλληλόγραμμον τὸ **ΓΔ**, καὶ εἰλήφθω τι σημεῖον ἐπὶ τῆς ἐπιφανείας τοῦ κυλίνδρου τὸ **Ε**, καὶ ἀπὸ τοῦ **Ε** παράλληλος ἤχθω εὐθείᾳ τινὶ καθέτῳ ἐπὶ τὴν **ΓΑ** βάσιν τοῦ παραλλη- 5 λογράμμου, καὶ ἔστω ἡ **ΕΖ**.

Λέγω ὅτι ἡ **ΕΖ** ἐντὸς πεσεῖται τοῦ **ΓΔ** παραλληλογράμμου καὶ προσεκβαλλομένη μέχρι τοῦ ἑτέρου μέρους τῆς ἐπιφανείας δίχα τμηθήσεται ὑπὸ τοῦ παραλληλογράμμου.   10

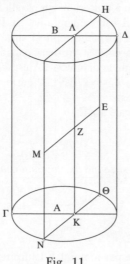

Fig. 11

Ἤχθω διὰ τοῦ **Ε** σημείου παρὰ τὸν ἄξονα ἡ **ΘΕΗ** εὐθεῖα τέμνουσα τὴν περιφέρειαν τῆς βάσεως κατὰ

---

1 βάσεις Ψ : βάσις V ‖ 11 ΘΕΗ Ψ : ΘΕΚ V.

l'axe et coupant la circonférence de la base en un point Θ, et que, par Θ, soit menée une droite ΘK parallèle à la perpendiculaire à ΓΛ, perpendiculaire à laquelle, par hypothèse, EZ est parallèle ; ΘK coupera donc elle aussi ΓΛ.

Que soit mené[1] par HΘ et ΘK un plan coupant le cylindre et qu'il détermine le parallélogramme HN[2], et que soit menée l'intersection KΛ des parallélogrammes ΓΔ et NH[3].

Dès lors, puisque EZ et KΘ sont parallèles à la même droite, alors elles sont aussi parallèles entre elles[4] ; d'autre part, ΘK est dans le plan KH ; EZ est donc aussi dans le plan KH ; le prolongement de EZ tombe donc sur ΛK, qui est dans le plan ΓΔ.

EZ tombe donc à l'intérieur du parallélogramme ΓΔ.

D'autre part, il est évident que, si EZ est prolongée vers l'autre partie jusqu'au point M situé sur la surface du cylindre, elle sera coupée en deux parties égales au point Z. En effet, puisque le diamètre ΓΛ est à angles droits avec ΘK, alors ΘK est égale à KN[5]. D'autre part, MN, ΛK et HΘ sont parallèles.

MZ est donc égale à ZE.

12[6]

Si un cylindre est coupé par un plan coupant le plan de la

---

1. La particule οὖν est ici, comme plus loin dans la proposition 28, une simple variante de la particule δή placée après un impératif en début de phrase. Elle n'est donc pas traduite.
2. Proposition 2.
3. *Éléments*, XI.3.
4. *Éléments*, XI.9.
5. *Éléments*, III.3.
6. La proposition correspond à *Coniques*, I.7.

τὸ Θ, καὶ διὰ τοῦ Θ ἤχθω ἡ ΘΚ παράλληλος τῇ
ἐπὶ τὴν ΓΑ καθέτῳ, ᾗτινι παράλληλος ὑπόκειται ἡ
ΕΖ· τεμεῖ ἄρα ἡ ΘΚ τὴν ΓΑ καὶ αὐτή.

Ἤχθω οὖν διὰ τῶν ΗΘ, ΘΚ ἐπίπεδον τέμνον τὸν
κύλινδρον καὶ ποιείτω τὸ ΗΝ παραλληλόγραμμον, 5
καὶ ἐπεζεύχθω ἡ ΚΛ κοινὴ τομὴ τῶν ΓΔ, ΝΗ παραλληλογράμμων.

Ἐπεὶ τοίνυν αἱ ΕΖ, ΚΘ τῇ αὐτῇ εἰσι παράλληλοι,
καὶ ἀλλήλαις ἄρα εἰσὶ παράλληλοι· καὶ ἔστιν ἡ ΘΚ
ἐν τῷ ΚΗ ἐπιπέδῳ· καὶ ἡ ΕΖ ἄρα ἐν τῷ ΚΗ ἐστιν 10
ἐπιπέδῳ· ἐκβαλλομένη ἄρα ἡ ΕΖ πίπτει ἐπὶ τὴν ΛΚ,
ἥτις ἐστὶν ἐν τῷ ΓΔ ἐπιπέδῳ.

Ἡ ΕΖ ἄρα ἐντὸς πίπτει τοῦ ΓΔ παραλληλογράμμου.

Φανερὸν δὲ ὅτι κἂν εἰς τὸ ἕτερον μέρος ἐκβληθῇ 15
μέχρι τοῦ Μ, ὅπερ ἐστὶν ἐπὶ τῆς ἐπιφανείας τοῦ
κυλίνδρου, δίχα ἔσται τετμημένη κατὰ τὸ Ζ. Ἐπεὶ
γὰρ ἡ ΓΑ διάμετρος πρὸς ὀρθάς ἐστι τῇ ΘΚ, ἴση
ἄρα ἡ ΘΚ τῇ ΚΝ. Καὶ παράλληλοι αἱ ΜΝ, ΛΚ, ΗΘ.

Ἴση ἄρα ἡ ΜΖ τῇ ΖΕ. 20

ιβ'

Ἐὰν κύλινδρος ἐπιπέδῳ τμηθῇ τέμνοντι μὲν τὸ
τῆς βάσεως ἐπίπεδον [ἐκτὸς τοῦ κύκλου], ἡ δὲ

---

3 Θ[Κ e corr. V¹ ‖ καὶ αὐτή Heiberg : καὶ αὕτη V om. Ψ ‖
21 ιβ′ Ψ V⁴ : om. V ‖ 22 τμηθῇ iter. V ‖ 23 ἐκτὸς τοῦ κύκλου
del. Decorps-F. vide adn.

base [en dehors du cercle][1]*, et que l'intersection des plans*[2] *soit
à angles droits avec la base du parallélogramme axial ou avec
son prolongement, les droites menées*[3] *de la section produite
dans la surface du cylindre par le plan sécant et parallèles à la
droite à angles droits avec la base du parallélogramme axial
ou avec son prolongement*[4]*, tomberont sur l'intersection des
plans*[5] *et, prolongées jusqu'à l'autre partie de la section, seront
coupées en deux parties égales par l'intersection des plans, et
la droite à angles droits avec la base du parallélogramme axial
ou avec son prolongement, si le cylindre est droit, sera aussi à
angles droits avec l'intersection du parallélogramme axial et
du plan secant ; si le cylindre est oblique, elle ne le sera plus,
sauf dans le cas où le plan axial est à angles droits avec la base
du cylindre*[6]*.*

Soit un cylindre, ayant pour base les cercles A et B, et
pour parallélogramme axial le parallélogramme ΓΔ ; que le
cylindre soit coupé, comme on l'a dit, par un plan déterminant la section EZHΘ, de façon que, les plans de la section

---

1. Cette séquence est sans doute une interpolation, car elle
nuit à la généralité de l'énoncé et crée une rupture avec les
lignes qui suivent. Elle aura été ajoutée pour correspondre au
cas représenté dans la figure, où l'intersection du plan sécant
et du plan de base (la droite KΛ) est sur le prolongement de
ΓΛ et donc extérieure au cercle.

2. C'est-à-dire l'intersection du plan sécant et du plan du
cercle de base, la droite KΛ qui donnera la direction des ordonnées.

3. On trouvait dans V après ἀγόμεναι (l. 3) une première
rupture textuelle, corrigée depuis. Sur l'erreur de reliure qui
en est la cause, voir la description du manuscrit dans la Notice.

4. Ces droites sont les ordonnées (voir *Définition* 4) ; elles
seront nommées en tant que telles à la proposition 15.

5. Il s'agit maintenant de l'intersection du plan sécant et
du parallélogramme axial, la droite EH, diamètre de l'ellipse.

6. Ce plan axial contient la hauteur du cylindre. Dans le
cas du cylindre oblique, il est unique, contrairement au cas du
cylindre droit, puisque tout plan axial d'un cylindre droit est
orthogonal au plan de base.

κοινὴ τομὴ τῶν ἐπιπέδων πρὸς ὀρθὰς ᾖ τῇ βάσει
τοῦ διὰ τοῦ ἄξονος παραλληλογράμμου ἢ τῇ ἐπ᾽
εὐθείας αὐτῇ, αἱ ἀγόμεναι εὐθεῖαι ἀπὸ τῆς τομῆς
τῆς ἐν τῇ ἐπιφανείᾳ τοῦ κυλίνδρου γενομένης ὑπὸ
τοῦ τέμνοντος ἐπιπέδου παράλληλοι τῇ πρὸς ὀρθὰς   5
τῇ βάσει τοῦ διὰ τοῦ ἄξονος παραλληλογράμμου
ἢ τῇ ἐπ᾽ εὐθείας αὐτῇ ἐπὶ τὴν κοινὴν τομὴν τῶν
ἐπιπέδων πεσοῦνται καὶ προσεκβαλλόμεναι ἕως τοῦ
ἑτέρου μέρους τῆς τομῆς δίχα τμηθήσονται ὑπὸ τῆς
κοινῆς τομῆς τῶν ἐπιπέδων, καὶ ἡ πρὸς ὀρθὰς τῇ   10
βάσει τοῦ διὰ τοῦ ἄξονος παραλληλογράμμου ἢ τῇ
ἐπ᾽ εὐθείας αὐτῇ ὀρθοῦ μὲν ὄντος τοῦ κυλίνδρου
πρὸς ὀρθὰς ἔσται καὶ τῇ κοινῇ τομῇ τοῦ τε διὰ
τοῦ ἄξονος παραλληλογράμμου καὶ τοῦ τέμνοντος
ἐπιπέδου, σκαληνοῦ δὲ ὄντος οὐκέτι, πλὴν ὅταν τὸ   15
διὰ τοῦ ἄξονος ἐπίπεδον πρὸς ὀρθὰς ᾖ τῇ βάσει
τοῦ κυλίνδρου.

Ἔστω κύλινδρος οὗ βάσεις μὲν οἱ Α, Β κύκλοι, τὸ
δὲ διὰ τοῦ ἄξονος παραλληλόγραμμον τὸ ΓΔ, καὶ
τετμήσθω ὁ κύλινδρος, ὡς εἴρηται, ἐπιπέδῳ ποιοῦντι   20
τὴν ΕΖΗΘ τομήν, ὥστε συμπιπτόντων τοῦ τε τῆς
ΕΖΗΘ τομῆς καὶ τοῦ τῆς ΑΓ βάσεως ἐπιπέδου τὴν

EZHΘ et de la base AΓ se rencontrant, l'intersection KΛ
soit à angles droits avec la droite ΓAΛ ; que, de la section
EZH, soit menée une certaine parallèle ZM à KΛ, et que,
prolongée, elle soit limitée à l'autre partie de la surface, au
point Θ.

Je dis que ZM tombe sur EH et que ZM est égale à MΘ.

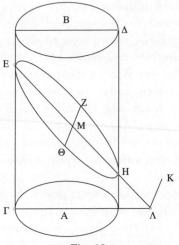

Fig. 12

Puisque, dans la section EZH, est menée une parallèle
ZM à KΛ, alors elle tombe à l'intérieur du parallélogramme
ΓΔ[1].

Puisque la droite ZM est dans le plan EZHΘ, et que EH

---

1. Proposition 11.

κοινὴν τομὴν τὴν ΚΛ πρὸς ὀρθὰς εἶναι τῇ ΓΑΛ
εὐθείᾳ, καὶ ἀπὸ τῆς ΕΖΗ τομῆς ἤχθω τις εὐθεῖα
παράλληλος τῇ ΚΛ ἡ ΖΜ καὶ προσεκϐληθεῖσα
περατούσθω κατὰ τὸ ἕτερον μέρος τῆς ἐπιφανείας
κατὰ τὸ Θ.   5
Λέγω ὅτι ἡ ΖΜ πίπτει ἐπὶ τὴν ΕΗ καὶ ὅτι ἴση
ἐστὶν ἡ ΖΜ τῇ ΜΘ.

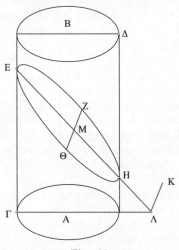

Fig. 12

Ἐπεὶ γὰρ ἐν τῇ ΕΖΗ τομῇ παράλληλος ἦκται τῇ
ΚΛ ἡ ΖΜ, ἐντὸς ἄρα πίπτει τοῦ ΓΔ παραλληλο-
γράμμου.   10
Ἐπεὶ δέ ἐστιν ἡ μὲν ΖΜ εὐθεῖα ἐν τῷ ΕΖΗΘ

11 ΕΖΗΘ Ψ : ΕΖΘΗ V.

est l'intersection de ce plan et du parallélogramme $\Gamma\Delta$[1], alors ZM tombe sur EH.

Que ZM est aussi égale à MΘ, c'est évident en vertu du théorème précédent.

Il reste donc à démontrer que, si le cylindre est droit ou si le parallélogramme $\Gamma\Delta$ est à angles droits avec la base du cylindre[2], KΛ est à angles droits avec EHΛ.

Puisque le plan $\Gamma\Delta$ est à angles droits avec le plan de la base, et que KΛ, qui est dans le plan de la base, est à angles droits avec leur intersection ΓAΛ, alors elle est aussi à angles droits avec le plan restant[3], qui est celui du parallélogramme $\Gamma\Delta$.

Mais, si le plan $\Gamma\Delta$ n'est pas à angles droits avec la base, KΛ ne sera pas à angles droits avec ΛE.

Que KΛ soit à angles droits avec ΛE, si c'est possible. Or elle est aussi à angles droits avec $\Lambda\Gamma$; KΛ est donc aussi à angles droits avec le plan mené par ces droites[4], c'est-à-dire le plan $\Gamma\Delta$. Le plan mené par elle, qui est le plan de la base A, sera donc aussi à angles droits avec le plan $\Gamma\Delta$[5], ce qui n'est pas l'hypothèse. KΛ n'est donc pas à angles droits avec ΛE.

En vertu de ce qui a été démontré, il est évident que la droite EH est un diamètre de la section EZHΘ[6], car elle coupe en deux parties égales toutes les droites, comme ZΘ, abaissées sur elle parallèlement à KΛ.

---

1. *Éléments*, XI.3.
2. L'hypothèse est relative au cylindre oblique. Dans les deux cas, les parallèles à KΛ menées dans la section EZHΘ, c'est-à-dire les ordonnées, sont perpendiculaires au diamètre.
3. *Éléments*, XI, *définition* 4.
4. *Éléments*, XI.4.
5. *Éléments*, XI.18.
6. *Définition* 4.

ἐπιπέδῳ, ἡ δὲ ΕΗ κοινὴ τομή ἐστιν αὐτοῦ καὶ τοῦ ΓΔ παραλληλογράμμου, ἡ ΖΜ ἄρα ἐπὶ τὴν ΕΗ πίπτει.

Ὅτι δὲ καὶ ἡ ΖΜ τῇ ΜΘ ἴση ἐστίν, φανερὸν καὶ αὐτὸ διὰ τὸ πρὸ τούτου θεώρημα. 5

Λοιπὸν δεῖ δεῖξαι ὅτι ἡ ΚΛ ὀρθοῦ μὲν ὄντος τοῦ κυλίνδρου ἢ τοῦ ΓΔ πρὸς ὀρθὰς ὄντος τῇ βάσει τοῦ κυλίνδρου πρὸς ὀρθάς ἐστι τῇ ΕΗΛ.

Ἐπεὶ γὰρ τὸ μὲν ΓΔ ἐπίπεδον πρὸς ὀρθάς ἐστι τῷ τῆς βάσεως ἐπιπέδῳ, τῇ δὲ κοινῇ αὐτῶν τομῇ 10 τῇ ΓΑΛ πρὸς ὀρθάς ἐστιν ἡ ΚΛ ἐν τῷ τῆς βάσεως ἐπιπέδῳ οὖσα, καὶ τῷ λοιπῷ ἄρα τῷ τοῦ ΓΔ παραλληλογράμμου ἐπιπέδῳ πρὸς ὀρθάς ἐστιν.

Εἰ δὲ τὸ ΓΔ οὐκ ἔστι πρὸς ὀρθὰς τῇ βάσει, πρὸς ὀρθὰς οὐκ ἔσται ἡ ΚΛ τῇ ΛΕ. 15

Εἰ γὰρ δυνατόν, ἔστω πρὸς ὀρθὰς ἡ ΚΛ τῇ ΛΕ.

Ἔστι δὲ καὶ τῇ ΛΓ πρὸς ὀρθάς· καὶ τῷ δι᾽ αὐτῶν ἄρα ἐπιπέδῳ, τουτέστι τῷ ΓΔ, πρὸς ὀρθὰς ἔσται ἡ ΚΛ. Καὶ τὸ δι᾽ αὐτῆς ἄρα ἐπίπεδον τὸ τῆς Α βάσεως πρὸς ὀρθὰς ἔσται τῷ ΓΔ, ὅπερ οὐχ ὑπόκειται. Οὐκ 20 ἄρα ἡ ΚΛ πρὸς ὀρθάς ἐστι τῇ ΛΕ.

Ἐκ δὴ τῶν δεδειγμένων φανερὸν ὅτι ἡ ΕΗ διάμετρός ἐστι τῆς ΕΖΗΘ τομῆς· πάσας γὰρ τὰς παρὰ τὴν ΚΛ καταγομένας ἐπ᾽ αὐτὴν δίχα τέμνει, ὥσπερ τὴν ΖΘ. 25

13

Si deux droites sont coupées pareillement[1], le rectangle compris par les segments de la première sera au rectangle compris par les segments de la seconde comme[2] le carré sur la première est au carré sur la seconde.

Que[3] des droites AB et ΓΔ soient coupées pareillement aux points E et Z.

Je dis que le rectangle AE,EB est au rectangle ΓZ,ZΔ comme le carré sur AB est à celui sur ΓΔ.

Fig. 13[4]

Puisque ΓZ est à ZΔ comme AE est à EB, alors, *par composition*[5] et *par permutation*[6], EB est aussi à ZΔ comme AB est à ΓΔ.

Puisque ΓZ est à ZΔ comme AE est à EB, alors le rectangle AE,EB a, avec le rectangle ΓZ,ZΔ, un rapport

---

1. C'est-à-dire « divisées suivant le même rapport ».
2. C'est la première occurrence de la structure corrélative ὡς...οὕτω(ς) utilisée régulièrement pour l'expression de la proportion dans les textes mathématiques.
3. Voir Note complémentaire [36].
4. Les deux droites sont égales dans V, et coupées au même endroit.
5. *Éléments*, V, *définition* 14 : si $a : b = c : d$, on peut écrire : $a+b : b = c+d : d$.
6. *Éléments*, V, *définition* 12 : si $a : b = c : d$, on peut écrire : $a : c = b : d$.

ιγ´

Ἐὰν δύο εὐθεῖαι ὁμοίως τμηθῶσιν, ἔσται ὡς τὸ
ἀπὸ τῆς πρώτης πρὸς τὸ ἀπὸ τῆς δευτέρας, οὕτω
τὸ ὑπὸ τῶν τμημάτων τῆς πρώτης πρὸς τὸ ὑπὸ τῶν
τμημάτων τῆς δευτέρας.   5
Εὐθεῖαι γὰρ αἱ ΑΒ, ΓΔ ὁμοίως τετμήσθωσαν κατὰ
τὰ Ε, Ζ σημεῖα.
Λέγω ὅτι ὡς τὸ ἀπὸ τῆς ΑΒ πρὸς τὸ ἀπὸ τῆς
ΓΔ, οὕτω τὸ ὑπὸ τῶν ΑΕ, ΕΒ πρὸς τὸ ὑπὸ τῶν ΓΖ,
ΖΔ.   10

A ———————————————E——————————— B

Γ —————————Z————— Δ

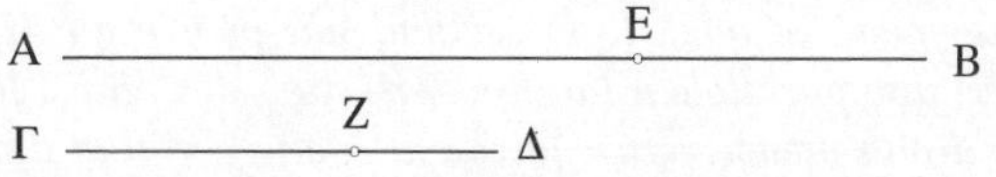

Fig. 13

Ἐπεὶ γὰρ ὡς ἡ ΑΕ πρὸς ΕΒ, οὕτως ἡ ΓΖ πρὸς
ΖΔ, καὶ συνθέντι ἄρα καὶ ἐναλλὰξ ὡς ἡ ΑΒ πρὸς
ΓΔ, οὕτως ἡ ΕΒ πρὸς ΖΔ.
Καὶ ἐπεὶ ὡς ἡ ΑΕ πρὸς ΕΒ, οὕτως ἡ ΓΖ πρὸς
ΖΔ, τὸ ἄρα ὑπὸ τῶν ΑΕ, ΕΒ πρὸς τὸ ὑπὸ τῶν ΓΖ,   15

1 ιγ´ Ψ : ιβ´ V⁴ om. V ‖ 12 Ζ[Δ V¹ : Ξ V ‖ 13 ΖΔ Ψ : ΞΔ V.

doublé[1] de celui que EB a avec ZΔ[2], c'est-à-dire de celui
que AB a avec ΓΔ ; mais le carré sur AB a, avec celui sur
ΓΔ, un rapport doublé de celui que la droite AB a avec
la droite ΓΔ ; le rectangle AE,EB est donc au rectangle
ΓZ,ZΔ comme le carré sur AB est à celui sur ΓΔ, ce qu'il
était proposé de démontrer.

14

*Si un cylindre est coupé par un plan mené par l'axe,
ainsi que par un autre plan coupant le plan de la base, que
l'intersection du plan de la base et du plan sécant soit à angles
droits avec la base du parallélogramme axial ou avec son
prolongement, et que, de la section, soit menée au diamètre
une certaine parallèle à ladite intersection des plans, le carré
sur la droite menée sera équivalent à une certaine aire avec
laquelle le rectangle compris par les segments du diamètre de
la section a un rapport identique à celui que le carré sur le
diamètre de la section a avec le carré du diamètre de la base.*

Soit un cylindre ayant pour bases les cercles A et B, et
pour parallélogramme axial le parallélogramme ΓΔ ; que le
cylindre soit coupé par un plan rencontrant le plan de la
base selon une droite faisant un angle droit avec le prolongement de ΓA ; soit EZH la section produite, et soit EH
l'intersection du parallélogramme et du plan sécant, qui est
diamètre de la section, comme cela a été démontré[3].

Un certain point Z étant pris sur la section, que soit
abaissée de ce point sur le diamètre une droite ZΘ paral-

---

1. L'itération qui est mise en œuvre dans le rapport
« doublé » $(a : b \times a : b)$ correspond à une élévation au carré
$(a^2 : b^2)$.

2. On obtient $AE \times EB : EB \times EB = ΓZ \times ZΔ : ZΔ \times ZΔ$, donc
par permutation : $AE \times EB : ΓZ \times ZΔ = EB \times EB : ZΔ \times ZΔ$.

3. Proposition 12.

ΖΔ διπλασίονα λόγον ἔχει ἤπερ ἡ ΕΒ πρὸς ΖΔ,
τουτέστιν ἤπερ ἡ ΑΒ πρὸς ΓΔ· ἀλλὰ καὶ τὸ ἀπὸ
τῆς ΑΒ πρὸς τὸ ἀπὸ τῆς ΓΔ διπλασίονα λόγον ἔχει
ἤπερ ἡ ΑΒ πρὸς ΓΔ· ὡς ἄρα τὸ ἀπὸ τῆς ΑΒ πρὸς
τὸ ἀπὸ τῆς ΓΔ, οὕτω τὸ ὑπὸ τῶν ΑΕ, ΕΒ πρὸς τὸ   5
ὑπὸ τῶν ΓΖ, ΖΔ, ὃ προέκειτο δεῖξαι.

ιδ´

Ἐὰν κύλινδρος ἐπιπέδῳ τμηθῇ διὰ τοῦ ἄξονος,
τμηθῇ δὲ καὶ ἑτέρῳ ἐπιπέδῳ τέμνοντι τὸ τῆς βάσεως
ἐπίπεδον, ἡ δὲ κοινὴ τομὴ τοῦ τε τῆς βάσεως καὶ   10
τοῦ τέμνοντος ἐπιπέδου πρὸς ὀρθὰς ᾖ τῇ βάσει τοῦ
διὰ τοῦ ἄξονος παραλληλογράμμου ἢ τῇ ἐπ᾽ εὐθείας
αὐτῇ, ἀπὸ δὲ τῆς τομῆς ἀχθῇ τις ἐπὶ τὴν διάμετρον
παράλληλος τῇ εἰρημένῃ κοινῇ τομῇ τῶν ἐπιπέδων,
ἡ ἀχθεῖσα δυνήσεταί τι χωρίον, πρὸς ὃ τὸ ὑπὸ τῶν   15
τμημάτων τῆς διαμέτρου τῆς τομῆς λόγον ἔχει ὃν
τὸ ἀπὸ τῆς διαμέτρου τῆς τομῆς πρὸς τὸ ἀπὸ τῆς
διαμέτρου τῆς βάσεως.

Ἔστω κύλινδρος οὗ βάσεις μὲν οἱ Α, Β κύκλοι, τὸ
δὲ διὰ τοῦ ἄξονος παραλληλόγραμμον τὸ ΓΔ, καὶ   20
τετμήσθω ὁ κύλινδρος ἐπιπέδῳ συμπίπτοντι τῷ τῆς
βάσεως ἐπιπέδῳ κατ᾽ εὐθεῖαν ὀρθὴν πρὸς ΓΑ ἐκβληθεῖσαν, καὶ ἔστω ἡ γενομένη τομὴ ἡ ΕΖΗ, κοινὴ δὲ
τομὴ τοῦ παραλληλογράμμου καὶ τοῦ τέμνοντος
ἐπιπέδου ἡ ΕΗ διάμετρος οὖσα τῆς τομῆς, ὡς   25
ἐδείχθη.

Ληφθέντος δέ τινος σημείου ἐπὶ τῆς τομῆς τοῦ
Ζ κατήχθω ἀπ᾽ αὐτοῦ ἐπὶ τὴν διάμετρον εὐθεῖα

lèle à l'intersection des plans[1] ; ZΘ tombe donc sur EH, comme cela a été démontré[2].

Je dis[3] que le rectangle EΘ,ΘH a, avec le carré sur ZΘ, le rapport que le carré sur le diamètre EH a avec le carré sur le diamètre de la base.

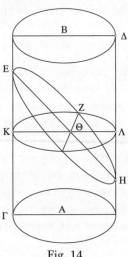

Fig. 14

Que soit menée par Θ une parallèle KΘΛ à ΓA, et que, par les droites ZΘ et KΛ, soit mené un plan déterminant une section KZΛ.

Dès lors, puisque KΛ est parallèle à ΓA, et que ZΘ est

1. C'est-à-dire l'intersection du plan sécant et du plan du cercle de base. Cette droite, qui est dans le plan de la base et donne la direction des ordonnées, n'est pas représentée sur la figure.

2. Proposition 12.

3. On observe ici et dans les propositions 23, 25 et 27 l'emploi de δή après λέγω, alors que cet usage est normalement réservé au *second diorisme*.

παράλληλος τῇ κοινῇ τομῇ τῶν ἐπιπέδων ἡ ΖΘ·
πίπτει ἄρα ἡ ΖΘ ἐπὶ τὴν ΕΗ, ὡς ἐδείχθη.

Λέγω δὴ ὅτι τὸ ὑπὸ τῶν ΕΘ, ΘΗ πρὸς τὸ ἀπὸ
τῆς ΖΘ λόγον ἔχει ὃν τὸ ἀπὸ τῆς ΕΗ διαμέτρου
πρὸς τὸ ἀπὸ τῆς διαμέτρου τῆς βάσεως.   5

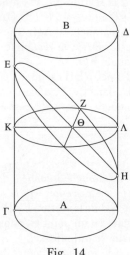

Fig. 14

Ἤχθω διὰ τοῦ Θ παράλληλος τῇ ΓΑ ἡ ΚΘΛ,
καὶ διὰ τῶν ΖΘ, ΚΛ εὐθειῶν ἤχθω ἐπίπεδον τομὴν
ποιοῦν τὴν ΚΖΛ.

Ἐπεὶ οὖν ἡ μὲν ΚΛ τῇ ΓΑ παράλληλος, ἡ δὲ ΖΘ

3 pr. τὸ Ψ : τῷ V.

parallèle à l'intersection des plans, intersection qui est dans le plan de la base, alors les plans menés par ces droites sont aussi parallèles[1] ; la section KZΛ est donc un cercle[2].

De même, puisque KΛ est parallèle à ΓA et que ZΘ est parallèle à l'intersection des plans, intersection qui est à angles droits avec ΓA, alors ZΘ est à angles droits avec KΛ[3] ; d'autre part, la section KZΛ[4] est un cercle ; le carré sur ZΘ est donc égal au rectangle KΘ,ΘΛ[5].

Puisque KE est parallèle à ΛH, alors EΘ est aussi à ΘH comme KΘ est à ΘΛ[6] ; le rectangle EΘ,ΘH est donc semblable au rectangle KΘ,ΘΛ.

Le carré sur le diamètre EH est donc à celui sur KΛ, c'est-à-dire à celui sur le diamètre de la base, comme le rectangle EΘ,ΘH est au rectangle KΘ,ΘΛ[7], c'est-à-dire au carré sur ZΘ.

15

La droite menée de manière ordonnée[8] *dans la section*[9] *par le milieu du diamètre de la section sera le second diamètre.*

Soit un diamètre EH de la section EZH et qu'il soit coupé en deux parties égales en un point Θ, et que soit menée une droite ZΘM de manière ordonnée.

Je dis que ZM est le second diamètre de la section.

1. *Éléments*, XI.15.
2. Proposition 5.
3. *Éléments*, XI.10.
4. Voir Note complémentaire [37].
5. Par application d'*Éléments*, III.31 et VI.8 *porisme*.
6. *Éléments*, VI.4.
7. Proposition 13.
8. Voir *Définition* 4.
9. Il s'agit de la section engendrée par le plan sécant et qui sera définie comment étant une ellipse.

τῇ κοινῇ τομῇ τῶν ἐπιπέδων οὔσῃ ἐν τῷ τῆς βάσεως
ἐπιπέδῳ, καὶ τὰ δι᾽ αὐτῶν ἄρα ἐπίπεδα παράλληλά
ἐστιν· ἡ ΚΖΛ ἄρα τομὴ κύκλος ἐστίν.

Πάλιν ἐπεὶ παράλληλός ἐστιν ἡ μὲν ΚΛ τῇ ΓΑ,
ἡ δὲ ΖΘ τῇ κοινῇ τομῇ τῶν ἐπιπέδων πρὸς ὀρθὰς 5
οὔσῃ πρὸς τὴν ΓΑ, καὶ ἡ ΖΘ ἄρα πρὸς ὀρθάς ἐστι
τῇ ΚΛ· καὶ ἔστι κύκλος ὁ ΚΖΛ· τὸ ἄρα ἀπὸ τῆς
ΖΘ ἴσον ἐστὶ τῷ ὑπὸ τῶν ΚΘ, ΘΛ.

Ἐπεὶ ἡ ΚΕ τῇ ΛΗ παράλληλός ἐστιν, ὡς ἄρα ἡ
ΚΘ πρὸς τὴν ΘΛ, οὕτως ἡ ΕΘ πρὸς τὴν ΘΗ· τὸ 10
ἄρα ὑπὸ τῶν ΕΘ, ΘΗ ὅμοιόν ἐστι τῷ ὑπὸ ΚΘ, ΘΛ.

Ὡς ἄρα τὸ ὑπὸ τῶν ΕΘ, ΘΗ πρὸς τὸ ὑπὸ τῶν
ΚΘ, ΘΛ, τουτέστι πρὸς τὸ ἀπὸ ΖΘ, οὕτω τὸ ἀπὸ
τῆς ΕΗ διαμέτρου πρὸς τὸ ἀπὸ τῆς ΚΛ, τουτέστι
πρὸς τὸ ἀπὸ τῆς διαμέτρου τῆς βάσεως. 15

ιε′

Ἡ διὰ τῆς διχοτομίας τῆς διαμέτρου τῆς τομῆς
τεταγμένως ἀγομένη ἐν τῇ τομῇ δευτέρα διάμετρος
ἔσται.

Ἔστω γὰρ τῆς ΕΖΗ τομῆς διάμετρος ἡ ΕΗ καὶ 20
δίχα τετμήσθω κατὰ τὸ Θ, καὶ διήχθω ἡ ΖΘΜ τεταγμένως.

Λέγω ὅτι ἡ ΖΜ δευτέρα διάμετρός ἐστι τῆς τομῆς.

---

12 post ΘΗ del. ὅμοιόν ἐστι V¹ ‖ 16 ιε′ Ψ : ιδ′ V⁴ om. V.

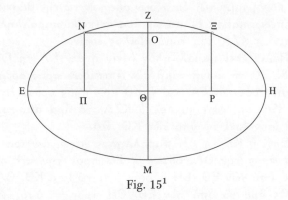

Fig. 15[1]

Que soit menée une parallèle NΞ à EH et des parallèles
NΠ et ΞP à ZM ; NΠ et ΞP sont donc aussi ordonnées.

Dès lors, puisque le carré sur NΠ a, avec le rectangle
EΠ,ΠH, un rapport identique à celui que le carré sur le
diamètre de la base du cylindre a avec celui sur le diamètre
de la section[2], et que le carré sur ΞP a aussi le même
rapport avec le rectangle EP,PH, alors le carré sur ΞP est au
rectangle EP,PH comme le carré sur NΠ est au rectangle
EΠ,ΠH. Et *par permutation* ; or le carré sur NΠ est égal
à celui sur ΞP, puisque la figure NΠPΞ est un parallélogramme[3] ; le rectangle EΠ,ΠH est donc aussi égal au
rectangle EP,PH ; d'autre part, ces rectangles sont retran-
chés des carrés égaux sur EΘ et ΘH ; le carré restant sur
ΠΘ est donc aussi égal au carré restant sur ΘP[4] ; ΠΘ est

1. La figure de V, reproduite ici, représente le cas où les
ordonnées sont menées à angles droits sur le diamètre (voir
proposition 12) ; on retrouve la même figure dans la proposition 19.

2. Proposition 14.

3. *Éléments*, I.33.

4. Par application d'*Éléments*, II.5, en considérant EH
divisée en segments égaux en Θ et en segments inégaux en
Π, puis en P.

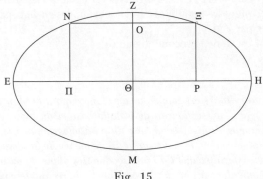

Fig. 15

Ἤχθω παρὰ μὲν τὴν ΕΗ ἡ ΝΞ, παρὰ δὲ τὴν ΖΜ αἱ ΝΠ, ΞΡ· τεταγμέναι ἄρα εἰσὶ καὶ αἱ ΝΠ, ΞΡ.

Ἐπεὶ οὖν τὸ ἀπὸ τῆς ΝΠ πρὸς τὸ ὑπὸ ΕΠΗ λόγον ἔχει ὃν τὸ ἀπὸ τῆς διαμέτρου τῆς βάσεως τοῦ κυλίνδρου πρὸς τὸ ἀπὸ τῆς διαμέτρου τῆς τομῆς, ἔχει 5 δὲ καὶ τὸ ἀπὸ τῆς ΞΡ πρὸς τὸ ὑπὸ ΕΡΗ τὸν αὐτὸν λόγον, ὡς ἄρα τὸ ἀπὸ τῆς ΝΠ πρὸς τὸ ὑπὸ ΕΠΗ, οὕτω τὸ ἀπὸ ΞΡ πρὸς τὸ ὑπὸ ΕΡΗ. Καὶ ἐναλλάξ· ἴσον δὲ τὸ ἀπὸ ΝΠ τῷ ἀπὸ ΞΡ· παραλληλόγραμμον γάρ ἐστι τὸ ΝΠΡΞ· ἴσον ἄρα καὶ τὸ ὑπὸ ΕΠΗ τῷ 10 ὑπὸ ΕΡΗ· καὶ ἀπ' ἴσων ἀφῄρηται τῶν ἀπὸ ΕΘ, ΘΗ· καὶ λοιπὸν ἄρα τὸ ἀπὸ ΠΘ λοιπῷ τῷ ἀπὸ ΘΡ ἴσον ἐστίν· ἴση ἄρα ἡ ΠΘ τῇ ΘΡ, τουτέστιν ἡ ΝΟ τῇ ΟΞ.

donc égale à ΘP, c'est-à-dire NO est égale à OΞ. Pareillement, toutes les parallèles à EH sont coupées en deux parties
égales par ZM.

ZM est donc le second diamètre[1].

16

*Si un cylindre est coupé par un plan coupant le plan de la
base, que l'intersection du plan de la base et du plan sécant
soit à angles droits avec la base du parallélogramme axial ou
son prolongement, le carré sur la droite menée de la section au
diamètre parallèlement à l'intersection des plans qu'on a dite
sera équivalent à une aire avec laquelle le rectangle compris
par les segments du diamètre a un rapport identique à celui
qu'a le carré sur le diamètre de la section avec celui sur le
second diamètre, et le carré sur la droite menée de la section
au second diamètre parallèlement au diamètre sera équivalent
à une aire avec laquelle le rectangle compris par les segments
du second diamètre a un rapport identique à celui qu'a le carré
sur le second diamètre avec le carré sur le diamètre.*

Soit un cylindre ; que soient faites les constructions du
théorème 14.

Dès lors, puisqu'il a été démontré[2] que le rectangle
EΘ,ΘH était au carré sur ZΘ comme le carré sur EH est
à celui sur le diamètre de la base qui coupe en deux parties
égales la droite EH de manière ordonnée[3], [comme il a été

1. *Définition* 7.
2. Proposition 14.
3. Il a été démontré dans la proposition 9 que la parallèle EΛM à l'intersection du plan sécant et du plan de la base
(la droite ZH) menée par le milieu Λ de l'intersection du
plan sécant et du parallélogramme axial (la droite ΓΔ) était
un diamètre du cercle de base (le cercle OEΠM). Le diamètre
de la base qui est ici considéré (διχοτομούσης est un participe
épithète) est donc le diamètre ZΦ, et non le diamètre KΛ, considéré dans la relation de la proposition 14 et qui n'est pas dans
le plan de la section de cylindre.

Ὁμοίως δὲ πᾶσαι αἱ παρὰ τὴν ΕΗ δίχα τέμνονται
ὑπὸ τῆς ΖΜ.

Δευτέρα διάμετρος ἄρα ἐστὶν ἡ ΖΜ.

ις'

Ἐὰν κύλινδρος ἐπιπέδῳ τμηθῇ τέμνοντι τὸ τῆς   5
βάσεως ἐπίπεδον, ἡ δὲ κοινὴ τομὴ τοῦ τε τῆς
βάσεως καὶ τοῦ τέμνοντος ἐπιπέδου πρὸς ὀρθὰς ᾖ
τῇ βάσει τοῦ διὰ τοῦ ἄξονος παραλληλογράμμου ἢ
τῇ ἐπ' εὐθείας αὐτῇ, ἡ μὲν ἀπὸ τῆς τομῆς ἐπὶ τὴν
διάμετρον ἀχθεῖσα παράλληλος τῇ εἰρημένῃ κοινῇ   10
τομῇ τῶν ἐπιπέδων δυνήσεται χωρίον, πρὸς ὃ τὸ
ὑπὸ τῶν τμημάτων τῆς διαμέτρου λόγον ἔχει ὃν
τὸ ἀπὸ τῆς διαμέτρου τῆς τομῆς πρὸς τὸ ἀπὸ
τῆς δευτέρας διαμέτρου, ἡ δὲ ἀπὸ τῆς τομῆς ἐπὶ
τὴν δευτέραν διάμετρον ἀχθεῖσα παράλληλος τῇ   15
διαμέτρῳ δυνήσεται χωρίον πρὸς ὃ τὸ ὑπὸ τῶν
τμημάτων τῆς δευτέρας διαμέτρου λόγον ἔχει ὃν
τὸ ἀπὸ τῆς δευτέρας διαμέτρου πρὸς τὸ ἀπὸ τῆς
διαμέτρου.

Ἔστω κύλινδρος, καὶ κατεσκευάσθω ὡς ἐν τῷ ιδ'.   20

Ἐπεὶ οὖν ἐδείχθη τὸ μὲν ὑπὸ τῶν ΕΘ, ΘΗ πρὸς
τὸ ἀπὸ ΖΘ, ὡς τὸ ἀπὸ τῆς ΕΗ πρὸς τὸ ἀπὸ τῆς
διαμέτρου τῆς βάσεως τῆς διχοτομούσης τὴν ΕΗ

3 ΖΜ Ψ : ΘΜ V ‖ 4 ις' Ψ : ιε' V⁴ om. V ‖ 16 δ Ψ : om. V ‖
21 ἐδείχθη c v Ψ : ἐδείχη V.

démontré au théorème 9^1,] et que la droite qui coupe le diamètre en deux parties égales de manière ordonnée est le second diamètre[2], il arrivera que, comme dans le théorème précédent, le rectangle EΘ,ΘH soit au carré sur ZΘ comme le carré sur le diamètre EH est à celui sur le second diamètre, ce qu'il fallait démontrer.

Que, maintenant, par hypothèse, le point Θ coupe le diamètre EH en deux parties égales, et que la droite ZΘΦ soit ordonnée ; ZΦ est donc le second diamètre. Que soit abaissée sur lui de la section la parallèle MN à EH.

Je dis que le rectangle ΦN,NZ a, avec le carré sur MN, un rapport identique à celui que le carré sur le second diamètre ΦZ a avec le carré sur le diamètre EH de la section.

1. Il faut voir ici une remarque incidente d'un lecteur renvoyant aux constructions de la proposition 9. Le recours au verbe de la preuve, δεικνύναι, comme l'utilisation de la préposition πρός au lieu de la préposition ἐν attendue signalent l'interpolation.

2. *Définition* 7.

τεταγμένως, [ὡς ἐδείχθη πρὸς τῷ θ′ θεωρήματι,] ἡ
δὲ διχοτομοῦσα τὴν διάμετρον τεταγμένως δευτέρα
διάμετρός ἐστιν, ὡς ἐν τῷ πρὸ τούτου, εἴη ἂν ὡς τὸ
ἀπὸ τῆς ΕΗ διαμέτρου πρὸς τὸ ἀπὸ τῆς δευτέρας
διαμέτρου, οὕτω τὸ ὑπὸ τῶν ΕΘ, ΘΗ πρὸς τὸ ἀπὸ 5
τῆς ΖΘ, ὅπερ ἔδει δεῖξαι.

Ἀλλὰ δὴ ὑποκείσθω τὸ μὲν Θ διχοτομεῖν τὴν ΕΗ
διάμετρον, τὴν δὲ ΖΘΦ τεταγμένην εἶναι· δευτέρα
ἄρα διάμετρος ἡ ΖΦ. Κατήχθω ἐπ᾽ αὐτὴν ἀπὸ τῆς
τομῆς ἡ ΜΝ παράλληλος τῇ ΕΗ. 10

Λέγω ὅτι τὸ ὑπὸ τῶν ΦΝ, ΝΖ πρὸς τὸ ἀπὸ τῆς
ΜΝ λόγον ἔχει ὃν τὸ ἀπὸ τῆς ΦΖ δευτέρας διαμέτρου πρὸς τὸ ἀπὸ τῆς ΕΗ διαμέτρου τῆς τομῆς.

---

1 ὡς – θεωρήματι del. Decorps-F. vide adn. ‖ τῷ V¹ : τὸ V ‖
θ′ Ψ : ιθ′ V.

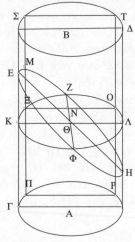

Fig. 16

Que soit mené par MN un plan parallèle au parallélogramme ΓΔ et coupant le cylindre ; il déterminera alors un parallélogramme, qui est la section[1] ; qu'il détermine le parallélogramme PΣ. Soient ΣT, ΞO et ΠP les intersections du parallélogramme et des cercles parallèles[2], et soit MN l'intersection du parallélogramme et de la section EZH.

Dès lors, puisque des plans parallèles ΓΔ et PΣ sont coupés par le plan KZΛ, leurs intersections sont parallèles[3] ; KΘ est donc parallèle à NΞ ; or, on l'a vu, ΘE est aussi parallèle à NM ; l'angle KΘE est donc égal à l'angle ΞNM[4].

D'autre part, puisque le parallélogramme PΣ a ses angles

1. Proposition 3.
2. *Éléments*, XI.3.
3. *Éléments*, XI.16.
4. *Éléments*, XI.10.

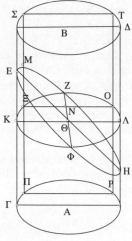

Fig. 16

Ἤχθω διὰ τῆς **ΜΝ** ἐπίπεδον παράλληλον τῷ **ΓΔ** παραλληλογράμμῳ τέμνον τὸν κύλινδρον· ποιήσει δὴ παραλληλόγραμμον τὴν τομήν· ποιείτω τὸ **ΡΣ**. Ἔστωσαν δὲ κοιναὶ τομαὶ αὐτοῦ καὶ τῶν παραλλήλων κύκλων αἱ **ΣΤ, ΞΟ, ΠΡ**· αὐτοῦ δὲ καὶ τῆς 5 **ΕΖΗ** τομῆς κοινὴ τομὴ ἔστω ἡ **ΜΝ**.

Ἐπεὶ οὖν παράλληλα ἐπίπεδα τὰ **ΓΔ, ΡΣ** τέμνεται ὑπὸ τοῦ **ΚΖΛ** ἐπιπέδου, αἱ κοιναὶ αὐτῶν τομαὶ παράλληλοί εἰσιν· παράλληλος ἄρα ἡ **ΚΘ** τῇ **ΝΞ**· ἦν δὲ καὶ ἡ **ΘΕ** τῇ **ΝΜ** παράλληλος· ἡ ἄρα ὑπὸ 10 **ΚΘΕ** γωνία τῇ ὑπὸ **ΞΝΜ** ἴση ἐστίν.

Καὶ ἐπεὶ τὸ **ΡΣ** παραλληλόγραμμον ἰσογώνιόν

égaux à ceux du parallélogramme ΓΔ, comme il a été démontré au théorème 3[1], l'angle ΣΠΡ est donc égal à l'angle ΕΓΑ, c'est-à-dire l'angle ΣΞΝ est égal à l'angle ΕΚΘ ; les triangles ΕΚΘ et ΜΞΝ sont donc semblables entre eux. ΞΝ est donc à ΝΜ comme ΚΘ est à ΘΕ[2] ; le carré sur ΞΝ est donc à celui sur ΝΜ comme le carré sur ΚΘ est à celui sur ΘΕ[3], c'est-à-dire comme le carré sur le second diamètre ΦΖ est à celui sur le diamètre ΕΗ. Mais le carré sur ΝΞ est égal au rectangle ΦΝ,ΝΖ[4] puisque la section ΚΛΖ est un cercle, et que ΘΖ forme un angle droit avec ΚΘ et ΞΝ[5].

Le rectangle ΦΝ,ΝΖ est donc au carré sur ΜΝ comme le carré sur le second diamètre ΦΖ est à celui sur le diamètre ΕΗ, ce qu'il était proposé de démontrer.

17[6]

Si des diamètres d'une section de cylindre sont conjugués[7], et qu'il soit fait en sorte que le second diamètre soit à une autre droite[8] comme le diamètre de la section est au second

---

1. Sur cette référence à la proposition 3 et celle trouvée à la proposition 29, voir la Notice.

2. *Éléments*, VI.4.

3. *Éléments*, VI.22.

4. Par application d'*Éléments*, III.31 dans le demi-cercle ΦΞΖ et d'*Éléments*, VI.8 *porisme*.

5. Par construction, puisque ΖΘ a été menée parallèlement à l'intersection du plan sécant et du plan de base, qui est perpendiculaire au diamètre de la base.

6. La propriété démontrée correspond à celle de *Coniques*, I.13.

7. *Définition* 5.

8. Soit a le diamètre transverse (AB dans la proposition) et b le second diamètre (EZ), cette « autre droite » (en termes modernes, le paramètre de la conique) est la troisième proportionnelle dans l'égalité $a : b = b : c$.

ἔστι τῷ **ΓΔ** παραλληλογράμμῳ, ὡς ἐδείχθη ἐν τῷ γ΄ θεωρήματι, ἡ ἄρα ὑπὸ τῶν **ΣΠΡ** γωνία τῇ ὑπὸ τῶν **ΕΓΑ** ἴση ἐστίν, τουτέστιν ἡ ὑπὸ **ΣΞΝ** τῇ ὑπὸ **ΕΚΘ**· ὅμοια ἄρα ἀλλήλοις τὰ **ΕΚΘ**, **ΜΞΝ** τρίγωνα. Ὡς ἄρα ἡ **ΚΘ** πρὸς **ΘΕ**, οὕτως ἡ **ΞΝ** πρὸς **ΝΜ**· 5 καὶ ὡς τὸ ἀπὸ τῆς **ΚΘ** ἄρα πρὸς τὸ ἀπὸ τῆς **ΘΕ**, τουτέστι τὸ ἀπὸ τῆς δευτέρας διαμέτρου τῆς **ΦΖ** πρὸς τὸ ἀπὸ τῆς **ΕΗ** διαμέτρου, οὕτω τὸ ἀπὸ τῆς **ΞΝ** πρὸς τὸ ἀπὸ τῆς **ΝΜ**. Ἀλλὰ τὸ ἀπὸ τῆς **ΝΞ** ἴσον ἐστὶ τῷ ὑπὸ τῶν **ΦΝ**, **ΝΖ**· κύκλος γάρ ἐστιν ὁ 10 **ΚΖΛ**, καὶ ὀρθὴ ἡ **ΘΖ** ἐπὶ τὰς **ΚΘ**, **ΞΝ**.

Ὡς ἄρα τὸ ἀπὸ τῆς **ΦΖ** δευτέρας διαμέτρου πρὸς τὸ ἀπὸ τῆς **ΕΗ** διαμέτρου, οὕτω τὸ ὑπὸ τῶν **ΦΝ**, **ΝΖ** πρὸς τὸ ἀπὸ τῆς **ΜΝ**, ὃ προέκειτο δεῖξαι.

ιζ΄ 15

Ἐὰν κυλίνδρου τομῆς συζυγεῖς διάμετροι ὦσι, καὶ ποιηθῇ ὡς ἡ διάμετρος τῆς τομῆς πρὸς τὴν δευτέραν διάμετρον, οὕτως ἡ δευτέρα διάμετρος

---

9 alt. τῆς c Ψ : τὴν V (sic) ‖ 10 ὑπὸ Ψ : ἀπὸ V ‖ 12 ΦΖ Ψ : ΦΖΔ V ‖ 14 ΝΖ Ψ : ΝΞ V ‖ 15 ιζ΄ Ψ : ιϛ΄ V⁴ om. V ‖ 17-18 τῆς — διάμετρον iter. V.

diamètre[1], *le carré sur une droite menée de la section au
diamètre de manière ordonnée sera équivalent à une aire qui
est appliquée à la troisième proportionnelle, qui a pour largeur
la droite découpée du côté de la section par la droite menée de
manière ordonnée, et qui est en défaut d'une figure semblable
au rectangle[2] compris par le diamètre et la troisième proportionnelle.*

Soit une section de cylindre de diamètre AB et de second
diamètre ΓΔ ; qu'il soit fait en sorte que ΓΔ soit à une droite
AH comme AB est à ΓΔ ; que soit placée AH à angles droits
avec AB ; que soit menée une droite de jonction BH ; que
soient menées une droite EZ à AB de manière ordonnée,
une parallèle ZΘ à AH et une parallèle ΘK à AZ.

Je dis que le carré sur EZ est égal au parallélogramme
AΘ.

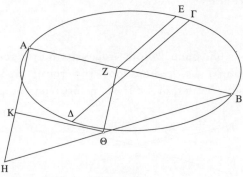

Fig. 17[3]

1. Voir la définition du second diamètre dans les *Coniques
(Secondes définitions, définition* 3).

2. Ce rectangle est la figure caractéristique de la section
(εἶδος), telle qu'elle figure dans les *Coniques*, ayant pour côtés
le diamètre transverse de l'ellipse (ou *côté transverse de la figure*)
et le côté droit qui lui est associé (ou *côté droit de la figure*),
moyenne proportionnelle entre le diamètre transverse et le
second diamètre.

3. Voir Note complémentaire [38].

πρὸς ἄλλην τινά, ἥτις ἂν ἀπὸ τῆς τομῆς ἐπὶ τὴν
διάμετρον ἀχθῇ τεταγμένως δυνήσεται τὸ παρὰ τὴν
τρίτην ἀνάλογον πλάτος ἔχον τὴν ὑπ' αὐτῆς τῆς
τεταγμένως ἀχθείσης ἀπολαμβανομένην πρὸς τῇ
τομῇ ἐλλεῖπον εἴδει ὁμοίῳ τῷ περιεχομένῳ ὑπὸ τῆς 5
διαμέτρου καὶ τῆς τρίτης ἀνάλογον.

Ἔστω κυλίνδρου τομὴ ἧς διάμετρος μὲν ἡ ΑΒ,
δευτέρα δὲ διάμετρος ἡ ΓΔ, καὶ γενέσθω ὡς ἡ ΑΒ
πρὸς τὴν ΓΔ, οὕτως ἡ ΓΔ πρὸς τὴν ΑΗ, καὶ κείσθω
ἡ ΑΗ πρὸς ὀρθὰς τῇ ΑΒ, καὶ ἐπεζεύχθω ἡ ΒΗ, καὶ 10
ἐπὶ τὴν ΑΒ ἤχθω τεταγμένως ἡ ΕΖ, καὶ παρὰ μὲν
τὴν ΑΗ ἡ ΖΘ, παρὰ δὲ τὴν ΑΖ ἡ ΘΚ.

Λέγω ὅτι τὸ ἀπὸ τῆς ΕΖ ἴσον ἐστὶ τῷ ΑΘ παραλληλογράμμῳ.

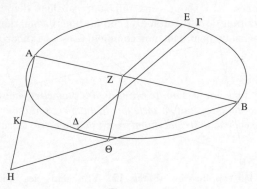

Fig. 17

3 ὑπ' Heiberg : ἀπ' V ‖ 4 τεταγμένως Ψ : τεταγμένης V ‖
13 ἀ[πὸ e corr. V¹.

Puisque AB est à AH, c'est-à-dire BZ est à ZΘ[1], comme le carré sur AB est à celui sur ΓΔ[2], que, d'autre part, le rectangle BZ,ZA est au carré sur EZ comme le carré sur AB est à celui sur ΓΔ[3], et que le rectangle BZ,ZA est au rectangle ΘZ,ZA, c'est-à-dire au parallélogramme AΘ, comme BZ est à ZΘ, alors le carré sur EZ est égal au parallélogramme AΘ, qui est appliqué à la troisième proportionnelle AH, qui a pour largeur AZ et qui est en défaut d'une figure, le rectangle HK,KΘ, semblable au rectangle HA,AB.

Appelons la droite AB le côté transverse de la figure et la droite AH le côté droit de la figure.

Dans ces conditions, il est évident que la section ABΓ du cylindre est une ellipse. En effet, toutes les propriétés de la section démontrées ici étaient pareillement des propriétés de l'ellipse du cône, comme il est démontré au théorème *Coniques*, I.15[4] pour ceux qui sont capables d'apprécier l'exactitude de ce théorème, et comme nous l'avons démontré géométriquement dans nos commentaires à ce théorème[5].

18

Si, dans une section de cylindre, des diamètres sont conjugués, et qu'il soit fait en sorte que le diamètre soit à une autre droite comme le second diamètre est au diamètre, le carré sur

---

1. Par application d'*Éléments*, VI.4 dans les triangles équiangles HAB et ΘZB.

2. En écrivant la relation donnée ΓΔ : AH = AB : ΓΔ sous la forme ΓΔ : AH × AB : ΓΔ = AB : ΓΔ × AB : ΓΔ. L'égalité du rapport du carré du diamètre au carré du second diamètre et du rapport du diamètre au côté droit, est utilisée dans les propositions 23, 26-28.

3. Proposition 16.

4. Voir Note complémentaire [39].

5. Cette remarque incidente nous apprend que Sérénus avait composé un commentaire aux *Coniques* d'Apollonios. Il n'a pas été transmis par la tradition.

Ἐπεὶ ὡς τὸ ἀπὸ τῆς ΑΒ πρὸς τὸ ἀπὸ τῆς ΓΔ,
οὕτως ἡ ΑΒ πρὸς τὴν ΑΗ, τουτέστιν ἡ ΒΖ πρὸς
ΖΘ, ἀλλ' ὡς μὲν τὸ ἀπὸ τῆς ΑΒ πρὸς τὸ ἀπὸ τῆς
ΓΔ, οὕτω τὸ ὑπὸ ΒΖ, ΖΑ πρὸς τὸ ἀπὸ ΕΖ, ὡς
δὲ ἡ ΒΖ πρὸς ΖΘ, οὕτω τὸ ὑπὸ ΒΖ, ΖΑ πρὸς τὸ 5
ὑπὸ ΘΖ, ΖΑ, τουτέστι τὸ ΑΘ παραλληλόγραμμον,
τὸ ἄρα ἀπὸ τῆς ΕΖ ἴσον ἐστὶ τῷ ΑΘ, ὃ παράκειται
παρὰ τὴν ΑΗ τρίτην ἀνάλογον πλάτος ἔχον τὴν ΑΖ
ἐλλεῖπον εἴδει τῷ ὑπὸ ΗΚΘ ὁμοίῳ τῷ ὑπὸ ΗΑΒ.

Καλείσθω δὲ ἡ μὲν ΑΒ πλαγία τοῦ εἴδους πλευρά, 10
ἡ δὲ ΑΗ ὀρθία τοῦ εἴδους πλευρά.

Τούτων οὕτως ἐχόντων φανερόν ἐστιν ὅτι ἡ ΑΒΓ
τοῦ κυλίνδρου τομὴ ἔλλειψίς ἐστιν. Ὅσα γὰρ
ἐνταῦθα τῇ τομῇ ἐδείχθη ὑπάρχοντα, πάντα ὁμοίως
καὶ ἐπὶ τοῦ κώνου τῇ ἐλλείψει ὑπῆρχεν, ὡς ἐν τοῖς 15
Κωνικοῖς δείκνυται θεωρήματι ιε΄ τοῖς δυναμένοις
λέγειν τὴν ἀκρίβειαν τοῦ θεωρήματος, καὶ ἡμεῖς ἐν
τοῖς εἰς αὐτὰ ὑπομνήμασι γεωμετρικῶς ἀπεδείξαμεν.

ιη΄

Ἐὰν ἐν κυλίνδρου τομῇ συζυγεῖς διάμετροι ὦσι, 20
καὶ ποιηθῇ ὡς ἡ δευτέρα διάμετρος πρὸς τὴν διάμετρον, οὕτως ἡ διάμετρος πρὸς ἄλλην τινά, ἥτις ἂν

---

1 post Ἐπεὶ add. γὰρ Ψ ‖ 4-5 ΖΑ πρὸς τὸ ἀπὸ ΕΖ [τῆς ΖΕ
Ψ] – ΒΖ Ψ : om. V ‖ 5 ΖΘ Ψ : ΞΘ V ‖ 9 ΗΑΒ Heiberg (jam
Comm.) : τῶν ΒΑ, ΑΗ Ψ ΑΗΒ V ‖ 12 ante Τούτων add. ιζ΄ V^{4mg} ‖
19 ιη΄ Ψ V^4 : om. V.

*une droite menée de la section au second diamètre de manière
ordonnée sera équivalent à une aire qui est appliquée à la troisième proportionnelle, qui a pour largeur la droite découpée du
côté de la section par la droite menée de manière ordonnée, et
qui est en défaut d'une figure semblable au rectangle compris
par le second diamètre et la troisième proportionnelle fournie.*

Soit une section de cylindre ; qu'il soit fait en sorte que
AB soit à ΓH comme le second diamètre ΓΔ est au diamètre
AB ; que soit placée ΓH à angles droits avec ΓΔ ; que soit
menée une droite de jonction ΔH ; et que soit abaissée
sur ΓΔ une droite EZ de manière ordonnée, et que soient
menées une parallèle ZΘ à ΓH et une parallèle ΘK à ΓΔ.

Je dis que le carré sur EZ est égal au parallélogramme
ΓΘ.

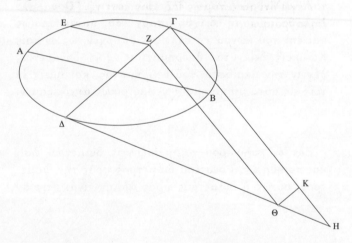

Fig. 18

ἀπὸ τῆς τομῆς ἐπὶ τὴν δευτέραν διάμετρον ἀχθῇ
τεταγμένως δυνήσεται τὸ παρὰ τὴν τρίτην ἀνάλογον
πλάτος ἔχον τὴν ὑπ' αὐτῆς <τῆς> τεταγμένως
ἀχθείσης ἀπολαμβανομένην πρὸς τῇ τομῇ ἐλλεῖπον
εἴδει ὁμοίῳ τῷ περιεχομένῳ ὑπὸ τῆς δευτέρας διαμέ- 5
τρου καὶ τῆς πορισθείσης τρίτης ἀνάλογον.

Ἔστω κυλίνδρου τομὴ καὶ γενέσθω ὡς ἡ ΓΔ
δευτέρα διάμετρος πρὸς τὴν ΑΒ διάμετρον, οὕτως
ἡ ΑΒ πρὸς τὴν ΓΗ, καὶ κείσθω ἡ ΓΗ πρὸς ὀρθὰς τῇ
ΓΔ, καὶ ἐπεζεύχθω ἡ ΔΗ, καὶ ἐπὶ τὴν ΓΔ κατήχθω 10
τεταγμένως ἡ ΕΖ, καὶ παρὰ μὲν τὴν ΓΗ ἡ ΖΘ, παρὰ
δὲ τὴν ΓΔ ἡ ΘΚ.

Λέγω ὅτι τὸ ἀπὸ τῆς ΕΖ ἴσον ἐστὶ τῷ ΓΘ παραλληλογράμμῳ.

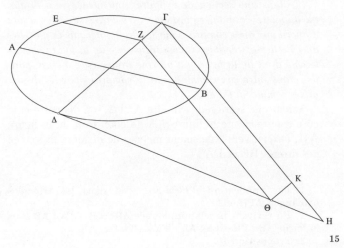

15

Fig. 18

Puisque ΓΔ est à ΓΗ, c'est-à-dire ΔΖ est à ΖΘ[1], comme le carré sur ΓΔ est à celui sur ΑΒ[2], que, d'autre part, le rectangle ΔΖ,ΖΓ est au carré sur ΕΖ comme le carré sur ΓΔ est à celui sur ΑΒ — cela a été démontré[3] —, que, d'autre part, le rectangle ΔΖ,ΖΓ est au rectangle ΘΖ,ΖΓ, c'est-à-dire au rectangle ΓΘ, comme ΔΖ est à ΖΘ, alors le carré sur ΕΖ est égal au rectangle ΓΘ, qui est appliqué à la troisième proportionnelle ΓΗ, qui a pour largeur la droite ΖΓ, et qui est en défaut d'une figure, le rectangle ΘΚ,ΚΗ, semblable au rectangle ΔΓ,ΓΗ, ce qu'il fallait démontrer.

Ces propriétés se rapportent très clairement à l'ellipse dans *Coniques*, I.15 ; la section ΑΒΓ du cylindre[4] est donc une ellipse.

19[5]

Si, dans une section de cylindre, sont menées des droites au diamètre de manière ordonnée, les carrés sur elles seront d'abord aux aires comprises par les droites découpées par elles du côté des extrémités du côté transverse de la figure comme le côté droit de la figure est au côté transverse ; d'autre part, ils seront entre eux comme les aires comprises par les droites prises comme on l'a dit.

Soient une section de cylindre ΑΒΓΔ, son diamètre et le côté transverse de la figure ΑΔ, le côté droit de la figure ΑΗ, et que, vers ΑΔ, soient menées de manière ordonnée des droites ΒΕ et ΓΖ[6].

---

1. Par application d'*Éléments*, VI.4 dans les triangles équiangles ΔΓΗ et ΔΖΘ.
2. En écrivant la relation donnée ΑΒ : ΓΗ = ΓΔ : ΑΒ sous la forme ΑΒ : ΓΗ × ΓΔ : ΑΒ = ΓΔ : ΑΒ × ΓΔ : ΑΒ.
3. Proposition 16.
4. On trouvait après κυλίνδρου (l. 13) la seconde rupture textuelle causée dans V par l'erreur de reliure (voir la Notice).
5. La proposition correspond à *Coniques* I.21.
6. La leçon de V (ΖΓ) doit être corrigée, puisqu'elle contrevient au sens du tracé de l'ordonnée, menée ici d'un point de la section au diamètre.

Ἐπεὶ γὰρ ὡς τὸ ἀπὸ τῆς ΓΔ πρὸς τὸ ἀπὸ τῆς
ΑΒ, οὕτως ἡ ΓΔ πρὸς τὴν ΓΗ, τουτέστιν ἡ ΔΖ
πρὸς ΖΘ, ἀλλ' ὡς μὲν τὸ ἀπὸ τῆς ΓΔ πρὸς τὸ ἀπὸ
τῆς ΑΒ, οὕτω τὸ ὑπὸ τῶν ΔΖ, ΖΓ πρὸς τὸ ἀπὸ τῆς
ΕΖ· ταῦτα γὰρ ἐδείχθη· ὡς δὲ ἡ ΔΖ πρὸς ΖΘ, οὕτω   5
τὸ ὑπὸ ΔΖ, ΖΓ πρὸς τὸ ὑπὸ ΘΖ, ΖΓ, τουτέστι τὸ
ΓΘ ὀρθογώνιον, ἴσον ἄρα τὸ ἀπὸ τῆς ΕΖ τῷ ΓΘ, ὃ
παραβέβληται παρὰ τὴν τρίτην ἀνάλογον τὴν ΓΗ
πλάτος ἔχον τὴν ΖΓ ἐλλεῖπον εἴδει τῷ ὑπὸ ΘΚΗ
ὁμοίῳ τῷ ὑπὸ ΔΓΗ, ἅπερ ἔδει δεῖξαι.   10

Ταῦτα σαφέστατα παρηκολούθει τῇ ἐλλείψει ἐν
τῷ ιε′ θεωρήματι τῶν Κωνικῶν· ἔλλειψις ἄρα ἐστὶν
ἡ ΑΒΓ τομὴ τοῦ κυλίνδρου.

ιθ′

Ἐὰν ἐν κυλίνδρου τομῇ εὐθεῖαι ἀχθῶσιν ἐπὶ τὴν   15
διάμετρον τεταγμένως, ἔσται τὰ ἀπ' αὐτῶν τετράγωνα πρὸς μὲν τὰ περιεχόμενα χωρία ὑπὸ τῶν
ἀπολαμβανομένων ὑπ' αὐτῶν πρὸς τοῖς πέρασι τῆς
πλαγίας τοῦ εἴδους πλευρᾶς ὡς τοῦ εἴδους ἡ ὀρθία
πλευρὰ πρὸς τὴν πλαγίαν, πρὸς ἑαυτὰ δὲ ὡς τὰ   20
περιεχόμενα χωρία ὑπὸ τῶν ὡς εἴρηται λαμβανομένων εὐθειῶν.

Ἔστω κυλίνδρου τομὴ ἡ ΑΒΓΔ, διάμετρος δὲ
αὐτῆς ἡ ΑΔ καὶ πλαγία πλευρὰ τοῦ εἴδους, ὀρθία
δὲ τοῦ εἴδους πλευρὰ ἡ ΑΗ, καὶ ἐπὶ τὴν ΑΔ τεταγ- 25
μένως ἤχθωσαν αἱ ΒΕ, ΓΖ.

7 ΓΘ Vind² : ΖΘ V Vind ‖ 14 ιθ′ Ψ V⁴ : om. V ‖ 26 ΓΖ
Halley (jam Comm.) : ΖΓ V.

Je dis que le carré sur BE est au rectangle AE,EΔ comme
HA est à AΔ[1], et que le carré sur BE est à celui sur ΓZ
comme le rectangle AE,EΔ est au rectangle AZ,ZΔ.

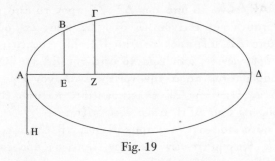

Fig. 19

Puisque le carré sur BE est au rectangle AE,EΔ et que
le côté droit AH est au côté transverse AΔ comme le carré
sur le second diamètre est à celui sur le diamètre[2], alors le
carré sur BE est au rectangle AE,EΔ comme le côté droit
est au côté transverse ; or pareillement est le carré sur ΓZ
au rectangle AZ,ZΔ[3]. *Par permutation*, le rectangle AE,EΔ
est au rectangle AZ,ZΔ comme le carré sur BE est à celui
sur ΓZ, ce qu'il était proposé de démontrer.

Cette propriété de l'ellipse est démontrée au théorème
Coniques, I.20[4].

Certes, on peut encore démontrer l'identité des sections

1. Voir Note complémentaire [40].
2. Voir les propositions 16 et 17.
3. Il manque ici l'étape intermédiaire qui permet d'effectuer
l'opération de permutation (ἐναλλάξ) ; il faut peut-être
supposer après AZΔ (l. 10) une omission par saut du même au
même et restituer la séquence suivante : AZΔ· <ὡς ἄρα τὸ ἀπὸ
τῆς BE πρὸς τὸ ὑπὸ AEΔ, οὕτω τὸ ἀπὸ τῆς ΓZ πρὸς τὸ ὑπὸ AZΔ>.
4. Il s'agit de l'actuelle proposition I.21 des *Coniques*.
Le numéro 20 est confirmé par d'autres témoignages de la
tradition indirecte du traité d'Apollonios (voir Note complémentaire [39]).

Λέγω ὅτι τὸ μὲν ἀπὸ τῆς ΒΕ πρὸς τὸ ὑπὸ τῶν ΑΕ, ΕΔ ἐστιν ὡς ἡ ΗΑ πρὸς ΑΔ, τὸ δὲ ἀπὸ τῆς ΒΕ πρὸς τὸ ἀπὸ τῆς ΓΖ ἐστιν ὡς τὸ ὑπὸ ΑΕΔ πρὸς τὸ ὑπὸ ΑΖΔ.

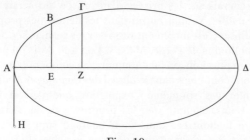

Fig. 19

Ἐπεὶ γὰρ ὡς τὸ ἀπὸ τῆς δευτέρας διαμέτρου πρὸς 5 τὸ ἀπὸ τῆς διαμέτρου, οὕτω τό τε ἀπὸ τῆς ΒΕ πρὸς τὸ ὑπὸ ΑΕΔ καὶ ἡ ΑΗ ὀρθία πλευρὰ πρὸς τὴν ΑΔ πλαγίαν, ὡς ἄρα ἡ ὀρθία πρὸς τὴν πλαγίαν, οὕτω τὸ ἀπὸ τῆς ΒΕ πρὸς τὸ ὑπὸ τῶν ΑΕΔ· ὁμοίως δὲ καὶ τὸ ἀπὸ τῆς ΓΖ πρὸς τὸ ὑπὸ ΑΖΔ. Καὶ ἐναλλὰξ 10 ἄρα ὡς τὸ ἀπὸ τῆς ΒΕ πρὸς τὸ ἀπὸ τῆς ΓΖ, οὕτω τὸ ὑπὸ τῶν ΑΕΔ πρὸς τὸ ὑπὸ τῶν ΑΖΔ, ἃ προέκειτο δεῖξαι.

Καὶ ταῦτα δέδεικται ἐπὶ τῆς ἐλλείψεως ἐν τοῖς Κωνικοῖς θεωρήματι κ'. 15

Ἔστι μὲν οὖν καὶ δι' ἑτέρων πλείστων ἐπιδεῖξαι

de bien d'autres manières, en vertu de leurs propriétés communes ; mais les principales propriétés ont été à peu près toutes mentionnées.

Ensuite, au point où nous en sommes de cet examen, si j'exposais maintenant le détail de ce qui reste encore, je marcherais sur les brisées d'autrui, ce qui serait incorrect. En effet, vouloir entrer dans les détails des propriétés de l'ellipse, c'est forcément ressasser les recherches menées par Apollonius de Perge. Mais, si l'on a le désir de pousser l'examen plus loin, on peut toujours, en comparant les considérations contenues dans le Livre I des *Coniques* d'Apollonius, confirmer par soi-même l'exposition que j'en ai faite : on se rendra compte que les propriétés de la section du cylindre démontrées dans mon ouvrage sont exactement les propriétés de la section de cône appelée *ellipse* contenues dans le traité d'Apollonius. C'est pourquoi je laisse ces questions et en aborderai une autre, tout en ajoutant quelques lemmes[1] permettant aussi de démontrer l'identité des sections.

20

Je dis maintenant[2] *qu'il est possible de démontrer qu'un cône et un cylindre soient coupés ensemble par une et même ellipse.*

Que soit placé sur la figure un triangle oblique ABΓ sur la base BΓ coupée en deux parties égales en un point Δ ; que AB soit plus grande que AΓ ; que, sur[3] la droite ΓA et au

---

1. Voir Note complémentaire [41].

2. L'énoncé prend ici la forme du *diorisme* et la particule τοίνυν est une variante de la particule δή, présente normalement dans le *second diorisme* (voir Note complémentaire [22]).

3. On trouvait dans V après πρὸς (l. 25) la troisième et dernière rupture textuelle engendrée par l'erreur de reliure, corrigée depuis (voir la Notice).

τὴν ταυτότητα τῶν τομῶν διὰ τῶν κοινῇ συμβαι-
νόντων αὐταῖς· οὐ μὴν ἀλλὰ τά γε ἀρχικώτερα τῶν
συμπτωμάτων εἴρηται σχεδόν.

Ἔπειτα μέχρι τοῦδε προαχθείσης τῆς θεωρίας οὐκ
ἐμοὶ προσήκει τοὐντεῦθεν ἔτι τῶν λοιπῶν ἕκαστα 5
διεξιόντι τοῖς ἀλλοτρίοις ἐνδιατρίβειν. Ἀνάγκη γάρ
που λεπτολογοῦντα περὶ ἐλλείψεως ἐπεισκυκλῆσαι
καὶ τὰ τῷ Περγαίῳ Ἀπολλωνίῳ τεθεωρημένα περὶ
αὐτῆς. Ἀλλ᾽ ὅτῳ σπουδὴ περαιτέρω σκοπεῖν, ἔξεστι
ταῦτα παρατιθέντι τοῖς ἐν τῷ πρώτῳ τῶν Κωνικῶν 10
εἰρημένοις αὐτῷ δι᾽ αὐτοῦ βεβαιῶσαι τὸ προκεί-
μενον· ὅσα γὰρ ἐν ἐκείνοις περὶ τὴν τοῦ κώνου
τομὴν συμβαίνοντα τὴν καλουμένην ἔλλειψιν, τοσαῦτα
καὶ περὶ τὴν τοῦ κυλίνδρου τομὴν ἐκ τῶν ἐνταῦθα
προδεδειγμένων εὑρήσει συμβαίνοντα. Διόπερ τούτου 15
μὲν ἀποστάς, ὀλίγα δὲ ἄττα λημμάτια προσθείς,
δι᾽ ὧν καὶ αὐτῶν ἐνδείκνυταί πως ἡ τῶν τομῶν
ταυτότης, ἐπ᾽ ἄλλο τι τρέψομαι.

κ′

Λέγω τοίνυν ὅτι δυνατόν ἐστι δεῖξαι κῶνον 20
ὁμοῦ καὶ κύλινδρον μιᾷ καὶ τῇ αὐτῇ τεμνομένους
ἐλλείψει.

Ἐκκείσθω τρίγωνον σκαληνὸν τὸ ΑΒΓ ἐπὶ τῆς ΒΓ
βάσεως δίχα τεμνομένης κατὰ τὸ Δ, καὶ μείζων
ἔστω ἡ ΑΒ τῆς ΑΓ, καὶ πρὸς τῇ ΓΑ εὐθείᾳ καὶ τῷ 25

2 αὐταῖς Ψ : αὐτοῖς V ‖ 5 ἐμοὶ προσήκει Heiberg : ἐμὸς ἥκει V ‖
11 αὐτοῦ Heiberg : αὐτοῦ V ‖ 16 ἄττα edd. : ἅττα V ‖ 19 κ′ Ψ
V⁴ : om. V.

point A soit construit un angle ΓA,AE, soit plus grand que
l'angle AB,BΓ, soit plus petit ; que A rencontre la droite
BΓE en un point E ; soit une moyenne proportionnelle EZ
des droites BE et EΓ ; que soit menée une droite de jonction AZ ; que soit menée dans le triangle une parallèle ΘH
à AE[1] ; que, par les points Θ et H, soient menées des
parallèles ΘK et ΛHM à AZ ; que soit complété le parallélogramme KM ; que, un plan ayant été mené par BE à
angles droits avec le plan BAE[2], soit décrit, dans le plan
ainsi mené, autour du diamètre KΛ, le cercle KNΛ qui sera
la base d'un cylindre, dont le parallélogramme axial est le
parallélogramme KM, et autour du diamètre BΓ le cercle
BΞΓ qui sera la base d'un cône dont le triangle axial est le
triangle ABΓ ; que, la droite ΘH ayant été prolongée jusqu'à
un point O, soit menée à angles droits avec BE une droite
OΠ qui est dans le plan des cercles, et que soit mené un plan
par les droites OΠ et OΘ ; il déterminera une section dans
le cône placé sur la base BΞΓ ; qu'il détermine une section
ΘPH ; la droite ΘH est donc un diamètre de la section[3].

Si donc ΘH est coupée en deux parties égales en un point
Σ, que soient abaissées sur elle de manière ordonnée un
second diamètre PΣT[4] et une droite quelconque ΥΦ, et
qu'il soit fait en sorte que le côté transverse ΘH de la figure
soit au côté droit ΘX comme le carré sur le diamètre ΘH de
la section ΘPH est à celui sur le second diamètre PT de la
même section.

---

1. On retrouve ici les constructions de *Coniques*, I.13.
2. Les plans des bases circulaires KNΛ et BΞΓ du cylindre
et du cône seront donc respectivement perpendiculaires aux
plans axiaux KM et ABΓ du cylindre et du cône.
3. *Coniques* I.7.
4. Voir *Coniques*, I, *Secondes Définitions*, définition 3.

Α σημείῳ συνεστάτω γωνία ἡ ὑπὸ τῶν ΓΑ, ΑΕ ἤτοι
μείζων οὖσα τῆς ὑπὸ τῶν ΑΒ, ΒΓ ἢ ἐλάσσων, καὶ
συμπιπτέτω ἡ ΑΕ τῇ ΒΓΕ κατὰ τὸ Ε, καὶ τῶν ΒΕ,
ΕΓ μέση ἀνάλογον ἔστω ἡ ΕΖ, καὶ ἐπεζεύχθω ἡ ΑΖ,
καὶ τῇ ΑΕ παράλληλος ἐν τῷ τριγώνῳ διήχθω ἡ 5
ΘΗ, καὶ διὰ τῶν Θ, Η σημείων τῇ ΑΖ παράλληλοι
ἤχθωσαν αἱ ΘΚ, ΛΗΜ, καὶ συμπεπληρώσθω τὸ
ΚΜ παραλληλόγραμμον, καὶ διὰ τῆς ΒΕ ἀχθέντος
ἐπιπέδου πρὸς ὀρθὰς τῷ ΒΑΕ ἐπιπέδῳ γεγράφθω
ἐν τῷ ἀχθέντι περὶ μὲν τὴν ΚΛ διάμετρον ὁ ΚΝΛ 10
κύκλος βάσις ἐσόμενος κυλίνδρου, οὗ τὸ διὰ τοῦ
ἄξονος παραλληλόγραμμόν ἐστι τὸ ΚΜ, περὶ δὲ τὴν
ΒΓ διάμετρον ὁ ΒΞΓ κύκλος βάσις ἐσόμενος κώνου,
οὗ τὸ διὰ τοῦ ἄξονος τρίγωνόν ἐστι τὸ ΑΒΓ, καὶ
τῆς ΘΗ ἐκβληθείσης ἐπὶ τὸ Ο ἤχθω πρὸς ὀρθὰς τῇ 15
ΒΕ ἡ ΟΠ ἐν τῷ τῶν κύκλων ἐπιπέδῳ οὖσα, καὶ ἤχθω
διὰ τῶν ΟΠ, ΟΘ εὐθειῶν ἐπίπεδον· ποιήσει δὴ τομὴν
ἐν τῷ κώνῳ τῷ ἐπὶ τῆς ΒΞΓ βάσεως· ποιείτω τὴν
ΘΡΗ· ἡ ΘΗ ἄρα εὐθεῖα διάμετρός ἐστι τῆς τομῆς.

Τῆς οὖν ΘΗ δίχα τμηθείσης κατὰ τὸ Σ κατήχ- 20
θωσαν τεταγμένως ἐπ᾽ αὐτὴν δευτέρα μὲν διάμετρος
ἡ ΡΣΤ, τυχοῦσα δὲ ἡ ΥΦ, καὶ γενέσθω ὡς τὸ ἀπὸ
τῆς ΘΗ διαμέτρου τῆς ΘΡΗ τομῆς πρὸς τὸ ἀπὸ τῆς
ΡΤ δευτέρας διαμέτρου τῆς αὐτῆς τομῆς, οὕτως ἡ
ΘΗ πλαγία τοῦ εἴδους πλευρὰ πρὸς τὴν ΘΧ ὀρθίαν. 25

23 ΘΡ]Η V¹ : Ν V.

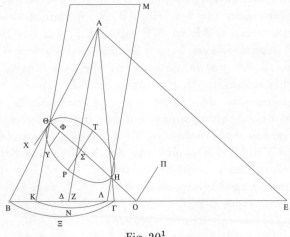

Fig. 20[1]

Dès lors, puisque ΘK est parallèle à AZ, et que ΘO est parallèle à AE, alors le carré sur ΘO est à celui sur KO comme le carré sur AE est à celui sur EZ[2] ; mais le carré sur le diamètre ΘH de la section du cône est à celui sur le second diamètre PT de la même section comme le carré sur AE est au rectangle BE,EΓ[3], et le carré sur ΘH est à celui sur KΛ, c'est-à-dire, le carré sur le diamètre HΘ de la section du cylindre est à celui sur le second diamètre de la section

---

1. Dans V, les cônes et les cylindres des propositions 20-22 sont droits.

2. Par application d'*Éléments*, VI.4 dans les triangles semblables ΘKO et AZE. On peut déjà en déduire, puisque AE² : EZ² = AE² : BE × EΓ(par hypothèse), que ΘO² : OK² = AE² : BE × EΓ.

3. Par hypothèse (voir plus haut) le rapport ΘH² : PT² est égal au rapport du *côté transverse de la figure* (ΘH) au *côté droit* (ΘX). Or ΘH : ΘX est égal à AE² : BE × EΓ (*Coniques*, I.13) ; donc ΘH² : PT² = AE² : BE × EΓ.

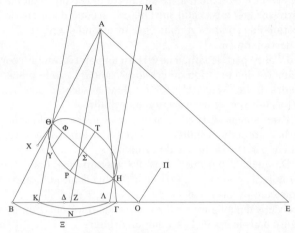

Fig. 20

Ἐπεὶ οὖν ἡ μὲν ΘΚ τῇ ΑΖ παράλληλός ἐστιν, ἡ
δὲ ΘΟ τῇ ΑΕ, ὡς ἄρα τὸ ἀπὸ τῆς ΑΕ πρὸς τὸ ἀπὸ
τῆς ΕΖ, οὕτω τὸ ἀπὸ τῆς ΘΟ πρὸς τὸ ἀπὸ τῆς
ΚΟ· ἀλλ᾽ ὡς μὲν τὸ ἀπὸ τῆς ΑΕ πρὸς τὸ ὑπὸ τῶν
ΒΕ, ΕΓ, οὕτω τὸ ἀπὸ τῆς ΘΗ διαμέτρου τῆς τοῦ   5
κώνου τομῆς πρὸς τὸ ἀπὸ τῆς ΡΤ δευτέρας διαμέτρου τῆς αὐτῆς τομῆς, ὡς δὲ τὸ ἀπὸ τῆς ΘΟ πρὸς
τὸ ἀπὸ τῆς ΟΚ, οὕτω τὸ ἀπὸ τῆς ΘΗ πρὸς τὸ ἀπὸ
τῆς ΚΛ, τουτέστιν οὕτω τὸ ἀπὸ τῆς ΗΘ διαμέτρου τῆς τοῦ κυλίνδρου τομῆς πρὸς τὸ ἀπὸ τῆς   10

5 post ΒΕ, ΕΓ add. τουτέστι πρὸς τὸ ἀπὸ τῆς ΕΖ Vind[2mg].

du cylindre, comme il a été démontré plus haut[1], comme le carré sur ΘO est à celui sur OK^2 ; le second diamètre de la section du cylindre est donc égal au second diamètre PT de la section du cône[3].

D'autre part, le milieu de ΘH est au point Σ, et un second diamètre de la section du cylindre[4], soit PT, a été mené[5] à angles droits[6] avec ΘH ; PT est donc le second diamètre à la fois du cône et de la section du cylindre.

Pareillement, ΘH est le diamètre de la section du cône et de la section du cylindre ; le point P est donc sur la surface du cône et sur la surface du cylindre.

De même, puisque, dans les section du cône et du cylindre, les diamètres ΘH et PT sont identiques, alors la troisième proportionnelle est la même, c'est-à-dire le côté droit ΘX de la figure ; ΘX est donc aussi le côté droit de la figure dans le cas de la section du cylindre.

Dès lors, puisque le rectangle $H\Phi,\Phi\Theta$ est au carré sur $\Phi\Upsilon$ comme ΘH est à ΘX[7], et qu'il a été démontré que, dans le cas de la section du cylindre aussi[8], le rectangle compris par les segments du diamètre est au carré sur la

1. La proposition 9 a démontré l'égalité du diamètre de la base du cylindre ($K\Lambda$) et du second diamètre de la section de cylindre.

2. Voir Note complémentaire [42].

3. On déduit, en effet, des deux relations $\Theta O^2 : OK^2 = \Theta H^2 :$ second diamètre de la section de cylindre^2 et $\Theta O^2 : OK^2 = AE^2 : BE \times E\Gamma = \Theta H^2 : PT^2$ la proportion $\Theta H^2 :$ second diamètre de la section de cylindre$^2 = \Theta H^2 : PT^2$, qui donne l'égalité cherchée.

4. Voir *Définition* 7 et proposition 15.

5. Voir Note complémentaire [43].

6. Un second diamètre $P\Sigma T$ a été mené plus haut de manière ordonnée au diamètre ΘH de la section de cône. D'autre part, les constructions qui ont précédé ont montré que Sérénus se place dans le cas où le plan axial est orthogonal au plan de base (le plan BAE est à angles droits avec le plan mené par BE). Les ordonnées, dont le second diamètre, sont donc menées perpendiculairement au diamètre ΘH de la section.

7. *Coniques*, I.21.

8. Proposition 19.

δευτέρας διαμέτρου τῆς τοῦ κυλίνδρου τομῆς, ὡς
ἐδείχθη πρότερον· ἡ ἄρα δευτέρα διάμετρος τῆς τοῦ
κυλίνδρου τομῆς ἴση ἐστὶ τῇ ΡΤ δευτέρᾳ διαμέτρῳ
τῆς τοῦ κώνου τομῆς.

Καὶ ἔστιν ἡ διχοτομία τῆς ΘΗ κατὰ τὸ Σ, καὶ 5
πρὸς ὀρθὰς ἄγεται τῇ ΘΗ δευτέρα διάμετρος τῆς
τοῦ κυλίνδρου τομῆς, ὥσπερ καὶ ἡ ΡΤ· ἡ ἄρα ΡΤ
δευτέρα διάμετρός ἐστι τῆς τε τοῦ κώνου καὶ τῆς
τοῦ κυλίνδρου τομῆς.

Ὁμοίως δὲ ἡ ΘΗ διάμετρός ἐστι τῆς τοῦ κώνου 10
καὶ τῆς τοῦ κυλίνδρου τομῆς· τὸ Ρ ἄρα σημεῖον ἐπὶ
τῆς κωνικῆς ἐπιφανείας καὶ ἐπὶ τῆς τοῦ κυλίνδρου
ἐπιφανείας ἐστίν.

Πάλιν ἐπεὶ ἐν ταῖς τομαῖς τοῦ τε κώνου καὶ τοῦ
κυλίνδρου αἱ αὐταί εἰσι διάμετροι ἥ τε ΘΗ καὶ ἡ 15
ΡΤ, καὶ ἡ τρίτη ἄρα ἀνάλογον ἡ αὐτή, τουτέστιν ἡ
ΘΧ ὀρθία τοῦ εἴδους πλευρά· ἡ ἄρα ΘΧ καὶ ἐπὶ τῆς
τοῦ κυλίνδρου τομῆς ὀρθία ἐστὶ τοῦ εἴδους πλευρά.

Ἐπεὶ οὖν ὡς ἡ ΘΗ πρὸς τὴν ΘΧ, οὕτω τὸ ὑπὸ
τῶν ΗΦ, ΦΘ πρὸς τὸ ἀπὸ τῆς ΦΥ, ἐδείχθη δὲ 20
καὶ ἐπὶ τῆς τοῦ κυλίνδρου τομῆς ὡς ἡ πλαγία
τοῦ εἴδους πλευρὰ πρὸς τὴν ὀρθίαν, οὕτω τὸ ὑπὸ

droite abaissée sur le diamètre de manière ordonnée et déterminant les segments comme le côté transverse de la figure est au côté droit, alors, dans le cas de la section du cylindre aussi, le rectangle HΦ,ΘΦ est au carré sur la droite égale à ΥΦ et menée à angles égaux à ΘH comme le côté transverse ΘH de la figure est au côté droit ΘX ; mais la droite égale à ΥΦ et menée à angles égaux à ΘH au point Φ n'est autre que ΥΦ ;

ΦΥ est donc aussi dans la section du cylindre ; le point Υ, qui est sur la surface du cône, est donc aussi sur la surface du cylindre. La démonstration est la même, même si nous menons pareillement de manière ordonnée n'importe quelles droites ; la ligne ΘPH est donc dans les surfaces de l'une et l'autre figure ; la section ΘPH est donc une et même section dans l'une et l'autre figure.

Puisque l'angle ΓA,AE, c'est-à-dire l'angle AH,HΘ, a été construit plus grand ou plus petit que l'angle en B, la section n'est donc pas en position contraire ; la section ΘPH n'est donc pas un cercle[1] ; c'est donc une ellipse.

Cette section du cône et du cylindre placés sur la figure est donc une ellipse, ce qu'il fallait démontrer.

21

Étant donnés un cône et une ellipse dans celui-ci, trouver un cylindre coupé par la même ellipse du cône.

---

1. Voir proposition 6 et *Coniques*, I.5.

τῶν τμημάτων τῆς διαμέτρου πρὸς τὸ ἀπὸ τῆς
κατηγμένης ἐπ᾽ αὐτὴν τεταγμένως καὶ ποιούσης τὰ
τμήματα, καὶ ἐπὶ τῆς τοῦ κυλίνδρου ἄρα τομῆς
ὡς ἡ ΘΗ πλαγία τοῦ εἴδους πλευρὰ πρὸς τὴν ΘΧ
ὀρθίαν, οὕτω τὸ ὑπὸ τῶν ΗΦ, ΘΦ πρὸς τὸ ἀπὸ 5
τῆς ἴσης τῇ ΥΦ καὶ πρὸς ἴσας γωνίας ἀγομένης
ἐπὶ τὴν ΘΗ· ἀλλ᾽ ἡ ἴση τῇ ΥΦ καὶ πρὸς ἴσας
γωνίας ἐπ᾽ αὐτὴν ἀγομένη κατὰ τὸ Φ οὐχ ἑτέρα
ἐστὶ τῆς ΥΦ· ἡ ἄρα ΦΥ καὶ ἐν τῇ τοῦ κυλίνδρου ἐστὶ τομῇ· τὸ ἄρα Υ σημεῖον ἐπὶ τῆς τοῦ 10
κώνου ἐπιφανείας ὂν καὶ ἐπὶ τῆς τοῦ κυλίνδρου
ἐστὶν ἐπιφανείας. Ὁμοίως δὲ δείκνυται κἂν ὁσασοῦν
ὁμοίως τεταγμένως ἀγάγωμεν· ἡ ΘΡΗ ἄρα γραμμὴ
ἐν ταῖς ἐπιφανείαις ἐστὶν ἀμφοτέρων τῶν σχημάτων·
ἡ ΘΡΗ ἄρα τομὴ μία καὶ ἡ αὐτὴ ἐν ἀμφοτέροις ἐστὶ 15
τοῖς σχήμασι.

Καὶ ἐπεὶ κατεσκευάσθη ἡ ὑπὸ ΓΑ,ΑΕ γωνία,
τουτέστιν ἡ ὑπὸ ΑΗ,ΗΘ, ἤτοι μείζων ἢ ἐλάττων
οὖσα τῆς πρὸς τῷ Β, ἡ ἄρα τομὴ οὐκ ἔστιν
ὑπεναντία· ἡ ΘΡΗ ἄρα τομὴ οὐκ ἔστι κύκλος· 20
ἔλλειψις ἄρα ἐστὶν ἡ ΘΡΗ.

Καὶ τοῦ κώνου ἄρα τοῦ ἐκκειμένου καὶ τοῦ κυλίνδρου ἡ τομὴ αὕτη ἔλλειψίς ἐστιν, ὅπερ ἔδει δεῖξαι.

κα′

Κώνου δοθέντος καὶ ἐλλείψεως ἐν αὐτῷ εὑρεῖν 25
κύλινδρον τεμνόμενον τῇ αὐτῇ ἐλλείψει τοῦ κώνου.

4 Θ]Η ut vid. V ‖ 6 ἀγομένης Heiberg (jam Comm.) :
ἀγομένη V ‖ 8 γωνίας V¹ᵞᵖ (γωνίας compendium) : εὐθείας V ‖
19 τῆς c Ψ : τῇ V ‖ 24 κα′ Ψ V·⁴ : om. V.

Soit un cône donné, de triangle axial ABΓ, et soit une ellipse donnée dans le cône, de diamètre ZE, et que ce diamètre soit prolongé jusqu'en un point Δ[1] ; soit une parallèle AM à ZΔ ; soit une moyenne proportionnelle MH des droites BM et MΓ ; que soit menée une droite de jonction AH ; que, par les points Z et E, soient menées des parallèles ZΘ et KEΛ, et que soit complété le parallélogramme ΘΛ.

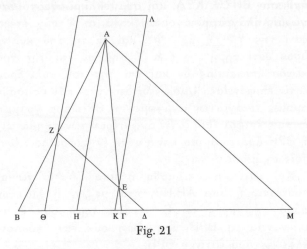

Fig. 21

Si nous imaginons un cylindre, ayant pour base le cercle décrit autour d'un diamètre ΘK et pour parallélogramme axial le parallélogramme ΘΛ, il y aura aussi dans le cylindre une section de diamètre ZE.

---

1. L'appel à la figure est patent.

Ἔστω ὁ δοθεὶς κῶνος οὗ τὸ διὰ τοῦ ἄξονος τρίγωνον τὸ **ΑΒΓ**, ἡ δὲ δοθεῖσα ἐν αὐτῷ ἔλλειψις, ἧς διάμετρος ἡ **ΖΕ**, ἥτις ἐκβεβλήσθω ἐπὶ τὸ **Δ**, καὶ παράλληλος τῇ **ΖΔ** ἡ **ΑΜ**, καὶ τῶν **ΒΜ**, **ΜΓ** μέση ἀνάλογον ἔστω ἡ **ΜΗ**, καὶ ἐπεζεύχθω ἡ **ΑΗ**, 5 καὶ διὰ τῶν **Ζ** καὶ **Ε** σημείων τῇ **ΑΗ** παράλληλοι ἤχθωσαν αἱ **ΖΘ**, **ΚΕΛ**, καὶ συμπεπληρώσθω τὸ **ΘΛ** παραλληλόγραμμον.

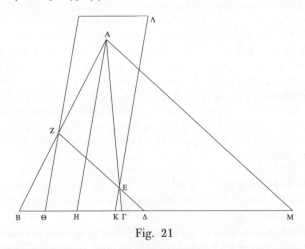

Fig. 21

Ἐὰν δὴ νοήσωμεν κύλινδρον οὗ βάσις μὲν ὁ περὶ διάμετρον τὴν **ΘΚ** κύκλος, τὸ δὲ διὰ τοῦ 10 ἄξονος παραλληλόγραμμον τὸ **ΘΛ**, ἔσται καὶ ἐν τῷ κυλίνδρῳ τομὴ ἧς διάμετρός ἐστιν ἡ **ΖΕ**.

3 Δ e corr. V¹ ‖ 4 τῶν Ψ : τῆς V ‖ 11-12 ἐν τῷ Par. 2367 e corr. : ἔστω V.

On démontrera, comme au théorème précédent, que le second diamètre est aussi le même et que toutes les droites menées de manière ordonnée sont les mêmes.

On a donc trouvé un cylindre coupé par l'ellipse donnée du cône donné, ce qu'il fallait faire.

22

Étant donnés un cylindre et une ellipse dans celui-ci, trouver un cône coupé par la même ellipse du cylindre.

Que soit placée à part sur la figure une certaine droite AB et un point quelconque Δ sur elle ; qu'il soit fait en sorte que BΔ soit à BΓ comme AB est à BΔ, et que AΔ soit à EΔ comme AB est à BΓ ; que, des points E, Δ et Γ, soient élevées sur la droite AB et sous un angle quelconque des droites EZ, ΔH et ΓΘ parallèles entre elles ; que, par Γ, soit menée une certaine droite ΓK coupant les droites EZ et ΔH ; que soit menée une droite de jonction AK et qu'elle rencontre ΔH en un point H, et que soit menée une droite de jonction HB.

Ces choses ainsi construites à part, soit un cylindre donné, de parallélogramme axial ΛM ; soit un diamètre NΞ de l'ellipse donnée dans le parallélogramme ; que la base ΛΞ du parallélogramme soit coupée semblablement à EΓ, de manière que ΛO soit à OΞ comme EΔ est à ΔΓ.

En outre, qu'il soit fait en sorte que ΛΞ soit à ΞΠ comme EΓ est à ΓB, et que ΞΛ soit à ΛP comme ΓE est à EA ;

Ὁμοίως δὴ τῷ πρὸ τούτου θεωρήματι δειχθήσεται
καὶ ἡ δευτέρα διάμετρος ἡ αὐτὴ οὖσα καὶ πᾶσαι αἱ
τεταγμένως ἀγόμεναι.
Εὕρηται ἄρα κύλινδρος ὃς τέμνεται τῇ δοθείσῃ
ἐλλείψει τοῦ δοθέντος κώνου, ὅπερ ἔδει ποιῆσαι.   5

κβ′

Κυλίνδρου δοθέντος καὶ ἐλλείψεως ἐν αὐτῷ εὑρεῖν
κῶνον τεμνόμενον τῇ αὐτῇ ἐλλείψει τοῦ κυλίνδρου.
Ἐκκείσθω ἔξωθεν εὐθεῖά τις ἡ ΑΒ καὶ τυχὸν
σημεῖον ἐπ᾽ αὐτῆς τὸ Δ, καὶ γενέσθω ὡς μὲν ἡ ΑΒ   10
πρὸς τὴν ΒΔ, οὕτως ἡ ΒΔ πρὸς τὴν ΒΓ, ὡς δὲ ἡ ΑΒ
πρὸς τὴν ΒΓ, οὕτως ἡ ΑΔ πρὸς τὴν ΕΔ, καὶ ἀπὸ μὲν
τῶν Ε, Δ, Γ σημείων τῇ ΑΒ εὐθείᾳ πρὸς οἱανδήποτε
γωνίαν ἐφεστάτωσαν εὐθεῖαι παράλληλοι ἀλλήλαις
αἱ ΕΖ, ΔΗ, ΓΘ, διὰ δὲ τοῦ Γ ἤχθω τις εὐθεῖα   15
τέμνουσα τὰς ΕΖ, ΔΗ ἡ ΓΚ, καὶ ἐπιζευχθεῖσα ἡ
ΑΚ συμπιπτέτω τῇ ΔΗ κατὰ τὸ Η, καὶ ἐπεζεύχθω
ἡ ΗΒ.
Τούτων οὕτως ἰδίᾳ κατασκευασθέντων ἔστω ὁ
δοθεὶς κύλινδρος οὗ τὸ διὰ τοῦ ἄξονος παραλλη-   20
λόγραμμόν ἐστι τὸ ΛΜ, τῆς δὲ δοθείσης ἐν αὐτῷ
ἐλλείψεως διάμετρος ἔστω ἡ ΝΞ, καὶ τετμήσθω ἡ
ΛΞ βάσις τοῦ παραλληλογράμμου ὁμοίως τῇ ΕΓ,
ἵν᾽ ᾖ ὡς ἡ ΕΔ πρὸς τὴν ΔΓ, οὕτως ἡ ΛΟ πρὸς τὴν
ΟΞ.   25
Ἔτι γενέσθω ὡς μὲν ἡ ΕΓ πρὸς τὴν ΓΒ, οὕτως ἡ
ΛΞ πρὸς τὴν ΞΠ, ὡς δὲ ἡ ΓΕ πρὸς τὴν ΕΑ, οὕτως ἡ

6 κβ′ Ψ : om. V ‖ 11-12 ἡ ΒΔ – οὕτως Par. 2367^{pc} : om. V
Par. 2367^{ac} ‖ 15 ΓΘ Ψ : ΓΔ V ‖ 26 ΓΒ e corr. V¹.

que, par O, soit menée une parallèle OΣ aux côtés du parallélogramme ; que soit menée une droite de jonction PN et qu'elle rencontre OΣ en un point Σ, et que soient menées des droites de jonction ΣΠ et ΣΞ.

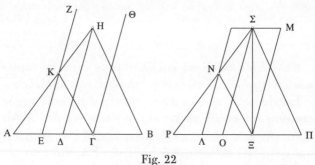

Fig. 22

Dès lors, puisque la droite PΠ est coupée semblablement à AB, alors OΠ est aussi à ΠΞ comme PΠ est à ΠO[1], et PO est à OΛ, c'est-à-dire PΣ est à ΣN[2], comme PΠ est à ΠΞ[3] ; ΣΠ est donc parallèle à NΞ[4].

Si nous imaginons un cône, ayant pour base le cercle décrit autour du diamètre PΞ, pour triangle axial le triangle ΣPΞ, il y aura aussi dans le cône une section de diamètre NΞ.

On démontrera, comme dans les démonstrations précédentes, que le second diamètre est aussi le même et que toutes les droites menées de manière ordonnée sont les mêmes.

1. Cette proportion correspond à la première division opérée sur la droite AB, à savoir ΔB : BΓ = AB : BΔ.
2. Par application d'*Éléments*, VI.2 dans le triangle ΣPO, où NΛ est parallèle au côté OΣ, on obtient PΛ : OΛ = PN : NΣ ; d'où, *par composition*, PO : OΛ = PΣ : ΣN.
3. La proportion correspond à la seconde division de AB (AΔ : EΔ = AB : BΓ).
4. Voir Note complémentaire [44].

ΞΛ πρὸς τὴν ΛΡ, καὶ διὰ τοῦ Ο ἤχθω παράλληλος ταῖς τοῦ παραλληλογράμμου πλευραῖς ἡ ΟΣ, καὶ ἐπιζευχθεῖσα ἡ ΡΝ συμπιπτέτω τῇ ΟΣ κατὰ τὸ Σ, καὶ ἐπεζεύχθωσαν αἱ ΣΠ, ΣΞ.

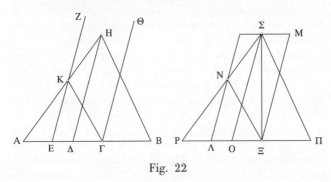

Fig. 22

Ἐπεὶ οὖν ἡ ΡΠ εὐθεῖα ὁμοίως τῇ ΑΒ τέτμηται, 5 ἔστιν ἄρα καὶ ὡς μὲν ἡ ΡΠ πρὸς τὴν ΠΟ, οὕτως ἡ ΟΠ πρὸς τὴν ΠΞ, ὡς δὲ ἡ ΡΠ πρὸς τὴν ΠΞ, οὕτως ἡ ΡΟ πρὸς τὴν ΟΛ, τουτέστιν οὕτως ἡ ΡΣ πρὸς τὴν ΣΝ· παράλληλος ἄρα τῇ ΝΞ ἡ ΣΠ.

Ἐὰν δὴ νοήσωμεν κῶνον οὗ βάσις ὁ περὶ διάμε- 10 τρον τὴν ΡΞ κύκλος, τὸ δὲ διὰ τοῦ ἄξονος τρίγωνον τὸ ΣΡΞ, ἔσται καὶ ἐν τῷ κώνῳ τομὴ ἧς διάμετρός ἐστιν ἡ ΝΞ.

Ὁμοίως δὴ τοῖς προδεδειγμένοις δειχθήσεται καὶ ἡ δευτέρα διάμετρος ἡ αὐτὴ οὖσα καὶ πᾶσαι αἱ 15 τεταγμένως ἀγόμεναι.

7 ΡΠ Par. 2367^{pc} : ΟΠ V Par. 2367^{ac} ‖ 8 οὕτως huc transp. Halley : post ΡΣ habet V ‖ 12 τομὴ Ψ : τομῆς V.

Le cône est donc aussi coupé par la même ellipse du cylindre donné, ce qu'il fallait faire.

23

Étant donné un cône, trouver un cylindre et les couper l'un et l'autre par un seul plan déterminant par la section des ellipses semblables dans chacun d'eux.

Que soit donné un cône, ayant pour base le cercle décrit autour du centre A, pour sommet le point B, pour triangle axial le triangle ΓBΔ à angles droits avec la base du cône[1] ; que soient prolongées de part et d'autre les droites AΓE et AΔZ ; que, sur ΔB et en un point B[2] sur elle, soit construit l'angle ΔB,BZ ou bien plus grand ou bien plus petit que l'angle BΓΔ ; que soit prise ZH comme moyenne proportionnelle de ΓZ et ZΔ ; que soit menée une droite de jonction BH ; que la base du cylindre cherché soit ou bien le cercle A ou bien un autre cercle situé dans le même plan que le cercle A, ce qui n'a aucune importance ; que ce soit le cercle décrit autour du diamètre EΘ, et que, par les points E, Θ, soient menées des parallèles EK et ΘΛ à la droite BH ; elles sont donc dans le même plan que le triangle ΓBΔ.

Puisque BZ coupe BH, alors le prolongement de BZ coupe toutes les parallèles à BH prolongées à l'infini ; toutes les parallèles à BZ coupent donc aussi les parallèles à BH.

Que soit menée une parallèle MN à BZ et que son prolon-

---

1. Si le cône est oblique, le plan axial est orthogonal au plan de base.
2. L'expression est indéfinie dans le texte grec (σημείῳ τῷ B) avec τῷ B en apposition à σημείῳ (voir Note complémentaire [9]), alors que le point B est connu.

Τέτμηται ἄρα καὶ ὁ κῶνος τῇ αὐτῇ ἐλλείψει τοῦ δοθέντος κυλίνδρου, ὅπερ ἔδει ποιῆσαι.

κγ´

Κώνου δοθέντος εὑρεῖν κύλινδρον καὶ τεμεῖν ἀμφοτέρους ἑνὶ ἐπιπέδῳ διὰ τῆς τομῆς ποιοῦντι ἐν 5 ἑκατέρῳ ὁμοίας ἐλλείψεις.

Δεδόσθω κῶνος οὗ βάσις μὲν ὁ περὶ τὸ Α κέντρον κύκλος, κορυφὴ δὲ τὸ Β σημεῖον, τὸ δὲ διὰ τοῦ ἄξονος τρίγωνον τὸ ΓΒΔ πρὸς ὀρθὰς ὂν τῇ βάσει τοῦ κώνου, καὶ ἐκβεβλήσθω ἐφ᾽ ἑκάτερα ἡ ΑΓΕ, 10 ΑΔΖ, καὶ πρὸς τῇ ΔΒ καὶ τῷ πρὸς αὐτῇ σημείῳ τῷ Β συνεστάτω ἡ ὑπὸ τῶν ΔΒ,ΒΖ γωνία ἤτοι μείζων οὖσα τῆς ὑπὸ ΒΓΔ ἢ ἐλάσσων, καὶ τῶν ΓΖ, ΖΔ μέση ἀνάλογον εἰλήφθω ἡ ΖΗ, καὶ ἐπεζεύχθω ἡ ΒΗ, τοῦ δὲ ζητουμένου κυλίνδρου βάσις ἔστω ἤτοι 15 ὁ Α κύκλος ἢ καὶ ἄλλος τις ἐν τῷ αὐτῷ ἐπιπέδῳ τῷ Α κύκλῳ· οὐδὲν γὰρ διοίσει· ἔστω δὴ ὁ περὶ τὴν ΕΘ διάμετρον, καὶ διὰ τῶν Ε, Θ σημείων παράλληλοι τῇ ΒΗ εὐθείᾳ ἤχθωσαν αἱ ΕΚ, ΘΛ· ἐν τῷ αὐτῷ ἄρα εἰσὶν ἐπιπέδῳ τῷ ΓΒΔ τριγώνῳ. 20

Καὶ ἐπεὶ ἡ ΒΖ τέμνει τὴν ΒΗ, ἡ ΒΖ ἄρα ἐκβαλλομένη πάσας τὰς τῇ ΒΗ παραλλήλους ἐπ᾽ ἄπειρον ἐκβαλλομένας τέμνει· καὶ αἱ παράλληλοι οὖν τῇ ΒΖ τὰς τῇ ΒΗ παραλλήλους τέμνουσιν.

Ἤχθω τῇ ΒΖ παράλληλος ἡ ΜΝ καὶ ἐκβληθεῖσα 25 τεμνέτω τὰς ΘΛ, ΕΚ κατὰ τὰ Ξ, Ο σημεῖα, καὶ

---

3 κγ´ Ψ : κβ´ V⁴ om. V ‖ 9 ὂν Ψ : ἐν V ‖ 17 δὴ Halley : δὲ V.

gement coupe ΘΛ et ΕΚ aux points Ξ et Ο ; que soit menée une parallèle ΚΛ à ΕΘ et que soit décrit autour du diamètre ΚΛ un cercle parallèle au cercle décrit autour de ΕΘ ; on imaginera un cylindre ayant pour bases les cercles ΕΘ et ΚΛ, pour parallélogramme axial le parallélogramme ΚΘ, lequel est évidemment lui aussi à angles droites avec la base.

Si, par Μ, nous menons ΜΡ à angles droits avec la base ΓΔΖ et situées dans le même plan que le cercle Α, et que, par ΜΡ et ΜΟ, nous menions un plan, il déterminera dans le cône l'ellipse ΝΣΤ, dans le cylindre l'ellipse ΟΦΞ, dont les diamètres seront, de l'une, la droite ΝΤ, de l'autre, la droite ΟΞ.

Je dis que l'ellipse ΝΣΤ est semblable à l'ellipse ΟΦΞ.

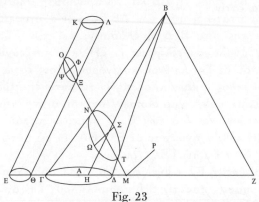

Fig. 23

Puisque ΟΜ et ΒΖ sont parallèles entre elles, que, d'autre part, ΕΚ, ΘΛ et ΒΗ sont aussi parallèles entre elles, que

τῇ **ΕΘ** παράλληλος ἤχθω ἡ **ΚΛ** καὶ περὶ τὴν **ΚΛ**
διάμετρον κύκλος παράλληλος τῷ περὶ τὴν **ΕΘ·**
νοηθήσεται δὴ κύλινδρος οὗ βάσεις μὲν οἱ **ΕΘ, ΚΛ**
κύκλοι, τὸ δὲ διὰ τοῦ ἄξονος παραλληλόγραμμον
τὸ **ΚΘ**, δηλονότι καὶ αὐτὸ πρὸς ὀρθὰς ὂν τῇ βάσει.   5
Καὶ ἐὰν διὰ τοῦ **Μ** τῇ **ΓΔΖ** βάσει πρὸς ὀρθὰς
ἀγάγωμεν τὴν **ΜΡ** ἐν τῷ αὐτῷ ἐπιπέδῳ οὖσαν τῷ **Α**
κύκλῳ καὶ διὰ τῶν **ΜΡ, ΜΟ** διεκβάλλωμεν ἐπίπεδον,
ποιήσει ἐν μὲν τῷ κώνῳ τὴν **ΝΣΤ** ἔλλειψιν, ἐν δὲ
τῷ κυλίνδρῳ τὴν **ΟΦΞ**, διάμετροι δὲ τῆς μὲν ἡ **ΝΤ,**   10
τῆς δὲ ἡ **ΟΞ**.
Λέγω δὴ ὅτι ἡ **ΝΣΤ** ἔλλειψις τῇ **ΟΦΞ** ἐλλείψει
ὁμοία ἐστίν.

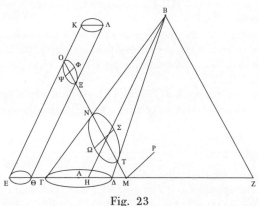

Fig. 23

Ἐπεὶ γὰρ αἱ **ΟΜ, ΒΖ** παράλληλοί εἰσιν ἀλλήλαις,
ἀλλὰ καὶ αἱ **ΕΚ, ΘΛ, ΒΗ** παράλληλοι ἀλλήλαις,   15

---

3 βάσεις Ψ : βάσις V.

EZ les coupe d'une manière commune, alors BZ est à ZH comme OM est à ME[1], c'est-à-dire comme OΞ est à ΘE[2] ; le carré sur BZ est aussi donc à celui sur ZH, c'est-à-dire au rectangle ΓZ,ZΔ[3], comme le carré sur OΞ est à celui sur ΘE.

Mais le carré sur le diamètre OΞ est à celui sur le diamètre conjugué, c'est-à-dire ΦΨ, comme le carré sur le diamètre OΞ est à celui sur ΘE[4], et le carré sur le diamètre NT est à celui sur le diamètre conjugué, c'est-à-dire ΣΩ, comme le carré sur BZ est au rectangle ΓZ,ZΔ[5] ; le carré sur NT est donc à celui sur ΣΩ comme le carré sur OΞ est à celui sur ΦΨ ; NT est donc aussi au diamètre conjugué ΣΩ comme OΞ est au diamètre conjugué ΦΨ.

Que OΞ coupe ΦΨ et que NT coupe ΣΩ à angles égaux[6] est évident ; en effet, MO coupe ΦΨ et ΩΣ qui sont parallèles entre elles et à MP. La section OΦΞ est donc semblable à la section NΣT[7].

D'autre part, aucune d'entre elles n'est un cercle, parce que la section n'est pas en position contraire, du fait que l'angle ΔB,BZ, c'est-à-dire l'angle BT,TN, n'est pas égal à l'angle BΓ,ΓΔ[8].

Chacune des sections OΦΞ, NTΣ est donc une ellipse, et elles sont semblables entre elles, ce qu'il fallait démontrer.

1. Par application d'*Éléments*, VI.4 dans les triangles équiangles BZH et OME.

2. Par application d'*Éléments*, VI.2 dans le triangle OME, on a MΞ : OΞ = MΘ : ΘE ; *par composition*, on peut écrire OM : OΞ = EM : EΘ ; *par permutation*, on obtient OM : ME = OΞ : ΘE.

3. L'égalité est donnée (voir plus haut).

4. L'égalité de ΘE et de ΦΨ est un résultat de la proposition 9.

5. Les deux rapports sont égaux au rapport du diamètre transverse au côté droit (voir prop. 17 et *Coniques*, I.13).

6. En l'occurrence à angles droits, compte tenu des constructions précédentes.

7. Voir *Définition 8*.

8. Proposition 6.

κοινὴ δὲ ἡ ΕΖ τέμνει, ἔστιν ἄρα ὡς ἡ ΟΜ πρὸς τὴν
ΜΕ, τουτέστιν ὡς ἡ ΟΞ πρὸς τὴν ΘΕ, οὕτως ἡ ΒΖ
πρὸς τὴν ΖΗ· καὶ ὡς ἄρα τὸ ἀπὸ τῆς ΟΞ πρὸς τὸ
ἀπὸ τῆς ΘΕ, οὕτω τὸ ἀπὸ τῆς ΒΖ πρὸς τὸ ἀπὸ
ΖΗ, τουτέστι πρὸς τὸ ὑπὸ τῶν ΓΖ, ΖΔ. 5
Ἀλλ᾽ ὡς μὲν τὸ ἀπὸ τῆς ΟΞ διαμέτρου πρὸς τὸ
ἀπὸ τῆς ΘΕ, οὕτω τὸ ἀπὸ τῆς ΟΞ διαμέτρου πρὸς
τὸ ἀπὸ τῆς συζυγοῦς διαμέτρου, φέρε τῆς ΦΨ, ὡς
δὲ τὸ ἀπὸ τῆς ΒΖ πρὸς τὸ ὑπὸ τῶν ΓΖ, ΖΔ, οὕτω τὸ
ἀπὸ τῆς ΝΤ διαμέτρου πρὸς τὸ ἀπὸ τῆς συζυγοῦς 10
διαμέτρου, φέρε τῆς ΣΩ· ὡς ἄρα τὸ ἀπὸ τῆς ΟΞ
πρὸς τὸ ἀπὸ τῆς ΦΨ, οὕτω τὸ ἀπὸ τῆς ΝΤ πρὸς
τὸ ἀπὸ τῆς ΣΩ· καὶ ὡς ἡ ΟΞ ἄρα πρὸς τὴν ΦΨ
συζυγῆ διάμετρον, οὕτω καὶ ἡ ΝΤ πρὸς τὴν ΣΩ
συζυγῆ διάμετρον. 15
Ὅτι δὲ καὶ πρὸς ἴσας γωνίας τέμνουσιν ἥ τε ΟΞ
τὴν ΦΨ καὶ ἡ ΝΤ τὴν ΣΩ, δῆλον· τὰς γὰρ ΨΦ,
ΩΣ παραλλήλους οὔσας ἀλλήλαις τε καὶ τῇ ΜΡ ἡ
ΜΟ τέμνει. Ἡ ἄρα ΟΦΞ τομὴ τῇ ΝΣΤ τομῇ ὁμοία
ἐστίν. 20
Καὶ οὐκ ἔστι κύκλος οὐδετέρα αὐτῶν διὰ τὸ μὴ
ὑπεναντίαν εἶναι τὴν τομὴν τῆς ὑπὸ τῶν ΔΒ,ΒΖ
γωνίας, τουτέστι τῆς ὑπὸ τῶν ΒΤ, ΤΝ, ἀνίσου
οὔσης τῇ ὑπὸ τῶν ΒΓ, ΓΔ.
Ἔλλειψις ἄρα ἐστὶν ἑκατέρα τῶν ΟΦΞ, ΝΤΣ 25
τομῶν, καί εἰσιν ὅμοιαι ἀλλήλαις, ὅπερ ἔδει δεῖξαι.

11 ΟΞ V¹ : ΩΞ V.

24

Étant donné un cylindre, trouver un cône et couper l'un et l'autre par un seul plan déterminant par la section des ellipses semblables dans chacun d'eux.

Que soit donné un cylindre, ayant pour base le cercle A, pour parallélogramme axial le parallélogramme BΓ à angles droits avec la base[1] ; que soit menée une droite de jonction BA ; que la base du cône cherché soit ou bien le cercle A ou un autre cercle situé dans le même plan que A, par exemple décrit autour du diamètre EZ et de centre Δ ; que, un point quelconque H ayant été pris sur ZH, une droite ΘH soit prise comme moyenne proportionnelle de EH et HZ ; que soit décrit dans le plan BΓ un arc de circonférence KΛ de centre H et de rayon[2] une droite plus grande ou plus petite que HΘ ; que, par Θ, soit menée une parallèle ΘM aux côtés du parallélogramme BΓ ; que soient menées des droites de jonction ME, MZ et MH, et que soit menée une parallèle NΞ à MH, coupant le triangle et le parallélogramme.

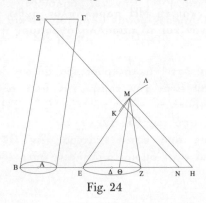

Fig. 24

_____

1. On est ici encore, si le cylindre est oblique, dans le cas particulier d'un plan axial orthogonal au plan de base.
2. Voir Note complémentaire [45].

κδ´

Κυλίνδρου δοθέντος εὑρεῖν κῶνον καὶ τεμεῖν
ἀμφοτέρους ἑνὶ ἐπιπέδῳ ποιοῦντι διὰ τῆς τομῆς ἐν
ἑκατέρῳ ὁμοίας ἐλλείψεις.

Δεδόσθω κύλινδρος οὗ βάσις μὲν ὁ **Α** κύκλος,   5
τὸ δὲ διὰ τοῦ ἄξονος παραλληλόγραμμον τὸ **ΒΓ**
πρὸς ὀρθὰς ὂν τῇ βάσει, καὶ ἐκβεβλήσθω ἡ **ΒΑ**,
τοῦ δὲ ζητουμένου κώνου βάσις ἔστω ἤτοι ὁ **Α**
κύκλος ἢ καὶ ἄλλος τις ἐν τῷ αὐτῷ ἐπιπέδῳ τῷ **Α**,
οἷον περὶ τὴν **ΕΖ** διάμετρον, ἐφ᾽ ἧς κέντρον τὸ **Δ**,   10
καὶ ληφθέντος σημείου τυχόντος ἐπὶ τῆς **ΖΗ** τοῦ
Η εἰλήφθω τῶν **ΕΗ**, **ΗΖ** μέση ἀνάλογον ἡ **ΘΗ**, καὶ
κέντρῳ τῷ **Η**, διαστήματι δὲ ἤτοι μείζονι ἢ ἐλάττονι
τοῦ **ΗΘ**, γεγράφθω ἐν τῷ **ΒΓ** ἐπιπέδῳ περιφέρεια
κύκλου ἡ **ΚΛ**, καὶ διὰ τοῦ **Θ** ταῖς πλευραῖς τοῦ **ΒΓ**   15
παράλληλος ἤχθω ἡ **ΘΜ**, καὶ ἐπεζεύχθωσαν αἱ **ΜΕ**,
ΜΖ, **ΜΗ**, καὶ τῇ **ΜΗ** παράλληλος ἤχθω τέμνουσα
τὸ τρίγωνον καὶ τὸ παραλληλόγραμμον ἡ **ΝΞ**.

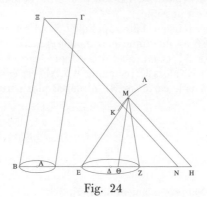

Fig. 24

1 κδ´ Ψ : κγ´ V⁴ om. V ‖ 8 κώνου Ψ : τριγώνου V ‖ 10 Δ Ψ :
Ζ V ‖ 14 ΒΓ V¹ : ΗΓ V ‖ 16 ΜΕ Halley (jam Comm.) : ΜΕ,
ΜΘ V.

Si, par NΞ, nous menons un plan de la façon qu'on a vue plus haut, la section sera semblable dans chacune des figures, et la démonstration sera identique à celle du théorème précédent.

Que les sections sont des ellipses et non des cercles, c'est évident[1] ; en effet, le carré sur MH a été construit plus grand ou plus petit que celui sur HΘ, c'est-à-dire que le rectangle EH,HZ[2].

25

Soit une droite AB coupée[3] en des points Γ et Δ, et que AΓ ne soit pas plus grande que ΔB[4].

Je dis maintenant que, si j'applique[5] à AΓ une aire égale au carré sur ΓB et en excès d'une figure carrée, le côté du carré en excès sera plus grand que ΓΔ et plus petit que ΓB.

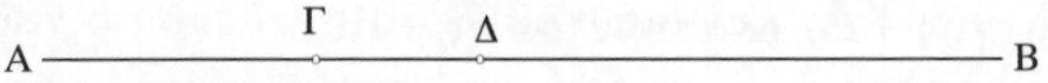

A ——————— Γ ——— Δ ————————— B

Fig. 25

Que, par hypothèse, ΓΔ soit d'abord le côté du carré en excès, si c'est possible.

Dès lors, puisque l'aire appliquée à AΓ et en excès du carré sur ΓΔ est identique au rectangle AΔ,ΔΓ, et que l'aire appliquée à AΓ et en excès d'une figure carré est égale au carré sur ΓB, alors le rectangle AΔ,ΔΓ est égal au carré sur ΓB ; mais le carré sur BΓ n'est pas plus petit que celui

1. Voir Note complémentaire [46].
2. L'égalité est donnée (voir plus haut).
3. Voir Note complémentaire [47].
4. Voir Note complémentaire [48].
5. Voir Note complémentaire [19].

Ἐὰν δὴ διὰ τῆς ΝΞ διαγάγωμεν ἐπίπεδον κατὰ
τὸν ὑποδειχθέντα τρόπον, ἔσται ἡ τομὴ ὁμοία ἐν
ἑκατέρῳ, δεῖξις δὲ ἡ αὐτὴ τῷ πρὸ τούτου.

Ὅτι δὲ καὶ ἐλλείψεις αἱ τομαὶ καὶ οὐχὶ κύκλοι,
δῆλον· τὸ γὰρ ἀπὸ τῆς ΜΗ ἤτοι μεῖζον κατεσ- 5
κευάσθη ἢ ἔλαττον τοῦ ἀπὸ τῆς ΗΘ, τουτέστι τοῦ
ὑπὸ τῶν ΕΗ, ΗΖ.

κε′

Ἔστω εὐθεῖα ἡ ΑΒ τετμημένη κατὰ τὸ Γ καὶ Δ,
ἡ δὲ ΑΓ τῆς ΔΒ μὴ ἔστω μείζων.   10
Λέγω δὴ ὅτι, ἐὰν τῷ ἀπὸ τῆς ΓΒ τετραγώνῳ ἴσον
χωρίον παρὰ τὴν ΑΓ παραβάλω ὑπερβάλλον εἴδει
τετραγώνῳ, ἡ πλευρὰ τοῦ ὑπερβλήματος μείζων μὲν
ἔσται τῆς ΓΔ, ἐλάττων δὲ τῆς ΓΒ.

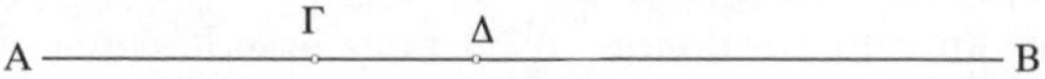

A ————————— Γ ——— Δ ————————————— B

Fig. 25

Εἰ γὰρ δυνατόν, ὑποκείσθω πρῶτον ἡ ΓΔ πλευρὰ 15
εἶναι τοῦ ὑπερβλήματος.

Ἐπεὶ οὖν τὸ παρὰ τὴν ΑΓ παραβαλλόμενον ὑπερβάλλον τῷ ἀπὸ τῆς ΓΔ τετραγώνῳ ταὐτόν ἐστι τῷ
ὑπὸ τῶν ΑΔΓ, ἔστι δὲ τὸ παρὰ τὴν ΑΓ παραβαλλόμενον ὑπερβάλλον εἴδει τετραγώνῳ ἴσον τῷ ἀπὸ 20
τῆς ΓΒ τετραγώνῳ, τὸ ἄρα ὑπὸ τῶν ΑΔ, ΔΓ ἴσον
ἐστὶ τῷ ἀπὸ τῆς ΓΒ τετραγώνῳ· ἀλλὰ τὸ ἀπὸ τῆς

---

3 τού[του iter. V || 8 κε′ Ψ : om. V || 11 ἐὰν c Ψ : ἐὰν ἐν V.

sur AΔ ; en effet, ΔB n'est pas plus petite que AΓ et ΓB n'est pas plus petite que AΔ[1] ; le rectangle AΔ,ΔΓ n'est donc pas non plus plus petit que le carré sur AΔ, ce qui est impossible.

La démonstration sera identique même si, par hypothèse, le côté de la figure en excès était plus petit que ΓΔ.

Maintenant, de même, que ΓB soit le côté du carré en excès. Le rectangle AB,BΓ sera donc égal au carré sur ΓB, ce qui est impossible. Il en irait de même si, par hypothèse, le côté du carré en excès était plus grand que ΓB.

Le côté du carré en excès sera donc plus grand que ΓΔ et plus petit que ΓB.

26

Étant donné un cylindre coupé par une ellipse, construire sur la même base du cylindre un cône ayant la même hauteur[2], coupé par le même plan et déterminant une ellipse semblable à l'ellipse du cylindre.

Soit un cylindre donné, ayant pour base le cercle décrit autour du centre A, pour parallélogramme axial le parallélogramme BΓ, dans lequel EΔ est le diamètre de l'ellipse donnée ; que le prolongement du diamètre rencontre BA en un point Z ; que, par Γ, soit menée une parallèle ΓH à ΔZ, rencontrant BA en un point H, et que soit prolongée la droite ZΔΘ.

---

1. On a par construction ΓB = ΓΔ + ΔB et AΔ = ΓΔ + AΓ avec ΔB supérieur ou égal à AΓ.
2. Voir Note complémentaire [49].

ΓΒ τοῦ ἀπὸ τῆς ΑΔ οὐκ ἔλαττον· οὐ γὰρ ἐλάττων ἡ ΔΒ τῆς ΑΓ οὐδὲ ἡ ΓΒ τῆς ΑΔ· καὶ τὸ ἄρα ὑπὸ τῶν ΑΔ, ΔΓ τοῦ ἀπὸ τῆς ΑΔ τετραγώνου οὐκ ἔστιν ἔλαττον, ὅπερ ἀδύνατον.

Τὸ δὲ αὐτὸ δειχθήσεται εἰ καὶ ἐλάττων τῆς ΓΔ 5 ὑποτεθείη γίνεσθαι ἡ πλευρὰ τοῦ ὑπερβλήματος.

Ἀλλὰ δὴ πάλιν ἔστω πλευρὰ τοῦ ὑπερβλήματος ἡ ΓΒ. Ἔσται ἄρα τὸ ὑπὸ τῶν ΑΒ, ΒΓ ἴσον τῷ ἀπὸ τῆς ΓΒ τετραγώνῳ, ὅπερ ἀδύνατον. Τὸ αὐτὸ δὲ εἰ καὶ μείζων τῆς ΓΒ ὑποτεθείη γίνεσθαι ἡ πλευρὰ τοῦ 10 ὑπερβλήματος.

Ἡ ἄρα πλευρὰ τοῦ ὑπερβλήματος μείζων ἔσται τῆς ΓΔ, ἐλάττων δὲ τῆς ΓΒ.

κϛ′

Κυλίνδρου δοθέντος τετμημένου ἐλλείψει κῶνον 15 συστήσασθαι ἐπὶ τῆς αὐτῆς βάσεως τοῦ κυλίν- δρου ὑπὸ τὸ αὐτὸ ὕψος ὄντα καὶ τῷ αὐτῷ ἐπιπέδῳ τεμνόμενον καὶ ποιοῦντα ὁμοίαν ἔλλειψιν τῇ τοῦ κυλίνδρου ἐλλείψει.

Ἔστω ὁ δοθεὶς κύλινδρος οὗ βάσις μὲν ὁ περὶ τὸ 20 Α κέντρον κύκλος, τὸ δὲ διὰ τοῦ ἄξονος παραλ- ληλόγραμμον τὸ ΒΓ, ἐν ᾧ διάμετρος τῆς δοθείσης ἐλλείψεως ἡ ΕΔ, ἥτις ἐκβληθεῖσα συμπιπτέτω τῇ ΒΑ κατὰ τὸ Ζ, καὶ τῇ ΔΖ διὰ τοῦ Γ παράλληλος ἤχθω ἡ ΓΗ συμπίπτουσα τῇ ΒΑ κατὰ τὸ Η, καὶ 25 προσεκβεβλήσθω ἡ ΖΔΘ εὐθεῖα.

8 Γ]Β V¹ : Δ V ‖ 14 κϛ′ Ψ : κδ′ V⁴ om. V.

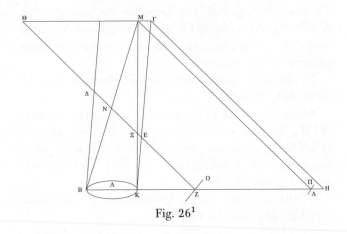

Fig. 26[1]

Dès lors, puisque le côté ZH du parallélogramme ΘH est égal à ΘΓ, et que ΘΓ n'est pas plus petite que BK, alors ZH non plus n'est pas plus petite que BK.

Si donc nous appliquons à BK une aire égale au carré sur KH, en excès d'une figure carrée, le côté du carré en excès sera plus grand que KZ et plus petit que KH, en vertu des démonstrations précédentes[2].

Que KΛ soit le côté du carré en excès ; que, par Λ, soit menée une parallèle ΛM à HΓ ; que soient menées des droites de jonction MB et MK, et qu'on imagine un cône ayant pour sommet le point M, pour base le cercle A, et pour triangle axial bien entendu le triangle BKM.

Si nous imaginons maintenant que le cône est aussi coupé

---

1. Le cylindre et le cône sont droits dans V.
2. Proposition 25.

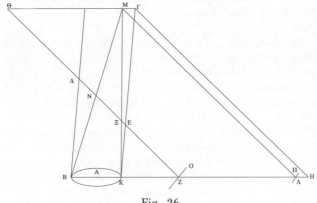

Fig. 26

Ἐπεὶ οὖν τοῦ ΘΗ παραλληλογράμμου ἡ ΖΗ πλευρὰ τῇ ΘΓ ἴση ἐστίν, ἡ δὲ ΘΓ τῆς ΒΚ οὐκ ἔστιν ἐλάττων, καὶ ἡ ΖΗ ἄρα τῆς ΒΚ οὐκ ἔστιν ἐλάττων.

Ἐὰν ἄρα τῷ ἀπὸ τῆς ΚΗ τετραγώνῳ ἴσον παραβά- 5
λωμεν παρὰ τὴν ΒΚ ὑπερβάλλον εἴδει τετραγώνῳ, ἡ πλευρὰ τοῦ ὑπερβλήματος μείζων μὲν ἔσται τῆς ΚΖ, ἐλάττων δὲ τῆς ΚΗ διὰ τὸ προδειχθέν.

Ἔστω τοίνυν ἡ ΚΛ πλευρὰ τοῦ ὑπερβλήματος, καὶ διὰ τοῦ Λ παράλληλος ἤχθω τῇ ΗΓ ἡ ΛΜ, καὶ 10
ἐπεζεύχθωσαν αἱ ΜΒ, ΜΚ, καὶ νενοήσθω κῶνος οὗ κορυφὴ μὲν τὸ Μ σημεῖον, βάσις δὲ ὁ Α κύκλος, τὸ δὲ διὰ τοῦ ἄξονος τρίγωνον δηλονότι τὸ ΒΚΜ.

Ἐὰν δὴ νοήσωμεν καὶ τὸν κῶνον τετμημένον τῷ

---

par le plan qui a engendré le diamètre EΔ de la section du cylindre, il y aura aussi dans le cône une section de diamètre NΞ.

Dès lors, puisqu'a été appliquée à BK une aire égale au carré sur KH et en excès du carré sur KΛ, le rectangle BΛ,ΛK est égal au carré sur KH.

Dès lors, puisque ΔB et KΓ sont parallèles entre elles, et que, d'autre part, ΔZ, MΛ et ΓH sont aussi parallèles entre elles, alors ΓH est à HK comme ΔZ est à ZB[1] ; le carré sur ΓH est donc aussi à celui sur KH, c'est-à-dire le carré sur MΛ est au rectangle BΛ,ΛK comme le carré sur ΔZ est à celui sur ZB ; mais le carré sur EΔ est à celui sur BK, c'est-à-dire le carré sur le diamètre de l'ellipse EΔ du cylindre est à celui sur le diamètre conjugué[2], comme le carré sur ΔZ est à celui sur ZB[3], et le carré sur le diamètre de l'ellipse du cône est à celui sur le diamètre conjugué comme le carré sur MΛ est au rectangle BΛ,ΛK[4] ; le carré sur le diamètre de l'ellipse du cône est donc aussi à celui sur le diamètre conjugué comme le carré sur le diamètre de l'ellipse du cylindre est à celui sur le diamètre conjugué. Le diamètre de l'ellipse du cône est donc aussi au diamètre conjugué comme le diamètre de l'ellipse du cylindre est au diamètre conjugué.

---

1. Par application d'*Éléments*, VI.4 dans les triangles équiangles ΓHK et ΔZB.

2. L'égalité de BK et du diamètre conjugué au diamètre transverse de l'ellipse du cylindre est un résultat de la proposition 9.

3. Par applications d'*Éléments*, VI.2 dans le triangle ΔZB, on a : EZ : EΔ = KZ : BK ; *par composition*, on peut écrire ΔZ : EΔ = ZB : BK ; *par permutation*, on obtient EΔ : BK = ΔZ : ZB.

4. Les deux rapports sont égaux au rapport du diamètre transverse au côté droit (voir proposition 17 et *Coniques*, I.13).

ἐπιπέδῳ ὑφ' οὗ γέγονεν ἡ ΕΔ διάμετρος τῆς τοῦ
κυλίνδρου τομῆς, ἔσται καὶ ἐν τῷ κώνῳ τομὴ ἧς
διάμετρος ἡ ΝΞ.

Ἐπεὶ οὖν τῷ ἀπὸ τῆς ΚΗ τετραγώνῳ ἴσον παρὰ
τὴν ΒΚ παραβέβληται ὑπερβάλλον τῷ ἀπὸ τῆς ΚΛ 5
τετραγώνῳ, τὸ ἄρα ὑπὸ τῶν ΒΛ, ΛΚ τῷ ἀπὸ τῆς
ΚΗ τετραγώνῳ ἴσον ἐστίν.

Ἐπεὶ οὖν αἱ ΔΒ, ΚΓ παράλληλοι ἀλλήλαις εἰσίν,
ἀλλὰ καὶ αἱ ΔΖ, ΜΛ, ΓΗ παράλληλοί εἰσιν ἀλλήλαις, ὡς ἄρα ἡ ΔΖ πρὸς ΖΒ, οὕτως ἡ ΓΗ πρὸς 10
τὴν ΗΚ· καὶ ὡς ἄρα τὸ ἀπὸ τῆς ΔΖ πρὸς τὸ ἀπὸ
τῆς ΖΒ, οὕτω τὸ ἀπὸ τῆς ΓΗ πρὸς τὸ ἀπὸ τῆς ΚΗ,
τουτέστι τὸ ἀπὸ τῆς ΜΛ πρὸς τὸ ὑπὸ τῶν ΒΛ, ΛΚ·
ἀλλ' ὡς μὲν τὸ ἀπὸ τῆς ΔΖ πρὸς τὸ ἀπὸ τῆς ΖΒ,
οὕτω τὸ ἀπὸ τῆς ΕΔ πρὸς τὸ ἀπὸ τῆς ΒΚ, τουτέστι 15
τὸ ἀπὸ τῆς διαμέτρου τῆς τοῦ κυλίνδρου ἐλλείψεως
τῆς ΕΔ πρὸς τὸ ἀπὸ τῆς συζυγοῦς διαμέτρου, ὡς
δὲ τὸ ἀπὸ τῆς ΜΛ πρὸς τὸ ὑπὸ τῶν ΒΛ, ΛΚ,
οὕτω τὸ ἀπὸ τῆς διαμέτρου τῆς τοῦ κώνου ἐλλείψεως πρὸς τὸ ἀπὸ τῆς συζυγοῦς διαμέτρου· καὶ 20
ὡς ἄρα τὸ ἀπὸ τῆς διαμέτρου τῆς τοῦ κυλίνδρου
ἐλλείψεως πρὸς τὸ ἀπὸ τῆς συζυγοῦς διαμέτρου,
οὕτω τὸ ἀπὸ τῆς διαμέτρου τῆς τοῦ κώνου ἐλλείψεως πρὸς τὸ ἀπὸ τῆς συζυγοῦς διαμέτρου. Καὶ ὡς
ἄρα ἡ διάμετρος τῆς ἐλλείψεως τοῦ κυλίνδρου πρὸς 25
τὴν συζυγῆ διάμετρον, οὕτως ἡ διάμετρος τῆς τοῦ
κώνου ἐλλείψεως πρὸς τὴν συζυγῆ διάμετρον.

---

13 ΜΛ V¹ : ΜΑ V ‖ 22 πρὸς – διαμέτρου Ψ : om. V ‖ 26 ἡ
διάμετρος V¹ : τὴν διάμετρον V.

D'autre part, les seconds diamètres sont à angles égaux avec les diamètres, puisque l'un et l'autre sont parallèles à ZO et à ΛΠ qui sont à angles droits avec BH.

L'ellipse du cône est donc semblable à l'ellipse du cylindre[1] ; elle a été produite par le même plan, et le cône a été construit sur la même base que le cylindre et il a la même hauteur, ce qui avait été prescrit.

27

Il est possible de couper d'une infinité de manières un cylindre ou un cône oblique donnés, à partir de l'un des côtés, par deux plans non placés parallèlement et faisant des ellipses semblables.

Soit d'abord un cylindre oblique donné, ayant pour parallélogramme axial le parallélogramme AB à angles droits avec la base du cylindre[2] ; que, par hypothèse, l'angle en A soit aigu, et que, par Γ, soit menée une perpendiculaire ΓΔ au côté AΔ ; ΓΔ est donc la plus petite des droites tombant sur les parallèles AΔ et ΓB.

Que soient prises de part et d'autre de Δ des droites égales EΔ et ΔZ, et que soient menées des droites de jonction EΓ et ΓZ ; EΓ est donc égale à ZΓ[3].

Si donc, de la manière traditionnelle[4], nous menons des

1. *Définition* 8.
2. On est une fois encore dans le cas particulier d'un plan axial orthogonal au plan de base dans le cylindre et le cône obliques.
3. Par application d'*Éléments*, I.4 dans les triangles ΓΔE et ΓΔZ.
4. Les deux ellipses seront engendrées par les deux plans sécants qui coupent respectivement le plan axial suivant les droites ΓE et ΓZ (diamètres des sections) et passent par les deux droites qui, dans le plan du cercle de base, sont à angles droits avec la base du parallélogramme axial (voir proposition 12) au point où les droites ΓE et ΓZ coupent la base du parallélogramme, à savoir ici le point Γ.

Καί εἰσιν αἱ δεύτεραι διάμετροι πρὸς ἴσας γωνίας ταῖς διαμέτροις· ἀμφότεραι γὰρ παράλληλοί εἰσι ταῖς πρὸς ὀρθὰς τῇ ΒΗ τῇ ΖΟ καὶ τῇ ΛΠ.

Ἡ ἄρα τοῦ κώνου ἔλλειψις ὁμοία ἐστὶ τῇ τοῦ κυλίνδρου ἐλλείψει, καὶ γέγονεν ὑπὸ τοῦ αὐτοῦ 5 ἐπιπέδου, καὶ συνέστη ὁ κῶνος ἐπὶ τῆς αὐτῆς βάσεως τῷ κυλίνδρῳ καὶ ὑπὸ τὸ αὐτὸ ὕψος, ἅπερ ἦν τὰ ἐπιταχθέντα.

κζ′

Τὸν δοθέντα κύλινδρον ἢ κῶνον σκαληνὸν δυνατόν 10 ἐστιν ἀπὸ τοῦ ἑτέρου μέρους ἀπειραχῶς τεμεῖν δυσὶν ἐπιπέδοις μὴ παραλλήλως μὲν κειμένοις, ποιοῦσι δὲ ὁμοίας ἐλλείψεις.

Ἔστω πρῶτον ὁ δοθεὶς κύλινδρος σκαληνός οὗ τὸ διὰ τοῦ ἄξονος παραλληλόγραμμον τὸ ΑΒ πρὸς 15 ὀρθὰς ὂν τῇ βάσει τοῦ κυλίνδρου, καὶ ὑποκείσθω ἡ πρὸς τῷ Α γωνία ὀξεῖα, καὶ διὰ τοῦ Γ ἤχθω κάθετος ἐπὶ τὴν ΑΔ πλευρὰν ἡ ΓΔ· ἐλαχίστη ἄρα ἐστὶν ἡ ΓΔ πασῶν τῶν ταῖς ΑΔ, ΓΒ παραλλήλοις ἐμπιπτουσῶν. 20

Εἰλήφθωσαν ἐφ᾽ ἑκάτερα τοῦ Δ ἴσαι εὐθεῖαι αἱ ΕΔ, ΔΖ, καὶ ἐπεζεύχθωσαν αἱ ΕΓ, ΓΖ· ἴση ἄρα ἡ ΕΓ τῇ ΖΓ.

Ἐὰν οὖν κατὰ τὸν παραδεδομένον τρόπον ἀγάγωμεν

---

1 δεύτεραι Ψ : δεύτεροι V ‖ 3 ταῖς Ψ : τὰς V ‖ 9 κζ′ Ψ : κε′ V⁴ om. V.

plans par ΓE et ΓZ, ils couperont le cylindre ; qu'ils le coupent et déterminent les ellipses EHΓ et ZΘΓ.

Je dis qu'elles sont semblables.

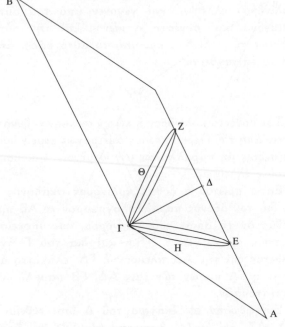

Fig. 27.1

Puisque le carré sur ZΓ est à celui sur ΓA comme le carré sur EΓ est à celui sur ΓA[1], que, d'autre part, le rapport du

---

1. *Éléments*, V.7.

διὰ τῶν **ΓΕ, ΓΖ** ἐπίπεδα, τεμεῖ τὸν κύλινδρον·
τεμνέτω καὶ ποιείτω τὰς **ΕΗΓ, ΖΘΓ** ἐλλείψεις.
Λέγω δὴ ὅτι ὅμοιαί εἰσιν.

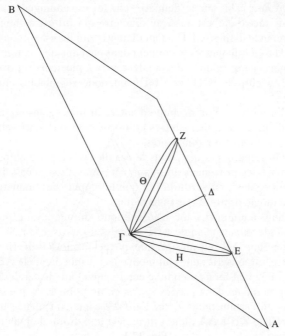

Fig. 27.1

Ἐπεὶ γὰρ ὡς τὸ ἀπὸ τῆς **ΕΓ** πρὸς τὸ ἀπὸ τῆς **ΓΑ**,
οὕτω τὸ ἀπὸ τῆς **ΖΓ** πρὸς τὸ ἀπὸ τῆς **ΓΑ**, ἀλλὰ 5
τὸ μὲν ἀπὸ τῆς **ΕΓ** πρὸς τὸ ἀπὸ τῆς **ΓΑ** ἐστι τὸ

4 Γ]Α e corr. V[1].

carré sur EΓ à celui sur ΓA est le rapport du carré sur le diamètre EΓ de la section au carré sur le diamètre qui lui est conjugué[1], et que le rapport du carré sur ZΓ à celui sur ΓA est le rapport du carré sur le diamètre ZΓ de la section à celui sur le diamètre qui lui est conjugué, alors le diamètre ZΓ est aussi au diamètre qui lui est conjugué comme le diamètre EΓ est au diamètre qui lui est conjugué.

Mais les diamètres se coupent dans chacune des sections à angles égaux, comme il a été démontré à plusieurs reprises.

Les ellipses EHΓ et ZΘΓ sont donc semblables entre elles[2].

En outre, si l'on découpe d'autres droites égales de part et d'autre de Δ, deux autres ellipses semblables entre elles seront à leur tour construites.

On remarquera que, dans le cas du cylindre, les ellipses semblables provenant du même côté sont aussi nécessairement égales[3], en vertu du fait que le rapport des diamètres à la même droite AΓ est identique.

Soit maintenant un cône oblique donné, ayant pour triangle axial le triangle ABΓ à angles droits avec la base du cône ; que AB soit plus grande que AΓ ; que soit décrit un cercle circonscrit ; que soit menée par A une parallèle AΔ à BΓ, coupant bien entendu le cercle ; que l'arc de cercle ΔA soit coupé en deux parties égales en un point E et que soit pris un certain point Z sur l'arc ΔE ; que soit menée une parallèle ZH à ΔA ; que soit menée une droite de jonction

---

1. Voir proposition 9.
2. *Définition* 8.
3. La notion d'ellipses égales n'a pas été définie.

ἀπὸ τῆς ΕΓ διαμέτρου τῆς τομῆς πρὸς τὸ ἀπὸ τῆς ἑαυτῇ συζυγοῦς διαμέτρου, τὸ δὲ ἀπὸ τῆς ΖΓ πρὸς τὸ ἀπὸ τῆς ΓΑ ἐστι τὸ ἀπὸ τῆς ΖΓ διαμέτρου τῆς τομῆς πρὸς τὸ ἀπὸ τῆς συζυγοῦς ἑαυτῇ διαμέτρου, καὶ ὡς ἄρα ἡ ΕΓ διάμετρος πρὸς τὴν ἑαυτῇ συζυγῆ 5 διάμετρον, οὕτω καὶ ἡ ΖΓ διάμετρος πρὸς τὴν ἑαυτῇ συζυγῆ διάμετρον·

Ἀλλὰ καὶ πρὸς ἴσας γωνίας τέμνονται ἐν ἑκατέρᾳ αἱ διάμετροι, ὡς ἐδείχθη πολλάκις.

Ὅμοιαι ἄρα ἀλλήλαις εἰσὶν αἱ ΕΗΓ, ΖΘΓ ἐλλεί- 10 ψεις.

Κἂν ἑτέρας δὲ ἀπολάβῃς ἴσας εὐθείας παρ' ἑκάτερα τοῦ Δ, συστήσονται πάλιν ἕτεραι δύο ἐλλείψεις ὅμοιαι ἀλλήλαις.

Ἐπισημαντέον δὲ ὅτι ἐπὶ τοῦ κυλίνδρου ἀνάγκη 15 τὰς ἐκ τοῦ αὐτοῦ μέρους ὁμοίας καὶ ἴσας εἶναι διὰ τὸ τὸν λόγον εἶναι τῶν διαμέτρων τὸν αὐτὸν πρὸς τὴν αὐτὴν τὴν ΑΓ.

Ἔστω δὲ νῦν ὁ δοθεὶς κῶνος σκαληνὸς οὗ τὸ διὰ τοῦ ἄξονος τρίγωνον τὸ ΑΒΓ πρὸς ὀρθὰς ὂν τῇ 20 βάσει τοῦ κώνου, καὶ ἔστω ἡ ΑΒ τῆς ΑΓ μείζων, καὶ περιγεγράφθω κύκλος, καὶ ἤχθω διὰ τοῦ Α τῇ ΒΓ παράλληλος ἡ ΑΔ δηλονότι τέμνουσα τὸν κύκλον, καὶ τῆς ΔΑ περιφερείας δίχα τμηθείσης κατὰ τὸ Ε εἰλήφθω τι σημεῖον ἐπὶ τῆς ΔΕ περιφερείας τὸ Ζ, 25 καὶ ἤχθω παράλληλος τῇ ΔΑ ἡ ΖΗ, καὶ ἐπιζευχ- θεῖσα ἡ μὲν ΖΑ συμπιπτέτω τῇ ΒΓ κατὰ τὸ Θ, ἡ δὲ ΗΑ κατὰ τὸ Κ· ὡς ἄρα ἡ ΑΚ πρὸς τὴν ΚΗ, οὕτως

8 γωνίας Ψ : γωνίας ἴσας V (γωνίας compendium) ‖ ἑκατέρᾳ Heiberg : ἑκάτεραι V ‖ 21 τῆς Ψ : τῇ V.

ZA et qu'elle rencontre BΓ en un point Θ, et qu'une droite de jonction HA la rencontre en un point K ; AΘ est donc à ΘZ comme AK est à KH[1] ; mais le carré sur AK est au rectangle HK,KA comme AK est à KH, et le carré sur AΘ est au rectangle AΘ,ΘZ comme AΘ est à ΘZ ; le carré sur AΘ est donc au rectangle ZΘ,ΘA, c'est-à-dire au rectangle BΘ,ΘΓ[2], comme le carré sur AK est au rectangle HK,KA, c'est-à-dire au rectangle BK,KΓ[3].

Si donc nous menons une droite ΛM parallèle à AK[4] et une droite ΛN parallèle à AΘ, et que des plans[5] menés par ces droites coupent le cône, ils détermineront des ellipses semblables.

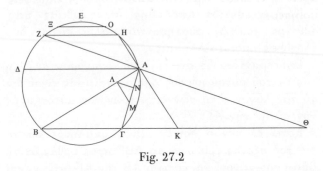

Fig. 27.2

Puisque le carré sur AΘ est au rectangle BΘ,ΘΓ comme

1. Par application d'*Éléments*, VI.4 dans les triangles équiangles KAΘ et HAZ, on obtient AZ : AΘ = AH : AK ; *par composition*, on peut écrire ΘZ : AΘ = KH : AK ; puis *par inversion* (ἀνάπαλιν, *Éléments*, V, *définition* 13) AΘ : ΘZ = AK : KH.
2. *Éléments*, III.36 (pour le cas d'une corde et d'une tangente).
3. *Éléments*, III.36.
4. On retrouve ici les conditions de *Coniques*, I.13 pour l'obtention d'une ellipse dans le cône.
5. Il s'agit des plans qui respectivement menés suivant ΛM et ΛN coupent le cône en passant par les deux droites du plan de la base, perpendiculaires à la base du triangle axial aux points où ΛM et ΛN coupent la base prolongée du triangle.

ἡ ΑΘ πρὸς τὴν ΘΖ· ἀλλ᾽ ὡς μὲν ἡ ΑΚ πρὸς τὴν
ΚΗ, οὕτω τὸ ἀπὸ τῆς ΑΚ πρὸς τὸ ὑπὸ τῶν ΗΚ,
ΚΑ, ὡς δὲ ἡ ΑΘ πρὸς τὴν ΘΖ, οὕτω τὸ ἀπὸ τῆς
ΑΘ πρὸς τὸ ὑπὸ τῶν ΑΘ, ΘΖ· ὡς ἄρα τὸ ἀπὸ τῆς
ΑΚ πρὸς τὸ ὑπὸ τῶν ΗΚ, ΚΑ, τουτέστι πρὸς τὸ 5
ὑπὸ τῶν ΒΚ, ΚΓ, οὕτω τὸ ἀπὸ τῆς ΑΘ πρὸς τὸ
ὑπὸ τῶν ΖΘ, ΘΑ, τουτέστι πρὸς τὸ ὑπὸ τῶν ΒΘ,
ΘΓ.

Ἐὰν οὖν διαγάγωμεν εὐθείας παραλλήλους τῇ μὲν
ΑΚ τὴν ΛΜ, τῇ δὲ ΑΘ τὴν ΛΝ, καὶ δι᾽ αὐτῶν 10
ἀχθέντα ἐπίπεδα τέμῃ τὸν κῶνον, ὁμοίας ἐλλείψεις
ποιήσει.

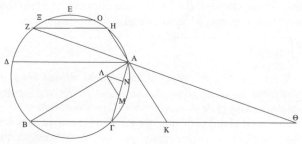

Fig. 27.2

Ἐπεὶ γὰρ ὡς τὸ ἀπὸ τῆς ΑΚ πρὸς τὸ ὑπὸ τῶν ΒΚ,
ΚΓ, οὕτω τὸ ἀπὸ τῆς ΑΘ πρὸς τὸ ὑπὸ τῶν ΒΘ, ΘΓ,

le carré sur AK est au rectangle BK,KΓ, que, d'autre part, le carré sur le diamètre ΛM de l'ellipse est au carré sur son propre diamètre conjugué comme le carré sur AK est au rectangle BK,KΓ[1], et que le carré sur le diamètre ΛN de l'ellipse est au carré sur son propre diamètre conjugué comme le carré sur AΘ est au rectangle BΘ,ΘΓ, alors le diamètre NΛ est aussi au diamètre conjugué comme le diamètre ΛM est au diamètre conjugué.

Les droites ΛM et ΛN sont donc les diamètres d'ellipses semblables[2], ce qu'il fallait démontrer.

En outre, si nous menons d'autres parallèles à ZH, par exemple ΞO, que nous menions des droites de jonction de Ξ et O à A et que nous les prolongions jusqu'à BΘ, et que nous menions dans le triangle des parallèles à ces prolongements, deux autres ellipses semblables entre elles seront à leur tour construites, et cela à l'infini, ce qu'il fallait démontrer.

28

Il est possible de couper d'une infinité de manières un cylindre ou un cône oblique donnés, à partir de côtés opposés, par deux plans et de déterminer des ellipses semblables.

Faisons d'abord la démonstration dans le cas du cylindre. Que soit placée la même figure que précédemment[3], et que ΔH soit égale à AΔ ; ΓA est donc égale à HΓ[4].

---

1. Les deux rapports sont égaux au rapport du diamètre transverse au côté droit (voir proposition 17 et *Coniques*, I.13).
2. *Définition* 8.
3. Il s'agit de la figure 27.1.
4. Par application d'*Éléments*, I.4 dans les triangles ΓΔA et ΓΔH.

ἀλλ' ὡς μὲν τὸ ἀπὸ τῆς ΑΚ πρὸς τὸ ὑπὸ τῶν ΒΚ,
ΚΓ, οὕτω τὸ ἀπὸ τῆς ΛΜ διαμέτρου τῆς ἐλλείψεως
πρὸς τὸ ἀπὸ τῆς συζυγοῦς ἑαυτῇ διαμέτρου, ὡς δὲ
τὸ ἀπὸ τῆς ΑΘ πρὸς τὸ ὑπὸ τῶν ΒΘ, ΘΓ, οὕτω
τὸ ἀπὸ τῆς ΛΝ διαμέτρου τῆς ἐλλείψεως πρὸς τὸ 5
ἀπὸ τῆς συζυγοῦς ἑαυτῇ διαμέτρου, καὶ ὡς ἄρα ἡ
ΛΜ διάμετρος πρὸς τὴν συζυγῆ διάμετρον, οὕτως
ἡ ΝΛ διάμετρος πρὸς τὴν συζυγῆ διάμετρον.
Αἱ ἄρα ΛΜ, ΛΝ ὁμοίων ἐλλείψεών εἰσι διάμετροι,
ὅπερ ἔδει δεῖξαι. 10

Κἂν ἑτέρας δὲ τῇ ΖΗ παραλλήλους ἀγάγωμεν
ὡς τὴν ΞΟ, καὶ ἀπὸ τῶν Ξ καὶ Ο ἐπὶ τὸ Α ἐπιζεύ-
ξαντες ἐκβάλωμεν ἐπὶ τὴν ΒΘ, καὶ ταῖς ἐκβληθείσαις
παραλλήλους ἀγάγωμεν ἐν τῷ τριγώνῳ, συστήσονται πάλιν ἕτεραι δύο ἐλλείψεις ὅμοιαι ἀλλήλαις, 15
καὶ τοῦτο ἐπ' ἄπειρον, ὅπερ ἔδει δεῖξαι.

κη'

Τὸν δοθέντα κύλινδρον σκαληνὸν ἢ κῶνον δυνατόν
ἐστιν ἀπὸ τῶν ἀντικειμένων μερῶν ἀπειραχῶς τεμεῖν
δυσὶν ἐπιπέδοις καὶ ποιεῖν ἐλλείψεις ὁμοίας. 20
Ἔστω πρῶτον ἐπὶ τοῦ κυλίνδρου δεῖξαι, καὶ
κείσθω ἡ αὐτὴ καταγραφὴ τῇ πρότερον, καὶ τῇ ΑΔ
ἴση ἔστω ἡ ΔΗ· ἴση ἄρα ἡ ΓΑ τῇ ΗΓ.

5 Λ[Ν Par. 2367 e corr. : Α V ‖ 13 ἐκβάλωμεν Ψ : ἐκβάλλωμεν V ‖ 15 ἕτεραι Ψ : ἕτεροι V ‖ 17 κη' Heiberg : κϛ' V⁴
om. V.

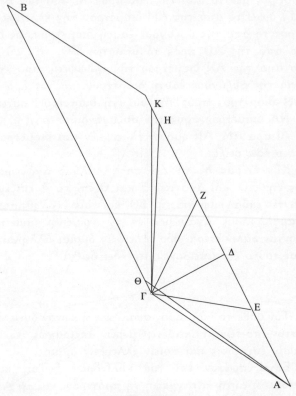

Fig. 28.1

Dès lors, puisqu'une droite menée de A à ΓB est plus grande que chacune des droites AΓ et ΓH et que toutes les droites qui tombent de Γ entre les points H et A, il est évident que, si, à partir de côtés opposés, nous menons deux droites égales entre elles, la droite menée de Γ tombera au-dessus de H.

Que soient menées de côtés opposés des droites AΘ et

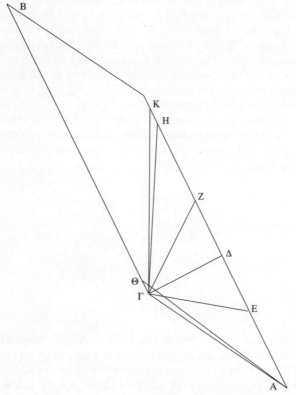

Fig. 28.1

Ἐπεὶ τοίνυν ἡ ἀπὸ τοῦ **Α** ἐπὶ τὴν **ΓΒ** ἀγομένη εὐθεῖα μείζων ἐστὶν ἑκατέρας τῶν **ΑΓ**, **ΓΗ** καὶ πασῶν τῶν ἀπὸ τοῦ **Γ** μεταξὺ τῶν **Η**, **Α** σημείων πιπτουσῶν, δῆλον ὡς ἐὰν ἐκ τῶν ἀντικειμένων μερῶν ἀγάγωμεν δύο εὐθείας ἴσας ἀλλήλαις, ἡ ἀπὸ τοῦ **Γ** ἀγομένη 5 ὑπερπεσεῖται τὸ **Η**.

Ἤχθωσαν οὖν ἐκ τῶν ἀντικειμένων μερῶν αἱ **ΑΘ**, **ΓΚ** ἴσαι οὖσαι ἀλλήλαις δι' ὧν, ἐὰν ἀχθῇ ἐπίπεδα

ΓK égales entre elles ; si, par elles, sont menés des plans déterminant des ellipses[1], le carré sur le diamètre ΚΓ de l'ellipse sera à celui sur ΑΓ, c'est-à-dire que le carré sur le diamètre ΚΓ de l'ellipse sera à celui sur le diamètre conjugué comme le carré sur le diamètre ΘΑ de l'ellipse est à celui sur ΑΓ, c'est-à-dire à celui sur le carré de son propre diamètre conjugué[2]. Les diamètres ΚΓ et ΑΘ appartiennent donc à des ellipses semblables[3].

Que soit placée à son tour la figure relative au cône[4] ; que soit prolongée la droite ΓΒ de part et d'autre ; il faudra mener depuis chaque côté des plans déterminant des ellipses semblables.

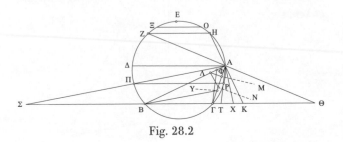

Fig. 28.2

Que soit menée vers le cercle une certaine droite ΠΡ parallèle à ΒΓ ; que soient menées des droites de jonction ΑΠ et ΑΡ, et qu'elles soient prolongées jusqu'aux points Σ et Τ ; ΑΤ est donc à ΤΡ comme ΑΣ est à ΣΠ[5]. Le carré

1. Les plans sécants qui engendrent les ellipses sont menés respectivement suivant les droites ΓK et ΑΘ et passent par les deux droites dans le plan du cercle, perpendiculaires à la base du parallélogramme axial aux deux points Γ et Α.
2. Proposition 9.
3. *Définition* 8.
4. Il s'agit de la figure de la proposition 27.2.
5. Par application d'*Éléments*, VI.2 dans le triangle ΑΣΤ, on obtient ΑΠ : ΣΠ = ΑΡ : ΤΡ ; *par composition*, on obtient ΑΣ : ΣΠ = ΑΤ : ΤΡ.

ποιοῦντα ἐλλείψεις, ἔσται ὡς τὸ ἀπὸ τῆς ΘΑ διαμέτρου τῆς ἐλλείψεως πρὸς τὸ ἀπὸ τῆς ΑΓ, τουτέστι
πρὸς τὸ ἀπὸ τῆς συζυγοῦς ἑαυτῇ διαμέτρου, οὕτω
τὸ ἀπὸ τῆς ΚΓ διαμέτρου τῆς ἐλλείψεως πρὸς τὸ
ἀπὸ τῆς ΑΓ, τουτέστιν οὕτω τὸ ἀπὸ τῆς ΚΓ διαμέ- 5
τρου τῆς ἐλλείψεως πρὸς τὸ ἀπὸ τῆς συζυγοῦς
διαμέτρου.
Αἱ ἄρα ΚΓ, ΑΘ διάμετροί εἰσιν ὁμοίων ἐλλείψεων.
Κείσθω πάλιν ἡ καταγραφὴ τοῦ κώνου, καὶ
ἐκβληθείσης τῆς ΓΒ ἐπὶ θάτερα δέον ἔστω ἀπ' ἀμφο- 10
τέρων τῶν μερῶν ἀγαγεῖν ἐπίπεδα ποιοῦντα ὁμοίας
ἐλλείψεις.

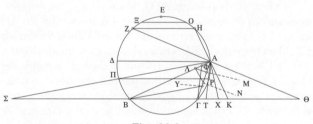

Fig. 28.2

Διήχθω τις εἰς τὸν κύκλον εὐθεῖα παράλληλος τῇ
ΒΓ ἢ ΠΡ, καὶ ἐπιζευχθεῖσαι αἱ ΑΠ, ΑΡ ἐκβεβλήσ-
θωσαν ἐπὶ τὰ Σ, Τ σημεῖα· ὡς ἄρα ἡ ΑΣ πρὸς τὴν 15
ΣΠ, οὕτως ἡ ΑΤ πρὸς τὴν ΤΡ. Καὶ ὡς ἄρα τὸ ἀπὸ

---

3 συζ]υγ[οῦς V^{1sl} ‖ 6 συζυγ]ο[ῦς e corr. V^{1} ‖ 10 δέον Ψ : δὲ
ὄν (sic) V ‖ ἀ[π' e corr. V^{1}.

sur AT est donc aussi au rectangle AT,TP, c'est-à-dire au
rectangle BT,TΓ[1], comme le carré sur AΣ est au rectangle
AΣ,ΣΠ, c'est-à-dire au rectangle ΓΣ,ΣB[2].

Si donc nous menons dans le triangle[3] des droites parallèles à ΣA et AT, mettons des droites BΥ et ΓΦ, et que,
par ces droites[4], nous menions des plans déterminant des
ellipses, les droites BΥ et ΓΦ, en vertu des démonstrations
faites à plusieurs reprises, seront les diamètres d'ellipses
semblables.

D'autre part, il est évident[5] qu'il y aura un certain couple
d'ellipses semblables <entre elles> menées de parties opposées semblable à un couple d'elllipses semblables <entre
elles> menées de la même partie, mais ayant des diamètres
inversement proportionnels.

En effet, si, dans le cas de la figure relative au cylindre,
nous faisons en sorte que le carré sur ΓA soit à celui sur AΘ
ou sur ΓK comme le carré sur EΓ ou sur ΓZ est à celui sur
ΓA, alors le carré sur ΓA sera à celui sur chacune des droites
AΘ et ΓK, c'est-à-dire le carré sur le second diamètre des
ellipses semblables menées des parties opposées[6] sera au
carré sur le diamètre conjugué, comme le carré sur chacune
des droites EΓ et ΓZ est à celui sur ΓA, c'est-à-dire comme
le carré sur le diamètre des ellipses semblables menées de la
même partie est à celui sur le second diamètre conjugué[7].

1. *Éléments*, III.36.
2. *Éléments*, III.36.
3. Il s'agit du triangle axial BAΓ.
4. Les deux plans sécants qui engendrent les deux ellipses
semblables sont menés respectivement suivant les droites BΥ
et ΓΦ et passent respectivement par les deux droites dans le
plan du cercle, perpendiculaires à la base du parallélogramme
axial aux deux points B et Γ.
5. L'adjectif φανερόν entre dans la composition des diverses
formules affectées à l'introduction d'un corollaire (πόρισμα).
6. Voir la proposition 9 pour l'égalité de ΓA et des seconds
diamètres des ellipses AΘ et ΓK menées de parties opposées.
7. Voir la proposition 9 pour l'égalité de ΓA et des seconds
diamètres des ellipses ΓE et ΓZ menées de la même partie.

τῆς ΑΣ πρὸς τὸ ὑπὸ τῶν ΑΣ, ΣΠ, τουτέστι πρὸς
τὸ ὑπὸ τῶν ΓΣ, ΣΒ, οὕτω τὸ ἀπὸ τῆς ΑΤ πρὸς τὸ
ὑπὸ τῶν ΑΤ, ΤΡ, τουτέστι πρὸς τὸ ὑπὸ τῶν ΒΤ,
ΤΓ.

Ἐὰν ἄρα ταῖς ΣΑ, ΑΤ παραλλήλους εὐθείας 5
ἀγάγωμεν ἐν τῷ τριγώνῳ, ὡς τὰς ΒΥ, ΓΦ, καὶ δι'
αὐτῶν ἐπίπεδα ποιοῦντα ἐλλείψεις, ἔσονται διὰ τὰ
πολλάκις εἰρημένα αἱ ΒΥ, ΓΦ εὐθεῖαι ὁμοίων ἐλλείψεων διάμετροι.

Καὶ φανερὸν ὅτι τῇ ἀπὸ τοῦ αὐτοῦ μέρους τῶν 10
ὁμοίων ἐλλείψεων συζυγίᾳ γίνεταί τις ὁμοία ἀπὸ
τῶν ἀντικειμένων μερῶν ὁμοίων ἐλλείψεων συζυγία,
ἀντιπεπονθυίας μέντοι τὰς διαμέτρους ἔχουσα ταῖς
διαμέτροις.

Ἐὰν γὰρ ἐπὶ τῆς τοῦ κυλίνδρου καταγραφῆς 15
κατασκευάσωμεν ὡς τὸ ἀπὸ τῆς ΕΓ ἢ τῆς ΓΖ πρὸς
τὸ ἀπὸ τῆς ΓΑ, οὕτω τὸ ἀπὸ τῆς ΓΑ πρὸς τὸ ἀπὸ
τῆς ΑΘ ἢ τῆς ΓΚ, γενήσεται ὡς τὸ ἀπὸ ἑκατέρας
τῶν ΕΓ, ΓΖ πρὸς τὸ ἀπὸ τῆς ΓΑ, τουτέστιν ὡς
τὸ ἀπὸ τῆς διαμέτρου τῶν ὁμοίων ἐλλείψεων τῶν 20
ἀπὸ τοῦ αὐτοῦ μέρους ἠγμένων πρὸς τὸ ἀπὸ τῆς
δευτέρας συζυγοῦς διαμέτρου, οὕτω τὸ ἀπὸ τῆς ΓΑ
πρὸς τὸ ἀπὸ ἑκατέρας τῶν ΑΘ, ΓΚ, τουτέστιν οὕτω
τὸ ἀπὸ τῆς δευτέρας διαμέτρου τῶν ἀπὸ τῶν ἀντικειμένων ἠγμένων ὁμοίων ἐλλείψεων πρὸς τὸ ἀπὸ 25
τῆς συζυγοῦς διαμέτρου.

11 ἀπὸ Halley : ἐκ Ψ om. V ‖ 12 μερῶν [μέρος v] c v Ψ : om.
V (sed post ἀντικειμένων add signum V¹ˢˡ cui in margine nihil
nunc respondet) ‖ 18 ἑκατέρας Halley : ἑκατέρων V ‖ 24 τῶν
ἀπὸ Heiberg (jam Comm.) : om. V.

Le second diamètre de l'un des couples sera donc au diamètre comme le diamètre de l'autre couple est au second diamètre.

Si, dans le cas du cône, nous faisons de même en sorte que ΑΠ soit à ΠΣ comme ΗΑ est à ΑΚ, alors ΠΣ sera à ΣΑ, comme ΑΚ est à ΚΗ[1], c'est-à-dire le rectangle ΠΣ,ΣΑ sera au carré sur ΑΣ comme le carré sur ΑΚ est au rectangle ΗΚ,ΚΑ ; mais le carré sur le diamètre des deux ellipses semblables menées de la même partie, ou sur ΛΝ, ou sur ΛΜ, est au carré sur le second diamètre conjugué comme le carré sur ΑΚ est au rectangle ΗΚ,ΚΑ, c'est-à-dire au rectangle ΒΚ,ΚΓ[2], et le carré sur le second diamètre des ellipses menées des parties opposées est au carré sur le diamètre conjugué comme le rectangle ΠΣ,ΣΑ, c'est-à-dire le rectangle ΓΣ,ΣΒ[3], est au carré sur ΣΑ.

Le second diamètre de l'un des couples sera donc au diamètre comme le diamètre de l'autre couple est au second diamètre.

Il résulte de cela avec évidence que, dans tout cylindre[4] et tout cône[5], se construisent deux couples d'ellipses semblables entre elles, mais ayant des diamètres inversement proportionnels, et que, outre ces quatre ellipses, on ne peut pas construire un autre couple d'ellipses semblables, sauf les ellipses qui leur sont parallèles ; en effet, les sections parallèles déterminent toujours des ellipses semblables, si elles

---

1. *Par composition*, puis *par inversion*.
2. *Éléments*, III.36 ; le rapport $AK^2 : BK \times K\Gamma$ est égal au rapport de ΛN^2 (ou de ΛM^2) au carré de son diamètre conjugué, car les deux rapports sont égaux au rapport du diamètre transverse au côté droit (voir prop. 17 et *Coniques*, I.13).
3. *Éléments*, III.36 ; le rapport $\Gamma\Sigma \times \Sigma B : \Sigma A^2$ est égal au rapport du carré du diamètre conjugué de ΒΥ (ou de ΓΦ) à $B\Upsilon^2$ (ou $\Gamma\Phi^2$), car les deux rapports sont égaux au rapport du côté droit au diamètre transverse (voir prop. 17 et *Coniques*, I.13).
4. Il s'agit du cylindre oblique.
5. Il s'agit du cône oblique.

Ὡς ἄρα τῆς ἑτέρας συζυγίας ἡ διάμετρος πρὸς τὴν δευτέραν διάμετρον, οὕτω τῆς ἑτέρας συζυγίας ἡ δευτέρα διάμετρος πρὸς τὴν διάμετρον.

Ἐπὶ δὲ τοῦ κώνου, ἐὰν πάλιν κατασκευάσωμεν ὡς τὴν ΗΑ πρὸς ΑΚ, οὕτω τὴν ΑΠ πρὸς τὴν ΠΣ, ἔσται 5 ὡς ἡ ΑΚ πρὸς τὴν ΚΗ, οὕτως ἡ ΠΣ πρὸς τὴν ΣΑ, τουτέστιν ὡς τὸ ἀπὸ τῆς ΑΚ πρὸς τὸ ὑπὸ τῶν ΗΚ, ΚΑ, οὕτω τὸ ὑπὸ τῶν ΠΣ, ΣΑ πρὸς τὸ ἀπὸ τῆς ΑΣ· ἀλλ' ὡς μὲν τὸ ἀπὸ τῆς ΑΚ πρὸς τὸ ὑπὸ τῶν ΗΚ, ΚΑ, τουτέστι πρὸς τὸ ὑπὸ τῶν ΒΚ, ΚΓ, οὕτω 10 τὸ ἀπὸ τῆς διαμέτρου τῶν ἀπὸ τοῦ αὐτοῦ μέρους ὁμοίων δύο ἐλλείψεων ἤτοι τῆς ΛΝ ἢ τῆς ΛΜ πρὸς τὸ ἀπὸ τῆς δευτέρας συζυγοῦς διαμέτρου, ὡς δὲ τὸ ὑπὸ τῶν ΠΣ, ΣΑ, τουτέστι τὸ ὑπὸ τῶν ΓΣ, ΣΒ, πρὸς τὸ ἀπὸ τῆς ΣΑ, οὕτω τὸ ἀπὸ τῆς δευτέρας 15 διαμέτρου τῶν ἀπὸ τῶν ἀντικειμένων μερῶν ἠγμένων ἐλλείψεων πρὸς τὸ ἀπὸ τῆς συζυγοῦς διαμέτρου.

Ὡς ἄρα τῆς ἑτέρας συζυγίας ἡ διάμετρος πρὸς τὴν δευτέραν διάμετρον, οὕτω τῆς ἑτέρας συζυγίας ἡ δευτέρα διάμετρος πρὸς τὴν διάμετρον. 20

Καὶ γέγονε φανερὸν ἐκ τούτων ὅτι ἐν παντὶ μὲν κυλίνδρῳ καὶ κώνῳ συνίστανται δύο συζυγίαι ἐλλείψεων ὁμοίων μὲν ἀλλήλαις, ἀντιπεπονθυίας δὲ τὰς διαμέτρους ἐχουσῶν, καὶ ὅτι παρὰ τὰς τέσσαρας

4 τοῦ Ψ : om. V ‖ 5 ἔσται c Ψ : ἔστω V ‖ 19 δευτέραν Ψ : om. V.

déterminent des ellipses. Il est évident aussi que, dans le cas
du cylindre, si l'on mène un plan par ΓH, ce plan est dans
une position contraire[1] et détermine un cercle, qui est la
section ; et que, dans le cas du cône, si, par A, est menée
une certaine tangente au cercle, mettons AX, en vertu du
fait que le carré sur AX est égal au rectangle BX,XΓ[2], le
fait de mener des plans dans le triangle par les droites parallèles à AX déterminera des cercles ; en effet, ces plans aussi
sont dans une position contraire[3], comme c'est évident pour
qui y prête attention. Il est manifeste aussi que, dans un
cylindre oblique et un cône, il est possible de trouver trois
autres ellipses semblables à une ellipse donnée : une qui est
conjuguée à l'ellipse donnée, et deux qui sont conjuguées
entre elles et qui sont semblables aux deux autres, mais dont
les diamètres sont inversement proportionnels[4], de sorte
qu'il est possible de procurer trois ellipses semblables à une
ellipse donnée. Mais il faut que l'ellipse donnée ne soit ni
en position contraire (car il est impossible de construire une
ellipse semblable à une ellipse de cette sorte, excepté celles

---

1. Les droites ΓH et ΓA sont égales par construction ; dans
le triangle isocèle AΓH, les angles ΓAH et AHΓ sont égaux.
Le plan sécant mené par la droite ΓH perpendiculairement au
plan axial, lui-même perpendiculaire au plan de base, détermine dans le parallélogramme axial une intersection qui fait
des angles égaux à ceux du parallélogramme. Le plan sécant
est un plan antiparallèle au plan de base ; la section est donc
un cercle (proposition 6).

2. *Éléments*, III.36.

3. Puisque $AX^2 = BX \times X\Gamma$, on peut écrire AX : XΓ = BX :
AX ; les triangles ABX et AΓX sont donc semblables (*Éléments*,
VI.6) et les angles ABX et XAΓ sont égaux. Les parallèles
menées dans le triangle axial BAΓ parallèlement à AX seront
antiparallèles à la base BΓ du triangle axial. Les plans menés
suivant ces parallèles perpendiculairement au plan axial, lui-
même perpendiculaire à la base du triangle, détermineront des
cercles dans le cône (*Coniques*, I.5).

4. Littéralement « sous le rapport inverse des diamètres »
(κατὰ ἀντιπεπόνθησιν τῶν διαμέτρων).

ταύτας ἄλλη ὁμοία οὐ συνίσταται πλὴν τῶν παραλλήλων αὐταῖς· ἀεὶ γὰρ αἱ παράλληλοι τομαὶ ὁμοίας
ποιοῦσιν ἐλλείψεις, ἐὰν ποιῶσι· καὶ ὅτι ἐπὶ μὲν
τοῦ κυλίνδρου ἡ διὰ τῆς ΓΗ ἀγωγὴ τοῦ ἐπιπέδου
ὑπεναντία τέ ἐστι καὶ κύκλον ποιεῖ τὴν τομήν, ἐπὶ 5
δὲ τοῦ κώνου, ἐὰν διὰ τοῦ Α τοῦ κύκλου ἐφάπ-
τηταί τις ὡς ἡ ΑΧ, διὰ τὸ εἶναι τὸ ἀπὸ τῆς ΑΧ
τῷ ὑπὸ τῶν ΒΧ, ΧΓ ἴσον ἡ διὰ τῶν τῇ ΑΧ παραλλήλων εὐθειῶν ἐν τῷ τριγώνῳ ἀγωγὴ τῶν ἐπιπέδων
ποιήσει κύκλους· ὑπεναντία γάρ ἐστι καὶ αὐτή, 10
ὡς τῷ προσέχοντι γίνεται καταφανές· καὶ ὅτι τῇ
δοθείσῃ ἐλλείψει ἐν κυλίνδρῳ σκαληνῷ καὶ κώνῳ
τρεῖς ὁμοίας ἄλλας ἔστιν εὑρεῖν, μίαν μὲν αὐτῇ τῇ
δοθείσῃ σύζυγον, δύο δὲ ἑαυταῖς μὲν συζύγους, ταῖς
δὲ λοιπαῖς ὁμοίας κατὰ ἀντιπεπόνθησιν τῶν διαμέ- 15
τρων· ὥστε καὶ τῇ δοθείσῃ δυνατὸν τρεῖς ὁμοίας
πορίσασθαι· δεῖ δὲ τὴν δοθεῖσαν μήτε ὑπεναντίαν εἶναι· ταύτῃ γὰρ οὐδεμία συνίσταται ὁμοία
πλὴν τῶν παραλλήλων· μήτε τὴν διάμετρον αὐτῆς

---

4 ἀγωγὴ Heiberg (jam Comm.) : ἀγωγῆς V ‖ 7 alt. τὸ Ψ :
τοῦ V ‖ 8 τῇ Ψ : τῆς V.

qui lui sont parallèles), ni que son diamètre soit parallèle à la droite menée par E et A dans la figure relative au cône, car cette ellipse est singulière, elle aussi, du fait que la droite menée par E parallèlement à AΔ, qui est tangente au cercle, tombe à l'extérieur du cercle, et qu'il n'y a pas de point conjugué au point E[1], comme le point O l'est au point Ξ ou le point H l'est au point Z.

Touchant le problème que nous nous étions proposé, il y aurait bien des choses à dire ; mais les considérations qui précèdent devront suffire. Il est temps, maintenant, de passer à la question que j'avais annoncée plus haut. Je prendrai comme point de départ de l'examen qui va suivre cette explication, qui n'est pas hors du sujet.

Dans un de ses ouvrages, où il dissertait sur les parallèles, le géomètre Pithon[2] ne s'est pas contenté des considérations d'Euclide, mais a proposé une explication plus judicieuse[3] en donnant un exemple. Les droites parallèles, dit-il, sont comparables aux ombres des colonnes que nous voyons se produire sur les murs ou sur le sol, lorsqu'un flambeau ou une lampe brûle par derrière[4]. Même si tout le monde trouvait cela parfaitement ridicule, le respect que nous avons pour son auteur nous empêcherait d'être de cet avis, car l'homme m'est cher.

Mais il faut examiner comment la chose se présente en termes mathématiques ; cet examen est rattaché à nos considérations précédentes, car ce sont elles qui nous permettront de démontrer le sujet proposé.

---

1. Dans ce cas particulier, les deux points Z et H se confondant avec le point E, les droites ZΘ et HK se confondent avec la droite de jonction EA et les deux ellipses de diamètres ΛM et ΛN ne forment plus qu'une seule et même section.

2. Voir Note complémentaire [50].

3. Voir Note complémenentaire [51].

4. Littéralement : « du côté opposé » à celui où les ombres sont produites.

παράλληλον εἶναι τῇ διὰ τῶν Ε καὶ Α ἀγομένῃ
εὐθείᾳ ἐν τῇ καταγραφῇ τοῦ κώνου· μονήρης γὰρ
καὶ αὕτη διὰ τὸ τὴν διὰ τοῦ Ε τῇ ΑΔ παράλληλον
ἀγομένην ἐφαπτομένην τοῦ κύκλου πίπτειν ἐκτὸς
καὶ μὴ εἶναι τῷ Ε σημεῖον σύζυγον ὡς τῷ Ξ τὸ Ο   5
ἢ τῷ Ζ τὸ Η.

Περὶ μὲν οὖν τοῦ προτεθέντος ἡμῖν προβλήματος
ἀπὸ πλειόνων ἀρκείτω καὶ τὰ εἰρημένα, ὥρα δ'
ἂν εἴη μετελθεῖν ἐφ' ὅπερ ἀρτίως ἐπηγγειλάμην·
ἀφορμὴ δέ μοι τῆς μελλούσης σκέψεως οὐκ ἄκαιρος,   10
ἔστι δὲ ἥδε.

Πείθων ὁ γεωμέτρης ἐν συγγράμματι ἑαυτοῦ τὰς
παραλλήλους ἐξηγούμενος, οἷς μὲν Εὐκλείδης εἶπεν
οὐκ ἠρκέσθη, σοφώτερον δὲ δι' ὑποδείγματος αὐτὰς
ἐσαφήνισε. Φησὶ γὰρ τὰς παραλλήλους εὐθείας   15
εἶναι τοιοῦτον, οἵας ἐν τοῖς τοίχοις ἢ τῷ ἐδάφει
τὰς τῶν κιόνων σκιὰς ὁρῶμεν ἀποτελουμένας ἤτοι
λαμπάδος τινὸς ἀπ' ἀντικρὺ καιομένης ἢ λύχνου.
Τούτων δὲ εἰ καὶ πᾶσι πλεῖστον παρέχει κατάγελων,
ἀλλὰ ἡμῖν οὐ καταγέλαστον αἰδοῖ τοῦ γεγραφότος·   20
φίλος γὰρ ἀνήρ.

Ἀλλὰ σκεπτέον ὅπως τὸ τοιοῦτον ἔχει μαθη-
ματικῶς· οἰκεία δὲ ἡ σκέψις τοῖς ἐνταῦθα προτε-
θεωρημένοις· δι' αὐτῶν γὰρ ἀποδειχθήσεται τὸ
προκείμενον.   25

---

5 Ξ V¹ : Z V ‖ 9 ἀρ[τίως V¹ : ἂν V ‖ 19 πλεῖ[στον iter. V.

29

Les droites issues d'un même point et tangentes de part et d'autre à une surface cylindrique opèrent toutes le contact le long des côtés d'un seul parallélogramme.

Soit un cylindre, ayant pour bases les cercles A et B, pour axe la droite AB ; que soit pris un certain point à l'extérieur, le point Γ, et que, de Γ, soient menées des droites ΓΔ et ΓΕ tangentes à la surface du cylindre du même côté, aux points Δ et E.

Je dis que les points de contact E et Δ sont sur une seule droite.

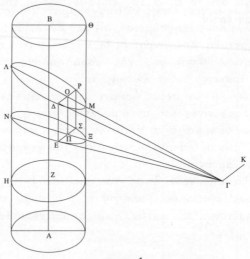

Fig. 29[1]

<hr />

1. La figure de V est défectueuse. La recension byzantine offre une figure correcte.

κθ'

Αἱ ἀπὸ τοῦ αὐτοῦ σημείου κυλινδρικῆς ἐπιφανείας ἐφαπτόμεναι εὐθεῖαι κατ' ἀμφότερα τὰ μέρη
πᾶσαι καθ' ἑνὸς παραλληλογράμμου πλευρῶν τὰς
ἐπαφὰς ποιοῦνται.   5

῎Εστω κύλινδρος οὗ βάσεις μὲν οἱ Α, Β κύκλοι,
ἄξων δὲ ἡ ΑΒ εὐθεῖα, καὶ εἰλήφθω τι σημεῖον ἐκτὸς
τὸ Γ, καὶ ἀπὸ τοῦ Γ ἤχθωσαν αἱ ΓΔ, ΓΕ εὐθεῖαι
ἐφαπτόμεναι τῆς τοῦ κυλίνδρου ἐπιφανείας ἐπὶ τὰ
αὐτὰ μέρη κατὰ τὰ Δ, Ε σημεῖα.   10

Λέγω ὅτι τὰ Ε, Δ τῶν ἐπαφῶν σημεῖα ἐπὶ μιᾶς
εὐθείας ἐστίν.

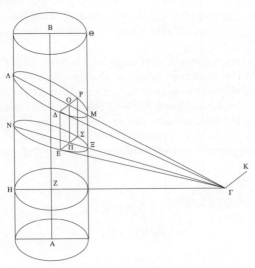

Fig. 29

1 κθ' Heiberg : om. V ‖ 2 initium propositionis non ind. V ‖
6 βάσεις Ψ : βάσις V ‖ 10 τὰ Ψ : om. V.

Que soit abaissée du point Γ sur AB la droite ΓZ à angles droits[1] ; que, par ΓZ, soit mené un plan parallèle au plan du cercle A et qu'il détermine dans le cylindre une section qui est le cercle décrit autour de Z[2], de sorte que soit construit un cylindre ayant pour bases les cercles B et Z, pour axe la droite BZ ; que, par ΓZ et l'axe, soit mené un plan déterminant dans le cylindre le parallélogramme axial HΘ[3] ; que soit menée une droite ΓK à angles droits avec ZΓ et qui est dans le plan du cercle Z ; que, par ΓK et chacune des droites ΓΔ et ΓE, soient menés des plans coupant le cylindre, et qu'ils déterminent par la section dans la surface du cylindre les lignes ΛΔM et NEΞ et, dans le plan du parallélogramme, les droites ΛMΓ et NΞΓ ; les droites ΛM et NΞ sont donc des diamètres des sections.

Que soient abaissées sur les diamètres ΛM et NΞ les droites ΔO et EΠ de manière ordonnée, et qu'elles soient prolongées jusqu'à l'autre partie de la surface, en des points P et Σ.

Dès lors, puisque ΓΔ est tangente à la ligne ΛΔMP en Δ, et qu'il a été démontré qu'une section de cylindre de ce genre est une ellipse et non un cercle, et que ΔO a été abaissée de manière ordonnée, alors ΛO est à OM comme ΛΓ est à ΓM, comme il a été démontré par Apollonius en *Coniques*, I[4].

Pour les mêmes raisons, NΠ est à ΠΞ comme NΓ est à ΓΞ. Or, puisque NH est parallèle à ΘM, alors NΓ est à ΓΞ

---

1. Sérénus raisonne sur le cylindre droit.
2. Proposition 5.
3. Proposition 2.
4. *Coniques*, I.36.

Κατήχθω ἀπὸ τοῦ Γ σημείου ἐπὶ τὴν ΑΒ πρὸς
ὀρθὰς ἡ ΓΖ, καὶ διὰ τῆς ΓΖ ἤχθω ἐπίπεδον παράλληλον τῷ τοῦ Α κύκλου ἐπιπέδῳ καὶ ποιείτω τομὴν
ἐν τῷ κυλίνδρῳ τὸν περὶ τὸ Ζ κύκλον, ὥστε κύλινδρον ὑποστῆναι οὗ βάσεις οἱ Β, Ζ κύκλοι, ἄξων δὲ 5
ἡ ΒΖ εὐθεῖα, καὶ διὰ τῆς ΓΖ καὶ τοῦ ἄξονος ἐκβεβλήσθω ἐπίπεδον ποιοῦν ἐν τῷ κυλίνδρῳ τὸ διὰ τοῦ
ἄξονος παραλληλόγραμμον τὸ ΗΘ, καὶ τῇ ΖΓ πρὸς
ὀρθὰς ἤχθω ἡ ΓΚ ἐν τῷ τοῦ Ζ κύκλου ἐπιπέδῳ οὖσα,
καὶ διὰ τῆς ΓΚ καὶ ἑκατέρας τῶν ΓΔ, ΓΕ διεκβε- 10
βλήσθω ἐπίπεδα τέμνοντα τὸν κύλινδρον καὶ ποιείτω
διὰ τῆς τομῆς ἐν μὲν τῇ ἐπιφανείᾳ τοῦ κυλίνδρου
τὰς ΛΔΜ, ΝΕΞ γραμμάς, ἐν δὲ τῷ τοῦ παραλληλογράμμου ἐπιπέδῳ τὰς ΛΜΓ, ΝΞΓ εὐθείας· διάμετροι
ἄρα τῶν τομῶν εἰσιν αἱ ΛΜ, ΝΞ εὐθεῖαι. 15

Κατήχθωσαν τοίνυν ἐπὶ τὰς ΛΜ, ΝΞ διαμέτρους
αἱ ΔΟ, ΕΠ τεταγμένως καὶ προσεκβεβλήσθωσαν ἐπὶ
θάτερον μέρος τῆς ἐπιφανείας κατὰ τὸ Ρ καὶ Σ.

Ἐπεὶ οὖν ἐφάπτεται τῆς ΛΔΜΡ γραμμῆς ἡ ΓΔ
κατὰ τὸ Δ, καὶ δέδεικται ἡ τοιαύτη τοῦ κυλίνδρου 20
τομὴ ἔλλειψις οὖσα, ἀλλ' οὐ κύκλος, καὶ κατῆκται
τεταγμένως ἡ ΔΟ, ὡς ἄρα ἡ ΛΓ πρὸς τὴν ΓΜ, οὕτως
ἡ ΛΟ πρὸς τὴν ΟΜ, ὡς δέδεικται τῷ Ἀπολλωνίῳ
ἐν τῷ α΄ τῶν Κωνικῶν.

Καὶ διὰ τὰ αὐτὰ ὡς ἡ ΝΓ πρὸς τὴν ΓΞ, οὕτως ἡ 25
ΝΠ πρὸς τὴν ΠΞ. Ἐπεὶ δὲ ἡ ΝΗ τῇ ΘΜ παράλληλός
ἐστιν, ὡς ἄρα ἡ ΛΓ πρὸς τὴν ΓΜ, οὕτως ἡ ΝΓ

---

4 τ]ὸ e corr. V¹ ‖ Ζ Ψ : ΔΖ V ‖ 6 ΒΖ Ψ : ΓΖ V ‖ 7 τὸ Ψ :
τῷ V ‖ 11 ποιείτω Ψ V² : εἴτω V ‖ 19 ΛΔΜ] P V ut vid.

comme ΛΓ est à ΓM[1] ; NΠ est donc aussi à ΠΞ comme ΛΟ est à ΟΜ ; la droite qui joint les points Π et Ο est donc dans le plan ΗΘ et est parallèle[2] à chacune des droites BA et ΘΜ. D'autre part, puisque chacune des droites ΔΟ et ΕΠ est parallèle à ΓΚ, alors ΔΟ et ΕΠ sont aussi parallèles entre elles[3].

Si, par les droites ΔΟ et ΕΠ est mené un plan, il coupera le parallélogramme ΘΗ selon la ligne ΟΠ, et le plan ΠΕΔΟ sera parallèle à l'un des plans menés par ΒΑ et coupant ΗΘ ; le plan ΠΕΔΟ déterminera donc dans le cylindre une section qui est un parallélogramme, comme il a été démontré au théorème 3 ; d'autre part, la ligne ΕΔ est l'intersection du plan ΠΕΔΟ et de la surface du cylindre ; ΕΔ est donc une droite[4] et un côté du parallélogramme.

On démontre pareillement qu'il en va de même pour toutes les tangentes, et que, de même, les contacts de l'autre côté ont lieu aux points Ρ et Σ et qu'ils sont sur une seule droite parallèle à ΕΔ.

Toutes les tangentes opèrent donc leur contact le long des côtés d'un seul parallélogramme, ce qu'il était proposé de démontrer.

30

Ce point démontré, soit un parallélogramme ΑΒΓΔ ; que soient menées des parallèles ΕΖ et ΗΘ à sa base ΑΒ ; que

---

1. Par application d'*Éléments*, VI.2 dans le triangle ΝΛΓ, on peut poser ΝΞ : ΓΞ = ΛΜ : ΓΜ, puis *par composition* ΝΓ : ΓΞ = ΛΓ : ΓΜ.
2. *Éléments*, VI.2.
3. *Éléments*, I.30.
4. *Éléments*, XI.3.

πρὸς τὴν ΓΞ· καὶ ὡς ἄρα ἡ ΛΟ πρὸς τὴν ΟΜ,
οὕτως ἡ ΝΠ πρὸς τὴν ΠΞ· ἡ ἄρα τὰ Π, Ο σημεῖα
ἐπιζευγνύουσα εὐθεῖα ἐν τῷ ΗΘ ἐπιπέδῳ ἐστὶ καὶ
παράλληλος ἑκατέρᾳ τῶν ΒΑ, ΘΜ. Καὶ ἐπεὶ ἑκατέρα
τῶν ΔΟ, ΕΠ τῇ ΓΚ παράλληλός ἐστιν, αἱ ΔΟ, ΕΠ   5
ἄρα καὶ ἀλλήλαις εἰσὶ παράλληλοι.

Ἐὰν δὴ διὰ τῶν ΔΟ, ΕΠ εὐθειῶν ἀχθῇ ἐπίπεδον,
τεμεῖ τὸ ΘΗ παραλληλόγραμμον κατὰ τὴν ΟΠ
γραμμήν, καὶ ἔσται τὸ ΠΕΔΟ ἐπίπεδον παράλληλον ἐπιπέδῳ τινὶ τῶν διὰ τῆς ΒΑ ἀγομένων καὶ   10
τεμνόντων τὸ ΗΘ· τὸ ἄρα ΠΕΔΟ ἐπίπεδον τομὴν
ποιήσει ἐν τῷ κυλίνδρῳ παραλληλόγραμμον, ὡς
ἐδείχθη θεωρήματι τρίτῳ· καὶ ἔστιν ἡ ΕΔ γραμμὴ
κοινὴ τομὴ τοῦ ΠΕΔΟ ἐπιπέδου καὶ τῆς τοῦ κυλίνδρου ἐπιφανείας· ἡ ΕΔ ἄρα εὐθεῖά ἐστι καὶ πλευρὰ   15
τοῦ παραλληλογράμμου.

Ὁμοίως δὴ δείκνυται καὶ ἐπὶ πασῶν τῶν ἐφαπτομένων, καὶ ὅτι πάλιν ἐπὶ θάτερα μέρη αἱ ἀφαὶ
κατὰ τὸ Ρ καὶ Σ γίνονται καί εἰσιν ἐπὶ μιᾶς εὐθείας
παραλλήλου τῇ ΕΔ.   20

Πᾶσαι ἄρα αἱ ἐφαπτόμεναι καθ᾽ ἑνὸς παραλληλογράμμου πλευρῶν τὰς ἀφὰς ποιοῦνται, ὃ προέκειτο
δεῖξαι.

λ´

Τούτου δειχθέντος ἔστω παραλληλόγραμμον τὸ   25
ΑΒΓΔ, καὶ παρὰ τὴν ΑΒ αὐτοῦ βάσιν ἤχθωσαν αἱ
ΕΖ, ΗΘ, καὶ εἰλήφθω τι σημεῖον τὸ Κ μὴ ὂν ἐν τῷ

24 λ´ Heiberg : om. V.

soit pris un certain point K qui n'est pas dans le plan du parallélogramme ; que soient menées des droites KE, KZ, KH et KΘ, qu'elles soient prolongées et qu'elles tombent sur un certain plan parallèle au plan ABΓΔ aux points Λ, M, N et Ξ ; le plan mené par les droites KΛ et EZ coupera alors aussi le plan ΛMNΞ et déterminera dans ce plan une intersection qui est la parallèle ΛM à EZ[1] ; pareillement, le plan mené par les droites KN et HΘ déterminera aussi une parallèle NΞ à HΘ.

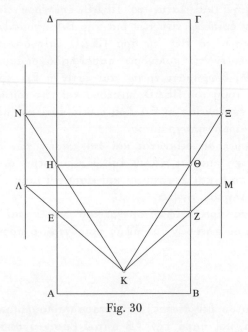

Fig. 30

Dès lors, puisque le triangle ΛKN est coupé par des plans parallèles ABΓΔ et ΛNΞM, alors leurs intersections sont

---

1. *Éléments*, XI.16.

τοῦ παραλληλογράμμου ἐπιπέδῳ, καὶ ἐπιζευχθεῖσαι
αἱ ΚΕ, ΚΖ, ΚΗ, ΚΘ ἐκβληθεῖσαι προσπιπτέτωσαν
ἐπιπέδῳ τινὶ παραλλήλῳ ὄντι τῷ ΑΒΓΔ κατὰ τὰ
Λ, Μ, Ν, Ξ σημεῖα· τὸ δὴ διὰ τῶν ΚΛ, ΕΖ εὐθειῶν
ἐκβαλλόμενον ἐπίπεδον τεμεῖ καὶ τὸ ΛΜΝΞ ἐπίπεδον 5
καὶ ποιήσει ἐν αὐτῷ κοινὴν τομὴν τὴν ΛΜ εὐθεῖαν
παράλληλον οὖσαν τῇ ΕΖ· ὁμοίως δὲ καὶ τὸ διὰ
τῶν ΚΝ, ΗΘ εὐθειῶν ἐπίπεδον ποιήσει παράλληλον
τὴν ΝΞ τῇ ΗΘ.

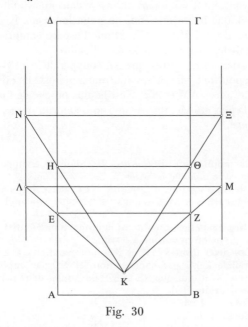

Fig. 30

Ἐπεὶ οὖν τὸ ΛΚΝ τρίγωνον τέμνεται ὑπὸ παραλ- 10
λήλων ἐπιπέδων τῶν ΑΒΓΔ, ΛΝΞΜ, αἱ ἄρα κοιναὶ

3 πα]ρ[αλλήλῳ V¹ : λ V ‖ 5 ΛΜΝΞ V : ΛΜΞΝ Ψ.

parallèles entre elles, c'est-à-dire NΛ est parallèle à HE ;
pour les mêmes raisons, ΞM est aussi parallèle à ΘZ ; HK
est donc à KN comme EK est à KΛ[1] ; mais HΘ est à NΞ
comme HK est à KN, et EZ est à ΛM comme EK est à
KΛ[2] ; HΘ est donc aussi à NΞ comme EZ est à ΛM. Et
par permutation[3] ; d'autre part, EZ est égale à HΘ ; ΛM
est donc aussi égale à NΞ ; or elles sont aussi parallèles[4] ;
la droite MΞ est donc aussi parallèle à ΛN[5].

Si, par hypothèse, nous faisons du point K le point lumineux, et que le parallélogramme AΓ soit ce qui fait écran
aux rayons, qu'il soit à part ou inséré dans un cylindre, il se
produira que les rayons émis du point lumineux K abouti-
ront aux droites MΛ et NΞ, et que l'espace compris entre
les parallèles MΛ et ΞN sera dans l'ombre.

On a démontré, certes, que ΔA était parallèle à ΓB et NΛ
à ΞM ; pourtant, elles n'apparaîtront pas ainsi ; en effet, des
deux distances ΛM et NΞ, c'est la plus proche de l'œil qui
paraît la plus grande, théorie que nous empruntons au *Traité
d'optique*[6].

1. Par application d'*Éléments*, VI.2 dans le triangle ΛKN,
puis *par composition* et *inversion*.
2. Par application d'*Éléments*, VI.4 dans les triangles
équiangles HKΘ et NKΞ et dans les triangles équiangles EKZ
et ΛKM.
3. *Par permutation*, on obtient la proportion EZ : HΘ = ΛM :
NΞ. La recension byzantine a restitué l'égalité.
4. Les deux droites ΛM et NΞ sont parallèles à EZ (ΛM
est parallèle à EZ par construction, et NΞ par application
d'*Éléments*, XI.9, puisque NΞ et EZ sont toutes deux parallèles
à la même droite HΘ).
5. *Éléments*, I.33.
6. Euclide, *Optique* 6 : Τὰ παράλληλα τῶν διαστημάτων ἐξ ἀποσ-
τήματος ὁρώμενα ἀνισοπλατῆ φαίνεται « Des intervalles parallèles,
vus de loin, paraissent d'inégale largeur. » Par « intervalles
parallèles », il faut entendre des segments de droite parallèles
(ici NΛ et ΞM) ; la « largeur » en question désigne la distance
qui sépare les parallèles qui bornent ces segments (ici ΛM et
NΞ). Cet énoncé évoque la convergence des parallèles vues en
perspective.

αὐτῶν τομαὶ παράλληλοί εἰσιν ἀλλήλαις, τουτέστιν
ἡ ΝΛ τῇ ΗΕ· διὰ τὰ αὐτὰ δὲ καὶ ἡ ΞΜ τῇ ΘΖ
παράλληλος· ὡς ἄρα ἡ ΕΚ πρὸς τὴν ΚΛ, οὕτως
ἡ ΗΚ πρὸς τὴν ΚΝ· ἀλλ᾽ ὡς μὲν ἡ ΗΚ πρὸς τὴν
ΚΝ, οὕτως ἡ ΗΘ πρὸς τὴν ΝΞ, ὡς δὲ ἡ ΕΚ πρὸς 5
ΚΛ, οὕτως ἡ ΕΖ πρὸς ΛΜ· καὶ ὡς ἄρα ἡ ΕΖ πρὸς
τὴν ΛΜ, οὕτως ἡ ΗΘ πρὸς τὴν ΝΞ. Καὶ ἐναλλάξ·
καὶ ἔστιν ἴση ἡ ΕΖ τῇ ΗΘ· ἴση ἄρα καὶ ἡ ΛΜ τῇ
ΝΞ· εἰσὶ δὲ καὶ παράλληλοι· παράλληλος ἄρα καὶ
ἡ ΜΞ εὐθεῖα τῇ ΛΝ. 10

Ἐὰν δὴ τὸ μὲν Κ σημεῖον ὑποθώμεθα εἶναι τὸ
φωτίζον, τὸ δὲ ΑΓ παραλληλόγραμμον τὸ ἐπιπροσθοῦν ταῖς ἀκτῖσιν, εἴτε καθ᾽ αὐτὸ εἴη εἴτε ἐν
κυλίνδρῳ, συμβήσεται τὰς ἀπὸ τοῦ Κ φωτίζοντος
ἀκτῖνας ἐκβαλλομένας ὁρίζεσθαι τῇ τε ΜΛ καὶ τῇ 15
ΝΞ εὐθείᾳ, καὶ τὸ μεταξὺ τῶν ΜΛ, ΞΝ παραλλήλων
ἐσκιασμένον ἔσται.

Ὅτι μὲν οὖν παράλληλος καὶ ἡ ΔΑ τῇ ΓΒ καὶ ἡ
ΝΛ τῇ ΞΜ, δέδεικται· οὐ μὴν καὶ οὕτω φανοῦνται·
τῶν γὰρ ΛΜ, ΝΞ διαστάσεων ἡ ἐγγύτερον τῆς 20
ὄψεως μείζων φαίνεται· ταῦτα δὲ παρειλήφαμεν ἐκ
τῶν Ὀπτικῶν.

---

15 ΜΛ V : ΝΛ Halley || 16 ΝΞ V : ΜΞ Halley || ΜΛ, ΞΝ V :
ΝΛ, ΜΞ Halley || 17 ἐσκιασμένον Ψ : ἐσκιασμένων V.

Mais puisqu'il sied d'examiner la même chose dans le cas du cône, en vertu du fait que l'ellipse est commune au cône et au cylindre, et que l'examen dans le cas du cylindre a été fait, passons maintenant à l'examen du cas du cône.

31

Si un point est pris à l'extérieur d'un triangle, et que, de ce point, soit menée une certaine droite coupant le triangle, que soit menée une autre droite du sommet à la base, coupant la droite menée transversalement, de sorte que le grand segment de la droite découpée à l'intérieur soit au petit segment, qui est placé dans le prolongement du segment extérieur au triangle[1], comme la droite entière menée transversalement est à la droite à l'extérieur du triangle, toute droite menée du point pris et coupant le triangle sera coupée de manière proportionnelle par la droite menée du sommet à la base. Et si toutes les droites ainsi menées du même point sont coupées de manière proportionnelle, la droite qui, menée dans le triangle, les coupe, passera par le sommet du triangle[2].

Que soit pris un certain point Δ à l'extérieur d'un triangle ABΓ ; que, de Δ, soit menée une droite ΔEZ coupant le triangle ; que, du sommet A, soit menée jusqu'à la base une droite AHΘ coupant la droite ZΔ, de sorte que ZH soit à HE comme ZΔ est à ΔE, et que soit menée une autre droite ΔKM.

---

1. Littéralement : « du côté du extérieur au triangle ».
2. Voir Note complémentaire [52].

Ἐπειδὴ δὲ παρακείμενόν ἐστι καὶ περὶ τοῦ κώνου θεωρῆσαι τὸ ὅμοιον διὰ τὸ κοινὸν εἶναι τὴν ἔλλειψιν τοῦ τε κώνου καὶ τοῦ κυλίνδρου, ἔσκεπται δὲ περὶ τοῦ κυλίνδρου, φέρε καὶ περὶ τοῦ κώνου σκεψώμεθα.

λα΄ 5

Ἐὰν τριγώνου ληφθῇ σημεῖον ἐκτός, καὶ ἀπ᾽ αὐτοῦ ἀχθῇ τις εὐθεῖα τέμνουσα τὸ τρίγωνον, ἀπὸ δὲ τῆς κορυφῆς ἐπὶ τὴν βάσιν ἀχθῇ τις ἑτέρα εὐθεῖα τέμνουσα τὴν διηγμένην οὕτως ὥστε ἔχειν ὡς ὅλη ἡ διηγμένη πρὸς τὴν ἐκτὸς τοῦ τριγώνου, οὕτω 10 τῆς ἐντὸς ἀπειλημμένης τὸ μεῖζον τμῆμα πρὸς τὸ ἔλασσον καὶ πρὸς τῷ ἐκτὸς τοῦ τριγώνου κείμενον, ἥτις ἂν ἀπὸ τοῦ ληφθέντος σημείου ἀχθῇ εὐθεῖα τέμνουσα τὸ τρίγωνον ἀνάλογον <ἔσται> τετμημένη ὑπὸ τῆς ἠγμένης ἀπὸ τῆς κορυφῆς ἐπὶ τὴν 15 βάσιν εὐθείας. Κἂν πᾶσαι αἱ οὕτως ἠγμέναι ἀπὸ τοῦ αὐτοῦ σημείου ἀνάλογον τμηθῶσιν, ἡ τέμνουσα αὐτὰς εὐθεῖα ἐν τῷ τριγώνῳ ἀγομένη διὰ τῆς κορυφῆς τοῦ τριγώνου ἐλεύσεται.

Τριγώνου γὰρ τοῦ ΑΒΓ εἰλήφθω τι σημεῖον ἐκτὸς 20 τὸ Δ, καὶ ἀπὸ τοῦ Δ διήχθω εὐθεῖα τέμνουσα τὸ τρίγωνον ἡ ΔΕΖ, ἀπὸ δὲ τῆς Α κορυφῆς ἐπὶ τὴν βάσιν ἀχθήτω ἡ ΑΗΘ τέμνουσα τὴν ΖΔ ὥστε εἶναι ὡς τὴν ΖΔ πρὸς τὴν ΔΕ, οὕτω τὴν ΖΗ πρὸς τὴν ΗΕ, καὶ διήχθω τις ἑτέρα εὐθεῖα ἡ ΔΚΜ. 25

Je dis que MΛ est à ΛK comme MΔ est à ΔK.

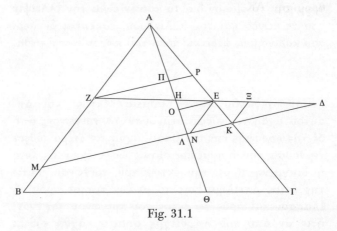

Fig. 31.1

Que soient menées par les points E et K des parallèles
EN et KΞ à AB, et, par E et Z, des parallèles EO et ZΠP
à MΔ.

Puisque EN est parallèle au côté AM du triangle AMK,
alors MA est à AK, c'est-à-dire ZA est à AP, comme NE
est à EK[1].

De même, puisque ZA est parallèle à KΞ, alors EA est à
AZ comme EK est à KΞ[2].

1. Par application d'*Éléments*, VI.4 dans les triangles
équiangles MAK, ZAP et NEK.
2. Par application d'*Éléments*, VI.4 dans les triangles
équiangles ZAE et EKΞ.

Λέγω ὅτι ὡς ἡ **ΜΔ** πρὸς τὴν **ΔΚ**, οὕτως ἡ **ΜΛ** πρὸς τὴν **ΛΚ**.

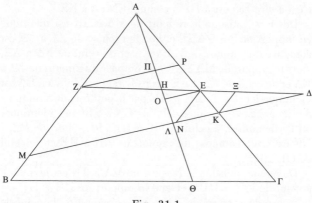

Fig. 31.1

῞Ηχθωσαν διὰ μὲν τῶν **Ε**, **Κ** σημείων τῇ **ΑΒ** παράλληλοι αἱ **ΕΝ**, **ΚΞ**, διὰ δὲ τῶν **Ε**, **Ζ** τῇ **ΜΔ** παράλληλοι αἱ **ΕΟ**, **ΖΠΡ**.   5

᾿Επεὶ τοῦ **ΑΜΚ** τριγώνου παρὰ τὴν **ΑΜ** πλευράν ἐστιν ἡ **ΕΝ**, ὡς ἄρα ἡ **ΝΕ** πρὸς τὴν **ΕΚ**, οὕτως ἡ **ΜΑ** πρὸς τὴν **ΑΚ**, τουτέστιν οὕτως ἡ **ΖΑ** πρὸς τὴν **ΑΡ**.

Πάλιν ἐπεὶ ἡ **ΖΑ** τῇ **ΚΞ** παράλληλός ἐστιν, ἔστιν 10 ἄρα ὡς ἡ **ΕΚ** πρὸς τὴν **ΚΞ**, οὕτως ἡ **ΕΑ** πρὸς τὴν **ΑΖ**.

᾿Επεὶ οὖν ὡς μὲν ἡ **ΝΕ** πρὸς τὴν **ΕΚ**, οὕτως ἡ **ΖΑ**

---

2 ΛΚ Ψ : ΑΚ V ‖ 6 ᾿Επεὶ V : ᾿Επεὶ οὖν c[1] Ψ ᾿Επεὶ τοῦ c ‖ 10 ΚΞ Ψ : ΚΖ V.

Dès lors, puisque ZA est à AP comme NE est à EK, et que EA est à AZ comme EK est à KΞ, alors aussi, *à intervalle égal dans une proportion perturbée*[1], EA est à AP, c'est-à-dire EO est à ΠP[2], comme EN est à KΞ.

Dès lors, puisque le rapport de MΔ à ΔK est identique au rapport de ZΔ à ΔΞ[3], et que le rapport de ZΔ à ΔΞ est composé du rapport de ZΔ à EΔ et de celui de EΔ à ΔΞ, alors le rapport de MΔ à ΔK est composé du rapport de ZΔ à EΔ et de celui de EΔ à ΔΞ ; mais le rapport de ZΔ à EΔ est identique à celui de ZH à HE par hypothèse, et le rapport de EΔ à ΔΞ, c'est-à-dire celui de EN à ΞK[4], est identique, on l'a démontré, à celui de OE à ΠP ; le rapport de MΔ à ΔK est donc composé du rapport de ZH à HE et de celui de OE à ΠP.

De même, puisque le rapport de MΛ à ΛK est identique à celui de ZΠ à ΠP[5], et que le rapport de ZΠ à ΠP est composé du rapport de ZΠ à OE, c'est-à-dire de celui de ZH à HE[6], et de celui de OE à ΠP, alors le rapport de MΛ à ΛK est aussi composé du rapport de HZ à HE et de celui de OE à ΠP ; or il a été démontré que le rapport de MΔ à ΔK était aussi composé des mêmes rapports ; MΛ est donc à ΛK comme MΔ est à ΔK.

1. *Éléments* V.23 ; voir Note complémentaire [53].
2. Par application d'*Éléments* VI.4 dans les triangles équiangles APΠ et AEO.
3. Par application d'*Éléments* VI.2 dans le triangle ZΔM avec KΞ parallèle à ZM, puis *par composition*.
4. Par application d'*Éléments* VI.4 dans les triangles équiangles EΔN et ΞΔK.
5. Voir Note complémentaire [54].
6. Par application d'*Éléments* VI.4 dans les triangles équiangles ΠZH et HEO.

πρὸς τὴν ΑΡ, ὡς δὲ ἡ ΕΚ πρὸς τὴν ΚΞ, οὕτως ἡ
ΕΑ πρὸς τὴν ΑΖ, καὶ δι᾽ ἴσου ἄρα ἐν τεταραγμένῃ
ἀναλογίᾳ ὡς ἡ ΕΝ πρὸς τὴν ΚΞ, οὕτως ἡ ΕΑ πρὸς
τὴν ΑΡ, τουτέστιν ἡ ΕΟ πρὸς τὴν ΠΡ.

Ἐπεὶ οὖν ὁ τῆς ΜΔ πρὸς τὴν ΔΚ λόγος ὁ αὐτός 5
ἐστι τῷ τῆς ΖΔ πρὸς τὴν ΔΞ λόγῳ, ὁ δὲ τῆς ΖΔ
πρὸς τὴν ΔΞ λόγος σύγκειται ἔκ τε τοῦ τῆς ΖΔ
πρὸς τὴν ΕΔ καὶ τοῦ τῆς ΕΔ πρὸς ΔΞ, καὶ ὁ τῆς
ΜΔ πρὸς ΔΚ λόγος ἄρα σύγκειται ἔκ τε τοῦ τῆς
ΖΔ πρὸς τὴν ΕΔ καὶ τοῦ τῆς ΕΔ πρὸς τὴν ΔΞ· 10
ἀλλ᾽ ὁ μὲν τῆς ΖΔ πρὸς τὴν ΕΔ λόγος ὁ αὐτός
ἐστι τῷ τῆς ΖΗ πρὸς τὴν ΗΕ διὰ τὴν ὑπόθεσιν, ὁ
δὲ τῆς ΕΔ πρὸς τὴν ΔΞ, τουτέστιν ὁ τῆς ΕΝ πρὸς
τὴν ΞΚ, ὁ αὐτὸς ἐδείχθη τῷ τῆς ΟΕ πρὸς τὴν ΠΡ·
ὁ ἄρα τῆς ΜΔ πρὸς τὴν ΔΚ λόγος σύγκειται ἔκ τε 15
τοῦ τῆς ΖΗ πρὸς ΗΕ λόγου καὶ τοῦ τῆς ΟΕ πρὸς
τὴν ΠΡ.

Πάλιν ἐπεὶ ὁ τῆς ΜΛ πρὸς τὴν ΛΚ λόγος ὁ αὐτός
ἐστι τῷ τῆς ΖΠ πρὸς τὴν ΠΡ, ὁ δὲ τῆς ΖΠ πρὸς
τὴν ΠΡ λόγος σύγκειται ἔκ τε τοῦ τῆς ΖΠ πρὸς 20
τὴν ΟΕ λόγου, τουτέστι τοῦ τῆς ΖΗ πρὸς τὴν ΗΕ,
καὶ τοῦ τῆς ΟΕ πρὸς τὴν ΠΡ, καὶ ὁ τῆς ΜΛ ἄρα
πρὸς τὴν ΛΚ λόγος σύγκειται ἔκ τε τοῦ τῆς ΗΖ
πρὸς τὴν ΗΕ λόγου καὶ τοῦ τῆς ΟΕ πρὸς τὴν ΠΡ·
ἐδείχθη δὲ καὶ ὁ τῆς ΜΔ πρὸς τὴν ΔΚ λόγος ἐκ 25
τῶν αὐτῶν συγκείμενος· ὡς ἄρα ἡ ΜΔ πρὸς τὴν
ΔΚ, οὕτως ἡ ΜΛ πρὸς τὴν ΛΚ.

2 τετ]α[ραγμένη V^{1sl} ‖ 6 pr. Ζ[Δ V^1 : Ξ V ‖ τὴν Δ]Ξ V^1 :
Ζ V ‖ 7 τὴν ΔΞ Ψ : ΓΔΞ V ‖ 10 ΔΞ Ψ : ΔΖ V ‖ 23 ΛΚ Ψ : ΑΚ V.

On fera la même démonstration si d'autres droites sont menées du point Δ ; en effet, toutes seront divisées par $A\Theta$ de la façon qu'on a dite, ce qu'il fallait démontrer.

D'autre part, si les droites menées de Δ sont coupées de manière proportionnelle, de sorte que ZH soit à HE comme $Z\Delta$ est à ΔE, et que $M\Lambda$ soit à ΛK comme $M\Delta$ est à ΔK, la droite menée transversalement et coupant de manière proportionnelle les droites découpées dans le triangle, par exemple les droites ZE et MK, passera par le sommet du triangle.

Qu'elle passe, si c'est possible, en dehors du sommet, au point Φ, et que soit menée la droite $AH\Psi$.

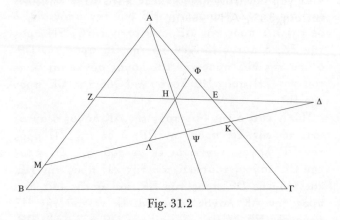

Fig. 31.2

Dès lors, puisque, selon les démonstrations antérieures, une certaine droite $A\Psi$ menée du sommet coupe la droite $Z\Delta$, de sorte que ZH soit à HE comme $Z\Delta$ est à ΔE, alors elle coupe aussi $M\Delta$ de manière proportionnelle. $M\Psi$ est

Ὁμοίως δὲ δειχθήσεται κἂν ἄλλαι διαχθῶσιν ἀπὸ τοῦ Δ· πᾶσαι γὰρ ὑπὸ τῆς ΑΘ διαιρεθήσονται τὸν εἰρημένον τρόπον, ὅπερ ἔδει δεῖξαι.

Κἂν αἱ ἀπὸ τοῦ Δ διαχθεῖσαι ἀνάλογον ὦσι τετμημέναι, ἵν᾽ ᾖ ὡς μὲν ἡ ΖΔ πρὸς τὴν ΔΕ, οὕτως 5 ἡ ΖΗ πρὸς τὴν ΗΕ, ὡς δὲ ἡ ΜΔ πρὸς τὴν ΔΚ, οὕτως ἡ ΜΛ πρὸς τὴν ΛΚ, ἡ τὰς ἐν τῷ τριγώνῳ ἀπειλημμένας εὐθείας, οἷον τὰς ΖΕ, ΜΚ, ἀνάλογον τέμνουσα εὐθεῖα διαγομένη διὰ τῆς κορυφῆς ἥξει τοῦ τριγώνου. 10

Εἰ γὰρ δυνατόν, ἡκέτω ἐκτὸς κατὰ τὸ Φ σημεῖον, καὶ διήχθω ἡ ΑΗΨ εὐθεῖα.

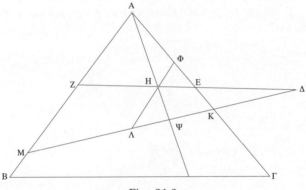

Fig. 31.2

Ἐπεὶ οὖν κατὰ τὸ προδειχθὲν εὐθεῖά τις ἀπὸ τῆς κορυφῆς ἡ ΑΨ ἀγομένη τέμνει τὴν ΖΔ εὐθεῖαν ὥστε εἶναι ὡς τὴν ΖΔ πρὸς τὴν ΔΕ, οὕτω τὴν ΖΗ πρὸς 15 τὴν ΗΕ, καὶ τὴν ΜΔ ἄρα ἀνάλογον τέμνει. Ὡς ἄρα ἡ ΜΔ πρὸς τὴν ΔΚ, οὕτως ἡ ΜΨ πρὸς τὴν ΨΚ,

4 διαχθεῖσαι V[1] : διαχθῶσι V || 7 alt. ἡ Par. 2367 e corr. : ᾖ V.

donc à ΨK comme MΔ est à ΔK, ce qui est impossible, puisque, par hypothèse, MΛ est à ΛK comme MΔ est à ΔK.

Le prolongement de ΛH ne passera donc pas par un autre point que A, ce qu'il fallait démontrer.

32

Toutes les droites issues d'un même point et tangentes à une surface conique de part et d'autre opèrent leur contact le long des côtés d'un seul triangle.

Soit un cône, ayant pour base le cercle décrit autour du centre A, pour sommet le point B, et pour axe la droite AB ; un certain point Γ étant pris à l'extérieur du cône, que soient menées de Γ les droites ΓΔ et ΓE tangentes à la surface du cône du même côté.

Je dis que les points de contact E et Δ sont sur une seule droite.

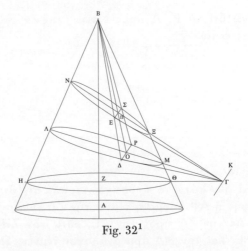

Fig. 32[1]

1. Le cercle A n'est pas représenté dans V, et le cercle Z est figuré par un demi-cercle.

ὅπερ ἀδύνατον· ὑπέκειτο γὰρ ὡς ἡ ΜΔ πρὸς τὴν ΔΚ, οὕτως ἡ ΜΛ πρὸς τὴν ΛΚ. Ἡ ἄρα ΛΗ ἐκβαλλομένη οὐχ ἥξει δι' ἄλλου σημείου πλὴν τοῦ Α, ὅπερ ἔδει δεῖξαι.

λβ′   5

Αἱ ἀπὸ τοῦ αὐτοῦ σημείου κωνικῆς ἐπιφανείας ἐφαπτόμεναι εὐθεῖαι κατ' ἀμφότερα τὰ μέρη πᾶσαι καθ' ἑνὸς τριγώνου πλευρῶν τὰς ἐπαφὰς ποιοῦνται.

Ἔστω κῶνος οὗ βάσις μὲν ὁ περὶ τὸ Α κέντρον κύκλος, κορυφὴ δὲ τὸ Β σημεῖον, ἄξων δὲ ἡ ΑΒ   10 εὐθεῖα· σημείου δέ τινος τοῦ Γ ληφθέντος ἐκτὸς τοῦ κώνου ἤχθωσαν ἀπὸ τοῦ Γ αἱ ΓΔ, ΓΕ εὐθεῖαι ἐφαπτόμεναι τῆς τοῦ κώνου ἐπιφανείας ἐπὶ τὰ αὐτὰ μέρη.

Λέγω ὅτι τὰ Ε, Δ σημεῖα τῶν ἐπαφῶν ἐπὶ μιᾶς   15 εὐθείας ἐστίν.

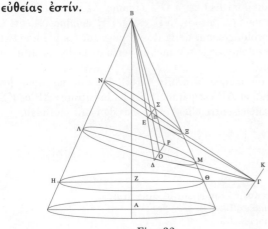

Fig. 32

5 λβ′ Heiberg : om. V.

Que soit abaissée de Γ sur AB une droite ΓZ à angles droits[1] ; que, par ΓZ, soit mené un plan parallèle au plan du cercle A et qu'il détermine une section dans le cône qui est le cercle décrit autour du centre Z^2, de sorte que se produise un cône, ayant pour base le cercle Z et pour axe la droite ZB ; que, par ΓZ et l'axe, soit mené un plan déterminant dans le cône le triangle axial BHΘ^3 ; que soit menée une droite ΓK à angles droits avec

ΓZ et située dans le plan du cercle Z ; que, par ΓK et chacune des droites $\Gamma\Delta$ et ΓE, soient menés des plans coupant le cône et qu'ils déterminent, par la section, les lignes $\Lambda\Delta$M et NEΞ dans la surface du cône, et les lignes $\Lambda\Gamma$ et NΓ dans le plan du triangle BHΘ ; les droites ΛM et NΞ sont donc des diamètres des sections $\Lambda\Delta$M et NEΞ^4.

Que soient menées aux diamètres ΛM et NΞ de manière ordonnée des droites ΔO et EΠ et qu'elles soient prolongées vers l'autre partie de la surface en des points P et Σ.

Dès lors, puisque la droite $\Gamma\Delta$ est tangente à la ligne $\Lambda\Delta$M au point Δ, et que ΔO a été abaissée de manière ordonnée, alors ΛO est à OM comme $\Lambda\Gamma$ est à ΓM^5 ; et, pour les mêmes raisons, NΠ est à $\Pi\Xi$ comme NΓ est à $\Gamma\Xi$; le prolongement de la droite joignant les points O et Π passera donc par le sommet en vertu de la démonstration précédente[6].

Que soit menée la droite OΠB. Puisque chacune des droites EΣ et ΔP est parallèle à ΓK, les droites ΔP et EΣ sont parallèles entre elles[7] et situées dans un seul plan.

---

1. Sérénus raisonne sur le cône droit.
2. *Coniques*, I.4.
3. *Coniques*, I.3.
4. *Coniques*, I.7.
5. *Coniques*, I.36.
6. Proposition 31.
7. *Éléments*, XI.9.

Κατήχθω ἀπὸ τοῦ Γ σημείου ἐπὶ τὴν ΑΒ πρὸς
ὀρθὰς ἡ ΓΖ, καὶ διὰ τῆς ΓΖ ἤχθω ἐπίπεδον παράλληλον τῷ τοῦ Α κύκλου ἐπιπέδῳ καὶ ποιείτω τομὴν
ἐν τῷ κώνῳ τὸν περὶ τὸ Ζ κέντρον κύκλον, ὥστε
κῶνον ὑποστῆναι οὗ βάσις μὲν ὁ Ζ κύκλος, ἄξων 5
δὲ ὁ ΖΒ, καὶ διὰ τῆς ΓΖ καὶ τοῦ ἄξονος ἐκβεβλήσθω ἐπίπεδον ποιοῦν ἐν τῷ κώνῳ τὸ διὰ τοῦ
ἄξονος τρίγωνον τὸ ΒΗΘ, καὶ τῇ ΓΖ πρὸς ὀρθὰς
ἤχθω ἡ ΓΚ ἐν τῷ τοῦ Ζ κύκλου ἐπιπέδῳ οὖσα,
καὶ διὰ τῆς ΓΚ καὶ ἑκατέρας τῶν ΓΔ, ΓΕ ἤχθω 10
ἐπίπεδα τέμνοντα τὸν κῶνον καὶ ποιείτω διὰ τῆς
τομῆς ἐν μὲν τῇ ἐπιφανείᾳ τοῦ κώνου τὰς ΛΔΜ,
ΝΕΞ γραμμάς, ἐν δὲ τῷ τοῦ ΒΗΘ τριγώνου ἐπιπέδῳ
τὰς ΛΓ, ΝΓ εὐθείας· διάμετροι ἄρα τῶν ΛΔΜ, ΝΕΞ
τομῶν εἰσιν αἱ ΛΜ, ΝΞ εὐθεῖαι. 15

Ἤχθωσαν τοίνυν ἐπὶ τὰς ΛΜ, ΝΞ διαμέτρους αἱ
ΔΟ, ΕΠ τεταγμένως καὶ προσεκβεβλήσθωσαν ἐπὶ
θάτερον μέρος τῆς ἐπιφανείας κατὰ τὸ Ρ καὶ Σ.

Ἐπεὶ οὖν ἡ ΓΔ εὐθεῖα τῆς ΛΔΜ γραμμῆς ἐφάπτεται κατὰ τὸ Δ σημεῖον, καὶ κατῆκται τεταγμένως 20
ἡ ΔΟ, ὡς ἄρα ἡ ΛΓ πρὸς τὴν ΓΜ, οὕτως ἡ ΛΟ
πρὸς τὴν ΟΜ· καὶ διὰ τὰ αὐτὰ ὡς ἡ ΝΓ πρὸς τὴν
ΓΞ, οὕτως ἡ ΝΠ πρὸς τὴν ΠΞ· ἡ ἄρα τὰ Ο καὶ Π
σημεῖα ἐπιζευγνύουσα εὐθεῖα ἐκβαλλομένη ἥξει διὰ
τῆς κορυφῆς διὰ τὸ πρὸ τούτου. 25

Διήχθω τοίνυν ἡ ΟΠΒ. Καὶ ἐπεὶ ἑκατέρα τῶν ΕΣ,
ΔΡ τῇ ΓΚ ἐστι παράλληλος, αἱ ἄρα ΔΡ, ΕΣ παράλληλοί τέ εἰσιν ἀλλήλαις καὶ ἐν ἑνί εἰσιν ἐπιπέδῳ.

---

3 κύκλ]ου ἐ[πιπέδῳ V¹ : ω V ‖ 23 τὰ Ψ : τὸ V.

Le plan mené par la droite BΠO et par les droites EΣ et
ΔP déterminera donc dans la surface du cône une section qui
sera un triangle[1] ; les points E et Δ, situés dans la surface du
cône, sont donc sur un côté du triangle coupant le triangle
BHΘ selon la droite BΠO.

On démontre pareillement que, dans le cas de toutes les
tangentes, il se produira la même chose, et en particulier
pour les tangentes aux points P et Σ.

Toutes les tangentes à la surface du cône, issues de Γ,
tombent donc sur les côtés d'un seul triangle, ce qu'il fallait
démontrer.

33

Ce point démontré, soit un triangle ABΓ ; que soient
menées des droites ΔE et ZH parallèles à la base BΓ ;
que soit pris un certain point Θ, qui n'est pas situé dans le
plan du triangle ; que soient menées des droites de jonction
ΘΔ, ΘZ, ΘH et ΘE, qu'elles soient prolongées et qu'elles
tombent sur un plan parallèle au plan ABΓ aux points K,
Λ, M et N ; le plan mené par les droites EΔ, KΘ coupera
alors aussi le plan KΛMN et déterminera dans ce plan une
intersection qui sera la droite KN, parallèle à EΔ[2]. Pareillement, le plan mené par les droites ZH et ΛΘ déterminera
aussi une parallèle ΛM à ZH.

---

1. *Coniques*, I.3.
2. *Éléments*, XI.16.

Τὸ οὖν διὰ τῆς ΒΠΟ καὶ τῶν ΕΣ, ΔΡ ἐπίπεδον
ἐκβαλλόμενον τὴν τομὴν ποιήσει τρίγωνον ἐν τῇ
τοῦ κώνου ἐπιφανείᾳ· τὰ ἄρα Ε καὶ Δ σημεῖα ἐν
τῇ ἐπιφανείᾳ ὄντα τοῦ κώνου ἐπὶ πλευρᾶς ἐστι
τριγώνου τοῦ τέμνοντος τὸ ΒΗΘ τρίγωνον κατὰ τὴν 5
ΒΠΟ εὐθεῖαν.

Ὁμοίως δὲ δείκνυται ἐπὶ τῶν ἐφαπτομένων πασῶν
καὶ τῶν κατὰ τὸ Ρ καὶ Σ ἐφαπτομένων τὸ αὐτὸ
συμβαῖνον.

Πᾶσαι ἄρα αἱ ἀπὸ τοῦ Γ ἐφαπτόμεναι τῆς κωνικῆς 10
ἐπιφανείας καθ' ἑνὸς τριγώνου πλευρῶν πίπτουσιν,
ὅπερ ἔδει δεῖξαι.

λγ′

Τούτου δὴ δειχθέντος ἔστω τρίγωνον τὸ ΑΒΓ,
καὶ παρὰ τὴν ΒΓ βάσιν ἤχθωσαν αἱ ΔΕ, ΖΗ, καὶ 15
εἰλήφθω τι σημεῖον τὸ Θ μὴ ὂν ἐν τῷ τοῦ τριγώνου
ἐπιπέδῳ, καὶ ἐπιζευχθεῖσαι αἱ ΘΔ, ΘΖ, ΘΗ, ΘΕ
ἐκβληθεῖσαι προσπιπτέτωσαν ἐπιπέδῳ τινὶ παραλλήλῳ ὄντι τῷ ΑΒΓ ἐπιπέδῳ κατὰ τὰ Κ, Λ, Μ, Ν
σημεῖα· τὸ δὴ διὰ τῶν ΕΔ, ΚΘ εὐθειῶν ἐπίπεδον 20
ἐκβαλλόμενον τεμεῖ καὶ τὸ ΚΛΜΝ ἐπίπεδον καὶ
ποιήσει ἐν αὐτῷ κοινὴν τομὴν τὴν ΚΝ εὐθεῖαν
παράλληλον οὖσαν τῇ ΕΔ. Ὁμοίως δὲ καὶ τὸ διὰ
τῶν ΖΗ, ΛΘ ἐπίπεδον ἐκβαλλόμενον ποιήσει παράλληλον τῇ ΖΗ τὴν ΛΜ. 25

6 Β] ΠΟ e corr. V¹ ‖ 13 λγ′ Heiberg : om. V ‖ 14 post ΑΒΓ
lacunam 9 litt. praebet V (in extr. lin. et init. lin. sequentis) ‖
15 ἤχθωσαν Ψ : om. V.

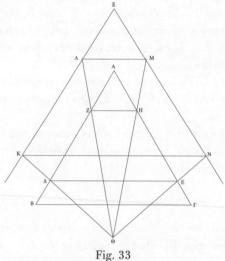

Fig. 33

Dès lors, puisque le plan KΘΛ est coupé par des plans parallèles ABΓ et KΛMN, les intersections KΛ et ΔZ sont parallèles entre elles[1] ; pour les mêmes raisons, NM est aussi parallèle à HE. Les prolongements des droites KΛ et MN se rencontreront donc en un point Ξ.

Dès lors, puisque les deux droites KΞ et ΞN sont parallèles aux deux droites ΔA et AE, alors l'angle en Ξ sera égal à l'angle en A[2].

De même, puisque les deux droites ΞK et KN sont parallèles aux deux droites AΔ et ΔE, alors l'angle ΞK,KN est

1. *Éléments*, XI.16.
2. *Éléments*, XI.10.

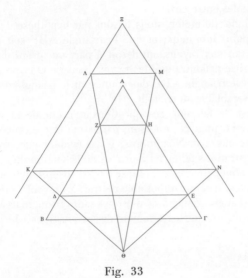

Fig. 33

Ἐπεὶ οὖν τὸ ΚΘΛ ἐπίπεδον τέμνεται ὑπὸ παραλλήλων ἐπιπέδων τῶν ΑΒΓ, ΚΛΜΝ, αἱ κοιναὶ αὐτῶν
τομαὶ αἱ ΚΛ, ΔΖ παράλληλοί εἰσιν ἀλλήλαις· διὰ
ταὐτὰ δὲ καὶ ἡ ΝΜ τῇ ΗΕ παράλληλός ἐστιν.
Ἐκβληθεῖσαι ἄρα αἱ ΚΛ, ΜΝ συμπεσοῦνται κατὰ 5
τὸ Ξ.
Ἐπεὶ οὖν δύο αἱ ΚΞ, ΞΝ δυσὶ ταῖς ΔΑ, ΑΕ
παράλληλοί εἰσιν, ἴση ἄρα ἡ πρὸς τῷ Ξ γωνία
τῇ πρὸς τῷ Α.
Πάλιν ἐπεὶ δύο αἱ ΞΚ, ΚΝ δυσὶ ταῖς ΑΔ, ΔΕ 10
παράλληλοί εἰσιν, ἡ ἄρα ὑπὸ τῶν ΞΚ,ΚΝ γωνία τῇ

8 τῷ Ψ : τὸ V ‖ 9 τῷ Ψ : τὸ V.

égal à l'angle AΔ,ΔE. Les triangles ΞKN et ABΓ sont donc semblables entre eux.

Si donc, de même, nous faisons par hypothèse du point Θ le point lumineux, et que le triangle ABΓ soit ce qui fait écran aux rayons, qu'il soit à part ou inséré dans un cône, il se produira que les rayons issus de Θ et projetés à travers le triangle ABΓ détermineront le triangle d'ombre KNΞ semblable au triangle ABΓ.

Il est de fait que ces questions relèvent de la science optique et, pour cette raison, paraissent être étrangères au présent ouvrage. Néanmoins, il est évident que, sans les démonstrations faites ici à propos de la section du cylindre et du cône, j'entends l'ellipse et les droites qui lui sont tangentes, il serait impossible de traiter un problème de ce genre. Par conséquent, ce n'est pas sans raison, mais à cause de leur utilité, que le traitement de ces questions a été inséré.

ὑπὸ ΑΔ,ΔΕ ἴση. Τὰ ἄρα ΞΚΝ, ΑΒΓ τρίγωνα ὅμοιά ἐστιν ἀλλήλοις.

Ἐὰν οὖν πάλιν τὸ μὲν Θ σημεῖον ὑποθώμεθα τὸ φωτίζον εἶναι, τὸ δὲ ΑΒΓ τρίγωνον τὸ ἐπιπροσθοῦν ταῖς ἀκτῖσιν, εἴτε καθ' αὐτὸ ὂν τὸ τρίγωνον εἴτε 5 ἐν κώνῳ, συμβήσεται τὰς ἀπὸ τοῦ Θ φερομένας ἀκτῖνας ἐκπιπτούσας διὰ τοῦ ΑΒΓ τριγώνου ποιεῖν τὸ ΚΝΞ τρίγωνον τῆς σκιᾶς ὅμοιον ὂν τῷ ΑΒΓ.

Ταῦτα εἰ καὶ ὀπτικῆς θεωρίας ἔχεται καὶ δοκεῖ διὰ τοῦτο τῆς παρούσης πραγματείας ἀλλότρια εἶναι, 10 ἀλλ' οὖν ἐκεῖνό γε φανερὸν γέγονεν, ὅτι ἄνευ τῶν περὶ τῆς τοῦ κυλίνδρου καὶ τῆς τοῦ κώνου τομῆς ἐνταῦθα δειχθέντων, τῆς ἐλλείψεως λέγω καὶ τῶν ἁπτομένων αὐτῆς εὐθειῶν, ἀδύνατον ἦν καταστῆσαι τὸ τοιοῦτον πρόβλημα, ὥστε οὐκ ἀλόγως, ἀλλὰ διὰ 15 τὴν χρείαν, ἐπεισῆλθεν ὁ περὶ τούτων λόγος.

5 καθ' αὐτὸ [καθ' ἑαυτὸ Ψ] c Ψ : καθαυτὸ V (-τὸ compendium) ‖ 16 In fine σερήνου ἀντινσέως (sic) φιλοσόφου περὶ κυλίνδρου τομῆς V.

NOTES COMPLÉMENTAIRES

(Les notes des auteurs sont suivies de leurs initiales)

[1] Le mot τομή a deux sens en géométrie, tous deux bien représentés chez Sérénus : c'est d'abord l'action de couper (τέμνω) que le français, à la suite du latin *sectio* (*secare*), rend par le mot *section* ; c'est aussi le résultat de la section (*intersection*), comme ici, dont la nature varie selon celle des objets coupés. Les traités de Sérénus offrent divers exemples d'intersections (point, droite, cercle, triangle, parallélogramme, conique). M. D.-F.

[2] On manque de témoignages pour appuyer cette affirmation de Sérénus, qui pourrait faire supposer à première vue une méconnaissance ou une remise en cause d'acquis fondamentaux de la science hellénistique dans certains milieux scientifiques contemporains de Sérénus. On ne peut qu'être surpris d'une opposition des géomètres sur la question de l'identité des deux lignes courbes respectivement obtenues par la section oblique d'un cône et par celle d'un cylindre, quand, sans même parler des travaux d'Archimède et d'Apollonios sur les sections de solides, il est bien mentionné dans les *Phénomènes* d'Euclide que si un cône ou un cylindre sont coupés par un plan non parallèle à la base, la section est une « section de cône acutangle », c'est-à-dire une ellipse dans la terminologie moderne des sections coniques (*Phaenomena*, *Euclidis Opera omnia*, VIII, éd. Menge, 1916, p. 6, 5-8) ; ajoutons à cela le fait que, dans les Livres stéréométriques des *Éléments* (XI, *définition* 24 et XII.12), la parenté du cône et du cylindre est clairement mise en évidence. On comprendrait mieux les propos de Sérénus, s'ils visaient moins des mathématiciens que d'autres adversaires dont les supputations lui donneraient l'occasion, dans le cadre rhétorique d'une préface, de justifier le travail entrepris dans le traité, à savoir une comparaison réglée des sections obtenues dans l'une et l'autre

figure en vue de la démonstration de leur identité. M. D.-F.

[3] Dans la définition de l'ordonnée, on attend pour compléter l'impératif passif καλείσθω (p. 3, 18) une structure nominale attribut, comme pour le diamètre et le sommet de la ligne. Or c'est une infinitive qui est utilisée, transformée à l'infinitif du tour habituel pour la construction de l'ordonnée : ἐπὶ τὴν διάμετρον κατήχθω (ou ἤχθω) τεταγμένως ἡ AB « que soit abaissée (ou menée) sur le diamètre une droite AB de manière ordonnée ». Cette infinitive fonctionne comme si elle complétait le verbe λέγεται « est dit », usité dans les définitions. On a ici une rupture de construction, qui n'est pas rare en grec, mais demande un changement de verbe en français ; elle est également observable dans la définition correspondante des *Coniques*, qui présente l'indicatif actif καλῶ ; voir la note de M. Federspiel, *Apollonios de Perge, Coniques*, tome 1.2, p. 216 (note 14). M. D.-F.

[4] C'est l'expression complète de l'ordonnée, telle qu'on la trouve dans les *Coniques* avec le verbe κατάγειν (ou ἄγειν ou ἀνάγειν), avec le complément prépositionnel du verbe (le diamètre) et l'adverbe τεταγμένως. Sous sa forme nominale (« droite abaissée sur le diamètre de manière ordonnée »), avec le participe du verbe, l'expression se trouve également chez Archimède et dans toute la littérature postérieure attachée à l'étude des sections coniques, mais parfois sans la mention du diamètre. Il existe d'autres formes abrégées de l'expression. On ne trouve pas chez Sérénus la séquence rencontrée dans les *Coniques* ἡ τεταγμένως (*s.e.* εὐθεῖα), mais, dans les propositions 15 et 16, on relève deux occurrences (p. 34, 2 et p. 36, 8) de la forme ἡ τεταγμένη (*s.e.* εὐθεῖα), déjà présente en *Coniques*, I.41 et III.53. La direction donnée aux droites menées au diamètre, qui sont parallèles « à une certaine droite » (en l'occurrence la tangente au sommet de la conique), est rendue par l'adverbe τεταγμένως. On doit retrouver dans cet emploi le sens que l'adverbe a dans la langue courante : « de manière réglée, en bon ordre ». Que ce soit dans le champ sémantique de l'*ordre*, notion omniprésente dans la pensée grecque, que le concept mathématique ait trouvé son expression n'est pas en soi surprenant. M. D.-F.

[5] Cette définition a été admise comme telle et traduite ainsi par Commandino et par Halley, qui substitue l'adverbe δίχα à l'adverbe ὁμοίως. Dans son édition (p. 7, note 1), Heiberg, suivi par Ver Eecke dans sa traduction (*Sérénus d'Antinoë*, p. 3-4, note 5), souligne son obscurité. La définition correcte se trouve dans le texte des *Premières définitions* des *Coniques* : « J'appelle

diamètres conjugués d'une ligne courbe [...] les deux droites dont chacune est un diamètre et coupe en deux parties égales les parallèles à l'autre droite. » Quelques corrections minimes, mais qui restent conjecturales, peuvent redonner à la définition de Sérénus, sinon de l'élégance, du moins de la cohérence. Je propose le texte suivant : Συζυγεῖς δὲ διάμετροι καλείσθωσαν αἵτινες <τὰς> ἀπὸ τῆς γραμμῆς τεταγμένως ἐφ' ἑαυτὰς ἀχθείσας [ἐπὶ τὰς συζυγεῖς διαμέτρους] ὁμοίως [αὐτὰς] τέμνουσιν. « Appelons *diamètres conjugués* les diamètres qui coupent pareillement les droites menées à eux de la ligne de manière ordonnée. » M. D.-F.

[6] Sur l'expression en grec de la notion de rayon, on se reportera à l'article de M. Federspiel, « Sur l'expression linguistique du rayon dans les mathématiques grecques », *Les Études classiques* 73, 2005, p. 97-108. M. D.-F.

[7] La définition de Sérénus doit être comparée aux *définitions* 3 (sections coniques semblables) et 10 (portions coniques semblables) du Livre VI du texte arabe des *Coniques* (voir *Apollonios de Perge, Coniques*, tome 4, p. 91-92), où sont formulées les deux conditions de similitude dont il est question ici : la proportionnalité des coordonnées des deux sections coniques et l'égalité des angles formés par les ordonnées et les diamètres. M. D.-F.

[8] L'expression ἑκατέρα ἑκατέρᾳ est euclidienne. Dans son étude « Quelques traits de la modernisation de la langue mathématique par Apollonios » (*Les Études classiques* 80, 2012, p. 319-342), M. Federspiel en a analysé les traits distinctifs comme clausule. Elle a disparu chez Archimède et Apollonios. Les deux seuls exemples relevés chez Sérénus (ici et dans la proposition 56 de la *Section du cône*) sont chaque fois dans des propositions auxiliaires (lemmes), trouvées sans doute dans des sources antérieures. M. D.-F.

[9] L'ecthèse de la proposition 1 offre le premier exemple de l'usage structuré qui a été fait dans la langue mathématique grecque de l'emploi de l'article en rapport avec la nature des parties spécifiques du *théorème* ou du *problème*. Cet usage a été mis en évidence par M . Federspiel dans son article « Sur l'opposition défini/indéfini dans la langue des mathématiques grecques » (*Les Études classiques* 63, 1995, p. 249-293). Le principe est le suivant : un substantif désignant un objet mathématique dont c'est la première apparition dans une des trois parties spécifiques de la proposition (énoncé ; le groupe ecthèse-diorisme ; le groupe construction-démonstration), et donc non déterminé, est dépourvu de l'article, mais sera articulé dès la seconde occurrence. Cette règle de fonction-

nement très logique, qui doit trouver une expression dans la traduction française, permet en théorie de repérer immédiatement la nature déterminée ou non déterminée de l'objet mathématique. Mais elle est fréquemment masquée, d'une part par les contraintes syntaxiques de la langue grecque, en particulier dans la formulation des syntagmes nominaux complexes, et d'autre part par les usages stylistiques du grec mathématique. La langue mathématique a ainsi opéré un certain nombre de choix qui ont souvent conduit à neutraliser l'opposition défini/indéfini et produit des énoncés identiques pour exprimer des réalités différentes. On observe ces phénomènes de brouillage, d'une part, dans certaines constructions qui ont été privilégiées ou avec certains vocables, dans des tours devenus canoniques, et, d'autre part, dans les diverses expressions abrégées utilisées par les mathématiciens. Dans la séquence qui nous occupe, Ἔστωσαν δύο εὐθεῖαι... αἱ ΑΒ, ΒΓ παρὰ δύο εὐθείας... τὰς ΔΕ, ΕΖ... καὶ ἐπεζεύχθωσαν αἱ ΑΓ, ΔΖ, les droites citées représentent des objets dont c'est la première apparition dans le groupe ecthèse-diorisme ; leur expression est indéfinie, contrairement aux apparences, car les formes employées (αἱ ΑΒ, ΒΓ ; τὰς ΔΕ, ΕΖ ; αἱ ΑΓ, ΔΖ) sont des appositions à un substantif εὐθεῖαι, exprimé ou effacé par abrègement ; ce sont elles qui donnent le nom des droites, et la présence de l'article est attendue puisque l'apposition est régulièrement articulée en grec. La forme longue de la séquence ἐπεζεύχθωσαν αἱ ΑΓ, ΔΖ, par exemple, doit être ainsi restituée ἐπεζεύχθωσαν ⟨εὐθεῖαι⟩ αἱ ΑΓ, ΔΖ « que soient menées ⟨des droites de jonction⟩, ΑΓ et ΔΖ » ; elle est de même nature que la séquence formellement indéfinie avec la présence de l'indéfini τις que l'on trouve dans la proposition 8 (p. 18, 7) : Εἰλήφθω τι σημεῖον ἐπὶ τῆς ΓΔ τὸ Κ « Que soit pris un certain point Κ sur ΓΔ ». En revanche, dans la séquence καὶ ἴση ἔστω ἡ μὲν ΑΒ τῇ ΔΕ, ἡ δὲ ΒΓ τῇ ΕΖ, les droites citées sont en deuxième occurrence dans la même partie spécifique et représentent donc des objets déjà déterminés : il faut donc restituer une forme définie avec enclave : καὶ ἴση ἔστω ἡ μὲν ΑΒ ⟨εὐθεῖα⟩ τῇ ΔΕ ⟨εὐθείᾳ⟩, ἡ δὲ ΒΓ ⟨εὐθεῖα⟩ τῇ ΕΖ ⟨εὐθείᾳ⟩. La *construction* de la proposition 3, qui ne présente pas de phénomènes d'abrègement, donne un parfait exemple du respect de cette opposition (p. 8, 13-14) : Ἤχθω ἀπὸ τοῦ Β κέντρου ἐπὶ τὴν ΕΖ εὐθεῖαν κάθετος ἡ ΒΚ « Que soit menée du centre Β à la droite ΕΖ une perpendiculaire ΒΚ » : les deux objets mathématiques que sont le centre du cercle Β et la droite ΕΖ, déjà mentionnée, sont exprimés sous une forme expressément définie avec enclave, et la perpendiculaire ΒΚ, qui fait précisément l'objet de cette construction supplémentaire, apparaît pour la première fois, d'où une expression indéfinie κάθετος ἡ ΒΚ. L'usage qui est ainsi fait de la syntaxe de l'article est massif chez les mathématiciens grecs classiques et largement représenté encore chez Sérénus, même si l'on relève un certain nombre d'écarts par rapport à cette règle (à commencer par la proposition 2, au début de la partie apagogique : καὶ ἐπεζεύχθω ἡ ΕΘΓ εὐθεῖα, p. 7, 1-2) ; ces écarts ont été respectés dans la traduction de la présente édition. Les cas de neutralisation de l'opposition défini/indéfini ont été identifiés dans l'article précité de M. Federspiel, p. 274-281 : pour prendre quelques exemples dans les tours qui se sont imposés dans la langue géométrique, on citera la présence constante de l'article dans toutes les occurrences d'un objet « donné » (δοθείς) ou l'absence systématique de l'article devant les mots βάσις, γωνία et πλεύρα chez les géomètres à l'exception d'Apollonios (et à sa suite Sérénus), qui a aligné leur traitement sur les autres termes du vocabulaire mathématique. M. D.-F.

[10] La forme verbale ἐπεζεύχθωσαν est un impératif parfait passif (sur le choix systématique de ce type de forme, voir mes remarques en introduction sur la langue de Sérénus et son respect de l'expression linguistique traditionnelle). La traduction proposée, comme dans toutes les autres occurrences, est purement conventionnelle, en raison de la difficulté à rendre en français ces passifs accomplis ; voir à ce sujet la note de M. Federspiel à sa traduction des *Coniques* d'Apollonios (*Apollonios de Perge*, *Coniques*, tome 1.2, p. 218, note 17). M. D.-F.

[11] Le verbe ἐπιζευγνύναι « joindre », qui est régulièrement utilisé pour le tracé d'une droite dont on mentionne les deux extrémités (voir l'énoncé de la proposition) entre dans des formes longues dont la séquence euclidienne suivante donne le modèle : ἐπεζεύχθω ἀπὸ τοῦ Α ἐπὶ τὸ Β τις εὐθεῖα ἡ ΑΒ (*Éléments*, I.2, éd. Heiberg-Stamatis, I, Leipzig, 1969, p. 8,16-17) ; le verbe connaît aussi une forme abrégée extrêmement fréquente, comme ici, ἐπεζεύχθωσαν αἱ ΑΓ, ΔΖ, pour dire que des points Α, Γ et Δ, Ζ ont été respectivement joints par des droites ΑΓ et ΔΖ. Compte tenu de la difficulté de rendre littéralement une telle séquence en français, la présente édition a recours à la forme conventionnelle empruntée à Ver Eecke : « que soient menées des droites de jonction ΑΓ et ΔΖ », où le complément « de jonction » ne crée pas un nouvel objet mathématique, mais reprend sous une forme nominale la fonction de la droite exprimée par le verbe ἐπιζευγνύναι ; voir la note de M. Federspiel, *Apollonios de Perge*, *Coniques*, tome 1.2, p. 215, note 11. M. D.-F.

[12] La subordonnée causale introduite par la conjonction ἐπεί au début de la partie démonstrative (᾽Επεὶ ἡ ΑΒ τῇ ΔΕ ἴση τε καὶ παράλληλός ἐστιν) fonctionne comme la figure rhétorique de l'anaphore en renvoyant aux données de l'ecthèse et de la construction (cataphore) dont on a besoin pour le développement de la preuve. M. Federspiel, qui a proposé de l'identifier sous ce nom, a éclairé le fonctionnement de cette structure syntaxique et ses deux variétés dans son article « Sur une partie spécifique de la démonstration dans les textes géométriques grecs classiques : l'anaphore», *Pallas*, 97, 2015, p. 33-50. La catégorie qui présente l'énonciation la plus spécifique apparaît dans la *Section du cylindre* à la proposition 9 (᾽Επεὶ οὖν ἐπὶ τῆς ἐπιφανείας τοῦ κυλίνδρου δύο σημεῖα εἴληπται τὰ Γ, Ε, p. 20, 4-5) : ces anaphores sont marquées par un verbe au parfait (ou au *praesens pro perfecto*), des sujets et compléments indéfinis, et une conjonction introductive ἐπεί accompagnée par la particule οὖν (ou καί ou encore γάρ, si l'anaphore suit immédiatement le diorisme). Dans la proposition 1 qui nous occupe ici, la subordonnée causale anaphorique relève d'une catégorie largement plus représentée : elle comporte le verbe *être* non existentiel (voir plus loin) et ne présente pas de traits particuliers si ce n'est qu'elle se distingue de la variété précédemment mentionnée par l'expression définie (du moins en apparence) des sujets et compléments ; pour des explications plausibles de cet état de fait, voir l'article de M. Federspiel, p. 37-39. M. D.-F.

[13] Dans les deux traités de Sérénus, il est fréquent que le déterminant prépositionnel διὰ τοῦ ἄξονος ne soit apparemment pas en position épithétique, mais prédicative, comme ici, c'est-à-dire semble déterminer le verbe « couper » et pas le substantif. En réalité, on a affaire à une expression abrégée, où manque le participe accordé au mot « plan ». La même remarque vaut pour le déterminant prépositionnel διὰ τῆς κορυφῆς. Dans des cas de ce genre, que les plans ou les triangles passent par des points ou par des droites, le grec omet généralement le verbe en question, mais pas toujours. Lorsque le participe n'est pas omis, on observe chez Sérénus l'emploi des verbes ἄγειν, διάγειν et ἐκϐάλλειν. La traduction adoptée ici est la même dans l'ensemble des deux traités avec le choix du verbe « mener ». M. F.

[14] L'impératif ἔστω est très présent dans les ecthèses. En première occurrence, il est le plus souvent existentiel, comme c'est le cas ici, en début d'ecthèse. Sa fonction est de poser l'existence des objets mentionnés dans l'énoncé. M. D.-F.

[15] L'ecthèse de la proposition 2 (῞Εστω κύλινδρος οὗ βάσεις μὲν οἱ περὶ τὰ Α, Β κέντρα κύκλοι, ἄξων δὲ ἡ ΑΒ εὐθεῖα) offre

la première occurrence d'une structure syntaxique très bien représentée dans les ecthèses des *Coniques* et qui reviendra très fréquemment dans la suite des deux traités, mais dont la traduction ne peut pas être littérale. Elle a fait l'objet d'une longue analyse de M. Federspiel dans une note à la proposition 1 du Livre I des *Coniques* (*Apollonios de Perge, Coniques,* tome 1.2, p. 216-218) et dans l'article précité *Sur l'opposition défini/indéfini...,* p. 266-269. Dans les ecthèses commençant par l'impératif ἔστω, cette structure a été interprétée par ce dernier comme la transformée d'un tour ancien dont la première occurrence dans les *Éléments* se trouve en I.34 (éd. Heiberg-Stamatis, I, p. 47, 1) : ῎Εστω παραλληλόγραμμον χωρίον τὸ ΑΓΔΒ, διάμετρος δὲ αὐτοῦ ἡ ΒΓ « Soit une aire parallélogramme ΑΓΔΒ et sa diagonale ΒΓ. Dans cette séquence, διάμετρος... αὐτοῦ est le sujet inarticulé du verbe ἔστω sous-entendu auquel il faut donner le même sens existentiel qu'au début, et ἡ ΒΓ est l'apposition articulée qui donne le nom de la diagonale. L'ecthèse de la proposition 19 de notre traité offre un exemple de ce tour ancien (p. 42, 23-24). Revenons à la proposition 2 ; on retrouve tous les éléments du tour euclidien dotés des mêmes fonctions dans la transformée relative, un relatif venant se substituer au démonstratif possessif. Ajoutons que le verbe *être* de la relative peut ne pas être sous-entendu, comme le montre l'exemple d'Autolycos de Pitane dans l'ecthèse de la proposition 1 de la *Sphère en mouvement* (*Autolycos de Pitane,* éd. G. Aujac, Paris, 1979, p. 43, 4) : ῎Εστω σφαῖρα ἧς ἄξων ἔστω ἡ ΑΒ εὐθεῖα « Soit une sphère ayant pour axe la droite ΑΒ » ; on trouve également une occurrence parallèle dans l'ecthèse de la proposition 6 de notre traité : ῎Εστω σκαληνὸς κύλινδρος οὗ τὸ διὰ τοῦ ἄξονος παραλληλόγραμμον ἔστω τὸ ΑΔ (p. 14, 6-7) « soit un cylindre oblique de parallélogramme axial ΑΔ ». On trouve dans la proposition 22 de la *Section du cylindre,* p. 50, 19-21, une exception à ce schéma, avec le présent de l'indicatif du verbe *être,* au lieu de l'impératif existentiel attendu : ἔστω ὁ δοθεὶς κύλινδρος οὗ τὸ διὰ τοῦ ἄξονος παραλληλόγραμμόν ἐστι τὸ ΛΜ. M. D.-F.

[16] On trouve ici, comme dans les *Coniques* et dans la suite des traités, un emploi assez fréquent de la particule δή, attaché à un contexte bien particulier : la particule accompagne un verbe au futur (parfois au présent) placé en début de proposition et qui répond à une construction précédente exprimée par un verbe à l'impératif. La particule a alors un sens conclusif ; voir la note de M. Federspiel consacrée aux différents emplois de δή dans la langue mathématique, *Apollonios de Perge, Coniques,* tome 1.2, p. 220, note 26. M. D.-F.

[17] La démonstration apagogique est régulièrement introduite par la formule εἰ γὰρ δυνατόν, « si c'est possible » (avec la particule γάρ quand la démonstration suit immédiatement le diorisme). La proposition à réduire à l'absurde est à la suite : μὴ ἔστωσαν εὐθεῖαι « que <les lignes ΕΗΓ, ΔΖ> ne soient pas des droites » ; voir Ch. Mugler, *Dictionnaire historique de la terminologie géométrique des Grecs*, s.v. δυνατόν, p. 153. M. D.-F.

[18] Pour Ver Eecke (*Sérénus d'Antinoë*, p. 44, note 3), le tour ὁ Α κύκλος « le cercle Α » utilisé par Sérénus est « une expression de la décadence », qui prend la place de l'expression « correcte de ses prédécesseurs : ὁ περὶ τὸ Α κέντρον κύκλος le cercle (décrit) autour du centre Α ». Pure construction de l'esprit, puisque le tour ὁ Α κύκλος est déjà archimédien. On ne le trouve pas chez Apollonios, qui emploie très souvent le tour syntaxiquement identique ὁ ΒΓ κύκλος, où Β et Γ désignent les extrémités du diamètre. La proposition *Éléments* I.1 a le tour syntaxiquement identique ὁ ΒΓΔ κύκλος, et l'on trouve quelques occurrences du tour ὁ ΑΒ κύκλος dans le Livre XII. Dans son Introduction, p. XIII, note 1, Ver Eecke donne comme autre indice de la prétendue décadence de la langue de Sérénus l'existence chez lui du tour ἡ Α γωνία « l'angle Α », expression pourtant attestée chez Apollonios. M. F.

[19] On a ici le premier exemple de l'utilisation de la première personne dans l'expression de la conception et de la construction d'une figure. On retrouve fréquemment cet emploi dans la suite des deux traités (voir la Notice). Sérénus rompt ici avec une tradition très ancienne de la langue géométrique grecque, qui a profondément marqué son expression, la volonté de soustraire l'objet géométrique à toute apparence d'intervention humaine et donc à faire disparaître toute référence à un mathématicien qui opère ; voir à ce sujet l'Introduction de Mugler dans son *Dictionnaire historique de la terminologie géométrique des Grecs*, p. 20. On note que les occurrences de ces formes à la première personne dans le corpus géométrique classique (en dehors de la forme λέγω du diorisme ou des formes métamathématiques comme δείξομεν) se rencontrent dans les Livres stéréométriques des *Éléments* et dans la langue des problèmes dont M. Federspiel a relevé le caractère spécifique dans son étude « Les problèmes des Livres grecs des *Coniques* d'Apollonios de Perge. Des propositions mathématiques en quête d'auteur », *Les Études classiques*, 76, 2008, p. 321-360. M. D.-F.

[20] Ici et à la proposition 10 de ce même traité, on trouve deux occurrences du verbe ἀποκαθιστάναι où Sérénus emploie

une expression abrégée, sans le complément attendu εἰς τὸ αὐτὸ <πάλιν> ; il n'y a pas lieu de supppposer une négligence de copiste. L'expression abrégée se trouve une fois chez Archimède, dans la préface au traité *Des spirales* (*Archimède*, éd. Mugler, tome 2, Paris, 1971, p. 12, 5). M. F.

[21] On retrouve ici un tour très courant dans les *Coniques* (voir *Apollonios de Perge, Coniques*, tome 1.2, p. 221, note 29), où le substantif τομάς doit être interprété, contrairement à la traduction de Ver Eecke, comme le complément de ποιοῦντι ; τὰς ΕΗ, ΗΘ εὐθείας est une apposition, rendue ici par une relative. M. D.-F.

[22] Il faut reconnaître ici la formule du second diorisme (λέγω δὴ ὅτι καὶ) dont M. Federspiel a montré le caractère canonique (« Notes linguistiques et critiques sur le Livre II des *Coniques* d'Apollonios de Perge (Première partie) », *Revue des Études Grecques*, 112, p. 415-417. M. D.-F.

[23] L'énoncé de la proposition 4 offre la première occurrence chez Sérénus de l'emploi du verbe δύνασθαι appliqué à l'expression du carré. C'est le sens de « valoir », et non celui de « pouvoir », qui a été retenu dans la présente édition, conformément à l'usage observé dans la langue commune et dans les textes techniques de musique, de métrologie, de grammaire, d'arithmétique pythagoricienne, quand il s'agit de mesurer et comparer des grandeurs : le verbe δύνασθαι accompagné de ταὐτόν ou ἴσον a le sens de « valoir, être équivalent à » (comme dans sa variante ἰσοδυναμεῖν employée par les grammairiens grecs). En géométrie, il a pris une extension toute particulière (avec ἴσον exprimé ou sous-entendu) pour exprimer l'équivalence de certaines aires rectilignes et notamment pour dire que le carré construit sur un segment de droite est équivalent à un rectangle donné (voir un résumé de l'interprétation du sens du verbe par M. Federspiel dans *Apollonios de Perge, Coniques*, tome 1.2, p. 220, note 35). M. D.-F.

[24] Les deux traités de Sérénus présentent trois variantes usuelles de l'expression de la somme de deux figures : (1) καὶ sommatif, comme ici ; (2) μετὰ (« avec ») ; (3) συναμφότερος « les deux ensemble » comme dans l'exemple suivant emprunté à la proposition 16 de la *Section du cône* (p. 150, 5-6) : τὸ ἀπὸ συναμφοτέρου τῆς ΓΘΑ « le carré de la somme des droites ΓΘ et ΘΑ », la droite ΓΘΑ étant considérée comme constituée de termes additifs ΓΘ + ΘΑ. M. D.-F.

[25] Pour des raisons de correction langagière, et dans tous les cas de ce genre, j'ai dû recourir à une traduction inexacte : le verbe ἔστω n'est pas copulatif mais existentiel, et ἡ ΓΔ n'est

pas un attribut, mais une apposition. Le sujet est le syntagme indéfini κοινὴ τομὴ ἡ ΓΔ. Ce qui implique aussi que ἡ ΓΔ ne veut pas dire « la droite ΓΔ ». Que ΓΔ soit effectivement une droite n'est en réalité pas dit en grec. M.F.

[26] On retrouve dans cette subordonnée causale anaphorique le présent passif à valeur perfective (*praesens pro perfecto*) du verbe τέμνειν employé dans la proposition correspondante de *Coniques*, I.4 ; voir *Apollonios de Perge, Coniques*, tome 1.2, p. 21, note 51. M. D.-F.

[27] La traduction est littérale. La première attestation de l'emploi géométrique de l'adjectif ὑπεναντίος se trouve chez Apollonios (*Coniques*, I.5), qui emploie non pas le substantif d'action ἀγωγή, mais τομή « section » (« résultat d'une section »). Cet emploi du mot ἀγωγή ne se trouve pas dans les *Éléments* d'Euclide, ni chez Archimède et Apollonios. M. F.

[28] L'emploi de l'adjectif ὀρθός appliqué à une droite avec le sens de « faisant un angle droit » est rare dans les deux traités de Sérénus, qui présentent l'emploi habituel de κάθετος et de πρὸς ὀρθάς. On trouve la formule avec l'adjectif surtout attestée dans les Livres stéréométriques des *Éléments* et chez Pappus (voir l'article précité de M. Federspiel, « Les problèmes des Livres grecs des *Coniques* d'Apollonios de Perge... », p. 346-347). La préposition qui régit le déterminant, quand ὀρθός n'est pas construit avec le datif, est πρός (+ acc.), mais ici on observe l'utilisation de la préposition ἐπί (+ acc.), variante attestée assez fréquemment chez Pappus. M. D.-F.

[29] Les propositions 6 et 27 (avec ἀπολάβῃς, p. 62. 12) de la *Section du cylindre* fournissent les deux seules occurrences chez Sérénus de l'utilisation de la seconde personne du singulier pour une opération géométrique (voir la Notice). M. D.-F.

[30] On reconnaît dans la relative de la conclusion οὗ διάμετρος ἡ ΕΘΗ εὐθεῖα le tour déjà analysé dans le cadre des ecthèses commençant par ἔστω (voir plus haut, note 15). Dans sa note précitée à *Coniques*, I.1, M. Federspiel a relevé une occurrence parallèle en *Coniques*, I.11, qui atteste de l'extension du tour à d'autres contextes que celui de l'ecthèse, où l'on voit que le verbe « être » sous-entendu ou exprimé n'est pas un impératif existentiel, mais un indicatif, comme, plus loin, dans l'occurrence de la proposition 9 (οὗ διάμετρός ἐστιν ἡ ΟΠ, p. 21, 15-16), et celles des propositions 21 et 22, p. 49, 12 et 51, 12-13). M. D.-F.

[31] La périphrase δέον ἔστω est une variante relativement rare de la formule classique courante δεῖ δή que l'on trouve dans

le diorisme des problèmes (voir *Apollonios de Perge, Coniques*, tome 2.3, p. 153, note 9), mais elle est bien plus représentée que δεῖ δή chez Sérénus. M. D.-F.

[32] La particule euclidienne ἀλλὰ δή est très présente chez Sérénus, en corrélation avec un πρότερον (ou πρῶτον) antérieur, pour introduire le traitement du cas suivant. On trouve plus rarement δή dans cette fonction, contrairement au traité des *Coniques*. M. D.-F.

[33] Le texte de Sérénus offre au total 7 occurrences de δεικτέον (*Sect. Cyl.* prop. 9 et *Sect. Cône* prop. 11, 20, 23, 46, 49 et 61), dont une dans une proposition commençant par la séquence τῶν αὐτῶν ὄντων (*Sect. Cône*, prop. 11), comme cela peut être constaté dans le Livre III des *Coniques* d'Apollonios. M. Federspiel voit dans l'utilisation de cette forme verbale, très fréquente chez Archimède et bien représentée dans les Livres stéréométriques des *Éléments*, les vestiges d'un ancien vocabulaire démonstratif à mettre en relation avec la clausule ὅπερ ἔδει δεῖξαι, qui devait en constituer en quelque sorte l'anaphore ; sur ce sujet, voir son étude dans « Notes linguistiques et critiques sur le Livre III des *Coniques* d'Apollonios de Pergè. Seconde partie », *Revue des Études Grecques*, 121, 2008, p. 520-525. M. D.-F.

[34] L'usage de la figure rhétorique de l'anadiplose dans les textes mathématiques a été repéré par M. Federspiel (voir son étude, « Sur la figure de l'anadiplose dans la langue de la géométrie grecque », *Revue des Études Anciennes*, 113, 2011, n° 1, p. 83-103), qui relève dans le texte de Sérénus 36 occurrences, dont les formes varient. La figure, dans son expression mathématique la plus simple, est constituée par deux côla indépendants, mais formant une unité, qui voient la reprise dans le second côlon du verbe du premier côlon, sous la forme d'un impératif et avec le même sujet,. Le verbe du premier côlon est au futur et suivi régulièrement de la particule δή. M. D.-F.

[35] On note ici l'emploi de la particule τοίνυν, relativement bien représentée chez Sérénus, alors qu'elle n'appartient pas à la langue euclidienne ni apollonienne. On observe que τοίνυν est une variante de οὖν après la conjonction ἐπεί (*Sect. Cyl.*, prop. 11 et 28 ; *Sect. Cône*, prop. 10), et une variante de δή dans le diorisme (*Sect. Cyl.*, prop. 20) et après un impératif (*Sect. Cyl.*, prop. 9, 26, 29 et 32 ; *Sect. Cône*, prop. 5, 15 et 25). M. D.-F.

[36] C'est ici la première occurrence de l'emploi de la particule γάρ au début de l'ecthèse. Il faut rappeler que l'emploi de la particule en début de développement est un trait du grec ordi-

naire, qui, dans ce cas, donne à γάρ le sens d'un intensif faible. Sa présence ici est conforme à l'usage des textes mathématiques classiques, quand l'ecthèse comporte une forme verbale autre que le verbe d'existence ἔστω (ἔστωσαν). Sur les explications possibles d'une telle distribution de la particule, voir l'article de M. Federspiel, « Sur l'élocution de l'ecthèse dans les propositions mathématiques grecques », dans *L'Antiquité Classique*, 79, 2010, p. 109-112. Mais on constate que Sérénus ne suit que très sporadiquement cet usage. Nombre d'ecthèses ne présentent pas la particule, et l'ecthèse de la proposition 15 offre le premier exemple d'emploi de γάρ après le verbe ἔστω (ἔστωσαν). M. D.-F.

[37] Il est tentant de corriger le texte transmis ὁ ΚΖΛ en ἡ ΚΖΛ (*s.e.* τομή). En effet, il est peu vraisemblable qu'il s'agisse d'une expression abrégée dont la forme longue serait la suivante : καὶ ἔστι κύκλος ὁ ΚΖΛ <ἡ ΚΖΛ τομή>. Certes, on ne peut pas exclure une erreur de copiste, mais je ne propose pas de corriger le texte, car il est possible aussi qu'il s'agisse d'un phénomène d'attraction à partir du syntagme primitif καὶ ἔστι κύκλος ἡ ΚΖΛ, variante du syntagme qu'on lit quelques lignes plus haut. Le même phénomène se retrouve à la fin de la proposition 16. M. F.

[38] La figure de l'éditeur Heiberg reproduit la figure de V, qui demande à être corrigée puisque les ordonnées représentées ne sont pas parallèles à la tangente au sommet (voir *Coniques*, I.17), qui donne la direction ordonnée, et ne sont pas partagées en deux parties égales par le diamètre transverse. Halley a reproduit une figure juste, mais en modifiant la direction des ordonnées, qui, contrairement à la figure de V, sont représentées perpendiculaires au diamètre AB. M. D.-F.

[39] La propriété caractéristique de l'ellipse formulée à l'aide du diamètre transverse et du côté droit associé et vérifiée pour tout point de la section correspond à la propriété démontrée dans la proposition I.13 des *Coniques*, et non à celle de la proposition I.15, qui établit la même relation pour une ordonnée menée au second diamètre (voir la proposition 18 de Sérénus). Le contexte dans lequel se fait le renvoi à la proposition des *Coniques* exclut une interpolation puisque ce renvoi demande que le numéro de la proposition d'Apollonios soit cité. D'autre part, dans un contexte parallèle, la proposition 18 renvoie à la proposition I.15 des *Coniques* sous le numéo 15. Les deux références trouvées dans le texte des propositions 17 et 18 sont incompatibles entre elles et incompatibles avec la référence donnée plus loin à la proposition 19, qui renvoie sous le

numéro 20 à la proposition I.21 d'Apollonios. Or cette dernière référence est attestée dans tous les témoignages de la tradition indirecte arabe et grecque antérieure à l'édition commentée d'Eutocius des Livres I-IV des *Coniques* (pour une restitution d'une ordonnance pré-eutocienne du traité des *Coniques*, voir ma discussion dans mon ouvrage *Recherches sur les Coniques d'Apollonios de Pergé...*, p. 99-111 ; voir également *Apollonios de Perge, Coniques*, tome 1.2, p. 227-228, note 58). On est donc amené à considérer que les références primitives de Sérénus dans les propositions 17 et 18 ont été altérées. Il est possible que ce soit le fait d'un lecteur postérieur qui ayant en mains l'édition d'Eutocius aurait fait référence dans les deux propositions à la proposition 15 des *Coniques*, puisque c'est effectivement dans l'énoncé de la proposition 15 qu'Apollonios utilise pour la première fois la notion de troisième proportionnelle pour désigner le côté droit. M. D.-F.

[40] Ce rapport d'aires est attesté dans la tradition pré-apollonienne des sections coniques. C'est cette relation qui est utilisée par Archimède pour caractériser les deux sections centrées de l'ellipse et de l'hyperbole ; voir par exemple, *Archimède*, éd. Mugler, I, p. 218, 25 (*Conoïdes et Sphéroïdes*, prop. 25). M. D.-F.

[41] Il est maladroit de traduire λημμάτιον par « petit lemme », car la forme dérivée vaut la forme non dérivée, comme on l'observe également dans d'autres textes mathématiques. M. D.-F.

[42] Voici le détail du calcul : par application d'*Éléments* VI.2 dans le triangle ΘΚΟ, on obtient ΘΗ : ΗΟ = ΚΛ : ΛΟ (1), et *par permutation des moyens* ΘΗ : ΚΛ = ΗΟ : ΛΟ (2) ; or, *par composition* (συνθέντι, *Éléments*, V, *définition* 14 : si $a : b = c : d$, on peut écrire : $a + b : b = c + d : d$), puis *par permutation*, la relation (1) devient ΘΟ : ΟΚ = ΗΟ : ΛΟ (3) ; à partir des relations (2) et (3), on peut écrire ΘΟ² : ΟΚ² = ΘΗ² : ΚΛ², et donc, en appliquant la proposition 9, ΘΟ² : ΟΚ² = ΘΗ² : second diamètre de la section de cylindre². M. D.-F.

[43] Dans cette partie de la démonstration, que j'ai appelée ailleurs l'*anaphore*, la forme ἄγεται est un *praesens pro perfecto* ; il a donc une valeur purement aspectuelle d'accompli ; je le traduis ici conventionnellement par un passé composé que l'on doit entendre comme un *perfectum*, comme c'est parfois le cas, et pas comme un passé. M. F.

[44] Voici le calcul qu'il faut restituer pour l'obtention du parallélisme des droites ΣΠ et ΝΞ : *par division* (διελόντι, *Éléments*, V, *définition* 15 : si $a : b = c : d$, on peut écrire :

$a - b : b = c - d : d$), la proportion PΣ : ΣN = PΠ : ΠΞ devient
PN : ΣN = PΞ : ΠΞ ; d'où, par application d'*Éléments*, VI.2 dans
le triangle ΣPΠ, le parallélisme de NΞ et du côté ΣΠ. M. D.-F.

[45] Pour l'expression du rayon, la langue mathématique
grecque a deux expressions : la locution substantivée ἡ ἐκ τοῦ
κέντρου (« la droite menée du centre du cercle ») déjà rencontrée (voir plus haut, note 6), et le substantif διάστημα dans
la séquence figée de la construction du cercle, ce qui est le
cas ici. Dans son article précité, M. Federspiel a montré que
la distinction entre les deux expressions est purement d'ordre
linguistique, et que les deux variantes sont en distribution
complémentaire : à partir du moment, en effet, où la locution ἡ ἐκ τοῦ κέντρου ne peut pas entrer dans une formule où les
termes ne sont pas articulés, puisque, privée d'article, elle ne
peut être déclinée au datif, le recours à un substantif s'impose.
C'est le terme διάστημα « intervalle » qui a été utilisé par les
mathématiciens, sans doute primitivement associé au tracé du
cercle avec le compas, comme le substantif κέντρον « qui sert à
piquer, aiguillon ». M. D.-F.

[46] Le raisonnement est le suivant : si MH était égal à HΘ,
on aurait MH^2 = EH × HZ, égalité qu'on peut écrire sous la
forme MH : HZ = EH : MH. En raison de la similitude des
triangles MHZ et EHM (*Éléments*, VI.6), les angles MEH et ZMH
seraient égaux. Or MH est parallèle à NΞ ; donc l'intersection
NΞ des plans des sections dans le cylindre et dans le cône et des
plans axiaux du cylindre et du cône ferait respectivement des
angles égaux avec les côtés du parallélogramme axial et ceux
du triangle axial. Les sections seraient donc des cercles (proposition 6). Voir également la note de Ver Eecke à la proposition
(*Sérénus d'Antinoë*, p. 42, note 3). M. D.-F.

[47] La séquence Ἔστω εὐθεῖα ἡ AB τετμημένη κατὰ τὸ Γ καὶ
Δ offre la première occurrence du tour ἔστω... + participe, très
fréquent chez Euclide et que l'on retrouve dans la *Section du
cône*, le plus souvent dans les ecthèses ; la spécificité de ce tour
a été relevé et analysé par M. Federspiel dans son article précité
« Sur l'élocution de l'ecthèse dans la géométrie grecque classique », p. 104-107. Le tour n'est pas une simple variante d'une
forme de subjonctif parfait passif qu'on pourrait attendre ici
avec le verbe τέμνειν, car il pose en même temps l'existence
de l'objet. Ces syntagmes discontinus ont disparu de l'écriture
apollonienne, à quelques exceptions près trouvées dans les
problèmes (*Coniques*, I.52 et II.4). M. D.-F.

[48] La proposition commence directement par l'ecthèse. L'édition de Halley présente un énoncé, qui est en fait une reprise à peine modifiée du texte de la recension byzantine. Ce texte figurait en marge du manuscrit d'Henry Aldrich (34r) en provenance du *Parisinus gr.* 2342 (sur les sources de Halley, voir la Notice). Voici le texte de l'énoncé que restitue l'auteur de la recension byzantine en tête de la proposition : Ἐὰν εὐθεῖα γραμμὴ τμηθῇ κατὰ δύο σημεῖα, τὸ δὲ πρὸς τῷ ἑνὶ πέρατι τῆς εὐθείας τμῆμα μὴ μείζων ᾖ τοῦ πρὸς τῷ λοιπῷ πέρατι τμήματος, τῷ δὲ ἀπὸ συναμφο-τέρου τοῦ τε μέσου τμήματος καὶ τοῦ λοιποῦ τετραγώνῳ ἴσον παρὰ τὸ μὴ μείζων παραβληθῇ ὑπερβάλλον εἴδει τετραγώνῳ, ἡ πλευρὰ τοῦ ὑπερβλή-ματος μείζων μὲν ἔσται τοῦ μέσου τμήματος, ἐλάττων δὲ συναμφοτέρου τοῦ τε μέσου καὶ τοῦ πρὸς τῷ λοιπῷ πέρατι τμήματος, « Si une ligne droite est coupée en deux points, que le segment situé à une extrémité de la droite ne soit pas plus grand que le segment situé à l'autre extrémité et qu'au segment qui n'est pas plus grand soit appliquée <une aire> égale au carré sur le segment du milieu et le segment restant pris ensemble et en excès d'une figure carrée, le côté du <carré> en excès sera plus grand que le segment du milieu, mais plus petit que le segment du milieu et le segment situé à l'autre extrémité pris ensemble. » M. D.-F.

[49] L'expression ὑπὸ τὸ αὐτὸ ὕψος est euclidienne ; sa première occurrence est en *Éléments*, VI.1. Sa signification géné-rale est obvie ; c'est celle qui ressort de la traduction que j'ai employée. Mais son sens littéral n'a jamais été compris. Dans cet emploi, c'est-à-dire avec l'accusatif, ὑπό ne peut pas signifier « sous », mais « sous la dépendance de ». M. F.

[50] Le géomètre Pithon (Πείθων) n'est pas connu. Th. Auffret, dans son article déjà cité « Sérénus d'Antinoë dans la tradition gréco-arabe des *Coniques* », a proposé de l'identifier avec le géomètre de Thasos, en relation avec Conon de Samos, mentionné à plusieurs reprises dans le prologue des *Miroirs ardents* de Dioclès (en traduction arabe uniquement) ; voir *Les Catoptriciens grecs*, éd. R. Rashed, Paris, 2000, p. 98, 1, 11 et p. 100, 1. Ce personnage, qui n'est pas davantage connu, appa-raît sous deux noms *Fouthioun*, qui peut représenter le grec Python (Πυθίων), et *Nouthioun* (Nothion) ; voir *Les Catoptri-ciens*, p. 143, note 1. Le géomètre Pithon ne serait donc pas, selon une telle hypothèse, un ami mathématicien de Sérénus, comme on l'a estimé jusqu'à présent. Cette identification avec le géomètre cité par Dioclès est subordonnée à un certain nombre de conditions préalables que l'on peut relever dans l'argumentation de Th. Auffret : (1) considérer que Python est le véritable nom du géomètre cité par Dioclès, car bien attesté

à Thasos ; (2) considérer que le nom de Pythion (Πυθίων) a été corrompu en Pithon (Πείθων) dans la tradition de Sérénus (iotacisme, d'où Πειθίων, et disparition dans la seconde syllabe du iota en hiatus sous l'influence du nom propre très répandu Πείθων) ; (3) considérer que la séquence φίλος γὰρ ἀνήρ utilisée par Sérénus à propos du géomètre dont il veut confirmer les considérations sur les parallèles est la reprise de la belle formule du mathématicien Théodore défendant son maître Protagoras dans le *Théétète* (162a) ; (4) considérer que l'interprétation littérale de cette formule dans le texte de Sérénus n'est pas pertinente. Selon Th. Auffret, on aurait donc ici une défense par Sérénus d'une théorie qui remonterait au géomètre cité par Dioclès et s'inscrirait dans le cadre des débats en milieu platonicien sur le rôle épistémologique de la sensation. Il y a cependant une donnée linguistique qui n'a pas été prise en compte : le processus de corruption supposé pour Πυθίων ne peut s'envisager avant le ${IX}^e$ siècle, puisque c'est à partir de cette époque (voir M. Lejeune, *Phonétique historique du mycénien et du grec ancien*, Paris, 1972, p. 237) que les voyelles de timbre *u* déjà altérées dialectalement (en particulier en ionien-attique) ont abouti à *i* ; il faudrait donc considérer que l'altération s'est produite tardivement dans la tradition de Sérénus. Comme le texte de Sérénus transmis par V ne donne pas d'autre exemple de la confusion υ/ει et que la forme Πείθων de notre texte n'est pas elle-même fautive, la prudence doit s'imposer. D'autre part, en admettant même qu'il faille reconnaître dans la séquence φίλος γὰρ ἀνήρ une allusion au *Théétète*, Sérénus pourrait tout aussi bien jouer de cette formule pour évoquer le rapprochement que fait son ami entre les droites parallèles et les ombres des colonnes ; car c'est bien dans le contexte d'une réhabilitation de l'observation que s'inscrit la volonté de Sérénus de fournir l'appui conceptuel d'un traitement mathématique.
M. D.-F.

[51] Ver Eecke (*Sérénus d'Antinoë*, p. 54, n. 1) va trop vite lorsqu'il dit que ce géomètre Pithon « aurait tenté d'opposer les données de la commune expérience au cinquième postulat d'Euclide ». Car il est fort possible que le géomètre fût animé d'intentions pédagogiques et ait éclairé l'exposition euclidienne par une illustration plus parlante. D'ailleurs, on peut légitimement soupçonner l'authenticité de l'adjectif σοφώτερον, que j'ai traduit par « plus judicieux »— la traduction « plus rationnel » de Ver Eecke, ne convient vraiment pas— et qui me paraît peu vraisemblable sous la plume d'un mathématicien ; je me demande s'il ne faudrait pas lire σαφέστερον « plus clair »,

car les commentateurs en général, mettent l'accent sur la
« clarté », comme on le voit en particulier par le commentateur
des *Coniques*, Eutocius (voir M. Decorps-Foulquier, « Eutocius
d'Ascalon éditeur du traité des *Coniques* d'Apollonios de Pergè et
l'exigence de « clarté » : un exemple des pratiques exégétiques et
critiques des héritiers de la science alexandrine », dans *Sciences
exactes et sciences appliquées à Alexandrie*, éd. G. Argoud et J.-Y.
Guillaumin, Saint-Etienne, 1998, p. 87-101). M. F.

[52] Cette proposition est l'un des rares témoignages qui
nous restent (avec les lemmes aux *Porismes* d'Euclide dans le
Livre VII de la *Collection Mathématique* de Pappus, et les *Sphériques* de Ménélaos d'Alexandrie) montrant l'utilisation dans
l'Antiquité des relations entre les longueurs découpées dans
un triangle par une droite menée transversalement. La division
harmonique déterminée ici sur la droite ΔZ qui coupe les deux
côtés du triangle AZ et AE et la constance des rapports établis
quelle que soit la transversale menée du point Δ relève d'un
corpus de propriétés appelé à jouer un grand rôle au xixe siècle
dans la théorie des transversales, et en particulier dans l'étude
des propriétés des faisceaux harmoniques (dans la proposition
de Sérénus, le sommet A du triangle peut être considéré comme
le centre d'un faisceau harmonique et les quatre droites AZ,
AH, AE, <AΔ> comme des rayons dont les points d'intersection
avec la sécante sont en division harmonique). M. D.-F.

[53] L'opération est décrite dans *Éléments*, V.23 : si l'on
a deux séries de grandeurs, comportant le même nombre de
termes, a, b, c et d, e, f, et les rapports en proportion pertubée
(*Éléments*, V, *définition* 18) a : $b = e : f$ et $b : c = d : e$, en appliquant
l'opérateur *à intervalle égal* (δι' ἴσου <διαστήματος>, *Éléments*, V,
définition 17), le résultat de la transformation des rapports est
le suivant : $a : c = d : f$. Dans l'opération δι' ἴσου, l'intervalle égal
dont il est question dans la transformation est celui qui sépare
le premier et le dernier terme de chaque série, et le résultat
final de la transformation est la mise en rapport des extrêmes
par omission des moyens ; voir l'article de M. Federspiel, « Sur
le sens et l'emploi de la locution δι' ἴσου dans les mathématiques
grecques », *Pallas*, 72, 2006, p 171-185. M D-F.

[54] Par application d'*Éléments*, VI.4 dans les triangles
équiangles ZΠΑ et MΛΑ, on peut poser ZΠ : AΠ = MΛ : AΛ ;
de même dans les triangles équiangles AΠP et AΛK, on peut
poser AΠ : ΠP = AΛ : ΛK ; par l'opérateur *à intervalle égal*, on
obtient ZΠ : ΠP = MΛ : ΛK. M D-F.

ANALYSE MATHÉMATIQUE ET STRUCTURE DÉDUCTIVE DE LA *SECTION DU CYLINDRE*

(Kostas Nikolantonakis)

Remarques préliminaires

La *Section du cylindre* comprend 33 propositions, précédées comme il se doit de définitions. L'ouvrage entier peut se diviser en deux parties dans lesquelles Sérénus résout deux problèmes de nature assez différente. L'objet de ces deux parties est respectivement explicité dans la préface du traité adressée à son ami Cyrus, et dans le préambule qui fait suite à la proposition 28.

Dès le début de sa préface, Sérénus définit le but de son essai[1] : « Démontrons géométriquement qu'il n'existe nécessairement qu'une seule et même section, quant au type, dans le cas de l'une et l'autre figure, j'entends le cône et le cylindre, si elles sont coupées d'une manière définie et pas n'importe comment. » On trouve la propriété dont il est ici question clairement affirmée, mais non démontrée, dans le traité *Sur les conoïdes et les sphéroïdes* d'Archimède et dans les *Phénomènes* d'Euclide. L'identification de la courbe fermée, déterminée dans le cylindre et dans le cône par la section plane non parallèle ni antiparallèle aux bases, était une propriété déjà connue d'Archimède, qui écrit dans les

---

1. Le texte de Sérénus donné dans la présente introduction est cité dans la traduction de Michel Federspiel.

définitions de son traité[1] : « Si un cylindre est coupé par deux plans parallèles rencontrant toutes les générations du cylindre, les intersections seront ou bien des cercles ou bien des ellipses qui seront des figures équivalentes et semblables entre elles. » Dans le même traité, la proposition 9 démontre la propriété suivante : « Étant donnés une ellipse et un segment de droite issu du centre de l'ellipse, non perpendiculaire (*sc.* au plan de l'ellipse) mais situé dans le plan perpendiculaire au plan de l'ellipse et passant par l'un des diamètres, il est possible de trouver un cylindre ayant son axe sur la même droite à laquelle appartient le segment érigé et tel que sa surface contienne l'ellipse donnée. » De même, Euclide avait déjà mentionné dans les *Phénomènes* que si un cône ou un cylindre est coupé par un plan non parallèle à la base, la courbe engendrée peut être une section de cône acutangle, c'est-à-dire une ellipse[2]. Sérénus affirme également dans sa préface vouloir résolument s'inscrire dans la perspective des Anciens « qui se sont occupés des coniques » et « qui ne se sont pas contentés de la notion commune de cône, en vertu de laquelle le cône est construit par la révolution d'un triangle rectangle, mais ont traité le problème de manière plus développée et plus générale en considérant les cônes pas seulement droits, mais aussi obliques ». On retrouve ici une allusion à la définition euclidienne du cône engendré par la rotation d'un triangle rectangle autour de l'un des deux côtés de l'angle droit, et à la généralisation à laquelle a procédé Apollonios dans son traité des *Coniques*, en travaillant sur les cônes droits et obliques. Comme Apollonios l'avait fait pour le cône, Sérénus ne limitera pas son étude de la section de cylindre au cas du cylindre droit euclidien mais incluera dans sa théorie le cylindre oblique.

Après avoir consacré les 28 premières propositions à la section du cylindre et, pour quelques-unes d'entre elles, à

1. *Conoïdes et Sphéroïdes*, éd. Mugler, Paris, 1970, p. 158, 16-19.
2. *Phaenomena*, *Euclidis Opera omnia*, VIII, éd. Menge, Leipzig, 1916, p. 6, 5-7.

la section du cône, Sérénus aborde la deuxième partie de son traité, qu'il fait précéder d'un préambule ; on y apprend qu'il entend apporter son appui à une définition concrète des droites parallèles, proposée par un géomètre nommé Pithon. Dans cette partie, Sérénus affirme explicitement vouloir traiter géométriquement un problème optique, ce qu'il fait avec les moyens de l'optique géométrique ancienne.

D'un point de vue formel, Sérénus s'inscrit totalement dans la tradition démonstrative euclidienne, qui veut que chaque propriété démontrée soit un maillon d'une chaîne logique, exposée d'une manière synthétique. On notera que Sérénus fait usage de la méthode de la réduction par l'absurde dans un certain nombre de propositions[1]. L'originalité de son traité tient au fait qu'en prenant pour base le Livre I des *Coniques*, et en adaptant au cas du cylindre les propriétés apolloniennes, il a su développer sa propre théorie sur les sections cylindriques, avec des propositions nouvelles et inexistantes chez Apollonios. Dans la deuxième partie de son traité (propositions 29-33), on le voit utiliser son expérience précédente pour l'appliquer à la démonstration de propositions optiques, et s'inscrire ainsi dans une tradition proche d'Euclide et d'Aristarque de Samos. L'originalité de la démarche qui consiste à vouloir confirmer par les moyens de la géométrie une définition des parallèles issue de l'observation mérite d'être soulignée.

I
ANALYSE MATHÉMATIQUE

Étude des *Définitions*

Sérénus commence la *Section du cylindre* par une définition de la surface cylindrique et suppose pour sa génération deux cercles égaux sur deux plans parallèles, et dans chaque cercle des diamètres parallèles tournants. La ligne qui joint

---

1. Propositions 2, 8, 9 et 25.

les extrémités des diamètres d'un même côté produit la surface cylindrique. La définition du cylindre implique deux mouvements simultanés qu'il faut faire correspondre d'une manière précise. Suivent la définition du cylindre, qui est la figure obtenue par les cercles parallèles et la surface cylindrique, et de ses éléments (base, axe, côté du cylindre), puis la distinction entre le cylindre droit et le cylindre oblique. Ces trois premières définitions sont calquées sur les trois premières définitions du livre I des *Coniques*, relatives à la surface conique et au cône. Elles visent, par analogie, à étendre la notion euclidienne du cylindre strictement limitée au seul cylindre droit engendré par la révolution du parallélogramme rectangle autour de l'un de ses côtés.

Sérénus invoque directement l'autorité d'Apollonios pour les définitions suivantes relatives aux courbes planes obtenues par la section du cylindre : sont définis, comme pour les sections de cône, les diamètres, les sommets, les ordonnées, les diamètres conjugués des ellipses.

Sur le modèle des *Secondes définitions* du traité des *Coniques* relatives aux sections centrées[1], sont définis ensuite le centre de la section, le rayon, et le *second diamètre*. La dernière définition est consacrée à la notion d'ellipses semblables, qui correspond à la définition 2 du livre VI des *Coniques*. La définition d'Apollonios est plus générale, mais Sérénus définit les ellipses semblables en posant les mêmes conditions qu'Apollonios.

ÉTUDE DES PROPOSITIONS

Dans les 19 premières propositions de son traité, Sérénus s'attache à démontrer que la courbe fermée déterminée par la section oblique d'un cylindre quelconque, non parallèle ni antiparallèle aux bases est identique à l'ellipse déterminée dans les mêmes conditions dans un cône quelconque.

---

1. *Apollonios de Perge, Coniques*, tome 1.2, p. 70, 26-72, 5.

La première des propositions exposée par Sérénus est un lemme de géométrie plane. Dans les deux propositions suivantes, il démontre que la section d'un cylindre coupé par un plan mené par l'axe est un parallélogramme (prop. 2) et que la section d'un cylindre coupé par un plan parallèle au parallélogramme axial ainsi obtenu est un parallélogramme équiangle au parallélogramme axial (prop. 3). Après le lemme qui donne la propriété caractéristique du cercle (prop. 4), utilisée dans la prop. 6, Sérénus, sur le modèle des propositions 4 et 5 du Livre I des *Coniques*, obtient dans le cylindre deux séries de sections circulaires déterminées respectivement par des plans parallèles (prop. 5) et antiparallèles aux bases (prop. 6) ; la proposition 6 voit ainsi la première apparition du cylindre oblique. La proposition 7 est un problème de construction qui donne le moyen de construire la génératrice d'un cylindre passant par un point arbitraire donné dans sa surface. La proposition 8 montre que le segment qui relie deux points pris sur la surface d'un cylindre non situés sur un seul côté du parallélogramme axial du cylindre tombe à l'intérieur de la surface du cylindre. Dans toutes ces propositions, Sérénus utilise comme instruments géométriques, les génératrices (côtés du cylindre), les perpendiculaires sur les diamètres des bases et les parallèles à ces perpendiculaires.

Une étape importante est franchie dans les propositions 9-10, où apparaissent les constructions qui vont engendrer l'ellipse et la distinguer des autres sections obtenues. Sur le modèle de *Coniques* I.9, Sérénus démontre que la section produite dans un cylindre par un plan qui n'est ni parallèle aux bases, ni dans une position contraire, ni mené par l'axe, ni parallèle à un plan axial n'est ni circulaire ni rectiligne. Dans la proposition 11, sur le modèle de la proposition I.6 des *Coniques*, Sérénus traite de l'existence et de la construction des cordes d'un cylindre qui sont bissectées par un plan passant par l'axe.

La proposition 12 (*cf. Coniques*, I.7), voit apparaître le diamètre de la section de cylindre engendrée par un plan sécant passant par une droite du plan de la base, perpendiculaire à la base du parallélogramme axial. Après le lemme de la proposition 13, Sérénus nous donne dans la proposition 14 une relation entre la droite menée de la section sur son diamètre parallèlement à la section commune du plan sécant et du plan de la base, le rectangle compris par les segments du diamètre de la section, le carré du diamètre de la section et le carré du diamètre de la base.

Les propositions qui suivent constituent les résultats les plus importants. Sérénus établit dans les propositions 15, 16 et 17 un certain nombre de propriétés dont bénéficie la section du cylindre et grâce auxquelles l'identité avec l'ellipse obtenue dans le cône pourra être établie. La proposition 15 introduit la notion de *second diamètre* (diamètre conjugué au premier diamètre considéré). La proposition 16 démontre la même relation que la proposition 14, mais en faisant intervenir le second diamètre : le rapport du carré du second diamètre au carré du diamètre est égal au rapport de l'aire comprise par les segments du second diamètre au carré de la droite menée de la section sur le second diamètre parallèlement au diamètre.

La proposition 17 caractérise enfin l'ellipse selon la forme apollonienne, qui permet d'énoncer la propriété fondamentale de la section, valable pour tout point pris sur la courbe, sans plus de référence au cylindre. Sérénus utilise le *côté droit*, mené verticalement à l'extrémité du diamètre auquel il se rapporte comme droite constante, et délimitant, avec lui un rectangle équivalant au carré du diamètre conjugué à ce diamètre. Sérénus formule la propriété, comme Apollonios, en termes d'application des aires : le carré de la droite menée de manière ordonnée sur le diamètre équivaut au parallélogramme appliqué suivant le côté droit (directement nommé comme « troisième proportionnelle ») et ayant comme largeur la droite découpée sur le diamètre, jusqu'à la section, par cette même droite menée de manière ordonnée. Ce parallélogramme est diminué d'une figure rectangulaire semblable à celle qui est comprise par le diamètre et par le côté droit.

La proposition 18, comme la proposition I.15 des *Coniques*, formule la même relation pour une ordonnée menée au second diamètre. La proposition 19 donne la propriété fondamentale de l'ellipse sous la forme de la proposition I.21 des *Coniques*, avec le diamètre défini désormais comme *côté transverse* : les carrés des droites menées d'une manière ordonnée sur le diamètre seront aux aires comprises par les droites qu'elles découpent jusqu'aux extrémités du côté transverse de la figure comme le côté droit de la figure est au côté transverse, et ces carrés seront entre eux comme les aires comprises par les droites découpées comme on l'a dit. Sérénus peut affirmer l'identité des deux sections de cône et de cylindre.

En suivant la voie tracée par Apollonios, Sérénus a caractérisé l'ellipse à l'aide de deux concepts fondamentaux, le diamètre et le côté droit pour établir une propriété vérifiée pour tout point de la section. Le diamètre premier (le seul diamètre considéré par Sérénus) a été déterminé comme intersection commune d'un plan passant par l'axe du cylindre et d'un plan sécant qui lui a été associé.

Dans les propositions suivantes Sérénus expose des recherches originales fondées sur les résultats de la première partie.

Les propositions 20-22 traitent de la construction d'un cône et d'un cylindre qui passent par la même ellipse. Dans la proposition 20, Sérénus démontre que le second diamètre est le même ainsi que toutes les droites menées d'une manière ordonnée dans le cône et dans le cylindre. Les problèmes 21 et 22 lui permettent de confirmer la propriété démontrée dans la proposition 20. Dans les problèmes 23, 24 et 26 (la proposition 25 est un lemme directement appliqué dans la proposition 26) l'étude s'étend aux ellipses semblables déterminées dans le cône et le cylindre à partir d'un même plan.

Dans tout le groupe des propositions 20-26, Sérénus se fonde essentiellement sur la proposition I.13 des *Coniques* (caractérisation de l'ellipse) et sur la propriété équivalente pour le cylindre établie dans la proposition 17.

Les deux dernières propositions de la première partie traitent de la possibilité de couper un cylindre ou un cône oblique d'une infinité de manières et d'obtenir des ellipses semblables à une ellipse donnée par des plans qui convergent d'abord d'un même côté (proposition 27), puis de l'un et de l'autre côtés du cylindre ou du cône (proposition 28). Ce sont les propositions les plus remarquables de cette première partie du traité. On notera que, dans la démonstration de la proposition 27, Sérénus utilise la notion d'ellipses égales sans en donner auparavant la définition (Apollonios, *Coniques*, VI, *Définition* 1), sans donner non plus la relation entre ellipses semblables et ellipses égales (Apollonios, *Coniques*, VI.2).

La deuxième partie du traité s'ouvre par un préambule qui éclaire la perspective dans laquelle elle s'inscrit. Il s'agit pour Sérénus de défendre mathématiquement une définition des parallèles d'un géomètre nommé Pithon. La définition de Pithon est née de l'observation suivante : « les droites parallèles sont comparables aux ombres des colonnes que nous voyons se produire sur les murs ou sur le sol, lorsqu'un flambeau ou une lampe brûle par derrière ». Elle donne à Sérénus l'occasion de chercher le lieu des points de contact des tangentes d'un cône ou d'un cylindre qui passent par un point et de découvrir que ce lieu appartient à un plan déterminé. Cette nouvelle recherche montre clairement la connaissance par Sérénus des travaux sur l'optique qui ont suivi le traité d'Euclide, et s'inscrit dans le domaine de l'optique géométrique ancienne.

Dans les propositions 29 et 32, pour reprendre les termes de P. Ver Eecke dans l'introduction à sa tradition du traité (p. 53), Sérénus démontre respectivement que le lieu des points de contact d'un faisceau de tangentes menées d'un point de l'espace à la surface d'un cylindre est un parallélogramme dont le plan est parallèle à celui d'un parallélogramme axial (prop. 29) et que le lieu des points de contact des tangentes menées dans les mêmes conditions à la surface d'un cône est constitué par les côtés d'un triangle

dont le plan passe par le sommet du cône (prop. 32). Dans
les propositions 30 et 33, le point de l'espace est un point
lumineux, et Sérénus démontre que les rayons issus de lui
qui tombent respectivement sur un cylindre ou un cône
déterminent un parallélogramme et un triangle d'ombre
respectivement parallèles au parallélogramme et au triangle
interceptés par les rayons. La proposition 31 démontre que
le faisceau des droites menées d'un point à l'extérieur d'un
triangle sera divisé dans un rapport harmonique par la droite
amenée du sommet sur la base, propriété utilisée dans la
proposition 32.

Comme le font apparaître les tableaux de correspondance
qui suivent, Sérénus s'insère dans la tradition d'étude des
figures solides qui va d'Euclide à Eutocius, au croisement des
traditions apollonienne et archimédienne, ce que confirment
le parallélisme des procédures démonstratives, le choix des
propositions mathématiques auxiliaires, tirées principalement des *Éléments* d'Euclide, et de manière plus générale,
le style mathématique utilisé. On notera en particulier que
Sérénus a une connaissance très approfondie des propositions euclidiennes. Son travail sur les sections cylindriques
a influencé les premières recherches des auteurs arabes qui
ont travaillé aussi dans ce domaine, tout particulièrement
Thābit ibn Qurrah, dont nous donnons également les propositions correspondantes tirées de son ouvrage *Sur les sections
du cylindre et sur sa surface latérale*[1]. Thābit ibn Qurrah
enrichira considérablement le premier projet de Sérénus par
son utilisation des projections et des transformations ponc-
tuelles.

---

1. Le texte est édité par R. Rashed dans *Les mathématiques
infinitésimales du IXe au XIe siècle*, p. 500-673.

TABLEAU I

Sérénus, *Section du cylindre*	Apollonios, *Coniques*	Thābit ibn Qurrah, *Sur les sections du cylindre et sur sa surface latérale*
Définition 1	Définition I.1	Définition 1
Définition 2	Définition I.2	Définition 1, 2, 3, 4, 5
Définition 3	Définition I.3	Définition 8
Définition 4	Définition I.4	
Définition 5	Définition I.6	
Définition 6	Livre I, *Secondes définitions* 1	
Définition 7	Livre I, *Secondes définitions* 3	
Définition 8	Livre VI, Définition 2	
Proposition 2 et 3	Proposition I.3	Proposition 3 et 4
Proposition 5	Proposition I.4	Proposition 8
Proposition 6	Proposition I.5	Proposition 9
Proposition 7 et 8	Proposition I.2	Proposition 1 et 2
Proposition 9-10	Proposition I.9	Proposition 10
Proposition 11	Proposition I.6	
Proposition 12	Proposition I.7	
Proposition 17	Proposition I.13	Proposition 11
Proposition 18	Proposition I.15	
Proposition 19	Proposition I.21	Réf. dans prop. 10
Proposition 26	Livre VI, Prop. 27	
Proposition 31	Propositions I.36 et 37	

TABLEAU 2
AUTRES CORRESPONDANCES

Sérénus, Section Cylindre	Euclide Éléments	Aristarque Dimensions et distances du soleil et de la lune	Archimède	Pappus Collection Mathématique VII	Eutocius Commentaires
Proposition 1	Prop. XI.10				
Proposition 4				Prop. 168	Sur Coniques, I.5
Propositions 13 et 14			Sphère et Cylindre, II.2, Corollaire		Sur Sphère et Cylindre, II.2 Corollaire
Proposition 20			Conoïdes et Sphéroïdes, 9		
Proposition 22				Prop. 127	
Proposition 27				Prop. 26	
Proposition 29		Prop. 2			
Proposition 32		Prop. 2			

II
STRUCTURE DÉDUCTIVE
DE LA SECTION DU CYLINDRE

LA STRUCTURE DÉDUCTIVE DES PROPOSITIONS I-22

Analyser la structure déductive de la *Section du cylindre* permet, comme pour tout traité relevant de la tradition euclidienne, de s'assurer de l'ordre des propositions et de repérer les implications logiques d'une proposition à l'autre.

Toute la première partie est en fait organisée autour de la proposition 17 (figure 1), dans laquelle Sérénus démontre que si dans une section de cylindre dont AB est le diamètre, et ΓΔ le second diamètre, et telle que ΓΔ/AH = AB/ΓΔ, où AH est perpendiculaire à la droite AB, où EZ est une droite menée de manière ordonnée (c'est-à-dire parallèle au diamètre conjugué ΓΔ) sur la droite AB, ZΘ une parallèle à

AH, et ΘK une parallèle à AZ, nous aurons EZ^2 = parallélogramme AΘ.

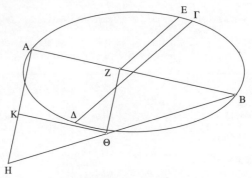

Fig. 1 (prop. 17)[1]

Cette propriété nous donne le σύμπτωμα de l'ellipse dans la forme apollonienne, c'est-à-dire en termes d'application des aires : le carré de la droite EZ menée de manière ordonnée sur le diamètre équivaut au parallélogramme appliqué suivant le côté droit AH et ayant comme largeur la droite AZ découpée jusqu'à la section par la droite EZ ; ce parallélogramme est diminué d'une figure rectangulaire HK,KΘ semblable à la figure comprise par le diamètre transverse AB et son côté droit associé AH. Les conditions de la construction de l'ellipse de la proposition 17 donnent la raison d'être des propositions plus élémentaires qui la précèdent et justifient les constructions exposées.

La proposition 17 repose sur la propriété établie dans la proposition 14, qui montre (figure 2), grâce au lemme établi dans la proposition 13, que les diamètres EH, KΛ sont divisés d'une manière semblable par le point Θ, ce qui donne la relation EH^2/KΛ^2 = EΘ × ΘH/KΘ × ΘΛ = EΘ × ΘH/ZΘ^2.

---

1. Les figures reproduites ici sont celles de la présente édition.

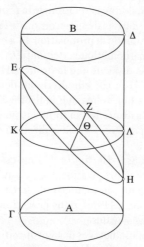

Fig. 2 (prop. 14)

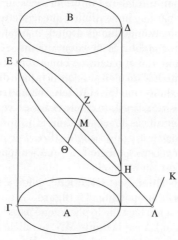

Fig. 3 (prop. 12)

Cette propriété, après définition du *second diamètre* dans la proposition 15, donne la relation de la proposition 16 (voir figure 5), utilisée dans la démonstration de la proposition 17.

La démonstration de la proposition 14 a également besoin des propriétés mathématiques démontrées dans la proposition 12 (figure 3), à savoir que la droite EH est un diamètre de la section EZHΘ, car elle divise en deux parties égales toutes les droites qui, telles que la droite ZΘ, sont menées parallèlement à la droite KΛ et tombent sur EH. La démonstration de la proposition 12 utilise directement le résultat de la proposition 11.

Les propositions 9-10 (figure 4) sont essentielles pour la démonstration de la proposition 16, puisqu'elles établissent entre autres l'égalité du diamètre de la base et de la droite parallèle à la droite ZH qui, dans la section, divise la droite ΓΔ en deux parties égales.

D'autre part, c'est dans ces deux propositions que Sérénus, en choisissant deux points Γ et E non situés sur le même côté du cylindre (la proposition 8 a démontré que la droite qui relie ces deux points tombe à l'intérieur de la surface du cylindre), démontre par une impossibilité que la section ΓEΔ n'est pas une composition de lignes droites et n'est pas non plus un cercle. Pour établir ce deuxième point, Sérénus utilise les propositions 4, 5 et 6 dans les conditions suivantes : il mène par la droite EM un plan parallèle à la base du cylindre, lequel détermine la section OEΠM, qui, selon le résultat démontré à la proposition 5, est un cercle qui a son centre sur l'axe ; la section n'étant pas de sens contraire (prop. 6), et donc l'angle ΛOΓ n'étant pas égal à l'angle OΓΛ, il peut établir que $EΛ^2$ n'est pas égal au rectangle $ΓΛ \times ΛΔ$, et donc (prop. 4) que la section n'est pas un cercle.

La proposition 3 est essentielle, quant à elle, à la démonstration de la proposition 16 (figure 5), puisqu'il obtient la propriété selon laquelle le plan mené parallèlement au parallélogramme ΓΔ par la droite MN, parallèle à EH, détermine comme section le parallélogramme PΣ, qui est parallèle au parallélogramme axial ΓΔ.

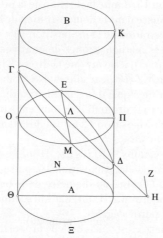

Fig. 4 (prop. 9)

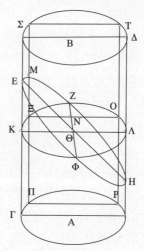

Fig. 5 (prop. 16)

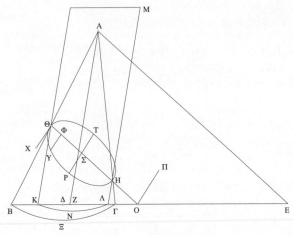

Fig. 6 (prop. 20)

Pour la proposition 18, qui applique au second diamètre le résultat de la proposition 17, Sérénus suit une démarche similaire.

Les propositions 20-22 restent en étroite relation avec le résultat de la proposition 18, et examinent un problème assez intéressant qui est de savoir si un cône et un cylindre peuvent être coupés conjointement suivant une même ellipse. Sont utilisées les propositions 6, 9, 15, 17 et 19.

Dans la proposition 20, après la construction du cône et du cylindre, Sérénus obtient la section ΘPH du cône avec ΘH comme diamètre ; il mène ensuite d'une manière ordonnée le second diamètre PT et ΥΦ, qui lui est parallèle. Il construit (toujours dans la section du cône) le côté droit ΘX en posant ΘH/ΘX = ΘH^2/PT^2, relation qu'il transforme en ΘH^2/PT^2 = ΘO^2/KO^2. En utilisant la similitude des triangles KΘO et ΛHO, il aboutit à la relation KΛ = PT, et donc (prop. 9) à l'égalité du second diamètre de la section du cylindre et du second diamètre PT de la section du cône. Par la proposition 15, il obtient les résultats suivants : a) PT est le second diamètre de la section du cône ainsi que celle du cylindre ;

b) ΘH est le diamètre de la section du cône et de celle du cylindre ; c) le point P est situé dans la surface conique et dans la surface cylindrique. Par la proposition 19 et par la proposition I,21 des *Coniques* Sérénus établit que ΥΦ est aussi dans la section du cylindre et donc que le point Υ est situé dans la surface conique et dans la surface cylindrique. Il peut établir maintenant que la ligne ΘPH est située dans les deux surfaces et donc qu'elle est une seule et même section. Par la proposition 6, il démontre que la section n'est pas de sens contraire et, par la proposition 9, il démontre que la section n'est pas un cercle ; elle est donc une ellipse.

Les deux problèmes 21 et 22, qui dépendent de la proposition 20 construisent le cylindre capable de couper l'ellipse donnée dans un cône donné et inversement.

Ces relations peuvent être résumées dans le schéma qui suit :

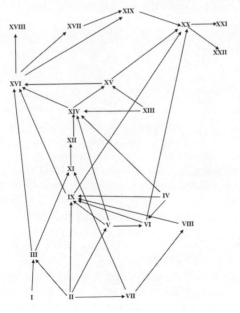

La structure déductive des propositions 23-28 et 29-33

Toutes les propositions 23-28 dépendent des propositions 9 et 17 que nous avons expliquées précédemment. Dans les procédures démonstratives des propositions 23, 24 et 28, Sérénus utilise aussi la proposition 6.

La deuxième partie de la *Section du cylindre* contient les propositions parallèles 29-30 (relatives au cas du cylindre) et 31-33 (relatives au cas du cône), qui traitent géométriquement le problème d'optique annoncé par Sérénus. Les seules propositions du traité utilisées sont les propositions 2, 5, 12 et 17 (prop. 29) ; la proposition 32 se fonde sur des propriétés du livre I des *Coniques* d'Apollonios (prop. 3, 4, 7).

SÉRÉNUS
SECTION DU CÔNE

—

ΣΕΡΗΝΟΥ
ΠΕΡΙ ΚΩΝΟΥ ΤΟΜΗΣ

SÉRÉNUS
LA SECTION DU CÔNE

Lorsque la section des cônes se fait par leur sommet, excellent Cyrus, elle produit dans ces cônes des triangles et donne lieu à une théorie variée et élégante[1]. Comme, si je ne m'abuse, cette section n'a été étudiée par aucun de mes prédécesseurs, il m'a semblé que j'aurais tort de laisser ce sujet non traité et que je devais en parler, du moins sur les points qui me sont venus à l'esprit.

Certes, je crois que le traitement que je propose embrasse l'essentiel, c'est-à-dire ce qui réclame apparemment un traitement géométrique approfondi. Pourtant, je ne serais pas étonné si l'on s'apercevait que j'ai laissé de côté des choses qu'il fallait dire, parce que je suis le premier à en avoir entrepris l'examen ; par conséquent, il est naturel que toi-même, lorsque tu auras abordé la même étude, ou l'un de mes futurs lecteurs, partant de mon exposé, vous ajoutiez ce que j'ai laissé de côté.

Mais il y a des choses que j'ai omises volontairement, soit à cause de leur caractère évident, soit parce qu'elles

---

1. Voir Note complémentaire [1].

ΣΕΡΗΝΟΥ

ΠΕΡΙ ΚΩΝΟΥ ΤΟΜΗΣ

Τῆς ἐν τοῖς κώνοις τομῆς, ἄριστε Κῦρε, ὅταν
διὰ τῆς κορυφῆς αὐτῶν γίνηται, τρίγωνα μὲν ὑφισ-
τάσης ἐν τοῖς κώνοις, ποικίλην δὲ καὶ γλαφυρὰν 5
θεωρίαν ἐχούσης καὶ μηδενὶ τῶν πρὸ ἡμῶν, ὅσα γε
ἐμὲ εἰδέναι, πραγματευθείσης ἔδοξέ μοι μὴ καλῶς
ἔχειν ἀνεξέργαστον ἀφεῖναι τὸν τόπον τοῦτον, εἰπεῖν
δὲ περὶ αὐτῶν, ὅσα γε εἰς ἐμὴν ἀφῖκται κατάληψιν.
Σχεδὸν μὲν οὖν τά γε πλείω καὶ βαθυτέρας 10
δοκοῦντα δεῖσθαι γεωμετρίας ἡγοῦμαι λόγου τετυ-
χηκέναι παρ' ἡμῶν, οὐκ ἂν δὲ θαυμάσαιμι, εἰ καί
τι τῶν ὀφειλόντων λεχθῆναι παρείκων ὀφθείην ἅτε
πρῶτος ἐγχειρήσας τῇ τούτων θεωρίᾳ, ὥστε εἰκὸς
ἢ σὲ καθέντα εἰς τὴν αὐτὴν σκέψιν ἢ τῶν ὕστερον 15
ἐντευξομένων τινὰ ὁρμώμενον ἐνθένδε τὸ παροφθὲν
ἡμῖν προσθεῖναι.
Ἔστι δὲ ἃ καὶ ἑκόντες παραλελοίπαμεν ἢ διὰ
τὸ σαφὲς ἢ διὰ τὸ ἄλλοις δεδεῖχθαι· αὐτίκα τὸ

Tit. ΣΕΡΗΝΟΥ ΠΕΡΙ ΚΩΝΟΥ ΤΟΜΗΣ Heiberg : Σερήνου ἀντινσέως (sic) φιλοσόφου περὶ κώνου τομῆς Ψ : om. V ‖ 3 Κῦρε
Heiberg : Κύρε V ‖ 14 πρῶτος c : πρώτως V.

ont été démontrées par d'autres. Pour prendre un exemple, j'omets de dire que, dans tout cône coupé par le sommet, la section était un triangle, parce que d'autres ont démontré qu'il en était ainsi[1], et pour que mon ouvrage ne comporte rien d'étranger aux découvertes que j'ai faites. Quant aux choses trop évidentes et à la portée du plus grand nombre, je les ai exclues de ma composition, pour ne pas distraire l'attention des lecteurs. Passons maintenant à la démonstration des propositions[2].

1

Si, de quatre droites, la première a, avec la deuxième, un rapport plus grand que celui que la troisième a avec la quatrième, le rectangle compris par la première et la quatrième est plus grand que celui compris par la deuxième et la troisième[3].

Qu'une droite A ait, avec une droite B, un rapport plus grand que celui qu'une droite Γ a avec une droite ΔE.

Je dis que le rectangle $A,\Delta E$ est plus grand que le rectangle B,Γ.

---

1. En l'occurrence Apollonios dans la proposition I.3 des *Coniques*.

2. Les notions et les expressions déjà utilisées dans la *Section du cylindre* n'ont pas fait l'objet de nouvelles notes.

3. Le même lemme se trouve également dans la *Collection mathématique* de Pappus (Livre VII, prop. 16), dans une version équivalente.

μὲν ἐν παντὶ κώνῳ τρίγωνον εἶναι τομήν, εἰ διὰ
τῆς κορυφῆς τμηθείη, διὰ τὸ δεδεῖχθαι ἄλλοις ὡς
οὕτως ἔχον ἡμεῖς παραλιμπάνομεν, ἵνα μηδὲν ἀλλότριον τοῖς ὑφ' ἡμῶν εὑρεθεῖσι συντεταγμένον ᾖ.
Τὰ δ' ἐπιπολαιότερα καὶ τοῖς πολλοῖς εὔληπτα 5
γραφῆς οὐκ ἠξιώσαμεν, ἵνα μὴ τῶν ἐντυγχανόντων
τὴν προσοχὴν τῆς διανοίας ἐκλύσωμεν. Ἰτέον δὴ
ἐπὶ τὴν τῶν προκειμένων ἀπόδειξιν.

                              α'

Ἐὰν τεσσάρων εὐθειῶν ἡ πρώτη πρὸς τὴν δευτέραν 10
μείζονα λόγον ἔχῃ ἤπερ ἡ τρίτη πρὸς τὴν τετάρτην,
τὸ ὑπὸ πρώτης καὶ τετάρτης μεῖζόν ἐστι τοῦ ὑπὸ
δευτέρας καὶ τρίτης.

Εὐθεῖα γὰρ ἡ Α πρὸς τὴν Β μείζονα λόγον ἐχέτω
ἤπερ ἡ Γ πρὸς τὴν ΔΕ.   15

Λέγω ὅτι τὸ ὑπὸ τῶν Α, ΔΕ μεῖζόν ἐστι τοῦ ὑπὸ
τῶν Β, Γ.

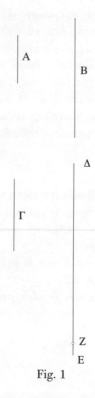

Fig. 1

Puisque A a, avec B, un rapport plus grand que celui que Γ a avec ΔE, que Γ soit à ΔZ comme A est à B ; le rectangle A,ΔZ est donc égal au rectangle B,Γ[1]. Or le rectangle A,ΔE est plus grand que le rectangle A,ΔZ[2].

Le rectangle A,ΔE est donc aussi plus grand que le rectangle B,Γ.

1. *Éléments*, VI.16.
2. Il manque une étape ici que fournit Pappus : on déduit des rapports précédents l'inégalité Γ : ΔZ > Γ : ΔE, d'où, par *Éléments*, V.10, ΔZ < ΔE.

Fig. 1

Ἐπεὶ ἡ Α πρὸς Β μείζονα λόγον ἔχει ἤπερ ἡ Γ πρὸς ΔΕ, ἔστω ὡς ἡ Α πρὸς Β, οὕτως ἡ Γ πρὸς ΔΖ· τὸ ἄρα ὑπὸ Α, ΔΖ ἴσον ἐστὶ τῷ ὑπὸ τῶν Β, Γ. Μεῖζον δὲ τὸ ὑπὸ Α, ΔΕ τοῦ ὑπὸ Α, ΔΖ.

Καὶ τοῦ ὑπὸ Β, Γ ἄρα μεῖζόν ἐστι τὸ ὑπὸ Α, ΔΕ. 5

2

Si, dans un triangle rectangle, est menée une droite de l'un des angles à l'un des côtés entourant l'angle droit, la droite menée a, avec la droite découpée par elle du côté de la perpendiculaire[1], un rapport plus grand que celui que la droite qui sous-tendait en premier lieu l'angle droit a avec le côté coupé par la droite menée.

Que, dans un triangle rectangle ABΓ ayant l'angle A droit, soit menée une certaine droite ΓΔ de l'un des angles Γ à AB.

Je dis que ΓΔ a, avec ΔA, un rapport plus grand que celui que ΓB a avec BA.

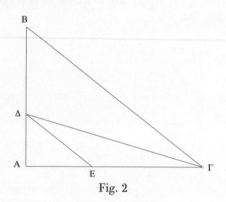

Fig. 2

Que soit menée une parallèle ΔE à ΓB.

Puisque l'angle ΔAΓ est droit, l'angle ΔEΓ est obtus[2] ; ΔΓ est donc plus grande que ΔE[3]. ΓΔ a donc, avec ΔA, un

---

1. Sur cette désignation du segment ΔA, voir Note complémentaire [2].
2. Dans le triangle ΔAE, dont le côté AE a été prolongé : par application d'*Éléments*, I.16, l'angle extérieur ΔEΓ est plus grand que chacun des angles ΔAE et AΔE.
3. Par application d'*Éléments*, I.19 dans le triangle ΔEΓ.

β′

Ἐὰν τριγώνου ὀρθογωνίου ἀπὸ τῆς ἑτέρας τῶν
γωνιῶν ἐπὶ μιὰν τῶν περὶ τὴν ὀρθὴν ἀχθῇ εὐθεῖα,
ἡ ἀχθεῖσα πρὸς τὴν ἀπολαμβανομένην ὑπ' αὐτῆς
πρὸς τῇ καθέτῳ μείζονα λόγον ἔχει ἤπερ ἡ ἐξ ἀρχῆς 5
ὑποτείνουσα τὴν ὀρθὴν πρὸς τὴν τμηθεῖσαν πλευρὰν
ὑπὸ τῆς ἀχθείσης.

Τριγώνου γὰρ ὀρθογωνίου τοῦ ΑΒΓ ὀρθὴν ἔχοντος
τὴν Α γωνίαν ἀπὸ μιᾶς τῶν γωνιῶν τῆς Γ ἐπὶ τὴν
ΑΒ ἤχθω τις εὐθεῖα ἡ ΓΔ.   10

Λέγω ὅτι ἡ ΓΔ πρὸς ΔΑ μείζονα λόγον ἔχει ἤπερ
ἡ ΓΒ πρὸς ΒΑ.

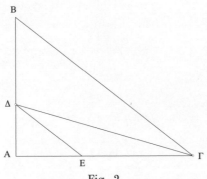

Fig. 2

Ἤχθω παρὰ τὴν ΓΒ ἡ ΔΕ.

Ἐπεὶ ὀρθή ἐστιν ἡ ὑπὸ ΔΑΓ, ἀμβλεῖα ἄρα ἡ ὑπὸ
ΔΕΓ· μείζων ἄρα ἡ ΔΓ τῆς ΔΕ. Ἡ ἄρα ΓΔ πρὸς ΔΑ 15

---

1 β′ Ψ V⁴ : om. V ‖ 3 τῶν c Ψ : τῷ V ‖ 4 ἀπολαμβανομένην
c Ψ : -μένη V ‖ 5 πρὸς τῇ καθέτῳ V : an ἀπὸ τῆς καθέτου ? vide
adn.

rapport plus grand que celui que EΔ a avec ΔA[1], c'est-à-dire que celui que ΓB a avec BA[2].

3

Si un cône droit[3] est coupé par des plans menés par le sommet, les triangles produits dans les sections et ayant des bases égales sont égaux entre eux.

Soit un cône, ayant pour sommet le point A et pour base le cercle décrit autour du centre B ; que le cône soit coupé par des plans menés par le sommet, et soient les triangles produits par la section (il est démontré ailleurs que des sections de ce genre déterminent des triangles[4]). Soient les triangles AΓΔ et AEZ ayant les bases ΓΔ et EZ égales.

Je dis que les triangles AΓΔ et AEZ sont égaux.

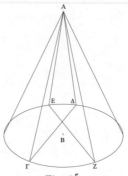

Fig. 3[5]

1. *Éléments*, V.8.
2. Par application d'*Éléments*, VI.4 dans les triangles équiangles AΔE et ABΓ.
3. Il s'agit d'un cône de révolution ou cône circulaire droit. L'axe du cône est perpendiculaire au plan de la base, et toutes les génératrices sont égales.
4. *Coniques*, I.3.
5. Contrairement à l'usage observé pour les figures du cône et du cylindre dans la *section du cylindre*, la base circulaire des cônes est représentée dans V par un cercle, et non par une ellipse.

μείζονα λόγον ἔχει ἤπερ ἡ ΕΔ πρὸς ΔΑ, τουτέστιν
ἤπερ ἡ ΓΒ πρὸς ΒΑ.

γ´

Ἐὰν κῶνος ὀρθὸς διὰ τῆς κορυφῆς ἐπιπέδοις
τμηθῇ, τῶν γινομένων ἐν ταῖς τομαῖς τριγώνων τὰ 5
ἴσας ἔχοντα βάσεις ἀλλήλοις ἐστὶν ἴσα.

Ἔστω κῶνος οὗ κορυφὴ μὲν τὸ Α σημεῖον, βάσις
δὲ ὁ περὶ τὸ Β κέντρον κύκλος, τοῦ δὲ κώνου διὰ τῆς
κορυφῆς τμηθέντος ἐπιπέδοις γεγενήσθω τὰ ὑπὸ τῆς
τομῆς γενόμενα τρίγωνα· ὅτι γὰρ τρίγωνα ποιοῦσιν 10
αἱ τοιαῦται τομαί, ἐν ἄλλοις δείκνυται. Γεγενήσθω
δὴ τὰ ΑΓΔ, ΑΕΖ ἴσας ἔχοντα τὰς ΓΔ, ΕΖ βάσεις.

Λέγω ὅτι τὰ ΑΓΔ, ΑΕΖ τρίγωνα ἴσα ἐστίν.

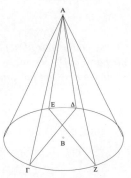

Fig. 3

3 γ´ Ψ´ V⁴ : om. V ‖ 12 ἴσας Ψ : ἴσα V.

Puisque les bases sont égales entre elles et que AΓ, AΔ, AE et AZ sont aussi égales[1], alors le triangle est aussi égal au triangle[2].

4

Dans les cônes droits, les triangles semblables sont égaux entre eux.

Que, sur la figure précédente, le triangle AΓΔ soit semblable au triangle AEZ.

Je dis qu'il lui est aussi égal.

Puisque AE est à EZ comme AΓ est à ΓΔ[3], alors elles sont encore proportionnelles par permutation. D'autre part, ΓA et EA sont égales ; ΓΔ et EZ sont donc aussi égales. Or, dans les cônes droits, les triangles élevés sur des bases égales sont égaux[4].

Les triangles AΓΔ et AEZ sont donc égaux.

5

Si un cône droit est coupé par des plans menés par le sommet[5], l'un mené par l'axe[6], les autres menés en dehors de l'axe, et que l'axe du cône ne soit pas plus petit que le rayon

1. Elles sont autant de positions de la génératrice du cône.
2. *Éléments*, I.8.
3. *Éléments*, VI.4.
4. Proposition 3.
5. Parmi les plans passant par le sommet, il y a ceux qui contiennent l'axe et qui coupent la base circulaire du cône suivant un diamètre. Dans le cône droit, tout plan axial est perpendiculaire au plan de la base.
6. Sur la séquence διὰ τοῦ ἄξονος et sa traduction, voir *Section du cylindre*, note complémentaire [13].

Ἐπεὶ γὰρ αἵ τε βάσεις ἴσαι ἀλλήλαις, ἴσαι δὲ
καὶ αἱ ΑΓ, ΑΔ, ΑΕ, ΑΖ, καὶ τὸ τρίγωνον ἄρα τῷ
τριγώνῳ ἴσον.

δ′

Ἐν τοῖς ὀρθοῖς κώνοις τὰ ὅμοια τρίγωνα ἴσα 5
ἀλλήλοις ἐστίν.

Ἔστω γὰρ ἐπὶ τῆς προκειμένης καταγραφῆς τὸ
ΑΓΔ τρίγωνον τῷ ΑΕΖ ὅμοιον.

Λέγω ὅτι καὶ ἴσον ἐστίν.

Ἐπεὶ γὰρ ὡς ἡ ΑΓ πρὸς ΓΔ, οὕτως ἡ ΑΕ πρὸς 10
ΕΖ, καὶ ἐναλλὰξ ἄρα· καί εἰσιν ἴσαι αἱ ΓΑ, ΕΑ·
ἴσαι ἄρα καὶ αἱ ΓΔ, ΕΖ. Τὰ δὲ ἐπὶ ἴσων βάσεων
τρίγωνα ἐν τοῖς ὀρθοῖς κώνοις ἴσα ἐστίν.

Ἴσα ἄρα τὰ ΑΓΔ, ΑΕΖ τρίγωνα.

ε′   15

Ἐὰν κῶνος ὀρθὸς ἐπιπέδοις τμηθῇ διὰ τῆς κορυφῆς
τῷ μὲν διὰ τοῦ ἄξονος, τοῖς δὲ ἐκτὸς τοῦ ἄξονος, ὁ
δὲ ἄξων τοῦ κώνου μὴ ἐλάττων ᾖ τῆς ἐκ τοῦ κέντρου

4 δ′ Ψ V⁴ : om. V ‖ 11 Ε]Ζ c v Ψ : Ξ V (Ξ del. V¹, sed Z
euan. V¹ᵐᵍ) ‖ ΕΑ Par. 2367 e corr. : ΑΕ Ψ ΓΕΑ V ‖ 14 ΑΕΖ
Vind² : ΔΕΖ V Vind ‖ 15 ε′ Ψ V⁴ : om. V.

de la base[1], *le plus grand des triangles produits dans le cône sera le triangle axial*[2].

Soit un cône, ayant pour sommet le point A, pour base le cercle décrit autour du centre B, pour axe l'axe AB. Que le cône soit coupé par le sommet, et que soient produits d'abord un triangle AΓΔ mené par l'axe, puis un triangle AEZ situé en dehors de l'axe ; que EZ soit placée parallèle à ΓΔ, et que l'axe, c'est-à-dire la droite AB, ne soit pas plus petite que BΓ.

Je dis que le triangle AΓΔ est plus grand que le triangle AEZ.

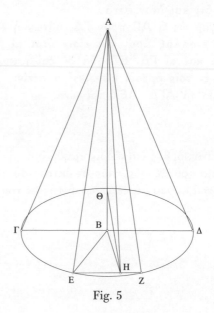

Fig. 5

1. Sérénus se place dans le cas du cône droit acutangle ou rectangle.

2. Littéralement : le triangle <mené> par l'axe. Sa base est un diamètre du cercle de base. Dans le cône droit, tout triangle axial est isocèle.

τῆς βάσεως, τῶν γινομένων ἐν τῷ κώνῳ τριγώνων μέγιστον ἔσται τὸ διὰ τοῦ ἄξονος.

Ἔστω κῶνος οὗ κορυφὴ μὲν τὸ **Α**, βάσις δὲ ὁ περὶ τὸ **Β** κέντρον κύκλος, ἄξων δὲ ὁ **ΑΒ**. Τμηθέντος δὲ τοῦ κώνου διὰ τῆς κορυφῆς γεγενήσθω τρίγωνα διὰ 5 μὲν τοῦ ἄξονος τὸ **ΑΓΔ**, ἐκτὸς δὲ τοῦ ἄξονος τὸ **ΑΕΖ**, καὶ κείσθω παράλληλος ἡ **ΕΖ** τῇ **ΓΔ**· ὁ δὲ ἄξων, τουτέστιν ἡ **ΑΒ** εὐθεῖα, μὴ ἐλάττων ἔστω τῆς **ΒΓ**.

Λέγω ὅτι τὸ **ΑΓΔ** τρίγωνον μεῖζόν ἐστι τοῦ **ΑΕΖ** 10 τριγώνου.

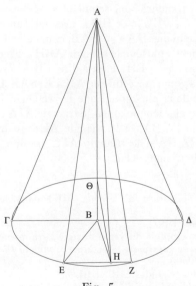

Fig. 5

10 ΑΓΔ Ψ : ΑΓ V.

Que soit menée une droite de jonction BE ; que, de B, soit menée une perpendiculaire BH à EZ ; EZ est donc coupée en deux parties égales en un point H[1]. Que soit menée une droite de jonction AH ; AH est donc perpendiculaire à EZ, puisque le triangle EAZ est isocèle.

Dès lors, puisque AB n'est pas plus petite que le rayon BE, et que EH est plus petite que BE[2], alors AB est plus grande que EH. Que soit donc retranchée[3] une droite BΘ égale à EH, et que soit menée une droite de jonction HΘ.

Puisque EH est égale à BΘ, que BH est commune, alors deux droites sont égales à deux droites[4] ; d'autre part, l'angle EHB est égal à l'angle HBΘ, puisque chacun des deux est droit ; la base EB est donc aussi égale à la base ΘH[5], et les triangles sont semblables. HΘ est donc à ΘB comme BE est à EH[6] ; or HΘ a, avec ΘB, un rapport plus grand que celui que HA a avec AB, comme on l'a démontré précédemment[7], puisque le triangle ABH est rectangle. BE a donc aussi, avec EH, c'est-à-dire ΓB a, avec EH, un rapport plus grand que celui que AH a avec AB. Le rectangle ΓΔ,BA est donc plus grand que le rectangle EZ,HA, en vertu du premier lemme ; mais le triangle AΓΔ est la moitié du rectangle ΓΔ,BA, et le triangle AEZ est la moitié du rectangle EZ,HA[8] ; le triangle AΓΔ est donc aussi plus grand que le triangle AEZ.

1. Par application d'*Éléments*, III.3 dans le cercle de centre B.
2. *Éléments*, I.19.
3. Sur les emplois du verbe ἀφαιρεῖν, synonyme des verbes ἀπολαμβάνειν et ἀποτέμνειν « découper », voir le *Dictionnaire* de Mugler, p. 89-90.
4. Dans les triangles EHB et HBΘ.
5. Par application d'*Éléments*, I.4 dans les triangles EHB et HBΘ.
6. *Éléments*, VI.4.
7. Proposition 2.
8. En vertu d'*Éléments*, I.41, pour les triangles et les parallélogrammes de même base et construits entre les mêmes parallèles.

Ἐπεζεύχθω ἡ ΒΕ, καὶ ἀπὸ τοῦ Β κάθετος ἤχθω ἐπὶ τὴν ΕΖ ἡ ΒΗ· δίχα ἄρα τέτμηται ἡ ΕΖ κατὰ τὸ Η. Ἐπεζεύχθω ἡ ΑΗ· ἡ ΑΗ ἄρα κάθετός ἐστιν ἐπὶ τὴν ΕΖ· ἰσοσκελὲς γὰρ τὸ ΕΑΖ.

Ἐπεὶ οὖν ἡ ΑΒ οὐκ ἔστιν ἐλάττων τῆς ἐκ τοῦ 5 κέντρου τῆς ΒΕ, ἐλάττων δὲ ἡ ΕΗ τῆς ΒΕ, ἡ ἄρα ΑΒ μείζων ἐστὶ τῆς ΕΗ. Ἀφῃρήσθω τοίνυν τῇ ΕΗ ἴση ἡ ΒΘ, καὶ ἐπεζεύχθω ἡ ΗΘ.

Καὶ ἐπεὶ ἴση ἡ μὲν ΕΗ τῇ ΒΘ, κοινὴ δὲ ἡ ΒΗ, δύο ἄρα δυσὶν ἴσαι· καὶ γωνία ἡ ὑπὸ ΕΗΒ τῇ ὑπὸ 10 ΗΒΘ ἴση· ὀρθὴ γὰρ ἑκατέρα· καὶ βάσις ἄρα ἡ ΕΒ τῇ ΘΗ ἴση ἐστίν, καὶ ὅμοια τὰ τρίγωνα. Ὡς ἄρα ἡ ΒΕ πρὸς ΕΗ, οὕτως ἡ ΗΘ πρὸς ΘΒ· ἡ δὲ ΗΘ πρὸς ΘΒ μείζονα λόγον ἔχει ἤπερ ἡ ΗΑ πρὸς ΑΒ, ὡς προεδείχθη· ὀρθογώνιον γὰρ τὸ ΑΒΗ· καὶ ἡ ΒΕ ἄρα 15 πρὸς ΕΗ, τουτέστιν ἡ ΓΒ πρὸς ΕΗ, μείζονα λόγον ἔχει ἤπερ ἡ ΑΗ πρὸς ΑΒ. Τὸ ἄρα ὑπὸ τῶν ΓΔ, ΒΑ μεῖζόν ἐστι τοῦ ὑπὸ τῶν ΕΖ, ΗΑ διὰ τὸ πρῶτον λημμάτιον· ἀλλὰ τοῦ μὲν ὑπὸ ΓΔ, ΒΑ ἥμισύ ἐστι τὸ ΑΓΔ τρίγωνον, τοῦ δὲ ὑπὸ ΕΖ, ΗΑ ἥμισυ τὸ 20 ΑΕΖ τρίγωνον· καὶ τὸ ΑΓΔ ἄρα τρίγωνον τοῦ ΑΕΖ μεῖζόν ἐστιν.

8-9 ἡ ΒΘ – ἴση Ψ : om. V || 17-18 τὸ – ΗΑ iter. V.

Le triangle AΓΔ est donc aussi plus grand que tous les triangles ayant leur base égale à EZ et qui sont égaux pour cette raison[1]. On fera une démonstration semblable aussi dans le cas des autres sections qui sont en dehors de l'axe.

Le triangle axial est donc le plus grand.

6

On peut aussi donner une variante plus générale démontrant que, de manière absolue[2], de deux[3] triangles, c'est[4] celui qui a la base la plus grande qui est le plus grand.

Que le cône soit coupé, et que soient produits les triangles AΓΔ et AZΔ, de sorte que les bases ΓΔ et ZΔ se rencontrent l'une l'autre à l'extrémité Δ, et que ΓΔ, passant ou non par le centre[5], soit plus grande que ZΔ.

Je dis que le triangle AΓΔ est plus grand que le triangle AZΔ.

1. Proposition 3.
2. On retrouve cet adverbe dans le second diorisme de la proposition 16.
3. L'ajout du nombre « deux » dans la traduction rend compte du tour grec, qui en utilisant le comparatif signifie que sont comparées les deux droites d'un couple de droites ; le modèle de ce type d'expression se trouve dans *Éléments*, III.7, 8 et 15.
4. On attend après τριγώνων l'adverbe ἀεί « chaque fois », utilisé dans la langue euclidienne pour exprimer la distributivité du tour (une même propriété s'attache à tous les couples de droites qu'on voudra) ; voir par exemple l'énoncé de la proposition 53. Sur ce sujet, voir M. Federspiel, « Sur les emplois et les sens de l'adverbe ἀεί dans les mathématiques grecques », *Les Études classiques*, 72, 2004, p. 289-311.
5. La figure du *Vaticanus gr.* 206 représente le premier cas.

Καὶ πάντων ἄρα τῶν ἴσας βάσεις ἐχόντων τῇ ΕΖ καὶ διὰ τοῦτο ἴσων ὄντων μεῖζόν ἐστι τὸ ΑΓΔ. Ὁμοίως δὲ δείξομεν καὶ ἐπὶ τῶν ἄλλων τομῶν τῶν ἐκτὸς τοῦ ἄξονος. Μέγιστον ἄρα τὸ διὰ τοῦ ἄξονος τρίγωνον. 5

ς΄.

Ἔστι τὸ αὐτὸ καὶ ἄλλως καθολικώτερον δεῖξαι ὅτι καὶ ἁπλῶς τῶν τριγώνων τὸ μείζονα βάσιν ἔχον μεῖζόν ἐστιν.

Τμηθέντος γὰρ τοῦ κώνου γενέσθω τὰ ΑΓΔ, 10 ΑΖΔ τρίγωνα, ὥστε τὰς ΓΔ, ΖΔ βάσεις συμβάλλειν ἀλλήλαις κατὰ τὸ Δ πέρας, καὶ ἔστω μείζων τῆς ΖΔ ἡ ΓΔ εἴτε διὰ τοῦ κέντρου οὖσα εἴτε μή. Λέγω ὅτι τὸ ΑΓΔ τοῦ ΑΖΔ μεῖζόν ἐστιν.

---

5 τρίγωνον c Ψ : τριγώνου V ‖ 6 ς΄ Ψ V⁴ : om. V ‖ 12 ἔστ]ω Par. 2367 e corr. : ι V.

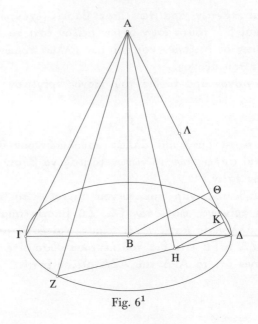

Fig. 6[1]

Que soient menées des perpendiculaires AB et AH aux droites ZΔ et ΓΔ, et une perpendiculaire BΘ à AΔ.

Dès lors, puisque ΓΔ est plus grande que ZΔ, alors sa moitié BΔ est aussi plus grande que ΔH[2] ; le carré sur BΔ est donc plus grand que celui sur ΔH.

Le carré restant sur BA est donc plus petit que le carré restant sur AH[3] ; le carré sur AB a donc, avec celui sur BΔ,

---

1. Le point Λ est omis dans V.
2. Dans le triangle isocèle AZΔ, la perpendiculaire AH menée à la base ZΔ la divise en deux moitiés au point H.
3. Par application d'*Éléments*, I.47 dans les triangles rectangles ABΔ et AHΔ de même hypothénuse, on obtient respectivement $AB^2 = AΔ^2 - BΔ^2$ et $AH^2 = AΔ^2 - HΔ^2$; et donc, puisque $BΔ^2 > ΔH^2$, on a $AB^2 < AH^2$.

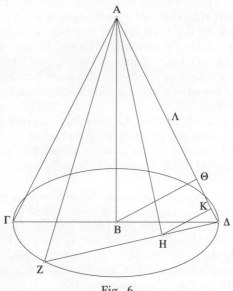

Fig. 6

Ἤχθωσαν ἐπὶ τὰς **ΖΔ**, **ΓΔ** κάθετοι αἱ **ΑΒ**, **ΑΗ**, ἐπὶ δὲ τὴν **ΑΔ** ἡ **ΒΘ**.

Ἐπεὶ οὖν ἡ **ΓΔ** τῆς **ΖΔ** μείζων ἐστίν, καὶ ἡ ἡμίσεια ἄρα ἡ **ΒΔ** τῆς **ΔΗ** μείζων· τὸ ἀπὸ **ΒΔ** ἄρα τοῦ ἀπὸ **ΔΗ** μεῖζόν ἐστιν. 5

Λοιπὸν ἄρα τὸ ἀπὸ **ΒΑ** λοιποῦ τοῦ ἀπὸ **ΑΗ** ἔλαττόν ἐστιν· τὸ ἄρα ἀπὸ **ΑΒ** πρὸς τὸ ἀπὸ **ΒΔ**

un rapport plus petit que celui que le carré sur AH a avec le carré sur HΔ ; mais AΘ est à ΘΔ comme le carré sur AB est à celui sur BΔ[1] ; AΘ a donc, avec ΘΔ, un rapport plus petit que celui que le carré sur AH a avec le carré sur HΔ.

Que AK soit à KΔ comme le carré sur AH est à celui sur HΔ, et que soit menée une droite de jonction HK[2] ; HK est donc aussi perpendiculaire à AΔ, comme on va le démontrer[3].

Puisque, par hypothèse, AB n'est pas plus petite que BΔ, AB est ou bien plus grande que BΔ ou bien lui est égale.

Qu'elle soit d'abord plus grande ; AΘ est donc aussi plus grande que ΘΔ[4]. Que AΔ soit coupée en deux parties égales en un point Λ.

Dès lors, puisque le rectangle AΘ,ΘΔ est plus petit que le carré sur AΛ du carré sur ΛΘ[5], que le rectangle AK,KΔ est plus petit que le carré sur AΛ du carré sur ΛK[6], et que le carré sur ΛK est plus grand que celui sur ΛΘ, alors le rectangle AΘ,ΘΔ, c'est-à-dire le carré sur BΘ[7], est plus grand que le rectangle AK,KΔ, c'est-à-dire que le carré sur HK[8] ; ΘB est donc plus grande que HK.

---

1. Par application d'*Éléments*, VI.8 *porisme* dans le triangle rectangle ABΔ et d'*Éléments*, V, *définition* 9, on obtient AΘ : ΘΔ = AΘ² : BΘ² ; dans les triangles semblables ABΔ et ABΘ (*Éléments*, VI.8), par application d'*Éléments*, VI.4, on a AΘ² : BΘ² = AB² : BΔ² ; donc AΘ : ΘΔ = AB² : BΔ².

2. Le point K divise la droite AΔ dans un rapport AK : KΔ égal à AH² : HΔ², et donc plus grand que le rapport dans lequel le point Θ divise AΔ ; il sera donc entre les points Θ et Δ.

3. Proposition 7.

4. On a démontré précédemment que AΘ : ΘΔ = AB² : BΔ².

5. Par application d'*Éléments*, II.5, la division de la droite AΔ en deux parties égales au point Λ et en deux parties inégales en Θ permet d'obtenir AΘ × ΘΔ + ΛΘ² = AΛ², d'où AΘ × ΘΔ = AΛ² − ΛΘ².

6. La division de la droite AΔ en deux parties égales au point Λ et en deux parties inégales en K permet d'obtenir (*Éléments*, II.5) A K × K Δ = AΛ² − Λ K ².

7. *Éléments*,VI.8 *porisme*.

8. *Ibid.*

ἐλάττονα λόγον ἔχει ἤπερ τὸ ἀπὸ ΑΗ πρὸς τὸ ἀπὸ
ΗΔ· ἀλλ' ὡς τὸ ἀπὸ ΑΒ πρὸς τὸ ἀπὸ ΒΔ, οὕτως
ἡ ΑΘ πρὸς ΘΔ· καὶ ἡ ΑΘ ἄρα πρὸς ΘΔ ἐλάττονα
λόγον ἔχει ἤπερ τὸ ἀπὸ ΑΗ πρὸς τὸ ἀπὸ ΗΔ.

Γενέσθω ὡς τὸ ἀπὸ ΑΗ πρὸς τὸ ἀπὸ ΗΔ, οὕτως 5
ἡ ΑΚ πρὸς ΚΔ, καὶ ἐπεζεύχθω ἡ ΗΚ· κάθετος ἄρα
ἐστὶ καὶ ἡ ΗΚ ἐπὶ τὴν ΑΔ, ὡς δειχθήσεται.

Καὶ ἐπεὶ ὑπόκειται ἡ ΑΒ τῆς ΒΔ οὐκ ἐλάττων,
ἤτοι μείζων ἐστὶν ἡ ΑΒ τῆς ΒΔ ἢ ἴση.

Ἔστω πρότερον μείζων· μείζων ἄρα καὶ ἡ ΑΘ τῆς 10
ΘΔ. Τετμήσθω ἡ ΑΔ δίχα κατὰ τὸ Λ.

Ἐπεὶ οὖν τὸ μὲν ὑπὸ ΑΘ, ΘΔ τοῦ ἀπὸ ΑΛ ἔλαττόν
ἐστι τῷ ἀπὸ ΛΘ, τὸ δὲ ὑπὸ ΑΚ, ΚΔ τοῦ ἀπὸ ΑΛ
ἔλαττόν ἐστι τῷ ἀπὸ ΛΚ, καὶ ἔστι μεῖζον τὸ ἀπὸ ΛΚ
τοῦ ἀπὸ ΛΘ, μεῖζον ἄρα τὸ ὑπὸ ΑΘ, ΘΔ, τουτέστι 15
τὸ ἀπὸ ΒΘ, τοῦ ὑπὸ ΑΚ, ΚΔ, τουτέστι τοῦ ἀπὸ
ΗΚ· ἡ ΘΒ ἄρα μείζων τῆς ΗΚ.

---

1 ἐλάττονα λόγον Ψ : ἔλαττον ἀνάλογον V ‖ 14 τῷ Ψ : τό V.

D'autre part, BΘ et HK sont les hauteurs des triangles
ABΔ et AHΔ ; le triangle ABΔ est donc plus grand que
le triangle AHΔ[1], de sorte qu'il en va de même pour leurs
doubles ; le triangle AΓΔ est donc plus grand que le triangle
AZΔ ; mais tout triangle dont la base est égale à ZΔ est égal
au triangle AZΔ ; le triangle AΓΔ est donc plus grand que
tout triangle dont la base est égale à ZΔ.

D'autre part, si AB est égale à BΔ, alors AΘ est aussi
égale à ΘΔ ; pareillement, le rectangle AΘ,ΘΔ, c'est-à-dire
le carré sur BΘ, est plus grand que le rectangle AK,KΔ,
c'est-à-dire que le carré sur HK. BΘ est donc plus grande
que KH, et le triangle ABΔ est plus grand que le triangle
AHΔ.

La démonstration sera semblable, même si l'on mène
d'autres bases, de sorte que le triangle qui a ainsi une base
plus grande est plus grand que celui qui a une base plus
petite.

7

Voici comment on démontre que HK est perpendiculaire
à AΔ.

Que la base d'un triangle rectangle AHΔ soit coupée par
HK, de sorte que AK soit à KΔ comme le carré sur AH est
à celui sur HΔ.

Je dis que HK est perpendiculaire à AΔ.

---

1. Les triangles de même base ont comme rapport mutuel
celui de leurs hauteurs respectives, *cf. Éléments*, VI.1.

Καί εἰσιν αἱ **ΒΘ**, **ΗΚ** ὕψη τῶν **ΑΒΔ**, **ΑΗΔ** τριγώνων· μεῖζον ἄρα τὸ **ΑΒΔ** τοῦ **ΑΗΔ**, ὥστε καὶ τὰ διπλάσια· τὸ ἄρα **ΑΓΔ** τοῦ **ΑΖΔ** μεῖζόν ἐστιν· ἀλλὰ τῷ **ΑΖΔ** ἴσον ἕκαστον οὗ ἡ βάσις ἴση ἐστὶ τῇ **ΖΔ**· τὸ ἄρα **ΑΓΔ** παντὸς τριγώνου μεῖζόν ἐστιν 5 οὗ ἡ βάσις ἴση ἐστὶ τῇ **ΖΔ**.

Εἰ δὲ ἡ **ΑΒ** τῇ **ΒΔ** ἴση, ἴση ἄρα καὶ ἡ **ΑΘ** τῇ **ΘΔ**· ὁμοίως ἄρα τὸ ὑπὸ **ΑΘ**, **ΘΔ**, τουτέστι τὸ ἀπὸ **ΒΘ**, μεῖζόν ἐστι τοῦ ὑπὸ **ΑΚ**, **ΚΔ**, τουτέστι τοῦ ἀπὸ **ΗΚ**. Ἡ ἄρα **ΒΘ** μείζων ἐστὶ τῆς **ΚΗ**, καὶ τὸ **ΑΒΔ** 10 τρίγωνον τοῦ **ΑΗΔ** τριγώνου μεῖζον.

Ὁμοίως δὲ δειχθήσεται, κἂν ἄλλας βάσεις διαγά-γωμεν, ὥστε τὸ οὕτως ἔχον μείζονα βάσιν τρίγωνον μεῖζόν ἐστι τοῦ ἔχοντος ἐλάσσονα.

ζ′   15

Ὅτι δὲ ἡ **ΗΚ** κάθετός ἐστιν ἐπὶ τὴν **ΑΔ**, δείκνυται οὕτως.

Τριγώνου γὰρ ὀρθογωνίου τοῦ **ΑΗΔ** διῃρήσθω ἡ βάσις ὑπὸ τῆς **ΗΚ** ὥστε εἶναι ὡς τὸ ἀπὸ **ΑΗ** πρὸς τὸ ἀπὸ **ΗΔ**, οὕτω τὴν **ΑΚ** πρὸς **ΚΔ**.   20

Λέγω ὅτι κάθετός ἐστιν ἡ **ΗΚ** ἐπὶ τὴν **ΑΔ**.

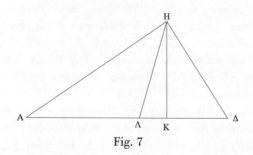

Fig. 7

Si elle ne l'est pas, que HΛ soit perpendiculaire ; AΛ est donc à ΛΔ comme le carré sur HA est à celui sur HΔ[1] ; or, on l'a vu, AK est à KΔ comme le carré sur AH est à celui sur HΔ ; AK est donc à KΔ comme AΛ est à ΛΔ, ce qui est absurde. HΛ n'est donc pas perpendiculaire.

On démontre pareillement qu'aucune autre ne l'est, sauf HK.

HK est donc perpendiculaire à AΔ.

8

Si, dans un cône droit, le triangle axial est plus grand que tous les triangles construits en dehors de l'axe, l'axe du cône ne sera pas plus petit que le rayon de la base.

Soit un cône, ayant pour sommet le point A, pour axe la droite AB, pour base le cercle décrit autour du centre B, pour triangle axial le triangle AΓΔ, qui est plus grand que tous les triangles construits dans le cône en dehors de l'axe.

---

1. Par application d'*Éléments*, VI.8 *porisme* dans le triangle rectangle AHΔ et d'*Éléments*, V, *définition* 9, on obtient AΛ : ΛΔ = AΛ² : HΛ² ; dans les triangles semblables AHΔ et HΛΔ (*Éléments*, VI.8), par application d'*Éléments*, VI.4, on a AΛ² : HΛ² = AH² : HΔ² ; donc AΛ : ΛΔ = AH² : HΔ².

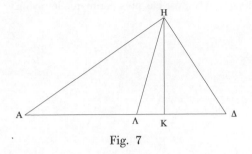

Fig. 7

Εἰ γὰρ μή, ἔστω ἡ ΗΛ κάθετος· ὡς ἄρα τὸ ἀπὸ
ΗΑ πρὸς τὸ ἀπὸ ΗΔ, οὕτως ἡ ΑΛ πρὸς τὴν ΛΔ·
ἦν δὲ ὡς τὸ ἀπὸ ΑΗ πρὸς τὸ ἀπὸ ΗΔ, οὕτως ἡ ΑΚ
πρὸς ΚΔ· ἔσται ἄρα ὡς ἡ ΑΛ πρὸς ΛΔ, οὕτως ἡ
ΑΚ πρὸς ΚΔ, ὅπερ ἄτοπον. Οὐκ ἄρα κάθετός ἐστιν 5
ἡ ΗΛ.
Ὁμοίως δὲ δείκνυται ὅτι οὐδὲ ἄλλη πλὴν τῆς ΗΚ.
Ἡ ἄρα ΗΚ κάθετός ἐστιν ἐπὶ τὴν ΑΔ.

η′

Ἐὰν ἐν κώνῳ ὀρθῷ τὸ διὰ τοῦ ἄξονος τρίγωνον 10
μέγιστον ᾖ πάντων τῶν ἐκτὸς τοῦ ἄξονος συνισταμένων τριγώνων, ὁ ἄξων τοῦ κώνου οὐκ ἐλάσσων
ἔσται τῆς ἐκ τοῦ κέντρου τῆς βάσεως.
Ἔστω κῶνος οὗ κορυφὴ μὲν τὸ Α, ἄξων δὲ ἡ
ΑΒ εὐθεῖα, βάσις δὲ ὁ περὶ τὸ Β κέντρον κύκλος, 15
τὸ δὲ διὰ τοῦ ἄξονος τρίγωνον τὸ ΑΓΔ μέγιστον
ὂν πάντων τῶν ἐν τῷ κώνῳ συνισταμένων τριγώνων
ἐκτὸς τοῦ ἄξονος.

9 η′ Ψ V⁴ : om. V.

Je dis que AB n'est pas plus petite que le rayon.

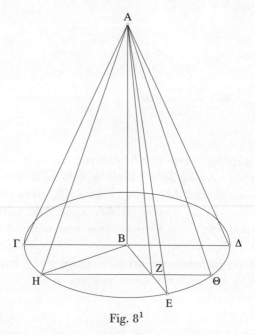

Fig. 8[1]

Qu'elle soit plus petite, si c'est possible, et que soit menée dans le cercle une droite BE à angles droits avec ΓΔ.

Puisque l'angle ABE est droit[2], alors la droite joignant les points A et E est plus grande que le rayon BE[3]. Si donc une droite égale au rayon est placée au point A sous l'angle ABE, elle tombera entre les points B et E.

1. Le tracé de la droite AE a été omis dans V.
2. *Éléments*, XI, *définition* 3.
3. Par application d'*Éléments*, I.19 dans le triangle ABE.

Λέγω ὅτι ἡ **ΑΒ** οὐκ ἔστιν ἐλάττων τῆς ἐκ τοῦ κέντρου.

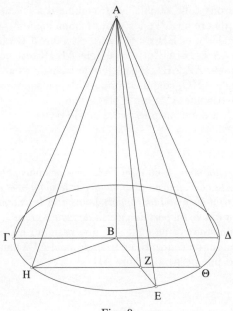

Fig. 8

Εἰ γὰρ δυνατόν, ἔστω ἐλάττων, καὶ ἤχθω ἐν τῷ κύκλῳ πρὸς ὀρθὰς τῇ **ΓΔ** ἡ **ΒΕ**.

Καὶ ἐπεὶ ἡ ὑπὸ **ΑΒΕ** γωνία ὀρθή ἐστιν, ἡ ἄρα 5 τὰ **Α, Ε** σημεῖα ἐπιζευγνύουσα εὐθεῖα μείζων ἐστὶ τῆς ἐκ τοῦ κέντρου τῆς **ΒΕ**. Ἐὰν ἄρα ἴση τῇ ἐκ τοῦ κέντρου ἀπὸ τοῦ **Α** ὑπὸ τῇ ὑπὸ **ΑΒΕ** γωνίᾳ ἐναρμοσθῇ, μεταξὺ πεσεῖται τῶν **Β** καὶ **Ε** σημείων.

8 τῇ ὑπὸ Heiberg : τοῦ V.

Que soit placée une droite AZ égale au rayon[1] ; que, par Z, soit menée une parallèle HΘ à ΓΔ[2], et que soit menée une droite de jonction BH. Les triangles ABZ et HBZ seront donc semblables [, comme il a été démontré dans le théorème 5[3]] ; les droites homologues[4] sont <en effet> égales[5] ; et BH est à HZ, c'est-à-dire ΓB est à HZ, comme ZA est à AB[6] ; le rectangle AB,BΓ est donc égal au rectangle AZ,ZH[7], c'est-à-dire le triangle axial est égal au triangle AHΘ, ce qui est impossible, puisque, par hypothèse, le triangle ΑΓΔ est le plus grand.

AB n'est donc pas plus petite que le rayon.

9

Couper un cône droit, dont l'axe n'est pas plus petit que le rayon de la base, par un plan mené par le sommet et déterminant un triangle ayant un rapport donné avec le triangle axial.
— Il faut que le rapport donné soit de petit à grand.

Soit un sommet de cône A[8], une base qui est le cercle décrit autour du centre B, un triangle axial ΑΓΔ dans lequel se trouve une perpendiculaire AB.

1. AZ sera donc égale à HB.
2. La droite BE est donc également perpendiculaire à HΘ et partage HΘ en deux parties égales au point Z (*Éléments*, III.3).
3. La référence à la proposition 5 (voir p. 128, 12) est inadéquate. Le triangle ABZ ne correspond pas au triangle ΘBH de la proposition 5.
4. Voir l'article « ὁμόλογος » de Mugler dans son *Dictionnaire*.
5. L'égalité des côtés HB et AZ dans les triangles rectangles HZB et ABZ permet, avec le côté commun BZ, de poser la proportion HB : BZ = AZ : BZ ; d'où, par application d'*Éléments*, VI.7, la similitude des triangles.
6. *Éléments*, VI.4.
7. *Éléments*, VI.16.
8. L'ecthèse offre une variante inusitée et peu satisfaisante : au lieu que le cône soit donné d'abord, ce sont ses éléments qui le sont.

Ἐνηρμόσθω ἡ ΑΖ ἴση τῇ ἐκ τοῦ κέντρου, καὶ διὰ
τοῦ Ζ παρὰ τὴν ΓΔ ἤχθω ἡ ΗΘ, καὶ ἐπεζεύχθω ἡ
ΒΗ. Γενήσεται δή [, ὡς ἐν τῷ ε΄ θεωρήματι ἐδείχθη,]
τὰ ΑΒΖ, ΗΒΖ τρίγωνα ὅμοια· [καὶ] ἴσαι <γὰρ> αἱ
ὁμόλογοι· καὶ ὡς ἡ ΖΑ πρὸς ΑΒ, οὕτως ἡ ΒΗ πρὸς   5
ΗΖ, τουτέστιν ἡ ΓΒ πρὸς ΗΖ· τὸ ἄρα ὑπὸ ΑΒ, ΒΓ
ἴσον ἐστὶ τῷ ὑπὸ ΑΖ, ΖΗ, τουτέστι τὸ διὰ τοῦ
ἄξονος τρίγωνον ἴσον ἐστὶ τῷ ΑΗΘ τριγώνῳ, ὅπερ
ἀδύνατον· ὑπόκειται γὰρ τὸ ΑΓΔ μέγιστον εἶναι.

Οὐκ ἄρα ἡ ΑΒ ἐλάσσων ἐστὶ τῆς ἐκ τοῦ κέντρου.   10

θ΄

Κῶνον ὀρθὸν οὗ ὁ ἄξων οὐκ ἔστιν ἐλάττων τῆς
ἐκ τοῦ κέντρου τῆς βάσεως τεμεῖν διὰ τῆς κορυφῆς
ἐπιπέδῳ ποιοῦντι τρίγωνον λόγον ἔχον δεδομένον
πρὸς τὸ διὰ τοῦ ἄξονος τρίγωνον. Δεῖ δὴ τὸν διδό-   15
μενον λόγον ἐλάττονος εἶναι πρὸς μεῖζον.

Ἔστω κορυφὴ μὲν τοῦ κώνου τὸ Α, βάσις δὲ ὁ
περὶ τὸ Β κέντρον κύκλος, τὸ δὲ διὰ τοῦ ἄξονος
τρίγωνον τὸ ΑΓΔ, ἐν ᾧ κάθετος ἡ ΑΒ ἐστιν.

---

3 ὡς – ἐδείχθη del. Decorps-F. vide adn. || 4 καὶ del. Decorps-
F. || γὰρ add. Decorps-F. vide adn. || 5 ΑΒ V¹ : ΑΘ V || 7 ΖΗ
Ψ : ΞΝ V || 11 θ΄ Ψ V⁴ : om. V || 15 δὴ Ψ : δὲ V || 16 ἐλάττονος
Ψ : ἐλάττονα V.

Il faut couper le cône par un triangle qui aura le rapport prescrit avec le triangle AΓΔ ; que le rapport fixé soit celui d'une petite droite K à une grande droite Λ.

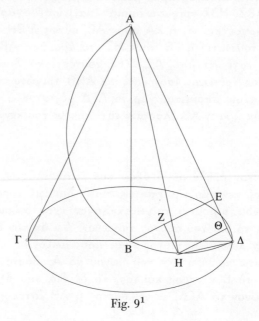

Fig. 9¹

Puisque le triangle ABΔ est rectangle, que lui soit circonscrit un demi-cercle ; que, de B, soit menée une perpendiculaire BE² ; que ZE soit à EB comme K est à Λ ; que, par Z, soit menée une parallèle ZH³ à EΔ, et, par H, une parallèle HΘ à ZE ; ZE est donc égale à HΘ⁴.

1. V n'a pas le tracé du côté HΔ ; les grandeurs K et Λ n'ont pas été représentées.
2. La rédaction est rapide. La perpendiculaire est menée à l'hypothénuse AΔ.
3. Nouvel appel à la figure : le point H est obtenu sur la circonférence circonscrite.
4. *Éléments*, I.34.

Δεῖ δὴ τὸν κῶνον τεμεῖν τριγώνῳ ὃ λόγον ἕξει πρὸς τὸ ΑΓΔ τὸν ἐπιταχθέντα· ἐπιτετάχθω δὲ ὁ τῆς Κ ἐλάττονος πρὸς μείζονα τὴν Λ λόγος.

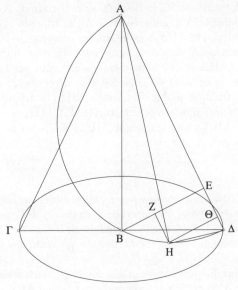

Fig. 9

Ἐπεὶ τὸ ΑΒΔ ὀρθογώνιόν ἐστιν, γεγράφθω περὶ αὐτὸ ἡμικύκλιον, καὶ ἀπὸ τοῦ Β κάθετος ἤχθω ἡ 5 ΒΕ, καὶ ὡς ἡ Κ πρὸς Λ, οὕτως ἔστω ἡ ΖΕ πρὸς ΕΒ, καὶ διὰ τοῦ Ζ παράλληλος ἤχθω τῇ ΕΔ ἡ ΖΗ, διὰ δὲ τοῦ Η τῇ ΖΕ παράλληλος ἡ ΗΘ· ἴση ἄρα ἡ ΖΕ τῇ ΗΘ.

Dès lors, puisque ZE est à EB, c'est-à-dire ΘH est à BE, comme K est à Λ, que le rectangle HΘ,AΔ est au rectangle BE,AΔ comme ΘH est à BE, que la moitié, c'est-à-dire le triangle AHΔ, est au triangle ABΔ comme le rectangle HΘ,AΔ est au rectangle BE,AΔ, alors le triangle AΔH est au triangle ABΔ comme K est à Λ ; le triangle AHΔ est donc au triangle ABΔ dans le rapport donné.

Si donc nous plaçons dans la base du cône une droite double de HΔ et que nous menions un[1] plan par la droite placée et le sommet du cône, ce plan déterminera dans le cône un triangle double du triangle AHΔ. Le triangle ainsi construit aura donc, avec le triangle AΓΔ, le rapport que le triangle AHΔ a avec le triangle ABΔ, c'est-à-dire le rapport que K a avec Λ.

10

Si un cône droit est coupé par des plans menés par le sommet, l'un mené par l'axe, les autres menés en dehors de l'axe, et que n'importe lequel des triangles produits en dehors de l'axe soit égal au triangle axial, l'axe du cône sera plus petit que le rayon de la base[2].

Que le cône soit coupé, et que soient produits d'abord un triangle AΓΔ mené par l'axe, puis un triangle AEZ situé en dehors de l'axe et égal au triangle AΓΔ ; soit une parallèle EZ à ΓΔ et des perpendiculaires AB et AH[3], et que soient menées des droites de jonction BE et BH.

Je dis que l'axe AB est plus petit que le rayon BΔ[4].

---

1. La forme grecque est définie, mais c'est sans doute une erreur. On ne peut traduire que par une forme indéfinie.
2. Le cône droit sera obtusangle.
3. H divise donc EZ en deux parties égales dans le triangle isocèle EAZ.
4. Sur la rédaction de l'ecthèse et du diorisme, voir Note complémentaire [3].

Ἐπεὶ οὖν ὡς ἡ Κ πρὸς Λ, οὕτως ἡ ΖΕ πρὸς ΕΒ, τουτέστιν ἡ ΘΗ πρὸς ΒΕ, ὡς δὲ ἡ ΘΗ πρὸς ΒΕ, οὕτω τὸ ὑπὸ ΗΘ, ΑΔ πρὸς τὸ ὑπὸ ΒΕ, ΑΔ, ὡς δὲ τὸ ὑπὸ ΗΘ, ΑΔ πρὸς τὸ ὑπὸ ΒΕ, ΑΔ, οὕτω τὰ ἡμίση τὸ ΑΗΔ τρίγωνον πρὸς τὸ ΑΒΔ, ὡς ἄρα ἡ 5
Κ πρὸς Λ, οὕτω τὸ ΑΔΗ πρὸς τὸ ΑΒΔ· τὸ ΑΗΔ ἄρα πρὸς τὸ ΑΒΔ ἐν τῷ δοθέντι λόγῳ ἐστίν.

Ἐὰν οὖν ἐν τῇ βάσει τοῦ κώνου ἐναρμόσωμεν διπλῆν τῆς ΗΔ καὶ διὰ τῆς ἐναρμοσθείσης καὶ τῆς κορυφῆς τοῦ κώνου τὸ ἐπίπεδον ἐκβάλωμεν, 10
ποιήσει τρίγωνον ἐν τῷ κώνῳ διπλάσιον τοῦ ΑΗΔ. Σχήσει ἄρα τὸ συνιστάμενον τρίγωνον πρὸς τὸ ΑΓΔ λόγον ὃν τὸ ΑΗΔ ἔχει πρὸς ΑΒΔ, τουτέστιν ὃν ἡ Κ πρὸς Λ.

ι′ 15

Ἐὰν κῶνος ὀρθὸς διὰ τῆς κορυφῆς ἐπιπέδοις τμηθῇ τῷ μὲν διὰ τοῦ ἄξονος, τοῖς δὲ ἐκτὸς τοῦ ἄξονος, τῶν δὲ γενομένων τριγώνων ἐκτὸς τοῦ ἄξονος ἓν ὁτιοῦν ἴσον ᾖ τῷ διὰ τοῦ ἄξονος τριγώνῳ, ὁ τοῦ κώνου ἄξων ἐλάττων ἔσται τῆς ἐκ τοῦ κέντρου 20
τῆς βάσεως.

Τμηθέντος γὰρ τοῦ κώνου γενέσθω τρίγωνα διὰ μὲν τοῦ ἄξονος τὸ ΑΓΔ, ἐκτὸς δὲ τὸ ΑΕΖ ἴσον ὂν τῷ ΑΓΔ, ἔστω δὲ παράλληλος ἡ ΕΖ τῇ ΓΔ καὶ κάθετοι αἱ ΑΒ, ΑΗ, καὶ ἐπεζεύχθωσαν αἱ ΒΕ, ΒΗ. 25
Λέγω δὴ ὅτι ἡ ΑΒ ὁ ἄξων ἐλάσσων ἐστὶ τῆς ΒΔ ἐκ τοῦ κέντρου.

10 ἐκβάλωμεν c Ψ : ἐκβάλλωμεν V ‖ 11 ΑΗΔ Ψ : ΑΒΔ V ‖ 15 ι′ Ψ V⁴ : om. V ‖ 19 ᾖ Ψ : ἐστὶ V (sic).

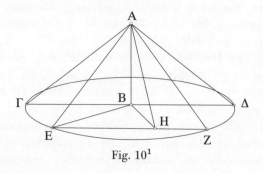

Fig. 10[1]

Puisque le triangle AEZ est égal au triangle AΓΔ, alors leurs doubles aussi sont égaux, c'est-à-dire le rectangle EZ,HA est égal au rectangle ΓΔ,BA ; HA est donc à AB comme ΓΔ est à EZ, c'est-à-dire comme ΓB est à EH, c'est-à-dire comme BE est à EH.

Dès lors, puisque deux triangles BEH et HAB ont l'angle EHB égal à l'angle ABH — car l'un et l'autre sont droits[2] —, que les côtés comprenant les autres angles sont en proportion, et que chacun des autres angles EBH et AHB est plus petit qu'un droit, alors les triangles sont semblables[3] ; AB est donc à HB comme EH est à HB[4] ; AB est donc égale à EH[5] ; or EH est plus petite que le rayon BE[6] ; AB, qui est l'axe du cône, est donc aussi plus petit que le rayon, ce qu'il était proposé de démontrer.

Puisque cela a été démontré pour les parallèles ΓΔ et EZ, il est évident que, si elles ne sont pas parallèles, rien ne sera

---

1. Ici et dans la suite du traité, les figures de V ne représentent que des cônes (droits ou obliques) acutangles.
2. L'angle ABH est droit puisque, dans un cône droit, l'axe est perpendiculaire au plan de base, et l'angle EHB est droit par application d'*Éléments* III.3 dans le cercle de centre B
3. *Éléments*,VI.7.
4. *Éléments*,VI.4.
5. *Éléments*,V.9.
6. *Éléments*, I.19.

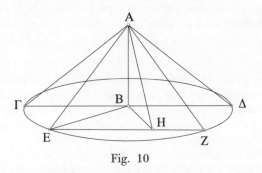

Fig. 10

Ἐπεὶ τὸ ΑΕΖ τρίγωνον ἴσον ἐστὶ τῷ ΑΓΔ, καὶ τὰ διπλάσια ἄρα, τουτέστι τὸ ὑπὸ τῶν ΕΖ, ΗΑ ἴσον ἐστὶ τῷ ὑπὸ ΓΔ, ΒΑ· ὡς ἄρα ἡ ΓΔ πρὸς ΕΖ, τουτέστιν ἡ ΓΒ πρὸς ΕΗ, τουτέστιν ἡ ΒΕ πρὸς ΕΗ, οὕτως ἡ ΗΑ πρὸς ΑΒ. 5

Ἐπεὶ οὖν δύο τρίγωνα τὰ ΒΕΗ, ΗΑΒ μίαν γωνίαν τὴν ὑπὸ ΕΗΒ μιᾷ γωνίᾳ τῇ ὑπὸ ΑΒΗ ἴσην ἔχει· ὀρθὴ γὰρ ἑκατέρα· περὶ δὲ ἄλλας γωνίας τὰς πλευρὰς ἀνάλογον, ἑκατέρα δὲ τῶν λοιπῶν τῶν ὑπὸ ΕΒΗ, ΑΗΒ ἐλάττων ἐστὶν ὀρθῆς, ὅμοια ἄρα ἐστὶ τὰ 10 τρίγωνα· ὡς ἄρα ἡ ΕΗ πρὸς ΗΒ, οὕτως ἡ ΑΒ πρὸς ΗΒ· ἴση ἄρα ἡ ΑΒ τῇ ΕΗ· ἐλάττων δὲ ἡ ΕΗ τῆς ἐκ τοῦ κέντρου τῆς ΒΕ· καὶ ἡ ΑΒ ἄρα ἄξων οὖσα τοῦ κώνου ἐλάττων ἐστὶ τῆς ἐκ τοῦ κέντρου, ὃ προέκειτο δεῖξαι. 15

Ἐπεὶ τοίνυν ἐδείχθη ἐπὶ παραλλήλων τῶν ΓΔ, ΕΖ, φανερὸν ὡς, κἂν μὴ παράλληλοι ὦσιν, οὐδὲν διοίσει·

---

1 ἴσον V¹ᵐᵍ : om. V ‖ 9 ΕΒΗ Par. 2367 e corr. : ΕΗΒ V.

changé, puisqu'on a démontré que les triangles ayant des
bases égales étaient égaux[1].

11

*Les mêmes hypothèses étant faites[2], il faut démontrer que,
si, de même, est mené un plan coupant le cône par le sommet et
déterminant dans la base une droite de grandeur intermédiaire
entre les bases des triangles égaux, ce triangle sera plus grand
que chacun des triangles égaux.*

Soit, sur une figure similaire, un triangle axial AΓΔ égal
au triangle ayant une base EZ ; que soit menée une droite
quelconque KM de grandeur intermédiaire entre les droites
ΓΔ et EZ ; qu'elle soit placée parallèlement à chacune de
ces droites, et que soit mené le plan.

Je dis que le triangle AKM est plus grand que chacun des
triangles AΓΔ et AEZ.

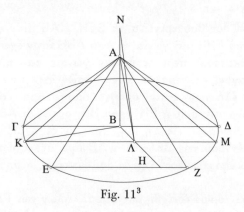

Fig. 11[3]

---

1. Proposition 3.
2. Voir Note complémentaire [4].
3. La figure de V a été corrompue.

ἐδείχθη γὰρ ὡς τὰ ἴσας ἔχοντα βάσεις τρίγωνα ἴσα ἐστίν.

ια΄

Τῶν αὐτῶν ὄντων δεικτέον ὅτι, ἐὰν διαχθῇ πάλιν ἐπίπεδον τέμνον τὸν κῶνον διὰ τῆς κορυφῆς καὶ 5 ποιοῦν ἐν τῇ βάσει εὐθεῖαν τῷ μεγέθει μεταξὺ τῶν βάσεων τῶν ἴσων τριγώνων, ἐκεῖνο τὸ τρίγωνον μεῖζον ἔσται ἑκατέρου τῶν ἴσων τριγώνων.

Ἔστω γὰρ ἐπὶ τῆς ὁμοίας καταγραφῆς τὸ διὰ τοῦ ἄξονος τρίγωνον τὸ ΑΓΔ ἴσον τῷ βάσιν ἔχοντι τὴν 10 ΕΖ, καὶ διήχθω τυχοῦσα ἡ ΚΜ μεγέθει μεταξὺ τῶν ΓΔ, ΕΖ, καὶ ἑκατέρᾳ αὐτῶν κείσθω παράλληλος, καὶ διήχθω τὸ ἐπίπεδον.

Λέγω δὴ ὅτι τὸ ΑΚΜ τρίγωνον μεῖζόν ἐστιν ἑκατέρου τῶν ΑΓΔ, ΑΕΖ. 15

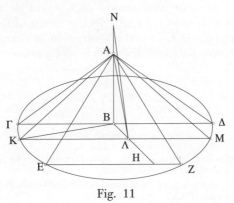

Fig. 11

---

3 ια΄ Ψ V⁴ : om. V ‖ 12 ἑκατέρᾳ Ψ : ἑκάτεραι V.

Que soit coupée de nouveau en deux parties égales la droite KM par un point Λ^1, et que soient menées des droites de jonction $A\Lambda^2$, BK et $B\Lambda^3$.

Puisque le triangle $A\Gamma\Delta$ est égal au triangle AEZ, alors AB est égale à la moitié EH de EZ, comme il a été démontré en même temps dans la proposition précédente ; or $K\Lambda$ est plus grande que EH^4 ; $K\Lambda$ est donc aussi plus grande que AB.

Que soit placée une droite BN égale à $K\Lambda$, et que soit menée une droite de jonction ΛN. Pour les mêmes raisons que plus haut[5], le triangle $BK\Lambda$ sera égal et semblable au triangle ΛNB^6 ; ΛN est donc à NB comme BK est à $K\Lambda^7$, c'est-à-dire comme ΓB est à $K\Lambda$, c'est-à-dire comme $\Gamma\Delta$ est à KM ; or ΛN a, avec NB, un rapport plus petit que celui que ΛA a avec AB^8 ; $\Gamma\Delta$ a donc aussi, avec KM, un rapport plus petit que celui que ΛA a avec AB ; le rectangle $\Gamma\Delta$,BA est donc plus petit que le rectangle KM,ΛA, c'est-à-dire le triangle $A\Gamma\Delta$ est plus petit que le triangle AKM^9 ; le triangle AKM est donc plus grand que le triangle $A\Gamma\Delta$.

Même démonstration encore dans le cas de tous les triangles dont la base est de grandeur intermédiaire entre les droites $\Gamma\Delta$ et EZ ; et il n'y aura rien de changé si les bases ne sont pas parallèles, comme on l'a démontré auparavant[10].

---

1. Voir Note complémentaire [5].
2. Dans le triangle isocèle AKM, la médiane $A\Lambda$ est donc aussi la hauteur.
3. $B\Lambda$ est donc perpendiculaire à KM (*Éléments*, III.3).
4. *Éléments*, III.15.
5. Voir proposition 5.
6. *Éléments*, I.4.
7. *Éléments*, VI.4.
8. Proposition 2.
9. Proposition 1 et *Éléments* I.41.
10. Voir la fin de la proposition 10.

Τετμήσθω γὰρ πάλιν δίχα ἡ ΚΜ τῷ Λ, καὶ ἐπεζεύχθωσαν αἱ ΑΛ, ΒΚ, ΒΛ.

Ἐπεὶ ἴσον ἐστὶ τὸ ΑΓΔ τρίγωνον τῷ ΑΕΖ τριγώνῳ, ἡ ἄρα ΑΒ τῇ ΕΗ τῇ ἡμισείᾳ τῆς ΕΖ ἴση ἐστίν, ὡς ἐν τῷ πρὸ τούτου συναπεδείχθη· μείζων δὲ ἡ ΚΛ 5 τῆς ΕΗ· καὶ τῆς ΑΒ ἄρα μείζων ἐστὶν ἡ ΚΛ.

Κείσθω οὖν τῇ ΚΛ ἴση ἡ ΒΝ, καὶ ἐπεζεύχθω ἡ ΛΝ. Διὰ τὰ αὐτὰ δὴ τοῖς προειρημένοις ἔσται τὸ ΒΚΛ τρίγωνον τῷ ΛΝΒ τριγώνῳ ἴσον τε καὶ ὅμοιον· ὡς ἄρα ἡ ΒΚ πρὸς ΚΛ, τουτέστιν ὡς ἡ ΓΒ πρὸς 10 ΚΛ, τουτέστιν ὡς ἡ ΓΔ πρὸς ΚΜ, οὕτως ἡ ΛΝ πρὸς ΝΒ· ἡ δὲ ΛΝ πρὸς ΝΒ ἐλάττονα λόγον ἔχει ἤπερ ἡ ΛΑ πρὸς ΑΒ· καὶ ἡ ΓΔ ἄρα πρὸς ΚΜ ἐλάττονα λόγον ἔχει ἤπερ ἡ ΛΑ πρὸς ΑΒ· τὸ ἄρα ὑπὸ τῶν ΓΔ, ΒΑ ἔλασσόν ἐστι τοῦ ὑπὸ ΚΜ, ΛΑ, τουτέστι τὸ 15 ΑΓΔ ἔλαττόν ἐστι τοῦ ΑΚΜ· μεῖζον ἄρα τὸ ΑΚΜ τοῦ ΑΓΔ.

Τὸ αὐτὸ δὴ δείκνυται καὶ ἐπὶ πάντων ὧν ἡ βάσις μεγέθει μεταξύ ἐστι τῶν ΓΔ καὶ ΕΖ· οὐδὲν δὲ διοίσει, κἂν μὴ παράλληλοι ὦσιν αἱ βάσεις, ὡς 20 καὶ πρότερον ἐδείχθη.

1 Λ Ψ : Δ V ‖ 9 Λ[ΝΒ Par. 2367 e corr. : Δ V ‖ 16 τοῦ Ψ : τὸ V ‖ 19 ΕΖ Ψ : ΕΞ V.

12

Couper un cône droit donné, dont l'axe est plus petit que le
rayon de la base, par un plan mené par le sommet, de sorte
que le triangle obtenu soit égal au triangle axial.

Soit un cône donné, d'axe AB et de triangle axial AΓΔ,
et qu'il faille couper le cône par un plan déterminant dans
le cône un triangle égal au triangle AΓΔ.

Que soit menée dans le cercle et par le centre une droite
EBZ à angles droits avec ΓΔ.

Puisque AB est plus petite que le rayon, que soit placée
une droite AH sous-tendant l'angle ABZ, égale au rayon ;
c'est facile à faire ; et que, par H, soit menée une droite
ΘHK parallèle à ΓΔ[1] ; ΘHK est donc coupée en deux
parties égales au point H[2], et est à angles droits avec la
droite EBZ. Que soit mené par les droites ΘK et HA un
plan déterminant le triangle AΘK.

Je dis que le triangle AΘK est égal au triangle AΓΔ.

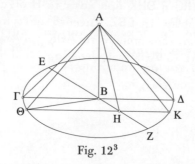

Fig. 12[3]

---

1. La droite EBZ est donc aussi perpendiculaire à ΘK.
2. *Éléments*, III.3.
3. V a omis le tracé de la droite AK.

ιβ´

Τὸν δοθέντα κῶνον ὀρθόν οὗ ὁ ἄξων ἐλάττων ἐστὶ τῆς ἐκ τοῦ κέντρου τῆς βάσεως τεμεῖν διὰ τῆς κορυφῆς ὥστε τὸ γινόμενον τρίγωνον ἴσον εἶναι τῷ διὰ τοῦ ἄξονος τριγώνῳ. 5

Ἔστω ὁ δοθεὶς κῶνος οὗ ἄξων μὲν ὁ ΑΒ, τὸ δὲ διὰ τοῦ ἄξονος τρίγωνον τὸ ΑΓΔ, καὶ δέον ἔστω τεμεῖν τὸν κῶνον ἐπιπέδῳ ποιοῦντι τρίγωνον ἐν τῷ κώνῳ ἴσον τῷ ΑΓΔ.

Ἤχθω τῇ ΓΔ ἐν τῷ κύκλῳ πρὸς ὀρθὰς διὰ τοῦ 10 κέντρου ἡ ΕΒΖ.

Καὶ ἐπεὶ ἡ ΑΒ ἐλάττων ἐστὶ τῆς ἐκ τοῦ κέντρου, ἐνηρμόσθω ἡ ΑΗ ὑποτείνουσα μὲν τὴν ὑπὸ ΑΒΖ γωνίαν, ἴση δὲ οὖσα τῇ ἐκ τοῦ κέντρου· τοῦτο δὲ ῥᾴδιον ποιῆσαι· καὶ διὰ τοῦ Η παράλληλος τῇ ΓΔ 15 ἤχθω ἡ ΘΗΚ· ἡ ΘΗΚ ἄρα κατὰ τὸ Η δίχα τέτμηται καὶ πρὸς ὀρθὰς τῇ ΕΒΖ. Διεκβεβλήσθω τὸ διὰ τῶν ΘΚ, ΗΑ ἐπίπεδον ποιοῦν τὸ ΑΘΚ τρίγωνον.

Λέγω ὅτι τὸ ΑΘΚ τρίγωνον ἴσον ἐστὶ τῷ ΑΓΔ.

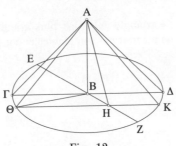

Fig. 12

1 ιβ´ Ψ V⁴ : om. V ‖ 2 τὸν Ψ : om. V ‖ ἐλάττων Ψ : ἔλαττον V ‖ 8 τὸν V¹ : τὸ V ‖ 9 ΑΓΔ Par. 2363 e corr. Par. 2367 e corr. : ἀπὸ ΓΔ V.

Que soit menée une droite de jonction BΘ.

Dès lors, puisque AH est égale à BΘ, alors ΘB est à HB comme AH est à HB[1].

Dès lors, puisque deux triangles BΘH et HAB ont un angle égal à un angle — car les angles ΘHB et ABH sont droits —, que les côtés qui comprennent les autres angles sont en proportion, et pareil pour le reste, alors les triangles BΘH et HAB sont semblables[2] ; HA est donc à AB comme BΘ est à ΘH, c'est-à-dire comme ΓΔ est à ΘK ; le rectangle ΓΔ,BA est donc égal au rectangle ΘK,HA[3] ; même chose pour leurs moitiés[4].

Le triangle AΓΔ est donc égal au triangle AΘK, ce qu'il fallait faire.

13

Si un cône droit est coupé par des plans menés par le sommet, que la perpendiculaire menée du sommet à la base de l'un des triangles produits dans le cône soit égale à la moitié de la base, ce triangle[5] sera plus grand que tous les triangles qui ne lui sont pas semblables dans le cône.

Soit, dans un cône droit, un triangle AΓΔ ayant la perpendiculaire AB égale à la droite BΔ, qui est la moitié de la base ΓΔ.

Je dis que le triangle AΓΔ est plus grand que tous les triangles qui ne lui sont pas semblables et construits dans le cône.

1. *Éléments*, V.7.
2. *Éléments*, VI.7.
3. *Éléments*, VI.16.
4. *Éléments*, I.41.
5. Il s'agit du triangle axial, et le cône droit est un cône droit rectangle.

Ἐπεζεύχθω ἡ ΒΘ.

Ἐπεὶ οὖν ἴση ἡ ΑΗ τῇ ΒΘ, ὡς ἄρα ἡ ΑΗ πρὸς ΗΒ, οὕτως ἡ ΘΒ πρὸς ΗΒ.

Ἐπεὶ οὖν δύο τρίγωνα τὰ ΒΘΗ, ΗΑΒ μίαν γωνίαν μιᾷ γωνίᾳ ἴσην ἔχει· ὀρθαὶ γὰρ αἱ ὑπὸ ΘΗΒ, ΑΒΗ· 5 περὶ δὲ ἄλλας γωνίας τὰς πλευρὰς ἀνάλογον, καὶ τὰ λοιπά, ὅμοια ἄρα τὰ ΒΘΗ, ΗΑΒ τρίγωνα· ὡς ἄρα ἡ ΒΘ πρὸς ΘΗ, τουτέστιν ὡς ἡ ΓΔ πρὸς ΘΚ, οὕτως ἡ ΗΑ πρὸς ΑΒ· τὸ ἄρα ὑπὸ ΓΔ, ΒΑ ἴσον τῷ ὑπὸ ΘΚ, ΗΑ· καὶ τὰ ἡμίσεα. 10

Τὸ ΑΓΔ τρίγωνον ἄρα ἴσον ἐστὶ τῷ ΑΘΚ τριγώνῳ, ὅπερ ἔδει ποιῆσαι.

ιγ′

Ἐὰν κῶνος ὀρθὸς διὰ τῆς κορυφῆς ἐπιπέδοις τμηθῇ, τῶν δὲ γενομένων ἐν τῷ κώνῳ τριγώνων τινὸς 15 ἡ ἀπὸ τῆς κορυφῆς ἐπὶ τὴν βάσιν κάθετος ἴση ᾖ τῇ ἡμισείᾳ τῆς βάσεως, τοῦτο μεῖζον ἔσται πάντων τῶν ἀνομοίων ἐν τῷ κώνῳ τριγώνων.

Ἐν γὰρ κώνῳ ὀρθῷ τρίγωνον ἔστω τὸ ΑΓΔ ἔχον τὴν ΑΒ κάθετον ἴσην τῇ ΒΔ ἡμισείᾳ οὔσῃ τῆς ΓΔ 20 βάσεως.

Λέγω ὅτι τὸ ΑΓΔ τρίγωνον μεῖζόν ἐστι πάντων τῶν ἀνομοίων ἐν τῷ κώνῳ συνισταμένων τριγώνων.

5 αἱ Ψ : om. V ‖ 13 ιγ′ Ψ V⁴ : om. V ‖ 20 ἡμισείᾳ c Ψ : ἡμίσεα V ‖ 23 σ[υνισταμένων e corr. V¹.

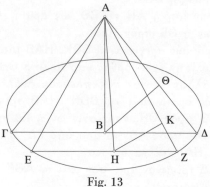

Fig. 13

Que soit pris un autre triangle au hasard AEZ, qui ne lui est pas semblable et dans lequel il y a une perpendiculaire AH ; que, de B, soit menée une perpendiculaire BΘ à AΔ, et que, de H, soit menée une perpendiculaire HK à AZ.

Puisque le triangle AΓΔ n'est pas semblable au triangle AEZ, alors le triangle ABΔ ne sera pas non plus semblable au triangle AHZ ; d'autre part les triangles sont rectangles, et le triangle ABΔ est isocèle ; le triangle AHZ n'est donc pas isocèle. Le carré sur AB est donc aussi égal à celui sur BΔ, et le carré sur AH n'est pas égal à celui sur HZ ; mais AΘ est à ΘΔ comme le carré sur AB est à celui sur BΔ[1], et AK est à KZ comme le carré sur AH est à celui sur HZ[2] ;

---

1. Dans les triangles rectangles semblables ABΔ et AΘB (*Éléments*, VI.8), on obtient par application d'*Éléments*, VI.4 : AΘ : AB = AB : AΔ, soit (*Éléments*, VI.17) AΘ × AΔ = AB² ; de même dans les triangles ABΔ et ΔΘB, on obtient : ΘΔ : BΔ = BΔ : AΔ, soit ΘΔ × AΔ = BΔ². On peut donc écrire AB² : BΔ² = AΘ : ΘΔ.

2. Dans les triangles rectangles semblables AHZ et AKH (*Éléments*, VI.8), on obtient par application d'*Éléments*, VI.4 : AK : AH = AH : AZ, soit (*Éléments*, VI.17) AK × AZ = AH² ; de même dans les triangles AHZ et ZKH, on obtient : KZ : HZ = HZ : AZ, soit KZ × AZ = HZ². On peut donc écrire AH² : HZ² = AK : KZ.

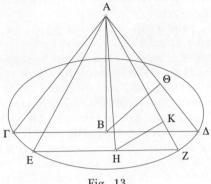

Fig. 13

Εἰλήφθω γὰρ ἄλλο τυχὸν τρίγωνον ἀνόμοιον
αὐτῷ τὸ **ΑΕΖ**, ἐν ᾧ κάθετος ἡ **ΑΗ**, καὶ ἀπὸ μὲν
τοῦ **Β** ἐπὶ τὴν **ΑΔ** κάθετος ἤχθω ἡ **ΒΘ**, ἀπὸ δὲ τοῦ
Η ἐπὶ τὴν **ΑΖ** κάθετος ἤχθω ἡ **ΗΚ**.

Ἐπεὶ ἀνόμοιόν ἐστι τὸ **ΑΓΔ** τῷ **ΑΕΖ**, ἀνόμοιον 5
ἄρα καὶ τὸ **ΑΒΔ** τῷ **ΑΗΖ**· καὶ ἔστιν ὀρθογώνια, καὶ
ἰσοσκελὲς τὸ **ΑΒΔ**· τὸ **ΑΗΖ** ἄρα ἀνισοσκελές. Καὶ
τὸ μὲν ἄρα ἀπὸ τῆς **ΑΒ** ἴσον ἐστὶ τῷ ἀπὸ τῆς **ΒΔ**,
τὸ δὲ ἀπὸ τῆς **ΑΗ** τῷ ἀπὸ τῆς **ΗΖ** ἄνισον· ἀλλ' ὡς
μὲν τὸ ἀπὸ **ΑΒ** πρὸς τὸ ἀπὸ **ΒΔ**, οὕτως ἡ **ΑΘ** πρὸς 10

AΔ est donc coupée en deux parties égales, et AZ l'est en deux parties inégales.

Dès lors, puisque ΔA et AZ sont égales, que l'une est coupée en deux parties égales, et que l'autre l'est en deux parties inégales, le rectangle compris par les segments égaux est plus grand que celui compris par les segments inégaux[1] ; le rectangle AΘ,ΘΔ est donc plus grand que le rectangle AK,KZ ; mais le carré sur BΘ est égal au rectangle AΘ,ΘΔ, et le carré sur HK est égal au rectangle AK,KZ[2] ; le carré sur BΘ est donc plus grand que celui sur HK. BΘ est donc aussi plus grande que HK ; or le rectangle BΘ,AΔ est au rectangle HK,AZ, et la moitié est à la moitié, c'est-à-dire le triangle ABΔ est au triangle AHZ, comme BΘ est à HK ; le triangle ABΔ est donc plus grand que le triangle AHZ, et, dans le cas de leurs doubles, le triangle AΓΔ est plus grand que le triangle AEZ.

On démontre pareillement que le triangle AΓΔ est plus grand que tous les triangles qui ne lui sont pas semblables, ce qu'il fallait démontrer.

14

Couper par un plan mené par le sommet un cône droit donné, dont l'axe est plus petit que le rayon de la base, de sorte que le triangle obtenu soit plus grand que tous les triangles obtenus dans le cône qui ne lui sont pas semblables.

Soit un cône droit donné, ayant pour sommet le point A, pour base le cercle décrit autour du centre B, pour axe l'axe AB, plus petit que le rayon de la base, et qu'il faille couper le cône de la manière prescrite.

---

1. *Éléments*, II.5.
2. *Éléments*, VI, 8 *porisme* et *Éléments*, VI.17.

ΘΔ, ὡς δὲ τὸ ἀπὸ ΑΗ πρὸς τὸ ἀπὸ ΗΖ, οὕτως ἡ
ΑΚ πρὸς ΚΖ· ἡ μὲν ἄρα ΑΔ εἰς ἴσα τέτμηται, ἡ δὲ
ΑΖ εἰς ἄνισα.

Ἐπεὶ οὖν αἱ ΔΑ, ΑΖ ἴσαι εἰσίν, καὶ ἡ μὲν εἰς ἴσα
διῄρηται, ἡ δὲ εἰς ἄνισα, τὸ ὑπὸ τῶν ἴσων τμημάτων 5
τοῦ ὑπὸ τῶν ἀνίσων μεῖζόν ἐστιν· τὸ ἄρα ὑπὸ ΑΘΔ
μεῖζόν ἐστι τοῦ ὑπὸ ΑΚΖ· ἀλλὰ τῷ μὲν ὑπὸ ΑΘΔ
ἴσον ἐστὶ τὸ ἀπὸ ΒΘ, τῷ δὲ ὑπὸ ΑΚΖ ἴσον τὸ ἀπὸ
ΗΚ· μεῖζον ἄρα τὸ ἀπὸ ΒΘ τοῦ ἀπὸ ΗΚ. Μείζων ἄρα
καὶ ἡ ΒΘ τῆς ΗΚ· ὡς δὲ ἡ ΒΘ πρὸς ΗΚ, οὕτω τό 10
τε ὑπὸ ΒΘ, ΑΔ πρὸς τὸ ὑπὸ ΗΚ, ΑΖ, καὶ τὸ ἥμισυ
πρὸς τὸ ἥμισυ, τουτέστι τὸ ΑΒΔ πρὸς τὸ ΑΗΖ·
μεῖζον ἄρα τὸ ΑΒΔ τοῦ ΑΗΖ, καὶ τὰ διπλάσια τὸ
ΑΓΔ τοῦ ΑΕΖ.

Ὁμοίως δὴ δείκνυται ὅτι πάντων τῶν ἀνομοίων 15
μεῖζόν ἐστι τὸ ΑΓΔ, ὅπερ ἔδει δεῖξαι.

ιδ΄

Τὸν δοθέντα κῶνον ὀρθὸν οὗ ὁ ἄξων ἐλάττων
ἐστὶ τῆς ἐκ τοῦ κέντρου τῆς βάσεως τεμεῖν διὰ
τῆς κορυφῆς ἐπιπέδῳ ὥστε τὸ γινόμενον τρίγωνον 20
μεῖζον εἶναι πάντων τῶν ἀνομοίων αὐτῷ ἐν τῷ κώνῳ
γινομένων τριγώνων.

Ἔστω ὁ δοθεὶς κῶνος ὀρθὸς οὗ κορυφὴ μὲν τὸ Α,
βάσις δὲ ὁ περὶ τὸ Β κέντρον κύκλος, ἄξων δὲ ὁ
ΑΒ ἐλάττων ὢν τῆς ἐκ τοῦ κέντρου τῆς βάσεως, 25
καὶ δέον ἔστω τεμεῖν τὸν κῶνον ὡς προστέτακται.

4 Α[Ζ V¹ : Δ V ‖ 8 ΒΘ – ΑΚΖ [τῶν ΑΚ, ΚΖ Ψ] ἴσον τὸ ἀπὸ
Ψ : om. V ‖ 9 pr. ἀπὸ Ψ : ὑπὸ V ‖ 13 ΑΗΖ c¹ Ψ : ΑΕΖ V c ‖
17 ιδ΄ Ψ V⁴ : om. V.

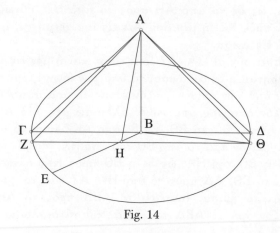

Fig. 14

Que soit mené le plan axial, déterminant le triangle AΓΔ ; la perpendiculaire AB est donc plus petite que BΔ.

Que soit menée dans le plan du cercle une droite BE à angles droits avec ΓB, et que le carré sur une droite BH soit la moitié de ce dont le carré sur ΔB est plus grand que celui sur BA ; que, par H, soit menée une parallèle ZHΘ à ΓΔ[1], et que soient menées des droites de jonction AH et BΘ.

Puisque le carré sur BΔ, c'est-à-dire celui sur BΘ, est plus grand que le carré sur BA de la somme de deux carrés sur BH, et que le carré sur AH est plus grand que celui sur AB du seul carré sur BH[2], alors le carré sur BΘ est plus grand que celui sur AH du carré sur BH[3] ; or le carré sur BΘ est plus grand aussi que celui sur HΘ du carré sur HB[4] ; le carré sur BΘ dépasse donc chacun des carrés sur AH et HΘ de la même aire. Le carré sur AH est donc égal au carré sur

---

1. BH est donc aussi perpendiculaire à ZΘ.
2. Par application d'*Éléments* I.47 dans le triangle rectangle ABH, on obtient $AH^2 = AB^2 + BH^2$, et donc $AH^2 - AB^2 = BH^2$.
3. Par soustraction des deux différences précédentes.
4. Par application d'*Éléments* I.47 dans le triangle rectangle BHΘ.

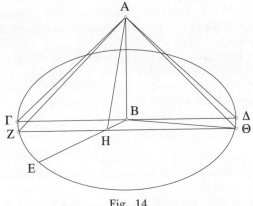

Fig. 14

Ἤχθω τὸ διὰ τοῦ ἄξονος ἐπίπεδον ποιοῦν τὸ ΑΓΔ τρίγωνον· ἡ ΑΒ ἄρα κάθετος ἐλάττων ἐστὶ τῆς ΒΔ. Ἤχθω ἐν τῷ τοῦ κύκλου ἐπιπέδῳ τῇ ΓΒ πρὸς ὀρθὰς ἡ ΒΕ, καὶ ᾧ μεῖζον τὸ ἀπὸ τῆς ΔΒ τοῦ ἀπὸ τῆς ΒΑ, τούτου ἥμισυ ἔστω τὸ ἀπὸ τῆς ΒΗ, καὶ 5 διὰ τοῦ Η παράλληλος ἤχθω τῇ ΓΔ ἡ ΖΗΘ, καὶ ἐπεζεύχθωσαν αἱ ΑΗ, ΒΘ.

Ἐπεὶ τὸ ἀπὸ ΒΔ, τουτέστι τὸ ἀπὸ ΒΘ, τοῦ ἀπὸ ΒΑ μεῖζόν ἐστι δυσὶ τοῖς ἀπὸ ΒΗ, τὸ δὲ ἀπὸ ΑΗ τοῦ ἀπὸ ΑΒ μεῖζόν ἐστιν ἑνὶ τῷ ἀπὸ ΒΗ, τὸ ἄρα 10 ἀπὸ ΒΘ τοῦ ἀπὸ ΑΗ μεῖζόν ἐστι τῷ ἀπὸ ΒΗ· ἔστι δὲ καὶ τοῦ ἀπὸ ΗΘ τῷ ἀπὸ ΗΒ μεῖζον τὸ ἀπὸ ΒΘ· ἑκατέρου ἄρα τῶν ἀπὸ ΑΗ, ΗΘ τῷ αὐτῷ ὑπερέχει τὸ ἀπὸ ΒΘ. Ἴσον ἄρα τὸ ἀπὸ ΑΗ τῷ ἀπὸ ΗΘ καὶ ἡ ΑΗ τῇ ΗΘ· καὶ ἔστι καὶ ἡ ΖΗ τῇ ΗΘ ἴση· ἡ ἄρα 15

HΘ, et AH est égale à HΘ ; d'autre part, ZH est aussi égale à HΘ[1] ; AH est donc égale à la moitié de ZΘ. Si donc nous menons un plan par ZΘ et HA, on aura un triangle dans le cône ; soit le triangle AZΘ.

Dès lors, puisqu'on a dans le cône un triangle AZΘ, dont la perpendiculaire AH menée du sommet est égale à la moitié de la base, alors le triangle AZΘ est plus grand que tous les triangles obtenus dans le cône et qui ne lui sont pas semblables[2], ce qu'il fallait faire.

15

Couper un cône donné par un plan mené par l'axe et à angles droits avec la base.

Soit un cône donné, ayant pour sommet le point A, pour base le cercle décrit autour du centre B, pour axe l'axe AB, et qu'il faille couper le cône <par un plan mené>[3] par AB, à angles droits avec la base.

Si d'abord[4] le cône est droit, il est évident que AB est à angles droits avec la base et que tous les plans menés par AB sont à angles droits avec la base[5], de sorte que le triangle AΓΔ, qui passe par AB[6], est à angles droits avec la base.

Que, maintenant, le cône soit oblique ; AB n'est donc pas à angles droits avec la base.

Que la perpendiculaire menée du sommet A tombe sur le plan de la base en un point E ; que soit menée une droite de jonction BE, et que soit mené le plan du triangle ABE, déterminant dans le cône le triangle AΓΔ.

---

1. *Éléments*, III.3.
2. Proposition 13.
3. On a une expression abrégée en grec que l'on retrouve dans l'ecthèse de la proposition suivante.
4. Sur les particules affectées à l'introduction des cas dans la proposition mathématique, voir Note complémentaire [6].
5. *Éléments*, XI.18.
6. Littéralement « qui est <un plan mené> par AB ».

ΑΗ ἴση ἐστὶ τῇ ἡμισείᾳ τῆς ΖΘ. Ἐὰν ἄρα διὰ τῶν
ΖΘ, ΗΑ διεκβάλωμεν ἐπίπεδον, ἔσται τρίγωνον ἐν
τῷ κώνῳ· γεγονέτω τὸ ΑΖΘ.

Ἐπεὶ οὖν τρίγωνόν ἐστιν ἐν κώνῳ τὸ ΑΖΘ οὗ ἡ
ἀπὸ τῆς κορυφῆς κάθετος ἡ ΑΗ ἴση ἐστὶ τῇ ἡμισείᾳ 5
τῆς βάσεως, τὸ ΑΖΘ ἄρα μεῖζόν ἐστι πάντων τῶν ἐν
τῷ κώνῳ γινομένων τριγώνων ἀνομοίων αὐτῷ, ὅπερ
ἔδει ποιῆσαι.

ιε´

Τὸν δοθέντα κῶνον διὰ τοῦ ἄξονος ἐπιπέδῳ τεμεῖν 10
πρὸς ὀρθὰς τῇ βάσει.

Ἔστω ὁ δοθεὶς κῶνος οὗ κορυφὴ μὲν τὸ Α σημεῖον,
βάσις δὲ ὁ περὶ τὸ Β κέντρον κύκλος, ἄξων δὲ ὁ
ΑΒ, καὶ δέον ἔστω τὸν κῶνον τεμεῖν διὰ τῆς ΑΒ
πρὸς ὀρθὰς τῇ βάσει. 15

Εἰ μὲν οὖν ὀρθός ἐστιν ὁ κῶνος, δῆλον ὡς ἥ τε
ΑΒ πρὸς ὀρθάς ἐστι τῇ βάσει, καὶ πάντα τὰ διὰ
τῆς ΑΒ ἐπίπεδα ἐκβαλλόμενα πρὸς ὀρθάς ἐστι τῇ
βάσει, ὥστε τὸ ΑΓΔ τρίγωνον διὰ τῆς ΑΒ ὂν πρὸς
ὀρθάς ἐστι τῇ βάσει. 20

Ἀλλὰ δὴ σκαληνὸς ἔστω ὁ κῶνος· ἡ ἄρα ΑΒ οὐκ
ἔστι πρὸς ὀρθὰς τῇ βάσει.

Πιπτέτω τοίνυν ἡ ἀπὸ τῆς Α κορυφῆς κάθετος ἐπὶ
τὸ τῆς βάσεως ἐπίπεδον κατὰ τὸ Ε, καὶ ἐπεζεύχθω
ἡ ΒΕ, καὶ διεκβεβλήσθω τὸ τοῦ ΑΒΕ τριγώνου 25
ἐπίπεδον ποιοῦν ἐν τῷ κώνῳ τὸ ΑΓΔ τρίγωνον.

2 διεκβάλωμεν c Ψ : διεκβάλλωμεν V ‖ 4 τὸ Ψ : τῷ V ‖ 9 ιε´ Ψ
V⁴ : om. V ‖ 25 ΒΕ [ΕΒ Ψ] Ψ Par. 2367 e corr. : ΒΓ V ‖ ΑΒΕ
[ΑΕΒ Ψ] Ψ Par. 2367 e corr. : ΑΗΕ V.

Je dis que le triangle AΓΔ est à angles droits avec la base du cône.

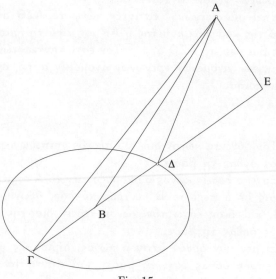

Fig. 15

Puisque AE est perpendiculaire au plan de la base, alors tous les plans menés par AE sont aussi à angles droits avec le plan de la base[1].

Le triangle AΓΔ est donc aussi à angles droits avec le plan de la base[2], ce qu'il fallait faire.

1. *Éléments*, XI.18.
2. Le plan du triangle AΓΔ est ce qu'on appelle le plan « principal », le seul plan passant par l'axe du cône oblique qui contienne la perpendiculaire menée du sommet au plan de base.

Λέγω ὅτι τὸ ΑΓΔ πρὸς ὀρθάς ἐστι τῇ βάσει τοῦ κώνου.

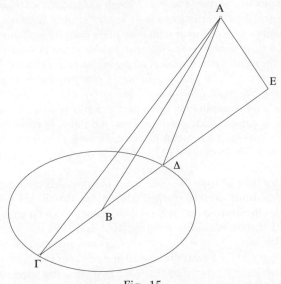

Fig. 15

Ἐπεὶ γὰρ ἡ ΑΕ κάθετός ἐστιν ἐπὶ τὸ τῆς βάσεως ἐπίπεδον, καὶ πάντα ἄρα τὰ διὰ τῆς ΑΕ ἐπίπεδα ἐκβαλλόμενα πρὸς ὀρθάς ἐστι τῷ τῆς βάσεως 5 ἐπιπέδῳ.

Καὶ τὸ ΑΓΔ ἄρα τρίγωνον πρὸς ὀρθάς ἐστι τῷ τῆς βάσεως ἐπιπέδῳ, ὅπερ ἔδει ποιῆσαι.

7-8 Καὶ – ἐπιπέδῳ iter. V.

16

*Si un cône oblique est coupé par un plan mené par l'axe et
à angles droits avec la base, le triangle obtenu sera un triangle
oblique, dont le grand côté sera la plus grande de toutes les
droites menées du sommet du cône jusqu'à la circonférence de
la base, et dont le petit côté sera la plus petite de toutes les
droites menées pareillement ; et, parmi les autres droites, <de
deux droites>[1], la plus proche de la plus grande[2] sera plus
grande que la plus éloignée.*

Soit un cône oblique, ayant pour sommet le point A, pour
base le cercle ΓΕΔ, pour axe l'axe AB ; que, le cône étant
coupé par un plan mené par l'axe, à angles droits avec le
cercle ΓΕΔ, le triangle obtenu[3] soit le triangle AΓΔ, et que
l'axe s'incline[4] du côté de Δ.

Dès lors, puisque, le cône étant oblique, AB n'est pas à
angles droits avec le cercle ΓΔΕ, qu'une droite AΘ soit à
angles droits avec lui ; AΘ est donc dans le plan du triangle
AΓΔ et tombera sur le prolongement de ΓΒΔ[5].

Dès lors, puisque ΓΘ est plus grande que ΘΔ, alors le
carré sur ΓΘ est aussi plus grand que celui sur ΘΔ. Que soit
ajouté le carré commun sur ΘΑ ; la somme des carrés sur
ΓΘ et ΘΑ est donc plus grande que la somme des carrés sur
ΔΘ et ΘΑ, c'est-à-dire le carré sur ΓΑ est plus grand que
celui sur AΔ[6] ; AΓ est donc plus grande que AΔ.

---

1. Voir note à la proposition 6. Il manque ici l'adverbe ἀεί
« chaque fois », qui aurait dû se trouver après εὐθειῶν ; mais cet
adverbe se trouve à la fin de la proposition.

2. À savoir le grand côté du triangle.

3. Voir la proposition précédente.

4. Le verbe προσνεύειν n'est pas répertorié dans le *Dictionnaire* de Mugler, pas plus que le verbe ἀπονεύειν, de même sens,
qu'on trouve dans les énoncés des propositions 36 et 40.

5. Sérénus raisonne sur le cas représenté dans la proposition précédente et illustré par la figure 3.

6. Par application d'*Éléments*, I.47 dans les triangles
rectangles AΘΓ et AΘΔ.

ιϛ´

Ἐὰν κῶνος σκαληνὸς διὰ τοῦ ἄξονος ἐπιπέδῳ
τμηθῇ πρὸς ὀρθὰς τῇ βάσει, τὸ γενόμενον τρίγωνον
ἔσται σκαληνόν, οὗ ἡ μὲν μείζων πλευρὰ μεγίστη
ἔσται πασῶν τῶν ἀπὸ τῆς κορυφῆς τοῦ κώνου ἐπὶ 5
τὴν περιφέρειαν τῆς βάσεως ἀγομένων εὐθειῶν, ἡ
δὲ ἐλάττων πλευρὰ ἐλαχίστη πασῶν τῶν ὁμοίως
ἀγομένων εὐθειῶν, τῶν δὲ ἄλλων εὐθειῶν ἡ τῇ
μεγίστῃ ἔγγιον τῆς ἀπώτερόν ἐστι μείζων.

Ἔστω κῶνος σκαληνὸς οὗ κορυφὴ μὲν τὸ Α, 10
βάσις δὲ ὁ ΓΕΔ κύκλος, ἄξων δὲ ὁ ΑΒ, τοῦ δὲ
κώνου τμηθέντος διὰ τοῦ ἄξονος πρὸς ὀρθὰς τῷ
ΓΕΔ κύκλῳ τὸ γενόμενον τρίγωνον ἔστω τὸ ΑΓΔ,
προσνευέτω δὲ ὁ ἄξων ἐπὶ τὸ Δ μέρος.

Ἐπεὶ οὖν σκαληνοῦ ὄντος τοῦ κώνου οὐκ ἔστιν ἡ 15
ΑΒ πρὸς ὀρθὰς τῷ ΓΔΕ κύκλῳ, ἔστω πρὸς ὀρθὰς
αὐτῷ ἡ ΑΘ· ἡ ΑΘ ἄρα ἐν τῷ τοῦ ΑΓΔ ἐστιν ἐπιπέδῳ
καὶ πεσεῖται ἐπὶ τὴν ΓΒΔ ἐκβληθεῖσαν.

Ἐπεὶ οὖν μείζων ἡ ΓΘ τῆς ΘΔ, καὶ τὸ ἀπὸ ΓΘ
ἄρα τοῦ ἀπὸ ΘΔ μεῖζον. Κοινὸν προσκείσθω τὸ ἀπὸ 20
ΘΑ· τὰ ἄρα ἀπὸ ΓΘ, ΘΑ τῶν ἀπὸ ΔΘ, ΘΑ μείζονά
ἐστιν, τουτέστι τὸ ἀπὸ ΓΑ μεῖζόν ἐστι τοῦ ἀπὸ ΑΔ·
μείζων ἄρα ἡ ΑΓ τῆς ΑΔ.

1 ιϛ´ Ψ V⁴ : om. V ‖ 9 ἀπώτερόν Ψ : ἀπότερον V.

Je dis maintenant que, de plus[1], AΓ est absolument la plus grande de toutes les droites menées du sommet à la circonférence de la base, et que AΔ est la plus petite.

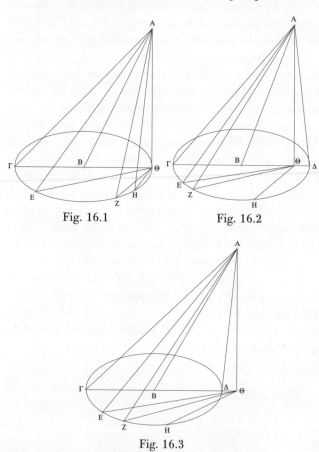

Fig. 16.1   Fig. 16.2

Fig. 16.3

1. On trouve ici la formule du second diorisme, alors qu'un premier diorisme n'a pas été explicitement formulé.

Λέγω δὴ ὅτι ἡ **ΑΓ** καὶ πασῶν ἁπλῶς μεγίστη ἐστὶ τῶν ἀπὸ τῆς κορυφῆς ἐπὶ τὴν περιφέρειαν τῆς βάσεως ἀγομένων εὐθειῶν, ἡ δὲ **ΑΔ** ἐλαχίστη.

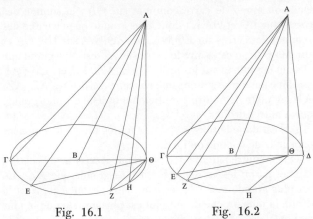

Fig. 16.1   Fig. 16.2

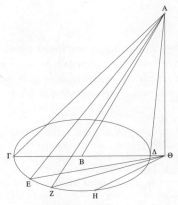

Fig. 16.3

Que soient menées des droites ΘE, ΘZ et ΘH.

Dès lors, puisque ΓΘ est la plus grande de toutes les droites qui tombent de Θ sur la circonférence[1], alors le carré sur ΘΓ est le plus grand des carrés sur ΘE, ΘZ, ΘH et ΘΔ. Que soit ajouté le carré commun sur ΘA ; la somme des carrés sur ΓΘ et ΘA est donc plus grande que chacune des sommes des carrés sur EΘ,ΘA, sur ZΘ,ΘA, sur HΘ,ΘA et sur ΔΘ,ΘA[2], c'est-à-dire le carré sur AΓ est plus grand que chacun des carrés sur les droites AE, AZ, AH et AΔ[3] ; AΓ est donc aussi plus grande que chacune des droites AE, AZ, AH, AΔ. On démontre pareillement qu'elle est plus grande que d'autres droites.

AΓ est donc la plus grande de toutes les droites menées dans le cône comme on l'a dit.

On démontre pareillement aussi que AΔ est la plus petite, et que, parmi les autres, AE est plus grande que AZ, AZ est plus grande que AH, et que, dans chaque cas, c'est la droite la plus proche de AΓ qui est plus grande que la plus éloignée, ce qu'il fallait démontrer[4].

17

Si, du sommet d'un triangle, une droite est menée au milieu de la base, la somme des carrés sur les côtés est égale à la somme des carrés sur les segments de la base et du double du carré sur la droite menée du sommet à la base[5].

1. *Éléments*, III.8.
2. Le texte grec transmis est erroné, puisqu'il signifie : $(\Gamma\Theta+\Theta A)^2 > (E\Theta+\Theta A)^2$, *etc*. Le texte correct a été proposé par Halley : συναμφότερον ἄρα τὸ ἀπὸ τῶν ΓΘ,ΘA μεῖζόν ἐστι ἑκάστου συναμφοτέρου τοῦ ἀπὸ τῶν ΕΘ,ΘA, κτλ. On retrouve le même phénomène dans la proposition 20. L'origine de cette erreur n'étant pas claire, le texte a été laissé en l'état.
3. *Éléments*, I.47.
4. Sur les deux autres versions connues de cette démonstration, voir Note complémentaire [7].
5. Cette propriété fait également l'objet d'un lemme chez Pappus (*Collection mathématique*, VII, prop. 122), qui la démontre par *Éléments*, II.9.

Ἤχθωσαν γὰρ αἱ ΘΕ, ΘΖ, ΘΗ.

Ἐπεὶ οὖν ἡ ΓΘ μεγίστη ἐστὶ πασῶν τῶν ἀπὸ τοῦ Θ ἐπὶ τὴν περιφέρειαν προσπιπτουσῶν, καὶ τὸ ἀπὸ τῆς ΘΓ ἄρα μέγιστόν ἐστι τῶν ἀπὸ ΘΕ, ΘΖ, ΘΗ, ΘΔ. Κοινὸν προσκείσθω τὸ ἀπὸ ΘΑ· τὸ ἄρα ἀπὸ 5 συναμφοτέρου τῆς ΓΘΑ μεῖζόν ἐστιν ἑκάστου τῶν ἀπὸ συναμφοτέρου τῆς ΕΘΑ, ΖΘΑ, ΗΘΑ, ΔΘΑ, τουτέστι τὸ ἀπὸ ΑΓ ἑκάστου τῶν ἀπὸ ΑΕ, ΑΖ, ΑΗ, ΑΔ· καὶ ἡ ΑΓ ἄρα μείζων ἐστὶν ἑκάστης τῶν ΑΕ, ΑΖ, ΑΗ, ΑΔ. Ὁμοίως δείκνυται ὅτι καὶ τῶν 10 ἄλλων.

Μεγίστη ἄρα ἡ ΑΓ πασῶν τῶν, ὡς εἴρηται, ἀγομένων εὐθειῶν ἐν τῷ κώνῳ.

Διὰ τῶν αὐτῶν δὲ δείκνυται ὅτι καὶ ἡ μὲν ΑΔ ἐλαχίστη, τῶν δὲ ἄλλων ἡ μὲν ΑΕ τῆς ΑΖ μείζων, 15 ἡ δὲ ΑΖ τῆς ΑΗ, καὶ ἀεὶ ἡ ἔγγιον τῆς ΑΓ τῆς ἀπώτερόν ἐστι μείζων, ὅπερ ἔδει δεῖξαι.

ιζ′

Ἐὰν τριγώνου ἀπὸ τῆς κορυφῆς ἐπὶ τὴν διχοτο-μίαν τῆς βάσεως εὐθεῖα ἀχθῇ, τὰ ἀπὸ τῶν πλευρῶν 20 τετράγωνα ἴσα ἐστὶ τοῖς τε ἀπὸ τῶν τμημάτων τῆς βάσεως καὶ τῷ δὶς ἀπὸ τῆς ἠγμένης ἀπὸ τῆς κορυφῆς ἐπὶ τὴν βάσιν εὐθείας.

Soit un triangle AΒΓ ; que la base soit coupée en deux parties égales en un point Δ, et que soit menée la droite AΔ.

Je dis que la somme des carrés sur AB et AΓ est égale à la somme des carrés sur BΔ et ΔΓ et du double du carré sur AΔ.

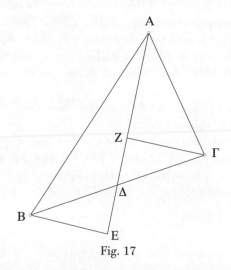

A

Z

Γ

Δ

B

E

Fig. 17

Si d'abord le triangle AΒΓ est isocèle, la démonstration est évidente en vertu du fait que chacun des angles en Δ est droit[1].

Que, maintenant, BA soit plus grande que AΓ ; l'angle BΔA est donc aussi plus grand que l'angle AΔΓ[2].

Que la droite AΔ soit prolongée, et que soient abaissées sur elle des perpendiculaires BE et ΓZ ; les triangles rectangles EBΔ et ΓZΔ sont donc semblables, du fait que

---

1. La médiane AΔ est aussi hauteur et permet l'application d'*Éléments*, I.47.
2. *Éléments*, I.25.

Ἔστω τρίγωνον τὸ **ΑΒΓ** οὗ δίχα τετμήσθω ἡ βάσις κατὰ τὸ **Δ**, καὶ διήχθω ἡ **ΑΔ**.

Λέγω ὅτι τὰ ἀπὸ **ΑΒ**, **ΑΓ** τετράγωνα ἴσα ἐστὶ τοῖς ἀπὸ τῶν **ΒΔ**, **ΔΓ** καὶ τῷ δὶς ἀπὸ τῆς **ΑΔ**.

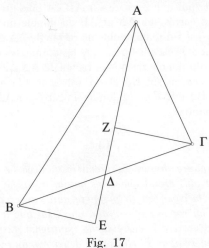

Fig. 17

Εἰ μὲν οὖν ἰσοσκελές ἐστι τὸ **ΑΒΓ** τρίγωνον, 5 φανερὰ ἡ δεῖξις διὰ τὸ ἑκατέραν τῶν πρὸς τῷ **Δ** γίνεσθαι ὀρθήν.

Ἀλλὰ δὴ ἔστω ἡ **ΒΑ** τῆς **ΑΓ** μείζων· μείζων ἄρα καὶ ἡ ὑπὸ **ΒΔΑ** γωνία τῆς ὑπὸ **ΑΔΓ**.

Ἐκβεβλήσθω ἡ **ΑΔ**, καὶ κατήχθωσαν ἐπ᾽ αὐτὴν 10 κάθετοι αἱ **ΒΕ**, **ΓΖ**· ὅμοια ἄρα ἐστὶ τὰ **ΕΒΔ**, **ΓΖΔ**

---

6 τῷ V[1] : τὸ V ‖ 9 ΒΔΑ Ψ V[2] : ΒΑΔ V ‖ 11 ΕΒΔ Ψ : ΕΒΔ, ΓΒΔ V.

BE et ZΓ sont parallèles ; EΔ est donc à ΔZ comme BΔ est à ΔΓ[1] ; or BΔ est égale à ΓΔ ; EΔ est donc aussi égale à ΔZ, le rectangle AΔ,ΔE est égal au rectangle AΔ,ΔZ, et le double du rectangle AΔ,ΔE est égal au double du rectangle AΔ,ΔZ.

Dès lors, puisque le carré sur AB est plus grand que la somme des carrés sur AΔ et ΔB du double du rectangle AΔ,ΔE[2], c'est-à-dire du double du rectangle AΔ,ΔZ, et que le carré sur AΓ est plus petit que la somme des carrés sur AΔ et ΔΓ du double du même rectangle AΔ,ΔZ[3], alors la somme des carrés sur BA et AΓ est égale à la somme des carrés sur BΔ et ΔΓ et du double du carré sur AΔ, ce qu'il fallait démontrer.

18

Si, de quatre droites, la première a, avec la deuxième, un rapport plus grand que celui que la troisième a avec la quatrième, le carré sur la première aura, avec celui sur la deuxième, un rapport plus grand que celui que le carré sur la troisième a avec le carré sur la quatrième. Et si le carré sur la première a, avec celui sur la deuxième, un rapport plus grand que celui que le carré sur la troisième a avec le carré sur la quatrième, la première a, avec la deuxième, un rapport plus grand que celui que la troisième a avec la quatrième.

Soient des droites A, B, Γ et Δ, et que A ait, avec B, un rapport plus grand que celui que Γ a avec Δ.

Je dis que le carré sur A a aussi, avec celui sur B, un rapport plus grand que celui que le carré sur Γ a avec le carré sur Δ.

---

1. *Éléments*, VI.4.
2. Par application d'*Éléments*, II.12 dans le triangle obtusangle AΔB.
3. Par application d'*Éléments*, II.13 dans le triangle acutangle AΔΓ.

ὀρθογώνια διὰ τὸ παραλλήλους εἶναι τὰς ΒΕ, ΖΓ·
ὡς ἄρα ἡ ΒΔ πρὸς ΔΓ, οὕτως ἡ ΕΔ πρὸς ΔΖ· ἴση
δὲ ἡ ΒΔ τῇ ΓΔ· ἴση ἄρα καὶ ἡ ΕΔ τῇ ΔΖ, καὶ τὸ
ὑπὸ ΑΔ, ΔΕ τῷ ὑπὸ ΑΔ, ΔΖ, καὶ τὸ δὶς ὑπὸ ΑΔ,
ΔΕ τῷ δὶς ὑπὸ ΑΔ, ΔΖ.   5
Ἐπεὶ οὖν τὸ μὲν ἀπὸ τῆς ΑΒ τῶν ἀπὸ ΑΔ, ΔΒ
μεῖζόν ἐστι τῷ δὶς ὑπὸ ΑΔ, ΔΕ, τουτέστι τῷ δὶς ὑπὸ
ΑΔ, ΔΖ, τὸ δὲ ἀπὸ ΑΓ τῶν ἀπὸ ΑΔ, ΔΓ ἔλαττόν
ἐστι τῷ αὐτῷ τῷ δὶς ὑπὸ ΑΔ, ΔΖ, τὰ ἄρα ἀπὸ ΒΑ,
ΑΓ ἴσα ἐστὶ τοῖς ἀπὸ ΒΔ, ΔΓ καὶ τῷ δὶς ἀπὸ τῆς   10
ΑΔ, ὅπερ ἔδει δεῖξαι.

ιη′

Ἐὰν τεσσάρων εὐθειῶν ἡ πρώτη πρὸς τὴν δευτέραν
μείζονα λόγον ἔχῃ ἤπερ ἡ τρίτη πρὸς τὴν τετάρτην,
καὶ τὸ ἀπὸ τῆς πρώτης πρὸς τὸ ἀπὸ τῆς δευτέρας   15
μείζονα λόγον ἕξει ἤπερ τὸ ἀπὸ τῆς τρίτης πρὸς τὸ
ἀπὸ τῆς τετάρτης. Κἂν τὸ ἀπὸ τῆς πρώτης πρὸς
τὸ ἀπὸ τῆς δευτέρας μείζονα λόγον ἔχῃ ἤπερ τὸ
ἀπὸ τῆς τρίτης πρὸς τὸ ἀπὸ τῆς τετάρτης, ἡ πρώτη
πρὸς τὴν δευτέραν μείζονα λόγον ἔχει ἤπερ ἡ τρίτη   20
πρὸς τὴν τετάρτην.
Ἔστωσαν εὐθεῖαι αἱ Α, Β, Γ, Δ, ἐχέτω δὲ ἡ Α
πρὸς τὴν Β μείζονα λόγον ἤπερ ἡ Γ πρὸς τὴν Δ.
Λέγω ὅτι καὶ τὸ ἀπὸ τῆς Α πρὸς τὸ ἀπὸ τῆς
Β μείζονα λόγον ἔχει ἤπερ τὸ ἀπὸ τῆς Γ πρὸς τὸ   25
ἀπὸ τῆς Δ.

8 ΔΓ Par. 2363^pc Par. 2367 e corr. : ΑΓ V Par. 2363^ac ‖
12 ιη′ Ψ V⁴ : om. V ‖ 25 ἀπὸ τῆς Ψ : om. V.

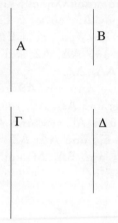

Fig. 18

Puisque le rapport de A avec B est plus grand que celui de Γ avec Δ, alors le grand rapport doublé est aussi plus grand que le petit rapport doublé ; or le rapport du carré sur A à celui sur B est le rapport doublé du rapport de A à B, qui est le grand rapport, et le rapport du carré sur Γ à celui sur Δ est le rapport doublé du rapport de Γ à Δ, qui est le petit rapport[1] ; le rapport du carré sur A à celui sur B est donc aussi plus grand que celui du carré sur Γ au carré sur Δ.

Inversement, que le carré sur A ait, avec celui sur B, un rapport plus grand que celui que le carré sur Γ a avec le carré sur Δ.

Je dis que A a, avec B, un rapport plus grand que celui que Γ a avec Δ.

Puisque le rapport du carré sur A à celui sur B est plus

1. *Éléments*, VI.20.

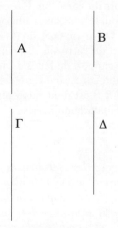

Fig. 18

Ἐπεὶ γὰρ ὁ τῆς Α πρὸς τὴν Β λόγος μείζων ἐστὶ
τοῦ τῆς Γ πρὸς τὴν Δ, καὶ ὁ τοῦ μείζονος ἄρα
διπλάσιος μείζων ἐστὶ τοῦ τοῦ ἐλάττονος διπλα-
σίου· ἔστι δὲ τοῦ μὲν τῆς Α πρὸς τὴν Β λόγου
μείζονος ὄντος διπλάσιος ὁ τοῦ ἀπὸ τῆς Α πρὸς 5
τὸ ἀπὸ τῆς Β λόγος, τοῦ δὲ τῆς Γ πρὸς τὴν Δ
λόγου ἐλάττονος ὄντος διπλάσιος ὁ τοῦ ἀπὸ τῆς
Γ πρὸς τὸ ἀπὸ τῆς Δ· καὶ ὁ τοῦ ἀπὸ τῆς Α ἄρα
πρὸς τὸ ἀπὸ τῆς Β λόγος μείζων ἐστὶ τοῦ τοῦ ἀπὸ
τῆς Γ πρὸς τὸ ἀπὸ τῆς Δ.   10
Πάλιν δὲ τὸ ἀπὸ τῆς Α πρὸς τὸ ἀπὸ τῆς Β
μείζονα λόγον ἐχέτω ἤπερ τὸ ἀπὸ τῆς Γ πρὸς τὸ
ἀπὸ τῆς Δ.
Λέγω ὅτι ἡ Α πρὸς τὴν Β μείζονα λόγον ἔχει
ἤπερ ἡ Γ πρὸς τὴν Δ.   15
Ἐπεὶ ὁ τοῦ ἀπὸ τῆς Α πρὸς τὸ ἀπὸ τῆς Β λόγος

1 λόγος c Ψ : λόγον V ‖ 9 τοῦ τοῦ Heiberg : τοῦ V.

grand que le rapport du carré sur Γ à celui sur Δ, alors le grand rapport dédoublé[1] est aussi plus grand que le petit rapport dédoublé. Or le rapport de A à B est le rapport dédoublé du rapport du carré sur A à celui sur B, qui est le grand rapport, et le rapport de Γ à Δ est le rapport dédoublé du carré sur Γ à celui sur Δ, qui est le petit rapport.

Le rapport de A à B est donc aussi plus grand que celui de Γ à Δ, ce qu'il fallait démontrer.

19

Si deux grandeurs égales sont divisées de manière dissemblable, et que le grand segment de l'une ait, avec le petit segment, un rapport plus grand que celui que le grand segment de l'autre a avec le petit segment, ou bien si le rapport est d'égal à égal, le grand segment parmi les deux mentionnés en premier sera le plus grand des quatre segments, et le petit segment sera le plus petit des quatre segments.

Soient deux grandeurs égales AB et $\Gamma\Delta$; que AB soit divisée par un point E, et que $\Gamma\Delta$ soit divisée par un point Z ; que la grandeur AE soit plus grande que la grandeur EB, et que la grandeur ΓZ ne soit pas plus petite que la grandeur ZΔ, de sorte que la grandeur AE ait, avec la grandeur EB, un rapport plus grand que celui que la grandeur ΓZ a avec la grandeur ZΔ.

Je dis que la plus grande des grandeurs AE, EB, ΓZ et ZΔ est la grandeur AE, la plus petite la grandeur BE.

---

1. Le rapport ἥμισυς λόγος désigne le rapport de deux grandeurs divisé par la racine carrée de ce rapport, c'est-à-dire la racine carrée de ce rapport ($a^2 : b^2 : \sqrt{a^2 : b^2} = a : b$). L'expression « rapport dédoublé » est reprise aux mathématiciens de la Renaissance.

μείζων ἐστὶ τοῦ τοῦ ἀπὸ τῆς Γ πρὸς τὸ ἀπὸ τῆς Δ
λόγου, καὶ ὁ τοῦ μείζονος ἄρα ἥμισυς τοῦ τοῦ ἐλάττονος ἡμίσεος μείζων ἐστίν. Ἔστι δὲ τοῦ μὲν <τοῦ>
ἀπὸ τῆς Α πρὸς τὸ ἀπὸ τῆς Β λόγου μείζονος ὄντος
ἥμισυς ὁ τῆς Α πρὸς τὴν Β, τοῦ δὲ <τοῦ> ἀπὸ 5
τῆς Γ πρὸς τὸ ἀπὸ τῆς Δ ἐλάττονος ὄντος ἥμισυς
ὁ τῆς Γ πρὸς τὴν Δ.
Καὶ ὁ τῆς Α ἄρα πρὸς τὴν Β λόγος μείζων ἐστὶ
τοῦ τῆς Γ πρὸς τὴν Δ, ὅπερ ἔδει δεῖξαι.

ιθ′ 10

Ἐὰν δύο μεγέθη ἴσα ἀνομοίως διαιρεθῇ, τῶν δὲ
τοῦ ἑτέρου τμημάτων τὸ μεῖζον πρὸς τὸ ἔλαττον
μείζονα λόγον ἔχῃ ἤπερ τοῦ λοιποῦ τὸ μεῖζον πρὸς
τὸ ἔλαττον ἢ τὸ ἴσον πρὸς τὸ ἴσον, τῶν προειρη-
μένων τμημάτων τὸ μὲν μεῖζον μέγιστον ἔσται τῶν 15
τεσσάρων τμημάτων, τὸ δὲ ἔλαττον ἐλάχιστον τῶν
τεσσάρων.
Ἔστω δύο μεγέθη ἴσα τὰ ΑΒ, ΓΔ, καὶ διῃρήσθω
τὸ μὲν ΑΒ τῷ Ε, τὸ δὲ ΓΔ τῷ Ζ, ἔστω δὲ τὸ μὲν
ΑΕ τοῦ ΕΒ μεῖζον, τὸ δὲ ΓΖ τοῦ ΖΔ μὴ ἔλαττον, 20
ὥστε τὸ ΑΕ πρὸς ΕΒ μείζονα λόγον ἔχειν ἤπερ τὸ
ΓΖ πρὸς τὸ ΖΔ.
Λέγω ὅτι τῶν ΑΕ, ΕΒ, ΓΖ, ΖΔ μεγεθῶν μέγιστον
μέν ἐστι τὸ ΑΕ, ἐλάχιστον δὲ τὸ ΒΕ.

1 τοῦ τοῦ Heiberg : τοῦ V || 3 τοῦ add. Decorps-F. (fort.
addendum Heiberg) || 5 τοῦ add. Decorps-F. || 10 ιθ′ Ψ V⁴ :
om. V || 14 ἢ Halley (jam Comm.) : καὶ V || 19 pr. τὸ V¹ :
τῷ V || 20 Γ]Ζ Par. 2363 e corr. Par. 2367 e corr. : Δ V || 22 ΓΖ
Ψ : ΑΖ.

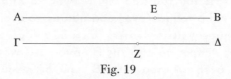

Fig. 19

Puisque la grandeur AE a, avec la grandeur EB, un rapport plus grand que celui que la grandeur ΓZ a avec la grandeur ZΔ, alors, *par composition*, la grandeur AB a aussi, avec la grandeur BE, un rapport plus grand que celui que la grandeur ΓΔ a avec la grandeur ΔZ[1] ; et, *par permutation*, la grandeur AB a, avec la grandeur ΓΔ, un rapport plus grand que celui que la grandeur EB a avec la grandeur ZΔ[2] ; d'autre part, la grandeur AB est égale à la grandeur ΓΔ ; la grandeur EB est donc plus petite que la grandeur ZΔ ; or la grandeur ZΔ n'est pas plus grande que la grandeur ΓZ ; la grandeur EB est donc aussi plus petite que la grandeur ΓZ ; or, on l'a vu, la grandeur EB est aussi plus petite que la grandeur AE ; la grandeur EB est donc la plus petite.

De même, puisque la grandeur AB est égale à la grandeur ΓΔ, et que, dans ces deux grandeurs, la grandeur EB est plus petite que la grandeur ΔZ, alors la grandeur restante EA est plus grande que la grandeur restante ΓZ ; or la grandeur ΓZ n'est pas plus petite que la grandeur ZΔ ; la grandeur AE est donc aussi plus grande que la grandeur ZΔ. Or, on l'a vu, la grandeur AE est aussi plus grande que la grandeur EB.

La grandeur AE est donc la plus grande, et la grandeur EB est la plus petite.

1. Sérénus utilise ici tacitement un théorème auxiliaire que l'on trouve exposé chez Pappus, *Collection mathématique*, VII, prop. 3.
2. Même postulation implicite d'un théorème que l'on trouve également exposé par Pappus, *Collection mathématique*, VII, prop. 5.

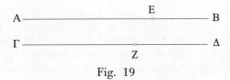

Fig. 19

Ἐπεὶ τὸ ΑΕ πρὸς ΕΒ μείζονα λόγον ἔχει ἤπερ
τὸ ΓΖ πρὸς ΖΔ, καὶ συνθέντι ἄρα τὸ ΑΒ πρὸς
ΒΕ μείζονα λόγον ἔχει ἤπερ τὸ ΓΔ πρὸς ΔΖ· καὶ
ἐναλλὰξ τὸ ΑΒ πρὸς ΓΔ μείζονα λόγον ἔχει ἤπερ τὸ
ΕΒ πρὸς ΖΔ· καὶ ἔστιν ἴσον τὸ ΑΒ τῷ ΓΔ· ἔλαττον   5
ἄρα τὸ ΕΒ τοῦ ΖΔ· τὸ δὲ ΖΔ τοῦ ΓΖ οὐ μεῖζον·
καὶ τοῦ ΓΖ ἄρα ἔλασσόν ἐστι τὸ ΕΒ· ἦν δὲ καὶ τοῦ
ΑΕ ἔλαττον· ἐλάχιστον ἄρα τὸ ΕΒ.

Πάλιν ἐπεὶ τὸ ΑΒ τῷ ΓΔ ἴσον, ὧν τὸ ΕΒ τοῦ ΔΖ
ἔλαττον, λοιπὸν ἄρα τὸ ΕΑ λοιποῦ τοῦ ΓΖ μεῖζον·   10
τὸ δὲ ΓΖ τοῦ ΖΔ οὐκ ἔλαττόν ἐστιν· καὶ τοῦ ΖΔ
ἄρα μεῖζόν ἐστι τὸ ΑΕ. Ἦν δὲ καὶ τοῦ ΕΒ μεῖζον.
Μέγιστον ἄρα ἐστὶ τὸ ΑΕ, τὸ δὲ ΕΒ ἐλάχιστον.

9 τοῦ V[1] : τὸ V ‖ 13 Μέγιστον Par. 2367[mg] : om. V.

20

Si deux triangles ont les bases égales, qu'ils aient aussi les
droites menées depuis le sommet au milieu de la base égales,
et que le grand côté de l'un ait, avec le petit côté, un rapport
plus grand que celui que le grand côté de l'autre a avec le petit
côté, ou bien si le rapport est d'égal à égal, le petit triangle est
celui dont le grand côté a, avec le petit côté, un rapport plus
grand.

Soient deux triangles ABΓ et ΔEZ, ayant les bases BΓ et
EZ égales ; que chacune soit coupée en deux parties égales
aux points H et Θ ; que soient menées des droites de jonction
AH et ΔΘ et qu'elles soient égales ; que EΔ soit plus grande
que ΔZ, et que BA ne soit pas plus petite que AΓ, de sorte
que EΔ ait, avec ΔZ, un rapport plus grand que celui que
BA a avec AΓ.

Je dis que le triangle ΔEZ est plus petit que le triangle
ABΓ.

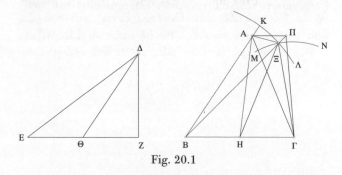

Fig. 20.1

Puisque les droites BΓ et EZ sont égales et coupées en
segments égaux, et que AH est aussi égale à ΔΘ, alors les
carrés sur elles sont égaux ; la somme des carrés sur BH et

κ′

Ἐὰν δύο τρίγωνα τάς τε βάσεις ἴσας ἔχῃ, ἔχῃ
δὲ καὶ τὰς ἀπὸ τῆς κορυφῆς ἐπὶ τὴν διχοτομίαν
τῆς βάσεως ἠγμένας εὐθείας ἴσας, τοῦ δὲ ἑτέρου ἡ
μείζων πλευρὰ πρὸς τὴν ἐλάττονα μείζονα λόγον 5
ἔχῃ ἤπερ ἡ τοῦ λοιποῦ μείζων πρὸς τὴν ἐλάττονα
ἢ καὶ ἴση πρὸς τὴν ἴσην, οὗ ἡ μείζων πλευρὰ πρὸς
τὴν ἐλάττονα μείζονα λόγον ἔχει, ἐκεῖνο ἔλαττόν
ἐστιν.

Ἔστω δύο τρίγωνα τὰ ΑΒΓ, ΔΕΖ ἴσας ἔχοντα τὰς 10
ΒΓ, ΕΖ βάσεις, ὧν ἑκατέρα τετμήσθω δίχα κατὰ τὰ
Η καὶ Θ σημεῖα, καὶ ἐπιζευχθεῖσαι αἱ ΑΗ, ΔΘ ἴσαι
ἔστωσαν· ἔστω δὲ ἡ μὲν ΕΔ τῆς ΔΖ μείζων, ἡ δὲ
ΒΑ τῆς ΑΓ μὴ ἐλάττων, ὥστε τὴν ΕΔ πρὸς ΔΖ
μείζονα λόγον ἔχειν ἤπερ τὴν ΒΑ πρὸς ΑΓ. 15

Λέγω ὅτι τὸ ΔΕΖ τρίγωνον ἔλαττόν ἐστι τοῦ ΑΒΓ.

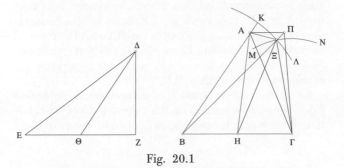

Fig. 20.1

Ἐπεὶ γὰρ αἱ ΒΓ, ΕΖ ἴσαι τέ εἰσι καὶ εἰς ἴσα
διήρηνται, ἔστι δὲ καὶ ἡ ΑΗ τῇ ΔΘ ἴση, καὶ τὰ ἀπ᾽
αὐτῶν ἄρα ἴσα ἐστίν· τὰ ἄρα ἀπὸ ΒΗ, ΗΓ μετὰ τοῦ

1 κ′ Ψ V⁴ : om. V ‖ 11 τὰ Ψ : τὸ V.

HΓ et du double du carré sur AH est donc égale à la somme des carrés sur EΘ et ΘZ et du double du carré sur ΘΔ ; mais la somme des carrés sur BA et AΓ est égale à la somme des carrés sur BH et HΓ et du double du carré sur AH, comme on l'a démontré[1], et la somme des carrés sur EΔ et ΔZ est égale à la somme des carrés sur EΘ et ΘZ et du double du carré sur ΘΔ ; la somme des carrés sur BA et AΓ est donc aussi égale à la somme des carrés sur EΔ et ΔZ.

Puisque, d'autre part, EΔ a, avec ΔZ, un rapport plus grand que celui que BA a avec AΓ, alors le carré sur EΔ a, avec celui sur ΔZ, un rapport plus grand que celui que le carré sur BA a avec le carré sur AΓ[2].

Dès lors, puisque, de deux grandeurs égales, la somme des carrés sur les droites BA et AΓ et la somme des carrés sur les droites EΔ et ΔZ[3], le grand segment a, avec le petit, c'est-à-dire le carré sur EΔ a, avec celui sur

ΔZ, un rapport plus grand que celui que le segment restant a avec le segment restant, c'est-à-dire que celui que le carré sur BA a avec le carré sur AΓ, alors le carré sur EΔ, étant le plus grand, est plus grand que chacun des carrés sur BA et AΓ, et le carré sur ΔZ, étant le plus petit, est plus petit que chacun des carrés sur BA et AΓ, en vertu[4] du théorème précédent ; EΔ est donc aussi plus grande que chacune des droites BA et AΓ, et ΔZ est plus petite que chacune des droites BA et AΓ.

Le cercle décrit de centre B et de rayon une droite égale à EΔ tombera alors au-delà de BA ; que soit décrit un cercle KΛ ; d'autre part, le cercle décrit de centre Γ et de rayon une

---

1. Proposition 17.
2. Proposition 18.
3. On retrouve dans le texte transmis en grec la même erreur que celle qui a été signalée à la proposition 16. Il faut entendre la somme des carrés construits sur les droites EΔ et ΔZ, et pas leur somme élevée au carré.
4. On attend l'accusatif après la préposition διά, utilisée ici au sens causal. Cet usage classique est d'ordinaire respecté par Sérénus.

δὶς ἀπὸ ΑΗ τοῖς ἀπὸ ΕΘ, ΘΖ μετὰ τοῦ δὶς ἀπὸ
ΘΔ ἴσα ἐστίν· ἀλλὰ τοῖς μὲν ἀπὸ ΒΗ, ΗΓ μετὰ τοῦ
δὶς ἀπὸ ΑΗ ἴσα ἐστὶ τὰ ἀπὸ ΒΑ, ΑΓ· τοῦτο γὰρ
ἐδείχθη· τοῖς δὲ ἀπὸ ΕΘ, ΘΖ μετὰ τοῦ δὶς ἀπὸ ΘΔ
ἴσα ἐστὶ τὰ ἀπὸ ΕΔ, ΔΖ· καὶ συναμφότερον ἄρα 5
τὸ ἀπὸ ΒΑ, ΑΓ συναμφοτέρῳ τῷ ἀπὸ ΕΔ, ΔΖ ἴσον
ἐστίν.

Καὶ ἐπεὶ ἡ ΕΔ πρὸς ΔΖ μείζονα λόγον ἔχει ἤπερ
ἡ ΒΑ πρὸς ΑΓ, καὶ τὸ ἄρα ἀπὸ τῆς ΕΔ πρὸς τὸ
ἀπὸ τῆς ΔΖ μείζονα λόγον ἔχει ἤπερ τὸ ἀπὸ ΒΑ 10
πρὸς τὸ ἀπὸ ΑΓ.

Ἐπεὶ οὖν δύο ἴσων μεγεθῶν τοῦ τε ἀπὸ συναμφοτέρου τῆς ΒΑ, ΑΓ καὶ τοῦ ἀπὸ συναμφοτέρου τῆς
ΕΔ, ΔΖ τὸ μεῖζον τμῆμα πρὸς τὸ ἔλαττον, τουτέστι
τὸ ἀπὸ ΕΔ πρὸς τὸ ἀπὸ ΔΖ, μείζονα λόγον ἔχει 15
ἤπερ τὸ τοῦ λοιποῦ τμῆμα πρὸς τὸ λοιπὸν τμῆμα,
τουτέστι τὸ ἀπὸ ΒΑ πρὸς τὸ ἀπὸ ΑΓ, τὸ μὲν ἄρα
ἀπὸ ΕΔ μέγιστον ὂν μεῖζόν ἐστιν ἑκατέρου τῶν ἀπὸ
ΒΑ, ΑΓ, τὸ δὲ ἀπὸ ΔΖ ἐλάχιστον ὂν ἔλαττόν ἐστιν
ἑκατέρου τῶν ἀπὸ ΒΑ, ΑΓ διὰ τοῦ πρὸ τούτου 20
θεωρήματος· καὶ ἡ μὲν ΕΔ ἄρα ἑκατέρας τῶν ΒΑ,
ΑΓ μείζων ἐστίν, ἡ δὲ ΔΖ ἑκατέρας τῶν ΒΑ, ΑΓ
ἐλάττων.

Ὁ ἄρα κέντρῳ μὲν τῷ Β, διαστήματι δὲ τῷ ἴσῳ
τῇ ΕΔ γραφόμενος κύκλος ὑπερπεσεῖται τὴν ΒΑ· 25
γεγράφθω ὁ ΚΛ· καὶ ὁ κέντρῳ μὲν τῷ Γ, διαστήματι
δὲ τῷ ἴσῳ τῇ ΔΖ γραφόμενος κύκλος τεμεῖ τὴν ΑΓ·

10 alt. ἀπὸ Ψ : Α ἀπὸ V ‖ 21 τῶν V¹ : τῷ V ‖ 22 τῶν V¹ :
τῷ V.

droite égale à ΔZ coupera AΓ ; que soit décrit un cercle MN.
Les cercles KΛ et MN se coupent alors entre eux, comme
on va le démontrer ; qu'ils se coupent en un point Ξ, et que
soient menées des droites de jonction ΞA, ΞB, ΞH et ΞΓ.
BΞ est donc égale à EΔ, et ΞΓ à ΔZ ; or, on l'a vu, BΓ est
aussi égale à EZ ; le triangle entier BΞΓ est donc aussi égal
au triangle EΔZ[1] ; de sorte que ΞH est aussi égale à ΔΘ[2],
c'est-à-dire à AH ; l'angle ΞAH est donc aigu[3].

Puisque BA n'est pas plus petite que AΓ, alors l'angle
AHB n'est pas non plus plus petit que l'angle AHΓ[4] ;
l'angle AHΓ n'est donc pas plus grand qu'un droit ; or
l'angle HAΞ est plus petit qu'un droit ; la somme des angles
ΓHA et ΞAH est donc plus petite que deux droits ; AΞ n'est
donc pas parallèle à HΓ[5].

Que soit menée par A une parallèle AΠ à BΓ ; que soit
prolongée la droite BΞΠ, et que soit menée une droite de
jonction ΓΠ ; le triangle ABΓ est donc égal au triangle
BΠΓ[6].

Le triangle BAΓ est donc plus grand que le triangle BΞΓ,
c'est-à-dire que le triangle EΔZ, ce qu'il fallait démontrer.

On démontrera comme suit que les cercles KΛ et MN se
coupent entre eux.

Soit une droite BAP égale à EΔ, et soit une droite ΓΣ
égale à ΔZ dans le prolongement de BΓ ; la droite entière
BΣ est donc égale à la somme des droites EZ et ZΔ.

---

1. Par application d'*Éléments*, I.8 pour l'égalité des angles
BΞΓ et EΔZ ; puis *Éléments*, I.4.
2. Par application d'*Éléments*, I.4 dans les triangles ΞBH et
ΔEΘ ou les triangles ΞΓH et ΔZΘ.
3. Par application d'*Éléments*, I.5, dans le triangle isocèle
AHΞ, pour l'égalité des angles à la base ΞAH et AΞH ; puis
Éléments, I.17.
4. Par application d'*Éléments*, I.25 dans les triangles AHB
et AHΓ.
5. *Éléments*, I, postulat 5.
6. *Éléments*, I.37.

γεγράφθω ὁ ΜΝ. Τέμνουσι δὴ ἀλλήλους οἱ ΚΛ, ΜΝ κύκλοι, ὡς δειχθήσεται· τεμνέτωσαν ἀλλήλους κατὰ τὸ Ξ, καὶ ἐπεζεύχθωσαν αἱ ΞΑ, ΞΒ, ΞΗ, ΞΓ. Ἡ μὲν ἄρα ΒΞ τῇ ΕΔ ἴση, ἡ δὲ ΞΓ τῇ ΔΖ· ἦν δὲ καὶ ἡ ΒΓ τῇ ΕΖ ἴση· καὶ ὅλον ἄρα τὸ ΒΞΓ τρίγωνον τῷ ΕΔΖ 5 ἴσον ἐστίν· ὥστε ἴση καὶ ἡ ΞΗ τῇ ΔΘ, τουτέστι τῇ ΑΗ· ὀξεῖα ἄρα ἡ ὑπὸ ΞΑΗ γωνία.

Καὶ ἐπεὶ ἡ ΒΑ τῆς ΑΓ οὐκ ἔστιν ἐλάττων, καὶ ἡ ὑπὸ ΑΗΒ ἄρα γωνία τῆς ὑπὸ ΑΗΓ οὐκ ἔστιν ἐλάττων· ἡ ἄρα ὑπὸ ΑΗΓ οὐ μείζων ἐστὶν ὀρθῆς· 10 ἡ δὲ ὑπὸ ΗΑΞ ἐλάττων ἐστὶν ὀρθῆς· αἱ ἄρα ὑπὸ ΓΗΑ, ΞΑΗ δύο ὀρθῶν ἐλάττονές εἰσιν· οὐκ ἄρα ἡ ΑΞ τῇ ΗΓ παράλληλός ἐστιν.

Ἤχθω δὴ διὰ τοῦ Α τῇ ΒΓ παράλληλος ἡ ΑΠ, καὶ ἐκβεβλήσθω ἡ ΒΞΠ, καὶ ἐπεζεύχθω ἡ ΓΠ· τὸ 15 ἄρα ΑΒΓ ἴσον ἐστὶ τῷ ΒΠΓ τριγώνῳ.

Τὸ ἄρα ΒΑΓ μεῖζόν ἐστι τοῦ ΒΞΓ, τουτέστι τοῦ ΕΔΖ, ὅπερ ἔδει δεῖξαι.

Ὅτι δὲ τέμνουσιν ἀλλήλους οἱ ΚΛ, ΜΝ κύκλοι, δεικτέον οὕτως. 20

Ἔστω γὰρ τῇ μὲν ΕΔ ἴση ἡ ΒΑΡ, τῇ δὲ ΔΖ ἴση ἡ ΓΣ ἐπ' εὐθείας οὖσα τῇ ΒΓ· ὅλη ἄρα ἡ ΒΣ ἴση ἐστὶ συναμφοτέρῳ τῇ ΕΖ, ΖΔ.

---

4 Β]Ξ V¹ : Ζ V ‖ 5 Β]Ξ[Γ V¹ : Ζ V ‖ 12 Γ]ΗΑ Par. 2367 e corr. : ΑΗ V ‖ 18 post δεῖξαι finem propositionis ind. V ‖ 19 ante Ὅτι add. κα′ V⁴ in margine ‖ Ὅτι Ψ V² : ὅτε V.

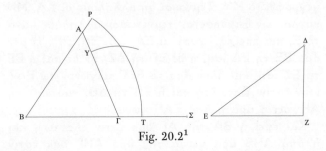

Fig. 20.2[1]

Dès lors, puisque la somme des droites EZ et ZΔ est plus grande que EΔ[2], alors BΣ est plus grande que BP ; le cercle décrit de centre B et de rayon BP coupera donc BΣ ; or ΓΣ, étant égale à ΔZ, est plus petite que ΓΑ ; le cercle décrit de centre Γ et de rayon ΓΣ coupera donc AΓ ; qu'il la coupe en un point Υ ; il passera donc par la circonférence de cercle PT.

Les cercles ΚΛ et ΜΝ se coupent donc aussi entre eux.

21

Si deux triangles non isocèles ont leurs bases égales, et qu'ils aient aussi les droites menées du sommet au milieu de la base égales, le grand côté du petit triangle a, avec le petit côté, un rapport plus grand que celui que le grand côté du grand triangle a avec le petit côté.

Soient des triangles ΑΒΓ et ΕΖΗ ayant les bases ΑΓ et

---

1. La partie inférieure de la deuxième figure est effacée dans V. Les copies byzantines et le *Marcianus gr.* 518 ont la figure entière (mais avec Θ pour E, et sans la lettre Z). Elle a été omise par la recension byzantine et les éditeurs.

2. *Éléments*, I.20.

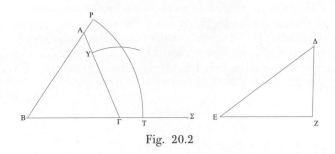

Fig. 20.2

Ἐπεὶ οὖν συναμφότερος ἡ ΕΖ, ΖΔ τῆς ΕΔ μείζων
ἐστίν, καὶ ἡ ΒΣ ἄρα τῆς ΒΡ μείζων ἐστίν· ὁ ἄρα
κέντρῳ τῷ Β, διαστήματι δὲ τῷ ΒΡ γραφόμενος
κύκλος τεμεῖ τὴν ΒΣ· ἡ δὲ ΓΣ ἴση οὖσα τῇ ΔΖ
ἐλάττων ἐστὶ τῆς ΓΑ· ὁ ἄρα κέντρῳ τῷ Γ, διαστή- 5
ματι δὲ τῷ ΓΣ γραφόμενος κύκλος τεμεῖ τὴν ΑΓ·
τεμνέτω κατὰ τὸ Υ· ἥξει ἄρα διὰ τῆς ΡΤ περιφερείας.
Τέμνουσιν ἄρα ἀλλήλους καὶ οἱ ΚΛ, ΜΝ κύκλοι.

κα΄ 10

Ἐὰν δύο τρίγωνα ἀνισοσκελῆ τάς τε βάσεις ἴσας
ἔχῃ, ἔχῃ δὲ καὶ τὰς ἀπὸ τῆς κορυφῆς ἐπὶ τὴν
διχοτομίαν τῆς βάσεως ἠγμένας εὐθείας ἴσας, τοῦ
ἐλάττονος ἡ μείζων πλευρὰ πρὸς τὴν ἐλάττονα
μείζονα λόγον ἔχει ἤπερ ἡ τοῦ μείζονος μείζων 15
πλευρὰ πρὸς τὴν ἐλάττονα.
Ἔστω τρίγωνα τὰ ΑΒΓ, ΕΖΗ ἴσας ἔχοντα τάς τε

2 ΒΡ Ψ : ΒΕ V ‖ 3 post ΒΡ del. μείζων ἐστὶ V[1] ‖ 4 ἡ δὲ ΓΣ
Ψ : om. V ‖ 5 ἐλάττων Ψ : ἔλαττον V ‖ 10 κα΄ Ψ : κβ΄ V[4] om. V.

EH égales et coupées en deux parties égales aux points Δ
et Θ ; que les droites BΔ et ZΘ soient aussi égales ; que le
triangle EZH soit le plus grand, et que AB soit plus grande
que BΓ et EZ plus grande que ZH.

Je dis que AB a, avec BΓ, un rapport plus grand que celui
que EZ a avec ZH.

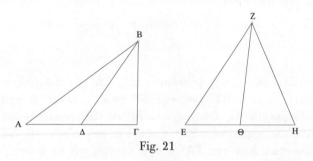

Fig. 21

Si ce n'est pas le cas, le rapport est ou bien identique, ou
bien plus petit.

Que, tout d'abord, EZ soit à ZH comme AB est à BΓ,
si c'est possible. Le carré sur EZ est donc à celui sur ZH
comme le carré sur AB est à celui sur BΓ ; *par composition*
et *par permutation*, le carré sur BΓ est à celui sur ZH comme
la somme des carrés sur AB et BΓ est à la somme de ceux
sur EZ et ZH ; mais la somme des carrés sur AB et BΓ
est égale à la somme de ceux sur EZ et ZH[1] ; le carré sur
BΓ est donc aussi égal à celui sur ZH ; de sorte que le carré
restant sur AB est aussi égal au carré restant sur EZ ; AB est
donc égale à EZ, et BΓ est égale à ZH ; mais les bases sont
aussi égales ; toutes les droites sont donc égales à toutes les

---

1. La proposition 17 donne $AB^2 + B\Gamma^2 = A\Delta^2 + \Delta\Gamma^2 + 2B\Delta^2$
et $EZ^2 + ZH^2 = E\Theta^2 + \Theta H^2 + 2B\Delta^2$ et donc $AB^2 + B\Gamma^2 = EZ^2 + ZH^2$.

ΑΓ, ΕΗ βάσεις δίχα τετμημένας κατὰ τὰ Δ καὶ Θ
σημεῖα, ἴσαι δὲ ἔστωσαν καὶ αἱ ΒΔ, ΖΘ, καὶ μεῖζον
τὸ ΕΖΗ τρίγωνον, ἔστω δὲ ἡ μὲν ΑΒ τῆς ΒΓ μείζων,
ἡ δὲ ΕΖ τῆς ΖΗ.

Λέγω ὅτι ἡ ΑΒ πρὸς ΒΓ μείζονα λόγον ἔχει ἤπερ   5
ἡ ΕΖ πρὸς ΖΗ.

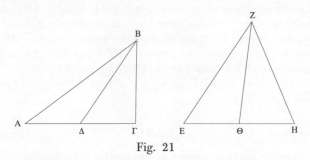

Fig. 21

Εἰ γὰρ μή, ἤτοι τὸν αὐτὸν ἢ ἐλάττονα.

Ἔστω οὖν πρότερον, εἰ δυνατόν, ὡς ἡ ΑΒ πρὸς
ΒΓ, οὕτως ἡ ΕΖ πρὸς ΖΗ. Ὡς ἄρα τὸ ἀπὸ ΑΒ πρὸς
τὸ ἀπὸ ΒΓ, οὕτω τὸ ἀπὸ ΕΖ πρὸς τὸ ἀπὸ ΖΗ· καὶ   10
συνθέντι ἄρα καὶ ἐναλλὰξ ὡς συναμφότερον τὸ ἀπὸ
ΑΒ, ΒΓ πρὸς συναμφότερον τὸ ἀπὸ ΕΖ, ΖΗ, οὕτω
τὸ ἀπὸ ΒΓ πρὸς τὸ ἀπὸ ΖΗ· ἀλλὰ συναμφότερον
τὸ ἀπὸ ΑΒΓ συναμφοτέρῳ τῷ ἀπὸ ΕΖΗ ἴσον· καὶ τὸ
ἀπὸ ΒΓ ἄρα τῷ ἀπὸ ΖΗ ἴσον· ὥστε καὶ λοιπὸν τὸ   15
ἀπὸ ΑΒ λοιπῷ τῷ ἀπὸ ΕΖ ἴσον· ἴση ἄρα ἡ μὲν ΑΒ
τῇ ΕΖ, ἡ δὲ ΒΓ τῇ ΖΗ· ἀλλὰ καὶ αἱ βάσεις ἴσαι·
πάντα ἄρα πᾶσιν ἴσα. Ἴσον ἄρα τὸ ΑΒΓ τρίγωνον

droites. Le triangle ABΓ est donc égal au triangle EZH[1] ; ce qui est absurde, puisque, on l'a vu, le triangle ABΓ est plus petit. AB n'a donc pas, avec BΓ, le rapport que EZ a avec ZH.

Mais, que AB ait, avec BΓ, un rapport plus petit que celui que EZ a avec ZH, si c'est possible ; EZ a donc, avec ZH, un rapport plus grand que celui que AB a avec BΓ. Le triangle EZH est donc plus petit que le triangle ABΓ en vertu de ce qui a été démontré[2] ; ce qui est absurde, puisque, par hypothèse, il est plus grand. AB n'a donc pas, avec BΓ, un rapport plus petit que celui que EZ a avec ZH ; or on a démontré qu'il n'avait pas non plus de rapport identique.

AB a donc, avec BΓ, un rapport plus grand que celui que EZ a avec ZH.

22

Couper un cône oblique donné par un plan mené par le sommet et déterminant dans le cône un triangle isocèle.

Soit un cône oblique donné, ayant pour axe l'axe AB, pour base le cercle ΓEΔ, et qu'il faille le couper de la manière prescrite.

Qu'il soit d'abord coupé par l'axe par le plan AΓΔ[3] à angles droits avec le cercle ΓEΔ[4] ; que soit menée la perpendiculaire AH qui tombe sur la base ΓΔ du triangle AΓΔ ; que soit menée une droite EZ à angles droits avec ΓΔ dans le plan du cercle[5], et que, par EZ et par le sommet A, soit mené un plan déterminant le triangle AEZ.

Je dis que le triangle AEZ est isocèle.

---

1. Les deux triangles sont égaux par application d'*Éléments*, I.8 et I.4.
2. Proposition 20.
3. On attend ici et plus loin, pour AH, une expression indéfinie.
4. Voir Proposition 15.
5. La figure du *Vaticanus gr.* 206 illustre le cas particulier où la perpendiculaire EZ passe par le centre, faisant du triangle AEZ un triangle axial.

τῷ ΕΖΗ· ὅπερ ἄτοπον· ἦν γὰρ ἔλαττον τὸ ΑΒΓ.
Οὐκ ἄρα ἡ ΑΒ πρὸς ΒΓ λόγον ἔχει ὃν ἡ ΕΖ πρὸς
ΖΗ.

Ἀλλ' εἰ δυνατόν, ἐχέτω ἡ ΑΒ πρὸς ΒΓ ἐλάττονα
λόγον ἤπερ ἡ ΕΖ πρὸς ΖΗ· ἡ ΕΖ ἄρα πρὸς ΖΗ 5
μείζονα λόγον ἔχει ἤπερ ἡ ΑΒ πρὸς ΒΓ. Τὸ ἄρα
ΕΖΗ τρίγωνον ἔλαττόν ἐστι τοῦ ΑΒΓ διὰ τὰ δειχθέντα, ὅπερ ἄτοπον· ὑπέκειτο γὰρ μεῖζον. Οὐκ ἄρα
ἡ ΑΒ πρὸς ΒΓ ἐλάττονα λόγον ἔχει ἤπερ ἡ ΕΖ
πρὸς ΖΗ· ἐδείχθη δὲ ὅτι οὐδὲ τὸν αὐτόν. 10
Ἡ ΑΒ ἄρα πρὸς ΒΓ μείζονα λόγον ἔχει ἤπερ ἡ
ΕΖ πρὸς ΖΗ.

κβ′

Τὸν δοθέντα κῶνον σκαληνὸν τεμεῖν διὰ τῆς
κορυφῆς ἐπιπέδῳ ποιοῦντι ἐν τῷ κώνῳ τρίγωνον 15
ἰσοσκελές.

Ἔστω ὁ δοθεὶς κῶνος σκαληνὸς οὗ ἄξων μὲν ὁ
ΑΒ, βάσις δὲ ὁ ΓΕΔ κύκλος, καὶ δέον ἔστω τεμεῖν
αὐτὸν ὡς ἐπιτέτακται.

Τετμήσθω πρῶτον διὰ τοῦ ἄξονος τῷ ΑΓΔ ἐπιπέδῳ 20
πρὸς ὀρθὰς ὄντι τῷ ΓΕΔ κύκλῳ, καὶ ἤχθω ἡ ΑΗ
κάθετος ἥτις πίπτει ἐπὶ τὴν ΓΔ βάσιν τοῦ ΑΓΔ
τριγώνου, καὶ τῇ ΓΔ πρὸς ὀρθὰς ἤχθω ἐν τῷ τοῦ
κύκλου ἐπιπέδῳ ἡ ΕΖ, καὶ διὰ τῆς ΕΖ καὶ τῆς Α
κορυφῆς ἐκβεβλήσθω τὸ ἐπίπεδον ποιοῦν τὸ ΑΕΖ 25
τρίγωνον.
Λέγω ὅτι τὸ ΑΕΖ τρίγωνον ἰσοσκελές ἐστιν.

---

5 pr. ΖΗ Ψ : ΞΗ V ‖ 7   τοῦ Ψ : τὸ V ‖ 13   κβ′ Ψ : κγ′ V⁴
om. V ‖ 21   ΓΕΔ Halley (jam Comm.) : ΒΕΔ V.

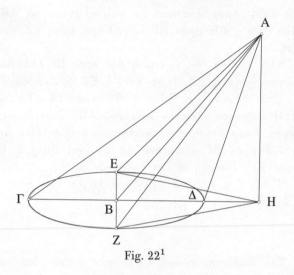

Fig. 22[1]

Que soient menées des droites de jonction EH et ZH.

Puisque ΓΔ, qui coupe à angles droits EZ, la coupe en deux parties égales[2], alors EH est égale à ZH ; d'autre part, AH est commune, et chacun des angles AHE et AHZ est droit ; EA est donc aussi égale à AZ[3].

Le triangle AEZ est donc isocèle.

En vertu de quoi[4], il est évident que tous les triangles construits de manière à avoir les bases à angles droits avec ΓΔ sont isocèles.

---

1. La perpendiculaire EZ n'est pas dans le même plan que la hauteur AH du cône. Dans la figure de V reproduite ici, comme dans les suivantes du même type, la distinction n'est pas faite, et les deux droites sont parallèles.

2. *Éléments*, III.3.

3. Par application d'*Éléments*, I.4 dans les triangles AHE et AHZ.

4. La formule ἐκ δὴ τούτου φανερὸν ὅτι est celle du *corollaire* (πόρισμα).

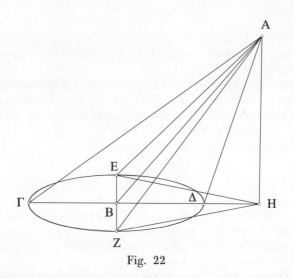

Fig. 22

Ἐπεζεύχθωσαν αἱ ΕΗ, ΖΗ.

Ἐπεὶ ἡ ΓΔ τὴν ΕΖ πρὸς ὀρθὰς τέμνουσα δίχα αὐτὴν τέμνει, ἴση

ἄρα ἡ ΕΗ τῇ ΖΗ· καὶ κοινὴ ἡ ΑΗ, καὶ ὀρθὴ ἑκατέρα τῶν ὑπὸ ΑΗΕ, ΑΗΖ γωνιῶν· καὶ ἡ ΕΑ ἄρα 5 τῇ ΑΖ ἴση ἐστίν.

Ἰσοσκελὲς ἄρα τὸ ΑΕΖ τρίγωνον.

Ἐκ δὴ τούτου φανερόν ἐστιν ὅτι πάντα τὰ συνιστάμενα τρίγωνα τὰς βάσεις ἔχοντα πρὸς ὀρθὰς τῇ ΓΔ ἰσοσκελῆ ἐστιν.   10

23

Il faut démontrer en outre que, si les triangles obtenus n'ont pas les bases à angles droits avec ΓΔ, ils ne seront pas isocèles.

Que, par hypothèse, sur la même figure, EZ ne soit pas à angles droits avec ΓΔ ; EH et ZH sont donc inégales ; or HA est commune et à angles droits avec ces droites ; EA et AZ sont donc aussi inégales.

Le triangle EAZ n'est donc pas isocèle.

24

Dans un cône oblique, le plus grand des triangles construits par l'axe sera le triangle isocèle, le plus petit sera le triangle à angles droits avec la base du cône[1], et, parmi les triangles restants, <de deux triangles,> c'est le plus proche du plus grand qui est plus grand que le plus éloigné.

Dans un cône oblique, soient des triangles menés par l'axe AB ; l'un, le triangle ΑΓΔ, est isocèle[2] ; l'autre, le triangle AEZ, est à angles droits avec le plan de la base[3].

Je dis que le plus grand de tous les triangles axiaux est le triangle ΑΓΔ, et que le plus petit est le triangle AEZ.

---

1. C'est, en termes modernes, le triangle axial principal.
2. Voir proposition 22.
3. Voir proposition 15.

κγ΄

Ἔτι δεικτέον ὅτι, ἐὰν τὰ γινόμενα τρίγωνα τὰς βάσεις μὴ πρὸς ὀρθὰς ἔχῃ τῇ ΓΔ, οὐκ ἔσται ἰσοσκελῆ.

Ὑποκείσθω γὰρ ἐπὶ τῆς αὐτῆς καταγραφῆς ἡ ΕΖ 5 μὴ πρὸς ὀρθὰς τῇ ΓΔ· αἱ ΕΗ, ΖΗ ἄρα ἄνισοί εἰσιν· κοινὴ δὲ ἡ ΗΑ καὶ πρὸς ὀρθὰς αὐταῖς· καὶ αἱ ἄρα ΕΑ, ΑΖ ἄνισοί εἰσιν. Τὸ ΕΑΖ ἄρα τρίγωνον οὐκ ἔστιν ἰσοσκελές.

κδ΄   10

Ἐν κώνῳ σκαληνῷ τῶν διὰ τοῦ ἄξονος συνισταμένων τριγώνων μέγιστον μὲν ἔσται τὸ ἰσοσκελές, ἐλάχιστον δὲ τὸ πρὸς ὀρθὰς τῇ βάσει τοῦ κώνου, τῶν δὲ λοιπῶν τὸ τοῦ μεγίστου ἔγγιον μεῖζόν ἐστι τοῦ ἀπώτερον.   15

Ἐν γὰρ κώνῳ σκαληνῷ διὰ τοῦ ΑΒ ἄξονος ἔστω τρίγωνα, ἰσοσκελὲς μὲν τὸ ΑΓΔ, ὀρθὸν δὲ πρὸς τὸ τῆς βάσεως ἐπίπεδον τὸ ΑΕΖ.

Λέγω ὅτι πάντων τῶν διὰ τοῦ ἄξονος τριγώνων μέγιστον μέν ἐστι τὸ ΑΓΔ, ἐλάχιστον δὲ τὸ ΑΕΖ.   20

1 κγ΄ Ψ : κδ΄ V⁴ om. V ‖ 9 post ἰσοσκελές finem propositionis non ind. V ‖ 10 κδ΄ Ψ : om. V ‖ 15 ἀπώτερον Ψ : ἀπότερον V.

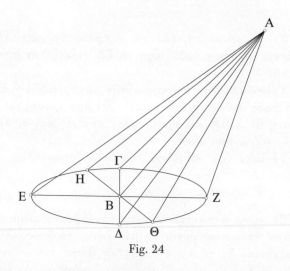

Fig. 24

Soit un autre triangle AHΘ mené par l'axe.

Puisque le cône est oblique, que l'axe AB soit incliné du côté de Z ; le côté AE est donc la plus grande de toutes les droites menées de A à la circonférence de cercle, et le côté AZ est la plus petite[1]. EA est donc plus grande que AH, et ZA est plus petite que AΘ.

Dès lors, puisque deux triangles AEZ et AHΘ ont les bases EZ et HΘ égales, qu'ils ont la même droite AB menée du sommet au milieu de la base, et que AE a, avec AZ, un rapport plus grand que celui que HA a avec AΘ, alors le triangle AEZ est plus petit que le triangle HAΘ[2]. On démontre pareillement qu'il est aussi plus petit que tous les triangles axiaux ; le triangle EAZ est donc le plus petit de tous les triangles axiaux.

1. Proposition 16.
2. Proposition 20.

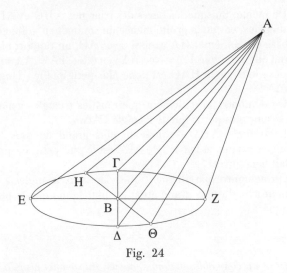

Fig. 24

῎Εστω γὰρ διὰ τοῦ ἄξονος ἠγμένον ἄλλο τρίγωνον
τὸ ΑΗΘ.

Καὶ ἐπεὶ σκαληνὸς ὁ κῶνος, κεκλίσθω ὁ ΑΒ ἄξων
ἐπὶ τὰ τοῦ Ζ μέρη· μεγίστη μὲν ἄρα ἡ ΑΕ πλευρὰ
πασῶν τῶν ἀπὸ τοῦ Α ἐπὶ τὴν περιφέρειαν ἀγομένων 5
εὐθειῶν, ἐλαχίστη δὲ ἡ ΑΖ. Ἡ μὲν ἄρα ΕΑ τῆς ΑΗ
μείζων ἐστίν, ἡ δὲ ΖΑ τῆς ΑΘ ἐλάττων.

᾿Επεὶ οὖν δύο τρίγωνα τὰ ΑΕΖ, ΑΗΘ ἴσας ἔχει
βάσεις τὰς ΕΖ, ΗΘ καὶ τὴν ἀπὸ τῆς κορυφῆς ἐπὶ
τὴν διχοτομίαν τῆς βάσεως τὴν αὐτὴν τὴν ΑΒ, καὶ 10
μείζονα λόγον ἔχει ἡ ΑΕ πρὸς ΑΖ ἤπερ ἡ ΗΑ πρὸς
ΑΘ, ἔλαττον ἄρα ἐστὶ τὸ ΑΕΖ τοῦ ΗΑΘ. Ὁμοίως
δὲ δείκνυται ὅτι καὶ πάντων τῶν διὰ τοῦ ἄξονος
τριγώνων· ἐλάχιστον ἄρα τὸ ΕΑΖ πάντων τῶν διὰ
τοῦ ἄξονος τριγώνων. 15

3 κεκλίσθω Ψ· : κεκλείσθω V ǁ 4 μὲν V¹ˢˡ : om. V.

De même, puisque les bases des triangles AHΘ et AΓΔ sont égales, et que la droite menée du sommet au milieu de la base est la même, HA a aussi, avec AΘ, un rapport plus grand que celui que ΓA a avec AΔ ; en effet, ΓA et AΔ sont égales ; le triangle HAΘ est donc plus petit que le triangle ΓAΔ.

On démontre pareillement que tous les triangles axiaux aussi sont plus petits que le triangle ΓAΔ.

Le triangle AΓΔ est donc le plus grand de tous les triangles axiaux, et le triangle AEZ est le plus petit, ce qu'il fallait démontrer.

On démontre pareillement que, <de deux triangles,> le plus proche du plus grand aussi est plus grand que le plus éloigné.

25

Dans un cône oblique donné, mener, du sommet jusqu'à la circonférence de la base une droite avec laquelle la droite la plus grande aura un rapport donné. — Il faut que le rapport donné soit de grand à petit, et qu'il soit plus petit que celui que la plus grande des droites dans le cône a avec la plus petite.

Que soit donné un cône, ayant pour base le cercle BΓ, pour diamètre du cercle la droite BΓ, pour sommet le point A, et que le triangle ABΓ soit à angles droits avec le cercle BΓ ; BA est donc la plus grande des droites menées du sommet du cône, et AΓ est la plus petite[1].

Qu'il soit prescrit de mener, de A jusqu'à la circonférence du cercle, une droite avec laquelle BA aura le rapport qu'une grande droite Δ a avec une petite droite E ; que Δ ait, avec E, un rapport plus petit que celui que BA a avec AΓ.

---

1. Proposition 16.

Πάλιν ἐπεὶ τῶν **ΑΗΘ, ΑΓΔ** τριγώνων αἵ τε βάσεις ἴσαι καὶ ἡ ἀπὸ τῆς κορυφῆς ἐπὶ τὴν διχοτομίαν τῆς βάσεως ἡ αὐτή, καὶ ἔχει ἡ **ΗΑ** πρὸς **ΑΘ** μείζονα λόγον ἤπερ ἡ **ΓΑ** πρὸς **ΑΔ**· ἴσαι γὰρ αἱ **ΓΑ, ΑΔ**· τὸ **ΗΑΘ** ἄρα τρίγωνον ἔλαττόν ἐστι τοῦ **ΓΑΔ** τριγώνου. 5 Ὁμοίως δὲ δείκνυται ὅτι καὶ πάντα τὰ διὰ τοῦ ἄξονος τρίγωνα τοῦ **ΓΑΔ** ἐλάττονά ἐστιν.

Μέγιστον ἄρα πάντων τῶν διὰ τοῦ ἄξονος τριγώνων τὸ **ΑΓΔ**, ἐλάχιστον δὲ τὸ **ΑΕΖ**, ὅπερ ἔδει δεῖξαι.

Ὁμοίως δὲ δείκνυται ὅτι καὶ τὸ τοῦ μεγίστου 10 ἔγγιον μεῖζόν ἐστι τοῦ ἀπώτερον.

κε΄

Ἐν τῷ δοθέντι κώνῳ σκαληνῷ ἀπὸ τῆς κορυφῆς ἐπὶ τὴν περιφέρειαν τῆς βάσεως εὐθεῖαν ἀγαγεῖν πρὸς ἣν ἡ μεγίστη λόγον ἕξει δοθέντα· δεῖ δὴ τὸν 15 δοθέντα λόγον μείζονος μὲν εἶναι πρὸς ἐλάττονα, ἐλάττονα δὲ εἶναι τοῦ ὃν ἔχει ἡ μεγίστη τῶν ἐν τῷ κώνῳ πρὸς τὴν ἐλαχίστην.

Δεδόσθω κῶνος οὗ βάσις ὁ **ΒΓ** κύκλος καὶ διάμετρος τοῦ κύκλου ἡ **ΒΓ**, κορυφὴ δὲ τὸ **Α** σημεῖον, 20 πρὸς ὀρθὰς δὲ τῷ **ΒΓ** κύκλῳ τὸ **ΑΒΓ** τρίγωνον· μεγίστη μὲν ἄρα ἡ **ΒΑ** τῶν ἀπὸ τῆς κορυφῆς τοῦ κώνου εὐθειῶν, ἐλαχίστη δὲ ἡ **ΑΓ**.

Ἐπιτετάχθω δὴ ἀπὸ τοῦ **Α** ἐπὶ τὴν περιφέρειαν τοῦ κύκλου ἀγαγεῖν εὐθεῖαν πρὸς ἣν ἡ **ΒΑ** λόγον 25 ἕξει ὃν ἔχει ἡ **Δ** εὐθεῖα μείζων οὖσα πρὸς τὴν **Ε** ἐλάττονα· ἐχέτω δὲ ἡ **Δ** πρὸς **Ε** λόγον ἐλάττονα τοῦ ὃν ἔχει ἡ **ΒΑ** πρὸς **ΑΓ**.

---

1 ἐπεὶ Ψ : ἐπὶ V ‖ 7 ἐλάττονά Ψ : ἔλαττον V ‖ 11 ἀπώτερον Ψ : ἀπότερον V ‖ 12 κε΄ Ψ V⁴ : om. V ‖ 15 δὴ Ψ : δὲ V ‖ 27 ἡ Δ Ψ : ἡ ΗΔ V.

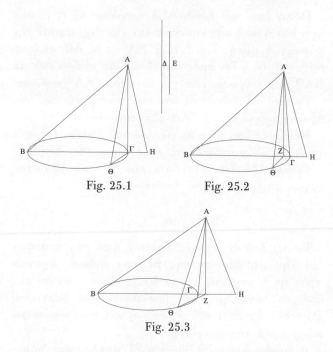

Fig. 25.1   Fig. 25.2

Fig. 25.3

Que soit abaissée sur BΓ une perpendiculaire AZ ; que soit prolongée la droite BZH ; que BA soit à une certaine autre droite comme Δ est à E, et que cette autre droite soit une droite AH, qui doit être placée sous l'angle AZH. BA a donc, avec AH, un rapport plus petit que celui que AB a avec AΓ ; HA est donc plus grande que AΓ[1] et HZ plus grande que ZΓ[2].

Dès lors, puisque le carré sur BA est à celui sur AH comme le carré sur Δ est à celui sur E, alors le carré sur

---

1. *Éléments*, V.10.
2. Par application d'*Éléments*, I.47 dans les triangles rectangles AZH et AZΓ. Sérénus raisonne sur le cas de figure 2.

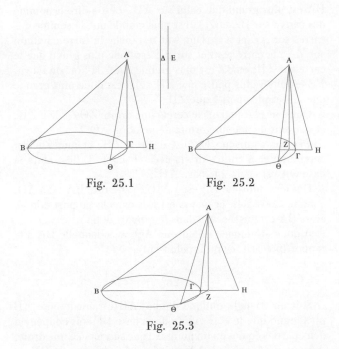

Fig. 25.1   Fig. 25.2

Fig. 25.3

Κατήχθω ἐπὶ τὴν ΒΓ κάθετος ἡ ΑΖ, καὶ ἐκβεβλήσθω ἡ ΒΖΗ, καὶ ὡς ἡ Δ πρὸς Ε, οὕτως ἐχέτω ἡ
ΒΑ πρὸς ἄλλην τινά, ἐχέτω δὲ πρὸς τὴν ΑΗ, ἥτις
ἐνηρμόσθω ὑπὸ τὴν ὑπὸ ΑΖΗ γωνίαν. Ἡ ΒΑ ἄρα
πρὸς ΑΗ ἐλάττονα λόγον ἔχει ἤπερ ἡ ΑΒ πρὸς ΑΓ· 5
μείζων ἄρα ἡ ΗΑ τῆς ΑΓ καὶ ἡ ΗΖ τῆς ΖΓ.

Ἐπεὶ οὖν ὡς τὸ ἀπὸ τῆς Δ πρὸς τὸ ἀπὸ τῆς Ε,
οὕτω τὸ ἀπὸ τῆς ΒΑ πρὸς τὸ ἀπὸ τῆς ΑΗ, μεῖζον
ἄρα τὸ ἀπὸ ΒΑ τοῦ ἀπὸ ΑΗ, τουτέστι τὰ ἀπὸ ΒΖ,

BA est plus grand que celui sur AH, c'est-à-dire la somme des carrés sur BZ et ZA[1] est plus grande que la somme des carrés sur AZ et ZH. Que soit retranché le carré commun sur ZA ; le carré restant sur BZ est donc plus grand que le carré sur ZH, et BZ est plus grande que ZH ; or, on l'a vu, ΓZ est aussi plus petite que ZH ; ZH est donc plus grande que ZΓ et plus petite que ZB.

Que soit placée dans le cercle une droite ZΘ égale à ZH, et que soit menée une droite de jonction AΘ.

Dès lors, puisque ΘZ est égale à ZH, et que ZA est commune et à angles droits avec chacune d'elles, alors la base ΘA est égale à la base AH[2].

Dès lors, puisque BA est à AH, c'est-à-dire BA est à AΘ, comme Δ est à E, et que Δ est à E dans le rapport donné, alors BA est aussi à AΘ dans le rapport donné.

A donc été menée une droite AΘ, avec laquelle BA a le rapport prescrit, ce qu'il fallait faire.

26[3]

Soit un triangle oblique donné[4] ABΓ ayant le côté AB plus grand que le côté AΓ ; que la base BΓ soit coupée en deux parties égales en un point Δ ; que soit menée une droite AΔ ; que EΔ, égale à ΔA, soit à angles droits avec BΓ, et que AZ soit perpendiculaire à BΓ.

Construire un autre triangle plus grand que ABΓ, ayant la

---

1. Par application d'*Éléments*, I.47 dans le triangle rectangle AZB.
2. Par application d'*Éléments*, I.4 dans les triangles AZΘ et AZH.
3. Il manque un énoncé à ce problème de construction. La recension byzantine l'a restitué, et Halley a intégré l'énoncé de la recension à son édition de la proposition. Le texte de la recension est donné *in extenso* dans l'apparat critique de l'édition Heiberg à partir du *Parisinus gr.* 2342 (*Sereni Antinoensis opuscula*, p. 180).
4. Voir Note complémentaire [8].

ΖΑ τῶν ἀπὸ ΑΖ, ΖΗ. Κοινὸν ἀφῃρήσθω τὸ ἀπὸ ΑΖ·
λοιπὸν ἄρα τὸ ἀπὸ ΒΖ τοῦ ἀπὸ ΖΗ μεῖζον, καὶ ἡ
ΒΖ τῆς ΖΗ· ἦν δὲ καὶ ἡ ΓΖ τῆς ΖΗ ἐλάττων· ἡ ἄρα
ΖΗ τῆς μὲν ΖΓ μείζων ἐστίν, τῆς δὲ ΖΒ ἐλάττων.
Ἐνηρμόσθω τοίνυν τῷ κύκλῳ τῇ ΖΗ ἴση ἡ ΖΘ, 5
καὶ ἐπεζεύχθω ἡ ΑΘ.
Ἐπεὶ οὖν ἡ ΘΖ τῇ ΖΗ ἴση, κοινὴ δὲ ἡ ΖΑ καὶ
πρὸς ὀρθὰς ἑκατέρᾳ αὐτῶν, καὶ βάσις ἄρα ἡ ΘΑ
τῇ ΑΗ ἴση.
Ἐπεὶ οὖν ὡς ἡ Δ πρὸς Ε, οὕτως ἡ ΒΑ πρὸς ΑΗ, 10
τουτέστιν ἡ ΒΑ πρὸς ΑΘ, ἡ δὲ Δ πρὸς Ε ἐν τῷ
δοθέντι λόγῳ ἐστίν, καὶ ἡ ΒΑ ἄρα πρὸς ΑΘ ἐν τῷ
δοθέντι λόγῳ ἐστίν.
Ἡ ΑΘ ἄρα διῆκται, πρὸς ἣν ἡ ΒΑ λόγον ἔχει τὸν
ἐπιταχθέντα, ὅπερ ἔδει ποιῆσαι.   15

κϛ΄

Ἔστω τρίγωνον δοθὲν τὸ ΑΒΓ σκαληνὸν μείζονα
ἔχον τὴν ΑΒ τῆς ΑΓ, ἡ δὲ ΒΓ βάσις τετμήσθω
δίχα κατὰ τὸ Δ, καὶ διήχθω ἡ ΑΔ, καὶ ἡ μὲν ΕΔ
πρὸς ὀρθὰς ἔστω τῇ ΒΓ ἴση οὖσα τῇ ΔΑ, ἡ δὲ ΑΖ 20
κάθετος ἐπὶ τὴν ΒΓ.
Μεῖζον τοῦ ΑΒΓ ἄλλο τρίγωνον συστήσασθαι τὴν

droite menée du sommet au milieu de la base égale à chacune
des droites ΔE et ΔA et ayant en outre, avec le triangle ABΓ,
le rapport que la droite Θ a avec la droite H, la grande avec
la petite ; que, d'autre part, Θ n'ait pas, avec H, un rapport
plus grand que celui que ΔE a avec AZ.

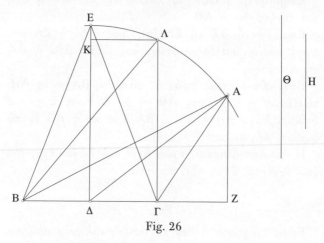

Fig. 26

Que, de centre Δ et de rayon ΔA, soit décrit un cercle ; il
passera alors aussi par E ; que ce soit le cercle EA.

Dès lors, puisque le rapport de Θ à H n'est pas plus grand
que celui de ΔE à AZ, il lui est ou bien identique, ou bien
plus petit.

Qu'il soit d'abord identique, et que soient menées des
droites de jonction EB et EΓ.

Dès lors, puisque EΔ est à AZ comme Θ est à H, et
que le rectangle EΔ,BΓ est au rectangle AZ,BΓ comme

ἀπὸ τῆς κορυφῆς ἐπὶ τὴν διχοτομίαν τῆς βάσεως
ἴσην <ἔχον> ἑκατέρᾳ τῶν ΔΕ, ΔΑ καὶ προσέτι
λόγον ἔχον πρὸς τὸ ΑΒΓ ὃν ἡ Θ πρὸς Η μείζων
πρὸς ἐλάττονα· ἐχέτω δὲ ἡ Θ πρὸς Η λόγον μὴ
μείζονα ἤπερ ἡ ΔΕ πρὸς ΑΖ.   5

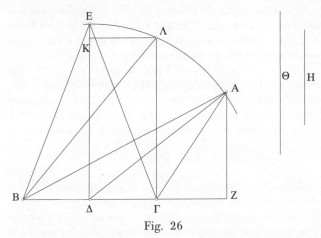

Fig. 26

Κέντρῳ τῷ Δ, διαστήματι δὲ τῷ ΔΑ γεγράφθω
κύκλος· ἥξει δὴ καὶ διὰ τοῦ Ε· ἔστω δὴ ὁ ΕΑ.
Ἐπεὶ οὖν ὁ τῆς Θ πρὸς Η λόγος οὐ μείζων ἐστὶ
τοῦ τῆς ΔΕ πρὸς ΑΖ, ἤτοι ὁ αὐτός ἐστιν ἢ ἐλάττων.
Ἔστω πρότερον ὁ αὐτός, καὶ ἐπεζεύχθωσαν αἱ ΕΒ,   10
ΕΓ.
Ἐπεὶ οὖν ὡς ἡ Θ πρὸς Η, οὕτως ἡ ΕΔ πρὸς ΑΖ,
ὡς δὲ ἡ ΕΔ πρὸς ΑΖ, οὕτω τὸ ὑπὸ ΕΔ, ΒΓ πρὸς τὸ
ὑπὸ ΑΖ, ΒΓ, ὡς ἄρα ἡ Θ πρὸς Η, οὕτω τὸ ὑπὸ ΕΔ,

EΔ est à AZ, alors le rectangle EΔ,BΓ est au rectangle AZ,BΓ comme Θ est à H ; mais le triangle EBΓ est la moitié du rectangle EΔ,BΓ, et le triangle ABΓ est la moitié du rectangle AZ,BΓ ; le triangle BEΓ a donc, avec le triangle BAΓ, le rapport que Θ a avec H, c'est-à-dire le rapport prescrit.

Que, maintenant, Θ ait, avec H, un rapport plus petit que celui que EΔ a avec AZ, et que KΔ soit à AZ comme Θ est à H ; que, par K, soit menée une parallèle KΛ à ΓΔ, et que soient menées des droites de jonction ΛB et ΛΓ.

Dès lors, puisque KΔ est à AZ comme Θ est à H, et que le triangle BΛΓ¹ est au triangle BAΓ comme KΔ est à AZ, alors le triangle BΛΓ a, avec le triangle BAΓ, le rapport prescrit, de Θ à H ; d'autre part, il a aussi la droite ΛΔ égale à la droite ΔA, ce qu'il était prescrit de faire.

27

Couper un cône oblique donné par un plan mené par l'axe déterminant dans le cône un triangle qui aura un rapport donné avec le plus petit des triangles axiaux². — *Il faut que le rapport donné, du grand au petit, ne soit pas plus grand que celui que le plus grand des triangles axiaux a avec le plus petit.*

Soit un cône oblique donné, dont l'axe est l'axe AB³, dont la base est le cercle décrit autour du centre B, et dont le plus petit des triangles axiaux est le triangle AΓΔ ; qu'il faille mener par l'axe AB un plan déterminant un triangle

---

1. Selon la même procédure que dans le cas précédent, on a KΔ(ΛΓ) : AZ = Θ : H = ΛΓ × BΓ : AZ × BΓ = tr. BΛΓ : tr. BAΓ.
2. Le triangle dont le plan est perpendiculaire au plan de la base du cône (voir prop. 24).
3. Voir Note complémentaire [9].

ΒΓ πρὸς τὸ ὑπὸ ΑΖ, ΒΓ· ἀλλὰ τοῦ μὲν ὑπὸ ΕΔ,
ΒΓ ἥμισύ ἐστι τὸ ΕΒΓ τρίγωνον, τοῦ δὲ ὑπὸ ΑΖ,
ΒΓ ἥμισύ ἐστι τὸ ΑΒΓ τρίγωνον· καὶ τὸ ΒΕΓ ἄρα
πρὸς τὸ ΒΑΓ λόγον ἔχει ὃν ἡ Θ πρὸς Η, τουτέστι
τὸν ἐπιταχθέντα.   5
  Ἀλλὰ δὴ ἐχέτω ἡ Θ πρὸς Η ἐλάττονα λόγον ἤπερ
ἡ ΕΔ πρὸς ΑΖ, γενέσθω δὲ ὡς ἡ Θ πρὸς Η, οὕτως
ἡ ΚΔ πρὸς ΑΖ, καὶ διὰ τοῦ Κ τῇ ΓΔ παράλληλος
ἤχθω ἡ ΚΛ, καὶ ἐπεζεύχθωσαν αἱ ΛΒ, ΛΓ.
  Ἐπεὶ οὖν ὡς ἡ Θ πρὸς Η, οὕτως ἡ ΚΔ πρὸς ΑΖ,   10
ὡς δὲ ἡ ΚΔ πρὸς ΑΖ, οὕτω τὸ ΒΛΓ τρίγωνον πρὸς
τὸ ΒΑΓ τρίγωνον, τὸ ἄρα ΒΛΓ πρὸς τὸ ΒΑΓ τὸν
ἐπιταχθέντα ἔχει λόγον τὸν τῆς Θ πρὸς Η· ἔχει δὲ
καὶ τὴν ΛΔ ἴσην τῇ ΔΑ, ὃ προστέτακται ποιῆσαι.

                           κζ′   15

  Τὸν δοθέντα κῶνον σκαληνὸν τεμεῖν διὰ τοῦ
ἄξονος ἐπιπέδῳ ποιοῦντι τρίγωνον ἐν τῷ κώνῳ ὃ
τὸν δοθέντα λόγον ἕξει πρὸς τὸ ἐλάχιστον τῶν διὰ
τοῦ ἄξονος τριγώνων· δεῖ δὴ τὸν δοθέντα λόγον
μείζονος ὄντα πρὸς ἔλαττον μὴ μείζονα εἶναι τοῦ   20
ὃν ἔχει τὸ μέγιστον τρίγωνον τῶν διὰ τοῦ ἄξονος
πρὸς τὸ ἐλάχιστον.
  Ἔστω ὁ δοθεὶς κῶνος σκαληνὸς οὗ ὁ ἄξων ὁ
ΑΒ, βάσις δὲ ὁ περὶ τὸ Β κέντρον κύκλος, τὸ
δὲ ἐλάχιστον τῶν διὰ τοῦ ἄξονος τριγώνων τὸ   25
ΑΓΔ, καὶ δέον ἔστω διὰ τοῦ ΑΒ ἄξονος ἀγαγεῖν

  6 ἐχέτω iter. V ‖ 11 alt. πρὸς Ψ : om. V ‖ 15 κζ′ Ψ V⁴ :
om. V ‖ 19 δὴ Ψ : δὲ V ‖ 23 alt ὁ V : om. Ψ fort. recte vide
adn.

qui aura, avec le triangle AΓΔ, le rapport que la droite E,
qui est la grande droite, a avec Z, rapport qui n'est pas plus
grand que celui que le plus grand des triangle axiaux a avec
le triangle le plus petit AΓΔ.

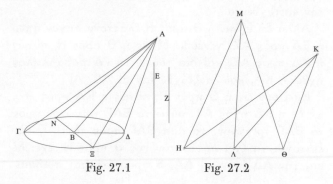

Fig. 27.1   Fig. 27.2

Si d'abord E a, avec Z, le rapport que le plus grand des
triangles axiaux a avec le plus petit, en menant par B, dans
le cercle, une droite à angles droits avec ΓΔ, et en menant
un plan par la droite menée et l'axe, nous aurons un triangle
isocèle[1], qui est le plus grand des plans axiaux — cela a été
démontré[2] ; et il aura, avec le triangle AΓΔ, le rapport de
E à Z, c'est-à-dire le rapport prescrit.

Que E ait maintenant, avec Z, un rapport plus petit que
celui que le plus grand des triangles axiaux a avec le plus
petit ; que soit placée à l'extérieur une droite HΘ égale
à ΓΔ ; que, sur cette droite, soit placé le triangle KHΘ
semblable au triangle AΓΔ, de sorte que KH soit aussi égale

1. Voir proposition 22.
2. Proposition 24.

ἐπίπεδον ποιοῦν τρίγωνον ὃ λόγον ἕξει πρὸς τὸ
ΑΓΔ τρίγωνον, ὃν ἔχει ἡ Ε εὐθεῖα μείζων οὖσα πρὸς
τὴν Ζ, μὴ μείζονα λόγον ἤπερ τὸ μέγιστον τῶν διὰ
τοῦ ἄξονος τριγώνων πρὸς τὸ ἐλάχιστον τὸ ΑΓΔ.

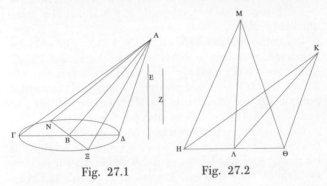

Fig. 27.1   Fig. 27.2

Εἰ μὲν οὖν ἡ Ε πρὸς Ζ λόγον ἔχει, ὃν τὸ μέγιστον 5
τῶν διὰ τοῦ ἄξονος τριγώνων πρὸς τὸ ἐλάχιστον,
διὰ τοῦ Β πρὸς ὀρθὰς τῇ ΓΔ ἀγαγόντες εὐθεῖαν ἐν
τῷ κύκλῳ καὶ διὰ τῆς ἀχθείσης καὶ τοῦ ἄξονος
ἐκβαλόντες ἐπίπεδον ἕξομεν τρίγωνον ἰσοσκελές,
ὃ μέγιστόν ἐστι τῶν διὰ τοῦ ἄξονος· ταῦτα γὰρ 10
ἐδείχθη· καὶ ἕξει πρὸς τὸ ΑΓΔ λόγον τὸν τῆς Ε
πρὸς Ζ, τουτέστι τὸν ἐπιταχθέντα.

Ἐχέτω δὲ νῦν ἡ Ε πρὸς Ζ ἐλάττονα λόγον ἤπερ
τὸ μέγιστον τῶν διὰ τοῦ ἄξονος τριγώνων πρὸς τὸ
ἐλάχιστον, καὶ κείσθω ἐκτὸς εὐθεῖα ἡ ΗΘ ἴση οὖσα 15
τῇ ΓΔ, καὶ ἐπ' αὐτῆς τὸ ΚΗΘ τρίγωνον ὅμοιον ὂν

5 ὃν Ψ : ὧν V.

à AΓ, et tout égal à tout[1], et que, sur HΘ, soit construit un triangle ayant la droite menée du sommet au milieu de la base égale à KΛ, et que ce triangle ait, avec le triangle KHΘ, le rapport que E a avec Z[2] ; le triangle construit aura alors son sommet du côté de H, comme on le démontrera[3] ; que ce soit le triangle MHΘ, tel que le côté MH soit plus grand que le côté MΘ.

Dès lors, puisque MΛ est égale à ΛK, que ΛH est commune, que l'angle KΛH est plus grand que l'angle MΛH, alors KH est plus grande que MH[4] ; or KH est égale à ΓA ; ΓA est donc aussi plus grande que MH. De même, puisque KΘ est plus petite que MΘ[5], et que MΘ est plus petite que MH, alors KΘ est plus petite que MH.

Dès lors, puisque MH est plus petite que la plus grande des droites qui sont dans le cône, la droite AΓ[6], et qu'elle est plus grande que la plus petite, la droite AΔ[7], il est donc possible de mener, depuis le sommet A jusqu'à la circonférence de la base, une droite égale à MH, comme nous le savons déjà[8] ; qu'elle soit menée et qu'elle soit la droite AN, et que soit menées des droites de jonction NBΞ et AΞ.

Dès lors, puisque AN est égale à MH, que NB est égale à HΛ, et que BA est égale à ΛM, alors le triangle entier ANB est égal au triangle MHΛ, et l'angle ABN égal à l'angle MΛH[9] ; l'angle ABΞ est donc aussi égal à l'angle MΛΘ[10].

De même, puisque AB est égale à ΛM, et que BΞ est égale à ΛΘ, que, d'autre part, l'angle ABΞ est aussi égal à l'angle

1. *Éléments*, VI.4.
2. Voir Proposition 26.
3. Voir proposition 28.
4. Par application d'*Éléments*, I.24 dans les triangles MΛH et KΛH.
5. Par application d'*Éléments*, I.24 dans les triangles MΛΘ et KΛΘ.
6. Voir proposition 16.
7. Voir proposition 16.
8. Voir proposition 25.
9. *Éléments*, I.8 et I.4.
10. *Éléments*, I.13.

τῷ ΑΓΔ, ὥστε καὶ τὴν ΚΗ τῇ ΑΓ ἴσην εἶναι καὶ
πάντα πᾶσιν, καὶ ἐπὶ τῆς ΗΘ συνεστάτω τρίγωνον
ἴσην ἔχον τὴν ἀπὸ τῆς κορυφῆς ἐπὶ τὴν διχοτομίαν
τῆς βάσεως τῇ ΚΛ καὶ λόγον ἔχον πρὸς τὸ ΚΗΘ
ὃν ἡ Ε πρὸς Ζ· τὸ δὴ συνιστάμενον τρίγωνον τὴν 5
κορυφὴν ἕξει ἐπὶ τὰ τοῦ Η μέρη, ὡς δειχθήσεται·
ἔστω δὴ τὸ ΜΗΘ, ὥστε τὴν ΜΗ πλευρὰν τῆς ΜΘ
μείζονα εἶναι.

Ἐπεὶ οὖν ἡ ΜΛ τῇ ΛΚ ἴση, κοινὴ δὲ ἡ ΛΗ, μείζων
δὲ ἡ ὑπὸ ΚΛΗ γωνία τῆς ὑπὸ ΜΛΗ, μείζων ἄρα ἡ 10
ΚΗ τῆς ΜΗ· ἡ δὲ ΚΗ τῇ ΓΑ ἴση· καὶ ἡ ΓΑ ἄρα τῆς
ΜΗ μείζων ἐστίν. Πάλιν ἐπεὶ ἡ ΚΘ τῆς ΜΘ ἐλάττων
ἐστίν, ἡ δὲ ΜΘ τῆς ΜΗ ἐλάττων, ἡ ἄρα ΚΘ τῆς
ΜΗ ἐλάττων ἐστίν.

Ἐπεὶ οὖν ἡ ΜΗ τῆς μὲν μεγίστης τῶν ἐν τῷ κώνῳ 15
ἐλάττων ἐστὶ τῆς ΑΓ, τῆς δὲ ἐλαχίστης μείζων τῆς
ΑΔ, δυνατὸν ἄρα εὐθεῖαν ἴσην τῇ ΜΗ ἀπὸ τῆς Α
κορυφῆς ἐπὶ τὴν περιφέρειαν τῆς βάσεως ἀγαγεῖν,
ὡς ἤδη μεμαθήκαμεν· ἤχθω δὴ καὶ ἔστω ἡ ΑΝ, καὶ
ἐπεζεύχθω ἡ ΝΒΞ καὶ ἡ ΑΞ. 20

Ἐπεὶ οὖν ἴση ἡ μὲν ΑΝ τῇ ΜΗ, ἡ δὲ ΝΒ τῇ ΗΛ,
ἡ δὲ ΒΑ τῇ ΛΜ, ὅλον ἄρα τὸ ΑΝΒ τρίγωνον τῷ
ΜΗΛ ἴσον ἐστὶ καὶ ἡ ὑπὸ ΑΒΝ γωνία τῇ ὑπὸ ΜΛΗ·
καὶ ἡ ὑπὸ ΑΒΞ ἄρα τῇ ὑπὸ ΜΛΘ.

Πάλιν ἐπεὶ ἴση ἡ μὲν ΑΒ τῇ ΛΜ, ἡ δὲ ΒΞ τῇ 25
ΛΘ, ἀλλὰ καὶ ἡ ὑπὸ ΑΒΞ γωνία ἴση ἐστὶ τῇ ὑπὸ

ΜΛΘ, alors ΑΞ est égale à ΜΘ[1] ; or, on l'a vu, ΑΝ est
égale à ΜΗ, et la base ΝΞ est égale à ΗΘ ; le triangle ΑΝΞ
est donc égal au triangle ΗΜΘ[2] ; mais le triangle ΗΜΘ a,
avec le triangle ΗΚΘ, c'est-à-dire avec le triangle ΓΑΔ, le
rapport de Ε avec Ζ ; le triangle ΑΝΞ a donc aussi, avec le
triangle ΑΓΔ, le rapport que Ε a avec Ζ. Le triangle ΑΝΞ
a donc été mené par l'axe, comme il a été prescrit.

28

Si l'on dit que le triangle construit sur ΗΘ, plus grand
que le triangle ΗΚΘ, aura son sommet du côté de Θ, on
tombera sur une impossibilité.

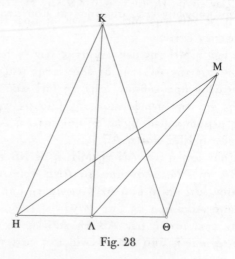

Fig. 28

1. *Éléments*, I.4
2. Par application d'*Éléments*, I.8 et I.4 dans les triangles
ΑΒΞ et ΜΛΘ.

ΜΛΘ, ἴση ἄρα ἡ ΑΞ τῇ ΜΘ· ἦν δὲ καὶ ἡ ΑΝ τῇ ΜΗ
ἴση καὶ ἡ ΝΞ βάσις τῇ ΗΘ· τὸ ἄρα ΑΝΞ τρίγωνον
ἴσον ἐστὶ τῷ ΗΜΘ· ἀλλὰ τὸ ΗΜΘ πρὸς τὸ ΗΚΘ,
τουτέστι πρὸς τὸ ΓΑΔ, λόγον ἔχει τὸν τῆς Ε πρὸς
Ζ· καὶ τὸ ΑΝΞ ἄρα πρὸς τὸ ΑΓΔ λόγον ἔχει ὃν   5
ἡ Ε πρὸς Ζ. Ἧκται ἄρα διὰ τοῦ ἄξονος τὸ ΑΝΞ
τρίγωνον, ὡς ἐπιτέτακται.

κη΄

Εἰ δέ τις λέγει ὅτι τὸ συνιστάμενον ἐπὶ τῆς ΗΘ
τρίγωνον μεῖζον ὑπάρχον τοῦ ΗΚΘ ἐπὶ τὰ τοῦ Θ   10
μέρη τὴν κορυφὴν ἕξει, συμβήσεται ἀδύνατον.

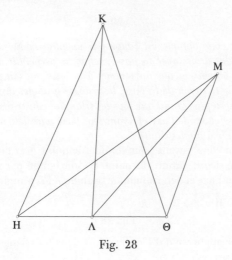

Fig. 28

Qu'il en soit ainsi, si c'est possible. Dès lors, puisque KΛ et MΛ sont égales, que ΛH est commune, et que l'angle MΛH est plus grand que l'angle KΛH, alors MH est plus grande que KH[1]. Pour les mêmes raisons, KΘ est aussi plus grande que ΘM[2].

Dès lors, puisque MH est plus grande que HK, et que MΘ est plus petite que ΘK, alors MH a, avec HK, un rapport plus grand que celui que MΘ a avec ΘK ; *par permutation*, HM a donc, avec ΘM, un rapport plus grand que celui que HK a avec KΘ[3]. Le triangle HMΘ est donc plus petit que le triangle HKΘ[4], ce qui est impossible, puisque, par hypothèse, il est plus grand.

Le triangle n'aura donc pas son sommet du côté de Θ ; il l'aura donc du côté de H.

29

Si un cône oblique est coupé par un plan mené par l'axe et à angles droits avec la base, et que la perpendiculaire du triangle obtenu, menée du sommet à la base, ne soit pas plus petite que le rayon de la base, le triangle à angles droits avec la base sera plus grand que tous les triangles construits dans le cône[5] en dehors de l'axe et ayant leur base parallèle à la base du triangle à angles droits.

Qu'un cône[6], ayant pour sommet le point A et pour base le cercle décrit autour du point B, soit coupé par un plan mené par l'axe et déterminant le triangle AΓΔ à angles droits

---

1. Par application d'*Éléments*, I.24 dans les triangles MΛH et KΛH.
2. Par application d'*Éléments*, I.24 dans les triangles MΛΘ et KΛΘ.
3. Voir Pappus, *Collection mathématique*, VII, prop. 5.
4. Proposition 20.
5. Littéralement (ici, comme plus loin) : « le plus grand par rapport à tous les triangles construits dans le cône ».
6. L'existence du cône n'est pas posée.

Ἔστω γάρ, εἰ δυνατόν, οὕτως.

Ἐπεὶ οὖν ἴσαι αἱ ΚΛ, ΜΛ, κοινὴ δὲ ἡ ΛΗ, ἡ δὲ ὑπὸ ΜΛΗ γωνία μείζων τῆς ὑπὸ ΚΛΗ, μείζων ἄρα ἡ ΜΗ τῆς ΚΗ. Διὰ τὰ αὐτὰ δὴ καὶ ἡ ΚΘ τῆς ΘΜ μείζων. 5

Ἐπεὶ οὖν ἡ μὲν ΜΗ τῆς ΗΚ μείζων ἐστίν, ἡ δὲ ΜΘ τῆς ΘΚ ἐλάττων, ἡ ἄρα ΜΗ πρὸς ΗΚ μείζονα λόγον ἔχει ἤπερ ἡ ΜΘ πρὸς ΘΚ· καὶ ἐναλλὰξ ἄρα ἡ ΗΜ πρὸς ΘΜ μείζονα λόγον ἔχει ἤπερ ἡ ΗΚ πρὸς ΚΘ. Ἔλαττον ἄρα ἐστὶ τὸ ΗΜΘ τοῦ ΗΚΘ, ὅπερ 10 ἀδύνατον· ὑπέκειτο γὰρ μεῖζον.

Οὐκ ἄρα ἐπὶ τὰ Θ μέρη τὴν κορυφὴν ἕξει τὸ τρίγωνον· ἐπὶ τὰ τοῦ Η ἄρα μέρη ἕξει.

κθ′

Ἐὰν κῶνος σκαληνὸς διὰ τοῦ ἄξονος ἐπιπέδῳ 15 τμηθῇ πρὸς ὀρθὰς τῇ βάσει, τοῦ δὲ γενομένου τριγώνου ἡ ἀπὸ τῆς κορυφῆς ἐπὶ τὴν βάσιν κάθετος μὴ ἐλάττων ᾖ τῆς ἐκ τοῦ κέντρου τῆς βάσεως, τὸ πρὸς ὀρθὰς τῇ βάσει τρίγωνον μέγιστον ἔσται πάντων τῶν ἐκτὸς τοῦ ἄξονος ἐν τῷ κώνῳ συνιστα- 20 μένων τριγώνων καὶ παραλλήλους βάσεις ἐχόντων τῇ τοῦ πρὸς ὀρθὰς τριγώνου.

Κῶνος γὰρ οὗ κορυφὴ μὲν τὸ Α, βάσις δὲ ὁ περὶ τὸ Β κέντρον κύκλος, τετμήσθω διὰ τοῦ ἄξονος ἐπιπέδῳ ποιοῦντι τὸ ΑΓΔ τρίγωνον πρὸς ὀρθὰς τῇ 25 βάσει τοῦ κώνου, ἡ δὲ ἀπὸ τοῦ Α ἐπὶ τὴν ΓΔ

12 post τὰ add. τοῦ Heiberg || 14 κθ′ V⁴ : κη′ Ψ om. V ||
15 διὰ Ψ : ἐπὶ V || 18 alt. τῆς V¹ˢˡ : om. V || 20 ἐκτὸς Ψ :
ἐντὸς V.

avec la base du cône, et que la perpendiculaire menée de A
à ΓΔ ne soit pas plus petite que le rayon de la base.

Je dis que le triangle AΓΔ est plus grand que tous les
triangles construits dans le cône[1] ayant leur base parallèle
à ΓΔ.

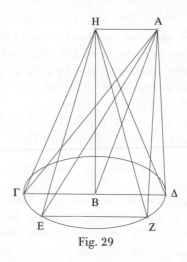

Fig. 29

Que soit menée dans le cercle, parallèlement à ΓΔ, une
droite EZ sur laquelle est construit le triangle AEZ ; que,
dans le plan du triangle AΓΔ, soit élevée une droite BH à
angles droits avec ΓΔ, et que soit menée une parallèle AH
à ΓΔ ; BH est donc égale à la perpendiculaire menée de A
à ΓΔ[2].

Que soient menées des droites de jonction HΓ, HΔ, HE

1. L'écriture est négligée ; on attend après πάντων τῶν la
séquence ἐκτὸς τοῦ ἄξονος.
2. *Éléments*, I.34.

κάθετος μὴ ἐλάττων ἔστω τῆς ἐκ τοῦ κέντρου τῆς
βάσεως.

Λέγω ὅτι τὸ **ΑΓΔ** τρίγωνον μέγιστόν ἐστι πάντων
τῶν ἐν τῷ κώνῳ συνισταμένων τριγώνων βάσεις
ἐχόντων παραλλήλους τῇ **ΓΔ**.　　　　　　5

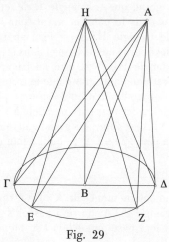

Fig. 29

Διήχθω γὰρ ἐν τῷ κύκλῳ τῇ **ΓΔ** παράλληλος ἡ
ΕΖ, ἐφ᾽ ἧς τὸ **ΑΕΖ** τρίγωνον, ἐν δὲ τῷ τοῦ **ΑΓΔ**
τριγώνου ἐπιπέδῳ πρὸς ὀρθὰς ἀνεστάτω τῇ **ΓΔ** ἡ
ΒΗ, καὶ τῇ **ΓΔ** παράλληλος ἡ **ΑΗ**· ἡ **ΒΗ** ἄρα ἴση
ἐστὶ τῇ ἀπὸ τοῦ **Α** ἐπὶ τὴν **ΓΔ** καθέτῳ.　　　10

Ἐπεζεύχθωσαν αἱ **ΗΓ**, **ΗΔ**, **ΗΕ**, **ΗΖ**· νοηθήσεται δὴ

et HZ ; un cône sera alors imaginé[1], ayant pour sommet le point H, pour axe la droite HB, pour base le cercle décrit autour du centre B, dans lequel il y aura un triangle HΓΔ mené par l'axe et un triangle HEZ mené en dehors de l'axe.

Dès lors, puisque BH n'est pas plus petite que le rayon, alors, en vertu de la démonstration plus haut[2], le triangle HΓΔ est plus grand que le triangle HEZ et que tous les triangles situés dans le cône et ayant leur base parallèle à ΓΔ ; mais le triangle HΓΔ est égal au triangle AΓΔ, puisqu'il est élevé sur la même base et dans les mêmes parallèles[3], et le triangle HEZ est égal au triangle AEZ[4] ; le triangle AΓΔ est donc plus grand que le triangle AEZ.

On démontre pareillement qu'il est aussi plus grand que tous les triangles ayant leur base parallèle à ΓΔ.

Le triangle AΓΔ est donc plus grand que tous les triangles ayant leur base parallèle à ΓΔ, ce qu'il fallait démontrer.

30

Si la perpendiculaire menée de A à ΓΔ est plus petite que le rayon, le triangle AΓΔ, ne sera pas plus grand que les triangles ayant leur base parallèle à ΓΔ. Même démonstration et même figure[5].

Puisque HB est plus petite que le rayon, alors le triangle HΓΔ ne sera pas plus grand que les triangles ayant leur base parallèle à la sienne[6], car on a démontré qu'on pouvait construire des triangles qui sont plus grands[7] ou plus petits que lui, ou égaux à lui[8].

---

1. Ce cône sera droit par construction.
2. Proposition 5.
3. *Éléments*, I.37.
4. *Ibid.*
5. Mais avec HB plus petite que le rayon de la base du cône (cône droit obtusangle).
6. Le texte grec est maladroit et en tout cas très elliptique, puisqu'il dit littéralement « parallèle à lui ».
7. Proposition 11.
8. Voir Propositions 10 et 12.

κῶνος οὗ κορυφὴ μὲν τὸ Η, ἄξων δὲ ἡ ΗΒ, βάσις
δὲ ὁ περὶ τὸ Β κέντρον κύκλος, ἐν ᾧ τρίγωνα διὰ
μὲν τοῦ ἄξονος τὸ ΗΓΔ, ἐκτὸς δὲ τοῦ ἄξονος τὸ
ΗΕΖ.

Ἐπεὶ οὖν ἡ ΒΗ οὐκ ἐλάσσων ἐστὶ τῆς ἐκ τοῦ 5
κέντρου, διὰ τὰ προδεδειγμένα ἄρα τὸ ΗΓΔ μεῖζόν
ἐστι τοῦ ΗΕΖ καὶ πάντων τῶν ἐν τῷ κώνῳ τριγώνων
βάσεις ἐχόντων παραλλήλους τῇ ΓΔ· ἀλλὰ τὸ μὲν
ΗΓΔ τῷ ΑΓΔ ἴσον ἐστίν· ἐπί τε γὰρ τῆς αὐτῆς
βάσεως καὶ ἐν ταῖς αὐταῖς παραλλήλοις· τὸ δὲ ΗΕΖ 10
τῷ ΑΕΖ ἴσον· τὸ ἄρα ΑΓΔ τοῦ ΑΕΖ μεῖζόν ἐστιν.
Ὁμοίως δὲ δείκνυται ὅτι καὶ πάντων τῶν παραλλήλους βάσεις ἐχόντων τῇ ΓΔ. [Τὸ ΑΓΔ ἄρα
μέγιστόν ἐστι πάντων τῶν παραλλήλους βάσεις
ἐχόντων τῇ ΓΔ, ὅπερ ἔδει δεῖξαι. 15

λ′

Ἐὰν δὲ ἡ ἀπὸ τοῦ Α κάθετος ἐπὶ τὴν ΓΔ
ἐλάττων ᾖ τῆς ἐκ τοῦ κέντρου, τὸ ΑΓΔ οὐκ ἔσται
μέγιστον τῶν τὰς παραλλήλους τῇ ΓΔ βάσεις
ἐχόντων τριγώνων. Ἡ δὲ αὐτὴ δεῖξις καὶ κατα- 20
γραφή.

Ἐπεὶ γὰρ ἡ ΗΒ ἐλάττων τῆς ἐκ τοῦ κέντρου,
τὸ ἄρα ΗΓΔ οὐκ ἔσται μέγιστον τῶν παραλλήλους αὐτῷ βάσεις ἐχόντων· ἐδείχθη γὰρ καὶ μείζονα
αὐτοῦ συνιστάμενα καὶ ἐλάττονα καὶ ἴσα. 25

---

1 ἡ V : ὁ Ψ ‖ 2 Β Ψ : Γ V ‖ 11 ΑΓ[Δ e corr. V¹ ‖ 16 λ′
Heiberg : κθ′ Ψ om. V.

Si d'abord le triangle HΓΔ est plus petit que le triangle
HEZ, le triangle AΓΔ sera aussi plus petit que le triangle
AEZ ; mais si le triangle HΓΔ est plus grand que le triangle
HEZ, le triangle AΓΔ sera aussi plus grand que le triangle
AEZ, et pareillement s'il lui est égal.

31

*Si, dans un cône oblique coupé par des plans menés par
le sommet, sont construits des triangles isocèles sur des bases
parallèles, et que l'axe du cône ne soit pas plus petit que le
rayon de la base, le triangle isocèle axial[1] sera plus grand que
tous les triangles isocèles construits du côté où s'incline l'axe.*

Soit un cône d'axe AB et ayant pour base le cercle décrit
autour du centre B ; soit[2] la base ΓBΔ du triangle mené
par l'axe à angles droits avec le cercle ; que l'angle ABΔ
soit plus petit qu'un droit, de sorte que AB s'incline du côté
de Δ, et que AB ne soit pas plus petite que le rayon.

Je dis que le triangle isocèle mené par AB est plus grand
que tous les triangles isocèles obtenus et ayant leur base
entre les points B et Δ.

---

1. Voir Proposition 22.
2. La forme verbale ἔστω est existentielle, comme celle du
début de l'ecthèse, et pas copulative, ce qui passe assez mal en
français. On retrouve le même tour dans les ecthèses respectives des propositions 34 et 35.

Εἰ μὲν οὖν ἔλαττον τὸ ΗΓΔ τοῦ ΗΕΖ, ἔλαττον ἔσται καὶ τὸ ΑΓΔ τοῦ ΑΕΖ, εἰ δὲ μεῖζον τὸ ΗΓΔ τοῦ ΗΕΖ, μεῖζον καὶ τὸ ΑΓΔ τοῦ ΑΕΖ, καὶ ἴσον ὁμοίως.

λα′ 5

Ἐὰν ἐν σκαληνῷ κώνῳ τμηθέντι διὰ τῆς κορυφῆς ἐπιπέδοις ἐπὶ παραλλήλων βάσεων ἰσοσκελῆ τρίγωνα συστῇ, ὁ δὲ ἄξων τοῦ κώνου μὴ ἐλάττων ᾖ τῆς ἐκ τοῦ κέντρου τῆς βάσεως, τὸ διὰ τοῦ ἄξονος ἰσοσκελὲς μέγιστον ἔσται πάντων τῶν ἰσοσκελῶν τῶν 10 συνισταμένων, ἐφ' ὃ μέρος προσνεύει ὁ ἄξων.

Ἔστω κῶνος οὗ ἄξων μὲν ὁ ΑΒ, βάσις δὲ ὁ περὶ τὸ Β κέντρον κύκλος· τοῦ δὲ πρὸς ὀρθὰς τῷ κύκλῳ τριγώνου διὰ τοῦ ἄξονος ἠγμένου βάσις ἔστω ἡ ΓΒΔ, καὶ ἡ ὑπὸ ΑΒΔ γωνία ἐλάττων ἔστω ὀρθῆς, 15 ὥστε τὴν ΑΒ ἐπὶ τὰ Δ μέρη προσνεύειν, καὶ ἔστω ἡ ΑΒ μὴ ἐλάττων τῆς ἐκ τοῦ κέντρου.

Λέγω ὅτι τὸ διὰ τῆς ΑΒ ἰσοσκελὲς μέγιστόν ἐστι τῶν γινομένων ἰσοσκελῶν τριγώνων τῶν μεταξὺ τῶν Β, Δ σημείων τὰς βάσεις ἐχόντων. 20

---

5 λα′ Heiberg : λ′ Ψ V⁴ om. V ‖ 6 ἐν Ψ : om V ‖ 13 Β Ψ : om. V ‖ 14 ἠγμένου Ψ : ἠγμένῳ V.

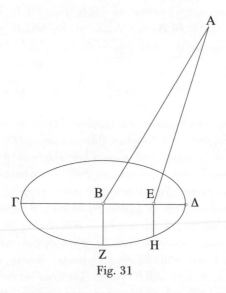

Fig. 31

Que soit pris sur BΔ un point quelconque E ; que soient menées dans le cercle des droites BZ et EH à angles droits avec ΓΔ, et que soit menée une droite de jonction AE.

La droite BA est ou n'est pas plus petite que AE.

Que, par hypothèse, BA ne soit pas plus petite que AE.

Dès lors, puisque BA n'est pas plus petite que AE, et que EH est plus petite que BZ[1], alors AB a, avec AE, un rapport plus grand que celui que EH a avec BZ ; le rectangle AB,BZ est donc plus grand que le rectangle AE,EH[2] ; mais le triangle ayant une base double de BZ et une hauteur AB, c'est-à-dire le triangle isocèle axial, est égal au rectangle AB,BZ[3], et le triangle ayant une base double de EH et

---

1. *Éléments*, III.15.
2. Proposition 1.
3. *Éléments*, I.41.

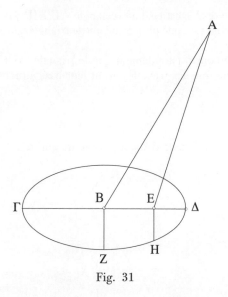

Fig. 31

Εἰλήφθω ἐπὶ τῆς ΒΔ τυχὸν σημεῖον τὸ Ε, καὶ τῇ ΓΔ πρὸς ὀρθὰς ἤχθωσαν ἐν τῷ κύκλῳ αἱ ΒΖ, ΕΗ, καὶ ἐπεζεύχθω ἡ ΑΕ. Ἡ δὴ ΒΑ τῆς ΑΕ ἤτοι ἐλάττων ἐστὶν ἢ οὐκ ἔστιν ἐλάττων.

Ὑποκείσθω δὴ μὴ εἶναι ἐλάττων ἡ ΒΑ τῆς ΑΕ. 5

Ἐπεὶ οὖν ἡ ΒΑ τῆς ΑΕ οὐκ ἐλάττων, ἐλάττων δὲ ἡ ΕΗ τῆς ΒΖ, ἡ ΑΒ ἄρα πρὸς ΑΕ μείζονα λόγον ἔχει ἤπερ ἡ ΕΗ πρὸς ΒΖ· τὸ ἄρα ὑπὸ ΑΒ, ΒΖ μεῖζόν ἐστι τοῦ ὑπὸ ΑΕ, ΕΗ· ἀλλὰ τῷ μὲν ὑπὸ ΑΒ, ΒΖ ἴσον ἐστὶ τὸ τρίγωνον τὸ βάσιν ἔχον τὴν 10 διπλῆν τῆς ΒΖ, ὕψος δὲ τὴν ΑΒ, τουτέστι τὸ διὰ τοῦ ἄξονος ἰσοσκελές, τῷ δὲ ὑπὸ ΑΕ, ΕΗ ἴσον ἐστὶ

une hauteur AE est égal au rectangle AE,EH[1] ; le triangle isocèle axial est donc plus grand que le triangle isocèle mené par AE.

On démontre pareillement que le triangle axial est plus grand que tous les triangles ayant leur base située entre B et Δ.

32

Que, maintenant, BA soit plus petite que AE.

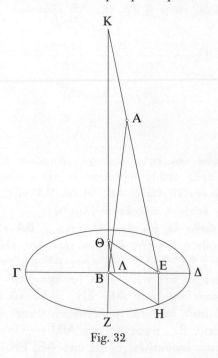

Fig. 32

---

1. *Ibid.*

τὸ τρίγωνον τὸ βάσιν μὲν ἔχον τὴν διπλῆν τῆς ΕΗ,
ὕψος δὲ τὴν ΑΕ· τὸ ἄρα διὰ τοῦ ἄξονος ἰσοσκελὲς
μεῖζόν ἐστι τοῦ διὰ τῆς ΑΕ ἰσοσκελοῦς.

Ὁμοίως δὲ δείκνυται ὅτι καὶ πάντων τῶν μεταξὺ
τῶν Β, Δ τὰς βάσεις ἐχόντων μέγιστόν ἐστι τὸ διὰ   5
τοῦ ἄξονος.

λβ′

Ἀλλὰ δὴ ἔστω ἡ ΒΑ τῆς ΑΕ ἐλάττων.

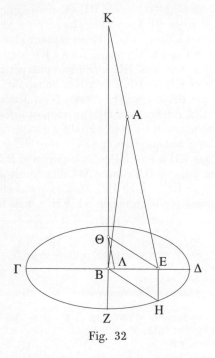

Fig. 32

Puisque l'angle ABE est plus petit qu'un droit, que soit menée dans le plan du triangle ABE une droite BΘ égale à la droite EH, à angles droits avec ΓΔ, et que soient menées des droites de jonction ΘE et BH.

Puisque l'angle ABE est plus grand que l'angle AEB[1], alors l'angle AEB est plus petit qu'un droit ; or l'angle ΘBE est droit ; les droites ΘB et AE, prolongées, se rencontrent donc[2] ; qu'elles se rencontrent en un point K, et que soit menée par Θ une parallèle ΘΛ à KE.

Dès lors, puisque ΘB est égale à EH, que BE est commune, et qu'elles comprennent des angles égaux, — car ces angles sont droits —, alors BH est aussi égale à ΘE[3].

Puisque l'angle ΘBΛ est droit, alors ΘE est plus grande que ΘΛ[4] ; ΘB a donc, avec ΘE, un rapport plus petit que celui que BΘ a avec ΘΛ[5] ; mais BK est à KE comme BΘ est à ΘΛ[6] ; BΘ a donc, avec ΘE, un rapport plus petit que celui que BK a avec KE ; or BK a, avec KE, un rapport plus petit que celui que BA a avec AE, comme il est démontré dans la suite[7] ; BΘ a donc, avec ΘE, un rapport *a fortiori* plus petit que celui que BA a avec AE. BA a donc, avec AE, un rapport plus grand que celui que BΘ a avec ΘE, c'est-à-dire que celui que EH a avec HB, c'est-à-dire avec BZ.

Dès lors, puisque BA a, avec AE, un rapport plus grand que celui que EH a avec BZ, alors le rectangle AB,BZ est plus grand que le rectangle AE,EH[8] ; mais le triangle

---

1. *Éléments*, I.18.

2. *Éléments*, I, postulat 5.

3. Par application d'*Éléments*, I.4 dans les triangles ΘBE et BEH.

4. Par application d'*Éléments*, I.47 dans les triangles rectangles ΘBE et ΘBΛ, où BE > BΛ.

5. *Éléments*, V.8.

6. Par application d'*Éléments*, VI.4 dans les triangles équiangles ΘBΛ et KBE.

7. Proposition 33.

8. Proposition 1.

Καὶ ἐπεὶ ἡ ὑπὸ ΑΒΕ γωνία ἐλάττων ἐστὶν ὀρθῆς,
ἤχθω ἐν τῷ τοῦ ΑΒΕ τριγώνου ἐπιπέδῳ τῇ ΓΔ πρὸς
ὀρθὰς ἡ ΒΘ ἴση οὖσα τῇ ΕΗ, καὶ ἐπεζεύχθωσαν αἱ
ΘΕ, ΒΗ.

Καὶ ἐπεὶ ἡ ὑπὸ ΑΒΕ γωνία τῆς ὑπὸ ΑΕΒ μείζων 5
ἐστίν, ἡ ἄρα ὑπὸ ΑΕΒ ἐλάττων ἐστὶν ὀρθῆς· ὀρθὴ
δὲ ἡ ὑπὸ ΘΒΕ· αἱ ἄρα ΘΒ, ΑΕ εὐθεῖαι ἐκβαλλόμεναι
συμπίπτουσιν· συμπιπτέτωσαν κατὰ τὸ Κ, καὶ ἤχθω
διὰ τοῦ Θ τῇ ΚΕ παράλληλος ἡ ΘΛ.

᾽Επεὶ οὖν ἴση ἡ ΘΒ τῇ ΕΗ, κοινὴ δὲ ἡ ΒΕ, καὶ 10
περιέχουσιν ἴσας γωνίας· ὀρθαὶ γάρ· ἴση ἄρα καὶ ἡ
ΒΗ τῇ ΘΕ.

Καὶ ἐπεὶ ὀρθὴ ἡ ὑπὸ ΘΒΛ, μείζων ἄρα ἡ ΘΕ
τῆς ΘΛ· ἡ ΘΒ ἄρα πρὸς ΘΕ ἐλάττονα λόγον ἔχει
ἤπερ ἡ ΒΘ πρὸς ΘΛ· ἀλλ᾽ ὡς ἡ ΒΘ πρὸς ΘΛ, 15
οὕτως ἡ ΒΚ πρὸς ΚΕ· ἡ ἄρα ΒΘ πρὸς ΘΕ ἐλάττονα
λόγον ἔχει ἤπερ ἡ ΒΚ πρὸς ΚΕ. ἡ δὲ ΒΚ πρὸς
ΚΕ ἐλάττονα λόγον ἔχει ἤπερ ἡ ΒΑ πρὸς ΑΕ, ὡς
ἐν τῷ ἑξῆς δείκνυται· πολλῷ ἄρα ἡ ΒΘ πρὸς ΘΕ
ἐλάττονα λόγον ἔχει ἤπερ ἡ ΒΑ πρὸς ΑΕ. Ἡ ἄρα 20
ΒΑ πρὸς ΑΕ μείζονα λόγον ἔχει ἤπερ ἡ ΒΘ πρὸς
ΘΕ, τουτέστιν ἤπερ ἡ ΕΗ πρὸς ΗΒ, τουτέστι πρὸς
ΒΖ.

᾽Επεὶ οὖν ἡ ΒΑ πρὸς ΑΕ μείζονα λόγον ἔχει ἤπερ
ἡ ΕΗ πρὸς ΒΖ, τὸ ἄρα ὑπὸ ΑΒ, ΒΖ μεῖζόν ἐστι τοῦ 25

25 μεῖζόν Ψ : ἴσον V ‖ τοῦ Ψ : τῷ V.

isocèle axial est égal au rectangle AB,BZ[1], et le triangle isocèle mené par AE et le double de EH est égal au rectangle AE,EH[2] ; le triangle isocèle axial est donc plus grand que le triangle isocèle mené par AE.

On démontre pareillement que le triangle axial est aussi plus grand que tous les autres dont la base est située entre B et Δ, ce qu'il était proposé de démontrer.

33

Si, dans un triangle rectangle, une droite est menée de l'angle droit[3] à l'hypoténuse, la droite menée aura, avec la droite découpée par la droite menée et l'une des droites comprenant l'angle droit, un rapport plus grand que celui que l'autre des droites comprenant l'angle droit a avec l'hypoténuse.

Soit un triangle ABΓ ayant l'angle B droit, et que, de cet angle, soit menée une droite BΔ à la base AΓ.

Je dis que BΔ a, avec ΔΓ, un rapport plus grand que celui que BA a avec AΓ.

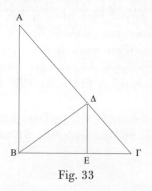

Fig. 33

---

1. *Éléments*, I.41.
2. *Ibid.*
3. Voir Note complémentaire [10].

ὑπὸ ΑΕ, ΕΗ· ἀλλὰ τῷ μὲν ὑπὸ ΑΒ, ΒΖ ἴσον ἐστὶ
τὸ διὰ τοῦ ἄξονος ἰσοσκελές, τῷ δὲ ὑπὸ ΑΕ, ΕΗ
ἴσον ἐστὶ τὸ διὰ τῆς ΑΕ καὶ τῆς διπλῆς τῆς ΕΗ
ἰσοσκελές· μεῖζον ἄρα τὸ διὰ τοῦ ἄξονος ἰσοσκελὲς
τοῦ διὰ τῆς ΑΕ ἰσοσκελοῦς.   5
ʿΟμοίως δὲ δείκνυται ὅτι καὶ τῶν ἄλλων ὦν αἱ
βάσεις μεταξὺ τῶν Β, Δ, ὃ προέκειτο δεῖξαι.

λγ΄

Ἐὰν ὀρθογωνίου τριγώνου ἀπὸ τῆς ὀρθῆς ἐπὶ τὴν
ὑποτείνουσαν ἀχθῇ τις εὐθεῖα, ἡ ἀχθεῖσα πρὸς τὴν   10
ἀπολαμβανομένην ὑπὸ τῆς ἀχθείσης καὶ μιᾶς τῶν
περιεχουσῶν τὴν ὀρθὴν μείζονα λόγον ἕξει ἤπερ ἡ
λοιπὴ τῶν περὶ τὴν ὀρθὴν πρὸς τὴν ὑποτείνουσαν.
Ἔστω τρίγωνον τὸ ΑΒΓ ὀρθὴν ἔχον τὴν Β, ἀφ᾽ ἧς
ἐπὶ τὴν ΑΓ βάσιν ἤχθω ἡ ΒΔ.   15
Λέγω ὅτι ἡ ΒΔ πρὸς ΔΓ μείζονα λόγον ἔχει ἤπερ
ἡ ΒΑ πρὸς ΑΓ.

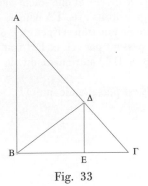

Fig. 33

Que soit menée par Δ une parallèle ΔE à AB.

Dès lors, puisque les angles en E sont droits, alors $B\Delta$ est plus grande que ΔE[1] ; $B\Delta$ a donc, avec $\Delta\Gamma$, un rapport plus grand que celui que $E\Delta$ a avec $\Delta\Gamma$[2] ; or BA est à $A\Gamma$ comme $E\Delta$ est à $\Delta\Gamma$[3] ; $B\Delta$ a donc, avec $\Delta\Gamma$, un rapport plus grand que celui que BA a avec $A\Gamma$, de sorte qu'il est évident que BA a aussi, avec $A\Gamma$, un rapport plus petit que celui que $B\Delta$ a avec $\Delta\Gamma$, ce qui nous a été utile pour le théorème précédent.

34

Si, dans un cône oblique coupé par des plans menés par le sommet, sont construits des triangles isocèles sur des bases parallèles, du côté où l'axe s'incline, et que l'un quelconque des triangles isocèles obtenus soit égal au triangle isocèle axial, la perpendiculaire menée du sommet à la base du triangle sera plus grande que l'axe.

Soit un cône oblique, ayant pour sommet le point A, pour axe l'axe AB incliné du côté de Δ, pour base le cercle décrit autour du centre B ; soit la base $\Gamma B\Delta$ du triangle axial à angles droits avec le cercle, et que soient menées des droites BZ et EH à angles droits avec $\Gamma\Delta$ dans le cercle ; que soit menée une droite de jonction AE, et que, par hypothèse, le triangle isocèle passant par AE et EH soit égal au triangle passant par AB et BZ, autrement dit, le triangle isocèle axial.

Je dis que AE est plus grande que AB.

---

1. *Éléments*, I.19.
2. *Éléments*, V.8.
3. Par application d'*Éléments*, VI.4 dans les triangles équiangles $AB\Gamma$ et $\Delta E\Gamma$.

Ἤχθω διὰ τοῦ Δ παρὰ τὴν ΑΒ ἡ ΔΕ.

Ἐπεὶ οὖν ὀρθαὶ αἱ πρὸς τῷ Ε, μείζων ἄρα ἡ ΒΔ τῆς ΔΕ· ἡ ἄρα ΒΔ πρὸς ΔΓ μείζονα λόγον ἔχει ἤπερ ἡ ΕΔ πρὸς ΔΓ· ὡς δὲ ἡ ΕΔ πρὸς ΔΓ, οὕτως ἡ ΒΑ πρὸς ΑΓ· ἡ ἄρα ΒΔ πρὸς ΔΓ μείζονα λόγον 5 ἔχει ἤπερ ἡ ΒΑ πρὸς ΑΓ, ὥστε φανερὸν ὅτι καὶ ἡ ΒΑ πρὸς ΑΓ ἐλάττονα λόγον ἔχει ἤπερ ἡ ΒΔ πρὸς ΔΓ, ὃ ἐχρησίμευεν ἡμῖν εἰς τὸ πρὸ τούτου.

λδ΄

Ἐὰν ἐν κώνῳ σκαληνῷ τμηθέντι διὰ τῆς κορυφῆς 10 ἐπιπέδοις τισὶν ἐπὶ παραλλήλων βάσεων ἰσοσκελῆ τρίγωνα συστῇ, ἐφ᾽ ὃ μέρος προσνεύει ὁ ἄξων, τῶν δὲ γενομένων ἰσοσκελῶν ἕν ὁτιοῦν ἴσον ᾖ τῷ διὰ τοῦ ἄξονος ἰσοσκελεῖ, ἡ ἀπὸ τῆς κορυφῆς ἐπὶ τὴν βάσιν τοῦ τριγώνου κάθετος μείζων ἔσται τοῦ ἄξονος. 15

Ἔστω σκαληνὸς κῶνος οὗ κορυφὴ τὸ Α, ἄξων δὲ ὁ ΑΒ προσνεύων ἐπὶ τὰ τοῦ Δ μέρη, βάσις δὲ ὁ περὶ τὸ Β κέντρον κύκλος· τοῦ δὲ πρὸς ὀρθὰς τῷ κύκλῳ διὰ τοῦ ἄξονος τριγώνου βάσις ἔστω ἡ ΓΒΔ, καὶ ἤχθωσαν τῇ ΓΔ πρὸς ὀρθὰς ἐν τῷ κύκλῳ αἱ ΒΖ, 20 ΕΗ, καὶ ἐπεζεύχθω ἡ ΑΕ, καὶ ὑποκείσθω τὸ διὰ τῶν ΑΕ, ΕΗ ἰσοσκελὲς ἴσον εἶναι τῷ διὰ τῶν ΑΒ, ΒΖ, ὅ ἐστι τῷ διὰ τοῦ ἄξονος ἰσοσκελεῖ.

Λέγω ὅτι ἡ ΑΕ μείζων ἐστὶ τῆς ΑΒ.

2 αἱ Ψ : om. V ‖ τῷ Ψ : τὸ V ‖ 4-5 οὕτως — ἡ ἄρα ΒΔ [ΒΑ Ambr. B lac. 2 litt. p]πρὸς ΔΓ Ψ : om. V ‖ 9 λδ΄ Heiberg : λβ΄ Ψ V⁴ om. V ‖ 10 ἐν Ψ : om. V ‖ 19 ΓΒΔ Ψ : ΒΓΔ V.

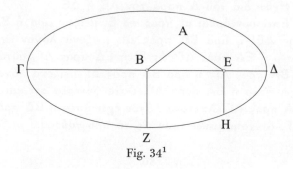

Fig. 34[1]

Puisque le triangle isocèle mené par AE et EH est égal au triangle passant par AB et BZ, et que le rectangle AE,EH est égal au rectangle AB,BZ[2], alors EA est à AB comme BZ est à EH[3] ; or BZ est plus grande que HE[4].

EA est donc plus grande que AB.

35

Si, dans un cône oblique coupé par des plans menés par le sommet, sont construits des triangles isocèles sur des bases parallèles, du côté où l'axe s'incline, et que l'un quelconque des triangles isocèles obtenus soit égal au triangle isocèle axial, l'axe du cône sera plus petit que le rayon de la base.

Soit un cône oblique, ayant pour sommet le point A, pour axe l'axe AB s'inclinant du côté de Δ, pour base le cercle décrit autout du centre B ; soit la base ΓBΔ du triangle mené par l'axe à angles droits avec le cercle ; que soient menées

---

1. Ni le triangle axial principal de sommet A et de base ΓBΔ, ni les deux triangles isocèles de sommet A et de bases respectives 2 BZ et 2 EH ne sont représentés sur la figure ; de même dans la proposition 35.
2. *Éléments*, I.41.
3. *Éléments*, VI.16.
4. *Éléments*, III.15.

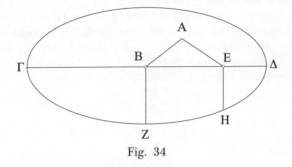

Fig. 34

Ἐπεὶ γὰρ τὸ διὰ τῶν ΑΕ, ΕΗ ἰσοσκελὲς ἴσον ἐστὶ
τῷ διὰ τῶν ΑΒ, ΒΖ, καὶ τὸ ὑπὸ τῶν ΑΕ, ΕΗ ἴσον
ἐστὶ τῷ ὑπὸ τῶν ΑΒ, ΒΖ, ὡς ἄρα ἡ ΒΖ πρὸς ΕΗ,
οὕτως ἡ ΕΑ πρὸς ΑΒ· μείζων δὲ ἡ ΒΖ τῆς ΗΕ.
Μείζων ἄρα καὶ ἡ ΕΑ τῆς ΑΒ.   5

λε′

Ἐὰν ἐν κώνῳ σκαληνῷ τμηθέντι διὰ τῆς κορυφῆς
ἐπιπέδοις τισὶν ἐπὶ παραλλήλων βάσεων ἰσοσκελῆ
τρίγωνα συστῇ, ἐφ᾽ ὃ μέρος προσνεύει ὁ ἄξων, τῶν
δὲ γενομένων ἰσοσκελῶν ἐν ὁτιοῦν ἴσον ᾖ τῷ διὰ   10
τοῦ ἄξονος ἰσοσκελεῖ, ὁ ἄξων τοῦ κώνου ἐλάσσων
ἔσται τῆς ἐκ τοῦ κέντρου τῆς βάσεως.

Ἔστω κῶνος σκαληνὸς οὗ κορυφὴ μὲν τὸ Α, ἄξων
δὲ ὁ ΑΒ νεύων ἐπὶ τὰ τοῦ Δ μέρη, βάσις δὲ ὁ περὶ
τὸ Β κέντρον, τοῦ δὲ πρὸς ὀρθὰς τῷ κύκλῳ διὰ τοῦ   15
ἄξονος ἀγομένου τριγώνου βάσις ἔστω ἡ ΓΒΔ, τῇ
δὲ ΓΔ πρὸς ὀρθὰς ἤχθωσαν ἐν τῷ κύκλῳ αἱ ΒΖ, ΕΗ,

dans le cercle des droites BZ et EH à angles droits avec
ΓΔ ; que soit menée une droite de jonction AE et que, par
hypothèse, le triangle isocèle mené par EA et le double de
EH soit égal au triangle mené par AB et le double de BZ,
c'est-à-dire au triangle isocèle axial.

Je dis que l'axe BA est plus petit que le rayon.

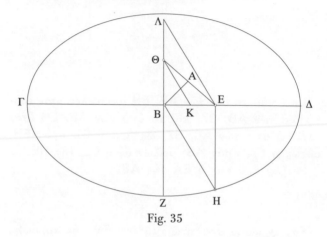

Fig. 35

Puisque l'angle ABE est plus petit qu'un droit[1], que soit
menée dans le plan du triangle ABE une droite BΘ à angles
droits avec ΓΔ.

Puisque, en vertu du théorème précédent[2], EA est plus
grande que AB, alors l'angle BEA est plus petit qu'un
droit[3] ; or l'angle ΘBE est droit ; les droites ΘB et EA,
prolongées, se rencontreront donc[3] ; qu'elles se rencontrent
en un point Θ.

Dès lors, puisque le triangle isocèle axial est égal au

1. Par construction.
2. Proposition 34.
3. *Éléments*, I.18.
4. *Éléments*, I, postulat 5.

καὶ ἐπεζεύχθω ἡ ΑΕ, καὶ ὑποκείσθω τῷ διὰ τῆς ΑΒ
καὶ τῆς διπλῆς τῆς ΒΖ ἀγομένῳ τριγώνῳ, τουτέστι
τῷ διὰ τοῦ ἄξονος ἰσοσκελεῖ, τὸ διὰ τῆς ΕΑ καὶ
τῆς διπλῆς τῆς ΕΗ ἀγόμενον ἰσοσκελὲς ἴσον εἶναι.
Λέγω ὅτι ὁ ΒΑ ἄξων ἐλάττων ἐστὶ τῆς ἐκ τοῦ 5
κέντρου.

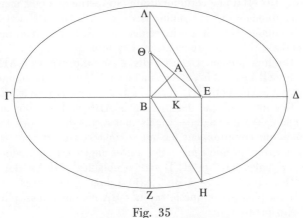

Fig. 35

Ἐπεὶ ἡ ὑπὸ ΑΒΕ γωνία ἐλάττων ἐστὶν ὀρθῆς,
ἤχθω ἐν τῷ τοῦ ΑΒΕ ἐπιπέδῳ τῇ ΓΔ πρὸς ὀρθὰς ἡ
ΒΘ.

Καὶ ἐπεὶ μείζων ἡ ΕΑ τῆς ΑΒ διὰ τὸ πρὸ τούτου, 10
ἡ ἄρα ὑπὸ ΒΕΑ γωνία ἐλάττων ἐστὶν ὀρθῆς· ὀρθὴ
δὲ ἡ ὑπὸ ΘΒΕ· αἱ ἄρα ΘΒ, ΕΑ εὐθεῖαι ἐκβαλλόμεναι
συμπεσοῦνται· συμπιπτέτωσαν κατὰ τὸ Θ.

Ἐπεὶ οὖν τὸ μὲν διὰ τοῦ ἄξονος ἰσοσκελὲς ἴσον

rectangle AB,BZ, que le triangle isocèle mené par AE et
le double de EH est égal au rectangle AE,EH[1] et que les
triangles isocèles sont égaux entre eux, alors le rectangle
AB,BZ est aussi égal au rectangle AE,EH ; HE est donc à
ZB, c'est-à-dire à HB, comme BA est à AE[2].

Dès lors, puisque, en vertu du théorème 33, BA a, avec
AE, un rapport plus grand que celui que BΘ a avec ΘE,
alors BΘ est à une certaine droite plus petite que ΘE, mais
plus grande que ΘB, comme BA est à AE. Que BΘ soit à
ΘK comme BA est à AE, et que, par E, soit menée une
parallèle EΛ à KΘ, rencontrant BΘ en un point Λ.

Dès lors, puisque BΘ est à ΘK, c'est-à-dire BΛ est à ΛE,
comme BA est à AE[3], et que, on l'a vu, EH est à HB comme
BA est à AE, alors EH est aussi à HB comme BΛ est à ΛE.

Dès lors, puisque deux triangles ΛBE et HEB ont un
angle égal à un angle — car ils sont rectangles —, que les
côtés qui comprennent les autres angles Λ et H sont en
proportion, et que chacun des autres angles est aigu, alors
les triangles ΛBE et HEB sont semblables[4]. HE est donc
à BE comme ΛB est à BE[5]. ΛB est donc égale à HE[6] ; or
EH est plus petite que le rayon[7] ; BΛ est donc aussi plus
petite que le rayon.

Puisque la somme des droites EΛ et ΛB est plus grande
que la somme des droites EA et AB[8], et que EA est à AB

1. *Éléments*, I.41.
2. *Éléments*, VI.16.
3. Par application d'*Éléments*, VI.4 dans les triangles
équiangles ΘBK et ΛBE.
4. *Éléments*, VI.7.
5. *Éléments*, VI.4.
6. *Éléments*, V.9.
7. *Éléments*, III.15.
8. Par application d'*Éléments*, I.21 dans le triangle BΛE.

ἐστὶ τῷ ὑπὸ ΑΒ, ΒΖ, τὸ δὲ διὰ τῆς ΑΕ καὶ τῆς
διπλῆς τῆς ΕΗ ἰσοσκελὲς ἴσον ἐστὶ τῷ ὑπὸ ΑΕ, ΕΗ,
καὶ ἔστιν ἴσα ἀλλήλοις τὰ ἰσοσκελῆ, καὶ τὸ ὑπὸ
ΑΒ, ΒΖ ἄρα ἴσον ἐστὶ τῷ ὑπὸ ΑΕ, ΕΗ· ὡς ἄρα ἡ
ΒΑ πρὸς ΑΕ, οὕτως ἡ ΗΕ πρὸς ΖΒ, τουτέστι πρὸς   5
ΗΒ.

Ἐπεὶ οὖν ἡ ΒΑ πρὸς ΑΕ μείζονα λόγον ἔχει ἤπερ
ἡ ΒΘ πρὸς ΘΕ διὰ τὸ λγ' θεώρημα, ὡς ἄρα ἡ ΒΑ
πρὸς ΑΕ, οὕτως ἡ ΒΘ πρὸς ἐλάττονα μέν τινα τῆς
ΘΕ, μείζονα δὲ τῆς ΘΒ. Ἔστω δὴ ὡς ἡ ΒΑ πρὸς   10
ΑΕ, οὕτως ἡ ΒΘ πρὸς ΘΚ, καὶ διὰ τοῦ Ε παρὰ τὴν
ΚΘ ἤχθω ἡ ΕΛ συμπίπτουσα τῇ ΒΘ κατὰ τὸ Λ.

Ἐπεὶ οὖν ὡς ἡ ΒΑ πρὸς ΑΕ, οὕτως ἡ ΒΘ πρὸς
ΘΚ, τουτέστιν ἡ ΒΛ πρὸς ΛΕ, ἦν δὲ ὡς ἡ ΒΑ πρὸς
ΑΕ, οὕτως ἡ ΕΗ πρὸς ΗΒ, καὶ ὡς ἄρα ἡ ΒΛ πρὸς   15
ΛΕ, οὕτως ἡ ΕΗ πρὸς ΗΒ.

Ἐπεὶ οὖν δύο τρίγωνα τὰ ΛΒΕ, ΗΕΒ μίαν γωνίαν
μιᾷ γωνίᾳ ἴσην ἔχει· ὀρθογώνια γάρ· περὶ δὲ ἄλλας
γωνίας τὰς Λ, Η τὰς πλευρὰς ἀνάλογον, καὶ τῶν
λοιπῶν γωνιῶν ἑκατέρα ὀξεῖα, ὅμοια ἄρα ἐστὶ τὰ   20
ΛΒΕ, ΗΕΒ τρίγωνα. Ὡς ἄρα ἡ ΛΒ πρὸς ΒΕ, οὕτως
ἡ ΗΕ πρὸς ΒΕ. Ἴση ἄρα ἡ ΛΒ τῇ ΗΕ· ἐλάττων δὲ
ἡ ΕΗ τῆς ἐκ τοῦ κέντρου· καὶ ἡ ΒΛ ἄρα ἐλάττων
ἐστὶ τῆς ἐκ τοῦ κέντρου.

Καὶ ἐπεὶ συναμφότερος ἡ ΕΛΒ συναμφοτέρου τῆς   25
ΕΑΒ μείζων ἐστίν, καὶ ἔστιν ὡς ἡ ΕΛ πρὸς ΛΒ,

1 τῷ Ψ : τῶν V ‖ pr. τῆς Halley : τῶν V ‖ 10 Β[Α V^{1mg} :
macula obscur. V ‖ 11 Ε παρὰ [παρὰ comp. V¹] V¹ : ΕΠ V ‖
15 ΑΕ Ψ : ΛΕ V ‖ ΒΛ Ψ : ΒΘ V ‖ 22 pr. ἡ Ψ : om. V ‖ 23 ΒΛ
Ψ : ΒΔ V.

comme EΛ est à ΛB, alors, *par composition*, la somme de EΛ et ΛB est à BΛ comme la somme de EΛ et ΛB est à BΛ, et *par permutation* ; or la somme de EΛ et de ΛB est plus grande que la somme de EΛ et de ΛB ; ΛB est donc plus grande que BΛ. Or on a démontré que ΛB était plus petite que le rayon.

AB est donc *a fortiori* plus petite que le rayon[1], ce qu'il fallait démontrer.

36

Si, dans un cône oblique coupé par des plans menés par le sommet, sont construits des triangles isocèles sur des bases parallèles, du côté d'où l'axe s'incline[2], le triangle isocèle axial ne sera pas plus petit que tous les triangles isocèles construits.

Soit un cône oblique, dont l'axe est l'axe AB ; que le diamètre ΓBΔ soit l'intersection du plan axial, à angles droits avec le cercle, et du cercle, et que l'angle ABΔ soit plus petit qu'un droit.

Je dis que le triangle isocèle axial ne sera pas plus petit que tous les triangles isocèles construits, ayant leur base entre les points Γ et B.

1. J'ai rétabli le maillon manquant en suivant le texte des manuscrits de la recension byzantine, puisque l'omission est de toute évidence un saut du même au même.
2. Le contexte montre que le verbe ἀπονεύειν a le sens contraire de celui du verbe προσνεύειν « s'incliner vers », qu'on trouve dans les propositions précédentes. La traduction « du côté *d'où* l'axe s'incline » est empruntée à Ver Eecke.

οὕτως ἡ **ΕΑ** πρὸς **ΑΒ**, καὶ συνθέντι ἄρα ὡς συναμφότερος ἡ **ΕΛΒ** πρὸς **ΒΛ**, οὕτως συναμφότερος ἡ **ΕΑΒ** πρὸς **ΒΑ**, καὶ ἐναλλάξ· μείζων δὲ συναμφότερος ἡ **ΕΛΒ** συναμφοτέρου τῆς **ΕΑΒ**· μείζων ἄρα καὶ ἡ **ΛΒ** τῆς **ΒΑ**. Ἐδείχθη δὲ ἡ **ΛΒ** ἐλάττων τῆς 5 ἐκ τοῦ κέντρου.

Πολλῷ ἄρα ἡ **ΑΒ** ἐλάττων ἐστὶ τῆς ἐκ τοῦ κέντρου, ὅπερ ἔδει δεῖξαι.

λς′

Ἐὰν ἐν κώνῳ σκαληνῷ τμηθέντι διὰ τῆς κορυφῆς 10 ἐπιπέδοις τισὶν ἐπὶ παραλλήλων βάσεων ἰσοσκελῆ τρίγωνα συστῇ, ἀφ᾽ οὗ μέρους ἀπονεύει ὁ ἄξων, τὸ διὰ τοῦ ἄξονος ἰσοσκελὲς τῶν συστάντων ἰσοσκελῶν οὐκ ἔσται πάντων ἐλάχιστον.

Ἔστω κῶνος σκαληνὸς οὗ ὁ ἄξων ὁ **ΑΒ**· τοῦ δὲ 15 διὰ τοῦ ἄξονος πρὸς ὀρθὰς τῷ κύκλῳ ἐπιπέδου καὶ τοῦ κύκλου κοινὴ τομὴ ἡ **ΓΒΔ** διάμετρος, ἐλάττων δὲ ἔστω ἡ ὑπὸ **ΑΒΔ** γωνία ὀρθῆς.

Λέγω ὅτι τὸ διὰ τοῦ ἄξονος ἰσοσκελὲς τῶν συνισταμένων ἰσοσκελῶν τὰς βάσεις ἐχόντων μεταξὺ τῶν 20 **Γ, Β** σημείων οὐ πάντων ἐλάχιστόν ἐστιν.

3 ΕΑΒ Ψ : ΕΒΑ V ‖ 7-8 Πολλῷ – κέντρου Ψ vide adn. : om. V ‖ 9 λς′ Heiberg : λδ′ Ψ V⁴ om. V ‖ 10 ἐν Ψ : om. V.

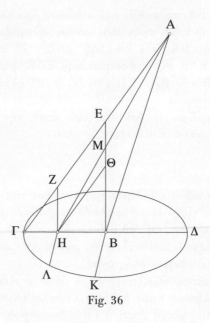

Fig. 36

Que soit menée une droite de jonction ΑΓ, et que, dans le triangle ΑΒΓ, soit menée une droite ΒΕ à angles droits avec ΓΔ.

Puisque ΓΕ est plus grande que [le rayon] ΓΒ[1], soit une droite ΕΖ égale au rayon, soit une parallèle ΖΗ à ΕΒ, que soit menée une droite de jonction ΑΜΗ, et que soit menée une droite ΗΘ parallèle à ΖΕ ; l'aire ΖΘ est donc un parallélogramme. ΖΕ est donc égale à ΗΘ[2] ; ΗΘ est donc égale au rayon.

Que soient menées de nouveau des droites ΚΒ et ΗΛ dans le plan du cercle et à angles droits avec ΓΔ, et que soit menée une droite de jonction ΒΛ.

1. *Éléments*, I.19.
2. *Éléments*, I.34.

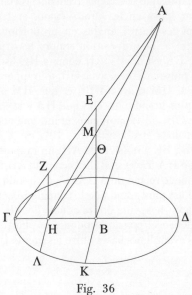

Fig. 36

Ἐπεζεύχθω γὰρ ἡ ΑΓ, καὶ ἐν τῷ ΑΒΓ τριγώνῳ πρὸς ὀρθὰς ἤχθω τῇ ΓΔ ἡ ΒΕ.

Καὶ ἐπεὶ ἡ ΓΕ μείζων ἐστὶ τῆς ΓΒ [ἐκ κέντρου], ἔστω ἡ ΕΖ ἴση τῇ ἐκ τοῦ κέντρου, καὶ παρὰ τὴν ΕΒ ἡ ΖΗ, καὶ ἐπεζεύχθω ἡ ΑΜΗ, καὶ παρὰ τὴν ΖΕ 5 ἡ ΗΘ· παραλληλόγραμμον ἄρα τὸ ΖΘ. Ἴση ἄρα ἡ ΖΕ τῇ ΗΘ· ἡ ἄρα ΗΘ τῇ ἐκ τοῦ κέντρου ἐστὶν ἴση.

Ἤχθωσαν δὴ πάλιν ἐν τῷ τοῦ κύκλου ἐπιπέδῳ τῇ ΓΔ πρὸς ὀρθὰς αἱ ΚΒ, ΗΛ, καὶ ἐπεζεύχθω ἡ ΒΛ.

3 ἐκ κέντρου del. Heiberg ‖ 7 ἴση Ψ : om. V ‖ 9 ΚΒ Ω : ΗΚΒ V.

Dès lors, puisque les deux triangles rectangles ΘHB et ΛBH ont leurs angles droits égaux et les côtés qui comprennent les autres angles en proportion[1], et pareil pour le reste de la proposition[2], alors les triangles sont semblables ; BΛ est donc à ΛH comme HΘ est à ΘB[3].

Dès lors, puisque HΘ a, avec ΘB, un rapport plus grand que celui que HM a avec MB[4], et que HM a, avec MB, un rapport plus grand que celui que HA a avec AB[5], alors HΘ a, avec ΘB, un rapport plus grand que celui que HA a avec AB ; mais BΛ, c'est-à-dire BK, est à ΛH comme HΘ est à ΘB ; BK a donc, avec ΛH, un rapport plus grand que celui que HA a avec AB. Le rectangle AB,BK est donc plus grand que le rectangle AH,HΛ[6], c'est-à-dire le triangle isocèle axial est plus grand que le triangle isocèle mené par AH, ayant pour base une droite double de ΛH[7].

Le triangle isocèle axial n'est donc pas plus petit que tous les triangles ayant leurs bases entre les points B et Γ.

37

Si deux triangles sont construits sur la même base, que le côté de l'un soit à angles droits avec la base, que le côté de l'autre soit à angle obtus avec la base, et que la hauteur du

---

1. En observant que le côté HB est commun et les côtés HΘ et BΛ égaux, puisque HΘ est égal au rayon.
2. C'est-à-dire pour les autres conditions de similitude formulées dans l'énoncé de la proposition euclidienne, *Éléments*, VI.7.
3. *Éléments*, VI.4.
4. Par application de la proposition 2 dans le triangle rectangle MBH.
5. Puisque le rapport de HM à MB est égal au rapport de HA à la perpendiculaire menée du sommet A à la base ΓΔ, et que, dans le triangle oblique ΓAΔ, la médiane AB est plus grande que la hauteur.
6. Proposition 1.
7. *Éléments*, I.41.

Ἐπεὶ οὖν δύο ὀρθογώνια τὰ ΘΗΒ, ΛΒΗ ἴσας ἔχει γωνίας τὰς ὀρθάς, περὶ δὲ ἄλλας τὰς πλευρὰς ἀνάλογον, καὶ τὰ λοιπὰ τῆς προτάσεως, ὅμοια ἄρα ἐστὶ τὰ τρίγωνα· ὡς ἄρα ἡ ΗΘ πρὸς ΘΒ, οὕτως ἡ ΒΛ πρὸς ΛΗ.

Ἐπεὶ οὖν ἡ ΗΘ πρὸς ΘΒ μείζονα λόγον ἔχει ἤπερ ἡ ΗΜ πρὸς ΜΒ, ἡ δὲ ΗΜ πρὸς ΜΒ μείζονα λόγον ἔχει ἤπερ ἡ ΗΑ πρὸς ΑΒ, ἡ ἄρα ΗΘ πρὸς ΘΒ μείζονα λόγον ἔχει ἤπερ ἡ ΗΑ πρὸς ΑΒ· ἀλλ᾽ ὡς ἡ ΗΘ πρὸς ΘΒ, οὕτως ἡ ΒΛ, τουτέστιν ἡ ΒΚ, πρὸς ΛΗ· ἡ ἄρα ΒΚ πρὸς ΛΗ μείζονα λόγον ἔχει ἤπερ ἡ ΗΑ πρὸς ΑΒ. Τὸ ἄρα ὑπὸ ΑΒ, ΒΚ μεῖζόν ἐστι τοῦ ὑπὸ ΑΗ, ΗΛ, τουτέστι τὸ διὰ τοῦ ἄξονος ἰσοσκελὲς μεῖζόν ἐστι τοῦ διὰ τῆς ΑΗ ἰσοσκελοῦς, οὗ βάσις ἐστὶν ἡ διπλῆ τῆς ΛΗ.

Οὐκ ἄρα τὸ διὰ τοῦ ἄξονος ἰσοσκελὲς ἐλάχιστόν ἐστι πάντων τῶν μεταξὺ τῶν Β, Γ σημείων τὰς βάσεις ἐχόντων ἰσοσκελῶν.

λζ'

Ἐὰν ἐπὶ τῆς αὐτῆς βάσεως δύο τρίγωνα συστῇ, καὶ τοῦ μὲν ἑτέρου ἡ πλευρὰ πρὸς ὀρθὰς ᾖ τῇ βάσει, τοῦ δὲ ἑτέρου πρὸς ἀμβλεῖαν γωνίαν, τὸ δὲ τοῦ ἀμβλυγωνίου ὕψος μὴ ἔλαττον ᾖ τοῦ τοῦ

triangle obtusangle ne soit pas plus petite que la hauteur du
triangle rectangle, l'angle au sommet du triangle rectangle sera
plus grand que l'angle au sommet du triangle obtusangle.

Que soient construits sur AB les triangles AΓB et AΔB ;
que l'angle ABΓ soit droit ; que l'angle ABΔ soit obtus, et
que la perpendiculaire ΔZ menée de Δ à AB ne soit pas plus
petite que la cathète ΓB.

Je dis que l'angle AΓB est plus grand que l'angle AΔB.

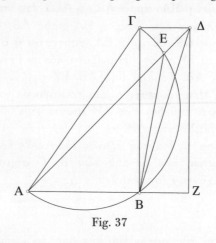

Fig. 37

Puisque les droites BΓ et ΔZ sont parallèles et à angles
droits avec BZ, et que ΔZ n'est pas plus petite que ΓB, alors
l'angle ΔΓB[1] n'est pas plus petit qu'un droit ; AΔ est donc
plus grande que AΓ[2].

Puisque le triangle ABΓ est rectangle, alors il est dans
un demi-cercle de diamètre AΓ[3]. Le cercle décrit coupera
donc AΔ ; qu'il la coupe en un point E, et que soit menée

1. Il manque un maillon ici, le tracé de la droite ΓΔ qui
joint les deux sommets.
2. Par application d'*Éléments*, I.19 dans le triangle AΓΔ.
3. *Éléments*, III.31.

ὀρθογωνίου ὕψους, ἡ πρὸς τῇ κορυφῇ γωνία τοῦ
ὀρθογωνίου μείζων ἔσται τῆς πρὸς τῇ κορυφῇ τοῦ
ἀμβλυγωνίου.

Συνεστάτω ἐπὶ τῆς ΑΒ τὰ ΑΓΒ, ΑΔΒ τρίγωνα,
καὶ ἡ μὲν ὑπὸ ΑΒΓ ἔστω ὀρθή, ἡ δὲ ὑπὸ ΑΒΔ 5
ἀμβλεῖα, ἡ δὲ ἀπὸ τοῦ Δ κάθετος ἐπὶ τὴν ΑΒ ἡ
ΔΖ μὴ ἐλάττων ἔστω τῆς ΓΒ καθέτου.
Λέγω ὅτι μείζων ἐστὶν ἡ ὑπὸ ΑΓΒ τῆς ὑπὸ ΑΔΒ.

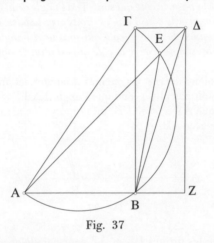

Fig. 37

Ἐπεὶ παράλληλοι μὲν αἱ ΒΓ, ΔΖ καὶ πρὸς ὀρθὰς
τῇ ΒΖ, οὐκ ἐλάττων δὲ ἡ ΔΖ τῆς ΓΒ, ἡ ἄρα ὑπὸ 10
ΔΓΒ γωνία οὐκ ἐλάττων ἐστὶν ὀρθῆς· μείζων ἄρα ἡ
ΑΔ τῆς ΑΓ.

Καὶ ἐπεὶ τὸ ΑΒΓ ὀρθογώνιόν ἐστιν, ἐν ἡμικυκλίῳ
ἄρα ἐστὶν οὗ διάμετρος ἡ ΑΓ. Περιγραφὲν ἄρα τὸ
ἡμικύκλιον τεμεῖ τὴν ΑΔ· τεμνέτω δὴ κατὰ τὸ Ε, 15

8 ΑΓΒ Ψ V³ˢˡ : ΑΒΓ V ‖ ΑΔΒ Ψ V³ˢˡ : ΑΒΔ V.

une droite EB. L'angle AEB est donc égal à l'angle AΓB[1].
Mais l'angle AEB est plus grand que l'angle AΔB[2].

L'angle AΓB est donc aussi plus grand que l'angle AΔB.

38

*Dans les mêmes conditions, si l'angle au sommet du triangle
rectangle n'est pas plus grand que l'angle compris par la droite
joignant les sommets des triangles et la droite qui est à angle
obtus avec la base, le côté qui sous-tend l'angle droit du triangle
rectangle a, avec le côté à angles droits avec la base, un rapport
plus petit que celui que le côté qui sous-tend l'angle obtus du
triangle obtusangle a avec le côté qui est à angle obtus avec la
base.*

Que soient décrits les mêmes triangles, et que l'angle
AΓB ne soit pas plus grand que l'angle ΓΔB.

Je dis que AΓ a, avec ΓB, un rapport plus petit que celui
que AΔ a avec ΔB.

---

1. *Éléments*, III.21.
2. Par application d'*Éléments*, I.16 dans le triangle EΔB.

καὶ ἐπεζεύχθω ἡ ΕΒ. Ἴση ἄρα ἡ ὑπὸ ΑΕΒ τῇ ὑπὸ
ΑΓΒ. Ἀλλὰ ἡ ὑπὸ ΑΕΒ μείζων τῆς ὑπὸ ΑΔΒ.
Καὶ ἡ ὑπὸ ΑΓΒ ἄρα μείζων ἐστὶ τῆς ὑπὸ ΑΔΒ.

λη΄

Τῶν αὐτῶν ὄντων ἐὰν τοῦ ὀρθογωνίου ἡ πρὸς 5
τῇ κορυφῇ γωνία μὴ μείζων ᾖ τῆς περιεχομένης
γωνίας ὑπό τε τῆς τὰς κορυφὰς τῶν τριγώνων
ἐπιζευγνυούσης καὶ τῆς πρὸς ἀμβλεῖαν τῇ βάσει,
ἡ τὴν ὀρθὴν ὑποτείνουσα τοῦ ὀρθογωνίου πλευρὰ
πρὸς τὴν πρὸς ὀρθὰς τῇ βάσει ἐλάττονα λόγον ἔχει 10
ἤπερ τοῦ ἀμβλυγωνίου ἡ τὴν ἀμβλεῖαν ὑποτείνουσα
πρὸς τὴν πρὸς ἀμβλεῖαν τῇ βάσει.
Καταγεγράφθω τὰ αὐτὰ τρίγωνα, καὶ ἔστω ἡ ὑπὸ
ΑΓΒ μὴ μείζων τῆς ὑπὸ ΓΔΒ.
Λέγω ὅτι ἡ ΑΓ πρὸς ΓΒ ἐλάττονα λόγον ἔχει 15
ἤπερ ἡ ΑΔ πρὸς ΔΒ.

4 λη΄ Heiberg : λζ΄ Ψ V⁴ om. V ‖ 6 μὴ Ψ V²ˢˡ : om. V ‖
8 ἀμβλεῖαν c Ψ : ἀμβλείας V ‖ 14 ΑΓ]Β V¹ : Δ V ‖ ΓΔΒ Ψ V³ˢˡ :
ΓΒΔ V.

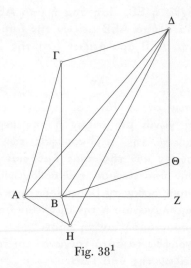

Fig. 38[1]

Puisque l'angle AΓB est plus grand que l'angle AΔB, comme il a été démontré[2], et que l'angle ΓAB est plus grand que l'angle ΔAB, que soit construit l'angle AΔH égal à l'angle AΓB et l'angle ΔAH égal à l'angle ΓAB. Les triangles AΓB et AΔH sont donc équiangles. HA est donc à AB comme ΔA est à AΓ[3], et ces droites comprennent des angles égaux[4]. Si donc l'on mène la droite de jonction BH, le triangle ΔAΓ est semblable au triangle HAB[5] ; l'angle AΓΔ est donc égal à l'angle ABH.

Dès lors, puisque ΔZ n'est pas plus petite que ΓB, elle est ou bien égale ou plus grande.

1. Le *Vaticanus gr.* 2016 ne transmet qu'une seule figure pour cette proposition.
2. Proposition 37.
3. *Éléments*, VI.4.
4. Les angles ΓAΔ et HAB.
5. *Éléments*, VI.6.

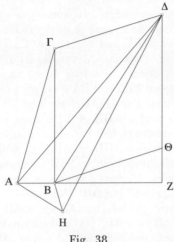

Fig. 38

Ἐπεὶ μείζων ἐστὶν ἡ μὲν ὑπὸ ΑΓΒ τῆς ὑπὸ ΑΔΒ,
ὡς ἐδείχθη, ἡ δὲ ὑπὸ ΓΑΒ τῆς ὑπὸ ΔΑΒ, συνεστάτω τῇ μὲν ὑπὸ ΑΓΒ ἴση ἡ ὑπὸ ΑΔΗ, τῇ δὲ ὑπὸ
ΓΑΒ ἡ ὑπὸ ΔΑΗ. Ἰσογώνια ἄρα ἐστὶ τὰ ΑΓΒ, ΑΔΗ
τρίγωνα [ὅμοια]. Ὡς ἄρα ἡ ΔΑ πρὸς ΑΓ, οὕτως ἡ 5
ΗΑ πρὸς ΑΒ· καὶ περιέχουσιν ἴσας γωνίας. Ὅμοιον
ἄρα τὸ ΔΑΓ τρίγωνον τῷ ΗΑΒ τριγώνῳ ἐπιζευχ-
θείσης τῆς ΒΗ· ἡ ἄρα ὑπὸ ΑΓΔ γωνία τῇ ὑπὸ ΑΒΗ
ἴση ἐστίν.
Ἐπεὶ οὖν ἡ ΔΖ τῆς ΓΒ οὐκ ἔστιν ἐλάττων, ἤτοι 10
ἴση ἐστὶν ἢ μείζων.

---

4 ΓΑΒ Ψ V³ˢˡ : ΑΓΒ V ‖ ΔΑΗ Ψ V³ˢˡ : ΑΔΗ V ‖ 5 ὅμοια del.
Heiberg ‖ 8 ΑΒΗ Ψ V³ˢˡ : ΑΗΒ V.

Qu'elle lui soit d'abord égale. L'aire ΓZ^1 est donc un parallélogramme rectangle[2]. La somme des angles $\Delta\Gamma B$, $\Gamma B\Delta$ et ΔBZ est donc égale à deux droits ; mais l'angle $A\Gamma B$ n'est pas plus grand que l'angle $\Gamma\Delta B^3$, c'est-à-dire que l'angle ΔBZ^4 ; la somme des angles $B\Gamma\Delta$, $\Gamma B\Delta$ et $A\Gamma B$ n'est donc pas supérieure à deux droits, autrement dit, la somme des angles $A\Gamma\Delta$ et $\Gamma B\Delta$ n'est pas plus grande que deux droits ; mais l'angle ABH est égal à l'angle $A\Gamma\Delta$; la somme des angles ABH et $\Gamma B\Delta$ n'est donc pas plus grande que deux droits. Que soit ajouté l'angle droit $AB\Gamma$; la somme des angles ABH et $AB\Delta$ n'est donc pas plus grande que trois droits. L'angle ΔBH qui manque pour faire quatre droits n'est donc pas plus petit qu'un seul droit ; ΔH est donc plus grande que ΔB^5. $A\Delta$ a donc, avec ΔH, un rapport plus petit que celui que $A\Delta$ a avec ΔB ; mais $A\Gamma$ est à ΓB comme $A\Delta$ est à ΔH^6 ; $A\Gamma$ a donc aussi, avec ΓB, un rapport plus petit que celui que $A\Delta$ a avec ΔB.

Que, maintenant, ΔZ soit plus grande que ΓB. L'angle $\Delta\Gamma B$ est donc obtus. Que soit menée une parallèle $B\Theta$ à $\Gamma\Delta$. Pour les mêmes raisons, puisque la somme des angles $\Delta\Gamma B$, $\Gamma B\Delta$ et $\Delta B\Theta$ est égale à deux droits[7], et que l'angle $A\Gamma B$ n'est pas plus grand que l'angle $\Delta B\Theta$, c'est-à-dire que l'angle $\Gamma\Delta B^8$, alors la somme des angles $A\Gamma\Delta$ et $\Gamma B\Delta$, c'est-à-dire la somme des angles ABH et $\Gamma B\Delta$, n'est pas plus grande que deux droits ; la somme des angles $AB\Delta$ et ABH n'est

---

1. Il est impossible que le mot παραλληλόγραμμον soit autre chose qu'un attribut. Le sujet est donc le seul syntagme τὸ ΓΖ (*s.e.*χωρίον), qu'il faut traduire par « l'aire ΓΖ ».

2. *Éléments*, I.33.

3. Par hypothèse.

4. *Éléments*, I.29.

5. Par application d'*Éléments*, I.19 dans le triangle ΔBH.

6. Par application d'*Éléments*, VI.4 dans les triangles équiangles $A\Gamma B$ et $A\Delta H$.

7. *Éléments*, I.29.

8. Par hypothèse et *Éléments*, I.29.

Ἔστω πρότερον ἴση. Ὀρθογώνιον ἄρα ἐστὶ παραλληλόγραμμον τὸ ΓΖ. Ἡ ἄρα ὑπὸ ΔΓΒ μετὰ τῶν ὑπὸ ΓΒΔ, ΔΒΖ δυσὶν ὀρθαῖς ἴσαι εἰσίν· ἀλλὰ τῆς ὑπὸ ΓΔΒ, τουτέστι τῆς ὑπὸ ΔΒΖ, οὐ μείζων ἐστὶν ἡ ὑπὸ ΑΓΒ· ἡ ἄρα ὑπὸ ΒΓΔ μετὰ τῶν ὑπὸ ΓΒΔ, 5 ΑΓΒ οὐ μείζονές εἰσι δυεῖν ὀρθῶν, ὅ ἐστιν αἱ ὑπὸ ΑΓΔ, ΓΒΔ οὐ μείζονές εἰσι δυεῖν ὀρθῶν· ἀλλὰ τῇ ὑπὸ ΑΓΔ ἴση ἐστὶν ἡ ὑπὸ ΑΒΗ· αἱ ἄρα ὑπὸ ΑΒΗ, ΓΒΔ οὐ μείζονές εἰσι δυεῖν ὀρθῶν. Προσκείσθω ἡ ὑπὸ ΑΒΓ ὀρθή· αἱ ἄρα ὑπὸ ΑΒΗ, ΑΒΔ οὐ μείζονές 10 εἰσι τριῶν ὀρθῶν. Λοιπὴ ἄρα εἰς τέσσαρας ὀρθὰς ἡ ὑπὸ ΔΒΗ οὐκ ἐλάσσων ἐστὶ μιᾶς ὀρθῆς· μείζων ἄρα ἡ ΔΗ τῆς ΔΒ. Ἡ ἄρα ΑΔ πρὸς ΔΗ ἐλάττονα λόγον ἔχει ἤπερ ἡ ΑΔ πρὸς ΔΒ· ἀλλ' ὡς ἡ ΑΔ πρὸς ΔΗ, οὕτως ἡ ΑΓ πρὸς ΓΒ· καὶ ἡ ἄρα ΑΓ πρὸς 15 ΓΒ ἐλάττονα λόγον ἔχει ἤπερ ἡ ΑΔ πρὸς ΔΒ.

Ἀλλὰ δὴ ἔστω ἡ ΔΖ τῆς ΓΒ μείζων. Ἀμβλεῖα ἄρα ἡ ὑπὸ ΔΓΒ. Ἤχθω τῇ ΓΔ παράλληλος ἡ ΒΘ. Κατὰ τὰ αὐτὰ δή, ἐπεὶ ἡ ὑπὸ ΔΓΒ μετὰ τῶν ὑπὸ ΓΒΔ, ΔΒΘ δυσὶν ὀρθαῖς ἴσαι εἰσίν, τῆς δὲ ὑπὸ ΔΒΘ, 20 τουτέστι τῆς ὑπὸ ΓΔΒ, οὐ μείζων ἐστὶν ἡ ὑπὸ ΑΓΒ, αἱ ἄρα ὑπὸ ΑΓΔ, ΓΒΔ, τουτέστιν αἱ ὑπὸ ΑΒΗ, ΓΒΔ, οὐ μείζονές εἰσι δυεῖν ὀρθῶν· αἱ ἄρα ὑπὸ ΑΒΔ, ΑΒΗ

2 ΔΓΒ Par. 2367 e corr. : ΓΔΒ V ‖ 3 ΔΒΖ V : ΔΖΒ Ψ V³ˢˡ ‖ 4 ΓΔΒ Ψ V³ˢˡ : ΓΒΔ V ‖ 9 ΓΒΔ Ψ V³ˢˡ : ΑΒΔ V ‖ 16 ΓΒ Ψ V² : ΓΔΒ V ‖ 20 δυσὶν – τῆς δὲ [ἀλλὰ τῆς Par. 2367ᵐᵍ] ὑπὸ ΔΒΘ Par. 2367ᵐᵍ : om. V.

donc pas plus grande que trois droits ; l'angle ΔBH n'est donc pas plus petit qu'un droit ; HΔ est donc plus grande que ΔB[1].

AΔ a donc, avec ΔH, un rapport plus petit que celui que AΔ a avec ΔB[2], ce qu'il fallait démontrer.

39

Toutes choses égales par ailleurs, si le côté du triangle rectangle sous-tendant l'angle droit a, avec le côté à angles droits avec la base, un rapport plus grand que celui que le côté du triangle obtusangle sous-tendant l'angle obtus a avec le côté à angle obtus avec la base, l'angle au sommet du triangle rectangle est plus grand que l'angle compris par la droite joignant les sommets des triangles et la droite qui est à angles obtus avec la base.

Que soit placée la même figure et que les mêmes constructions soient faites[3].

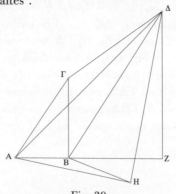

Fig. 39

1. Par application d'*Éléments*, I.19 dans le triangle ΔBH.
2. Il suffit de continuer le raisonnement, comme dans la première partie, pour obtenir l'inégalité cherchée.
3. On garde les hypothèses de la proposition 37 ; on conserve la construction des triangles AΔH et ABH de la proposition 38, respectivement semblables aux triangles AΓB et ΔAΓ.

οὐ μείζονές εἰσι τριῶν ὀρθῶν· ἡ ἄρα ὑπὸ ΔΒΗ οὐκ
ἐλάττων ὀρθῆς ἐστιν· μείζων ἄρα ἡ ΗΔ τῆς ΔΒ.
Ἡ ΑΔ ἄρα πρὸς ΔΗ ἐλάττονα λόγον ἔχει ἤπερ
ἡ ΑΔ πρὸς ΔΒ, ὅπερ ἔδει δεῖξαι.

λθ'   5

Τῶν αὐτῶν ὄντων τῶν ἄλλων ἐὰν τοῦ ὀρθογωνίου
ἡ τὴν ὀρθὴν ὑποτείνουσα πρὸς τὴν πρὸς ὀρθὰς τῇ
βάσει μείζονα λόγον ἔχῃ ἤπερ τοῦ ἀμβλυγωνίου ἡ
τὴν ἀμβλεῖαν ὑποτείνουσα πρὸς τὴν πρὸς ἀμβλεῖαν
τῇ βάσει, ἡ πρὸς τῇ κορυφῇ τοῦ ὀρθογωνίου γωνία   10
μείζων ἐστὶ τῆς περιεχομένης γωνίας ὑπό τε τῆς
τὰς κορυφὰς τῶν τριγώνων ἐπιζευγνυούσης καὶ τῆς
πρὸς ἀμβλεῖαν τῇ βάσει.
Κείσθω ἡ αὐτὴ καταγραφὴ τῶν αὐτῶν κατεσ-
κευασμένων.   15

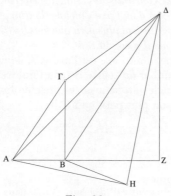

Fig. 39

---

5 λθ' Heiberg : λζ' Ψ V⁴ om. V ‖ 9 alt. πρὸς c Ψ : om. V ‖
ἀμβλεῖαν V¹ˢˡ : ἀμλεῖαν V ‖ 13 ἀμβλεῖαν V¹ˢˡ : ἀμλεῖαν V.

Dès lors, puisque AΓ a, avec ΓB, un rapport plus grand que celui que AΔ a avec ΔB[1], et que AΔ est à ΔH comme AΓ est à ΓB[2], alors AΔ a aussi, avec ΔH, un rapport plus grand que celui que AΔ a avec ΔB ; HΔ est donc plus petite que ΔB[3]. L'angle ΔBH est donc plus petit qu'un seul droit[4] ; la somme des angles restants ABΔ et ABH est donc plus grande que trois droits ; mais l'angle ABH est égal à l'angle AΓΔ ; la somme des angles AΓΔ et ABΔ est donc plus grande que trois droits. Que soit retranché l'angle ABΓ ; la somme des angles AΓΔ et ΓBΔ est donc plus grande que deux droits.

Dès lors, puisque la somme des angles BΓΔ, AΓB et ΓBΔ est plus grande que deux droits, et que la somme des angles BΓΔ, ΓΔB et ΓBΔ est égale à deux droits[5], l'angle AΓB est plus grand que l'angle ΓΔB.

40

Si, dans un cône oblique coupé par des plans menés par le sommet, sont construits des triangles isocèles sur des bases parallèles, du côté d'où l'axe s'incline, le triangle isocèle axial ne sera ni plus grand, ni plus petit que tous les triangles isocèles construits comme il a été dit.

Soit un cône, dont l'axe est l'axe AB, dont la base est le cercle décrit autour du centre B ; soit l'intersection ΓBΔ du plan axial à angles droits avec le cercle et du cercle, et que l'angle ABΔ soit plus petit qu'un droit.

---

1. Par hypothèse.
2. Par application d'*Éléments*, VI.4 dans les triangles équiangles AΓB et AΔH.
3. *Éléments*, V.10.
4. Par application d'*Éléments*, I.18 dans le triangle BΔH (l'angle ΔBH est plus petit que l'angle BHΔ, lui-même plus petit que l'angle droit ΔHA).
5. Par application d'*Éléments*, I.32 dans le triangle ΓΔB.

Ἐπεὶ οὖν ἡ ΑΓ πρὸς ΓΒ μείζονα λόγον ἔχει ἤπερ ἡ ΑΔ πρὸς ΔΒ, ὡς δὲ ἡ ΑΓ πρὸς ΓΒ, οὕτως ἡ ΑΔ πρὸς ΔΗ, καὶ ἡ ἄρα ΑΔ πρὸς ΔΗ μείζονα λόγον ἔχει ἤπερ ἡ ΑΔ πρὸς ΔΒ· ἐλάττων ἄρα ἡ ΗΔ τῆς ΔΒ. Ἡ ἄρα ὑπὸ ΔΒΗ γωνία ἐλάττων ἐστὶν ὀρθῆς 5 μιᾶς· λοιπαὶ ἄρα αἱ

ὑπὸ ΑΒΔ, ΑΒΗ μείζονές εἰσι τριῶν ὀρθῶν· ἀλλ' ἡ ὑπὸ ΑΒΗ ἴση τῇ ὑπὸ ΑΓΔ· αἱ ἄρα ὑπὸ ΑΓΔ, ΑΒΔ μείζονές εἰσι τριῶν ὀρθῶν. Ἀφῃρήσθω ἡ ὑπὸ ΑΒΓ ὀρθή· αἱ ἄρα ὑπὸ ΑΓΔ, ΓΒΔ δύο ὀρθῶν μείζονές 10 εἰσιν.

Ἐπεὶ οὖν ἡ ὑπὸ ΒΓΔ μετὰ μὲν τῶν ὑπὸ ΑΓΒ, ΓΒΔ δυεῖν ὀρθῶν εἰσι μείζους, μετὰ δὲ τῶν ὑπὸ ΓΔΒ, ΓΒΔ δυσὶν ὀρθαῖς ἴσαι, μείζων ἄρα ἡ ὑπὸ ΑΓΒ τῆς ὑπὸ ΓΔΒ. 15

μ′

Ἐὰν ἐν κώνῳ σκαληνῷ τμηθέντι διὰ τῆς κορυφῆς ἐπιπέδοις τισὶν ἐπὶ παραλλήλων βάσεων ἰσοσκελῆ τρίγωνα συστῇ, ἀφ' οὗ μέρους ἀπονεύει ὁ ἄξων, τὸ διὰ τοῦ ἄξονος ἰσοσκελὲς τῶν ὡς εἴρηται συνιστα- 20 μένων ἰσοσκελῶν οὔτε μέγιστον ἔσται πάντων οὔτε πάντων ἐλάχιστον.

Ἔστω κῶνος οὗ ὁ ἄξων ὁ ΑΒ, βάσις δὲ ὁ περὶ τὸ Β κέντρον κύκλος· τοῦ δὲ διὰ τοῦ ἄξονος πρὸς ὀρθὰς γωνίας τῷ κύκλῳ ἐπιπέδου καὶ τοῦ κύκλου 25 κοινὴ τομὴ ἡ ΓΒΔ· ἡ δὲ ὑπὸ ΑΒΔ ἐλάττων ἔστω ὀρθῆς.

3 ΑΔ c Ψ V² : ΗΔ V ut vid. ‖ 5 Δ]ΒΗ Par. 2367 e corr. : ΗΒ V ‖ 16 μ′ Heiberg : λη′ Ψ V⁴ om. V.

Je dis que le triangle isocèle axial n'est ni plus grand ni plus petit que tous les triangles isocèles construits, ayant leur base située entre les points Γ et B.

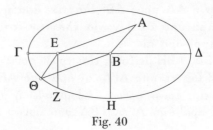

Fig. 40

L'axe est ou bien plus petit que le rayon de la base, ou il lui est égal[1], ou il est plus grand[2].

Qu'il soit d'abord plus petit.

Dès lors, puisque AB est plus petite que le rayon, que soit placée la droite AE égale au rayon ; que, par les points B et E, soient menées dans le cercle des droites EZ et BH à angles droits avec ΓΔ ; que soit construit un angle EBΘ égal à l'angle AEB, et que soit menée une droite de jonction ΘE.

Dès lors, puisque chacune des droites AE et BΘ est égale au rayon, que BE est commune et qu'elles comprennent des angles égaux, alors le reste est aussi égal au reste[3] ; les triangles sont donc semblables. BΘ est donc à ΘE comme EA est à AB[4].

Puisque ZE est plus grande que EΘ[5], et que les droites BH et BΘ sont égales, alors BΘ a, avec ΘE, un rapport plus grand que celui que BH a avec ZE[6] ; mais EA est à AB comme BΘ est à ΘE ; EA a donc, avec AB, un rapport

1. Ce cas fait l'objet de la proposition 41.
2. Voir la proposition 43.
3. *Éléments*, I.4.
4. *Éléments*, VI.4.
5. *Éléments*, III.7.
6. *Éléments*, V.8.

Λέγω ὅτι τὸ διὰ τοῦ ἄξονος ἰσοσκελὲς τῶν συνισταμένων ἰσοσκελῶν τὰς βάσεις ἐχόντων μεταξὺ τῶν
Γ, Β σημείων οὔτε μέγιστόν ἐστι πάντων οὔτε
ἐλάχιστον.

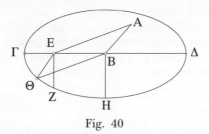

Fig. 40

Ὁ δὴ ἄξων ἤτοι ἐλάττων ἐστὶ τῆς ἐκ τοῦ κέντρου 5
τῆς βάσεως ἢ ἴσος αὐτῇ ἢ μείζων.
Ἔστω πρῶτον ἐλάττων.
Ἐπεὶ οὖν ἡ ΑΒ ἐλάσσων ἐστὶ τῆς ἐκ τοῦ κέντρου,
ἐνηρμόσθω ἴση τῇ ἐκ τοῦ κέντρου ἡ ΑΕ, καὶ διὰ τῶν
Β καὶ Ε σημείων τῇ ΓΔ πρὸς ὀρθὰς ἤχθωσαν ἐν τῷ 10
κύκλῳ αἱ ΕΖ, ΒΗ, καὶ τῇ ὑπὸ ΑΕΒ ἴση συνεστάτω
ἡ ὑπὸ ΕΒΘ, καὶ ἐπεζεύχθω ἡ ΘΕ.
Ἐπεὶ οὖν ἑκατέρα τῶν ΑΕ, ΒΘ ἴση ἐστὶ τῇ ἐκ
τοῦ κέντρου, κοινὴ δὲ ἡ ΒΕ, καὶ περιέχουσιν ἴσας
γωνίας, καὶ τὰ λοιπὰ ἄρα τοῖς λοιποῖς ἴσα· ὅμοια 15
ἄρα τὰ τρίγωνα. Ὡς ἄρα ἡ ΕΑ πρὸς ΑΒ, οὕτως ἡ
ΒΘ πρὸς ΘΕ.
Ἐπεὶ δὲ μείζων ἡ ΖΕ τῆς ΕΘ, ἴσαι δὲ αἱ ΒΗ, ΒΘ,
ἡ ἄρα ΒΘ πρὸς ΘΕ μείζονα λόγον ἔχει ἤπερ ἡ ΒΗ
πρὸς ΖΕ· ἀλλ᾽ ὡς ἡ ΒΘ πρὸς ΘΕ, οὕτως ἡ ΕΑ πρὸς 20
ΑΒ· ἡ ἄρα ΕΑ πρὸς ΑΒ μείζονα λόγον ἔχει ἤπερ ἡ

plus grand que celui que BH a avec EZ. Le rectangle AE,EZ est donc plus grand que le rectangle AB,BH[1], c'est-à-dire, le triangle isocèle mené par la droite AE et ayant pour base la droite double de EZ est plus grand que le triangle isocèle axial.

Le triangle isocèle axial n'est donc pas plus grand que tous les triangles construits comme on l'a dit ; or il a été démontré d'une manière générale dans le théorème 36 qu'il n'était pas non plus plus petit ; il n'est donc ni plus grand ni plus petit que tous.

41

Que, maintenant, l'axe AB soit égal au rayon.

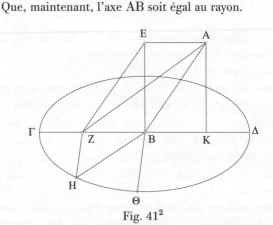

Fig. 41[2]

L'angle ABΔ, qui est plus petit qu'un droit, est donc ou bien plus petit que la moitié d'un droit[3] ou bien non.

1. Proposition 1.
2. V représente les perpendiculaires à une même droite, mais appartenant à des plans différents, comme des droites parallèles ; même représentation dans les propositions 43-47.
3. Le cas est traité dans la proposition 42.

ΒΗ πρὸς ΕΖ. Τὸ ἄρα ὑπὸ ΑΕ, ΕΖ μεῖζόν ἐστι τοῦ
ὑπὸ ΑΒ, ΒΗ, τουτέστι τὸ διὰ τῆς ΑΕ ἰσοσκελές οὗ
βάσις ἐστὶν ἡ διπλῆ τῆς ΕΖ τοῦ διὰ τοῦ ἄξονος
ἰσοσκελοῦς μεῖζόν ἐστιν.

Τὸ ἄρα διὰ τοῦ ἄξονος ἰσοσκελὲς οὗ πάντων 5
μέγιστόν ἐστι τῶν ὡς εἴρηται συνισταμένων τριγώνων·
ἐδείχθη δὲ ἐν τῷ τριακοστῷ ἕκτῳ καθόλου, ὅτι οὐδὲ
ἐλάχιστον· οὔτε ἄρα μέγιστόν ἐστι πάντων οὔτε
ἐλάχιστον.

μα'   10

Ἀλλὰ δὴ ἔστω ὁ ΑΒ ἄξων ἴσος τῇ ἐκ τοῦ κέντρου.

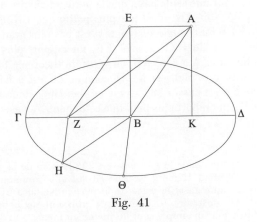

Fig. 41

Ἡ δὴ ὑπὸ ΑΒΔ γωνία ἐλάττων οὖσα ὀρθῆς ἤτοι
ἐλάττων ἐστὶν ἡμισείας ὀρθῆς ἢ οὔ.

10 μα' Heiberg : λθ' Ψ V⁴ om. V.

Qu'il ne soit d'abord pas plus petit que la moitié ; que, par A, soient menées dans le plan perpendiculaire au cercle <une droite AE parallèle à ΓB, et, par B, une droite BE à angles droits avec ΓΔ[1] ; que soit menée> une droite EZ parallèle à AB, et que soit menée une droite de jonction ZA ; que, dans le cercle, soient menées des droites BΘ et ZH à angles droits avec ΓΔ, et que soit menée une droite de jonction BH.

Puisque l'angle ABΔ n'est pas plus petit que la moitié d'un droit, alors l'angle BAE n'est pas non plus petit que la moitié d'un droit[2] ; l'angle EBA, c'est-à-dire l'angle ZEB[3], n'est donc pas plus grand que cette moitié[4] ; l'angle ZEB n'est donc pas plus grand que l'angle EAB.

Dès lors, puisque deux triangles ZEB et ZAB ont été construits sur une seule base, que la perpendiculaire menée de A à ΓΔ, soit AK, n'est pas plus petite que EB, et que l'angle ZEB du triangle rectangle n'est pas plus grand que l'angle EAB, alors ZE a, avec EB, un rapport plus petit que celui que ZA a avec AB, en vertu du théorème 38 ; or BH, c'est-à-dire BΘ, est à ZH comme ZE est à EB[5] — puisque EZ est aussi égale au rayon[6] — ; BΘ a donc aussi, avec ZH, un rapport plus petit que celui que ZA a avec AB.

---

1. Il manque dans le *Vaticanus gr.* 206 le nom de la droite AE, que l'éditeur Heiberg restitue en suivant Commandino, mais il manque aussi le tracé de la perpendiculaire BE, qui permet de construire le point E. L'omission ne peut pas s'expliquer par un simple saut du même au même.

2. Les deux angles sont égaux par application d'*Éléments*, I.29.

3. Les angles EBA et ZEB sont égaux par application d'*Éléments*, I.29.

4. Par application d'*Éléments*, I.32 dans le triangle rectangle BAE.

5. Par application d'*Éléments*, VI.4, puisque les deux triangles ZEB et BZH sont équiangles en vertu d'*Éléments*, VI.7.

6. EZ est égale à l'axe (égal au rayon) par construction (*Éléments*, I.34).

Ἔστω πρότερον οὐκ ἐλάττων ἡμισείας, καὶ διὰ
τοῦ Α ἐν τῷ ὀρθῷ πρὸς τὸν κύκλον ἐπιπέδῳ παράλληλος ἤχθω τῇ ΓΒ <ἡ ΑΕ καὶ διὰ τοῦ Β τῇ ΓΔ
πρὸς ὀρθὰς ἡ ΒΕ, καὶ ἤχθω> τῇ ΑΒ παράλληλος
ἡ ΕΖ, καὶ ἐπεζεύχθω ἡ ΖΑ· ἐν δὲ τῷ κύκλῳ τῇ ΓΔ 5
πρὸς ὀρθὰς ἤχθωσαν αἱ ΒΘ, ΖΗ, καὶ ἐπεζεύχθω ἡ
ΒΗ.

Ἐπεὶ ἡ ὑπὸ ΑΒΔ οὐκ ἐλάττων ἐστὶν ἡμισείας, καὶ
ἡ ὑπὸ ΒΑΕ ἄρα οὐκ ἐλάττων ἐστὶν ἡμισείας· ἡ ἄρα
ὑπὸ ΕΒΑ, τουτέστιν ἡ ὑπὸ ΖΕΒ, οὐ μείζων ἐστὶν 10
ἡμισείας· ἡ ἄρα ὑπὸ ΖΕΒ οὐ μείζων ἐστὶ τῆς ὑπὸ
ΕΑΒ.

Ἐπεὶ οὖν δύο τρίγωνα τὰ ΖΕΒ, ΖΑΒ ἐπὶ μιᾶς
βάσεως συνέστηκε, καὶ ἡ ἀπὸ τοῦ Α κάθετος ἐπὶ
τὴν ΓΔ ἀγομένη, ὡς ἡ ΑΚ, οὐκ ἔστιν ἐλάττων τῆς 15
ΕΒ, ἡ δὲ ὑπὸ ΖΕΒ τοῦ ὀρθογωνίου γωνία οὐ μείζων
ἐστὶ τῆς ὑπὸ ΕΑΒ, ἡ ἄρα ΖΕ πρὸς ΕΒ ἐλάττονα
λόγον ἔχει ἤπερ ἡ ΖΑ πρὸς ΑΒ διὰ τὸ τριακοστὸν
ὄγδοον θεώρημα· ὡς δὲ ἡ ΖΕ πρὸς ΕΒ, οὕτως ἡ ΒΗ,
τουτέστιν ἡ ΒΘ, πρὸς ΖΗ· ἴση γὰρ καὶ ἡ ΕΖ τῇ 20
ἐκ τοῦ κέντρου· καὶ ἡ ΒΘ ἄρα πρὸς ΖΗ ἐλάττονα
λόγον ἔχει ἤπερ ἡ ΖΑ πρὸς ΑΒ. Τὸ ἄρα ὑπὸ ΑΒ,

3-4 ἡ ΑΕ – ἤχθω add. Decorps-F. vide adn. ‖ 5 ΖΑ Ψ : ΖΔ V ‖
10-11 οὐ μείζων ἐστὶν ἡμισείας – ἐστὶ iter. V (οὐ μείζων ἐστὶν del.
V in iteratione) ‖ 13 ΖΕ]Β e corr. V¹ ‖ 22 ἤπερ iter. V.

Le rectangle AB,BΘ est donc plus petit que le rectangle AZ,ZH[1], c'est-à-dire le triangle isocèle axial est plus petit que le triangle isocèle mené par AZ.

Le triangle isocèle axial n'est donc pas plus grand que tous les triangles isocèles construits comme il a été dit ; or il a été démontré qu'il n'était pas non plus plus petit[2] ; il n'est donc ni plus grand ni plus petit que tous.

42

Que, maintenant, l'angle ABΔ soit plus petit que la moitié d'un droit ; que soit prolongée la droite ABE ; que soit placée une droite BE égale à la moitié du rayon ; que, dans le plan à angles droits avec le cercle, dans lequel est menée aussi la droite AE, soient menées une droite EZ à angles droits avec AE et une droite BH à angles droits avec ΓΔ ; que la droite ZH, qui a été construite égale au rayon, sous-tend l'angle ZBH, et que soit menée une droite de jonction ZA.

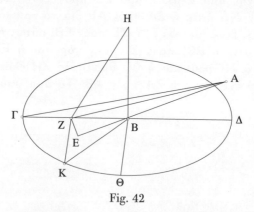

Fig. 42

---

1. Voir proposition 1.
2. Proposition 36.

ΒΘ ἔλαττόν ἐστι τοῦ ὑπὸ ΑΖ, ΖΗ, τουτέστι τὸ διὰ τοῦ ἄξονος ἰσοσκελὲς <ἔλαττόν> ἐστι τοῦ διὰ τῆς ΑΖ ἰσοσκελοῦς.

Οὐκ ἄρα τὸ διὰ τοῦ ἄξονος ἰσοσκελὲς μέγιστόν ἐστι πάντων τῶν ὡς εἴρηται συνισταμένων ἰσοσ- 5 κελῶν· ἐδείχθη δὲ ὅτι οὐδὲ ἐλάχιστον· οὔτε ἄρα πάντων μέγιστόν ἐστιν οὔτε ἐλάχιστον.

μβ′

Ἀλλὰ δὴ ἔστω ἡ ὑπὸ ΑΒΔ ἐλάττων ἡμισείας ὀρθῆς, καὶ ἐκβεβλήσθω ἡ ΑΒΕ, καὶ κείσθω ἡ ΒΕ 10 ἴση τῇ ἡμισείᾳ τῆς ἐκ τοῦ κέντρου, καὶ ἐν τῷ ὀρθῷ πρὸς τὸν κύκλον ἐπιπέδῳ ἐν ᾧ καὶ ἡ ΑΕ τῇ ΑΕ πρὸς ὀρθὰς ἤχθω ἡ ΕΖ, τῇ δὲ ΓΔ πρὸς ὀρθὰς ἡ ΒΗ, καὶ ὑποτεινέτω τὴν ὑπὸ ΖΒΗ γωνίαν ἡ ΖΗ εὐθεῖα ἴση συσταθεῖσα τῇ ἐκ τοῦ κέντρου, καὶ ἐπεζεύχθω 15 ἡ ΖΑ.

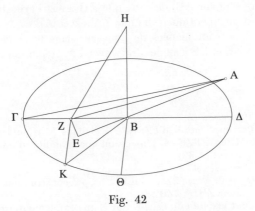

Fig. 42

2 ἔλαττόν add. Halley ‖ διὰ c Ψ : διὰ τοῦ V ‖ 8 μβ′ Heiberg : μ′ Ψ V⁴ om. V.

Dès lors, puisque l'angle ABΔ, c'est-à-dire l'angle ZBE[1], est plus petit que la moitié d'un droit, et que l'angle en E est droit, alors BE est plus grande que EZ[2].

Puisque le carré sur ZB est égal à la somme des carrés sur ZE et EB[3], et que le carré sur EB est plus grand que celui sur ZE, alors le carré sur ZB est plus petit que le double de celui sur BE ; le carré sur ZH est donc plus grand que le double de celui sur ZB[4] ; le carré sur ZH est donc plus petit que le double du carré restant sur BH[5].

Puisque EB est la moitié du rayon[6], alors le double du rectangle AB,BE est égal au carré sur BA.

Dès lors, puisque le carré sur ZA est égal à la somme des carrés sur AB et BZ et du double du rectangle AB,BE[7], que, d'autre part, le double du rectangle AB,BE est égal au carré sur AB, alors le carré sur ZA est égal à la somme du double du carré sur AB et du carré sur BZ ; le carré sur ZA est donc plus grand que le double du carré sur AB ; or il a été démontré que le carré sur ZH était plus petit que le double du carré sur HB ; le carré sur ZH a donc, avec celui sur HB, un rapport plus petit que celui que le carré sur ZA a avec celui sur AB, de sorte que ZH a aussi avec HB un rapport plus petit que celui que ZA a avec AB[8].

Si donc sont menées de nouveau, dans le cercle, des droites ZK et BΘ à angles droits avec ΓΔ, et que soit menée

1. *Éléments*, I.15.
2. Par application d'*Éléments*, I.19 dans le triangle ZBE, puisque l'angle BZE est plus grand que la moitié d'un angle droit (*Éléments*, I.32).
3. *Éléments*, I.47.
4. On peut écrire $2ZB^2 < 4EB^2$; or, par construction, $4EB^2 = ZH^2$; donc $ZH^2 > 2ZB^2$.
5. Pour le détail du calcul, voir Note complémentaire [11].
6. Par hypothèse, AB = ΓB = 2 BE.
7. Par application d'*Éléments*, II.12 dans le triangle obtusangle ZBA.
8. Proposition 18.

Ἐπεὶ οὖν ἡ ὑπὸ ΑΒΔ, τουτέστιν ἡ ὑπὸ ΖΒΕ, ἐλάττων ἐστὶν ὀρθῆς ἡμισείας, ὀρθὴ δὲ ἡ πρὸς τῷ Ε, ἡ ἄρα ΒΕ τῆς ΕΖ μείζων.

Καὶ ἐπεὶ τὸ ἀπὸ ΖΒ ἴσον ἐστὶ τοῖς ἀπὸ ΖΕ, ΕΒ, ὧν μεῖζον τὸ ἀπὸ ΕΒ τοῦ ἀπὸ ΖΕ, τὸ ἄρα ἀπὸ ΖΒ 5 ἔλαττον ἢ διπλάσιον τοῦ ἀπὸ ΒΕ· τὸ ἄρα ἀπὸ ΖΗ μεῖζον ἢ διπλάσιόν ἐστι τοῦ ἀπὸ ΖΒ· λοιποῦ ἄρα τοῦ ἀπὸ ΒΗ ἔλαττον ἢ διπλάσιόν ἐστι τὸ ἀπὸ ΖΗ.

Καὶ ἐπεὶ ἡ ΕΒ ἡμίσειά ἐστι τῆς ἐκ τοῦ κέντρου, τὸ ἄρα δὶς ὑπὸ ΑΒ, ΒΕ ἴσον ἐστὶ τῷ ἀπὸ ΒΑ. 10

Ἐπεὶ οὖν τὸ ἀπὸ ΖΑ ἴσον ἐστὶ τοῖς ἀπὸ ΑΒ, ΒΖ καὶ τῷ δὶς ὑπὸ ΑΒ, ΒΕ, ἀλλὰ τὸ δὶς ὑπὸ ΑΒ, ΒΕ ἴσον ἐστὶ τῷ ἀπὸ ΑΒ, τὸ ἄρα ἀπὸ ΖΑ ἴσον ἐστὶ τῷ τε δὶς ἀπὸ ΑΒ καὶ τῷ ἀπὸ ΒΖ· τὸ ἄρα ἀπὸ ΖΑ μεῖζον ἢ διπλάσιόν ἐστι τοῦ ἀπὸ ΑΒ· ἐδείχθη δὲ τὸ 15 ἀπὸ ΖΗ ἔλαττον ἢ διπλάσιον τοῦ ἀπὸ ΗΒ· τὸ ἄρα ἀπὸ ΖΗ πρὸς τὸ ἀπὸ ΗΒ ἐλάττονα λόγον ἔχει ἤπερ τὸ ἀπὸ ΖΑ πρὸς τὸ ἀπὸ ΑΒ, ὥστε καὶ ἡ ΖΗ πρὸς ΗΒ ἐλάττονα λόγον ἔχει ἤπερ ἡ ΖΑ πρὸς ΑΒ.

Ἐὰν οὖν πάλιν ἐν τῷ κύκλῳ τῇ ΓΔ πρὸς ὀρθὰς 20 ἀχθῶσιν αἱ ΖΚ, ΒΘ, ἐπιζευχθῇ τε ἡ ΒΚ, ἡ ΒΘ πρὸς ΖΚ ἐλάττονα λόγον ἔχει ἤπερ ἡ ΖΑ πρὸς ΑΒ. Τὸ

6 ἤ Ψ : ᾖ V ‖ 7 ἤ Ψ : ᾖ V ‖ 14 pr. ἀπὸ Par. 2367^pc : ὑπὸ V Par. 2367^ac.

une droite de jonction BK, BΘ a, avec ZK, un rapport plus petit que celui que ZA a avec AB[1]. Le triangle isocèle axial est donc plus petit que le triangle mené par AZ[2].

Le triangle isocèle axial n'est donc pas plus grand que tous les triangles isocèles construits comme il a été dit ; or il a été démontré qu'il n'était pas non plus plus petit[3] ; il n'est donc ni plus grand ni plus petit.

43

Que, maintenant, l'axe AB soit plus grand que le rayon, et que, dans le plan à angles droits avec le cercle, soit menée une perpendiculaire AE à ΓΔ.

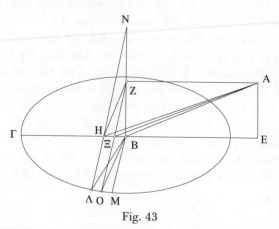

Fig. 43

1. Par application d'*Éléments*, VI.4, puisque les deux triangles rectangles ZBH et BZK sont équiangles en vertu d'*Éléments*, VI.7, on a : ZH : HB = BK : KZ (ou BΘ : KZ) ; le rapport BΘ : KZ est donc aussi plus petit que le rapport ZA : AB.

2. La proposition 1 permet d'écrire AB × BΘ < AZ × KZ.

3. Proposition 36.

ἄρα διὰ τοῦ ἄξονος ἰσοσκελὲς ἔλαττόν ἐστι τοῦ διὰ τῆς ΑΖ.

Οὐκ ἄρα τὸ διὰ τοῦ ἄξονος ἰσοσκελὲς μέγιστόν ἐστι πάντων τῶν ὡς εἴρηται συνισταμένων ἰσοσκελῶν. ἐδείχθη δὲ ὅτι οὐδὲ ἐλάχιστον· οὔτε ἄρα 5 μέγιστόν ἐστιν οὔτε ἐλάχιστον.

μγ΄

Ἔστω δὲ νῦν ὁ ΑΒ ἄξων μείζων τῆς ἐκ τοῦ κέντρου, καὶ ἐν τῷ ὀρθῷ πρὸς τὸν κύκλον ἐπιπέδῳ ἤχθω κάθετος ἐπὶ τὴν ΓΔ ἡ ΑΕ.   10

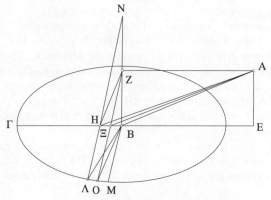

Fig. 43

La droite AE est ou bien plus petite que le rayon ou bien non[1].

Qu'elle soit d'abord plus petite ; que, par A, soit menée une parallèle AZ à ΓΔ, et, par B, une parallèle BZ à AE ; que soit construit un angle BZH qui n'est pas plus grand que l'angle ZAB, et que soit menée une droite de jonction HA. En vertu de même de ce qui a été démontré[2], ZH a donc, avec ZB, un rapport plus petit que celui que HA a avec AB.

Dès lors, puisque ZB, qui est égale à AE[3], est plus petite que le rayon, que, d'autre part, ZH est plus grande que ZB[4], alors ZH est ou bien plus grande que le rayon, ou est plus petite que lui, ou lui est égale.

Qu'elle lui soit d'abord égale.

Si donc, comme à l'accoutumée, nous menons de nouveau dans le cercle les droites HΛ et MB à angles droits avec ΓΔ, et que nous menions une droite de jonction BΛ, HA aura, avec AB, en vertu de ce qui a été démontré à diverses reprises[5], un rapport plus grand que celui que BM a avec HΛ, de sorte que le triangle isocèle mené par les droites AH et HΛ est plus grand que le triangle isocèle axial[6].

Si ZH est plus petite que le rayon, que HN soit égale au rayon.

Dès lors, puisque HA a, avec AB, un rapport plus grand que celui que HZ a avec ZB, et que HZ a, avec ZB, un rapport plus grand que celui que HN a avec NB[7], alors HA

---

1. Ce deuxième cas fait l'objet de la proposition 44.
2. Par application de la proposition 38 dans les triangles de même base HZB et HAB.
3. *Éléments*, I.34.
4. Par application d'*Éléments*, I.19 dans le triangle rectangle HZB.
5. Voir propositions 41 et 42.
6. Proposition 1 et *Éléments*, I.41.
7. Par application de la proposition 2 dans le triangle rectangle BNH.

Ἡ δὴ ΑΕ ἤτοι ἐλάττων ἐστὶ τῆς ἐκ τοῦ κέντρου ἢ οὔ.

Ἔστω πρότερον ἐλάττων, καὶ διὰ τοῦ Α παρὰ τὴν ΓΔ ἤχθω ἡ ΑΖ, διὰ δὲ τοῦ Β παρὰ τὴν ΑΕ ἡ ΒΖ, καὶ συστήτω ἡ ὑπὸ ΒΖΗ μὴ μείζων οὖσα τῆς 5 ὑπὸ ΖΑΒ, καὶ ἐπεζεύχθω ἡ ΗΑ. Πάλιν ἄρα διὰ τὰ δειχθέντα ἡ ΖΗ πρὸς ΖΒ ἐλάττονα λόγον ἔχει ἤπερ ἡ ΗΑ πρὸς ΑΒ.

Ἐπεὶ οὖν ἡ ΖΒ ἴση οὖσα τῇ ΑΕ ἐλάττων ἐστὶ τῆς ἐκ τοῦ κέντρου, μείζων δὲ ἡ ΖΗ τῆς ΖΒ, ἡ ἄρα ΖΗ 10 ἤτοι μείζων ἐστὶ τῆς ἐκ τοῦ κέντρου ἢ ἐλάττων ἢ ἴση.

Ἔστω πρῶτον ἴση.

Ἐὰν οὖν πάλιν, τὸ εἰωθός, ἐν τῷ κύκλῳ τῇ ΓΔ πρὸς ὀρθὰς ἀγάγωμεν τὰς ΗΛ, ΜΒ, καὶ ἐπιζεύξωμεν 15 τὴν ΒΛ, διὰ τὰ δειχθέντα πολλάκις ἡ ΗΑ πρὸς ΑΒ μείζονα λόγον ἔξει ἤπερ ἡ ΒΜ πρὸς ΗΛ, ὥστε καὶ τὸ διὰ τῶν ΑΗ, ΗΛ ἰσοσκελὲς μεῖζόν ἐστι τοῦ διὰ τοῦ ἄξονος ἰσοσκελοῦς.

Εἰ δὲ ἡ ΖΗ ἐλάττων ἐστὶ τῆς ἐκ τοῦ κέντρου, 20 ἔστω ἡ ΗΝ ἴση τῇ ἐκ τοῦ κέντρου.

Ἐπεὶ οὖν ἡ ΗΑ πρὸς ΑΒ μείζονα λόγον ἔχει ἤπερ ἡ ΗΖ πρὸς ΖΒ, ἡ δὲ ΗΖ πρὸς ΖΒ μείζονα λόγον ἔχει ἤπερ ἡ ΗΝ πρὸς ΝΒ, καὶ ἡ ἄρα ΗΑ πρὸς ΑΒ μείζονα λόγον ἔχει ἤπερ ἡ ΗΝ πρὸς ΝΒ, τουτέστιν 25

---

1 δὴ Ψ : δὲ V ‖ 4 ΑΖ V^1 : ΑΔ V ‖ 11 alt. ἢ Ψ : om. V ‖ 23 pr. ἡ iter. V ‖ 25 ΝΒ Ψ : ΗΒ V.

a, avec AB, un rapport plus grand que celui que HN a avec
NB, c'est-à-dire que celui que BM a avec HΛ[1]. Dans ces
conditions, le triangle isocèle mené par AH sera plus grand
que le triangle isocèle axial[2].

Si ZH est plus grande que le rayon, que soit menée une
droite ZΞ égale au rayon[3].

Dès lors, puisque l'angle ΞZB n'est pas plus grand que
l'angle ZAB, la droite de jonction ΞA aura, avec AB, un
rapport plus grand que celui que ΞZ a avec ZB[4] ; or BM
est à ΞO comme ΞZ est à ZB[5] ; ΞA a donc, avec AB,
un rapport plus grand que celui que MB a avec ΞO. Le
triangle isocèle mené par AΞ et ΞO est donc plus grand
que le triangle isocèle axial[6].

Le triangle isocèle axial n'est donc pas plus grand que
tous les triangles isocèles dont il a été question ; or il a été
démontré qu'il n'était pas non plus plus petit[7] ; il n'est donc
ni plus grand ni plus petit que tous.

44

Que, maintenant, la perpendiculaire AE ne soit pas plus
petite que le rayon, et, la droite ZB, égale au rayon ; que
soit menée une droite de jonction AZ ; que soit menée une
droite quelconque AΘ ; que soit construit un angle BΘH qui
ne soit pas plus grand que l'angle ΘAB, et que soit menée

---

1. Dans les triangles équiangles BNH et HΛB (*Éléments*,
VI.7), on a, par *Éléments* VI.4, HN : NB = BΛ : HΛ (ou BM :
HΛ).
2. Proposition 1 et *Éléments*, I.41.
3. Il manque ici la construction des droites AΞ, ΞO et BO.
4. Par application de la proposition 38 dans les triangles
ΞZB et ΞAB.
5. Dans les triangles équiangles BZΞ et ΞOB (*Éléments*,
VI.7), on a, par *Éléments* VI.4, ΞZ : ZB = BO : OΞ (ou MB :
OΞ).
6. Proposition 1 et *Éléments*, I.41.
7. Proposition 36.

ἥπερ ἡ ΒΜ πρὸς ΗΛ. Καὶ οὕτω τὸ διὰ τῆς ΑΗ
ἰσοσκελὲς τοῦ διὰ τοῦ ἄξονος ἰσοσκελοῦς μεῖζον
ἔσται.

Εἰ δὲ ἡ ΖΗ μείζων ἐστὶ τῆς ἐκ τοῦ κέντρου,
διήχθω ἡ ΖΞ ἴση τῇ ἐκ τοῦ κέντρου. 5
Ἐπεὶ οὖν ἡ ὑπὸ ΞΖΒ οὐ μείζων ἐστὶ τῆς ὑπὸ ΖΑΒ,
ἐπιζευχθεῖσα ἄρα ἡ ΞΑ πρὸς ΑΒ μείζονα λόγον
ἕξει ἥπερ ἡ ΞΖ πρὸς ΖΒ· ὡς δὲ ἡ ΞΖ πρὸς ΖΒ,
οὕτως ἡ ΒΜ πρὸς ΞΟ· ἡ ἄρα ΞΑ πρὸς ΑΒ μείζονα
λόγον ἔχει ἥπερ ἡ ΜΒ πρὸς ΞΟ. Τὸ ἄρα διὰ τῶν 10
ΑΞ, ΞΟ ἰσοσκελὲς μεῖζόν ἐστι τοῦ διὰ τοῦ ἄξονος
ἰσοσκελοῦς.

Οὐκ ἄρα τὸ διὰ τοῦ ἄξονος ἰσοσκελὲς πάντων
μέγιστόν ἐστι τῶν εἰρημένων ἰσοσκελῶν· ἐδείχθη δὲ
ὅτι οὐδὲ ἐλάχιστον· οὔτε ἄρα μέγιστόν ἐστι πάντων 15
οὔτε ἐλάχιστον.

μδ′

Ἔστω δὴ ἡ ΑΕ κάθετος μὴ ἐλάττων τῆς ἐκ τοῦ
κέντρου, ἡ δὲ ΖΒ ἴση τῇ ἐκ τοῦ κέντρου, καὶ
ἐπεζεύχθω ἡ ΑΖ, καὶ διήχθω τυχοῦσα ἡ ΑΘ, καὶ 20
συστήτω ἡ ὑπὸ ΒΘΗ μὴ μείζων οὖσα τῆς ὑπὸ ΘΑΒ,
καὶ ἐπεζεύχθω ἡ ΗΑ. Ἕξει δὴ πάλιν διὰ τὰ δειχ-

2 pr. τοῦ Ψ : τὸ V ‖ 5 ΖΞ V¹ : ΖΖ V ‖ 17 μδ′ Heiberg : μβ′
Ψ V⁴ om. V.

une droite de jonction HA. En vertu de même de ce qui a été démontré[1], HΘ aura, avec ΘB, un rapport plus petit que celui que HA a avec AB.

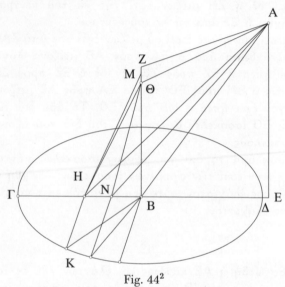

Fig. 44[2]

Puisque ΘB est plus petite que le rayon, et que ΘH est plus grande que ΘB[3], alors ΘH est ou bien égale au rayon, ou bien est plus petite que lui, ou bien plus grande que lui.

Qu'elle soit d'abord égale au rayon, et que soient menées dans le cercle des droites HK et BΛ à angles droits avec ΓΔ[4].

Dès lors, puisque HA a, avec AB, un rapport plus grand

1. Proposition 38.
2. Les droites BK et BΞ ne sont pas représentées sur la figure de V.
3. *Éléments*, I.19.
4. Il manque le tracé de la droite BK nécessaire à la démonstration des cas 1 et 2.

θέντα ἡ ΗΘ πρὸς ΘΒ ἐλάττονα λόγον ἤπερ ἡ ΗΑ πρὸς ΑΒ.

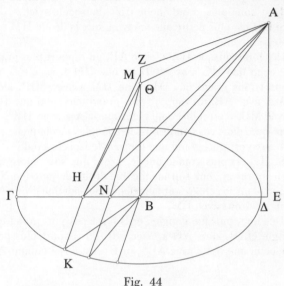

Fig. 44

Καὶ ἐπεὶ ἡ ΘΒ ἐλάττων ἐστὶ τῆς ἐκ τοῦ κέντρου, μείζων δὲ ἡ ΘΗ τῆς ΘΒ, ἡ ΘΗ ἄρα ἤτοι ἴση ἐστὶ τῇ ἐκ τοῦ κέντρου ἢ ἐλάσσων ἢ μείζων.   5

Ἔστω πρῶτον ἴση τῇ ἐκ τοῦ κέντρου, καὶ ἤχθωσαν ἐν τῷ κύκλῳ τῇ ΓΔ πρὸς ὀρθὰς αἱ ΗΚ, ΒΛ.

Ἐπεὶ οὖν ἡ ΗΑ πρὸς ΑΒ μείζονα λόγον ἔχει ἤπερ

que celui que HΘ a avec ΘB[1], et que BΛ est à HK comme HΘ est à ΘB[2], alors HA a, avec AB, un rapport plus grand que celui que BΛ a avec HK ; le triangle isocèle mené par AH est donc plus grand que le triangle isocèle axial[3].

Si ΘH est plus petite que le rayon, que la droite HM soit égale au rayon.

Dès lors, puisque HA a, avec AB, un rapport plus grand que celui que HΘ a avec ΘB, et que HΘ a, avec ΘB, un rapport plus grand que celui que HM a avec MB[4], alors HA a, avec AB, un rapport plus grand que celui que HM a avec MB, c'est-à-dire que celui que BΛ a avec HK[5], de sorte que, dans ces conditions, le triangle isocèle mené par HA aussi est plus grand que le triangle isocèle axial[6].

Si HΘ est plus grande que le rayon, que soit placée ΘN égale au rayon ; que soit menée une droite de jonction NA, et que, dans le cercle, soit menée de nouveau une droite NΞ à angles droits avec ΓΔ[7].

Dès lors, puisque l'angle NΘB n'est pas plus grand que l'angle ΘAB, alors NΘ a, avec ΘB, un rapport plus petit que celui que NA a avec AB[8] ; or BΛ est à NΞ comme NΘ

---

1. Par application de la proposition 38 dans les triangles HAB et HΘB.

2. Dans les triangles équiangles BKH et HΘB (*Éléments*, VI.7), on a, par *Éléments* VI.4, HΘ : ΘB = BK : HK (ou BΛ : HK).

3. Proposition 1 et *Éléments*, I.41.

4. Par application de la proposition 2 dans le triangle rectangle BMH.

5. Dans les triangles équiangles HMB et HKB (*Éléments*, VI.7), on a, par *Éléments* VI.4, HM : MB = BK : HK (ou BΛ : HK).

6. Proposition 1 et *Éléments*, I.41.

7. Il manque dans V le tracé de la droite BΞ nécessaire à la démonstration.

8. Par application de la proposition 38 dans les triangles NΘB et NAB.

ἡ ΗΘ πρὸς ΘΒ, ὡς δὲ ἡ ΗΘ πρὸς ΘΒ, οὕτως ἡ ΒΛ
πρὸς ΗΚ, ἡ ἄρα ΗΑ πρὸς ΑΒ μείζονα λόγον ἔχει
ἤπερ ἡ ΒΛ πρὸς ΗΚ· μεῖζον ἄρα τὸ διὰ τῆς ΑΗ
τρίγωνον ἰσοσκελὲς τοῦ διὰ τοῦ ἄξονος ἰσοσκελοῦς.

Εἰ δὲ ἡ ΘΗ ἐλάττων ἐστὶ τῆς ἐκ τοῦ κέντρου, 5
ἔστω ἴση τῇ ἐκ τοῦ κέντρου ἡ ΗΜ.

Ἐπεὶ οὖν ἡ ΗΑ πρὸς ΑΒ μείζονα λόγον ἔχει ἤπερ
ἡ ΗΘ πρὸς ΘΒ, ἡ δὲ ΗΘ πρὸς ΘΒ μείζονα ἤπερ ἡ
ΗΜ πρὸς ΜΒ, ἡ ἄρα ΗΑ πρὸς ΑΒ μείζονα λόγον
ἔχει ἤπερ ἡ ΗΜ πρὸς ΜΒ, τουτέστιν ἤπερ ἡ ΒΛ 10
πρὸς ΗΚ, ὥστε καὶ οὕτω μεῖζον τὸ διὰ τῆς ΗΑ
ἰσοσκελὲς τοῦ διὰ τοῦ ἄξονος ἰσοσκελοῦς.

Εἰ δὲ μείζων ἡ ΗΘ τῆς ἐκ τοῦ κέντρου, ἔστω ἡ ΘΝ
ἐνηρμοσμένη ἴση τῇ ἐκ τοῦ κέντρου, καὶ ἐπεζεύχθω
ἡ ΝΑ, καὶ ἐν τῷ κύκλῳ πάλιν πρὸς ὀρθὰς τῇ ΓΔ 15
ἡ ΝΞ.

Ἐπεὶ οὖν ἡ ὑπὸ ΝΘΒ οὐ μείζων ἐστὶ τῆς ὑπὸ ΘΑΒ,
ἡ ἄρα ΝΘ πρὸς ΘΒ ἐλάττονα λόγον ἔχει ἤπερ ἡ
ΝΑ πρὸς ΑΒ· ὡς δὲ ἡ ΝΘ πρὸς ΘΒ, οὕτως ἡ ΒΛ
πρὸς ΝΞ· ἡ ἄρα ΒΛ πρὸς ΝΞ ἐλάττονα λόγον ἔχει 20

est à ΘB^1 ; $B\Lambda$ a donc, avec $N\Xi$, un rapport plus petit que celui que NA a avec AB. Le triangle isocèle mené par AN est donc plus grand que le triangle isocèle axial[2].

Le triangle isocèle axial n'est donc pas plus grand que tous les triangles isocèles dont il a été question ; or il a été démontré qu'il n'était pas non plus plus petit[3] ; il n'est donc ni plus grand ni plus petit que tous.

45

Dans tout cône oblique, les triangles axiaux étant en puissance[4] en nombre infini, les perpendiculaires menées du sommet du cône aux bases des triangles tombent toutes sur la circonférence d'un seul cercle, lequel est situé dans le même plan que celui de la base du cône et est décrit autour du diamètre qui est la droite découpée, dans le plan en question, entre le centre de la base et la perpendiculaire[5] menée du sommet au plan.

Soit un cône oblique, ayant pour sommet le point A, pour base le cercle décrit autour du centre B, et pour axe l'axe AB ; soit une perpendiculaire $A\Gamma$ menée de A au plan de la base ; que soit menée une droite de jonction ΓB ; que soit menée de B une droite ΔB à angles droits avec ΓB dans le même plan ; que soient menées des droites quelconques ZH et $K\Theta^6$; les droites ΔE, ZH et ΘK sont alors les bases de triangles menés par l'axe.

---

1. Dans les triangles équiangles $N\Theta B$ et $B\Xi N$ (*Éléments*, VI.7), on a, par *Éléments* VI.4, $N\Theta : \Theta B = B\Xi : N\Xi$ (ou $B\Lambda : N\Xi$).

2. Proposition 1 et *Éléments*, I.41.

3. Proposition 36.

4. La présence du concept aristotélicien de « puissance » est étrange, au point qu'on peut se demander si le mot δυνάμει n'est pas une interpolation.

5. C'est-à-dire le pied de la perpendiculaire.

6. C'est-à-dire qui ne sont pas perpendiculaires à ΓB.

ἤπερ ἡ ΝΑ πρὸς ΑΒ. Μεῖζον ἄρα τὸ διὰ τῆς ΑΝ
ἰσοσκελὲς τοῦ διὰ τοῦ ἄξονος ἰσοσκελοῦς.

Τὸ ἄρα διὰ τοῦ ἄξονος ἰσοσκελὲς οὐ πάντων
μέγιστόν ἐστι τῶν εἰρημένων ἰσοσκελῶν· ἐδείχθη δὲ
ὅτι οὐδὲ ἐλάχιστον· οὔτε ἄρα μέγιστόν ἐστι πάντων 5
οὔτε ἐλάχιστον.

με΄

Παντὸς κώνου σκαληνοῦ δυνάμει ἀπείρων ὄντων
τῶν διὰ τοῦ ἄξονος τριγώνων αἱ ἀπὸ τῆς κορυφῆς
τοῦ κώνου ἐπὶ τὰς βάσεις τῶν τριγώνων ἀγόμεναι 10
κάθετοι πᾶσαι ἐπὶ ἑνὸς κύκλου περιφέρειαν πίπτουσιν
ὄντος τε ἐν τῷ αὐτῷ ἐπιπέδῳ τῷ τῆς βάσεως
τοῦ κώνου καὶ περὶ διάμετρον τὴν ἐν τῷ εἰρημένῳ
ἐπιπέδῳ ἀπολαμβανομένην εὐθεῖαν μεταξὺ τοῦ τε
κέντρου τῆς βάσεως καὶ τῆς ἀπὸ τῆς κορυφῆς ἐπὶ 15
τὸ ἐπίπεδον καθέτου.

Ἔστω κῶνος σκαληνὸς οὗ κορυφὴ μὲν τὸ Α
σημεῖον, βάσις δὲ ὁ περὶ τὸ Β κέντρον κύκλος,
καὶ ἄξων ὁ ΑΒ, ἀπὸ δὲ τοῦ Α κάθετος ἐπὶ τὸ τῆς
βάσεως ἐπίπεδον ἡ ΑΓ, καὶ ἐπεζεύχθω ἡ ΓΒ, τῇ 20
δὲ ΓΒ ἀπὸ τοῦ Β πρὸς ὀρθὰς ἤχθω ἐν τῷ αὐτῷ
ἐπιπέδῳ ἡ ΔΒ, τυχοῦσαι δὲ αἱ ΖΗ, ΚΘ· γίνονται
δὴ αἱ ΔΕ, ΖΗ, ΘΚ βάσεις τριγώνων διὰ τοῦ ἄξονος
ἠγμένων.

7 με΄ Heiberg : μγ΄ Ψ V⁴ om. V ‖ 12 ὄντος Par. 2367 e corr. :
ὄντες V ‖ 19 τὸ Ψ : om. V ‖ 22 ΔΒ V : ΒΔ fort. recte (jam
Comm.) ‖ 23 βάσεις V¹ : βάσις V.

Que soient donc menées des perpendiculaires AB, AΛ
et AM du point A aux droites ΔE, ZH et ΘK — car on
démontrera dans la suite que l'axe AB est à angles droits
avec ΔE, et que les perpendiculaires AΛ et AM tombent du
côté des droites BH et BK.

Je dis que les points B, Λ et M sont situés sur la circonférence d'un seul cercle, ayant pour diamètre la droite BΓ.

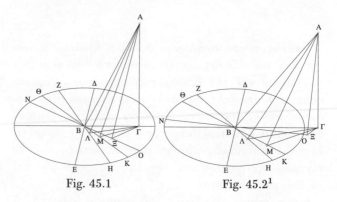

Fig. 45.1   Fig. 45.2[1]

Que soient menées des droites de jonction ΓΛ et ΓM.

Dès lors, puisque AΛ est perpendiculaire à ZH, alors
l'angle ZΛA est droit.

De même, puisque AΓ est perpendiculaire au plan de la
base, alors les angles AΓB, AΓΛ et AΓM sont droits[2], de
sorte que, puisque le carré sur AB est égal à la somme des
carrés sur BΛ et sur ΛA[3], et que le carré sur ΛA est égal à
la somme des carrés sur ΛΓ et ΓA[4], alors le carré sur AB
est égal à la somme des carrés sur BΛ, ΛΓ et ΓA ; or le carré

1. La figure est défectueuse dans V ; d'autre part, la droite
AΞ a été oubliée.
2. *Éléments*, XI, *définition* 3.
3. Par application d'*Éléments*, I.47 dans le triangle rectangle
AΛB.
4. Par application d'*Éléments*, I.47 dans le triangle rectangle
AΓΛ.

Ἤχθωσαν οὖν κάθετοι ἀπὸ τοῦ **Α** ἐπὶ τὰς **ΔΕ, ΖΗ,**
ΘΚ εὐθείας αἱ **ΑΒ, ΑΛ, ΑΜ**· ὅτι γὰρ ὁ μὲν **ΑΒ** ἄξων
πρὸς ὀρθάς ἐστι τῇ **ΔΕ,** αἱ δὲ **ΑΛ, ΑΜ** κάθετοι ἐπὶ
τὰ **ΒΗ, ΒΚ** μέρη πίπτουσιν, ἑξῆς δειχθήσεται.

Λέγω δὴ ὅτι τὰ **Β** καὶ **Λ** καὶ **Μ** σημεῖα ἐπὶ ἑνὸς 5
κύκλου περιφερείας ἐστὶν οὗ διάμετρός ἐστιν ἡ **ΒΓ**
εὐθεῖα.

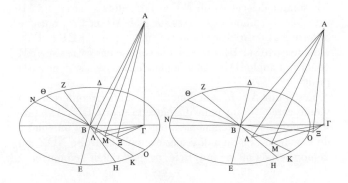

Fig. 45.1   Fig. 45.2

Ἐπεζεύχθωσαν αἱ **ΓΛ, ΓΜ.**

Ἐπεὶ οὖν ἡ **ΑΛ** κάθετος ἐπὶ τὴν **ΖΗ,** ὀρθὴ ἄρα 10
ἐστὶν ἡ ὑπὸ **ΖΛΑ** γωνία.

Πάλιν ἐπεὶ ἡ **ΑΓ** κάθετός ἐστιν ἐπὶ τὸ τῆς βάσεως
ἐπίπεδον, ὀρθαὶ ἄρα αἱ ὑπὸ **ΑΓΒ, ΑΓΛ, ΑΓΜ** γωνίαι,
ὥστε ἐπεὶ τὸ μὲν ἀπὸ τῆς **ΑΒ** τοῖς ἀπὸ **ΒΛ, ΛΑ**
ἴσον, τὸ δὲ ἀπὸ **ΛΑ** τοῖς ἀπὸ **ΛΓ, ΓΑ** ἴσον, τὸ ἄρα 15
ἀπὸ τῆς **ΑΒ** τοῖς ἀπὸ **ΒΛ, ΛΓ, ΓΑ** ἴσον ἐστίν· ἔστι

4 πίπτουσιν edd. : πιπίπτουσιν V ‖ 9 ΓΛ Ψ : ΓΑ V ‖ 11 ΖΛΑ
Ψ : ΖΑΛ V ‖ 13 ΑΓ]Β Par. 2367 e corr. : Δ V ‖ 15 ΓΑ Ψ :
ΛΑ V ‖ 16 ΓΑ Ψ : ΛΑ V.

sur BA est aussi égal à la somme des carrés sur BΓ et ΓA[1] ;
la somme des carrés sur BΓ et ΓA est donc égale à la somme
des carrés sur BΛ, ΛΓ et ΓA. Que soit retranché le carré sur
ΓA ; le carré restant sur BΓ est donc égal à la somme des
carrés sur BΛ et ΛΓ ; l'angle BΛΓ, dans le plan de la base,
est donc droit[2].

De même, puisque le carré sur AB est égal à la somme
des carrés sur BM et MA[3], et que le carré sur MA est égal
à la somme des carrés sur MΓ et ΓA[4], alors le carré sur AB
est égal à la somme des carrés sur BM, MΓ et ΓA ; puisque
d'autre part il est égal à la somme des carrés sur BΓ et ΓA[5],
alors le carré sur BΓ est égal à la somme des carrés sur BM
et MΓ[6] ; l'angle BMΓ, dans le plan de la base, est donc aussi
droit[7].

Les points Λ et M sont donc situés sur la circonférence du
même cercle, ayant pour diamètre la droite BΓ[8]. Pareillement donc, si nous menons autant de droites qu'on voudra
de la manière qu'on a dite, par exemple la droite NOΞ, on
démontrera la même propriété, ce qu'il fallait démontrer.

46

On démontrera comme suit que l'axe AB est à angles
droits avec ΔE, et que les perpendiculaires AΛ, AM tombent
du côté des droites BH et BK.

---

1. Par application d'*Éléments*, I.47 dans le triangle rectangle
AΓB.
2. *Éléments*, I.48.
3. Par application d'*Éléments*, I.47 dans le triangle rectangle
AMB.
4. Par application d'*Éléments*, I.47 dans le triangle rectangle
AΓM.
5. Par application d'*Éléments*, I.47 dans le triangle rectangle
AΓB.
6. Après retranchement du carré sur ΓA.
7. *Éléments*, I.48.
8. *Éléments*, III.31.

δὲ καὶ τοῖς ἀπὸ ΒΓ, ΓΑ ἴσον τὸ ἀπὸ τῆς ΒΑ· τὰ
ἄρα ἀπὸ ΒΓ, ΓΑ τοῖς ἀπὸ ΒΛ, ΛΓ, ΓΑ ἴσα ἐστίν.
Κοινὸν ἀφηρήσθω τὸ ἀπὸ ΓΑ· λοιπὸν ἄρα τὸ ἀπὸ
ΒΓ ἴσον ἐστὶ τοῖς ἀπὸ ΒΛ, ΛΓ· ὀρθὴ ἄρα ἡ ὑπὸ
ΒΛΓ γωνία ἐν τῷ τῆς βάσεως ἐπιπέδῳ.   5

Πάλιν ἐπεὶ τὸ μὲν ἀπὸ τῆς ΑΒ ἴσον τοῖς ἀπὸ ΒΜ,
ΜΑ, τὸ δὲ ἀπὸ τῆς ΜΑ ἴσον τοῖς ἀπὸ ΜΓ, ΓΑ, τὸ
ἄρα ἀπὸ ΑΒ ἴσον ἐστὶ τοῖς ἀπὸ ΒΜ, ΜΓ, ΓΑ· ἐπεὶ
δὲ καὶ τοῖς ἀπὸ ΒΓ, ΓΑ ἴσον, τὸ ἄρα ἀπὸ ΒΓ ἴσον
τοῖς ἀπὸ ΒΜ, ΜΓ· ὀρθὴ ἄρα καὶ ἡ ὑπὸ ΒΜΓ γωνία 10
ἐν τῷ τῆς βάσεως ἐπιπέδῳ.

Τὰ ἄρα Λ, Μ σημεῖα ἐπὶ περιφερείας ἐστὶ τοῦ
αὐτοῦ κύκλου οὗ διάμετρός ἐστιν ἡ ΒΓ. Ὁμοίως οὖν,
κἂν ὁσασοῦν ἀγάγωμεν ὃν εἰρήκαμεν τρόπον, ὥσπερ
οὖν καὶ τὴν ΝΟΞ, τὸ αὐτὸ συμβαῖνον δειχθήσεται, 15
ὅπερ ἔδει δεῖξαι.

μϛʹ

Ὅτι δὲ ὁ μὲν ΑΒ ἄξων πρὸς ὀρθάς ἐστι τῇ ΔΕ, αἱ
δὲ ΑΛ, ΑΜ κάθετοι ἐπὶ τὰ ΒΗ, ΒΚ μέρη πίπτουσιν,
οὕτω δεικτέον.   20

---

2 ΒΓ Heiberg : τῆς ΒΓ V ‖ alt. ΓΑ Ψ : ΛΑ V ‖ 4 τοῖς Par.
2367 e corr. : τῷ V ‖ 12 τὰ Ψ : τὸ V ‖ Λ, Μ Heiberg : Λ, Β,
Μ V ‖ 13 οὗ Ψ : om. V ‖ 17 μϛʹ Heiberg : μδʹ Ψ V⁴ om. V.

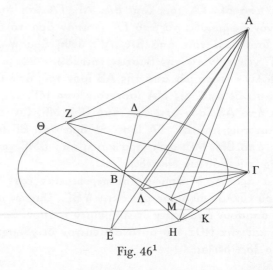

Fig. 46[1]

Si nous menons des droites AΔ et AE, le triangle ΔAE sera isocèle[2], ce qui fait que la droite menée par le milieu de la base et le point A sera à angles droits avec ΔE[3].

Que soient menées aussi des droites de jonction ΓZ, ΓH, AZ et AH.

Dès lors, puisque l'angle ZBΓ est obtus et que l'angle ΓBH est aigu, alors ZΓ est plus grande que ΓH[4], et le carré sur ZΓ est plus grand que celui sur ΓH. Si l'on ajoute le carré commun sur AΓ, la somme des carrés sur ZΓ et ΓA

---

1. Les droites AΔ et AE ne sont pas représentées sur la figure de V (ni les droites ΓΔ et ΓE des éditeurs Commandin, Heiberg et Halley).

2. Proposition 22.

3. *Éléments*, I.8 et I, *définition* 10.

4. Par application d'*Éléments*, I.24 dans les triangles ZBΓ et ΓBH.

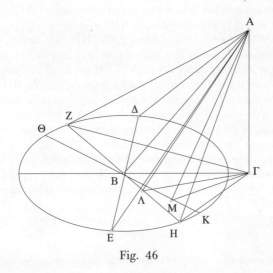

Fig. 46

Ἐὰν γὰρ ἐπιζεύξωμεν τὰς ΑΔ, ΑΕ, ἔσται τὸ ΔΑΕ τρίγωνον ἰσοσκελές, καὶ διὰ τοῦτο ἡ διὰ τῆς διχοτομίας τῆς βάσεως καὶ τῆς Α κορυφῆς ἀγομένη πρὸς ὀρθὰς ἔσται τῇ ΔΕ.

Ἐπεζεύχθωσαν δὴ καὶ αἱ ΓΖ, ΓΗ, ΑΖ, ΑΗ. 5

Ἐπεὶ οὖν ἀμβλεῖα μὲν ἡ ὑπὸ ΖΒΓ γωνία, ὀξεῖα δὲ ἡ ὑπὸ ΓΒΗ, μείζων ἄρα ἡ ΖΓ τῆς ΓΗ, καὶ τὸ ἀπὸ τῆς ΖΓ τοῦ ἀπὸ τῆς ΓΗ μεῖζον. Καὶ κοινοῦ ἄρα προστεθέντος τοῦ ἀπὸ τῆς ΑΓ τὰ ἀπὸ τῶν ΖΓ,

5 αἱ V[1] : om. V ‖ 9 προστεθέντος Ψ : προτεθέντος V ‖ τὰ Par. 2367[pc] : τὸ V Par. 2367[ac].

est plus grande que la somme des carrés sur HΓ et ΓA, c'est-à-dire le carré sur ZA est plus grand que celui sur AH[1] ; ZA est donc aussi plus grande que AH.

Dès lors, puisque les droites ZB et BH sont égales, que BA est commune et que ZA est plus grande que AH, alors l'angle ZBA est obtus et l'angle ABH est aigu[2] ; la perpendiculaire menée de A à ZH tombe donc du côté de BH.

On fera une démonstration semblable dans le cas des autres droites aussi, de sorte qu'il est évident que les perpendiculaires dont il a été question, tombant du point A situé au-dessus du plan sur la circonférence d'un cercle, seront transportées selon la surface d'un cône, ayant pour base le cercle décrit par les points d'incidence[3] des perpendiculaires, et pour sommet le même sommet que celui du cône primitif.

47

Dans un cône oblique, étant donné un des triangles axiaux qui ne soit ni le plus grand ni le plus petit, trouver un autre triangle axial qui, avec le triangle donné, sera égal à la somme du plus grand et du plus petit des triangles axiaux.

Soit un cône oblique, ayant pour sommet le point A, pour base le cercle décrit autour du centre B, pour axe l'axe AB ; soit une perpendiculaire AΓ au plan de la base ; que, par Γ et le centre B, soit menée une droite ΓΔBE, avec laquelle la droite ZBH est à angles droits ; le plus grand des triangles axiaux sera donc, comme on l'a démontré à

---

1. Par application d'*Éléments*, I.47 dans les triangles rectangles AΓZ et AΓH (*Éléments*, XI, *définition* 3).

2. Par application d'*Éléments*, I.25 dans les triangles ZBA et HBA.

3. Voir Note complémentaire [12].

ΓΑ τῶν ἀπὸ τῶν ΗΓ, ΓΑ μείζονά ἐστιν, τουτέστι τὸ ἀπὸ ΖΑ τοῦ ἀπὸ ΑΗ μεῖζόν ἐστιν· μείζων ἄρα καὶ ἡ ΖΑ τῆς ΑΗ.

Ἐπεὶ οὖν αἱ μὲν ΖΒ, ΒΗ ἴσαι, κοινὴ δὲ ἡ ΒΑ, μείζων δὲ ἡ ΖΑ τῆς ΑΗ, ἡ μὲν ἄρα ὑπὸ ΖΒΑ γωνία 5 ἀμβλεῖά ἐστιν, ἡ δὲ ὑπὸ ΑΒΗ ὀξεῖα· ἡ ἄρα ἀπὸ τοῦ Α κάθετος ἐπὶ τὴν ΖΗ ἐπὶ τὰ ΒΗ μέρη πίπτει. Ὁμοίως δὲ δειχθήσεται καὶ ἐπὶ τῶν ἄλλων, ὥστε φανερὸν ὅτι αἱ προειρημέναι κάθετοι ἀπὸ μετεώρου τοῦ Α σημείου ἐπὶ κύκλου περιφέρειαν πίπτουσαι 10 κατὰ ἐπιφανείας οἰσθήσονται κώνου οὗ βάσις μὲν ὁ ὑπὸ τῶν πτώσεων τῶν καθέτων γραφόμενος κύκλος, κορυφὴ δὲ ἡ αὐτὴ τῷ ἐξ ἀρχῆς κώνῳ.

μζ΄

Ἐν κώνῳ σκαληνῷ δοθέντος τινὸς τῶν διὰ τοῦ 15 ἄξονος τριγώνων ὃ μήτε μέγιστόν ἐστι μήτε ἐλάχιστον, εὑρεῖν ἕτερον τρίγωνον διὰ τοῦ ἄξονος ὃ μετὰ τοῦ δοθέντος ἴσον ἔσται συναμφοτέρῳ τῷ μεγίστῳ καὶ τῷ ἐλαχίστῳ τῶν διὰ τοῦ ἄξονος.

Ἔστω κῶνος σκαληνὸς οὗ κορυφὴ μὲν τὸ Α 20 σημεῖον, βάσις δὲ ὁ περὶ τὸ Β κέντρον κύκλος, ἄξων δὲ ὁ ΑΒ, καὶ ἐπὶ τὸ τῆς βάσεως ἐπίπεδον κάθετος ἡ ΑΓ, καὶ διὰ τοῦ Γ καὶ τοῦ Β κέντρου διήχθω ἡ ΓΔΒΕ εὐθεῖα ᾗ πρὸς ὀρθὰς ἡ ΖΒΗ· τῶν ἄρα διὰ τοῦ ἄξονος τριγώνων μέγιστον μὲν ἔσται, 25 ὡς ἐδείχθη πολλάκις, οὗ βάσις μὲν ἡ ΖΗ, ὕψος δὲ

---

1 μείζονά Ψ : μεῖζον V ‖ 4 ΒΗ Ω : ΑΗ V ‖ 11 οὗ Ψ : om. V ‖ 14 μζ΄ Heiberg : με΄ Ψ V⁴ om. V ‖ 17 διὰ iter. V.

plusieurs reprises, le triangle de base ZH et de hauteur AB[1], et le plus petit sera le triangle de base EΔ et de hauteur AΓ[2].

Soit un triangle axial donné, de base ΘK et de hauteur AΛ. On devra trouver un autre triangle axial qui, avec le triangle de base ΘK et de hauteur AΛ, sera égal à la somme du plus grand triangle et du plus petit.

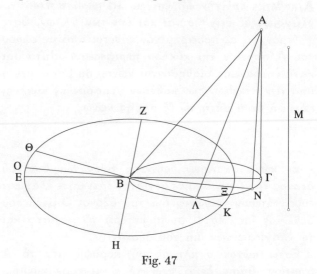

Fig. 47

Puisque la droite AΛ est perpendiculaire à la base ΘK, alors le point Λ est situé sur la circonférence de cercle dont le diamètre est la droite BΓ, en vertu de ce qui a été démontré

1. Propositions 22 et 24.
2. Propositions 15 et 24.

ἡ ΑΒ, ἐλάχιστον δὲ οὗ βάσις μὲν ἡ ΕΔ, ὕψος δὲ ἡ ΑΓ.

Ἔστω δὴ τὸ δοθὲν τρίγωνον διὰ τοῦ ἄξονος οὗ βάσις μὲν ἡ ΘΚ, ὕψος δὲ ἡ ΑΛ, καὶ δέον ἔστω ἕτερον τρίγωνον τῶν διὰ τοῦ ἄξονος εὑρεῖν ὃ μετὰ 5 τοῦ τριγώνου οὗ βάσις μὲν ἡ ΘΚ, ὕψος δὲ ἡ ΑΛ, ἴσον ἔσται συναμφοτέρῳ τῷ μεγίστῳ καὶ τῷ ἐλαχίστῳ.

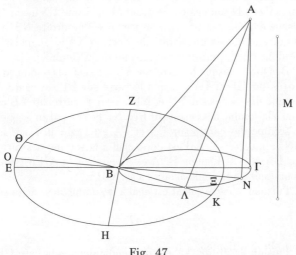

Fig. 47

Ἐπεὶ ἡ ΑΛ κάθετός ἐστιν ἐπὶ τὴν ΘΚ βάσιν, τὸ ἄρα Λ σημεῖον ἐπὶ κύκλου περιφερείας ἐστὶν οὗ 10 διάμετρός ἐστιν ἡ ΒΓ, διὰ τὸ προδειχθέν. Γεγράφθω

1 ΑΒ Ψ : ΑΗ V.

précédemment[1]. Que soit décrit le cercle BΛΓ, et qu'une droite M soit égale à la droite dont la somme de BA et de AΓ excède AΛ.

Dès lors, puisque la plus grande des droites menées de A à la circonférence BΛΓ est AB, et que la plus petite est AΓ[2], alors AΛ est plus petite que AB et plus grande que AΓ ; mais la somme de ΛA et de M est égale à la somme de BA et de AΓ, et, parmi ces droites, AΛ est plus petite que AB ; M est donc plus grande que AΓ ; le carré sur M est donc aussi plus grand que celui sur AΓ. Que la somme des carrés sur AΓ et ΓN soit égale à celui sur M, la droite ΓN ayant été placée dans le cercle[3] ; que soit menée une droite NΞBO, et que soit menée une droite de jonction NA ; l'angle BNΓ est donc droit, puisqu'il est dans un demi-cercle[4].

Dès lors, puisque le carré sur AB est égal à la somme des carrés sur BΓ et ΓA[5], et que le carré sur BΓ est égal à la somme des carrés sur BN et NΓ[6], alors le carré sur AB est égal à la somme des carrés sur BN, NΓ et ΓA, parmi lesquels la somme des carrés sur ΓN et ΓA est égale au carré sur AN[7] ; le carré sur AB est donc égal à la somme des carrés sur BN et NA. L'angle BNA est donc droit[7] ; AN est donc la hauteur du triangle axial de base OBΞ.

Puisque le carré sur M est égal à la somme des carrés sur

1. Proposition 45.

2. Par application de la proposition 16 dans le cône de sommet A et de base le cercle BΛΓ.

3. Le cercle BΛΓ, qui est le lieu des pieds des perpendiculaires menées du sommet du cône aux bases des triangles axiaux.

4. *Éléments*, III.31.

5. Par application d'*Éléments*, I.47 dans le triangle rectangle AΓB.

6. Par application d'*Éléments*, I.47 dans le triangle rectangle BNΓ.

7. Par application d'*Éléments*, I.47 dans le triangle rectangle AΓN.

8. *Éléments*, I.48.

δὴ ὁ ΒΛΓ κύκλος, καὶ ᾧ μείζων ἐστὶ συναμφότερος
ἡ ΒΑ, ΑΓ τῆς ΑΛ, τούτῳ ἴση ἔστω ἡ Μ.

Ἐπεὶ οὖν τῶν ἀπὸ τοῦ Α ἐπὶ τὴν ΒΛΓ περιφέρειαν
ἀγομένων εὐθειῶν μεγίστη μὲν ἡ ΑΒ, ἐλαχίστη δὲ
ἡ ΑΓ, ἡ ἄρα ΑΛ ἐλάττων μέν ἐστι τῆς ΑΒ, μείζων 5
δὲ τῆς ΑΓ· ἀλλ' ἡ ΛΑ μετὰ τῆς Μ ἴση ἐστὶ συναμφοτέρῳ τῇ ΒΑΓ, ὧν ἡ ΑΛ ἐλάττων τῆς ΑΒ· ἡ ἄρα
Μ τῆς ΑΓμείζων ἐστίν· καὶ τὸ ἀπὸ Μ ἄρα τοῦ ἀπὸ
ΑΓ μεῖζόν ἐστιν. Ἔστω τῷ ἀπὸ τῆς Μ ἴσα τὰ ἀπὸ
τῶν ΑΓ, ΓΝ τῆς ΓΝ ἐναρμοσθείσης εἰς τὸν κύκλον, 10
καὶ διήχθω ἡ ΝΞΒΟ, καὶ ἐπεζεύχθω ἡ ΝΑ· ἡ ἄρα
ὑπὸ ΒΝΓ γωνία ὀρθή ἐστιν· ἐν ἡμικυκλίῳ γάρ.

Ἐπεὶ οὖν τὸ ἀπὸ τῆς ΑΒ ἴσον ἐστὶ τοῖς ἀπὸ ΒΓ,
ΓΑ, τὸ δὲ ἀπὸ ΒΓ ἴσον τοῖς ἀπὸ ΒΝ, ΝΓ, τὸ ἄρα
ἀπὸ ΑΒ ἴσον ἐστὶ τοῖς ἀπὸ ΒΝ, ΝΓ, ΓΑ, ὧν τοῖς 15
ἀπὸ ΓΝ, ΓΑ τὸ ἀπὸ ΑΝ ἴσον ἐστίν· τὸ ἄρα ἀπὸ
τῆς ΑΒ τοῖς ἀπὸ ΒΝ, ΝΑ ἴσον ἐστίν. Ὀρθὴ ἄρα ἡ
ὑπὸ ΒΝΑ γωνία· ἡ ΑΝ ἄρα ὕψος ἐστὶ τοῦ διὰ τοῦ
ἄξονος τριγώνου οὗ βάσις ἐστὶν ἡ ΟΒΞ.

Καὶ ἐπεὶ τὸ ἀπὸ τῆς Μ ἴσον ἐστὶ τοῖς ἀπὸ ΑΓ, ΓΝ, 20

ΑΓ et ΓΝ, et que le carré sur ΑΝ est égal à la somme des carrés sur ΑΓ et ΓΝ, alors Μ est égale à ΑΝ, de sorte que la somme de ΛΑ et ΑΝ est égale à la somme de ΒΑ et ΑΓ, et que le rectangle compris par le diamètre[1] et la somme de ΛΑ et ΑΝ est égal au rectangle compris par le diamètre et la somme de ΒΑ et ΑΓ ; mais le rectangle compris par le diamètre et la somme de ΒΑ et ΑΓ est le double de la somme des plus grand et plus petit triangles[2] de bases ΖΗ et ΕΔ et de hauteurs ΒΑ et ΑΓ[3], et le rectangle compris par le diamètre et la somme de ΛΑ et ΑΝ est le double de la somme des triangles de bases ΘΚ et ΟΞ et de hauteurs ΛΑ et ΑΝ[4] ; les triangles de bases ΘΚ et ΟΞ et de hauteurs ΛΑ et ΑΝ sont donc égaux à la somme du plus petit et du plus grand des triangles axiaux. D'autre part, le triangle donné est le triangle construit sur ΘΚ.

On a donc trouvé un triangle axial construit sur ΟΞ, qui, avec le triangle donné construit sur ΘΚ, est égal à la somme du plus grand triangle et du plus petit.

48

Si les bases de deux des triangles axiaux découpent des arcs de cercle égaux contre le diamètre mené par la perpendiculaire, les triangles seront égaux entre eux ; appelons-les des triangles « placés dans le même ordre[5] ».

Soit un cône, ayant pour sommet le point Α, pour base le cercle décrit autour du centre Β, et pour axe l'axe ΑΒ ; soit une perpendiculaire ΑΓ menée à la base ; soit un diamètre

---

1. Le diamètre du cercle de base du cône.
2. Propositions 22 et 24.
3. *Éléments*, I.41.
4. *Éléments*, I.41.
5. Voir Note complémentaire [13].

ἔστι δὲ καὶ τὸ ἀπὸ τῆς ΑΝ ἴσον τοῖς ἀπὸ ΑΓ, ΓΝ,
ἴση ἄρα ἡ Μ τῇ ΑΝ, ὥστε καὶ συναμφότερος ἡ ΛΑΝ
συναμφοτέρῳ τῇ ΒΑΓ ἴση ἐστίν, καὶ τὸ ὑπὸ τῆς
διαμέτρου καὶ συναμφοτέρου τῆς ΛΑΝ τῷ ὑπὸ τῆς
διαμέτρου καὶ συναμφοτέρου τῆς ΒΑΓ ἴσον ἐστίν·   5
ἀλλὰ τὸ μὲν ὑπὸ τῆς διαμέτρου καὶ συναμφοτέρου
τῆς ΒΑΓ διπλάσιόν ἐστι τοῦ μεγίστου καὶ ἐλαχίστου
τριγώνου ὧν βάσεις μὲν αἱ ΖΗ, ΕΔ, ὕψη δὲ αἱ ΒΑ,
ΑΓ, τὸ δὲ ὑπὸ τῆς διαμέτρου καὶ συναμφοτέρου τῆς
ΛΑΝ διπλάσιόν ἐστι τῶν τριγώνων ὧν βάσεις μὲν   10
αἱ ΘΚ, ΟΞ, ὕψη δὲ αἱ ΛΑ, ΑΝ· τὰ ἄρα τρίγωνα
ὧν βάσεις μὲν αἱ ΘΚ, ΟΞ, ὕψη δὲ αἱ ΛΑ, ΑΝ, ἴσα
ἐστὶ τῷ τε ἐλαχίστῳ καὶ τῷ μεγίστῳ τῶν διὰ τοῦ
ἄξονος. Καὶ ἔστι τὸ δοθὲν τὸ ἐπὶ τῆς ΘΚ.

Εὕρηται ἄρα τρίγωνον διὰ τοῦ ἄξονος τὸ ἐπὶ τῆς   15
ΟΞ ὃ μετὰ τοῦ δοθέντος τοῦ ἐπὶ τῆς ΘΚ ἴσον ἐστὶ
τῷ μεγίστῳ καὶ τῷ ἐλαχίστῳ.

μη′

Ἐὰν δύο τῶν διὰ τοῦ ἄξονος τριγώνων αἱ βάσεις
ἴσας περιφερείας ἀπολαμβάνωσι πρὸς τῇ διὰ τῆς   20
καθέτου διαμέτρῳ, τὰ τρίγωνα ἴσα ἀλλήλοις ἔσται·
καλείσθω δὲ ὁμοταγῆ.

Ἔστω κῶνος οὗ κορυφὴ μὲν τὸ Α, βάσις δὲ ὁ
περὶ τὸ Β κέντρον κύκλος, καὶ ἄξων ὁ ΑΒ, κάθετος
δὲ ἐπὶ τὴν βάσιν ἡ ΑΓ, ἡ δὲ διὰ τοῦ Γ σημείου   25

---

2 συναμφότερος Ψ : -τέροις V ‖ 6 καὶ συναμφοτέρου Ψ : om. V ‖
8 ΖΗ Ψ : ΖΕ V ‖ Ε[Δ e corr. V¹ ‖ ΒΑ Ψ : ΨΑV ‖ 10 ὧν Ψ :
om. V ‖ 18 μη′ Heiberg : μς′ Ψ V⁴ om. V.

ΔΓΒΕ mené par le point Γ de la perpendiculaire ; que soient menées des droites ΖΒΗ et ΘΒΚ découpant contre ΕΔ des arcs ΚΔ et ΔΗ égaux.

Je dis que les triangles axiaux, de bases ΖΗ et ΘΚ, sont égaux entre eux.

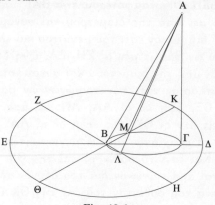

Fig. 48.1

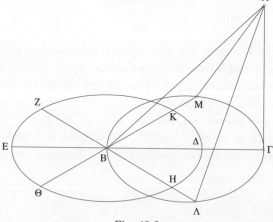

Fig. 48.2

τῆς καθέτου διάμετρος ἡ **ΔΓΒΕ**, διήχθωσαν δὲ αἱ **ΖΒΗ, ΘΒΚ** ἴσας περιφερείας ἀπολαμβάνουσαι πρὸς τῇ **ΕΔ** τὰς **ΚΔ, ΔΗ**.

Λέγω ὅτι τὰ διὰ τοῦ ἄξονος τρίγωνα ὧν βάσεις εἰσὶν αἱ **ΖΗ, ΘΚ**, ἴσα ἀλλήλοις ἐστίν.   5

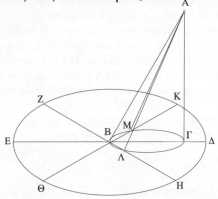

Fig. 48.1

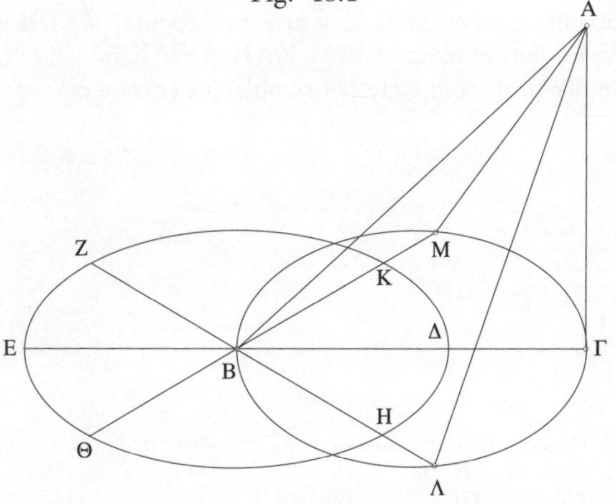

Fig. 48.2

2 ΖΒΗ Ψ : ΒΖΗ V ‖ 5 αἱ Ψ : om. V.

Que soit décrit autour du diamètre BΓ un cercle BΛΓM, et que soient menées des droites de jonction AΛ et AM ; AΛ est donc perpendiculaire à ZH, et AM, à ΘK[1].

Puisque l'angle ΓBM est égal à l'angle ΓBΛ[2], alors la droite MB est aussi égale à la droite BΛ[3].

Dès lors, puisque le carré sur AB est égal à la somme des carrés sur AM et MB, ainsi qu'à la somme des carrés sur AΛ et ΛB[4], alors la somme des carrés sur AM et MB est aussi égale à la somme des carrés sur AΛ et ΛB, et, parmi eux, le carré sur MB est égal à celui sur BΛ ; le carré restant sur MA est donc égal à celui sur AΛ ; ΛA est donc égale à AM, et ces droites sont les hauteurs des triangles de bases ZH et ΘK.

Les triangles axiaux construits sur les bases ZH et ΘK sont donc égaux[5], ce qu'il fallait démontrer.

49

Parmi les triangles axiaux, les triangles « placés dans le même ordre » sont égaux et semblables entre eux.

Soient, comme dans la figure précédente, les triangles « placés dans le même ordre » ZAH et ΘAK.

Je dis qu'ils sont égaux et semblables entre eux.

---

1. Proposition 46, *porisme*.
2. *Éléments*, III.26.
3. *Éléments*, III.7.
4. Par application d'*Éléments*, I.47 dans les triangles rectangles AMB et AΛB.
5. Sérénus ne démontre ici que l'égalité des aires.

Γεγράφθω περὶ τὴν ΒΓ διάμετρον κύκλος ὁ
ΒΛΓΜ, καὶ ἐπεζεύχθωσαν αἱ ΑΛ, ΑΜ· κάθετοι ἄρα
εἰσὶν ἡ μὲν ΑΛ ἐπὶ τὴν ΖΗ, ἡ δὲ ΑΜ ἐπὶ τὴν ΘΚ.
Καὶ ἐπεὶ ἡ ὑπὸ ΓΒΜ γωνία τῇ ὑπὸ ΓΒΛ ἴση ἐστίν,
ἴση ἄρα καὶ ἡ ΜΒ εὐθεῖα τῇ ΒΛ.   5
Ἐπεὶ οὖν τὸ ἀπὸ τῆς ΑΒ ἴσον ἐστὶ τοῖς ἀπὸ τῶν
ΑΜ, ΜΒ, ἀλλὰ καὶ τοῖς ἀπὸ ΑΛ, ΛΒ, καὶ τὰ ἀπὸ
τῶν ΑΜ, ΜΒ ἄρα τοῖς ἀπὸ τῶν ΑΛ, ΛΒ ἴσα ἐστίν,
ὧν τὸ ἀπὸ τῆς ΜΒ τῷ ἀπὸ ΒΛ ἴσον ἐστίν· λοιπὸν
ἄρα τὸ ἀπὸ ΜΑ τῷ ἀπὸ ΑΛ ἴσον ἐστίν· ἴση ἄρα ἡ   10
ΛΑ τῇ ΑΜ, καί εἰσιν ὕψη τῶν τριγώνων ὧν βάσεις
εἰσὶν αἱ ΖΗ, ΘΚ.
Ἴσα ἄρα ἐστὶ τὰ ἐπὶ τῶν ΖΗ, ΘΚ βάσεων τρίγωνα
τὰ διὰ τοῦ ἄξονος, ὅπερ ἔδει δεῖξαι.

μθ′   15

Τῶν διὰ τοῦ ἄξονος τριγώνων τὰ ὁμοταγῆ ἴσα τε
καὶ ὅμοια ἀλλήλοις ἐστίν.
Ἔστω γὰρ ὡς ἐπὶ τῆς προκειμένης τὰ ΖΑΗ, ΘΑΚ
τρίγωνα ὁμοταγῆ.
Λέγω ὅτι ἴσα τε καὶ ὅμοιά ἐστιν ἀλλήλοις.   20

7-8 καὶ — ΛΒ iter. V || 9 ΒΛ Ψ : ΒΑ V || 14 τὰ διὰ Ψ : om. V ||
15 μθ′ Heiberg : μζ′ Ψ V⁴ om. V.

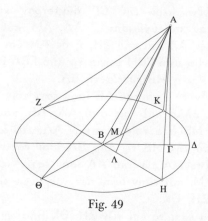

Fig. 49

D'abord, qu'ils sont égaux a déjà été démontré[1] ; qu'ils soient semblables doit être démontré maintenant.

Puisque, dans chacun des triangles, a été menée une droite AB du sommet au milieu de la base, que le carré sur AB est égal à la somme des carrés sur AM et MB, ainsi qu'à la somme des carrés sur AΛ et ΛB[2], alors la somme des carrés sur AM et MB est donc aussi égale à la somme des carrés sur AΛ et ΛB, et, parmi eux, le carré sur AM est égal à celui sur AΛ[3] ; le carré restant sur MB est donc égal à celui sur BΛ, et la droite MB est égale à la droite BΛ, de sorte que la droite entière MΘ est aussi égale à la droite entière ΛZ ; or MA est aussi égale à ΛA ; les sommes des carrés construits sur ces droites sont donc égales[4], c'est-à-dire le carré sur AZ est égal à celui sur AΘ, et AZ est égale à AΘ. On montre pareillement que AK est aussi égale à AH ; mais

1. Proposition 48.
2. Par application d'*Éléments*, I.47 dans les triangles rectangles AMB et AΛB.
3. Voir proposition 48.
4. MΘ² + MA² = ΛZ² + ΛA², et donc par application d'*Éléments*, I.47 dans les triangles rectangles AMΘ et AΛZ, on obtient l'égalité des carrés construits sur AΘ et AZ.

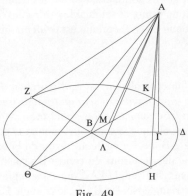

Fig. 49

Ὅτι μὲν οὖν ἴσα ἐστίν, ἤδη δέδεικται· ὅτι δὲ ὅμοια, νῦν δεικτέον.

Ἐπεὶ γὰρ ἡ ΑΒ ἐν ἑκατέρῳ τῶν τριγώνων ἀπὸ τῆς κορυφῆς ἐπὶ τὴν διχοτομίαν ἦκται τῆς βάσεως, καὶ ἔστιν ἴσον τὸ ἀπὸ τῆς ΑΒ τοῖς ἀπὸ ΑΜ, ΜΒ, ἀλλὰ 5 καὶ τοῖς ἀπὸ ΑΛ, ΛΒ, καὶ τὰ ἀπὸ ΑΜ, ΜΒ ἄρα τοῖς ἀπὸ ΑΛ, ΛΒ ἴσα, ὧν τὸ ἀπὸ ΑΜ τῷ ἀπὸ ΑΛ ἴσον· λοιπὸν ἄρα τὸ ἀπὸ ΜΒ τῷ ἀπὸ ΒΛ καὶ ἡ ΜΒ εὐθεῖα τῇ ΒΛ, ὥστε καὶ ὅλη ἡ ΜΘ τῇ ΛΖ· ἴση δὲ καὶ ἡ ΜΑ τῇ ΛΑ· καὶ τὰ ἀπ᾽ αὐτῶν ἄρα ἴσα ἐστίν, 10 τουτέστι τὸ ἀπὸ ΑΖ τῷ ἀπὸ ΑΘ, καὶ ἡ ΑΖ τῇ ΑΘ ἴση. Ὁμοίως δὲ καὶ ἡ ΑΚ τῇ ΑΗ δείκνυται ἴση· ἀλλὰ καὶ αἱ ΖΗ, ΘΚ βάσεις ἴσαι· τὰ ἄρα ΖΑΗ,

---

6-7 καὶ τὰ — ΛΒ Heiberg (τὰ ἄρα ἀπὸ τῶν ΛΜ, ΜΒ τοῖς ἀπὸ τῶν ΛΑ, ΛΒ Ψ) : om. V.

les bases ZH et ΘK sont aussi égales ; les triangles ZAH et
ΘAK sont donc égaux et semblables entre eux[1].

La réciproque de ce théorème est évidente aussi.

50

*Si l'axe d'un cône oblique est égal au rayon de la base, le
plus petit des triangles axiaux sera au triangle isocèle à angles
droits avec la base comme le plus grand triangle au plus petit.*

Soit un cône oblique, ayant pour sommet le point A, pour
axe la droite AB qui est égale au rayon de la base, et pour
base le cercle décrit autour du centre B ; soient, parmi les
triangles axiaux, le triangle ΓAΔ qui est à angles droits avec
la base, et le triangle isocèle EAZ ; le triangle EAZ est donc
le plus grand des triangles axiaux, et le triangle ΓAΔ est le
plus petit, en vertu des démonstrations antérieures[2].

Que, de A, soit menée une perpendiculaire à la base ; elle
tombe alors sur le diamètre ΓΔ[3] ; que ce soit la droite AH ;
que soit menée une droite ΘHK à angles droits avec ΓΔ, et
que soit mené le plan déterminant le triangle ΘAK, qui sera
isocèle et à angles droits avec la base[4].

Je dis que le triangle ΓAΔ est au triangle isocèle ΘAK
comme le triangle EAZ, le plus grand des triangles axiaux,
est au triangle ΓAΔ, le plus petit des triangles axiaux.

---

1. *Éléments*, I.8 et I.4.
2. Voir proposition 24.
3. *Éléments*, XI, *définition* 4.
4. Proposition 22 et *Éléments*, XI,18.

ΘΑΚ τρίγωνα ἴσα τε καὶ ὅμοιά ἐστιν ἀλλήλοις.
Δῆλον δὲ καὶ τὸ ἀντίστροφον αὐτοῦ.

ν΄

Ἐὰν κώνου σκαληνοῦ ὁ ἄξων ἴσος ᾖ τῇ ἐκ τοῦ
κέντρου τῆς βάσεως, ἔσται ὡς τὸ μέγιστον τῶν διὰ 5
τοῦ ἄξονος τριγώνων πρὸς τὸ ἐλάχιστον, οὕτω τὸ
ἐλάχιστον πρὸς τὸ πρὸς ὀρθὰς τῇ βάσει ἰσοσκελές.

Ἔστω κῶνος σκαληνὸς οὗ κορυφὴ μὲν τὸ Α, ἄξων
δὲ ἡ ΑΒ εὐθεῖα ἴση οὖσα τῇ ἐκ τοῦ κέντρου τῆς
βάσεως, βάσις δὲ ὁ περὶ τὸ Β κέντρον κύκλος, καὶ 10
τῶν διὰ τοῦ ἄξονος τριγώνων τὸ μὲν πρὸς ὀρθὰς
τῇ βάσει ἔστω τὸ ΓΑΔ, τὸ δὲ ἰσοσκελὲς τὸ ΕΑΖ·
μέγιστον μὲν ἄρα ἐστὶ τῶν διὰ τοῦ ἄξονος τὸ ΕΑΖ,
ἐλάχιστον δὲ τὸ ΓΑΔ, διὰ τὰ πρότερον δειχθέντα.

Ἤχθω οὖν ἀπὸ τοῦ Α ἐπὶ τὴν βάσιν κάθετος· 15
πίπτει δὴ ἐπὶ τὴν ΓΔ διάμετρον· ἔστω οὖν ἡ ΑΗ, καὶ
διήχθω ἡ ΘΗΚ πρὸς ὀρθὰς τῇ ΓΔ, καὶ διεκβεβλήσθω
τὸ ἐπίπεδον ποιοῦν τὸ ΘΑΚ τρίγωνον ἰσοσκελὲς ὂν
καὶ ὀρθὸν πρὸς τὴν βάσιν.

Λέγω δὴ ὅτι ὡς τὸ ΕΑΖ μέγιστον τῶν διὰ τοῦ 20
ἄξονος πρὸς τὸ ΓΑΔ ἐλάχιστον τῶν διὰ τοῦ ἄξονος,
οὕτω τὸ ΓΑΔ πρὸς τὸ ΘΑΚ ἰσοσκελές.

3 ν΄ Heiberg : μη΄ Ψ V⁴ om. V ‖ 13 μὲν V¹ˢˡ : om. V ‖ 17 ΓΔ
V¹ : ΓΗΔ V.

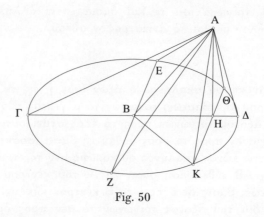

Fig. 50

Puisque les bases des triangles EAZ et ΓAΔ sont les diamètres égaux ΓΔ et EZ, que BA est la hauteur du triangle EAZ[1], et que AH est la hauteur du triangle ΓAΔ, alors le triangle EAZ est au triangle ΓAΔ comme BA est à AH[2].

De même, puisque AH est la hauteur commune des triangles ΓAΔ et ΘAK, que ΓΔ, c'est-à-dire EZ, est la base du triangle ΓAΔ, que ΘK est la base du triangle ΘAK, alors le triangle ΓAΔ est au triangle ΘAK comme EZ est à ΘK[3] ; mais les moitiés sont entre elles, c'est-à-dire BK est à KH, comme EZ est à ΘK, et BA est à AH comme BK est à KH[4], puisque les triangles rectangles BHK et BHA sont semblables[5] ; le triangle ΓAΔ est donc aussi au triangle ΘAK comme BA est à AH. Or, on l'a vu, le triangle EAZ est au triangle ΓAΔ comme BA est à AH.

Le triangle ΓAΔ est donc au triangle ΘAK comme le triangle EAZ est au triangle ΓAΔ, ce qu'il fallait démontrer.

1. Voir proposition 22.
2. *Éléments*, VI.1.
3. *Éléments*, VI.1.
4. *Éléments*, VI.4.
5. *Éléments*, VI.7.

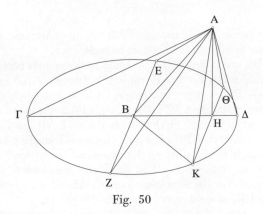

Fig. 50

Ἐπεὶ γὰρ τῶν ΕΑΖ, ΓΑΔ τριγώνων αἱ μὲν βάσεις ἴσαι εἰσὶν αἱ ΓΔ, ΕΖ διάμετροι, ὕψος δὲ τοῦ μὲν ΕΑΖ ἡ ΒΑ, τοῦ δὲ ΓΑΔ ἡ ΑΗ, ὡς ἄρα ἡ ΒΑ πρὸς ΑΗ, οὕτω τὸ ΕΑΖ τρίγωνον πρὸς τὸ ΓΑΔ.

Πάλιν ἐπεὶ τῶν ΓΑΔ καὶ ΘΑΚ τριγώνων κοινὸν 5 ὕψος ἐστὶν ἡ ΑΗ, βάσις δὲ τοῦ μὲν ΓΑΔ ἡ ΓΔ, τουτέστιν ἡ ΕΖ, τοῦ δὲ ΘΑΚ ἡ ΘΚ, ὡς ἄρα ἡ ΕΖ πρὸς ΘΚ, οὕτω τὸ ΓΑΔ τρίγωνον πρὸς τὸ ΘΑΚ· ἀλλ' ὡς ἡ ΕΖ πρὸς ΘΚ, οὕτως αἱ ἡμίσειαι, τουτέστιν ἡ ΒΚ πρὸς ΚΗ, ὡς δὲ ἡ ΒΚ πρὸς ΚΗ, οὕτως ἡ 10 ΒΑ πρὸς ΑΗ· ὅμοια γὰρ τὰ ΒΗΚ, ΒΗΑ τρίγωνα ὀρθογώνια· καὶ τὸ ἄρα ΓΑΔ τρίγωνον πρὸς ΘΑΚ ἐστιν, ὡς ἡ ΒΑ πρὸς ΑΗ. Ἦν δὲ καὶ τὸ ΕΑΖ πρὸς ΓΑΔ, ὡς ἡ ΒΑ πρὸς ΑΗ.

Ὡς ἄρα τὸ ΕΑΖ τρίγωνον πρὸς τὸ ΓΑΔ, οὕτω τὸ 15 ΓΑΔ πρὸς τὸ ΘΑΚ, ὅπερ ἔδει δεῖξαι.

1 ΓΑ]Δ e corr. V¹ ‖ 3 τ]οῦ e corr. V¹ ‖ 6 ΓΑΔ V¹ : ΓΑΗΔ V ‖ 8-9 οὕτω — ΘΚ iter. V.

51

De même, que le triangle ΓΑΔ soit au au triangle ΘΑΚ comme le triangle ΕΑΖ est au triangle ΓΑΔ.

Je dis que la droite ΒΑ est égale au rayon de la base.

Puisque ΒΑ est à ΑΗ comme le triangle ΕΑΖ est au triangle ΓΑΔ[1], et que le triangle ΓΑΔ est au triangle ΘΑΚ comme le triangle ΕΑΖ est au triangle ΓΑΔ, alors le triangle ΓΑΔ est au triangle ΘΑΚ comme ΒΑ est à ΑΗ ; or ΕΖ est à ΘΚ, c'est-à-dire ΒΚ est à ΚΗ, comme le triangle ΓΑΔ est au triangle ΘΑΚ[2] ; ΒΚ est donc aussi à ΚΗ comme ΒΑ est à ΑΗ, les triangles ΒΑΗ et ΒΚΗ sont semblables[3], et les droites ΑΒ et ΒΚ sont homologues[4]. ΑΒ est donc égale au rayon ΒΚ, ce qu'il était proposé de démontrer.

En outre, il a été en même temps démontré, grâce à l'une et l'autre démonstration[5], que le triangle ΕΑΖ est semblable au triangle ΘΑΚ ; en effet, ΒΑ est à ΑΗ comme ΕΖ est à ΘΚ ; de plus, le triangle ΕΑΖ a, avec le triangle ΘΑΚ, un rapport doublé de celui que le triangle ΓΑΔ a avec le triangle ΘΑΚ[6] ; d'autre part, le triangle ΓΑΔ est au triangle ΘΑΚ comme ΓΔ, c'est-à-dire ΕΖ, est à ΘΚ[7], de sorte que le triangle ΕΑΖ a, avec le triangle ΘΑΚ, un rapport doublé des côtés homologues ΕΖ et ΘΚ.

Les triangles ΕΑΖ et ΘΑΚ sont donc semblables[8], de sorte qu'il est évident que, si l'axe d'un cône oblique est égal au rayon de la base, le triangle isocèle à angles droits avec la base est semblable au triangle isocèle axial.

1. *Éléments*,VI.1.
2. *Éléments*, VI.1.
3. *Éléments*, VI.7.
4. *Éléments*, VI.4.
5. Voir les démonstrations des propositions 50 et 51.
6. La proposition 50 a établi la proportion continue de trois grandeurs : triangle ΕΑΖ : triangle ΓΑΔ = triangle ΓΑΔ : triangle ΘΑΚ. On peut donc écrire (*Éléments*, V, *définition* 9) : triangle ΕΑΖ : triangle ΘΑΚ = triangle ΓΑΔ² : triangle ΘΑΚ².
7. *Éléments*, VI.1.
8. Par application de la réciproque d'*Éléments*, VI.19.

να′

Πάλιν ἔστω ὡς τὸ ΕΑΖ πρὸς τὸ ΓΑΔ, οὕτω τὸ ΓΑΔ πρὸς ΘΑΚ.

Λέγω ὅτι ἡ ΒΑ ἴση ἐστὶ τῇ ἐκ τοῦ κέντρου τῆς βάσεως.   5

Ἐπεί ὡς τὸ ΕΑΖ πρὸς τὸ ΓΑΔ, οὕτως ἡ ΒΑ πρὸς ΑΗ, ὡς δὲ τὸ ΕΑΖ πρὸς ΓΑΔ, οὕτω τὸ ΓΑΔ πρὸς ΘΑΚ, καὶ τὸ ἄρα ΓΑΔ πρὸς ΘΑΚ ἐστιν ὡς ἡ ΒΑ πρὸς ΑΗ· ὡς δὲ τὸ ΓΑΔ πρὸς ΘΑΚ, οὕτως ἡ ΕΖ πρὸς ΘΚ, τουτέστιν ἡ ΒΚ πρὸς ΚΗ· καὶ ὡς ἄρα   10 ἡ ΒΑ πρὸς ΑΗ, οὕτως ἡ ΒΚ πρὸς ΚΗ, καὶ ἔστιν ὅμοια τὰ ΒΑΗ, ΒΚΗ τρίγωνα, καὶ ὁμόλογοι αἱ ΑΒ, ΒΚ. Ἴση ἄρα ἡ ΑΒ τῇ ΒΚ τῇ ἐκ τοῦ κέντρου, ὃ προέκειτο δεῖξαι.

Καὶ συναπεδείχθη καθ᾽ ἑκατέραν τῶν δείξεων ὅτι   15 τὸ ΕΑΖ τρίγωνον τῷ ΘΑΚ ὅμοιόν ἐστιν· ὡς γὰρ ἡ ΕΖ πρὸς ΘΚ, οὕτως ἡ ΒΑ πρὸς ΑΗ· καὶ ἔτι τὸ [μὲν] ΕΑΖ πρὸς τὸ ΘΑΚ διπλασίονα λόγον ἔχει ἤπερ τὸ ΓΑΔ πρὸς τὸ ΘΑΚ· καὶ ἔστι τὸ ΓΑΔ τρίγωνον πρὸς τὸ ΘΑΚ, ὡς ἡ ΓΔ, τουτέστιν ὡς ἡ ΕΖ, πρὸς ΘΚ,   20 ὥστε τὸ ΕΑΖ πρὸς τὸ ΘΑΚ διπλασίονα λόγον ἔχει τῶν ὁμολόγων πλευρῶν τῶν ΕΖ, ΘΚ.

Ὅμοια ἄρα τὰ ΕΑΖ, ΘΑΚ, ὥστε φανερὸν ὅτι, ἐὰν κώνου σκαληνοῦ ὁ ἄξων ἴσος ᾖ τῇ ἐκ τοῦ κέντρου τῆς βάσεως, τὸ πρὸς ὀρθὰς τῇ βάσει ἰσοσκελὲς   25 ὅμοιόν ἐστι τῷ διὰ τοῦ ἄξονος ἰσοσκελεῖ.

Réciproquement, il est évident que, si le triangle isocèle à angles droits avec la base est semblable au triangle isocèle axial, l'axe du cône sera égal au rayon de la base, ce qui est facile aussi à comprendre en vertu des démonstrations antécédentes.

52

Si un cercle coupe un cercle en étant décrit par le centre de ce cercle, et que, de l'un des points d'intersection des cercles, soient menées des droites coupant la circonférence qui passe par le centre, et qu'elles soient prolongées jusqu'à la circonférence de l'autre cercle, la droite découpée entre la circonférence convexe de l'un des cercles et la circonférence concave de l'autre cercle sera égale à la droite de jonction menée, depuis l'intersection de la droite menée et de la circonférence passant par le centre, jusqu'à l'autre intersection des cercles.

Soit un cercle $AB\Gamma$ décrit autour d'un centre Δ ; que, par le centre Δ, soit décrit un cercle $\Delta B\Gamma$ coupant le cercle du début en des points B et Γ ; que soient menées des droites dont l'une, la droite $B\Delta E$, passe par Δ, et dont l'autre est une droite quelconque BZH, et que soient menées des droites de jonction $\Delta\Gamma$ et $Z\Gamma$.

Je dis que $E\Delta$ est égale à $\Delta\Gamma$, et que ZH est égale à $Z\Gamma$.

Καὶ ἀντιστρόφως ὅτι, ἐὰν τὸ πρὸς ὀρθὰς τῇ βάσει ἰσοσκελὲς ὅμοιον ᾖ τῷ διὰ τοῦ ἄξονος ἰσοσκελεῖ, ὁ ἄξων τοῦ κώνου ἴσος ἔσται τῇ ἐκ τοῦ κέντρου τῆς βάσεως· καὶ τοῦτο γὰρ εὐκατανόητον ἐκ τῶν ἤδη δειχθέντων. 5

νβ′

Ἐὰν κύκλος κύκλον τέμνῃ διὰ τοῦ κέντρου αὐτοῦ γραφόμενος, ἀπὸ δὲ τῆς ἑτέρας αὐτῶν τομῆς διαχθῶσιν εὐθεῖαι τέμνουσαι τὴν διὰ τοῦ κέντρου περιφέρειαν καὶ προσεκβληθῶσιν ἐπὶ τὴν 10 τοῦ ἑτέρου κύκλου περιφέρειαν, ἡ ἀπολαμβανομένη εὐθεῖα μεταξὺ τῆς τοῦ ἑτέρου κύκλου κυρτῆς περιφερείας καὶ τῆς κοίλης τοῦ ἑτέρου ἴση ἔσται τῇ ἀπὸ τῆς κοινῆς τομῆς τῆς διαχθείσης εὐθείας καὶ τῆς διὰ τοῦ κέντρου περιφερείας ἐπὶ τὴν ἑτέραν κοινὴν 15 τομὴν τῶν κύκλων ἐπιζευγνυμένῃ.

Ἔστω κύκλος ὁ ΑΒΓ περὶ κέντρον τὸ Δ, διὰ δὲ τοῦ Δ κέντρου γεγράφθω τις κύκλος ὁ ΔΒΓ τέμνων τὸν ἐξ ἀρχῆς κατὰ τὰ Β, Γ σημεῖα, καὶ διήχθωσαν εὐθεῖαι διὰ μὲν τοῦ Δ ἡ ΒΔΕ, τυχοῦσα δὲ ἡ ΒΖΗ, 20 καὶ ἐπεζεύχθωσαν αἱ ΔΓ, ΖΓ.

Λέγω ὅτι ἴση ἐστὶν ἡ μὲν ΕΔ τῇ ΔΓ, ἡ δὲ ΖΗ τῇ ΖΓ.

---

6 νβ′ Heiberg : ν′ Ψ μθ′ V⁴ om. V ‖ 18 ΔΒΓ Ψ V² : ΑΒΓ V.

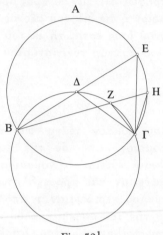

Fig. 52[1]

Que soient menées des droites de jonction EΓ et ΓH.

Dès lors, puisque l'angle BΔΓ est égal à l'angle BZΓ[2], alors l'angle restant EΔΓ est aussi égal à l'angle restant HZΓ[3] ; mais l'angle ΔEΓ est aussi égal à l'angle ZHΓ, du fait qu'il est appuyé sur le même arc[4] ; l'angle restant est donc aussi égal à l'angle restant[5], et les triangles sont semblables[6] ; le triangle ΓZH est donc aussi isocèle[7].

EΔ est donc égale à ΔΓ, et HZ est égale à ZΓ.

1. La droite ZΓ a été oubliée dans V.
2. *Éléments*, III.21.
3. *Éléments*, I.13.
4. *Éléments*, III.27. Les deux angles interceptent le même arc BΓ.
5. C'est-à-dire les angles ΔΓE et ZΓH (*Éléments*, I.32).
6. Par application d'*Éléments*, VI.4, on peut donc écrire : ΔE : ΔΓ = ZH : ZΓ.
7. L'égalités des côtés ZH et ZΓ du triangle ΓZH se déduit de l'égalité des rayons ΔE et ΔΓ du cercle de centre Δ. Une note marginale dans V restitue ce maillon ; voir Note complémentaire [14].

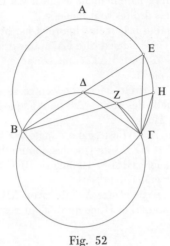

Fig. 52

Ἐπεζεύχθωσαν αἱ ΕΓ, ΓΗ.

Ἐπεὶ οὖν ἴση ἐστὶν ἡ ὑπὸ ΒΔΓ γωνία τῇ ὑπὸ ΒΖΓ, καὶ λοιπὴ ἄρα ἡ ὑπὸ ΕΔΓ λοιπῇ τῇ ὑπὸ ΗΖΓ ἴση ἐστίν· ἀλλὰ καὶ ἡ ὑπὸ ΔΕΓ τῇ ὑπὸ ΖΗΓ ἴση διὰ τὸ ἐπὶ τῆς αὐτῆς περιφερείας βεβηκέναι· καὶ ἡ λοιπὴ 5 ἄρα τῇ λοιπῇ ἴση, καὶ ὅμοια τὰ τρίγωνα· ἰσοσκελὲς ἄρα καὶ τὸ ΓΖΗ.

Ἴση ἄρα ἡ μὲν ΕΔ τῇ ΔΓ, ἡ δὲ ΗΖ τῇ ΖΓ.

8 ΕΔ Ψ᾽ : ΕΖ V.

On démontrera pareillement ce qu'il y a dans l'énoncé même si d'autres droites sont menées.

De même, que, sur la même figure et par hypothèse, une droite ΔE soit égale à une droite ΓΔ, et une droite ZH égale à une droite ΓZ, l'arc BΔΓ étant coupé en deux parties égales en un point Δ.

Je dis que le cercle décrit de centre Δ et de rayon[1] n'importe laquelle des droites ΔB ou ΔΓ[2] passera aussi par les points E et H.

Puisque l'angle EΔΓest égal à l'angle HZΓ[3], et que les triangles EΔΓ et HZΓ sont isocèles, l'angle BEΓ est donc aussi égal à l'angle BHΓ[4] ; les angles BEΓ et BHΓ sont donc dans un même cercle[5].

Le cercle décrit de centre Δ et de rayon ΔB passera donc aussi par les points E et H, ce qu'il fallait démontrer.

53

Si, dans un segment de cercle, sont menées des droites formant des lignes brisées, la plus grande sera celle dont la brisure sera au point de division[6] *en deux parties égales, et, de deux autres droites, c'est chaque fois celle qui est la plus proche de celle qui est au point de division en deux parties égales qui est plus grande que celle qui en est la plus éloignée.*

Dans le segment ABΓ, que soient menées des droites formant des lignes brisées : une droite brisée ABΓ, menée de sorte que l'arc ABΓ soit coupé en deux parties égales en un point B, et des droites brisées quelconques AΔΓ et AHΓ.

---

1. Voir Note complémentaire [15].
2. Les deux droites sont égales (*Éléments*, III.29).
3. *Éléments*, III.21 et I.13.
4. Par application d'*Éléments*, I.32 et I.5 dans les triangles EΔΓ et ZHΓ.
5. Par application de la réciproque d'*Éléments*, III.21.
6. On attend ici un datif après la préposition πρός ; l'accusatif est sans doute fautif.

Ὁμοίως δέ, κἂν ἄλλαι διαχθῶσι, δειχθήσεται τὰ τῆς προτάσεως.

Πάλιν ἐπὶ τῆς αὐτῆς καταγραφῆς ὑποκείσθω τῇ μὲν ΓΔ ἴση ἡ ΔΕ, τῇ δὲ ΓΖ ἡ ΖΗ τῆς ΒΔΓ περιφερείας κατὰ τὸ Δ δίχα τετμημένης. 5

Λέγω ὅτι ὁ κέντρῳ μὲν τῷ Δ, διαστήματι δὲ ὁποτερῳοῦν τῶν ΔΒ, ΔΓ γραφόμενος κύκλος ἥξει καὶ διὰ τῶν Ε καὶ Η σημείων.

Ἐπεὶ γὰρ ἴση ἡ ὑπὸ ΕΔΓ γωνία τῇ ὑπὸ ΗΖΓ, καὶ ἔστιν ἰσοσκελῆ τὰ ΕΔΓ, ΗΖΓ τρίγωνα, ἴση ἄρα καὶ 10 ἡ ὑπὸ ΒΕΓ γωνία τῇ ὑπὸ ΒΗΓ· ἐν τῷ αὐτῷ ἄρα κύκλῳ αἱ ὑπὸ ΒΕΓ, ΒΗΓ γωνίαι.

Ὁ ἄρα κέντρῳ τῷ Δ, διαστήματι δὲ τῷ ΔΒ γραφόμενος κύκλος ἥξει καὶ διὰ τῶν Ε, Η σημείων, ὅπερ ἔδει δεῖξαι. 15

νγ΄

Ἐὰν ἐν τμήματι κύκλου κλασθῶσιν εὐθεῖαι, μεγίστη μὲν ἔσται ἡ πρὸς τὴν διχοτομίαν τὴν κλάσιν ἔχουσα, τῶν δὲ ἄλλων ἀεὶ ἡ ἔγγιον τῆς πρὸς τῇ διχοτομίᾳ τῆς ἀπώτερόν ἐστι μείζων. 20

Ἐν γὰρ τῷ ΑΒΓ τμήματι κεκλάσθωσαν εὐθεῖαι, ἡ μὲν ΑΒΓ ὥστε τὴν ΑΒΓ περιφέρειαν δίχα τετμῆσθαι κατὰ τὸ Β, τυχοῦσαι δὲ αἱ ΑΔΓ, ΑΗΓ.

Je dis que la droite qui est la somme des droites AB et
BΓ est la plus grande de toutes les droites brisées dans le
segment, et que la somme des droites AΔ et ΔΓ est plus
grande que la somme des droites AH et HΓ.

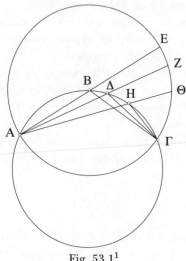

Fig. 53.1[1]

Puisque l'arc AB est égal à l'arc BΓ, alors la droite AB
est égale à la droite BΓ[2].

Que soit décrit un cercle AEZΓ de centre B et de rayon
n'importe laquelle des droites BA et BΓ, et que soient
prolongées les droites ABE, AΔZ et AHΘ ; en vertu du
théorème précédent[3], EB est égale à BΓ, ZΔ à ΔΓ et ΘH
à HΓ.

Dès lors, puisque AE est un diamètre du cercle AEZ,

1. Le tracé du segment HΓ a été oublié dans V.
2. *Éléments*, III.29.
3. Proposition 52.

Λέγω ὅτι συναμφότερος ἡ **ΑΒΓ** εὐθεῖα μεγίστη ἐστὶ πασῶν τῶν ἐν τῷ τμήματι κλωμένων εὐθειῶν, μείζων δὲ ἡ **ΑΔΓ** τῆς **ΑΗΓ**.

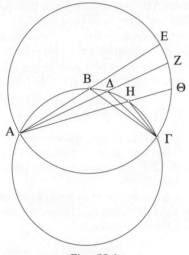

Fig. 53.1

Ἐπεὶ ἡ **ΑΒ** περιφέρεια τῇ **ΒΓ** περιφερείᾳ ἴση ἐστίν, καὶ ἡ **ΑΒ** ἄρα εὐθεῖα τῇ **ΒΓ** ἐστιν ἴση.   5

Κέντρῳ οὖν τῷ **Β**, διαστήματι δὲ ὁποτερῳοῦν τῶν **ΒΑ**, **ΒΓ** γεγράφθω κύκλος ὁ **ΑΕΖΓ**, καὶ ἐκβεβλήσθωσαν αἱ **ΑΒΕ**, **ΑΔΖ**, **ΑΗΘ**· ἴση ἄρα διὰ τὸ πρὸ τούτου θεώρημα ἡ μὲν **ΕΒ** τῇ **ΒΓ**, ἡ δὲ **ΖΔ** τῇ **ΔΓ**, ἡ δὲ **ΘΗ** τῇ **ΗΓ**.   10

Ἐπεὶ οὖν ἡ **ΑΕ** διάμετρός ἐστι τοῦ **ΑΕΖ** κύκλου,

alors AE est la plus grande des droites situées dans le cercle, et AZ est plus grande que AΘ[1] ; mais la somme des droites AB et BΓ est égale à AE, la somme des droites AΔ et ΔΓ est égale à AZ, et la somme des droites AH et HΓ est égale à AΘ ; la droite ABΓ est donc aussi la plus grande de ces droites, et AΔΓ est plus grande que AHΓ.

Pareillement, de deux droites, c'est chaque fois celle qui est la plus proche de la droite qui est au point de division en deux parties égales qui est plus grande que celle qui en est la plus éloignée, ce qu'il était proposé de démontrer.

La même chose autrement

Soit un cercle ABΓ, et que, dans le segment ABΓ, soit menée une droite ABΓ formant une droite brisée, de telle sorte que l'arc ABΓ soit coupé en deux parties égales au point B.

Je dis que la droite qui est la somme des droites AB et BΓ est la plus grande de toutes les droites formant des lignes brisées dans le même segment.

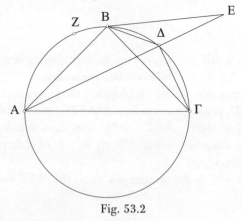

Fig. 53.2

1. *Éléments*, III.15.

μεγίστη μὲν ἄρα τῶν ἐν τῷ κύκλῳ εὐθειῶν ἡ ΑΕ,
ἡ δὲ ΑΖ μείζων τῆς ΑΘ· ἀλλὰ τῇ μὲν ΑΕ ἴση
συναμφότερος ἡ ΑΒΓ, τῇ δὲ ΑΖ ἡ ΑΔΓ, τῇ δὲ ΑΘ
ἡ ΑΗΓ· καὶ τούτων ἄρα μεγίστη μὲν ἡ ΑΒΓ, μείζων
δὲ ἡ ΑΔΓ τῆς ΑΗΓ.   5
    Καὶ ὁμοίως ἀεὶ ἡ ἔγγιον τῆς πρὸς τῇ διχοτομίᾳ
τῆς ἀπώτερόν ἐστι μείζων, ὃ προέκειτο δεῖξαι.

                          Ἄλλως τὸ αὐτό

Ἔστω κύκλος ὁ ΑΒΓ, καὶ ἐν τῷ ΑΒΓ τμήματι
κεκλάσθω ἡ ΑΒΓ εὐθεῖα ὥστε τὴν ΑΒΓ περιφέρειαν   10
δίχα τετμῆσθαι κατὰ τὸ Β.
    Λέγω ὅτι συναμφότερος ἡ ΑΒΓ εὐθεῖα μεγίστη
ἐστὶ πασῶν τῶν ἐν τῷ αὐτῷ τμήματι κλωμένων
εὐθειῶν.

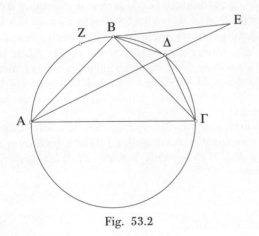

Fig. 53.2

    2 ΑΘ Ψ V² : ΑΗ V ‖ 7 ἀπώτερόν Ψ : ἀπότερον V ‖ 8 ἄλλως
τὸ αὐτὸ Ψ V² : om. V ‖ 12 Α]Β[Γ e corr. V¹.

Que soit menée une droite AΔΓ formant une droite brisée ; que soit prolongée la droite AΔE ; que soit placée la droite ΔE égale à ΔΓ, et que soient menées des droites de jonction BΔ et BE.

Dès lors, puisque l'arc AB est égal à l'arc BΓ, que l'angle BΔA est appuyé sur l'arc AB et que l'angle BAΓ est appuyé sur l'arc BΓ, alors l'angle BΔA est égal à l'angle BAΓ[1]. Que soit ajouté l'angle commun BΔE ; la somme des angles BΔE et BΔA est donc égale à la somme des angles BΔE et BAΓ ; d'autre part, la somme des angles BΔE et BΔA est égale à deux droits[2] ; la somme des angles BΔE et BAΓ est donc aussi égale à deux droits ; or la somme des angles BΔΓ et BAΓ est aussi égale à deux droits[3] ; la somme des angles BΔE et BAΓ est donc égale à la somme des angles BΔΓ et BAΓ. Si l'angle commun BAΓ est retranché, l'angle restant BΔE est égal à l'angle BΔΓ.

Dès lors, puisque ΓΔ est égale à ΔE, que BΔ est commune, et que ces droites comprennent des angles égaux, alors la base ΓB est aussi égale à BE[4].

Puisque la somme des droites AB et BE est supérieure à AE[5], que, d'autre part, la somme des droites AB et BΓ est égale à la somme des droites AB et BE, et que la somme des droites AΔ et ΔΓ est égale à AE, alors la somme des droites AB et BΓ est aussi plus grande que la somme des droites AΔ et ΔΓ.

On démontre pareillement qu'elle est aussi plus grande que la somme d'autres droites. La somme des droites AB et BΓ est donc la plus grande de toutes les droites brisées dans le segment.

---

1. *Éléments*, III.27.
2. *Éléments*, I.13.
3. Par application d'*Éléments*, III.22 dans le quadrilatère ABΔΓ.
4. Par application d'*Éléments*, I.4 dans les triangles BΔE et BΔΓ.
5. Par application d'*Éléments*, I.20 dans le triangle ABE.

Κεκλάσθω γὰρ ἡ ΑΔΓ, καὶ ἐκβεβλήσθω ἡ ΑΔΕ, καὶ κείσθω ἡ ΔΕ τῇ ΔΓ ἴση, καὶ ἐπεζεύχθωσαν αἱ ΒΔ, ΒΕ.

Ἐπεὶ οὖν ἡ ΑΒ περιφέρεια τῇ ΒΓ περιφερείᾳ ἴση ἐστίν, καὶ ἐπὶ μὲν τῆς ΑΒ ἡ ὑπὸ ΒΔΑ γωνία 5 βέβηκεν, ἐπὶ δὲ τῆς ΒΓ ἡ ὑπὸ ΒΑΓ, ἴση ἄρα ἡ ὑπὸ ΒΔΑ τῇ ὑπὸ ΒΑΓ. Κοινὴ προσκείσθω ἡ ὑπὸ ΒΔΕ· συναμφότερος ἄρα ἡ ὑπὸ ΒΔΕ, ΒΔΑ συναμφοτέρῳ τῇ ὑπὸ ΒΔΕ, ΒΑΓ ἐστιν ἴση· καὶ ἔστι συναμφότερος ἡ ὑπὸ ΒΔΕ, ΒΔΑ δυσὶν ὀρθαῖς ἴση· καὶ συναμφό- 10 τερος ἄρα ἡ ὑπὸ ΒΔΕ, ΒΑΓ δυσὶν ὀρθαῖς ἐστιν ἴση· ἔστι δὲ καὶ συναμφότερος ἡ ὑπὸ ΒΔΓ, ΒΑΓ δυσὶν ὀρθαῖς ἴση· συναμφότερος ἄρα ἡ ὑπὸ ΒΔΕ, ΒΑΓ συναμφοτέρῳ τῇ ὑπὸ ΒΔΓ, ΒΑΓ ἴση ἐστίν. Κοινῆς ἀρθείσης τῆς ὑπὸ ΒΑΓ λοιπὴ ἡ ὑπὸ ΒΔΕ τῇ ὑπὸ 15 ΒΔΓ ἴση ἐστίν.

Ἐπεὶ οὖν ἴση μὲν ἡ ΓΔ τῇ ΔΕ, κοινὴ δὲ ἡ ΒΔ, καὶ περὶ ἴσας γωνίας, καὶ βάσις ἄρα ἡ ΓΒ τῇ ΒΕ ἐστιν ἴση.

Καὶ ἐπεὶ αἱ ΑΒ, ΒΕ εὐθεῖαι μείζονές εἰσι τῆς ΑΕ, 20 ἀλλὰ ταῖς μὲν ΑΒ, ΒΕ συναμφότερος ἡ ΑΒΓ ἴση ἐστίν, τῇ δὲ ΑΕ συναμφότερος ἡ ΑΔΓ ἴση ἐστίν, καὶ συναμφότερος ἄρα ἡ ΑΒΓ τῆς ΑΔΓ μείζων ἐστίν.

Ὁμοίως δὲ δείκνυται καὶ τῶν ἄλλων μείζων. Συναμφότερος ἄρα ἡ ΑΒΓ πασῶν τῶν ἐν τῷ τμήματι 25 κλωμένων μεγίστη ἐστίν.

---

11 ΒΑΓΨV² : ΔΑΓV ‖ 12 ὑπὸ iter. V ‖ 23 ΑΒΓV¹ : ΑΔΓV.

Que, maintenant, la division en deux parties égales se fasse en un point Z.

Je dis que, des deux droites ABΓ et AΔΓ, c'est la droite ABΓ, qui est la plus proche du point Z, qui est plus grande que la droite AΔΓ, qui en est la plus éloignée.

Puisque l'arc AZB est plus grand que l'arc BΔΓ, l'angle BΔA est donc aussi plus grand que l'angle BAΓ[1]. Si l'on ajoute l'angle commun BΔE, la somme des angles BΔE et BΔA est donc plus grande que la somme des angles BΔE et BAΓ ; la somme des angles BΔE et BAΓ est donc plus petite que deux droits[2] ; or la somme des angles BΔΓ et BAΓ est égale à deux droits[3] ; la somme des angles BΔΓ et BAΓ est donc plus grande que la somme des angles BΔE et BAΓ. Si l'angle commun BAΓ est retranché, l'angle restant BΔΓ est plus grand que l'angle BΔE.

Dès lors, puisque ΓΔ est égale à ΔE, que ΔB est commune, et que l'angle ΓΔB est plus grand que l'angle BΔE, alors la base ΓB est aussi plus grande que BE[4].

D'autre part, puisque la somme des droites AB et BE est plus grande que AE[5], et que la somme des droites AB et BΓ est plus grande que la somme des droites AB et BE, alors la somme des droites AB et BΓ est plus grande que AE, c'est-à-dire que la somme des droites AΔ et ΔΓ.

54

Si la somme des carrés sur la plus grande et sur la plus petite de quatre droites inégales est égale à la somme des carrés sur les

---

1. *Éléments*, VI.33.

2. La somme des angles BΔE et BΔA est égale à deux droits (*Éléments*, I.13).

3. Par application d'*Éléments*, III.22 dans le quadrilatère ABΔΓ.

4. Par application d'*Éléments*, I.24 dans les triangles BΔE et BΔΓ.

5. Par application d'*Éléments*, I.20 dans le triangle ABE.

Ἀλλὰ δὴ ἔστω ἡ διχοτομία πρὸς τῷ Ζ.

Λέγω ὅτι ἡ τοῦ Ζ ἔγγιον ἡ ΑΒΓ εὐθεῖα τῆς ἀπώτερον τῆς ΑΔΓ μείζων ἐστίν.

Ἐπεὶ γὰρ ἡ ΑΖΒ περιφέρεια τῆς ΒΔΓ περιφερείας μείζων ἐστίν, καὶ ἡ ὑπὸ ΒΔΑ ἄρα γωνία τῆς ὑπὸ 5 ΒΑΓ μείζων. Κοινῆς προστεθείσης τῆς ὑπὸ ΒΔΕ αἱ ἄρα ὑπὸ ΒΔΕ, ΒΔΑ μείζονές εἰσι τῶν ὑπὸ ΒΔΕ, ΒΑΓ· αἱ ἄρα ὑπὸ ΒΔΕ, ΒΑΓ ἐλάττονές εἰσι δυοῖν ὀρθῶν· εἰσὶ δὲ αἱ ὑπὸ ΒΔΓ, ΒΑΓ δυσὶν ὀρθαῖς ἴσαι· αἱ ἄρα ὑπὸ ΒΔΓ, ΒΑΓ τῶν ὑπὸ ΒΔΕ, ΒΑΓ μείζονές 10 εἰσιν. Καὶ κοινῆς ἀρθείσης τῆς ὑπὸ ΒΑΓ λοιπὴ ἡ ὑπὸ ΒΔΓ τῆς ὑπὸ ΒΔΕ μείζων ἐστίν.

Ἐπεὶ οὖν ἴση ἡ ΔΓ τῇ ΔΕ, κοινὴ δὲ ἡ ΔΒ, ἡ δὲ ὑπὸ ΓΔΒ τῆς ὑπὸ ΒΔΕ μείζων, καὶ ἡ ΓΒ ἄρα βάσις μείζων ἐστὶ τῆς ΒΕ. 15

Καὶ ἐπεὶ αἱ ΑΒ, ΒΕ εὐθεῖαι μείζονές εἰσι τῆς ΑΕ, τῶν δὲ ΑΒ, ΒΕ συναμφότερος ἡ ΑΒΓ εὐθεῖα μείζων ἐστίν, συναμφότερος ἄρα ἡ ΑΒΓ μείζων ἐστὶ τῆς ΑΕ, τουτέστι συναμφοτέρου τῆς ΑΔΓ.

νδ´ 20

Ἐὰν τεσσάρων ἀνίσων εὐθειῶν <συναμφότερον> τὸ ἀπὸ τῆς μεγίστης καὶ τῆς ἐλαχίστης [τὸ συναμ-

---

3 ἀπώτερον Ψ : ἀπότερον V ‖ 5 ΒΔΑ Ψ V² : ΒΔΕ V ‖ 10 ἄρα Par. 2367^{sl} : om. V ‖ ΒΔΓ iter. V ‖ 13 τῇ Ψ : τῆς V ‖ 18 τῆς V¹ : ἡ V ‖ 20 νδ´ Heiberg : νβ´ Ψ om. V ‖ 21 συναμφότερον add. Decorps-F. ‖ 22-1 τὸ συναμφότερον del. Decorps-F.

droites restantes, la droite qui est la somme de la plus grande et de la plus petite sera plus petite que la droite qui est la somme des droites restantes[1].

Soient quatre droites AB, BΓ, ΔE et EZ ; que AB soit la plus grande de toutes, et BΓ la plus petite ; que ΔE ne soit pas plus petite que EZ, et que la somme des carrés sur les droites AB et BΓ soit égale à la somme des carrés sur les droites ΔE et EZ.

Je dis que AΓ est plus petite que ΔZ.

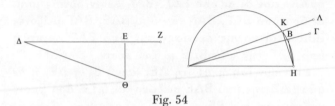

Fig. 54

Que soient menées les droites BH et EΘ à angles droits ; que soient placées BH égale à BΓ et EΘ égale à EZ ; que soient menées des droites de jonction AH et ΔΘ, et que soit décrit un demi-cercle autour du triangle rectangle ABH[2].

Dès lors, puisque la somme des carrés sur AB et BΓ, c'est-à-dire la somme des carrés sur AB et BH, est égale à la somme des carrés sur ΔE et EΘ, alors le carré sur AH est égal au carré sur ΔΘ[3], et AH est égale à ΔΘ. D'autre part, puisque EΘ est plus grande que BH[4], alors une droite égale

1. Sur la traduction algébrique de cette propriété, voir P. Ver Eecke, *op. cit.*, p. 147, note 3.
2. *Éléments*, III.31.
3. Par application d'*Éléments*, I.47 dans les triangles rectangles ΔEΘ et ABH.
4. En raison des hypothèses précédentes.

φότερον] τετράγωνον ἴσον ἢ συναμφοτέρῳ τῷ ἀπὸ
τῶν λοιπῶν, ἡ συγκειμένη εὐθεῖα ἐκ τῆς μεγίστης
καὶ τῆς ἐλαχίστης ἐλάττων ἔσται τῆς συγκειμένης
ἐκ τῶν λοιπῶν.

Ἔστωσαν τέσσαρες εὐθεῖαι αἱ ΑΒ, ΒΓ, ΔΕ, ΕΖ, 5
καὶ μεγίστη μὲν πασῶν ἔστω ἡ ΑΒ, ἐλαχίστη δὲ ἡ
ΒΓ, ἡ δὲ ΔΕ τῆς ΕΖ μὴ ἐλάττων ἔστω, ἔστω δὲ τὰ
ἀπὸ ΑΒ, ΒΓ τοῖς ἀπὸ ΔΕ, ΕΖ ἴσα.
Λέγω ὅτι ἡ ΑΓ τῆς ΔΖ ἐλάττων ἐστίν.

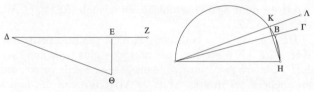

Fig. 54

Ἤχθωσαν πρὸς ὀρθὰς αἱ ΒΗ, ΕΘ, καὶ κείσθω ἴση 10
ἡ μὲν ΒΗ τῇ ΒΓ, ἡ δὲ ΕΘ τῇ ΕΖ, καὶ ἐπεζεύχθωσαν
αἱ ΑΗ, ΔΘ, καὶ γεγράφθω περὶ τὸ ΑΒΗ ὀρθογώνιον
ἡμικύκλιον.

Ἐπεὶ οὖν τὰ ἀπὸ ΑΒ, ΒΓ, τουτέστι τὰ ἀπὸ ΑΒ,
ΒΗ, τοῖς ἀπὸ ΔΕ, ΕΘ ἴσα ἐστίν, καὶ τὸ ἀπὸ ΑΗ 15
ἄρα τῷ ἀπὸ ΔΘ ἐστιν ἴσον, καὶ ἡ ΑΗ τῇ ΔΘ.
Καὶ ἐπεὶ ἡ ΕΘ τῆς ΒΗ μείζων ἐστίν, ἡ ἄρα τῇ

17 pr. ἡ iter. V.

à EΘ, placée dans le demi-cercle, coupera l'angle BHA[1] ; que soit placée HK égale à ΘE, que soit menée une droite de jonction AK[2] et qu'elle soit prolongée, et que KΛ soit égale à KH.

Dès lors, puisque la somme des carrés sur AK et KH est égale à la somme des carrés sur AB et BH[3], et que la somme des carrés sur AB et BH est égale à la somme des carrés sur ΔE et EΘ, alors la somme des carrés sur AK et KH est égale à la somme des carrés sur ΔE et EΘ, parmi lesquels, le carré sur KH est égal à celui sur EΘ ; le carré restant sur AK est donc égal au carré sur ΔE, et AK est égale à ΔE ; le triangle AKH est donc égal et semblable au triangle ΔEΘ[4], et AΛ est égale à ΔZ.

Dès lors, puisque la droite AK n'est pas plus petite que KH, l'arc AK n'est donc pas non plus plus petit que l'arc KH[5]. D'autre part, puisque, dans le segment de cercle, ont été menées des droites AKH et ABH formant des lignes brisées, et que la droite AKH est située ou bien au point qui divise l'arc en deux parties égales ou est, de deux droites, la plus proche de ce point, alors, en vertu du théorème précédent[6], AKH est plus grande que ABH, c'est-à-dire AΛ est plus grande que AΓ, c'est-à-dire ΔZ est plus grande que AΓ.

AΓ est donc plus petite que ΔZ, ce qu'il fallait démontrer.

55

Si deux droites inégales sont divisées, et que la somme des carrés sur les segments de la petite droite est égale à la somme

---

1. La droite menée de H, égale à EΘ, aura son extrémité entre les points A et B, puisqu'elle interceptera un arc de cercle plus grand que l'arc BH (*Éléments*, III.28).
2. Le triangle AKH est donc rectangle (*Éléments*, III.31).
3. *Éléments*, I.47
4. *Éléments*, I.4.
5. *Éléments*, III.28.
6. Proposition 53.

ΕΘ ἴση ἐναρμοζομένη τῷ ἡμικυκλίῳ τεμεῖ τὴν ὑπὸ
ΒΗΑ γωνίαν· ἐνηρμόσθω ἡ ΗΚ ἴση οὖσα τῇ ΘΕ, καὶ
ἐπεζεύχθω ἡ ΑΚ καὶ ἐκβεβλήσθω, καὶ ἔστω ἴση ἡ
ΚΛ τῇ ΚΗ.

Ἐπεὶ οὖν τὰ ἀπὸ ΑΚ, ΚΗ τοῖς ἀπὸ ΑΒ, ΒΗ ἴσα 5
ἐστίν, τὰ δὲ ἀπὸ ΑΒ, ΒΗ τοῖς ἀπὸ ΔΕ, ΕΘ ἴσα, τὰ
ἄρα ἀπὸ ΑΚ, ΚΗ τοῖς ἀπὸ ΔΕ, ΕΘ ἴσα ἐστίν, ὧν
τὸ ἀπὸ ΚΗ τῷ ἀπὸ ΕΘ ἴσον· λοιπὸν ἄρα τὸ ἀπὸ
ΑΚ τῷ ἀπὸ ΔΕ ἴσον ἐστίν, καὶ ἡ ΑΚ τῇ ΔΕ· τὸ
ἄρα ΑΚΗ τρίγωνον ἴσον καὶ ὅμοιόν ἐστι τῷ ΔΕΘ, 10
καὶ ἡ ΑΛ τῇ ΔΖ ἴση ἐστίν.

Ἐπεὶ οὖν ἡ ΑΚ εὐθεῖα τῆς ΚΗ οὐκ ἔστιν ἐλάττων,
οὐδ᾿ ἡ ΑΚ ἄρα περιφέρεια τῆς ΚΗ περιφερείας
ἐλάττων ἐστίν. Καὶ διὰ τὸ πρὸ τούτου θεώρημα,
ἐπεὶ ἐν τμήματι κύκλου κεκλασμέναι εἰσὶν αἱ ΑΚΗ, 15
ΑΒΗ εὐθεῖαι, καὶ ἔστιν ἡ ΑΚΗ ἤτοι πρὸς τῇ διχοτομίᾳ ἢ ἔγγιον τῆς διχοτομίας, μείζων ἄρα ἡ ΑΚΗ
τῆς ΑΒΗ, τουτέστιν ἡ ΑΛ τῆς ΑΓ, τουτέστιν ἡ ΔΖ
τῆς ΑΓ.

Ἐλάττων ἄρα ἡ ΑΓ τῆς ΔΖ, ὅπερ ἔδει δεῖξαι. 20

νε΄

Ἐὰν δύο εὐθεῖαι ἄνισοι διῃρημέναι ὦσι, τὰ δὲ
ἀπὸ τῶν τῆς ἐλάττονος τμημάτων τετράγωνα ἴσα ᾖ
τοῖς ἀπὸ τῶν τῆς μείζονος τμημάτων τετραγώνοις,

---

21 νε΄ Heiberg : νγ΄ Ψ om. V.

*des carrés sur les segments de la grande droite, le grand segment
de la petite droite sera le plus grand des quatre segments, et le
petit segment sera le plus petit.*

Soient deux droites inégales ABΓ et ΔEZ, divisées aux
points B et E, de sorte que ΔE soit plus grande que EZ, et
que AB ne soit pas plus petite que BΓ ; que AΓ soit plus
grande que ΔZ, et que la somme des carrés sur AB et BΓ
soit égale à la somme des carrés sur ΔE et EZ.

Je dis que ΔE est la plus grande des droites AB, BΓ, ΔE
et EZ, et que EZ est la plus petite.

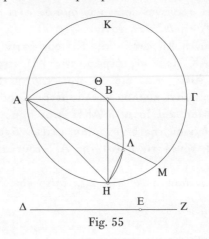

Fig. 55

Qu'une droite BH, égale à BΓ, soit menée à angles droits
à AΓ ; que soit menée une droite de jonction AH, et que soit
décrit un demi-cercle autour du triangle rectangle ABH[1].

Dès lors, puisque la droite AB n'est pas plus petite que

---

1. *Éléments*, III.31.

τῶν τεσσάρων τμημάτων μέγιστον μὲν ἔσται τὸ τῆς
ἐλάττονος μεῖζον τμῆμα, ἐλάχιστον δὲ τὸ ἔλαττον.

Ἔστωσαν εὐθεῖαι δύο ἄνισοι αἱ **ΑΒΓ**, **ΔΕΖ** διῃρημέναι κατὰ τὰ **Β** καὶ **Ε** σημεῖα ὥστε τὴν μὲν **ΔΕ**
τῆς **ΕΖ** μείζονα εἶναι, τὴν δὲ **ΑΒ** τῆς **ΒΓ** μὴ εἶναι 5
ἐλάσσονα, καὶ μείζων μὲν ἔστω ἡ **ΑΓ** τῆς **ΔΖ**, τὰ
δὲ ἀπὸ τῶν **ΑΒ**, **ΒΓ** τετράγωνα τοῖς ἀπὸ τῶν **ΔΕ**,
ΕΖ τετραγώνοις ἴσα.

Λέγω ὅτι τῶν **ΑΒ**, **ΒΓ**, **ΔΕ**, **ΕΖ** εὐθειῶν μεγίστη
μέν ἐστιν ἡ **ΔΕ**, ἐλαχίστη δὲ ἡ **ΕΖ**. 10

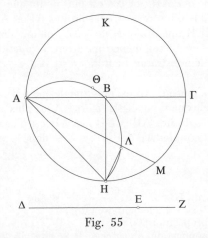

Fig. 55

Ἤχθω πρὸς ὀρθὰς τῇ **ΑΓ** ἡ **ΒΗ** ἴση οὖσα τῇ **ΒΓ**,
καὶ ἐπεζεύχθω ἡ **ΑΗ**, καὶ περὶ τὸ **ΑΒΗ** ὀρθογώνιον
γεγράφθω ἡμικύκλιον.

Ἐπεὶ οὖν ἡ **ΑΒ** εὐθεῖα τῆς **ΒΗ** οὐκ ἔστιν ἐλάττων,

6 μείζων Ψ : μεῖζον V.

BH, alors l'arc AB n'est pas plus petit que l'arc BH[1] ; le point qui divise l'arc ABH en deux parties égales sera ou bien en B ou sur l'arc AB, par exemple en Θ. Le cercle décrit de centre le point médian et de rayon n'importe lequel des rayons A ou H[2], passera aussi par Γ, comme il a été démontré antérieurement[3] ; qu'il soit donc décrit et que ce soit le cercle AKΓH.

Dès lors, puisque le carré sur ΔZ est plus grand que la somme des carrés sur ΔE et EZ[4], et que la somme des carrés sur ΔE et EZ est égale au carré sur AH[4], alors le carré sur ΔZ est aussi plus grand que le carré sur AH ; ΔZ est donc plus grande que AH ; or ΔZ est plus petite que AΓ ; il est donc possible d'insérer entre les droites AΓ et AH dans le cercle AKΓH une droite égale à ΔZ ; qu'une droite AΛM soit insérée et que soit menée une droite de jonction ΛH. En vertu des démonstrations antérieures[6], ΛM est donc égale à ΛH.

Dès lors, puisque AΛ est plus grande que AB[7], et que AB n'est pas plus petite que BH, alors AΛ est plus grande que chacune des droites AB et BH ; or ΛH est plus petite que chacune des droites AB et BH[8] ; AΛ est donc la plus grande

---

1. *Éléments*, III.28.

2. Voir Note complémentaire [16].

3. Voir proposition 52.

4. Par application d'*Éléments*, II.4, dont la formulation algébrique est : $(a + b)^2 = a^2 + b^2 + 2ab$.

5. On a par hypothèse $\Delta E^2 + EZ^2 = AB^2 + B\Gamma^2 \ (BH^2)$; et donc, dans le triangle rectangle ABH, on peut écrire $AB^2 + BH^2 = AH^2$, d'où $\Delta E^2 + EZ^2 = AH^2$.

6. Proposition 52.

7. Par application d'*Éléments*, III.15 dans le cercle de diamètre AH.

8. Dans le cercle de diamètre AΓ, on a AΛ + ΛM < AB + BΓ par application d'*Éléments*, III.15 ; comme on a démontré que AΛ > AB, on a ΛM (ΛH) < BΓ (BH). Donc, comme dans le texte : ΛH < BH et ΛH < AB, puisque par hypothèse AB > BΓ.

καὶ ἡ ΑΒ ἄρα περιφέρεια τῆς ΒΗ οὐκ ἔστιν ἐλάττων·
ἡ ἄρα τῆς ΑΒΗ περιφερείας διχοτομία ἤτοι κατὰ
τὸ Β ἔσται ἢ ἐπὶ τῆς ΑΒ περιφερείας, οἷον κατὰ
Θ. Ὁ ἄρα κέντρῳ μὲν τῇ διχοτομίᾳ, διαστήματι δὲ
ὁποτερῳοῦν τῶν Α, Η γραφόμενος κύκλος ἥξει καὶ 5
διὰ τοῦ Γ, ὡς προεδείχθη· γεγράφθω οὖν καὶ ἔστω
ὁ ΑΚΓΗ.

Ἐπεὶ οὖν τὸ ἀπὸ τῆς ΔΖ μεῖζόν ἐστι τῶν ἀπὸ ΔΕ,
ΕΖ, τὰ δὲ ἀπὸ τῶν ΔΕ, ΕΖ ἴσα τῷ ἀπὸ τῆς ΑΗ,
καὶ τὸ ἀπὸ τῆς ΔΖ ἄρα μεῖζόν ἐστι τοῦ ἀπὸ τῆς 10
ΑΗ· μείζων ἄρα ἡ ΔΖ τῆς ΑΗ· ἐλάττων δὲ ἡ ΔΖ
τῆς ΑΓ· δυνατὸν ἄρα μεταξὺ τῶν ΑΓ, ΑΗ εὐθειῶν
ἐναρμόσαι τῷ ΑΚΓΗ κύκλῳ εὐθεῖαν ἴσην τῇ ΔΖ·
ἐνηρμόσθω ἡ ΑΛΜ, καὶ ἐπεζεύχθω ἡ ΛΗ. Ἴση ἄρα
διὰ τὰ προδεδειγμένα ἡ ΛΜ τῇ ΛΗ. 15

Ἐπεὶ οὖν ἡ μὲν ΑΛ μείζων ἐστὶ τῆς ΑΒ, ἡ δὲ
ΑΒ οὐκ ἐλάσσων τῆς ΒΗ, ἡ ἄρα ΑΛ μείζων ἐστὶν
ἑκατέρας τῶν ΑΒ, ΒΗ· ἡ δὲ ΛΗ ἐλάττων ἑκατέρας
τῶν ΑΒ, ΒΗ· τῶν ἄρα ΑΒ, ΒΗ, ΑΛ, ΛΗ μεγίστη
μὲν ἡ ΑΛ, ἐλαχίστη δὲ ἡ ΛΗ· ἀλλ' ἡ μὲν ΒΗ τῇ 20

des droites AB, BH, AΛ et ΛH, et ΛH est la plus petite ;
mais BH est égale à BΓ, AΛ est égale à ΔE, et ΛH, c'est-
à-dire ΛM, est égale à EZ, comme nous le démontrerons[1].

ΔE est donc la plus grande des droites AB, BΓ, ΔE et EZ,
et EZ est la plus petite, ce qu'il était proposé de démontrer.

56

*Si deux droites égales sont divisées de manière que le
rectangle compris par les segments de l'une soit aussi égal
au rectangle compris par les segments de l'autre, les segments
seront aussi égaux aux segments chacun à chacun.*

Soient des droites égales entre elles AΛM et ΔEZ, divisées aux points Λ et E, de manière que le rectangle AΛ,ΛM
soit égal au rectangle ΔE,EZ[2].

Je dis que AΛ est égale à ΔE.

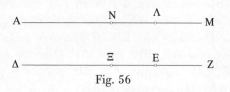

Fig. 56

Puisque AM est égale à ΔZ, alors leurs moitiés seront
aussi égales, de sorte que le carré sur la moitié de AM est
aussi égal à celui sur la moitié de ΔZ.

Si d'abord AM est coupée en deux parties égales au point
Λ, le rectangle AΛ,ΛM est aussi égal au carré sur la moitié
de cette droite, et ΔZ est donc coupée en deux parties égales
au point E, parce que le rectangle ΔE,EZ est égal au carré
sur la moitié de AM, c'est-à-dire sur la moitié de ΔZ.

---

1. Proposition 56.
2. Ce sont les données de la proposition 55 ; voir Note
complémentaire [17].

ΒΓ ἐστιν ἴση, ἡ δὲ ΑΛ τῇ ΔΕ, ἡ δὲ ΛΗ, τουτέστιν ἡ ΛΜ, τῇ ΕΖ, ὡς δείξομεν.

Τῶν ἄρα ΑΒ, ΒΓ, ΔΕ, ΕΖ εὐθειῶν μεγίστη μὲν ἡ ΔΕ, ἐλαχίστη δὲ ἡ ΕΖ, ὃ προέκειτο δεῖξαι.

νϛ′ 5

Ἐὰν δύο εὐθεῖαι ἴσαι διῃρημέναι ὦσιν οὕτως ὥστε καὶ τὸ ὑπὸ τῶν τμημάτων τῆς ἑτέρας τῷ ὑπὸ τῶν τμημάτων τῆς λοιπῆς ἴσον εἶναι, καὶ τὰ τμήματα τοῖς τμήμασιν ἴσα ἔσται ἑκάτερον ἑκατέρῳ.

Ἔστωσαν εὐθεῖαι ἴσαι ἀλλήλαις αἱ ΑΛΜ, ΔΕΖ 10 διῃρημέναι κατὰ τὰ Λ καὶ Ε σημεῖα ὥστε τὸ ὑπὸ ΑΛ, ΛΜ ἴσον εἶναι τῷ ὑπὸ τῶν ΔΕ, ΕΖ.

Λέγω ὅτι ἐστὶν ἴση ἡ ΑΛ τῇ ΔΕ.

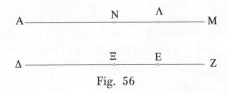

Fig. 56

Ἐπεὶ ἴση ἡ ΑΜ τῇ ΔΖ, καὶ αἱ ἡμίσειαι ἄρα ἴσαι εἰσίν, ὥστε καὶ τὸ ἀπὸ τῆς ἡμισείας τῆς ΑΜ τῷ 15 ἀπὸ τῆς ἡμισείας τῆς ΔΖ ἴσον ἐστίν.

Εἰ μὲν οὖν ἡ ΑΜ δίχα τέτμηται κατὰ τὸ Λ, καὶ ἔστι τὸ ὑπὸ ΑΛ, ΛΜ τὸ ἀπὸ τῆς ἡμισείας, καὶ ἡ ΔΖ ἄρα δίχα τέτμηται κατὰ τὸ Ε, ἐπειδὴ τὸ ὑπὸ ΔΕ, ΕΖ ἴσον ἐστὶ τῷ ἀπὸ τῆς ἡμισείας τῆς ΑΜ, 20 τουτέστι τῆς ἡμισείας τῆς ΔΖ.

___

5 νϛ′ Heiberg : νδ′ Ψ om. V ‖ 18 ἡ Ψ : om. V.

Sinon, que les droites soient coupées en deux parties égales en des points N et Ξ ; la droite NM est donc égale à la droite ΞZ ; le carré sur NM est donc égal à celui sur ΞZ, c'est-à-dire la somme du rectangle AΛ,ΛM et du carré sur NΛ est égale à la somme du rectangle ΔE,EZ et du carré sur ΞE[1], parmi lesquels le rectangle AΛ,ΛM est égal au rectangle ΔE,EZ ; le carré restant sur NΛ est donc égal au carré sur ΞE ; NΛ est donc égale à ΞE ; or NM est aussi égale à ΞZ ; la droite restante ΛM est donc égale à la droite EZ, de sorte que AΛ est aussi égale à ΔE, ce qu'il fallait démontrer.

57

Si un cône oblique est coupé par l'axe, le plus grand des deux triangles obtenus a le grand périmètre, et celui des deux triangles qui a le grand périmètre est aussi le plus grand.

Qu'un cône oblique soit coupé par l'axe AB ; que la section détermine les triangles AΓΔ et AEZ, et que le plus grand soit le triangle AΓΔ, de sorte que EA soit plus grande que AZ et que ΓA ne soit pas plus petite que AΔ[2].

Je dis que le périmètre AΓΔ est plus grand que le périmètre AEZ.

---

1. *Éléments*, II.5.
2. Voir Proposition 24.

Εἰ δὲ μή, τετμήσθωσαν δίχα κατὰ τὰ Ν, Ξ σημεῖα·
ἴση ἄρα ἡ ΝΜ εὐθεῖα τῇ ΞΖ· ἴσον ἄρα τὸ ἀπὸ τῆς
ΝΜ τῷ ἀπὸ τῆς ΞΖ, τουτέστι τὸ ὑπὸ ΑΛ, ΛΜ μετὰ
τοῦ ἀπὸ ΝΛ ἴσον ἐστὶ τῷ ὑπὸ ΔΕ, ΕΖ μετὰ τοῦ
ἀπὸ ΞΕ, ὧν τὸ ὑπὸ ΑΛ, ΛΜ τῷ ὑπὸ ΔΕ, ΕΖ ἴσον 5
ἐστίν· λοιπὸν ἄρα τὸ ἀπὸ ΝΛ τῷ ἀπὸ τῆς ΞΕ ἴσον
ἐστίν· ἴση ἄρα ἡ ΝΛ τῇ ΞΕ· ἔστι δὲ καὶ ἡ ΝΜ τῇ
ΞΖ ἴση· λοιπὴ ἄρα ἡ ΛΜ τῇ ΕΖ ἴση, ὥστε καὶ ἡ
ΑΛ τῇ ΔΕ ἴση, ὅπερ ἔδει δεῖξαι.

νζ′   10

Ἐὰν κῶνος σκαληνὸς διὰ τοῦ ἄξονος τμηθῇ, τῶν
γενομένων τριγώνων τὸ μεῖζον μείζονα περίμετρον
ἔχει, καὶ οὗ τριγώνου μείζων ἡ περίμετρος καὶ αὐτὸ
μεῖζόν ἐστιν.

Τετμήσθω κῶνος σκαληνὸς διὰ τοῦ ΑΒ ἄξονος, 15
καὶ γενέσθω ἐκ τῆς τομῆς τὰ ΑΓΔ, ΑΕΖ τρίγωνα,
μεῖζον δὲ τὸ ΑΓΔ ὥστε τὴν μὲν ΕΑ τῆς ΑΖ μείζονα
εἶναι, τὴν δὲ ΓΑ τῆς ΑΔ μὴ ἐλάττονα.
Λέγω ὅτι ἡ ΑΓΔ περίμετρος τῆς ΑΕΖ περιμέτρου
μείζων ἐστίν.   20

8 Ε]Ζ V¹ : Ξ V ‖ 10 νζ′ Heiberg : νε′ Ψ om. V ‖ 17 μείζονα
Ψ : μεῖζον V.

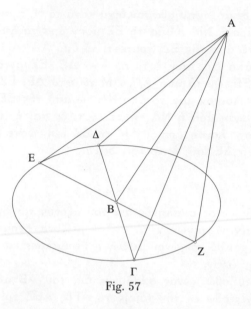

Fig. 57

Puisque les bases ΓΔ et EZ sont égales, que la droite BA a été menée de manière commune du sommet au point qui divise les bases en deux parties égales, et que le triangle AEZ est plus petit que le triangle AΓΔ, alors EA a, avec AZ, un rapport plus grand que celui que ΓA a avec AΔ, comme il a été démontré dans le théorème 21. EA est donc la plus grande des quatres droites, et AZ est la plus petite[1], car cela a été démontré aussi par les théorèmes 18 et 19[2].

1. On a EA : AZ > ΓA : AΔ (1), et donc $EA^2 : AZ^2 > ΓA^2 : AΔ^2$ (prop. 18). D'autre part, dans les triangles EAZ et ΔAΓ, on a respectivement les égalités $EA^2 + AZ^2 = EB^2 + BZ^2 + 2AB^2$ et $ΓA^2 + AΔ^2 = ΔB^2 + BΓ^2 + 2AB^2$ (prop. 17) ; donc, comme $EB^2 + BZ^2 = ΔB^2 + BΓ^2$, on obtient $EA^2 + AZ^2 = ΓA^2 + AΔ^2$ (2). Les relations (1) et (2) permettent d'appliquer la proposition 19 aux grandeurs égales $EA^2 + AZ^2$ et $ΓA^2 + AΔ^2$, inégalement divisées.

2. Voir Note complémentaire [18].

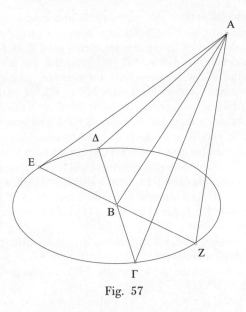

Fig. 57

Ἐπεὶ γὰρ ἴσαι μὲν αἱ **ΓΔ, ΕΖ** βάσεις, κοινὴ δὲ
ἦκται ἡ **ΒΑ** ἐπὶ τὴν διχοτομίαν αὐτῶν ἀπὸ τῆς
κορυφῆς, καὶ ἔστι τὸ **ΑΕΖ** τοῦ **ΑΓΔ** ἔλαττον, ἡ
ἄρα **ΕΑ** πρὸς **ΑΖ** μείζονα λόγον ἔχει ἤπερ ἡ **ΓΑ**
πρὸς **ΑΔ**, ὡς ἐδείχθη ἐν τῷ κα΄ θεωρήματι· ἡ μὲν 5
ἄρα **ΕΑ** μεγίστη ἐστὶ τῶν τεσσάρων εὐθειῶν, ἡ δὲ
ΑΖ ἐλαχίστη· καὶ ταῦτα γὰρ ἐδείχθη ιη΄ καὶ ιθ΄
θεωρήματι.

4 Α]Ζ Par. 2367 e corr. : Β V ‖ 7 ιη΄ V : ἐν τῷ ιη΄ Ψ.

Puisque la somme des carrés de la plus grande et de la plus petite droite, c'est-à-dire la somme des carrés sur EA et AZ, est égale à la somme des carrés sur ΓA et AΔ[1], la somme des droites EA et AZ est plus petite que la somme des droites ΓA et AΔ [, en vertu du théorème précédent[2]].

Que soient ajoutées les droites EZ et ΓΔ ; le périmètre entier AEZ est donc plus petit que le périmètre entier AΓΔ.

Le périmètre du grand triangle est donc plus grand.

D'autre part, il est évident que, dans les cônes obliques, le périmètre le plus grand est celui du plus grand des triangles axiaux, c'est-à-dire du triangle isocèle, et le périmètre le plus petit est celui du plus petit, c'est-à-dire du triangle à angles droits avec la base du cône[3], et, de deux autres triangles, c'est chaque fois le grand qui a un périmètre plus grand que celui qu'a le petit.

Inversement, que, par hypothèse, le périmètre du triangle ΓAΔ soit plus grand que celui du triangle EAZ.

Je dis maintenant que le triangle AΓΔ est plus grand que le triangle EAZ.

Puisque le périmètre AΓΔ est plus grand que le périmètre EAZ, et que ΓΔ est égale à EZ, la somme restante des droites ΓA et AΔ est plus grande que la somme des droites EA et AZ ; d'autre part, la somme des carrés sur ΓA et AΔ est égale à la somme des carrés sur EA et AZ ; la droite EA est donc la plus grande des droites ΓA, AΔ, EA et AZ, et la droite AZ est la plus petite[4] ; tout cela a été démontré antérieurement. EA a donc, avec AZ, un rapport plus grand que celui que AΓ a avec ΔA[5].

---

1. Voir la note précédente.

2. La référence est fausse. Il s'agit en fait de la proposition 54.

3. Proposition 24.

4. Proposition 55.

5. Le texte grec présente à cet endroit une erreur. Il faut restituer le rapport AΓ : ΔA, puisque AΓ est le grand côté du triangle ΓAΔ.

Καὶ ἐπεὶ τὰ ἀπὸ τῆς μεγίστης καὶ τῆς ἐλαχίστης, τουτέστι τὰ ἀπὸ **ΕΑ, ΑΖ**, τοῖς ἀπὸ **ΓΑ, ΑΔ** ἴσα ἐστίν, συναμφότερος ἄρα ἡ **ΕΑ, ΑΖ** εὐθεῖα συναμφοτέρου τῆς **ΓΑ, ΑΔ** ἐλάττων ἐστὶ [διὰ τὸ πρὸ τούτου θεώρημα]. 5

Προσκείσθωσαν αἱ **ΕΖ, ΓΔ**· ὅλη ἄρα ἡ **ΑΕΖ** περίμετρος ὅλης τῆς **ΑΓΔ** περιμέτρου ἐλάττων ἐστίν.

Μείζων ἄρα ἡ τοῦ μείζονος περίμετρος.

Καὶ γέγονε φανερὸν ὅτι ἐν τοῖς σκαληνοῖς κώνοις τῶν διὰ τοῦ ἄξονος τριγώνων μεγίστη μὲν ἡ 10 τοῦ μεγίστου περίμετρος, τουτέστι τοῦ ἰσοσκελοῦς, ἐλαχίστη δὲ ἡ τοῦ ἐλαχίστου, τουτέστι τοῦ πρὸς ὀρθὰς τῇ βάσει τοῦ κώνου, τῶν δ' ἄλλων ἀεὶ τὸ μεῖζον μείζονα περίμετρον ἔχει ἤπερ τὸ ἔλαττον.

Πάλιν ὑποκείσθω ἡ τοῦ **ΓΑΔ** τριγώνου περίμετρος 15 μείζων εἶναι τῆς τοῦ **ΕΑΖ**.

Λέγω δὴ ὅτι τὸ **ΑΓΔ** τρίγωνον τοῦ **ΕΑΖ** μεῖζόν ἐστιν.

Ἐπεὶ ἡ **ΑΓΔ** περίμετρος τῆς **ΕΑΖ** περιμέτρου μείζων ἐστίν, ἴση δὲ ἡ **ΓΔ** τῇ **ΕΖ**, λοιπὴ ἄρα 20 συναμφότερος ἡ **ΓΑ, ΑΔ** συναμφοτέρου τῆς **ΕΑ, ΑΖ** μείζων ἐστίν· καὶ ἔστι τὰ ἀπὸ **ΓΑ, ΑΔ** τοῖς ἀπὸ **ΕΑ, ΑΖ** ἴσα· τῶν ἄρα **ΓΑ, ΑΔ, ΕΑ, ΑΖ** εὐθειῶν μεγίστη μέν ἐστιν ἡ **ΕΑ**, ἐλαχίστη δὲ ἡ **ΑΖ**· ταῦτα γὰρ ἄπαντα προδέδεικται. Ἡ **ΕΑ** ἄρα πρὸς τὴν **ΑΖ** 25 μείζονα λόγον ἔχει ἤπερ ἡ **ΑΓ** πρὸς **ΔΑ**.

1 τὰ Ψ : τὸ V || 2 ΑΖ Ψ : om. V || 4-5 διὰ — θεώρημα del. Decorps-F. vide adn. || 6 ἡ Ψ : om. V || 12 alt. τοῦ Ψ : τῇ V || 16 Ε]Α[Ζ e corr. V¹ || 23 alt. Α]Ζ v Ψ : V ut vid. || 26 ΑΓ Decorps-F. : ΔΑ V || ΔΑ Decorps-F. : ΑΓ V.

Puisque deux triangles ΓΑΔ et EAZ ont les bases égales, que la droite menée du sommet au point qui divise la base en deux parties égales est identique, que le grand[1] côté de l'un a, avec le petit côté, un rapport plus grand que celui que le grand côté de l'autre a avec le petit côté, et pareil pour le reste, alors le triangle EAZ est le plus petit des deux[2].

Le triangle ΓΑΔ est donc plus grand que le triangle EAZ [comme cela a été démontré par le théorème 19 du Livre I].

58

Dans les cônes égaux et droits mais dissemblables, les triangles axiaux sont inversement proportionnels à leurs bases.

Soient des cônes droits et égaux mais dissemblables, ayant comme sommets les points A et B, comme axes les axes AH et ΘB, comme triangles axiaux les triangles ΑΓΔ et BEZ, et comme bases des cônes les cercles décrits autour des diamètres ΓΔ et EZ.

Je dis que la base EZ est à la base ΓΔ comme le triangle ΑΓΔ est au triangle BEZ.

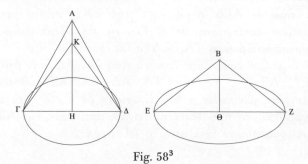

Fig. 58[3]

---

1. Le grec emploie ici le comparatif, car les triangles grecs ont *deux* côtés et une base, et pas trois côtés.
2. Proposition 20.
3. Voir Note complémentaire [19].

Ἐπεὶ οὖν δύο τρίγωνα τὰ ΓΑΔ, ΕΑΖ βάσεις ἴσας ἔχει, ἔχει δὲ καὶ τὴν ἀπὸ τῆς κορυφῆς ἐπὶ τὴν διχοτομίαν τῆς βάσεως ἠγμένην τὴν αὐτήν, ἡ δὲ τοῦ ἑτέρου μείζων πλευρὰ πρὸς τὴν ἐλάττονα μείζονα λόγον ἔχει ἤπερ ἡ τοῦ ἑτέρου μείζων πρὸς τὴν ἐλάτ- 5 τονα, καὶ τὰ λοιπά, τὸ ἄρα ΕΑΖ τρίγωνον ἔλαττόν ἐστιν·

Μεῖζον ἄρα τὸ ΓΑΔ τρίγωνον τοῦ ΕΑΖ [ὡς ἐδείχθη θεωρήματι ιθ′ τοῦ πρώτου βιβλίου].

νη′ 10

Τῶν ἴσων μὲν καὶ ὀρθῶν κώνων, ἀνομοίων δέ, ἀντιπέπονθε τὰ διὰ τοῦ ἄξονος τρίγωνα ταῖς ἑαυτῶν βάσεσιν.

Ἔστωσαν κῶνοι ὀρθοὶ καὶ ἴσοι, ἀνόμοιοι δέ, ὧν κορυφαὶ μὲν τὰ Α, Β σημεῖα, ἄξονες δὲ οἱ ΑΗ, 15 ΘΒ, τὰ δὲ διὰ τῶν ἀξόνων τρίγωνα τὰ ΑΓΔ, ΒΕΖ, βάσεις δὲ τῶν κώνων οἱ περὶ τὰς ΓΔ, ΕΖ διαμέτρους κύκλοι.

Λέγω ὅτι ὡς τὸ ΑΓΔ τρίγωνον πρὸς τὸ ΒΕΖ, οὕτως ἡ ΕΖ βάσις πρὸς τὴν ΓΔ. 20

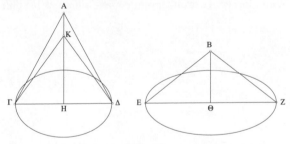

Fig. 58

Puisque les cônes sont égaux, alors BΘ est à AH comme le cercle décrit autour du centre H est au cercle décrit autout du centre Θ[1] ; or le cercle décrit autour du centre H a, avec le cercle décrit autour du centre Θ, un rapport doublé de celui que ΓΔ a avec EZ[2].

Soit KH la moyenne proportionnelle des droites ΘB et AH, et que soient menées des droites de jonction KΓ et KΔ ; BΘ est donc à KH, et KH est à HA, comme ΓΔ est à EZ.

Dès lors, puisque BΘ est à KH comme ΓΔ est à EZ, alors le triangle BEZ est égal au triangle KΓΔ[3].

Puisque KH est à HA comme ΓΔ est à EZ, et que le triangle KΓΔ est au triangle AΓΔ comme KH est à HA[4], alors le triangle KΓΔ, c'est-à-dire le triangle BEZ, est au triangle AΓΔ comme ΓΔ est à EZ ; la base EZ est donc aussi à la base ΓΔ comme le triangle AΓΔ est au triangle BEZ.

Les triangles placés sur la figure sont donc inversement proportionnels à leurs bases.

59

Les cônes droits dont les triangles axiaux sont inversement proportionnels à leurs bases sont égaux entre eux.

Soient des cônes droits, ayant comme sommets les points

---

1. *Éléments*, XII.15.
2. *Éléments*, XII.2.
3. *Éléments*, VI.14 et I.41.
4. Les triangles de même base ont comme rapport mutuel celui de leurs hauteurs respectives, *cf. Éléments*, VI.1.

Ἐπεὶ γὰρ ἴσοι εἰσὶν οἱ κῶνοι, ὡς ἄρα ὁ περὶ τὸ Η κέντρον κύκλος πρὸς τὸν περὶ τὸ Θ κύκλον, οὕτως ἡ ΒΘ πρὸς τὴν ΑΗ· ὁ δὲ περὶ τὸ Η κύκλος πρὸς τὸν περὶ τὸ Θ κύκλον διπλασίονα λόγον ἔχει ἤπερ ἡ ΓΔ πρὸς τὴν ΕΖ.   5

Ἔστω τῶν ΘΒ, ΑΗ μέση ἀνάλογον ἡ ΚΗ, καὶ ἐπεζεύχθωσαν αἱ ΚΓ, ΚΔ· ὡς ἄρα ἡ ΓΔ πρὸς τὴν ΕΖ, οὕτως ἥ τε ΒΘ πρὸς τὴν ΚΗ καὶ ἡ ΚΗ πρὸς τὴν ΗΑ.

Ἐπεὶ οὖν ὡς ἡ ΓΔ πρὸς τὴν ΕΖ, οὕτως ἡ ΒΘ   10
πρὸς τὴν ΚΗ, τὸ ΒΕΖ ἄρα τρίγωνον ἴσον ἐστὶ τῷ ΚΓΔ τριγώνῳ.

Καὶ ἐπεὶ ὡς ἡ ΓΔ πρὸς τὴν ΕΖ, οὕτως ἡ ΚΗ πρὸς ΗΑ, ὡς δὲ ἡ ΚΗ πρὸς τὴν ΗΑ, οὕτω τὸ ΚΓΔ τρίγωνον πρὸς τὸ ΑΓΔ, ὡς ἄρα ἡ ΓΔ πρὸς   15
τὴν ΕΖ, οὕτω τὸ ΚΓΔ τρίγωνον, τουτέστι τὸ ΒΕΖ τρίγωνον, πρὸς τὸ ΑΓΔ τρίγωνον· καὶ ὡς ἄρα τὸ ΑΓΔ τρίγωνον πρὸς τὸ ΒΕΖ, οὕτως ἡ ΕΖ βάσις πρὸς τὴν ΓΔ βάσιν.

Ἀντιπέπονθεν ἄρα τὰ ἐκκείμενα τρίγωνα ταῖς   20
ἑαυτῶν βάσεσιν.

νθ'

Ὧν κώνων ὀρθῶν ἀντιπέπονθε τὰ διὰ τῶν ἀξόνων τρίγωνα ταῖς ἑαυτῶν βάσεσιν, οὗτοι ἴσοι εἰσὶν ἀλλή-λοις.
                                                            25

Ἔστωσαν κῶνοι ὀρθοὶ ὧν κορυφαὶ μὲν τὰ Α, Β

---

22 νθ' Heiberg : νζ' Ψ om. V ‖ 23 διὰ Vᵖᶜ : iter. Vᵃᶜ ‖ 26 κῶνοι Ψ : κώνων V ‖ ὀρθοὶ ὧν Heiberg : οἷον V.

A et B, pour axes les droites AH et BΘ, pour triangles axiaux les triangles AΓΔ et BEZ, et que le triangle EBZ soit au triangle AΓΔ comme ΓΔ est à EZ.

Je dis que les cônes sont égaux entre eux.

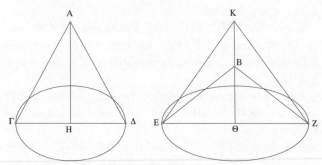

Fig. 59

Que le triangle AΓΔ soit à un triangle KEZ[1] comme le triangle BEZ est au triangle AΓΔ ; le triangle BEZ a donc, avec le triangle KEZ, un rapport doublé de celui que le triangle ΓAΔ a avec le triangle KEZ[2].

Dès lors, puisque le triangle BEZ est au triangle AΓΔ comme ΓΔ est à EZ, et que le triangle AΓΔ est au triangle KEZ comme le triangle BEZ est au triangle AΓΔ, alors le triangle AΓΔ est au triangle KEZ comme ΓΔ est à EZ, de sorte que, puisque les triangles AΓΔ et KEZ sont entre eux comme leurs bases, ils sont sous la dépendance de la même hauteur[3] ; AH est donc égale à KΘ.

Puisque le cercle H a, avec le cercle Θ, un rapport doublé de celui que le diamètre ΓΔ a avec EZ[4], et que le triangle AΓΔ est au triangle EKZ comme le diamètre ΓΔ est à EZ,

1. L'aire du triangle KEZ est introduite comme troisième proportionnelle.
2. *Éléments*, V, *définition* 9.
3. C'est la réciproque d'*Éléments*, VI.1 qui est invoquée ici.
4. *Éléments*, XII.2.

σημεῖα, ἄξονες δὲ αἱ ΑΗ, ΒΘ εὐθεῖαι, τὰ δὲ διὰ τῶν
ἀξόνων τρίγωνα τὰ ΑΓΔ, ΒΕΖ, καὶ ἔστω ὡς ἡ ΓΔ
πρὸς τὴν ΕΖ, οὕτω τὸ ΕΒΖ τρίγωνον πρὸς τὸ ΑΓΔ.
Λέγω ὅτι ἴσοι εἰσὶν ἀλλήλοις οἱ κῶνοι.

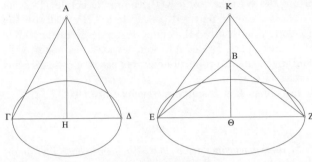

Fig. 59

Γενέσθω ὡς τὸ ΒΕΖ τρίγωνον πρὸς τὸ ΑΓΔ, οὕτω 5
τὸ ΑΓΔ πρὸς τὸ ΚΕΖ· τὸ ΒΕΖ ἄρα πρὸς τὸ ΚΕΖ
διπλασίονα λόγον ἔχει ἤπερ τὸ ΓΑΔ πρὸς τὸ ΚΕΖ.
Ἐπεὶ οὖν ὡς ἡ ΓΔ πρὸς τὴν ΕΖ, οὕτω τὸ ΒΕΖ
τρίγωνον πρὸς τὸ ΑΓΔ, ὡς δὲ τὸ ΒΕΖ πρὸς τὸ ΑΓΔ,
οὕτω τὸ ΑΓΔ πρὸς τὸ ΚΕΖ, ὡς ἄρα ἡ ΓΔ πρὸς τὴν 10
ΕΖ, οὕτω τὸ ΑΓΔ τρίγωνον πρὸς τὸ ΚΕΖ, ὥστε ἐπεὶ
τὰ ΑΓΔ, ΚΕΖ τρίγωνα πρὸς ἄλληλά ἐστιν ὡς αἱ
βάσεις, ὑπὸ τὸ αὐτὸ ἄρα ὕψος ἐστίν· ἴση ἄρα ἡ
ΑΗ τῇ ΚΘ.
Καὶ ἐπεὶ ὁ Η κύκλος πρὸς τὸν Θ κύκλον διπλα- 15
σίονα λόγον ἔχει ἤπερ ἡ ΓΔ διάμετρος πρὸς τὴν
ΕΖ, ὡς δὲ ἡ ΓΔ διάμετρος πρὸς τὴν ΕΖ, οὕτω
τὸ ΑΓΔ τρίγωνον πρὸς τὸ ΕΚΖ, ὁ ἄρα Η κύκλος

alors le cercle H a, avec le cercle Θ, un rapport doublé de
celui que le triangle ΓΑΔ a avec le triangle ΕΚΖ ; or, on
l'a vu, le triangle ΕΒΖ a, avec le triangle ΕΚΖ, un rapport
doublé de celui que le triangle ΓΑΔ a avec le triangle ΕΚΖ ;
le triangle ΕΒΖ est donc au triangle ΕΚΖ, c'est-à-dire la
droite ΒΘ est à la droite ΚΘ[1], comme le cercle H est au
cercle Θ ; d'autre part, ΘΚ est égale à ΑΗ ; la droite ΒΘ
est donc à la droite ΑΗ comme le cercle H est au cercle
Θ. D'autre part, ΒΘ et ΑΗ sont les axes des cônes et ils
sont inversement proportionnels aux bases, c'est-à-dire aux
cercles H et Θ.

Les cônes A et B sont donc égaux entre eux[2].

60

Si, dans deux cônes droits, la base a, avec la base, un rapport
doublé de celui qu'a le cône avec le cône, les triangles axiaux
seront égaux entre eux.

Soient des cônes droits, ayant pour sommets les points A
et B, pour bases les cercles décrits autour des centres H et
Θ, et pour triangles axiaux les triangles ΑΓΔ et ΒΕΖ ; et
que le cercle H ait, avec le cercle Θ, un rapport doublé de
celui que le cône ΑΗΓΔ a avec le cône ΒΘΕΖ.

Je dis que les triangles ΑΓΔ et ΒΕΖ sont égaux entre eux.

---

1. Les triangles de même base ont comme rapport mutuel
celui de leurs hauteurs respectives, *cf. Éléments*,VI.1.
2. *Éléments*, XII.15.

πρὸς τὸν Θ κύκλον διπλασίονα λόγον ἔχει ἤπερ
τὸ ΓΑΔ πρὸς τὸ ΕΚΖ· εἶχε δὲ καὶ τὸ ΕΒΖ πρὸς
τὸ ΕΚΖ διπλασίονα λόγον ἤπερ τὸ ΓΑΔ πρὸς τὸ
ΕΚΖ· ὡς ἄρα ὁ Η κύκλος πρὸς τὸν Θ κύκλον, οὕτω
τὸ ΕΒΖ τρίγωνον πρὸς τὸ ΕΚΖ, τουτέστιν ἡ ΒΘ   5
εὐθεῖα πρὸς τὴν ΚΘ· καὶ ἔστιν ἡ ΘΚ τῇ ΑΗ ἴση· ὡς
ἄρα ὁ Η κύκλος πρὸς τὸν Θ κύκλον, οὕτως ἡ ΒΘ
εὐθεῖα πρὸς τὴν ΑΗ. Καί εἰσιν αἱ ΒΘ, ΑΗ ἄξονες
τῶν κώνων καὶ ἀντιπεπόνθασι ταῖς βάσεσι, τουτέστι
τοῖς Η, Θ κύκλοις.   10

Οἱ ἄρα Α, Β κῶνοι ἴσοι ἀλλήλοις εἰσίν.

ξ′

Ἐὰν δύο κώνων ὀρθῶν ἡ βάσις πρὸς τὴν βάσιν
διπλασίονα λόγον ἔχῃ ἤπερ ὁ κῶνος πρὸς τὸν
κῶνον, τὰ διὰ τῶν ἀξόνων τρίγωνα ἴσα ἀλλήλοις   15
ἔσται.

Ἔστωσαν κῶνοι ὀρθοὶ ὧν κορυφαὶ μὲν τὰ Α, Β
σημεῖα, βάσεις δὲ οἱ περὶ τὰ Η, Θ κέντρα κύκλοι,
τὰ δὲ διὰ τῶν ἀξόνων τρίγωνα τὰ ΑΓΔ, ΒΕΖ, ἐχέτω
δὲ ὁ Η κύκλος πρὸς τὸν Θ διπλασίονα λόγον ἤπερ   20
ὁ ΑΗΓΔ κῶνος πρὸς τὸν ΒΘΕΖ.

Λέγω ὅτι τὰ ΑΓΔ, ΒΕΖ τρίγωνα ἴσα ἀλλήλοις
ἐστίν.

---

5 post EBZ des. manus scribae V ‖ a τρίγωνον inc. alt.
manus V ‖ 9 post ἀντιπεπόνθασι des. alt. manus V ‖ a ταῖς
inc. rursus manus scribae V ‖ 12 ξ′ Heiberg : νη′ Ψ om. V ‖
17 κορυφαὶ Ψ : κορυφὴ V ‖ 19 ΑΓΔ Ψ : ΑΒΔ V.

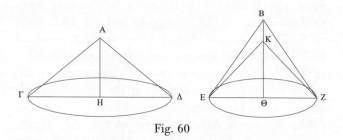

Fig. 60

Que le cône BΘEZ soit à un cône KΘEZ comme le cône AHΓΔ est au cône BΘEZ[1].

Puisque le cercle H a, avec le cercle Θ, un rapport doublé de celui que le cône AHΓΔ a avec le cône BΘEZ, et que, d'autre part, le cône AHΓΔ a aussi, avec le cône KΘEZ, un rapport doublé de celui que le cône AHΓΔ a avec le cône BΘEZ, alors le cône AHΓΔ est au cône KΘEZ comme le cercle H est au cercle Θ, de sorte que, puisque les cônes AHΓΔ et KΘEZ sont entre eux comme les bases, ils sont de même hauteur en vertu de la réciproque du théorème du Livre XII des *Éléments*[2] ; AH est donc égale à KΘ.

Dès lors, puisque le cercle H a, avec le cercle Θ, un rapport doublé de celui que le cône AHΓΔ a avec le cône BΘEZ, c'est-à-dire de celui que le cône BΘEZ a avec le cône KΘEZ, c'est-à-dire de celui que BΘ a avec ΘK[3], et que le cercle H a, avec le cercle Θ, un rapport doublé de

1. Le cône de sommet K est posé comme troisième proportionnelle. On peut donc écrire: AHΓΔ : KΘEZ = AHΓΔ² : BΘEZ² = BΘEZ² : KΘEZ² (*Éléments*, V, *définition* 9)

2. Le théorème dont la réciproque est invoquée est la proposition XII.11.

3. Les cônes de même base ont comme rapport mutuel celui de leurs hauteurs respectives, *cf. Éléments*, XII.11.

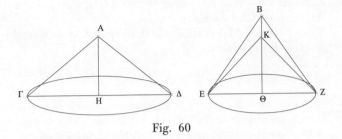

Fig. 60

Ἔστω ὡς ὁ **ΑΗΓΔ** κῶνος πρὸς τὸν **ΒΘΕΖ**, οὕτως ὁ **ΒΘΕΖ** πρὸς τὸν **ΚΘΕΖ**.

Ἐπεὶ ὁ **Η** κύκλος πρὸς τὸν **Θ** κύκλον διπλασίονα λόγον ἔχει ἤπερ ὁ **ΑΗΓΔ** κῶνος πρὸς τὸν **ΒΘΕΖ** κῶνον, ἀλλὰ καὶ ὁ **ΑΗΓΔ** κῶνος πρὸς τὸν **ΚΘΕΖ** 5 κῶνον διπλασίονα λόγον ἔχει ἤπερ ὁ **ΑΗΓΔ** κῶνος πρὸς τὸν **ΒΘΕΖ**, ὡς ἄρα ὁ **Η** κύκλος πρὸς τὸν **Θ** κύκλον, οὕτως ὁ **ΑΗΓΔ** κῶνος πρὸς τὸν **ΚΘΕΖ** κῶνον, ὥστε ἐπεὶ οἱ **ΑΗΓΔ**, **ΚΘΕΖ** κῶνοι πρὸς ἀλλήλους εἰσὶν ὡς αἱ βάσεις, ἰσοϋψεῖς ἄρα εἰσὶ διὰ τὸ 10 ἀντίστροφον τοῦ θεωρήματος τοῦ ιβ΄ τῶν Στοιχείων· ἴση ἄρα ἐστὶν ἡ **ΑΗ** τῇ **ΚΘ**.

Ἐπεὶ οὖν ὁ **Η** κύκλος πρὸς τὸν **Θ** διπλασίονα λόγον ἔχει ἤπερ ὁ **ΑΗΓΔ** κῶνος πρὸς τὸν **ΒΘΕΖ** κῶνον, τουτέστιν ἤπερ ὁ **ΒΘΕΖ** πρὸς τὸν **ΚΘΕΖ**, 15 τουτέστιν ἤπερ ἡ **ΒΘ** πρὸς τὴν **ΘΚ**, ἔχει δὲ ὁ **Η** κύκλος πρὸς τὸν **Θ** κύκλον διπλασίονα λόγον ἤπερ

1 πρὸς τὸν alt. manus V ‖ ΒΘΕΖ Ψ᾽ : ΒΘΕΖ V ‖ 2 ΒΘΕΖ Ψ᾽ : ΒΘΕΞ V ‖ post ΚΘΕΖ des. manus scribae V ‖ 3 ab Ἐπεὶ inc. alt. manus V ‖ post Ἐπεὶ fort. addendum οὖν ‖ 6 post λόγον des. alt. manus V ‖ ab ἔχει inc. rursus manus scribae V ‖ 16 δὲ iter. V ‖ 17 τὸν Ψ᾽ : om. V.

celui que ΓΔ a avec EZ[1], alors BΘ est à ΘK, c'est-à-dire à AH, comme ΓΔ est à EZ.

Les triangles ΑΓΔ et BEZ sont donc égaux[2], ce qu'il était proposé de démontrer.

61

Et si les triangle axiaux sont égaux entre eux, la base a, avec la base, un rapport doublé de celui que le cône a avec le cône.

Que soient de nouveau décrits les cônes proposés, et que, par hypothèse, les triangles ΑΓΔ et BEZ soient égaux entre eux.

Il faut démontrer que le cercle H a, avec le cercle Θ, un rapport doublé de celui que le cône AHΓΔ a avec le cône BΘEZ.

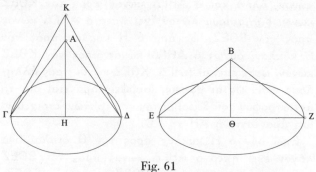

Fig. 61

Que AH soit à HK comme BΘ est à AH[3].

---

1. *Éléments*, XII.2.
2. *Éléments*, VI.14 et I.41.
3. La hauteur HK est posée comme troisième proportionnelle.

ἡ ΓΔ πρὸς ΕΖ, ὡς ἄρα ἡ ΓΔ πρὸς ΕΖ, οὕτως ἡ
ΒΘ πρὸς ΘΚ, τουτέστι πρὸς ΑΗ.
Ἴσα ἄρα ἐστὶ τὰ ΑΓΔ, ΒΕΖ τρίγωνα, ὃ προέκειτο
δεῖξαι.

ξα′   5

Καὶ ἐὰν τὰ διὰ τῶν ἀξόνων τρίγωνα ἴσα ἀλλήλοις
ᾖ, ἡ βάσις πρὸς τὴν βάσιν διπλασίονα λόγον ἔχει
ἤπερ ὁ κῶνος πρὸς τὸν κῶνον.
Καταγεγράφθωσαν πάλιν οἱ προκείμενοι κῶνοι,
καὶ ὑποκείσθω τὰ ΑΓΔ, ΒΕΖ τρίγωνα ἴσα ἀλλήλοις   10
εἶναι.
Δεικτέον δὴ ὅτι ὁ Η κύκλος πρὸς τὸν Θ κύκλον
διπλασίονα λόγον ἔχει ἤπερ ὁ ΑΗΓΔ κῶνος πρὸς
τὸν ΒΘΕΖ κῶνον.

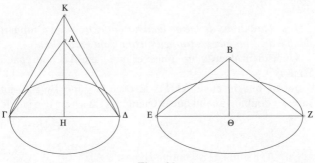

Fig. 61

Ἔστω γὰρ ὡς ἡ ΒΘ εὐθεῖα πρὸς ΑΗ, οὕτως ἡ ΑΗ   15
πρὸς ΗΚ.

---

3 ΒΕΖ Ω : ΒΕΔ V ‖ 4 post δεῖξαι des. manus scribae V ‖
5 ξα′ Heiberg : ξ′ V νθ′ Ψ om. v ‖ 6 a καὶ alt. manus usque ad
finem libri V.

Dès lors, puisque les triangles AΓΔ et BEZ sont égaux entre eux, alors BΘ est à AH, c'est-à-dire AH est à HK, comme ΓΔ est à EZ[1] ; d'autre part, puisque le cercle H a, avec le cercle Θ, un rapport doublé de celui que ΓΔ a avec EZ[2], c'est-à-dire de celui que BΘ a avec AH, et que BΘ a aussi, avec KH, un rapport doublé de celui que BΘ a avec AH[3], alors BΘ est à KH comme le cercle H est au cercle Θ ; le cône KHΓΔ est donc égal au cône BΘEZ[4].

Dès lors, puisque AH est à HK comme ΓΔ est à EZ, et que le cône AHΓΔ est au cône KHΔΓ, c'est-à-dire au cône BΘEZ, comme AH est à HK[5], alors le cône AHΓΔ est au cône BΘEZ comme ΓΔ est à EZ ; mais le cercle H a, avec le cercle Θ, un rapport doublé de celui que ΓΔ a avec EZ ; le cercle H a donc, avec le cercle Θ, c'est-à-dire la base du cône AHΓΔ a, avec la base du cône BΘEZ, un rapport doublé de celui que le cône AHΓΔ a avec le cône BΘEZ, ce qu'il fallait démontrer.

62

Les cônes droits de même hauteur ont entre eux un rapport doublé de celui que les triangles axiaux ont entre eux.

Que soient décrits les cônes, et que l'axe AH soit égal à l'axe BΘ.

Je dis que le cône AHΓΔ a, avec le cône BΘEZ, un rapport doublé de celui que le triangle AΓΔ a avec le triangle BEZ.

---

1. *Éléments*, VI.14 et I.41.
2. *Éléments*, XII.2.
3. *Éléments*,V, *définition* 9.
4. *Éléments*, XII.15.
5. Les cônes de même base ont comme rapport mutuel celui de leurs hauteurs respectives, *cf. Éléments*, XII.11.

Ἐπεὶ οὖν τὰ **ΑΓΔ, ΒΕΖ** τρίγωνα ἴσα ἐστὶν ἀλλήλοις, ὡς ἄρα ἡ **ΓΔ** πρὸς **ΕΖ**, οὕτως ἡ **ΒΘ** πρὸς
ΑΗ, τουτέστιν ἡ **ΑΗ** πρὸς **ΗΚ**· καὶ ἐπεὶ ὁ **Η** κύκλος
πρὸς τὸν **Θ** διπλασίονα λόγον ἔχει ἤπερ ἡ **ΓΔ** πρὸς
ΕΖ, τουτέστιν ἤπερ ἡ **ΒΘ** πρὸς **ΑΗ**, ἔχει δὲ καὶ ἡ 5
ΒΘ πρὸς **ΚΗ** διπλασίονα λόγον ἤπερ ἡ **ΒΘ** πρὸς
ΑΗ, ὡς ἄρα ὁ **Η** κύκλος πρὸς τὸν **Θ** κύκλον, οὕτως
ἡ **ΒΘ** πρὸς **ΚΗ**· ὁ ἄρα **ΚΗΓΔ** κῶνος τῷ **ΒΘΕΖ** ἴσος
ἐστίν.

Ἐπεὶ οὖν ὡς ἡ **ΓΔ** πρὸς **ΕΖ**, οὕτως ἡ **ΑΗ** πρὸς 10
ΗΚ, ὡς δὲ ἡ **ΑΗ** πρὸς **ΗΚ**, οὕτως ὁ **ΑΗΓΔ** κῶνος
πρὸς τὸν **ΚΗΔΓ**, τουτέστι πρὸς τὸν **ΒΘΕΖ** κῶνον, ὡς
ἄρα ἡ **ΓΔ** πρὸς **ΕΖ**, οὕτως ὁ **ΑΗΓΔ** κῶνος πρὸς τὸν
ΒΘΕΖ κῶνον· ἀλλ' ὁ **Η** κύκλος πρὸς τὸν **Θ** κύκλον
διπλασίονα λόγον ἔχει ἤπερ ἡ **ΓΔ** πρὸς τὴν **ΕΖ**· 15
ὁ ἄρα **Η** κύκλος πρὸς τὸν **Θ** κύκλον, τουτέστιν ἡ
βάσις τοῦ **ΑΗΓΔ** κώνου πρὸς τὴν βάσιν τοῦ **ΒΘΕΖ**
κώνου, διπλασίονα λόγον ἔχει ἤπερ ὁ **ΑΗΓΔ** κῶνος
πρὸς τὸν **ΒΘΕΖ** κῶνον, ὅπερ ἔδει δεῖξαι.

ξβ′ 20

Οἱ ἰσοϋψεῖς κῶνοι ὀρθοὶ διπλασίονα λόγον ἔχουσι
πρὸς ἀλλήλους ἤπερ τὰ διὰ τῶν ἀξόνων τρίγωνα.

Καταγεγράφθωσαν οἱ κῶνοι, καὶ ἔστω ὁ **ΑΗ** ἄξων
τῷ **ΒΘ** ἴσος.

Λέγω ὅτι ὁ **ΑΗΓΔ** κῶνος πρὸς τὸν **ΒΘΕΖ** κῶνον 25
διπλασίονα λόγον ἔχει ἤπερ τὸ **ΑΓΔ** πρὸς τὸ **ΒΕΖ**.

3 ΗΚ V Ψ : Η v ‖ 6 λόγον V : λόγον ἔχει v ‖ 19 ΒΘΕΖ v^{corr} ‖
20 ξβ′ Heiberg : ξα′ V ξ′ Ψ om. v ‖ 24 ΒΘ V Ψ : ΒΗΘ v.

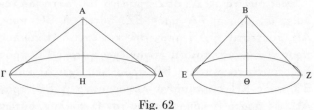

Fig. 62

Puisque le cercle H a, avec le cercle Θ, un rapport doublé de celui que ΓΔ a avec EZ[1], et que le cône AHΓΔ est au cône BΘEZ — ils sont de même hauteur — comme le cercle H est au cercle Θ[2], alors le cône AHΓΔ a aussi, avec le cône BΘEZ un rapport doublé de celui que ΓΔ a avec EZ, c'est-à-dire de celui que le triangle AΓΔ a avec le triangle BEZ[3], ce qu'il fallait démontrer.

63

Si des cônes droits ont entre eux un rapport doublé de celui qu'ont les triangles axiaux, les cônes seront de même hauteur.

Que soient décrits les cônes, et que, par hypothèse, le cône AHΓΔ ait, avec le cône BΘEZ, un rapport doublé de celui que le triangle AΓΔ a avec le triangle BEZ.

Je dis que AH est égale à BΘ.

---

1. *Éléments*, XII.2.
2. *Éléments*, XII.11.
3. *Éléments*, VI.1.

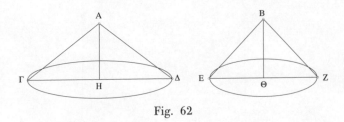

Fig. 62

Ἐπεὶ γὰρ ὁ Η κύκλος πρὸς τὸν Θ κύκλον διπλασίονα λόγον ἔχει ἤπερ ἡ ΓΔ πρὸς ΕΖ, ὡς δὲ ὁ Η
κύκλος πρὸς τὸν Θ κύκλον, οὕτως ὁ ΑΗΓΔ κῶνος
πρὸς τὸν ΒΘΕΖ κῶνον· ἰσοϋψεῖς γάρ· καὶ ὁ ΑΗΓΔ
ἄρα κῶνος πρὸς τὸν ΒΘΕΖ κῶνον διπλασίονα λόγον 5
ἔχει ἤπερ ἡ ΓΔ πρὸς ΕΖ, τουτέστιν ἤπερ τὸ ΑΓΔ
τρίγωνον πρὸς τὸ ΒΕΖ τρίγωνον, ὅπερ ἔδει δεῖξαι.

ξγ΄

Ἐὰν ὀρθοὶ κῶνοι πρὸς ἀλλήλους διπλασίονα
λόγον ἔχωσιν ἤπερ τὰ διὰ τῶν ἀξόνων τρίγωνα, 10
ἰσοϋψεῖς ἔσονται οἱ κῶνοι.

Καταγεγράφθωσαν οἱ κῶνοι, καὶ ὑποκείσθω ὁ
ΑΗΓΔ κῶνος πρὸς τὸν ΒΘΕΖ διπλασίονα λόγον
ἔχειν ἤπερ τὸ ΑΓΔ τρίγωνον πρὸς τὸ ΒΕΖ τρίγωνον.
Λέγω ὅτι ἡ ΑΗ ἴση ἐστὶ τῇ ΒΘ. 15

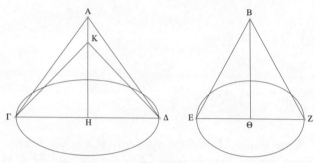

Fig. 63

Que soit placé le triangle KΓΔ égal au triangle BEZ.

Dès lors, puisque le cône AHΓΔ a, avec le cône BΘEZ, un rapport doublé de celui que le triangle AΓΔ a avec le triangle BEZ, et que le triangle BEZ est égal au triangle KΓΔ, alors le cône AHΓΔ a, avec le cône BΘEZ, un rapport doublé de celui que le triangle AΓΔ a avec le triangle KΓΔ, c'est-à-dire de celui que AH a avec HK[1], c'est-à-dire de celui que le cône AHΓΔ a avec le cône KHΓΔ[2] ; le cône KHΓΔ est donc au cône BΘEZ comme le cône AHΓΔ est au cône KHΓΔ[3].

Puisque les triangles axiaux KΓΔ et BEZ des cônes KHΓΔ et BΘEZ sont égaux entre eux, alors la base H du cône a, avec la base Θ, un rapport doublé de celui que le cône KHΓΔ a avec le cône BΘEZ, comme il a été démontré dans l'avant-dernier théorème[4] ; d'autre part, le cône AHΓΔ est

1. *Éléments*, VI.1.
2. Les cônes de même base ont comme rapport mutuel celui de leurs hauteurs respectives, *cf. Éléments*, XII.11.
3. *Éléments*, V, *définition* 9.
4. Proposition 61.

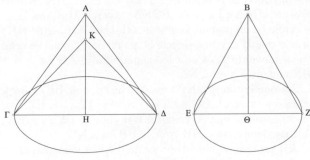

Fig. 63

Κείσθω τῷ ΒΕΖ τριγώνῳ ἴσον τὸ ΚΓΔ τρίγωνον.
Ἐπεὶ οὖν ὁ ΑΗΓΔ κῶνος πρὸς τὸν ΒΘΕΖ κῶνον
διπλασίονα λόγον ἔχει ἤπερ τὸ ΑΓΔ τρίγωνον πρὸς
τὸ ΒΕΖ, ἴσον δὲ τὸ ΒΕΖ τρίγωνον τῷ ΚΓΔ τριγώνῳ,
ὁ ἄρα ΑΗΓΔ κῶνος πρὸς τὸν ΒΘΕΖ κῶνον διπλα- 5
σίονα λόγον ἔχει ἤπερ τὸ ΑΓΔ τρίγωνον πρὸς τὸ
ΚΓΔ τρίγωνον, τουτέστιν ἤπερ ἡ ΑΗ πρὸς ΗΚ,
τουτέστιν ἤπερ ὁ ΑΗΓΔ κῶνος πρὸς τὸν ΚΗΓΔ
κῶνον· ὡς ἄρα ὁ ΑΗΓΔ κῶνος πρὸς τὸν ΚΗΓΔ
κῶνον, οὕτως ὁ ΚΗΓΔ πρὸς τὸν ΒΘΕΖ. 10
Καὶ ἐπεὶ τῶν ΚΗΓΔ, ΒΘΕΖ κώνων τὰ διὰ τῶν
ἀξόνων τρίγωνα τὰ ΚΓΔ, ΒΕΖ ἴσα ἀλλήλοις ἐστίν,
ἡ ἄρα Η βάσις τοῦ κώνου πρὸς τὴν Θ βάσιν διπλασίονα λόγον ἔχει ἤπερ ὁ ΚΗΓΔ κῶνος πρὸς τὸν
ΒΘΕΖ, ὡς ἐδείχθη ἐν τῷ πρὸ ἑνὸς θεωρήματι· ὡς 15
δὲ ὁ ΚΗΓΔ κῶνος πρὸς τὸν ΒΘΕΖ, οὕτως ὁ ΑΗΓΔ
πρὸς τὸν ΚΗΓΔ καὶ ἡ ΑΗ εὐθεῖα πρὸς τὴν ΗΚ·

7 ἤπερ V Ψ : ἡ ΠΕΡ v ‖ 9 κῶνος V Ψ : om. v ‖ 14 τὸν V Ψ :
τὴν v ‖ 15 πρὸ ἑνὸς Heiberg : προενὶ v.

au cône KHΓΔ, et la droite AH est à la droite HK, comme
le cône KHΓΔ est au cône BΘEZ ; le cercle H a donc, avec
le cercle Θ, un rapport doublé de celui que AH a avec HK ;
or le cercle H a, avec le cercle Θ, un rapport doublé de celui
que le diamètre ΓΔ a avec le diamètre EZ[1] ; AH est donc à
HK comme ΓΔ est à EZ.

Puisque le triangle KΓΔ est égal au triangle BEZ, alors,
en raison inverse[2], BΘ est à KH comme ΓΔ est à EZ[3] ; or
on a démontré que AH était à KH comme ΓΔ est à EZ ;
AH est donc aussi à KH comme BΘ est à KH.

AH est donc égale à BΘ[4], ce qu'il fallait démontrer.

64

*Les triangles axiaux des cônes droits inversement propor-
tionnels à leurs axes sont égaux entre eux.*

Que soient décrits les cônes, et que l'axe BΘ soit à l'axe
AH comme le cône AHΓΔ est au cône BΘEZ.

Je dis que les triangles AΓΔ et BEZ sont égaux entre eux.

---

1. *Éléments*, XII.2.
2. Voir Note complémentaire [20].
3. L'égalité des deux triangles permet d'écrire BΘ × EZ =
KH × ΓΔ.
4. *Éléments*, V.9.

ὁ ἄρα Η κύκλος πρὸς τὸν Θ κύκλον διπλασίονα
λόγον ἔχει ἤπερ ἡ ΑΗ πρὸς τὴν ΗΚ· ἔχει δὲ ὁ Η
κύκλος πρὸς τὸν Θ κύκλον διπλασίονα λόγον τοῦ
ὃν ἔχει ἡ ΓΔ διάμετρος πρὸς τὴν ΕΖ· ὡς ἄρα ἡ ΓΔ
πρὸς ΕΖ, οὕτως ἡ ΑΗ πρὸς ΗΚ.   5
Ἐπειδὴ δὲ τὸ ΚΓΔ τρίγωνον τῷ ΒΕΖ τριγώνῳ ἴσον
ἐστίν, κατ᾽ ἀντιπεπόνθησιν ἄρα, ὡς ἡ ΓΔ πρὸς ΕΖ,
οὕτως ἡ ΒΘ πρὸς ΚΗ· ἐδείχθη δὲ ὡς ἡ ΓΔ πρὸς
ΕΖ, οὕτως καὶ ἡ ΑΗ πρὸς ΚΗ· καὶ ὡς ἄρα ἡ ΒΘ
πρὸς ΚΗ, οὕτως ἡ ΑΗ πρὸς ΚΗ.   10
Ἴση ἄρα ἐστὶν ἡ ΑΗ τῇ ΒΘ, ὅπερ ἔδει δεῖξαι.

ξδ′

Τῶν ἀντιπεπονθότων ὀρθῶν κώνων τοῖς ἄξοσι τὰ
διὰ τῶν ἀξόνων τρίγωνα ἴσα ἀλλήλοις ἐστίν.
Καταγεγράφθωσαν οἱ κῶνοι, καὶ ἔστω ὡς ὁ ΑΗΓΔ   15
κῶνος πρὸς τὸν ΒΘΕΖ, οὕτως ὁ ΒΘ ἄξων πρὸς τὸν
ΑΗ.
Λέγω ὅτι τὰ ΑΓΔ, ΒΕΖ τρίγωνα ἴσα ἀλλήλοις
ἐστίν.

3 λόγον V Ψ : λόγον ἔχει v ‖ 4 ΓΔ διάμετρος V Ψ : σύμμετρος
v ‖ 12 ξδ′ Heiberg : ξγ′ V ξβ′ Ψ om. v ‖ 13 ὀρθῶν κώνων v :
κώνων ὀρθῶν edd.

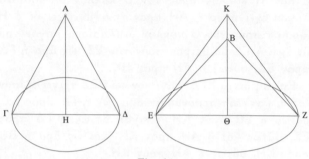

Fig. 64

Soit le cône KΘEZ, de même hauteur que le cône AHΓΔ.

Dès lors, puisque la droite BΘ est à la droite AH comme le cône AHΓΔ est au cône BΘEZ, et que AH est égale à ΘK, alors la droite BΘ est à la droite ΘK, c'est-à-dire le cône BΘEZ est au cône KΘEZ[1], comme le cône AHΓΔ est au cône BΘEZ ; le cône AHΓΔ a donc, avec le cône KΘEZ, un rapport doublé de celui que le cône BΘEZ a avec le cône KΘEZ[2] ; mais le triangle BEZ est au triangle KEZ comme le cône BΘEZ est au cône KΘEZ[3] ; le cône AHΓΔ a donc, avec le cône KΘEZ, un rapport doublé de celui que le triangle BEZ a avec le triangle KEZ ; or le cône AHΓΔ a, avec le cône de même hauteur KΘEZ, un rapport doublé de celui que le triangle AΓΔ a avec le triangle KEZ, comme cela a été démontré dans l'avant-dernier théorème[4] ; le triangle AΓΔ est donc au triangle KEZ comme le triangle BEZ est au triangle KEZ.

---

1. Les cônes de même base ont comme rapport mutuel celui de leurs hauteurs respectives, *cf. Éléments*, XII.11.
2. *Éléments*, V, *définition* 9.
3. Les triangles de même base ont aussi comme rapport mutuel celui de leurs hauteurs respectives (*cf. Éléments*, VI.1) ; on obtient donc : triangle BEZ : triangle KEZ = BΘ : ΘK = cône BΘEZ : cône KΘEZ.
4. Proposition 62.

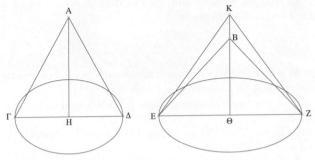

Fig. 64

Ἔστω τῷ **ΑΗΓΔ** κώνῳ ἰσοϋψὴς ὁ **ΚΘΕΖ** κῶνος.

Ἐπεὶ οὖν ὡς ὁ **ΑΗΓΔ** κῶνος πρὸς τὸν **ΒΘΕΖ**,
οὕτως ἡ **ΒΘ** εὐθεῖα πρὸς τὴν **ΑΗ**, ἴση δὲ ἡ **ΑΗ**
τῇ **ΘΚ**, ὡς ἄρα ὁ **ΑΗΓΔ** κῶνος πρὸς τὸν **ΒΘΕΖ**,
οὕτως ἡ **ΒΘ** εὐθεῖα πρὸς τὴν **ΘΚ**, τουτέστιν ὁ **ΒΘΕΖ** 5
κῶνος πρὸς τὸν **ΚΘΕΖ**· ὁ ἄρα **ΑΗΓΔ** κῶνος πρὸς
τὸν **ΚΘΕΖ** διπλασίονα λόγον ἔχει ἤπερ ὁ **ΒΘΕΖ**
πρὸς τὸν **ΚΘΕΖ** κῶνον· ἀλλ' ὡς ὁ **ΒΘΕΖ** πρὸς τὸν
ΚΘΕΖ, οὕτω τὸ **ΒΕΖ** τρίγωνον πρὸς τὸ **ΚΕΖ**· ὁ ἄρα
ΑΗΓΔ πρὸς τὸν **ΚΘΕΖ** διπλασίονα λόγον ἔχει ἤπερ 10
τὸ **ΒΕΖ** τρίγωνον πρὸς τὸ **ΚΕΖ**· ἔχει δὲ ὁ **ΑΗΓΔ**
κῶνος πρὸς τὸν **ΚΘΕΖ** ἰσοϋψῆ κῶνον διπλασίονα
λόγον καὶ τοῦ ὃν ἔχει τὸ **ΑΓΔ** τρίγωνον πρὸς τὸ
ΚΕΖ, ὡς ἐδείχθη ἐν τῷ πρὸ ἑνὸς θεωρήματι· ὡς
ἄρα τὸ **ΒΕΖ** τρίγωνον πρὸς τὸ **ΚΕΖ**, οὕτω τὸ **ΑΓΔ** 15
τρίγωνον πρὸς τὸ **ΚΕΖ**.

1 ἰσοϋψὴς V¹ Ψ : ἴσος V ut vid. om. v ‖ 10 τὸν V Ψ : τοῦ v ‖
12 πρὸς V Ψ : om. v.

Le triangle AΓΔ est donc égal au triangle BEZ[1], ce qu'il était proposé de démontrer.

65

Et si les triangles axiaux sont égaux entre eux, les cônes sont inversement proportionnels aux axes.

Que, par hypothèse, le triangle AΓΔ soit égal au triangle BEZ.

Je dis que l'axe BΘ est à l'axe AH comme le cône AHΓΔ est au cône BΘEZ.

Sur les mêmes figures et constructions, puisque le triangle AΓΔ est égal au triangle BEZ, alors le triangle BEZ est au triangle KEZ comme le triangle AΓΔ est au triangle KEZ[2].

Puisque le cône AHΓΔ a, avec le cône de même hauteur KΘEZ, un rapport doublé de celui que le triangle AΓΔ a avec le triangle KEZ[3], et que le triangle BEZ est au triangle KEZ comme le triangle AΓΔ est au triangle KEZ, alors le cône AHΓΔ a, avec le cône KΘEZ, un rapport doublé de celui que le triangle BEZ a avec le triangle KEZ, c'est-à-dire de celui que le cône BΘEZ a avec le cône KΘEZ[4] ; le cône BΘEZ est donc au cône KΘEZ, c'est-à-dire BΘ est à ΘK[5], comme le cône AHΓΔ est au cône BΘEZ[6]. Mais ΘK est égale à AH.

L'axe BΘ est donc à l'axe AH comme le cône AHΓΔ est au cône BΘEZ, ce qu'il fallait démontrer.

---

1. *Éléments*, V.9.
2. *Éléments*, V.7.
3. Proposition 62.
4. Les triangles de même base ont comme rapport mutuel celui de leurs hauteurs respectives (*cf. Éléments*, VI.1) ; il en est de même des cônes de même base (*cf. Éléments*, XII.11) ; on obtient donc les égalités suivantes : triangle BEZ : triangle KEZ = BΘ : ΘK = cône BΘEZ : cône KΘEZ.
5. *Cf. Éléments*, XII.11.
6. *Éléments*, V, *définition* 9.

Τὸ ἄρα ΑΓΔ τρίγωνον τῷ ΒΕΖ ἴσον ἐστίν, ὃ προέκειτο δεῖξαι.

ξε′

Καὶ ἐὰν τὰ διὰ τοῦ ἄξονος τρίγωνα ἴσα ἀλλήλοις ᾖ, ἀντιπεπόνθασιν οἱ κῶνοι τοῖς ἄξοσιν. 5
Ὑποκείσθω γὰρ τὸ ΑΓΔ τρίγωνον τῷ ΒΕΖ τριγώνῳ ἴσον εἶναι.
Λέγω ὅτι ὡς ὁ ΑΗΓΔ κῶνος πρὸς τὸν ΒΘΕΖ, οὕτως ὁ ΒΘ ἄξων πρὸς τὸν ΑΗ.
Ἐπὶ γὰρ τῆς αὐτῆς καταγραφῆς καὶ κατασκευῆς, 10
ἐπεὶ τὸ ΑΓΔ τρίγωνον τῷ ΒΕΖ ἴσον ἐστίν, ὡς ἄρα τὸ ΑΓΔ πρὸς τὸ ΚΕΖ, οὕτω τὸ ΒΕΖ πρὸς τὸ ΚΕΖ.
Ἐπειδὴ δὲ ὁ ΑΗΓΔ κῶνος πρὸς τὸν ΚΘΕΖ ἰσοϋψῆ κῶνον διπλασίονα λόγον ἔχει ἤπερ τὸ ΑΓΔ πρὸς τὸ ΚΕΖ, ὡς δὲ τὸ ΑΓΔ τρίγωνον πρὸς τὸ ΚΕΖ, οὕτω τὸ 15
ΒΕΖ πρὸς ΚΕΖ, ὁ ἄρα ΑΗΓΔ κῶνος πρὸς τὸν ΚΘΕΖ διπλασίονα λόγον ἔχει ἤπερ τὸ ΒΕΖ τρίγωνον πρὸς τὸ ΚΕΖ, τουτέστιν ὁ ΒΘΕΖ κῶνος πρὸς τὸν ΚΘΕΖ·
ὡς ἄρα ὁ ΑΗΓΔ κῶνος πρὸς τὸν ΒΘΕΖ, οὕτως ὁ ΒΘΕΖ πρὸς τὸν ΚΘΕΖ, τουτέστιν οὕτως ἡ ΒΘ πρὸς 20
ΘΚ. Ἀλλ᾽ ἡ ΘΚ τῇ ΑΗ ἴση.
Ὡς ἄρα ὁ ΑΗΓΔ κῶνος πρὸς τὸν ΒΘΕΖ, οὕτως ὁ ΒΘ ἄξων πρὸς τὸν ΑΗ, ὅπερ ἔδει δεῖξαι.

---

3 ξε′ Heiberg : ξδ′ V ξγ′ Ψ om. v ‖ 11 B]E[Z V Ψ : non jam legitur v ‖ 16 ΒΕΖ V Ψ : ΜΕΖ v.

66

Les triangles axiaux des cônes droits inversement propor-
tionnels à leurs bases ont entre eux un rapport triplé[1] de celui
que, de manière inversement proportionnelle, la base a avec la
base.

Que soient décrits les cônes, et que la base Θ soit à la base
H comme le cône AHΓΔ est au cône BΘEZ.

Je dis que le triangle AΓΔ a, avec le triangle BEZ, un
rapport triplé de celui que EZ a avec ΓΔ.

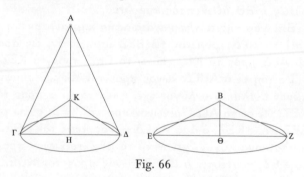

Fig. 66

Que soit placée une droite KH égale à la droite BΘ ; les
cônes de même hauteur KHΓΔ et BΘEZ sont donc entre
eux comme les bases[2].

Dès lors, puisque la base Θ est à la base H comme le
cône AHΓΔ est au cône BΘEZ, et que, d'autre part, le

---

1. *Éléments*, V, *définition* 10.
2. *Éléments*, XII.11.

ξϛ΄

Τῶν ἀντιπεπονθότων ὀρθῶν κώνων ταῖς βάσεσι τὰ διὰ τῶν ἀξόνων τρίγωνα πρὸς ἄλληλα τριπλασίονα λόγον ἔχει ἤπερ ἡ βάσις πρὸς τὴν βάσιν ἀντιπεπονθότως. 5

Καταγεγράφθωσαν οἱ κῶνοι, καὶ ἔστω ὡς ὁ ΑΗΓΔ κῶνος πρὸς τὸν ΒΘΕΖ, οὕτως ἡ Θ βάσις πρὸς τὴν Η βάσιν.

Λέγω ὅτι τὸ ΑΓΔ τρίγωνον πρὸς τὸ ΒΕΖ τριπλασίονα λόγον ἔχει ἤπερ ἡ ΕΖ πρὸς τὴν ΓΔ. 10

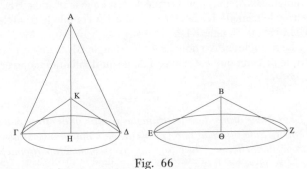

Fig. 66

Κείσθω τῇ ΒΘ ἴση ἡ ΚΗ· οἱ ἄρα ΚΗΓΔ, ΒΘΕΖ ἰσοϋψεῖς κῶνοι πρὸς ἀλλήλους εἰσὶν ὡς αἱ βάσεις.

Ἐπεὶ οὖν ὡς ὁ ΑΗΓΔ κῶνος πρὸς τὸν ΒΘΕΖ, οὕτως ἡ Θ βάσις πρὸς τὴν Η βάσιν, ἀλλ᾽ ὡς ἡ Θ βάσις πρὸς τὴν Η βάσιν, οὕτως ὁ ΒΘΕΖ κῶνος 15

cône BΘEZ est au cône KHΓΔ comme la base Θ est à la base H, alors le cône BΘEZ est au cône KHΓΔ comme le cône AHΓΔ est au cône BΘEZ. Le cône AHΓΔ a donc, avec le cône KHΓΔ, un rapport doublé de celui que le cône BΘEZ a avec le cône KHΓΔ[1] ; mais le triangle AΓΔ est au triangle KΓΔ comme le cône AHΓΔ est au cône KHΓΔ[2] ; le triangle AΓΔ a donc, avec le triangle KΓΔ, un rapport doublé de celui que le cône BΘEZ a avec le cône KHΓΔ ; or le cône BΘEZ a, avec le cône KHΓΔ de même hauteur, un rapport doublé de celui que le triangle BEZ a avec le triangle KΓΔ[3] ; le triangle AΓΔ a donc, avec le triangle KΓΔ, un rapport quadruplé de celui que le triangle BEZ a avec le triangle KΓΔ ; le triangle AΓΔ a donc aussi, avec le triangle BEZ, un rapport triplé de celui que le triangle BEZ a avec le triangle KΓΔ[4]. Or EZ est à ΓΔ comme le triangle BEZ est au triangle KΓΔ[5].

Le triangle AΓΔ a donc, avec le triangle BEZ, un rapport triplé de celui que EZ a avec ΓΔ, ce qu'il fallait démontrer.

67

Les cônes droits dont les triangles axiaux ont entre eux un rapport triplé de celui que la base a, de manière inversement proportionnelle, avec la base sont inversement proportionnels à leurs bases.

Que, sur les mêmes figures et constructions, le triangle

---

1. *Éléments*, V, *définition* 9.
2. Les triangles de même base ont comme rapport mutuel celui de leurs hauteurs respectives (*cf. Éléments*, VI.1) ; il en est de même des cônes de même base (*cf. Éléments*, XII.11). On a donc les égalités suivantes : triangle AΓΔ : triangle KΓΔ = AH : KH = cône AHΓΔ : cône KHΓΔ.
3. Proposition 62.
4. Par transformation de la proportion précédente.
5. *Éléments*, VI.1.

πρὸς τὸν ΚΗΓΔ κῶνον, ὡς ἄρα ὁ ΑΗΓΔ κῶνος πρὸς
τὸν ΒΘΕΖ, οὕτως ὁ ΒΘΕΖ πρὸς τὸν ΚΗΓΔ. Ὁ ἄρα
ΑΗΓΔ κῶνος πρὸς τὸν ΚΗΓΔ διπλασίονα λόγον ἔχει
ἤπερ ὁ ΒΘΕΖ πρὸς τὸν ΚΗΓΔ· ἀλλ' ὡς ὁ ΑΗΓΔ
κῶνος πρὸς τὸν ΚΗΓΔ, οὕτω τὸ ΑΓΔ τρίγωνον πρὸς 5
τὸ ΚΓΔ· τὸ ΑΓΔ ἄρα τρίγωνον πρὸς τὸ ΚΓΔ διπλασίονα λόγον ἔχει ἤπερ ὁ ΒΘΕΖ κῶνος πρὸς τὸν
ΚΗΓΔ· ὁ δὲ ΒΘΕΖ κῶνος πρὸς τὸν ΚΗΓΔ ἰσοϋψῆ
κῶνον διπλασίονα λόγον ἔχει ἤπερ τὸ ΒΕΖ τρίγωνον
πρὸς τὸ ΚΓΔ· τὸ ἄρα ΑΓΔ τρίγωνον πρὸς τὸ ΚΓΔ 10
τετραπλασίονα λόγον ἔχει ἤπερ τὸ ΒΕΖ πρὸς τὸ
<ΚΓΔ· καὶ τὸ ἄρα ΑΓΔ τρίγωνον πρὸς τὸ> ΒΕΖ
τριπλασίονα λόγον ἔχει ἤπερ τὸ ΒΕΖ πρὸς τὸ ΚΓΔ.
Ὡς δὲ τὸ ΒΕΖ πρὸς ΚΓΔ, οὕτως ἡ ΕΖ πρὸς τὴν
ΓΔ. 15
Τὸ ἄρα ΑΓΔ τρίγωνον πρὸς τὸ ΒΕΖ τρίγωνον
τριπλασίονα λόγον ἔχει ἤπερ ἡ ΕΖ πρὸς τὴν ΓΔ,
ὅπερ ἔδει δεῖξαι.

ξζ'

Καὶ ὧν κώνων ὀρθῶν τὰ διὰ τῶν ἀξόνων τρίγωνα 20
τριπλασίονα λόγον ἔχει πρὸς ἄλληλα ἤπερ ἡ βάσις
πρὸς τὴν βάσιν ἀντιπεπονθότως, οὗτοι ταῖς βάσεσιν
ἀντιπεπόνθασιν.
Ἐπὶ γὰρ τῆς αὐτῆς καταγραφῆς καὶ κατασκευῆς

---

1 ΑΗΓΔ V Ψ : ΗΓΔ v ‖ 2-3 Ὁ ἄρα – ΚΗΓΔ V Ψ : om v ‖ 6 pr.
τ]ὸ V Ψ : ὸν e corr. v ‖ alt. τὸ – ΚΓΔ V Ψ : om. v ‖ 12 ΚΓΔ –
πρὸς τὸ add. Halley (jam Comm.) ‖ 19 ξζ' Heiberg : ξε' Ψ om.
Vv.

ΑΓΔ ait, avec le triangle ΒΕΖ, un rapport triplé de celui que la base ΕΖ du triangle a avec la base ΓΔ.

Je dis que la base Θ du cône est à la base Η comme le cône ΑΗΓΔ est au cône ΒΘΕΖ.

Puisque le triangle ΑΓΔ a, avec le triangle ΒΕΖ, un rapport triplé de celui que ΕΖ a avec ΓΔ, et que le triangle ΒΕΖ est au triangle de même hauteur ΚΓΔ comme ΕΖ est à ΓΔ[1], alors le triangle ΑΓΔ a, avec le triangle ΒΕΖ, un rapport triplé de celui que le triangle ΒΕΖ a avec le triangle ΚΓΔ. Le triangle ΑΓΔ a donc, avec le triangle ΚΓΔ, un rapport quadruplé de celui que le triangle ΒΕΖ a avec le triangle ΚΓΔ[2] ; or le cône ΑΗΓΔ est au cône ΚΗΓΔ comme le triangle ΑΓΔ est au triangle ΚΓΔ[3] ; le cône ΑΗΓΔ a donc, avec le cône ΚΗΓΔ, un rapport quadruplé de celui que le triangle ΒΕΖ a avec le triangle ΚΓΔ ; or le cône ΒΘΕΖ a, avec le cône de même hauteur ΚΗΓΔ, un rapport doublé de celui que le triangle ΒΕΖ a avec le triangle ΚΓΔ[4] ; le cône ΑΗΓΔ a donc, avec le cône ΚΗΓΔ, un rapport doublé de celui que le cône ΒΘΕΖ a avec le cône ΚΗΓΔ ; le cône ΒΘΕΖ est donc au cône ΚΗΓΔ comme le cône ΑΗΓΔ est au cône ΒΘΕΖ[5]. Or la base Θ est à la base Η comme le cône ΒΘΕΖ est au cône ΚΗΓΔ[6].

La base Θ est donc à la base Η comme le cône ΑΗΓΔ est au cône ΒΘΕΖ, ce qu'il fallait démontrer.

1. *Éléments*, VI.1.

2. Par transformation de la proportion précédente.

3. Les triangles de même base ont comme rapport mutuel celui de leurs hauteurs respectives (*cf. Éléments*, VI.1) ; de même pour les cônes de même base (*cf. Éléments*, XII.11) ; d'où triangle ΑΓΔ : triangle ΚΓΔ = ΑΗ : ΚΗ = cône ΑΗΓΔ : cône ΚΗΓΔ.

4. Proposition 62.

5. *Éléments*, V, *définition* 9.

6. Par application d'*Éléments*, XII.11, puisque les deux cônes ont même hauteur (voir proposition 66).

ἐχέτω τὸ ΑΓΔ τρίγωνον πρὸς τὸ ΒΕΖ τριπλασίονα
λόγον ἤπερ ἡ ΕΖ βάσις τοῦ τριγώνου πρὸς τὴν ΓΔ.
Λέγω δὴ ὅτι ὡς ὁ ΑΗΓΔ κῶνος πρὸς τὸν ΒΘΕΖ
κῶνον, οὕτως ἡ Θ βάσις τοῦ κώνου πρὸς τὴν Η
βάσιν.   5
Ἐπεὶ γὰρ τὸ ΑΓΔ τρίγωνον πρὸς τὸ ΒΕΖ τριπλα-
σίονα λόγον ἔχει ἤπερ ἡ ΕΖ πρὸς ΓΔ, ὡς δὲ ἡ ΕΖ
πρὸς ΓΔ, οὕτω τὸ ΒΕΖ τρίγωνον πρὸς τὸ ΚΓΔ
ἰσοϋψὲς τρίγωνον, τὸ ἄρα ΑΓΔ τρίγωνον πρὸς τὸ
ΒΕΖ τριπλασίονα λόγον ἔχει ἤπερ τὸ ΒΕΖ πρὸς   10
τὸ ΚΓΔ· τὸ ἄρα ΑΓΔ πρὸς τὸ ΚΓΔ τετραπλασίονα
λόγον ἔχει ἤπερ τὸ ΒΕΖ πρὸς τὸ ΚΓΔ· ὡς δὲ τὸ
ΑΓΔ πρὸς τὸ ΚΓΔ, οὕτως ὁ ΑΗΓΔ κῶνος πρὸς
τὸν ΚΗΓΔ· ὁ ἄρα ΑΗΓΔ κῶνος πρὸς τὸν ΚΗΓΔ
τετραπλασίονα λόγον ἔχει ἤπερ τὸ ΒΕΖ τρίγωνον   15
πρὸς τὸ ΚΓΔ· ἔχει δὲ ὁ ΒΘΕΖ κῶνος πρὸς τὸν
ΚΗΓΔ κῶνον ἰσοϋψῆ διπλασίονα λόγον ἤπερ τὸ
ΒΕΖ τρίγωνον πρὸς τὸ ΚΓΔ· ὁ ἄρα ΑΗΓΔ πρὸς τὸν
ΚΗΓΔ διπλασίονα λόγον ἔχει ἤπερ ὁ ΒΘΕΖ κῶνος
πρὸς τὸν ΚΗΓΔ κῶνον· ὡς ἄρα ὁ ΑΗΓΔ κῶνος πρὸς   20
τὸν ΒΘΕΖ, οὕτως ὁ ΒΘΕΖ πρὸς τὸν ΚΗΓΔ. Ὡς δὲ
ὁ ΒΘΕΖ πρὸς τὸν ΚΗΓΔ, οὕτως ἡ Θ βάσις πρὸς
τὴν Η.
Ὡς ἄρα ὁ ΑΗΓΔ κῶνος πρὸς τὸν ΒΘΕΖ, οὕτως ἡ
Θ βάσις πρὸς τὴν Η, ὅπερ ἔδει δεῖξαι.   25

1 pr. τὸ V Ψ : τὰ v ‖ 2 ἡ ΕΖ v^corr ‖ 4 κῶνον v : om. edd. ‖
7 alt. ἡ ΕΖ v^corr ‖ 14 ὁ ἄρα Par. 2367^pc : τὸ v ἀλλ᾽ ὁ Par. 2367^ac
(ἀλλ᾽ ὁ V).

68

Si un cône droit a, avec un cône droit, un rapport doublé de celui que la base a avec la base, le triangle axial aura, avec le triangle axial, un rapport triplé de celui que la base du triangle a avec la base.

Que soient décrits les cônes, et que, par hypothèse, le cône AHΓΔ ait, avec le cône BΘEZ, un rapport doublé de celui que la base H du cône a avec la base Θ.

Je dis que le triangle AΓΔ a, avec le triangle BEZ, un rapport triplé de celui que la base ΔΓ du triangle a avec la base EZ.

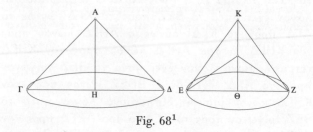

Fig. 68[1]

Que ΘK soit égale à AH ; les cônes de même hauteur AHΓΔ et KΘEZ sont donc entre eux comme les bases[2].

Dès lors, puisque le cône AHΓΔ a, avec le cône BΘEZ,

---

1. Les deux figures manquent dans le *Vaticanus gr.* 203.
2. *Éléments*, XII.11.

ξη´

Ἐὰν κῶνος ὀρθὸς πρὸς κῶνον ὀρθὸν διπλασίονα
λόγον ἔχῃ ἤπερ ἡ βάσις πρὸς τὴν βάσιν, τὸ διὰ τοῦ
ἄξονος τρίγωνον πρὸς τὸ διὰ τοῦ ἄξονος τρίγωνον
τριπλασίονα λόγον ἕξει ἤπερ ἡ τοῦ τριγώνου βάσις 5
πρὸς τὴν βάσιν.

Καταγεγράφθωσαν οἱ κῶνοι, καὶ ὑποκείσθω ὁ
ΑΗΓΔ κῶνος πρὸς τὸν ΒΘΕΖ κῶνον διπλασίονα
λόγον ἔχειν ἤπερ ἡ Η βάσις τοῦ κώνου πρὸς τὴν
Θ βάσιν.   10
Λέγω ὅτι τὸ ΑΓΔ τρίγωνον πρὸς τὸ ΒΕΖ τριπλασίονα λόγον ἔχει ἤπερ ἡ ΔΓ βάσις τοῦ τριγώνου
πρὸς τὴν ΕΖ.

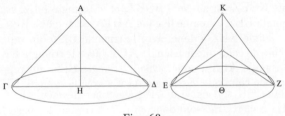

Fig. 68

Ἔστω τῇ ΑΗ ἡ ΘΚ ἴση· οἱ ἄρα ΑΗΓΔ, ΚΘΕΖ
κῶνοι ἰσοϋψεῖς ὄντες πρὸς ἀλλήλους εἰσὶν ὡς αἱ 15
βάσεις.
Ἐπεὶ οὖν ὁ ΑΗΓΔ κῶνος πρὸς τὸν ΒΘΕΖ διπλα-

---

1 ξη´ Heiberg : ξϛ´ V Ψ om. v ‖ 3 ἔχῃ V Ψ : ἔχει v ‖ 4 πρὸς
— τρίγωνον Par. 2367 mg : om. v ‖ 9 Η V Ψ : om. v ‖ 12 ΔΓ
Heiberg : ΑΓ v.

un rapport doublé de celui que la base H a avec la base Θ, et que le cône AHΓΔ est au cône KΘEZ comme la base H est à la base Θ, alors le cône AHΓΔ a, avec le cône BΘEZ, un rapport doublé de celui que le cône AHΓΔ a avec le cône KΘEZ ; le cône KΘEZ est donc au cône BΘEZ comme le cône AHΓΔ est au cône KΘEZ[1].

[Dès lors, puisque le cône AHΓΔ a, avec le cône BΘEZ, un rapport doublé de celui que le cône KΘEZ a avec le cône BΘEZ[2], c'est-à-dire de celui que KΘ a avec ΘB[3], et que le cône AHΓΔ a, avec le cône BΘEZ, un rapport doublé de celui que la base H a avec la base Θ[4], alors l'axe AH[5] est à l'axe BΘ comme la base H est à la base Θ[6].]

D'autre part, puisque les cônes AHΓΔ et KΘEZ sont de même hauteur, alors le cône AHΓΔ a, avec le cône KΘEZ, un rapport doublé de celui que le triangle AΓΔ a avec le triangle KEZ, comme cela a été démontré[7] ; or le cône KΘEZ est au cône BΘEZ, et le triangle KEZ est au triangle BEZ[8], comme le cône AHΓΔ est au cône KΘEZ ; le triangle KEZ a donc, avec le triangle BEZ, un rapport doublé de celui que le triangle AΓΔ a avec le triangle KEZ ; le triangle AΓΔ a donc, avec le triangle BEZ, un rapport triplé de celui que le triangle AΓΔ a avec le triangle KEZ[9].

1. *Éléments*, V, *définition* 9.
2. *Éléments*, V, *définition* 9.
3. *Cf. Éléments*, XII.11.
4. Par hypothèse.
5. Par hypothèse, AH = KΘ.
6. La démonstration de cette relation entre les axes et les bases circulaires n'a pas d'utilité dans le raisonnement. Il faut considérer ce passage comme une interpolation.
7. Proposition 62.
8. Les cônes de même base ont comme rapport mutuel celui de leurs hauteurs respectives, *cf. Éléments*, XII.11 ; il en est de même pour les triangles de même base *cf. Éléments*, VI.1 ; on obtient donc les égalités suivantes : cône KΘEZ : cône BΘEZ = KΘ : BΘ = triangle KEZ : triangle BEZ.
9. Par transformation de la proportion précédente.

σίονα λόγον ἔχει ἤπερ ἡ Η βάσις πρὸς τὴν Θ
βάσιν, ὡς δὲ ἡ Η βάσις πρὸς τὴν Θ, οὕτως ὁ ΑΗΓΔ
κῶνος πρὸς τὸν ΚΘΕΖ, ὁ ἄρα ΑΗΓΔ κῶνος πρὸς
τὸν ΒΘΕΖ διπλασίονα λόγον ἔχει ἤπερ ὁ ΑΗΓΔ
πρὸς τὸν ΚΘΕΖ· ὡς ἄρα ὁ ΑΗΓΔ κῶνος πρὸς τὸν 5
ΚΘΕΖ, οὕτως ὁ ΚΘΕΖ πρὸς τὸν ΒΘΕΖ.

[Ἐπεὶ τοίνυν ὁ ΑΗΓΔ κῶνος πρὸς τὸν ΒΘΕΖ
διπλασίονα λόγον ἔχει ἤπερ ὁ ΚΘΕΖ πρὸς τὸν
ΒΘΕΖ, τουτέστιν ἤπερ ἡ ΚΘ πρὸς ΘΒ, ἔχει δὲ ὁ
ΑΗΓΔ κῶνος πρὸς τὸν ΒΘΕΖ διπλασίονα λόγον καὶ 10
τοῦ ὃν ἔχει ἡ Η βάσις πρὸς τὴν Θ βάσιν, ὡς ἄρα
ἡ Η βάσις πρὸς τὴν Θ βάσιν, οὕτως ὁ ΑΗ ἄξων
πρὸς τὸν ΒΘ ἄξονα.]

Καὶ ἐπεὶ ἰσοϋψεῖς εἰσιν οἱ ΑΗΓΔ, ΚΘΕΖ κῶνοι,
ὁ ἄρα ΑΗΓΔ κῶνος πρὸς τὸν ΚΘΕΖ διπλασίονα 15
λόγον ἔχει ἤπερ τὸ ΑΓΔ τρίγωνον πρὸς τὸ ΚΕΖ,
ὡς ἐδείχθη· ὡς δὲ ὁ ΑΗΓΔ κῶνος πρὸς τὸν ΚΘΕΖ,
οὕτως ὅ τε ΚΘΕΖ κῶνος πρὸς τὸν ΒΘΕΖ κῶνον καὶ
τὸ ΚΕΖ τρίγωνον πρὸς τὸ ΒΕΖ· καὶ τὸ ΚΖΕ ἄρα
τρίγωνον πρὸς τὸ ΒΕΖ διπλασίονα λόγον ἔχει ἤπερ 20
τὸ ΑΓΔ πρὸς τὸ ΚΕΖ· τὸ ἄρα ΑΓΔ τρίγωνον πρὸς
τὸ ΒΕΖ τριπλασίονα λόγον ἔχει ἤπερ τὸ ΑΓΔ πρὸς
τὸ ΚΕΖ. Ὡς δὲ τὸ ΑΓΔ πρὸς τὸ ΚΕΖ, οὕτως ἡ ΓΔ

7-13 Ἐπεὶ – ἄξονα del. Heiberg vide adn. (om. Halley cum
Comm.) ‖ 10 ΒΘΕΖ V Ψ : ΒΕΘΖ v ‖ 11-12 ὡς – βάσιν Heiberg :
om. v ‖ 13 τὸν V Ψ : om. v ‖ 19 ΚΕΖ V Ψ : ΚΕΓ v ‖ 20-
22 διπλασίονα – ΒΕΖ Halley (jam Comm.) : om. v.

Or la base ΓΔ est à la base EZ comme le triangle ΑΓΔ est au triangle KEZ, puisque les triangles sont de même hauteur[1].

Le triangle ΑΓΔ a donc, avec le triangle BEZ, un rapport triplé de celui que ΓΔ a avec EZ, ce qu'il fallait démontrer.

69

Et, si le triangle axial a, avec le triangle axial, un rapport triplé de celui que la base du triangle a avec la base, le cône a, avec le cône, un rapport doublé de celui qu'a la base du cône avec la base.

Que, sur la même figure, le triangle ΑΓΔ ait, avec le triangle BEZ, un rapport triplé de celui qu'a ΓΔ avec EZ, et que soit placée de même ΘK égale à AH.

Dès lors, puisque le triangle ΑΓΔ a, avec le triangle BEZ, un rapport triplé de celui que ΓΔ a avec EZ, et que le triangle ΑΓΔ est au triangle KEZ comme ΓΔ est à EZ[2], alors le triangle ΑΓΔ a, avec le triangle BEZ, un rapport triplé de celui que ΑΓΔ a avec KEZ ; le triangle KEZ a donc, avec le triangle BEZ, un rapport doublé de celui que le triangle ΑΓΔ a avec le triangle KEZ[3] ; mais le cône KΘEZ est au cône BΘEZ comme le triangle KEZ est au triangle BEZ[4] ; le cône KΘEZ a donc aussi, avec le cône BΘEZ, un rapport doublé de celui que le triangle ΑΓΔ a avec le triangle KEZ ; or le cône AHΓΔ a, avec le cône de même hauteur KΘEZ, un rapport doublé de celui que le triangle

---

1. *Éléments*, VI.1.
2. *Éléments*, VI.1.
3. Par transformation de la proportion précédente.
4. Les triangles de même base ont comme rapport mutuel celui de leurs hauteurs respectives (*cf. Éléments*, VI.1) ; il en est de même des cônes de même base (*cf. Éléments*, XII.11) ; on a donc les égalités suivantes triangle KEZ : triangle BEZ = KΘ : BΘ = cône KΘEZ : cône BΘEZ.

βάσις πρὸς τὴν ΕΖ· ἰσοΰψῆ γάρ ἐστι τὰ τρίγωνα.
Τὸ ἄρα ΑΓΔ τρίγωνον πρὸς τὸ ΒΕΖ τριπλασίονα
λόγον ἔχει ἤπερ ἡ ΓΔ πρὸς τὴν ΕΖ, ὅπερ ἔδει
δεῖξαι.

ξθ′ 5

Κἂν τὸ διὰ τοῦ ἄξονος τρίγωνον πρὸς τὸ διὰ τοῦ
ἄξονος τρίγωνον τριπλασίονα λόγον ἔχῃ ἤπερ ἡ
τοῦ τριγώνου βάσις πρὸς τὴν βάσιν, ὁ κῶνος πρὸς
τὸν κῶνον διπλασίονα λόγον ἔχει ἤπερ ἡ βάσις τοῦ
κώνου πρὸς τὴν βάσιν. 10
Ἐπὶ γὰρ τῆς αὐτῆς καταγραφῆς τὸ ΑΓΔ τρίγωνον
πρὸς τὸ ΒΕΖ τριπλασίονα λόγον ἐχέτω ἤπερ ἡ ΓΔ
πρὸς τὴν ΕΖ, καὶ κείσθω πάλιν τῇ ΑΗ ἴση ἡ ΘΚ.
Ἐπεὶ οὖν τὸ ΑΓΔ πρὸς τὸ ΒΕΖ τριπλασίονα
λόγον ἔχει ἤπερ ἡ ΓΔ πρὸς ΕΖ, ὡς δὲ ἡ ΓΔ πρὸς 15
ΕΖ, οὕτω τὸ ΑΓΔ τρίγωνον πρὸς τὸ ΚΕΖ, τὸ ἄρα
ΑΓΔ τρίγωνον πρὸς τὸ ΒΕΖ τριπλασίονα λόγον ἔχει
ἤπερ τὸ ΑΓΔ πρὸς τὸ ΚΕΖ· τὸ ἄρα ΚΕΖ πρὸς τὸ
ΒΕΖ διπλασίονα λόγον ἔχει ἤπερ τὸ ΑΓΔ πρὸς τὸ
ΚΕΖ· ἀλλ᾽ ὡς τὸ ΚΕΖ τρίγωνον πρὸς τὸ ΒΕΖ, οὕτως 20
ὁ ΚΘΕΖ κῶνος πρὸς τὸν ΒΘΕΖ· καὶ ὁ ΚΘΕΖ κῶνος
ἄρα πρὸς τὸν ΒΘΕΖ διπλασίονα λόγον ἔχει ἤπερ τὸ
ΑΓΔ τρίγωνον πρὸς τὸ ΚΕΖ· ἔχει δὲ καὶ ὁ ΑΗΓΔ
κῶνος πρὸς τὸν ΚΘΕΖ κῶνον ἰσοΰψῆ διπλασίονα

---

5 ξθ′ Heiberg : ξζ′ V Ψ om. v ‖ 7 ἔχῃ V Ψ : ἔχει v ‖ 18 τὸ ΚΕΖ
v^corr ‖ 20 τὸ ΚΕΖ τ[ρίγωνον v^corr ‖ 22 ΒΘΕΖ δ[ιπλασίονα v^corr ‖
post διπλασίονα des. manus scribae v ‖ a λόγον alt. manus usque
ad finem libri v ‖ 23 ΑΗ]Γ[Δ v¹ : om. v ‖ 24 πρὸς τ[ὸν v^corr.

ΑΓΔ a avec le triangle ΚΕΖ[1] ; le cône ΚΘΕΖ est donc au cône ΒΘΕΖ comme le cône ΑΗΓΔ est au cône ΚΘΕΖ ; le cône ΑΗΓΔ a donc, avec le cône ΒΘΕΖ, un rapport doublé de celui que le cône ΑΗΓΔ a avec le cône ΚΘΕΖ[2], c'est-à-dire de celui que la base Η du cône a avec la base Θ[3], ce qu'il fallait démontrer[4].

1. Proposition 62.
2. *Éléments*, V, *définition* 9.
3. *Éléments*, XII.11.
4. Le diorisme correspondant manque dans la proposition.

λόγον ἤπερ τὸ **ΑΓΔ** τρίγωνον πρὸς <τὸ **ΚΕΖ**· ὡς
ἄρα ὁ **ΑΗΓΔ** κῶνος πρὸς> τὸν **ΚΘΕΖ** κῶνον, οὕτως
ὁ **ΚΘΕΖ** πρὸς τὸν **ΒΘΕΖ**· <ὁ ἄρα **ΑΗΓΔ** κῶνος πρὸς
τὸν **ΒΘΕΖ**> κῶνον διπλασίονα λόγον ἔχει ἤπερ ὁ
ΑΗΓΔ πρὸς τὸν **ΚΘΕΖ**, τουτέστιν ἤπερ ἡ **Η** βάσις 5
τοῦ κώνου πρὸς τὴν **Θ** βάσιν, ὅπερ ἔδει δεῖξαι.

1-2 τὸ ΚΕΖ – πρὸς add. Halley (jam Comm.) ‖ 3-4 ὁ ἄρα –
ΒΘΕΖ add. Halley (jam Comm.).

NOTES COMPLÉMENTAIRES

(Les notes des auteurs sont suivies de leurs initiales)

[1] L'association de deux termes de même racine que les adjectifs ποικίλος et γλαφυρός n'est pas rarissime dans les textes grecs qui nous ont été conservés, et cela dès le IVe siècle av. J.-C. (Alexis le Comique, éd. Kock, *frg.* 110, v. 20 : γλαφυρῶς καὶ ποικίλως). Citons encore, parmi d'autres, mais dans un contexte très proche de celui de Sérénus, Jamblique, *In Nicomachi arithmeticam*, éd. E. Pistelli, p. 38, 20 : ἐνοψόμεθα πολλά τε ἄλλα τερπνὰ ἐπακολουθήματα καὶ γλαφυρίαν ποικίλην, κτλ. M. F.

[2] Le texte de V transmis à cet endroit (πρὸς τῇ καθέτῳ) a de quoi surprendre. Dans les textes mathématiques grecs, le passif du verbe ἀπολαμβάνειν entre dans des expressions très variées pour désigner un objet découpé par un autre (voir par exemple plus loin, prop. 33) ; dans le cas d'un segment de droite, à l'exception des tours avec la préposition μεταξύ, bien plus précis, son emploi est de manière canonique accompagné de l'utilisation simultanée de trois prépositions : ὑπό (+ génitif) pour l'objet qui découpe, ἀπό (+ génitif) pour l'objet que ce dernier découpe et πρός (+ datif) pour l'objet géométrique par rapport auquel le segment obtenu par la section est situé, à savoir un point, qui sera une extrémité de ce segment (voir M. Federspiel, *REG* 115, 2002, p. 124-125). L'expression trouvée ici (πρὸς τῇ καθέτῳ, « du côté de la perpendiculaire ») est curieuse puisqu'on a besoin de la mention d'un point, qui sera une extrémité du segment découpé sur la perpendiculaire. Pour retrouver une expression correcte, on dispose de deux solutions : (1) on peut écrire sur le modèle euclidien d'*Éléments*, II.13, où le point de repère est le sommet d'un angle donné, τὴν ἀπολαμβανομένην ὑπ' αὐτῆς πρὸς τῇ ὀρθῇ <γωνίᾳ> « la droite découpée par elle du côté de l'angle droit », avec γωνία au sens de « sommet d'un angle » (voir l'article « γωνία » dans le dictionnaire de Mugler), mais la correction

est loin du texte transmis ; sinon, (2) on restitue une séquence ἀπὸ τῆς καθέτου « sur la perpendiculaire » (*cf.* la traduction de l'éditeur Heiberg, *de perpendiculari*). Elle reste imprécise, puisqu'elle peut désigner tout aussi bien le segment BΔ, mais la même imprécision est observée dans l'énoncé de la proposition 33. Comme on ne trouve pas d'occurrence chez Sérénus de l'indication de l'objet découpé avec le verbe ἀπολαμβάνειν, la prudence s'impose. M. D.-F.

[3] La rédaction de l'ecthèse et du diorisme est négligée. On remarque d'abord que, comme dans la proposition 6, mais qui était présentée comme une variante de la précédente, les éléments du cône ne sont pas nommés (sommet, base circulaire et axe). D'autre part, le tracé des perpendiculaires et des droites de jonction aurait dû trouver sa place dans la construction. Enfin, dans le diorisme, un tour comme ἡ AB ὁ ἄξων, puis, plus loin, τῆς BΔ ἐκ τοῦ κέντρου (à quoi il faut ajouter l'omission fautive de τῆς devant ἐκ) est très insolite. On attend respectivement ὁ AB ἄξων (ou ὁ ἄξων ὁ AB), comme p. 164, 3, et τῆς ἐκ τοῦ κέντρου τῆς BΔ, comme à la fin de la proposition. Il est possible qu'au départ le diorisme se soit présenté de la manière suivante : Λέγω δὴ ὅτι ἡ AB ἐλάσσων ἐστὶ τῆς BΔ ; on aura très maladroitement ajouté les mentions d'axe et de rayon, parce qu'elles ne figuraient pas dans l'ecthèse ou n'y figuraient plus (dans l'hypothèse d'une réécriture). M. D.-F.

[4] La formule τῶν αὐτῶν ὄντων indique que l'on conserve les hypothèses de la proposition précédente. Elle autorise une rédaction allégée de la proposition. Dans les *Coniques*, ce type de proposition est utilisé pour le traitement des cas particuliers ou pour l'examen des différents cas de figure, ce qui n'est pas le cas ici. On note, en revanche, la permanence d'un trait rédactionnel qui semble leur être propre, à savoir l'emploi du tour δεικτέον ὅτι ; voir M. Federspiel, *Revue des Études Grecques*, 121, 2008, p. 520-525. M. D.-F.

[5] Le plus souvent, dans les mathématiques grecques, le *point* n'est pas employé comme complément d'agent d'un verbe passif. Ce refus général de soumettre le nom du point à la syntaxe usuelle des objets mathématiques montre que, dans les commencements de la géométrie grecque (avant l'époque classique des IVe et IIIe siècles av. J.-C.), le point n'était pas un être géométrique, mais un *signe* placé à certains endroits d'une ligne ou d'une figure.— Autres occurrences de ce tour *infra*, dans l'ecthèse de *Cône* 19. Voir par exemple des occurrences identiques chez Apollonios, dans l'ecthèse de *Coniques*, II.43 ; chez Archimède, dans l'ecthèse de la proposition 21

de la *Quadrature de la parabole* ; ou encore dans les *Lemmes* de Pappus aux *Coniques* (éd. Heiberg, *Coniques*, II, p. 161,5, *etc.*). Les occurrences les plus nombreuses se trouvent dans les syntagmes comportant le verbe τέμνειν « couper » et l'adverbe δίχα « en deux parties égales » ; on a affaire alors à un complément d'agent avec un verbe passif ; mais, même dans ces syntagmes, le plus souvent (sauf peut-être dans la *Collection* de Pappus) le complément du verbe est un complément de lieu (par exemple τετμήσθω ἡ ΑΒ δίχα κατὰ τὸ Ε σημεῖον « que la droite ΑΒ soit coupée en deux parties égales au point Ε »). M. F.

[6] L'introduction des différents cas dans la proposition mathématique est signalée par des particules en corrélation, voir *Section du cylindre*, Note complémentaire [32]. On trouve ici dans cette fonction le syntagme qui réunit μὲν et οὖν auquel répond le syntagme euclidien ἀλλὰ δή. Sur la traduction adoptée (« d'abord »/« maintenant »), voir *Apollonios de Perge, Coniques*, tome 2.3, p. 154, note 13. M. D.-F.

[7] Les sources grecques nous ont transmis deux autres versions de la démonstration de l'existence d'un côté *minimum* et d'un côté *maximum* dans le cône oblique. L'une figure chez Pappus dans le Livre VII de la *Collection Mathématique* (VII, prop. 165-167), comme lemme à son commentaire de la première définition du Livre I des *Coniques*, et l'autre est exposée par Eutocius dans son commentaire des *Premières définitions* du Livre I des *Coniques*. De ces trois démonstrations, la plus courte est celle de Sérénus, qui ne travaille que sur un cas de figure, et la plus développée est celle d'Eutocius, qui a toutes les apparences d'un exercice scolaire (voir *Eutocius d'Ascalon...*, p. 226-227). Pappus traite les points (1) et (2) formulés dans l'énoncé de Sérénus, et Eutocius ajoute un point (4) : « il n'y a que deux droites qui soient égales de part et d'autre de la plus petite et de la plus grande ». Les procédés de démonstration sont à peu près les mêmes. Il est évident que l'établissement de cette propriété appartenait à la tradition de l'étude des sections coniques, antérieure aux trois mathématiciens. M. D.-F.

[8] Si une faute de copie n'a pas été commise ici, l'absence de l'article devant δοθείς en position épithétique est une des rares exceptions à l'usage observé dans la langue mathématique grecque pour le participe (voir *Section du cylindre*, Note complémentaire [9]). On attend, comme dans l'ecthèse des propositions 22 et 27, la séquence suivante : Ἔστω τὸ δοθὲν τρίγωνον τὸ ΑΒΓ σκαληνὸν... (littéralement : « Soit un triangle donné, le triangle oblique ΑΒΓ... »). M. D.-F.

[9] La présence de l'article devant ἄξων déroge à la structure habituelle des relatives de l'ecthèse (voir *Section du cylindre*, Note complémentaire [15]). On trouve deux autres occurrences dans la suite (ecthèses des propositions 36 et 40). S'il ne s'agit pas chaque fois d'un ajout postérieur, il faut considérer que le verbe sous-entendu n'est pas l'impératif ἔστω, mais l'indicatif ἐστί pris au sens copulatif, que l'on sous-entendra également dans la suite de la relative. M. D.-F.

[10] L'expression abrégée « de l'angle droit » pour « du sommet de l'angle droit », qui fait métonymie, est imitée des *Éléments* (propositions VI.8 et X.32).— Le tour voisin ἐκ τᾶς γωνίας « de l'angle », pour « du sommet de l'angle » se trouve chez Archimède, *De l'équilibre des plans*, I, 13 (éd. Mugler, Paris, 1971, p. 95,3). Le passage mérite d'être relevé et commenté : Παντὸς τριγώνου τὸ κέντρον ἐστὶ τοῦ βάρεος ἐπὶ τᾶς εὐθείας ἅ ἐστιν ἐκ τᾶς γωνίας ἐπὶ μέσαν ἀγομένα τὰν βάσιν « Dans tout triangle, le centre de gravité se trouve sur la droite menée du sommet au milieu de la base ». Le grec dit littéralement : « menée de l'angle, *etc.* » ; quoique cet angle ne soit pas autrement précisé, il faut comprendre qu'il s'agit de l'angle opposé à la base, et que le référent désigné par le mot « angle » est en réalité le « sommet du triangle ». Cette double métonymie (« sommet du triangle » d'où « sommet de l'angle » d'où « angle ») ne se comprend que parce que, pour les Grecs, un triangle a le plus souvent un sommet, deux côtés et une base (donc un angle au sommet et deux angles à la base), et pas trois sommets ni trois bases. C'est pourquoi Mugler a tort de traduire par « d'*un* sommet au milieu du *côté opposé* » ; il faut traduire par « *du* sommet au milieu de la *base* ». C'est aussi pour cela que, dans les protases d'*Éléments* I, 24 et 25, il faut traduire par « *les* deux côtés » et pas par « deux côtés ».— Dans son *Dictionnaire* (*s.v.* γωνία), Mugler a relevé l'emploi métonymique du mot « angle » pour « sommet de l'angle », qui n'est pas rare chez Archimède et remonte à Platon (*Ménon*, 84e et 85b). Enfin, Mugler, *ibid.*, p. 110, signale qu'Apollonios emploie une fois le mot « angle » pour désigner le sommet d'un cône (*Coniques* I, 11). M F.

[11] On a obtenu l'inégalité suivante : $ZH^2 > 2ZB^2$ (1). Par application d'*Éléments*, I.47 dans le triangle rectangle ZHB, on a : $ZH^2 = ZB^2 + HB^2$ (2), d'où $ZB^2 = ZH^2 - HB^2$, et donc $2ZB^2 = 2ZH^2 - 2HB^2$. La relation (1) peut donc s'écrire $ZH^2 > 2ZH^2 - 2HB^2$, d'où $2HB^2 > ZH^2$. M. D.-F.

[12] Sérénus emploie le mot πτῶσις non pas au sens classique de « cas », qui est le sens qu'on trouve dans le *corpus* des œuvres d'Euclide, d'Archimède et d'Apollonios, mais au sens de

« point d'incidence, pied d'une perpendiculaire ». Ce sens n'est pas répertorié dans le *Dictionnaire* de Mugler. On a le même référent « point » et la même dérivation linguistique dans d'autres déverbatifs comme διαίρεσις au sens de « point de division », διχοτομία « point qui divise une droite en deux parties égales, milieu », ou σύμπτωσις « point de rencontre de deux lignes ». Incidemment, on remarquera que le référent « point », est, de tous les objets de la géométrie grecque, celui qui a le plus grand nombre de signifiants différents, dont la liste n'est pas épuisée par les substantifs cités ici. M. F.

[13] L'adjectif ὁμοταγής est caractéristique du Livre XII des *Éléments* (propositions 12 et 17), où, dans son contexte, il est traduit par « de même rang » par Mugler dans son *Dictionnaire*, lemme ὁμοιοταγής. Ici, Ver Eecke traduit par « symétrique » ; mais le mot « symétrique » désigne le référent, puisque les triangles sont effectivement symétriques par rapport au plan axial principal, mais ne traduit pas le signifiant. Il vaut mieux, à mon avis, garder une traduction plus littérale. M. F.

[14] On trouve en marge dans V, d'une main postérieure, une note en partie effacée qui restitue un maillon du raisonnement dans une rédaction maladroite. Cette note est absente des copies byzantines et occidentales ; elle est précédée d'un avertissement de Matthieu Devaris qui signale qu'elle n'est pas dans l'exemplaire qu'il consulte pour la restauration de V (*haec quae sunt in margine non habentur in apographo*). En voici le texte, tel qu'il est restitué par Heiberg dans l'apparat critique de son édition : ὁ γὰρ ΕΔΓ ἰσοσκελές, αἱ δὲ ΕΔ καὶ ΔΓ ἴσαι ἐκ τοῦ κέντρου οὖσαι τοῦ <Α>ΒΓ κύκλου <τοῦ Δ> σημείου. M. D.-F.

[15] Sur l'utilisation du terme διάστημα « intervalle » pour signifier le rayon dans l'expression figée dont il est question ici (ὁ κέντρῳ τῷ Δ, διαστήματι δὲ τῷ ΔΒ γραφόμενος κύκλος), voir *Section du cylindre*, Note complémentaire [45]. M. D.-F.

[16] Ici, le rayon est exprimé au moyen d'une seule lettre, celle qui désigne son extrémité sur le cercle en question. On a le même phénomène dans les propositions 4, 5 et 13 du Livre IV des *Éléments*. M. F.

[17] Dans la proposition 55, par application d'*Éléments*, II.4, la droite AM coupée au point Λ permet d'écrire : (1) $AM^2 = AΛ^2 + ΛM^2 + 2(AΛ \times ΛM)$; de même, la droite ΔZ coupée au point E permet d'écrire : (2) $ΔZ^2 = ΔE^2 + EZ^2 + 2(ΔE \times EZ)$. Comme les deux droites AM et ΔZ sont égales, on a : (3) $AΛ^2 + ΛM^2 + 2(AΛ \times ΛM) = ΔE^2 + EZ^2 + 2(ΔE \times EZ)$. Or, par application d'*Éléments*, I.47 dans le triangle rectangle ABH, on a : (4) $AΛ^2 + ΛM^2 = AΛ^2 + ΛH^2 = AH^2 = AB^2 + BH^2 = AB^2 + BΓ^2$. Puisque,

par hypothèse, $AB^2 + B\Gamma^2 = \Delta E^2 + EZ^2$, on peut écrire $A\Lambda^2 + \Lambda M^2 = \Delta E^2 + EZ^2$. Si on reprend l'égalité (3), on en déduit que $A\Lambda \times \Lambda M = \Delta E \times EZ$. M. D.-F.

[18] La proposition 57 présente à elle seule 5 références internes, dont 4 sont suspectes. Et on voit bien que leur concentration dans une seule proposition signale l'intérêt qu'un lecteur a pris à la démonstration. Il n'y a aucune raison, par exemple, que Sérénus renvoie par son numéro à la proposition 18, quand il l'utilise sans mention particulière dans les propositions 20 et 42. La référence finale qui s'ajoute à la conclusion n'a pas de raison d'être et a été visiblement corrompue. La référence à « la proposition précédente » (p. 232, 4-5) est une erreur, puisque c'est la proposition 54 qui est utilisée (l'ordonnance des propositions immédiatement antérieures à la proposition 57 n'a pas lieu d'être suspectée). M. D.-F.

[19] Dans les propositions 58-60 transmises par la partie ancienne de V, les figures ont fait l'objet d'ajouts antérieurs à la copie de V : on a voulu faire figurer systématiquement les deux positions relatives du point K avec l'introduction de la droite KH comme moyenne proportionnelle (prop. 58), du triangle KEZ comme troisième proportionnelle (prop. 59), et du cône KΘEZ comme troisième proportionnelle (prop. 60). Ces ajouts sont sans doute relativement anciens dans la tradition de Sérénus, car les lettres désignatrices ont fait l'objet d'un certain nombre d'erreurs de copie. M. D.-F.

[20] Le syntagme prépositionnel κατ' ἀντιπεπόνθησιν, variante de l'adverbe archimédien ἀντιπεπονθότως (voir les propositions 66 et 67) n'appartient pas au registre de la mathématique classique. On le trouve pour la première fois dans l'*Introduction arithmétique* de Nicomaque. Il n'est pas répertorié dans le *Dictionnaire* de Mugler. M. F.

ANALYSE MATHÉMATIQUE ET STRUCTURE DÉDUCTIVE DE LA *SECTION DU CÔNE*

(Kostas Nikolantonakis)

I
ANALYSE MATHÉMATIQUE

La *Section du Cône* contient 69 propositions. Sérénus, qui adopte, comme dans la *Section du cylindre*, la forme démonstrative euclidienne, propose une étude comparative des sections produites dans un cône par des plans qui passent par son sommet. La base de l'étude repose sur la proposition 3 du Livre I des *Coniques* d'Apollonios, qui, dans tout cône coupé par le sommet, permet d'obtenir comme section un triangle. Pour mener à bien sa comparaison, Sérénus a besoin d'un assez grand nombre de lemmes (propositions 1-2, 7, 17-21, 33, 37-39, 52-56) ; certains d'entre eux sont importants, car ils complètent la théorie des proportions d'Euclide et enrichissent le domaine des relations métriques entre droites, médianes et angles dans les triangles.

Par son contenu, le traité relève de la tradition archimédienne : Sérénus cherche, en effet, à trouver les triangles maxima et minima établis par un plan qui passe par le sommet d'un cône oblique, et donc, en termes modernes, à trouver les valeurs minima et maxima d'une fonction selon que les sections sont axiales, parallèles ou isocèles. L'originalité de l'ensemble mérite d'être souligné.

Le traité peut se diviser en trois parties relativement indépendantes. Les deux premières parties sont consacrées à la comparaison des sections produites dans un cône par des plans qui passent par son sommet : les propositions 1-14 traitent du cône droit, et les propositions 15-57, du cône oblique. La troisième partie (propositions 58-69) constitue une section séparée dans laquelle Sérénus étudie les rapports entre les volumes de deux cônes droits en relation avec les hauteurs, les bases et les aires des sections triangulaires qui passent par l'axe.

PROPOSITIONS I-I4

Après l'exposition de deux lemmes[1], Sérénus établit l'égalité des triangles passant par le sommet d'un cône droit d'angle quelconque qui ont des bases égales (prop. 3)[2], puis l'égalité des triangles semblables déterminés par les mêmes plans (prop. 4). Suit le traitement de trois questions (prop. 5-9 ; prop. 10-12 et prop. 13-14).

Question 1. Dans les propositions 5 et 8, Sérénus démontre que si l'axe du cône n'est pas plus petit que le rayon de la base, le triangle axial est le plus grand des triangles passant par le sommet déterminés dans le cône et réciproquement ;

1. Le premier est l'équivalent de la proposition de Pappus, *Collection mathématique*, VII, prop. 16 (voir les lemmes sur la *Section de rapport* et sur la *Section d'aire* d'Apollonios) ; sur la comparaison des lemmes de Sérénus et de Pappus, voir mon étude « Les Lemmes de la *Collection Mathématique* de Pappus d'Alexandrie et les traités de la *Section du Cylindre* et de la *Section du Cône* de Sérénus d'Antinoé », *Ganita Bharati*, 26 (2004), p. 1-26.

2. Cette proposition démontre la même propriété que la proposition 34 (cas 1) de l'*Optique* d'Euclide ; voir mon étude « Examen des traités sur la *Section du Cylindre* et sur la *Section du Cône* de Sérénus d'Antinoé à la lumière de l'Optique Géométrique Ancienne », *Actes d'Història de la Ciència i de la Tècnica*, 4 (2011), p. 75-92). Elle est également l'équivalent de la proposition de Pappus, *Collection mathématique*, VI, prop. 50 (voir les lemmes sur l'*Optique* d'Euclide).

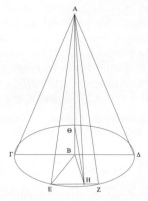

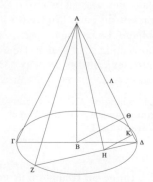

Le triangle AΓΔ est plus grand que le triangle AEZ (prop. 5).

Le triangle AΓΔ est plus grand que le triangle AZΔ (prop. 6).

dans la proposition 6, qui est une généralisation de la proposition 5, il donne une variante de démonstration en faisant se rencontrer en un certain point les bases des triangles (dans la démonstration de la proposition 5 les bases sont parallèles) ; la proposition 7 est un lemme utilisé dans la proposition 6 ; dans la proposition 9, Sérénus effectue la construction requise pour les démonstrations des propositions 5 et 6 en coupant un cône droit acutangle (hauteur > rayon) par un plan passant par le sommet, de façon à obtenir une section dont l'aire a un rapport donné plus petit que l'unité avec l'aire de la section axiale.

Question 2. Dans la proposition 10, Sérénus démontre que si deux plans menés par le sommet, l'un passant par l'axe, l'autre en dehors de l'axe, déterminent des triangles dont les aires sont équivalentes, le cône est obtusangle, c'est-à-dire que l'axe du cône sera plus petit que le rayon de sa base. La proposition 12 expose la construction requise dans la proposition 10 (avec des triangles dont les bases sont parallèles). Dans la proposition 11, il démontre que tout plan, mené par le sommet, entre les deux plans de triangles équivalents

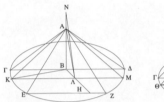

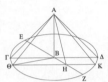

Le triangle AKM est plus grand que les triangles AΓΔ et AEZ (prop. 11).

Le triangle AΓΔ est équivalent au triangle AΘK (prop. 12).

détermine un triangle plus grand que les triangles équivalents. Cet ensemble de propositions revient à résoudre le problème suivant : couper par le sommet un cône obtusangle (hauteur < rayon) par un plan mené en dehors de l'axe, de façon que la section triangulaire obtenue soit égale à une section axiale (proposition 12) ou soit maximum (proposition 11).

L'axe AB est plus petit que le rayon BΔ
si AΓΔ est équivalent au triangle AEZ (prop. 10).

Question 3. Dans la proposition 13, Sérénus démontre que le triangle déterminé par un plan passant par le sommet est maximum lorsque sa hauteur est égale à la moitié de sa base (et donc au rayon, dans le cas de la proposition, où le triangle est le triangle passant par l'axe d'un cône droit rectangle). Dans la proposition 14, cette propriété est utilisée pour construire le triangle maximum dans le cône droit obtusangle.

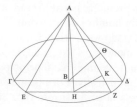

Le triangle AΓΔ est plus grand que tous les triangles
non semblables établis dans le cône
si hauteur = rayon (prop. 13).

Sérénus obtient dans toute cette première partie des résultats importants relatifs aux cônes droits acutangles (axe >
rayon) et obtusangles (axe < rayon) : (1) Si l'axe du cône est
supérieur au rayon de la base, le triangle axial est plus grand
que tous les triangles déterminés dans le cône (propositions
5 et 6). (2) Si l'axe du cône est inférieur au rayon de la base, le
triangle intermédiaire est plus grand que les autres triangles
(proposition 11). (3) Si l'axe du cône est égal au rayon de la
base, le triangle axial est plus grand que tous les triangles
qui ne lui sont pas semblables (proposition 13).

Propositions 15-57

Dans la seconde partie de la *Section du cône* (propositions
15-57), Sérénus considère le cône oblique et compare entre
elles les aires de trois genres de sections triangulaires : (1)
les sections axiales, c'est-à-dire toutes les sections passant
par l'axe ; (2) les sections parallèles, c'est-à-dire des sections
triangulaires dont les bases sont (a) le diamètre de la base
circulaire qui passe par le pied de la perpendiculaire menée
du sommet au plan de la base (triangles axiaux principaux)
et (b) les cordes de la base circulaire qui sont parallèles à ce
diamètre ; (3) les sections isocèles, c'est-à-dire celles dont
les bases sont perpendiculaires à la projection orthogonale
de l'axe du cône sur le plan de la base, qui est la base du
triangle axial principal.

Comme dans la première partie, Sérénus traite de manière groupée un certain nombre de questions :

Question 1. Dans la proposition 15, il s'agit de couper un cône par un plan mené par l'axe, à angles droits sur la base. Le résultat obtenu (le triangle axial principal) est utilisé dans les procédures démonstratives des propositions suivantes.

Question 2. Dans la proposition 16[1], Sérénus démontre que le grand côté du triangle axial principal sera la plus grande des génératrices du cône et que le petit côté du triangle axial principal, la génératrice la plus petite, et que, parmi les autres droites, celle qui est la plus proche de la plus grande sera plus grande que celle qui en est le plus éloignée.

Les propositions 17-21[2] sont des lemmes qui traitent des relations entre les côtés du triangle et les médianes, et des rapports entre les côtés de triangles scalènes ayant base et médiane égales.

Question 3. Dans les propositions 22 et 23, Sérénus démontre que seules les sections triangulaires qui ont leurs bases à angles droits sur le diamètre du cercle de la base sont isocèles.

Question 4. Dans la proposition 24, Sérénus démontre que, parmi les sections axiales, le triangle isocèle (triangle ΑΓΔ), qui a comme base une droite perpendiculaire à la base du cône, est le triangle maximum ; le triangle minimum (triangle ΑΕΖ) est celui qui est à angles droits sur la base du

---

1. Cette proposition est l'équivalent des propositions 165-166-167 du Livre VII de la *Collection Mathématique* de Pappus d'Alexandrie (voir les lemmes sur les *Coniques* d'Apollonios). Voir également le commentaire sur la *définition* 3 du Livre I d'Apollonios dans le commentaire aux *Coniques* d'Eutocius d'Ascalon.

2. La proposition 17 est l'équivalent de la proposition 122 du Livre VII de la *Collection Mathématique* de Pappus (voir les lemmes sur les *Lieux plans* d'Apollonios) ; la proposition 18 est l'équivalent de la proposition 22 du Livre VI des *Éléments* d'Euclide ; la proposition 20 est l'équivalent des propositions 45-46-49 du Livre VI de la *Collection Mathématique* de Pappus d'Alexandrie (voir les lemmes sur l'*Optique* d'Euclide).

cône (le triangle axial principal). Parmi les autres, le plus proche du plus grand est plus grand que celui qui en est le plus éloigné. Il démontre en même temps que la surface d'une section axiale quelconque d'un cône oblique est intermédiaire entre la surface de la section perpendiculaire à la base (minimale) et la surface de la section isocèle (maximale).

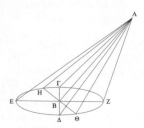

Question 5. Dans la proposition 25, Sérénus se propose de construire une génératrice ayant un rapport donné avec le grand côté du triangle axial principal, et, dans la proposition 26, de construire un triangle de base et de médiane égales à celles d'un triangle oblique donné et ayant avec lui un rapport donné. Ces deux constructions lui permettent dans la proposition 27, d'effectuer la construction d'un triangle axial ayant un rapport donné plus grand que l'unité avec le triangle axial principal.

Sérénus étend son étude comparative aux sections triangulaires parallèles, c'est-à-dire celles qui ont leur base parallèle à la base du triangle axial principal.

Question 6. En construisant le cône droit ΗΓΔ, Sérénus démontre, dans les propositions 29 et 30, que le triangle axial principal ΑΓΔ est plus grand que tous les triangles établis dans le cône en dehors de l'axe, ayant leur base parallèle à sa base ΓΔ, à la condition que sa hauteur ΑΔ ne soit pas plus petite que le rayon de la base (cas a), mais que ce ne sera plus le cas si la hauteur est plus petite que le rayon (cas b).

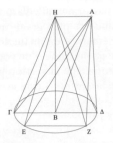

Les propositions 31-44 traitent des sections isocèles.

Question 7. Dans les propositions 31 et 32, Sérénus montre que si l'axe du cône est supérieur ou égal au rayon de la base, le triangle isocèle axial est le maximum parmi tous les triangles isocèles passant par le sommet et de base parallèle établis du côté où l'axe s'incline. Le triangle isocèle mené par la droite AB est plus grand que tous les triangles isocèles déterminés ayant leur base située entre les points B et Δ.

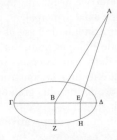

Le même problème fait l'objet des propositions 34 et 35. Pour que la section isocèle axiale soit équivalente à la section isocèle établie du côté où l'axe s'incline, il faut que la hauteur du triangle axial soit supérieure à l'axe (proposition 34), et l'axe du cône, inférieur au rayon de la base (proposition 35).

Question 8. Dans les propositions suivantes (propositions 36, 40-44), Sérénus compare le triangle isocèle axial aux triangles isocèles construits sur des bases parallèles du côté d'où l'axe du cône s'incline et établit que le triangle isocèle axial ne sera ni le plus petit ni le plus grand de ces triangles. La proposition 36 lui permet ainsi d'établir que le triangle isocèle axial n'est pas le plus petit de tous les triangles isocèles. Les propositions 40-44 démontrent qu'il n'est pas non plus le plus grand (1) si l'axe est plus petit que le rayon (proposition 40), (2) si l'axe est égal au rayon (propositions 41 et 42), (3) si l'axe est plus grand que le rayon (propositions 43 et 44). Les propositions 37-39, quant à elles, sont des lemmes relatifs aux triangles rectangles et obtusangles élevés sur une même base qui permettent d'établir des relations d'inégalité entre les angles des triangles et entre les rapports des côtés.

Comme le note Ver Eecke dans l'Introduction à sa traduction des traités de Sérénus[1], le problème général consistant à déterminer quel est absolument le plus grand triangle dont le plan passe par le sommet du cône oblique quelconque, et qui entre dans la catégorie des problèmes requérant l'intervention des courbes du second degré, n'est donc pas traité.

Question 9. Dans les propositions 45-46 Sérénus démontre que le lieu des projections orthogonales des perpendiculaires menées du sommet d'un cône oblique sur les diamètres de la base est la circonférence d'un seul cercle, situé dans le même

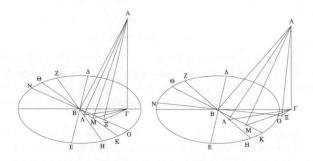

1. *Op. cit.*, p. XXV-XXVI.

plan que la base du cône, et dont le diamètre est la longueur comprise entre le centre de la base circulaire du cône et le pied de la perpendiculaire menée du sommet sur ce plan. Il fait suivre les deux propositions d'un corollaire qui établit que les perpendiculaires sont les génératrices d'un nouveau cône ayant comme sommet celui du premier cône et comme base la circonférence décrite par les pieds des perpendiculaires.

Question 10. Dans la proposition 47 il examine le problème suivant : étant donné un triangle oblique et un triangle axial qui ne soit ni le plus petit (le triangle axial principal), ni le plus grand (le triangle axial isocèle), trouver un autre triangle axial qui, avec le triangle donné, sera égal à la somme du plus grand et du plus petit des triangles axiaux.

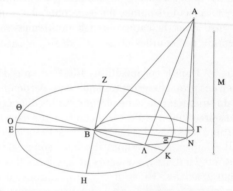

On a donc la relation suivante : triangle ΘAK + triangle OAΞ = triangle ZAH + triangle EAΔ, où ΘAK est le triangle qui passe par l'axe, ZAH est le triangle le plus grand, EAΔ est le triangle le plus petit, OAΞ est le triangle cherché.

Question 11. En utilisant les constructions déjà effectuées, Sérénus démontre dans la proposition 48 l'égalité des aires des deux triangles symétriques par rapport au plan axial principal, et, dans la proposition 49, l'égalité et la similitude des deux triangles.

Question 12. Dans les propositions 50 et 51[1], Sérénus examine le cas du cône oblique dont l'axe est égal au rayon et démontre la relation suivante : le plus petit des triangles axiaux (le triangle axial principal) est moyenne proportionnelle entre le maximum des triangles axiaux (le triangle isocèle axial) et le triangle isocèle, perpendiculaire à la base du cône, et réciproquement. Les deux propositions sont suivies d'un corollaire qui montre la similitude du triangle isocèle axial et du triangle isocèle perpendiculaire au plan de la base.

Question 13. La deuxième partie de la *Section du cône* se termine par le problème posé dans la proposition 57 : Sérénus montre que de deux triangles axiaux, le plus grand a le plus grand périmètre, et inversement. Il utilise pour ce faire une série de lemmes (propositions 52-56) qui traitent quelques propriétés des sécantes du cercle[2]. La proposition 54 relève de la théorie des nombres démontrée par la géométrie pure.

PROPOSITIONS 58-69

Dans la troisième et dernière partie de la *Section du cône* (propositions 58-69), Sérénus revient à l'étude des cônes droits. Il compare les volumes de deux cônes droits relativement aux hauteurs, aux bases et aux aires des sections triangulaires axiales. Grâce à ces propositions, il enrichit notablement un certain nombre des propositions du traité *De la Sphère et du Cylindre* d'Archimède et du livre XII des *Éléments* d'Euclide. Il procède par couples de propositions, où chaque propriété est suivie de sa réciproque.

---

1. Sur le rapport de ces propriétés avec la proposition 34 (cas 2) de l'*Optique* d'Euclide, voir mes études précitées.
2. La proposition 56 est l'équivalent la proposition 224 du Livre VII de la *Collection Mathématique* de Pappus d'Alexandrie (voir les lemmes aux *Coniques*).

Question 1. Dans les propositions 58-59, Sérénus démontre que les aires des triangles axiaux de deux cônes droits de volumes égaux, mais dissemblables, sont inversement proportionnelles à leurs bases et l'inverse. Ces propositions nous donnent donc une relation entre les aires des triangles axiaux de cônes droits et équivalents, mais dissemblables, et les bases circulaires des cônes.

Question 2. Les propositions 60-61 démontrent que si les bases de deux cônes droits sont proportionnelles aux carrés de leurs volumes, les aires des triangles axiaux sont égales entre elles et l'inverse. On a donc ici une relation entre les bases circulaires de cônes droits, leurs volumes et les aires des triangles axiaux.

Question 3. Les propositions 62-63 démontrent que les volumes de cônes droits de même hauteur sont entre eux comme les carrés des aires des triangles axiaux et l'inverse. C'est donc une relation entre les volumes de cônes droits de même hauteur et les triangles axiaux qui est obtenue ici.

Question 4. Dans les propositions 64-65, Sérénus démontre que les aires des triangles axiaux de cônes droits, dont les volumes sont inversement proportionnels aux axes, sont égales entre elles et l'inverse. Ces propositions donnent une relation entre les axes de cônes droits et les aires des triangles axiaux.

Question 5. Les propositions 66-67 démontrent que si les volumes de cônes droits sont inversement proportionnels aux aires de leurs bases, les aires des triangles axiaux sont inversement proportionnelles aux cubes de leurs bases. Les deux propositions donnent une relation entre les aires des triangles axiaux de cônes droits et les rayons des bases circulaires.

Question 6. Dans les deux propositions finales 68 et 69, Sérénus démontre que si les volumes de cônes droits sont entre eux comme les carrés de leurs bases, les aires des triangles axiaux sont entre elles comme les cubes de leurs bases. On obtient ici une seconde relation entre les aires des triangles axiaux de cônes droits et les rayons des bases circulaires.

Le tableau qui suit présente les correspondances qui peuvent être établies entre les propositions de Sérénus et celles qui figurent dans les traités d'Euclide, Archimède, Apollonios, Pappus et Eutocius. Autant d'adaptations de propriétés équivalentes qui montrent que ces différentes propositions appartiennent à la même tradition d'étude des solides, et que Sérénus, aussi bien par le style mathématique utilisé que par le choix des procédures démonstratives, s'y inscrit totalement.

TABLEAU DES CORRESPONDANCES

Sérénus, Section Cône	Euclide Éléments	Euclide Optique	Pappus Collection Mathématique	Eutocius Commentaires
Proposition 1			VII. Prop. 16	
Proposition 3		Prop. 34.1	VI. Prop. 50	
Proposition 16			VII. Prop. 165, 166 et 167	Sur Coniques, Définition III
Proposition 17			VII. Prop. 122	
Proposition 18	VI. Prop. 22			
Proposition 20			VI. Prop. 45, 46 et 49	
Propositions 50-51		Prop. 34.2	VI. Prop. 51	
Proposition 56			VII. Prop. 224	

II
STRUCTURE DÉDUCTIVE DE LA *SECTION DU CÔNE*

Les propositions 1-14

Le groupe des propositions 1-14, relatif au cône droit, développe trois questions. Dans le cadre de la première (prop. 5-9), la proposition 6 est une généralisation de la proposition 5 ; la proposition 5 a comme réciproque la proposition 8 et utilise les trois premières propositions. Sérénus commence, en effet, dans la proposition 5, par une série de constructions qui supposent l'axe du cône droit plus grand ou égal au rayon de la base, et les bases des triangles passant par l'axe et en dehors de l'axe parallèles entre elles. En ayant ainsi construit deux triangles semblables, il obtient un rapport entre les côtés de ces triangles, rapport d'égalité qu'il transforme par l'intermédiaire de la proposition 2 en un rapport d'inégalité et ensuite, par l'intermédiaire de la proposition 1, en une relation d'inégalité des aires délimitées sous les droites. Ce résultat lui permet d'établir que le triangle axial est le plus grand de tous les triangles déterminés dans le cône, et la conclusion, par l'intermédiaire de la proposition 3, étend ce résultat à des triangles qui ont leurs bases égales. Pour généraliser cette propriété (prop. 6), il construit les bases des triangles qu'il veut examiner non parallèles et se rencontrant en un point. La proposition 9 fournit la construction requise pour les propositions 5 et 6, et la proposition 7 démontre une propriété entre droites perpendiculaires utilisée dans la proposition 6. La cohérence interne de ce groupe de propositions est évidente.

Dans le cadre de la deuxième question (prop. 10-12), il effectue dans la proposition 12 la construction dont il avait besoin pour démontrer la propriété de la proposition 10. À la fin de la proposition 10, la proposition 3 est requise pour signaler que le résultat est applicable au cas où les bases des triangles ne sont pas parallèles, ce qui renvoie à la figure de la proposition 6. C'est la même démarche dans la proposition

11, qui utilise la figure de la proposition 10 et son résultat (dans le cône droit dont la hauteur est moindre que le rayon de la base, le triangle axial équivaut au triangle non axial dont la moitié de la base est égale à la hauteur du cône). Le résultat de la proposition 5 est utilisé pour obtenir l'égalité et la similitude des triangles construits ; la proposition 2 donne les rapports entre les côtés des triangles semblables, et la proposition 1 transforme l'inégalité des rapports en inégalité des aires ; la fin de la démonstration renvoie aux propositions 3 et 6 pour le cas où les bases ne sont pas parallèles.

Dans la dernière question de ce groupe (prop. 13-14), selon le procédé déjà à l'œuvre dans les questions précédentes, Sérénus effectue dans la proposition 14 la construction dont il avait besoin pour résoudre le problème de la proposition 13.

Voici le schéma récapitulatif de ces relations :

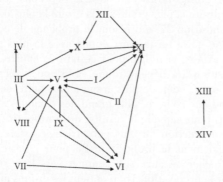

LES PROPOSITIONS 15-57

Dans ce deuxième groupe relatif au cône oblique, il n'existe pas à proprement parler d'enchaînement logique des propositions, et la structure déductive doit être appréhendée par groupes de problèmes.

On commence par la construction dans la proposition 15 du triangle axial principal, utilisée dans la démonstration de la proposition 16, qui démontre que le grand côté du triangle axial principal est la plus grande des génératrices du cône et que le petit côté est la génératrice la plus petite. Les lemmes qui suivent (prop. 17-21) servent à démontrer (prop. 24) que, parmi les triangles axiaux, le plus grand est le triangle isocèle (construit dans les propositions 22-23) et le plus petit, le triangle à angles droits avec la base du cône. On observe que, dans l'énoncé de la proposition 24, Sérénus affirme vouloir également étudier le problème de tous les autres triangles en énonçant que de deux triangles le plus proche du plus grand est plus grand que celui qui en est plus éloigné. Mais, comme dans la proposition 16, la question n'est pas examinée.

La proposition 25, qui résout le problème de mener une génératrice telle que la plus grande génératrice ait avec elle un rapport donné, utilise le résultat de la proposition 16, qui donne la droite la plus grande et la droite la plus petite.

La proposition 27, qui résout le problème de construire un triangle qui a un rapport donné avec le plus petit des triangles axiaux, et utilise pour ce faire la construction de la proposition 26, dépend d'une condition (il faut que le rapport donné, étant de plus grand à plus petit, ne soit pas plus grand que celui du plus grand des triangles axiaux au plus petit) pour laquelle le résultat de la proposition 24 est requis (construction du plus petit triangle axial). Sérénus utilise également la proposition 28 pour montrer que le triangle recherché aura son sommet vers la région d'un point. Par la proposition 16, il obtient les droites maxima et minima, et la proposition 25 lui permet de mener du sommet sur la circonférence, une droite égale à une autre droite.

Voici le schéma qui résume ces enchaînements :

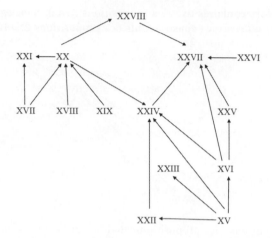

Pour démontrer dans la proposition 29 que le triangle axial principal dans un cône oblique où la hauteur n'est pas plus petite que le rayon de la base, est plus grand que tous les triangles non axiaux établis dans le cône et ayant leurs bases parallèles à celle du triangle élevé à angles droits, Sérénus a besoin des résultats déjà obtenus dans la première partie de la *Section du cône* ; il utilise la proposition 5 pour établir que le triangle axial dans le cône droit qu'il a construit, où l'axe n'est pas plus petit que le rayon, est plus grand que tout triangle non axial. Par l'intermédiaire d'*Éléments*, I.37, il étend la propriété aux triangles établis sur une même base et entre les mêmes parallèles. La proposition 30 examine le même problème, mais dans le cas où la hauteur est plus petite que le rayon.

Voici maintenant le schéma qui illustre les relations logiques dans le groupe des propositions 31-35, où Sérénus cherche à déterminer les conditions dans lesquelles le triangle isocèle axial est plus grand que tous les triangles isocèles non axiaux ayant leurs bases parallèles à la sienne du côté où l'axe s'incline. C'est le résultat de la proposition 1 qui est transformé pour obtenir des relations entre

aires triangulaires dans les propositions 31-32. Sont également utilisées les constructions des propositions 22, 15 et
28.

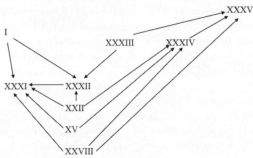

Le groupe des propositions 36-44 examine le cas où les
triangles isocèles non axiaux sont établis sur des bases parallèles du côté opposé à celui où l'axe s'incline et démontre
que le triangle isocèle axial n'est ni plus grand ni plus petit
que ces triangles. Dans la proposition 36, qui établit le fait
que le triangle isocèle axial n'est pas le plus petit de tous les
triangles isocèles, Sérénus, qui ne met pas, comme dans la
proposition 31, la condition que l'axe du cône ne soit pas
plus petit que le rayon de la base, utilise la proposition 22
pour obtenir le triangle isocèle axial, puis transforme les
proportions tirées des propositions 1 et 2 pour aboutir à
l'inégalité des aires. Les propositions 37-39 sont des lemmes
relatifs à des relations d'inégalités entre angles et rapports
des côtés des triangles. Elles servent au traitement des différents cas examinés dans les propositions 40-44 pour établir
que le triangle isocèle axial n'est pas non plus le plus grand
des triangles isocèles.

Dans les propositions 45-46, relatives au lieu des projections orthogonales des perpendiculaires menées du sommet
du cône oblique aux diamètres de la base, il prouve dans la
proposition 46 la propriété utilisée dans la démonstration de
la proposition 45. Pour le problème de la proposition 47, il
construit une figure inspirée de la proposition 45 et utilise

des résultats trouvés dans les propositions précédentes : les propositions 22 et 24, lui servent à établir le plus grand et le plus petit des triangles passant par l'axe ; les propositions 45 et 46 lui permettent de montrer que les droites menées du sommet perpendiculairement aux diamètres de la base circulaire ont des pieds situés sur la circonférence d'un cercle dont le diamètre est la droite qui se trouve entre le centre du cercle d'origine et le pied de la perpendiculaire menée au départ sur le plan de la base ; ensuite par les propositions 15 et 16, il obtient la plus grande et la plus petite des droites menées du sommet sur la circonférence de la base.

Les propositions 48 et 49 relatives aux triangles « placés dans le même ordre » sont en relation avec les résultats obtenus précédemment, tout comme les propositions 50-51, qui nous donnent, dans le cas où l'axe du cône oblique est égal au rayon de la base, la relation selon laquelle le plus petit des triangles axiaux est moyenne proportionnelle entre le maximum des triangles axiaux et le triangle isocèle non axial, perpendiculaire à la base du cône, et réciproquement.

Voici le schéma qui résume les liens de ce groupe :

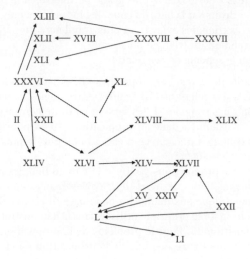

La proposition 57, qui démontre que, dans le cône oblique, le plus grand des triangles passant par l'axe a le plus grand périmètre et réciproquement, est la dernière proposition de la deuxième partie de la *Section du cône*. Sérénus utilise pour sa démonstration beaucoup des propositions précédentes (les lemmes 17-21, 52-55 et les propositions 16 et 24). La proposition 24 lui donne le plus grand triangle axial, et la proposition 16, les relations entre les côtés des triangles axiaux. Ces relations réalisent les conditions de la proposition 19, c'est-à-dire que, si deux grandeurs égales sont inégalement divisées, le rapport du plus grand au plus petit segment de l'une de ces grandeurs est plus grand que le rapport du plus grand au plus petit segment de l'autre grandeur. Sérénus obtient donc la plus grande et la plus petite des droites. Les propositions 54 et 55 lui donnent les relations entre droites inégales qui lui permettent d'établir que le périmètre du plus grand des triangles est le plus grand. À la fin de la première partie de la démonstration (la deuxième partie est la réciproque), la proposition 24 permet une formulation générale de la propriété qui veut que, dans le cône oblique, le triangle isocèle axial a le plus grand périmètre, et le triangle à angles droits sur la base du cône, le plus petit, et que, parmi les autres triangles axiaux, un plus grand aura un périmètre plus grand qu'un triangle plus petit.

Voici le schéma de ces relations :

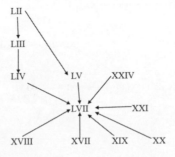

Les propositions 58-69

Ce troisième groupe de propositions est complètement séparé des propositions précédentes, et sa structure est toujours la même : des couples de propositions dans lesquelles une propriété et son contraire sont démontrées. Les démonstrations sont fondées sur les *Éléments* (V, *définitions* 9 et 10 ; propositions V.7 et 9 ; VI.1 et 14 ; XII.2, 11 et 15) et complètent l'examen par Euclide dans le Livre XII des relations des cônes et cylindres droits avec les rayons des bases et les hauteurs.

Outre les propositions euclidiennes, Sérénus utilise la proposition 62, qui démontre que les cônes droits de même hauteur sont entre eux en raison doublée des triangles qui passent par leur axe.

Dans les propositions 58-61, il construit une droite moyenne proportionnelle (prop. 58), un triangle troisième proportionnelle (prop. 59), un cône troisième proportionnelle (prop. 60), une droite troisième proportionnelle (prop. 61). Dans les propositions 63-69, il construit un triangle équivalent à un autre (prop. 63), un cône de même hauteur que le cône initial (prop. 64, 66 et 68), un triangle de même hauteur que le triangle initial (prop. 65, 67 et 69). Voici le schéma de ces relations :

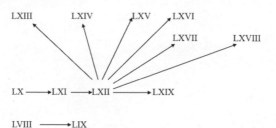

ÉNONCÉS DES PROPOSITIONS EUCLIDIENNES[1]
REQUISES DANS LES DÉMONSTRATIONS
DE SÉRÉNUS ET UTILISÉES
DANS LES NOTES COMPLÉMENTAIRES

Éléments, I, *définition* 10 : Ὅταν δὲ εὐθεῖα ἐπ' εὐθεῖαν σταθεῖσα τὰς ἐφεξῆς γωνίας ἴσας ἀλλήλαις ποιῇ, ὀρθὴ ἑκατέρα τῶν ἴσων γωνιῶν ἐστιν, καὶ ἡ ἐφεστηκυῖα εὐθεῖα κάθετος καλεῖται ἐφ' ἣν ἐφέστηκεν. « Lorsqu'une droite placée sur une droite fait les angles adjacents égaux entre eux, chacun des angles égaux est droit, et la droite élevée est appelée perpendiculaire à celle sur laquelle elle est élevée. »

Éléments, I, *définition* 15 : Κύκλος ἐστὶ σχῆμα ἐπίπεδον ὑπὸ μιᾶς γραμμῆς περιεχόμενον [ἣ καλεῖται περιφέρεια], πρὸς ἣν ἀφ' ἑνὸς σημείου τῶν ἐντὸς τοῦ σχήματος κειμένων πᾶσαι αἱ προσπίπτουσαι εὐθεῖαι [πρὸς τὴν τοῦ κύκλου περιφέρειαν] ἴσαι ἀλλήλαις εἰσίν. « Le cercle est une figure plane comprise par une seule ligne [appelée circonférence], telle que toutes les droites qui tombent sur elle [sur la circonférence du cercle] d'un unique point parmi ceux qui sont situés à l'intérieur de la figure, sont égales entre elles. »

Éléments, I, *postulat* 5 : Καὶ ἐὰν εἰς δύο εὐθείας εὐθεῖα ἐμπίπτουσα τὰς ἐντὸς καὶ ἐπὶ τὰ αὐτὰ μέρη γωνίας δύο ὀρθῶν ἐλάσσονας ποιῇ, ἐκβαλλομένας τὰς δύο εὐθείας ἐπ' ἄπειρον συμπίπτειν ἐφ' ἃ μέρη εἰσὶν αἱ τῶν δύο ὀρθῶν ἐλάσσονες. « Si une droite tombant sur deux droites fait la somme des angles

---

1. Le texte grec des Livres I-XIII est celui de l'édition Heiberg-Stamatis, *Euclidis Elementa*, I-IV, Leipzig, 1969-1973.

intérieurs du même côté plus petite que deux droits, les deux droites, prolongées indéfiniment, se rencontrent du côté où sont les angles dont la somme est plus petite que deux droits. »

Éléments, I, 1 : Ἐπὶ τῆς δοθείσης εὐθείας πεπερασμένης τρίγωνον ἰσόπλευρον συστήσασθαι. « « Sur une droite donnée finie, construire un triangle équilatéral. »

Éléments, I, 4 : Ἐὰν δύο τρίγωνα τὰς δύο πλευρὰς [ταῖς] δυσὶ πλευραῖς ἴσας ἔχῃ ἑκατέραν ἑκατέρᾳ καὶ τὴν γωνίαν τῇ γωνίᾳ ἴσην ἔχῃ τὴν ὑπὸ τῶν ἴσων εὐθειῶν περιεχομένην, καὶ τὴν βάσιν τῇ βάσει ἴσην ἕξει, καὶ τὸ τρίγωνον τῷ τριγώνῳ ἴσον ἔσται, καὶ αἱ λοιπαὶ γωνίαι ταῖς λοιπαῖς γωνίαις ἴσαι ἔσονται ἑκατέρα ἑκατέρᾳ ὑφ᾽ ἃς αἱ ἴσαι πλευραὶ ὑποτείνουσιν. « Si deux triangles ont les deux côtés égaux chacun à chacun aux deux côtés et l'angle compris par les droites égales égal à l'angle, ils auront aussi la base égale à la base, le triangle sera égal au triangle, et les angles restants, sous-tendus par les côtés égaux, seront égaux chacun à chacun aux angles restants. »

Éléments, I, 5 : Τῶν ἰσοσκελῶν τριγώνων αἱ πρὸς τῇ βάσει γωνίαι ἴσαι ἀλλήλαις εἰσίν, καὶ προσεκβληθεισῶν τῶν ἴσων εὐθειῶν αἱ ὑπὸ τὴν βάσιν γωνίαι ἴσαι ἀλλήλαις ἔσονται. « Dans les triangles isocèles, les angles à la base sont égaux entre eux, et, si les droites égales sont prolongées, les angles sous la base seront égaux entre eux. »

Éléments, I, 6 : Ἐὰν τριγώνου αἱ δύο γωνίαι ἴσαι ἀλλήλαις ὦσιν, καὶ αἱ ὑπὸ τὰς ἴσας γωνίαις ὑποτείνουσαι πλευραὶ ἴσαι ἀλλήλαις ἔσονται. « Si les deux angles d'un triangle sont égaux entre eux, les côtés sous-tendant les angles égaux seront aussi égaux entre eux. »

Éléments, I, 8 : Ἐὰν δύο τρίγωνα τὰς δύο πλευρὰς [ταῖς] δύο πλευραῖς ἴσας ἔχῃ ἑκατέραν ἑκατέρα, ἔχῃ δὲ καὶ τὴν βάσιν τῇ βάσει ἴσην, καὶ τὴν γωνίαν τῇ γωνίᾳ ἴσην ἕξει τὴν ὑπὸ τῶν ἴσων εὐθειῶν περιεχομένην. « Si deux triangles ont les deux côtés égaux chacun à chacun aux deux côtés, ainsi que la base égale à la base, ils auront aussi l'angle compris par les droites égales égal à l'angle. »

Éléments, I, 13 : 'Εὰν εὐθεῖα ἐπ' εὐθεῖαν σταθεῖσα γωνίας ποιῇ, ἤτοι δύο ὀρθὰς ἢ δυσὶν ὀρθαῖς ἴσας ποιήσει. « Si une droite placée sur une droite fait des angles, elle fera ou bien deux angles droits ou des angles dont la somme est égale à deux droits. »

Éléments, I, 15 : 'Εὰν δύο εὐθεῖαι τέμνωσιν ἀλλήλας, τὰς κατὰ κορυφὴν γωνίας ἴσας ἀλλήλαις ποιοῦσιν. « Si deux droites se coupent l'une l'autre, elles font les angles opposés par le sommet égaux entre eux. »

Éléments, I, 16 : Παντὸς τριγώνου μιᾶς τῶν πλευρῶν προσεκβληθείσης ἡ ἐκτὸς γωνία ἑκατέρας τῶν ἐντὸς καὶ ἀπεναντίον γωνιῶν μείζων ἐστίν. « Dans tout triangle, si l'un des côtés est prolongé, l'angle extérieur est plus grand que chacun des angles intérieurs et opposés. »

Éléments, I, 17 : Παντὸς τριγώνου αἱ δύο γωνίαι δύο ὀρθῶν ἐλάσσονές εἰσι πάντῃ μεταλαμβανόμεναι. « Dans tout triangle, la somme de deux angles, permutés de n'importe quelle manière, sont plus petits que la somme de deux droits ».

Éléments, I, 18 : Παντὸς τριγώνου ἡ μείζων πλευρὰ τὴν μείζονα γωνίαν ὑποτείνει. « Dans tout triangle, <si l'on prend un couple de côtés et d'angles>, c'est le grand côté qui sous-tend le grand angle. »

Éléments, I, 19 : Παντὸς τριγώνου ὑπὸ τὴν μείζονα γωνίαν ἡ μείζων πλευρὰ ὑποτείνει. « Dans tout triangle, <si l'on prend un couple de côtés et d'angles>, c'est le grand angle que sous-tend le grand côté. »

Éléments, I, 20 : Παντὸς τριγώνου αἱ δύο πλευραὶ τῆς λοιπῆς μείζονές εἰσι πάντῃ μεταλαμβανόμεναι. « Dans tout triangle, la somme de deux côtés, permutés de n'importe quelle manière, est plus grande que le côté restant. »

Éléments, I, 21 : 'Εὰν τριγώνου ἐπὶ μιᾶς τῶν πλευρῶν ἀπὸ τῶν περάτων δύο εὐθεῖαι ἐντὸς συσταθῶσιν, αἱ συσταθεῖσαι τῶν λοιπῶν τοῦ τριγώνου δύο πλευρῶν ἐλάττονες μὲν ἔσονται, μείζονα δὲ γωνίαν περιέξουσιν. « Si, à l'intérieur d'un triangle, sont construites deux droites sur l'un des côtés et depuis ses extrémités, la somme des droites construites sera plus petite que la somme des deux autres côtés du triangle, et elles comprendront un angle plus grand. »

Éléments, I, 24 : Ἐὰν δύο τρίγωνα τὰς δύο πλευρὰς [ταῖς] δύο πλευραῖς ἴσας ἔχῃ ἑκατέραν ἑκατέρᾳ, τὴν δὲ γωνίαν τῆς γωνίας μείζονα ἔχῃ τὴν ὑπὸ τῶν ἴσων εὐθειῶν περιεχομένην, καὶ τὴν βάσιν τῆς βάσεως μείζονα ἕξει. « Si deux triangles ont les deux côtés égaux aux deux côtés, chacun à chacun, et l'angle compris par les droites égales plus grand que l'angle, ils auront aussi la base plus grande que la base. »

Éléments, I, 25 : Ἐὰν δύο τρίγωνα τὰς δύο πλευρὰς δυσὶ πλευραῖς ἴσας ἔχῃ ἑκατέραν ἑκατέρᾳ, τὴν δὲ βάσιν τῆς βάσεως μείζονα ἔχῃ, καὶ τὴν γωνίαν τῆς γωνίας μείζονα ἕξει τὴν ὑπὸ τῶν ἴσων εὐθειῶν περιεχομένην. « Si deux triangles ont les deux côtés égaux aux deux côtés, chacun à chacun, ainsi que la base plus grande que la base, ils auront aussi l'angle compris par les droites égales plus grand que l'angle. »

Éléments, I, 29 : Ἡ εἰς τὰς παραλλήλους εὐθείας εὐθεῖα ἐμπίπτουσα τάς τε ἐναλλὰξ γωνίας ἴσας ἀλλήλαις ποιεῖ καὶ τὴν ἐκτὸς τῇ ἐντὸς καὶ ἀπεναντίον ἴσην καὶ τὰς ἐντὸς καὶ ἐπὶ τὰ αὐτὰ μέρη δυσὶν ὀρθαῖς ἴσας. « Une droite tombant sur des droites parallèles fait les angles alternes égaux entre eux, l'angle extérieur égal à l'angle intérieur et opposé, et la somme des angles intérieurs et du même côté égale à deux droits. »

Éléments, I, 30 : Αἱ τῇ αὐτῇ εὐθείᾳ παράλληλοι καὶ ἀλλήλαις εἰσὶ παράλληλοι. « Les parallèles à une même droite sont aussi parallèles entre elles. »

Éléments, I, 32 : Παντὸς τριγώνου μιᾶς τῶν πλευρῶν προσεκβληθείσης ἡ ἐκτὸς γωνία δυσὶ ταῖς ἐντὸς καὶ ἀπεναντίον ἴση ἐστίν, καὶ αἱ ἐντὸς τοῦ τριγώνου τρεῖς γωνίαι δυσὶν ὀρθαῖς ἴσαι εἰσίν. « Dans tout triangle, si l'un des côtés est prolongé, l'angle extérieur est égal à la somme de deux angles intérieurs et opposés, et la somme des trois angles intérieurs du triangle est égale à deux droits. »

Éléments, I, 33 : Αἱ τὰς ἴσας τε καὶ παραλλήλους ἐπὶ τὰ αὐτὰ μέρη ἐπιζευγνύουσαι εὐθεῖαι καὶ αὐταὶ ἴσαι τε καὶ παράλληλοί εἰσιν. « Les droites joignant du même côté des droites égales et parallèles sont elles aussi égales et parallèles. »

Éléments, I, 34 : Τῶν παραλληλογραμμῶν χωρίων αἱ ἀπεναντίον πλευραί τε καὶ γωνίαι ἴσαι ἀλλήλαις εἰσίν, καὶ ἡ διάμετρος αὐτὰ δίχα τέμνει. «Dans les aires parallélogrammes, les côtés et les angles opposés sont égaux entre eux, et la diagonale les coupe en deux parties égales. »

Éléments, I, 36 : Τὰ παραλληλόγραμμα τὰ ἐπὶ ἴσων βάσεων ὄντα καὶ ἐν ταῖς αὐταῖς παραλλήλοις ἴσα ἀλλήλοις ἐστίν. «Les parallélogrammes qui sont sur des bases égales et dans les mêmes parallèles sont égaux entre eux. »

Éléments, I, 37 : Τὰ τρίγωνα τὰ ἐπὶ τῆς αὐτῆς βάσεως ὄντα καὶ ἐν ταῖς αὐταῖς παραλλήλοις ἴσα ἀλλήλοις ἐστίν. «Les triangles qui sont sur la même base et dans les mêmes parallèles sont égaux entre eux. »

Éléments, I, 41 : Ἐὰν παραλληλόγραμμον τριγώνῳ βάσιν τε ἔχῃ τὴν αὐτὴν καὶ ἐν ταῖς αὐταῖς παραλλήλοις ᾖ, διπλάσιόν ἐστι τὸ παραλληλόγραμμον τοῦ τριγώνου. « Si un parallélogramme a la même base qu'un triangle et qu'il soit dans les mêmes parallèles, il est le double du triangle. »

Éléments, I, 47 : Ἐν τοῖς ὀρθογωνίοις τριγώνοις τὸ ἀπὸ τῆς τὴν ὀρθὴν γωνίαν ὑποτεινούσης πλευρᾶς τετράγωνον ἴσον ἐστὶ τοῖς ἀπὸ τῶν τὴν ὀρθὴν γωνίαν περιεχουσῶν πλευρῶν τετραγώνοις. «Dans les triangles rectangles, le carré sur le côté sous-tendant l'angle droit est égal à la somme des carrés sur les côtés comprenant l'angle droit. »

Éléments, I, 48 : Ἐὰν τριγώνου τὸ ἀπὸ μιᾶς τῶν πλευρῶν τετράγωνον ἴσον ᾖ τοῖς ἀπὸ τῶν λοιπῶν τοῦ τριγώνου δύο πλευρῶν τετραγώνοις, ἡ περιεχομένη γωνία ὑπὸ τῶν λοιπῶν τοῦ τριγώνου δύο πλευρῶν ὀρθή ἐστιν. « Si, dans un triangle, le carré sur l'un des côtés est égal à la somme des carrés sur les deux côtés restants du triangle, l'angle compris par les deux côtés restants du triangle est droit. »

Éléments, II, 4 : Ἐὰν εὐθεῖα γραμμὴ τμηθῇ ὡς ἔτυχεν, τὸ ἀπὸ τῆς ὅλης τετράγωνον ἴσον ἐστὶ τοῖς τε ἀπὸ τῶν τμημάτων τετραγώνοις καὶ τῷ δὶς ὑπὸ τῶν τμημάτων περιεχομένῳ ὀρθογωνίῳ. « Si une ligne droite est coupée au hasard, le

carré sur la droite entière est égal à la somme des carrés
sur les segments et au double du rectangle compris par les
segments. »

Éléments, II, 5 : Ἐὰν εὐθεῖα γραμμὴ τμηθῇ εἰς ἴσα καὶ
ἄνισα, τὸ ὑπὸ τῶν ἀνίσων τῆς ὅλης τμημάτων περιεχόμενον
ὀρθογώνιον μετὰ τοῦ ἀπὸ τῆς μεταξὺ τῶν τομῶν τετραγώνου
ἴσον ἐστὶ τῷ ἀπὸ τῆς ἡμίσειας τετραγώνῳ. «Si une ligne
droite est coupée en segments égaux et inégaux, la somme
du rectangle compris par les segments inégaux de la droite
entière et du carré sur la droite située entre les sections est
égale au carré sur la moitié de la droite entière. »

Éléments, II, 9 : Ἐὰν εὐθεῖα γραμμὴ τμηθῇ εἰς ἴσα καὶ
ἄνισα, τὰ ἀπὸ τῶν ἀνίσων τῆς ὅλης τμημάτων τετράγωνα
διπλάσιά ἐστι τοῦ τε ἀπὸ τῆς ἡμισείας καὶ τοῦ ἀπὸ τῆς μεταξὺ
τῶν τομῶν τετραγώνου. « Si une ligne droite est coupée en
segments égaux et inégaux, la somme des carrés sur les
segments inégaux de la droite entière est le double de la
somme du carré sur la demi-droite et du carré sur le segment
situé entre les sections. »

Éléments, II, 12 : Ἐν τοῖς ἀμβλυγωνίοις τριγώνοις τὸ ἀπὸ
τῆς τὴν ἀμβλεῖαν γωνίαν ὑποτεινούσης πλευρᾶς τετράγωνον
μεῖζόν ἐστι τῶν ἀπὸ τῶν τὴν ἀμβλεῖαν γωνίαν περιεχουσῶν
πλευρῶν τετραγώνων τῷ περιεχομένῳ δὶς ὑπό τε μιᾶς τῶν
περὶ τὴν ἀμβλεῖαν γωνίαν, ἐφ' ἣν ἡ κάθετος πίπτει, καὶ τῆς
ἀπολαμβανομένης ἐκτὸς ὑπὸ τῆς καθέτου πρὸς τῇ ἀμβλείᾳ
γωνίᾳ. «Dans les triangles obtusangles, le carré sur le côté
sous-tendant l'angle obtus est plus grand que la somme des
carrés sur les côtés comprenant l'angle obtus du double du
rectangle compris par celui des côtés comprenant l'angle
obtus sur lequel tombe la perpendiculaire, et par la droite
découpée à l'extérieur par la perpendiculaire du côté de
l'angle obtus. »

Éléments, II, 13 : Ἐν τοῖς ὀξυγωνίοις τριγώνοις τὸ ἀπὸ τῆς
τὴν ὀξεῖαν γωνίαν ὑποτεινούσης πλευρᾶς τετράγωνον ἔλαττόν
ἐστι τῶν ἀπὸ τῶν τὴν ὀξεῖαν γωνίαν περιεχουσῶν πλευρῶν
τετραγώνων τῷ περιεχομένῳ δὶς ὑπό τε μιᾶς τῶν περὶ τὴν
ὀξεῖαν γωνίαν, ἐφ' ἣν ἡ κάθετος πίπτει, καὶ τῆς ἀπολαμβανο-

μένης ἐντὸς ὑπὸ τῆς καθέτου πρὸς τῇ ὀξείᾳ γωνίᾳ. « Dans les triangles acutangles, le carré sur le côté sous-tendant l'angle aigu est plus petit que la somme des carrés sur les côtés comprenant l'angle aigu du double du rectangle compris par l'un des cotés comprenant l'angle aigu sur lequel tombe la perpendiculaire, et par la droite découpée à l'intérieur par la perpendiculaire du côté de l'angle aigu. »

Éléments, III, 2 : Ἐὰν κύκλου ἐπὶ τῆς περιφερείας ληφθῇ δύο τυχόντα σημεῖα, ἡ ἐπὶ τὰ σημεῖα ἐπιζευγνυμένη εὐθεῖα ἐντὸς πεσεῖται τοῦ κύκλου. « Si deux points quelconques sont pris sur la circonférence d'un cercle, la droite joignant les points tombera à l'intérieur du cercle. »

Éléments, III, 3 : Ἐὰν ἐν κύκλῳ εὐθεῖά τις διὰ τοῦ κέντρου εὐθεῖάν τινα μὴ διὰ τοῦ κέντρου δίχα τέμνῃ, καὶ πρὸς ὀρθὰς αὐτὴν τέμνει· καὶ ἐὰν πρὸς ὀρθὰς αὐτὴν τέμνῃ, καὶ δίχα αὐτὴν τέμνει. « Si, dans un cercle, une certaine droite passant par le centre coupe en deux parties égales une certaine droite ne passant pas par le centre, elle la coupe aussi à angles droits. Si elle la coupe à angles droits, elle la coupe aussi en deux parties égales. »

Éléments, III, 5 : Ἐὰν δύο κύκλοι τέμνωσιν ἀλλήλους, οὐκ ἔσται αὐτῶν τὸ αὐτὸ κέντρον. « Si deux cercles se coupent l'un l'autre, ils n'auront pas le même centre. »

Éléments, III, 7 : Ἐὰν κύκλου ἐπὶ τῆς διαμέτρου ληφθῇ τι σημεῖον, ὃ μή ἐστι κέντρον τοῦ κύκλου, ἀπὸ δὲ τοῦ σημείου πρὸς τὸν κύκλον προσπίπτωσιν εὐθεῖαί τινες, μεγίστη μὲν ἔσται ἐφ᾽ ἧς τὸ κέντρον, ἐλαχίστη δὲ ἡ λοιπή, τῶν δὲ ἄλλων ἀεὶ ἡ ἔγγιον τῆς διὰ τοῦ κέντρου τῆς ἀπώτερον μείζων ἐστίν, δύο δὲ μόνον ἴσαι ἀπὸ τοῦ σημείου προσπεσοῦνται πρὸς τὸν κύκλον ἐφ᾽ ἑκάτερα τῆς ἐλαχίστης. « Si, sur le diamètre d'un cercle, est pris un certain point qui n'est pas le centre du cercle, et que, du point, soient menées des droites jusqu'au cercle, la plus grande sera celle sur laquelle est le centre, la plus petite sera celle qui reste, et, de deux autres, c'est chaque fois celle qui est la plus proche de celle qui passe par le centre qui est plus grande que celle qui en est la plus éloignée, et il n'y a <chaque fois> que deux droites qui seront menées égales jusqu'au cercle de part et d'autre de la plus petite. »

Éléments, III, 8 : 'Εὰν κύκλου ληφθῇ τι σημεῖον ἐκτός, ἀπὸ δὲ τοῦ σημείου πρὸς τὸν κύκλον διαχθῶσιν εὐθεῖαί τινες ὧν μία μὲν διὰ τοῦ κέντρου, αἱ δὲ λοιπαὶ ὡς ἔτυχεν, τῶν μὲν πρὸς τὴν κοίλην περιφέρειαν προσπιπτουσῶν εὐθειῶν μεγίστη μέν ἐστιν ἡ διὰ τοῦ κέντρου, τῶν δὲ ἄλλων ἀεὶ ἡ ἔγγιον τῆς διὰ τοῦ κέντρου τῆς ἀπώτερον μείζων ἐστίν, τῶν δὲ πρὸς τὴν κυρτὴν περιφέρειαν προσπιπτουσῶν εὐθειῶν ἐλαχίστη μέν ἐστιν ἡ μεταξὺ τοῦ τε σημείου καὶ τῆς διαμέτρου, τῶν δὲ ἄλλων ἀεὶ ἡ ἔγγιον τῆς ἐλαχίστης τῆς ἀπώτερόν ἐστιν ἐλάττων, δύο δὲ μόνον ἴσαι ἀπὸ τοῦ σημείου προσπεσοῦνται πρὸς τὸν κύκλον ἐφ' ἑκάτερα τῆς ἐλαχίστης. « Si un certain point est pris à l'extérieur d'un cercle, et que, du point, soient menées jusqu'au cercle des droites dont l'une passe par le centre et les autres comme elles viennent, la plus grande des droites menées jusqu'à la concavité de la circonférence est celle qui passe par le centre ; d'autre part, de deux autres droites, c'est chaque fois celle qui est la plus proche de celle qui passe par le centre qui est plus grande que celle qui en est la plus éloignée. En revanche, la plus petite des droites menées jusqu'à la convexité de la circonférence est celle qui est entre le point et le diamètre ; d'autre part, de deux autres droites, c'est chaque fois celle qui est la plus proche de la plus petite qui est plus petite que celle qui en est la plus éloignée, et il n'y a <chaque fois> que deux droites égales qui seront menées du point jusqu'au cercle de part et d'autre de la plus petite. »

Éléments, III, 14 : 'Εν κύκλῳ αἱ ἴσαι εὐθεῖαι ἴσον ἀπέχουσιν ἀπὸ τοῦ κέντρου, καὶ αἱ ἴσον ἀπέχουσαι ἀπὸ τοῦ κέντρου ἴσαι ἀλλήλαις εἰσίν. « Dans un cercle, les droites égales sont également éloignées du centre, et les droites également éloignées du centre sont égales entre elles. »

Éléments, III, 15 : 'Εν κύκλῳ μεγίστη μὲν ἡ διάμετρος, τῶν δὲ ἄλλων ἀεὶ ἡ ἔγγιον τοῦ κέντρου τῆς ἀπώτερον μείζων ἐστίν. « Dans un cercle, le diamètre est la plus grande droite, et, de deux autres droites, c'est chaque fois la plus proche du centre qui est plus grande que la plus éloignée. »

Éléments, III, 21 : Ἐν κύκλῳ αἱ ἐν τῷ αὐτῷ τμήματι γωνίαι ἴσαι ἀλλήλαις εἰσίν. « Dans un cercle, les angles dans le même segment sont égaux entre eux. »

Éléments, III, 22 : Τῶν ἐν τοῖς κύκλοις τετραπλεύρων αἱ ἀπεναντίον γωνίαι δυσὶν ὀρθαῖς ἴσαι εἰσίν. « La somme des angles opposés des quadrilatères dans les cercles est égale à deux droits. »

Éléments, III, 26 : Ἐν τοῖς ἴσοις κύκλοις αἱ ἴσαι γωνίαι ἐπὶ ἴσων περιφερειῶν βεβήκασιν, ἐάν τε πρὸς τοῖς κέντροις ἐάν τε πρὸς ταῖς περιφερείαις ὦσι βεβηκυῖαι. « Dans les cercles égaux, les angles égaux sont appuyés sur des arcs égaux, qu'ils soient [appuyés] aux centres ou aux arcs. »

Éléments, III, 27 : Ἐν τοῖς ἴσοις κύκλοις αἱ ἐπὶ ἴσων περιφερειῶν βεβηκυῖαι γωνίαι ἴσαι ἀλλήλοις εἰσίν, ἐάν τε πρὸς τοῖς κέντροις ἐάν τε πρὸς ταῖς περιφερείαις ὦσι βεβηκυῖαι. « Dans les cercles égaux, les angles appuyés sur des arcs égaux sont égaux entre eux, qu'ils soient [appuyés] aux centres ou aux arcs. »

Éléments, III, 28 : Ἐν τοῖς ἴσοις κύκλοις αἱ ἴσαι εὐθεῖαι ἴσας περιφερείας ἀφαιροῦσι τὴν μὲν μείζονα τῇ μείζονι τὴν δὲ ἐλάττονα τῇ ἐλάττονι. « Dans les cercles égaux, les droites égales découpent des arcs égaux, le grand égal au grand et le petit égal au petit. »

Éléments, III, 29 : Ἐν τοῖς ἴσοις κύκλοις τὰς ἴσας περιφερείας ἴσαι εὐθεῖαι ὑποτείνουσιν. « Dans les cercles égaux, des droites égales sous-tendent des arcs égaux. »

Éléments, III, 31 : Ἐν κύκλῳ ἡ μὲν ἐν τῷ ἡμικυκλίῳ γωνία ὀρθή ἐστιν, ἡ δὲ ἐν τῷ μείζονι τμήματι ἐλάττων ὀρθῆς, ἡ δὲ ἐν τῷ ἐλάττονι τμήματι μείζων ὀρθῆς· καὶ ἔτι ἡ μὲν τοῦ μείζονος τμήματος γωνία μείζων ἐστὶν ὀρθῆς, ἡ δὲ τοῦ ἐλάττονος τμήματος γωνία ἐλάττων ὀρθῆς. « Dans un cercle, l'angle dans le demi-cercle est droit, <de deux segments>, l'angle dans le grand segment est plus petit qu'un droit et l'angle dans le petit segment est plus grand qu'un droit ; en outre, <de deux segments>, l'angle du grand segment est plus grand qu'un droit et l'angle du petit segment est plus petit qu'un droit. »

Éléments, III, 36 : Ἐὰν κύκλου ληφθῇ τι σημεῖον ἐκτός, καὶ ἀπ' αὐτοῦ πρὸς τὸν κύκλον προσπίπτωσι δύο εὐθεῖαι, καὶ ἡ μὲν αὐτῶν τέμνῃ τὸν κύκλον, ἡ δὲ ἐφάπτηται, ἔσται τὸ ὑπὸ ὅλης τῆς τεμνούσης καὶ τῆς ἐκτὸς ἀπολαμβανομένης μεταξὺ τοῦ τε σημείου καὶ τῆς κυρτῆς περιφερείας ἴσον τῷ ἀπὸ τῆς ἐφαπτομένης τετραγώνῳ. « Si un certain point est pris à l'extérieur d'un cercle, et que, de ce point, tombent deux droites sur le cercle, l'une comme sécante, l'autre comme tangente, le rectangle compris par la sécante entière et par la portion de la sécante découpée à l'extérieur entre le point et la convexité de la circonférence sera égal au carré sur la tangente. »

Éléments, V, *définition* 9 : Ὅταν δὲ τρία μεγέθη ἀνάλογον ᾖ, τὸ πρῶτον πρὸς τὸ τρίτον διπλασίονα λόγον ἔχειν λέγεται ἤπερ πρὸς τὸ δεύτερον. « Lorsque trois grandeurs sont en proportion, la première est dite avoir avec la troisième un rapport doublé de celui qu'elle a avec la deuxième. »

Éléments, V, *définition* 10 : Ὅταν δὲ τέσσαρα μεγέθη ἀνάλογον ᾖ, τὸ πρῶτον πρὸς τὸ τέταρτον τριπλασίονα λόγον ἔχειν λέγεται ἤπερ πρὸς τὸ δεύτερον.

Καὶ ἀεὶ ἑξῆς ὁμοίως ὡς ἂν ἡ ἀνολογία ὑπάρχῃ. « Lorsque quatre grandeurs sont en proportion, la première est dite avoir avec la quatrième un rapport triplé de celui qu'elle a avec la deuxième.

Et chaque fois successivement selon la proportion qu'on aura. »

Éléments, V, *définition* 12 : Ἐναλλὰξ λόγος ἐστὶ λῆψις τοῦ ἡγουμένου πρὸς τὸ ἡγούμενον καὶ τοῦ ἑπομένου πρὸς τὸ ἑπόμενον. « Le rapport alterne, c'est l'action de prendre la grandeur antécédente relativement à l'antécédente et la grandeur conséquente relativement à la conséquente. »

Éléments, V, *définition* 13 : Ἀνάπαλιν λόγος ἐστὶ λῆψις τοῦ ἑπομένου ὡς ἡγουμένου πρὸς τὸ ἡγούμενον ὡς ἑπόμενον. « Le rapport inverse, c'est l'action de prendre la grandeur conséquente comme antécédente relativement à la grandeur antécédente comme conséquente. »

Éléments, V, *définition* 14 : Σύνθεσις λόγου ἐστὶ λῆψις τοῦ ἡγουμένου μετὰ τοῦ ἑπομένου ὡς ἑνὸς πρὸς αὐτὸ τὸ ἑπόμενον. « La composition de rapport est l'action de prendre la grandeur antécédente avec la grandeur conséquente comme une grandeur unique relativement à la grandeur conséquente elle-même. »

Éléments, V, *définition* 15 : Διαίρεσις λόγου ἐστὶ λῆψις τῆς ὑπεροχῆς ᾗ ὑπερέχει τὸ ἡγουμένον τοῦ ἑπομένου πρὸς αὐτὸ τὸ ἑπόμενον. « La division de rapport est l'action de prendre l'excès dont la grandeur antécédente dépasse la grandeur conséquente relativement à la grandeur conséquente elle-même. »

Éléments, V, *définition* 17 [1] : Δι' ἴσου λόγος πλειόνων ὄντων μεγεθῶν καὶ ἄλλων αὐτοῖς ἴσων τὸ πλῆθος σύνδυο λαμβανομένων καὶ ἐν τῷ αὐτῷ λόγῳ, ὅταν ᾖ ὡς ἐν τοῖς πρώτοις μεγέθεσι τὸ πρῶτον πρὸς τὸ ἔσχατον, οὕτως ἐν τοῖς δευτέροις μεγέθεσι τὸ πρῶτον πρὸς τὸ ἔσχατον.

Ἢ ἄλλως· <Δι' ἴσου λόγος πλειόνων ὄντων μεγεθῶν καὶ ἄλλων αὐτοῖς ἴσων τὸ πλῆθος σύνδυο λαμβανομένων καὶ ἐν τῷ αὐτῷ λόγῳ> λῆψις τῶν ἄκρων καθ' ὑπεξαίρεσιν τῶν μέσων. « Si l'on a une pluralité de grandeurs ainsi qu'une autre pluralité de grandeurs égales à la première, que ces grandeurs soient prises deux à deux et dans le même rapport, on a un rapport à intervalle égal lorsque, dans les secondes grandeurs, la première est à la dernière comme, dans les premières grandeurs, la première est à la dernière.

Variante : <Si l'on a une pluralité de grandeurs ainsi qu'une autre pluralité de grandeurs égales à la première, que ces grandeurs soient prises deux à deux et dans le même rapport, le rapport à intervalle égal est> l'action de prendre les grandeurs extrêmes en omettant les grandeurs moyennes. »

---

1. La définition euclidienne est donnée dans la version proposée par M. Federspiel, « Sur le sens et l'emploi de la locution δι' ἴσου dans les mathématiques grecques », *Pallas*, 72, 2006, p. 183.

Éléments, V, *définition* 18 : Τεταραγμένη δὲ ἀναλογία ἐστίν, ὅταν τριῶν ὄντων μεγεθῶν καὶ ἄλλων αὐτοῖς ἴσων τὸ πλῆθος γίνηται ὡς μὲν ἐν τοῖς πρώτοις μεγέθεσιν ἡγούμενον πρὸς ἑπόμενον, οὕτως ἐν τοῖς δευτέροις μεγέθεσιν ἡγούμενον πρὸς ἑπόμενον, ὡς δὲ ἐν τοῖς πρώτοις μεγέθεσιν ἑπόμενον πρὸς ἄλλο τι, οὕτως ἐν τοῖς δευτέροις ἄλλο τι πρὸς ἡγούμενον. « Si l'on a trois grandeurs, ainsi qu'une pluralité de grandeurs égales à la première, on a une proportion perturbée lorsque, dans les secondes grandeurs, une grandeur antécédente est à une conséquente comme, dans les premières grandeurs, une grandeur antécédente est à une conséquente, et que, dans les secondes grandeurs, une autre grandeur que les grandeurs susdites est à une grandeur antécédente comme, dans les premières grandeurs, une grandeur conséquente est à une autre grandeur que les grandeurs susdites. »

Éléments, V, 7 : Τὰ ἴσα πρὸς τὸ αὐτὸ τὸν αὐτὸν ἔχει λόγον καὶ τὸ αὐτὸ πρὸς τὰ ἴσα. « Des grandeurs égales ont avec une même grandeur le même rapport, et une même grandeur a avec des grandeurs égales le même rapport. »

Éléments, V, 8 : Τῶν ἀνίσων μεγεθῶν τὸ μεῖζον πρὸς τὸ αὐτὸ μείζονα λόγον ἔχει ἤπερ τὸ ἔλαττον, καὶ τὸ αὐτὸ πρὸς τὸ ἔλαττον μείζονα λόγον ἔχει ἤπερ πρὸς τὸ μεῖζον. « La plus grande de deux grandeurs inégales a avec une même grandeur un rapport plus grand que la plus petite, et une même grandeur a avec la plus petite de deux grandeurs inégales un rapport plus grand qu'avec la plus grande. »

Éléments, V, 9 : Τὰ πρὸς τὸ αὐτὸ τὸν αὐτὸν ἔχοντα λόγον ἴσα ἀλλήλοις ἐστίν· καὶ πρὸς ἃ τὸ αὐτὸ τὸν αὐτὸν ἔχει λόγον, ἐκεῖνα ἴσα ἐστίν. « Les grandeurs qui ont le même rapport avec une même grandeur sont égales entre elles, et les grandeurs avec lesquelles une même grandeur a le même rapport sont égales. »

Éléments, V, 10 : Τῶν πρὸς τὸ αὐτὸ λόγον ἐχόντων τὸ μεῖζονα λόγον ἔχον ἐκεῖνο μεῖζόν ἐστιν· πρὸς ὃ δὲ τὸ αὐτὸ μείζονα λόγον ἔχει, ἐκεῖνο ἔλαττόν ἐστιν. « De deux grandeurs ayant un rapport avec une même grandeur, c'est celle qui a le plus grand rapport qui est la plus grande, et la grandeur avec laquelle une même grandeur a un rapport plus grand est la plus petite des deux. »

Éléments, V, 23 : ᾽Εὰν ᾖ τρία μεγέθη καὶ ἄλλα αὐτοῖς ἴσα τὸ πλῆθος σύνδυο λαμβανόμενα ἐν τῷ αὐτῷ λόγῳ, ᾖ δὲ τεταραγμένη αὐτῶν ἡ ἀναλογία, καὶ δι' ἴσου ἐν τῷ αὐτῷ λόγῳ ἔσται. « S'il y a trois grandeurs et une autre pluralité de grandeurs égales aux premières, que ces grandeurs sont prises deux à deux et dans le même rapport et que leur proportion est perturbée, à intervalle égal, elles seront aussi dans le même rapport. »

Éléments, VI, 1 : Τὰ τρίγωνα καὶ τὰ παραλληλόγραμμα τὰ ὑπὸ τὸ αὐτὸ ὕψος ὄντα πρὸς ἄλληλά ἐστιν ὡς αἱ βάσεις. « Les triangles et les parallélogrammes sous la dépendance de la même hauteur sont entre eux comme les bases. »

Éléments, VI, 2 : ᾽Εὰν τριγώνου παρὰ μίαν τῶν πλευρῶν ἀχθῇ τις εὐθεῖα, ἀνάλογον τεμεῖ τὰς τοῦ τριγώνου πλευράς· καὶ ἐὰν αἱ τοῦ τριγώνου πλευραὶ ἀνάλογον τμηθῶσιν, ἡ ἐπὶ τὰς τομὰς ἐπιζευγνυμένη εὐθεῖα παρὰ τὴν λοιπὴν ἔσται τοῦ τριγώνου πλευράν. « Si une certaine droite est menée parallèlement à l'un des côtés d'un triangle, elle coupera les côtés du triangle en proportion ; et, si les côtés du triangle sont coupés en proportion, la droite joignant les points de section sera parallèle au côté restant du triangle. »

Éléments, VI, 4 : Τῶν ἰσογωνίων τριγώνων ἀνάλογόν εἰσιν αἱ πλευραὶ αἱ περὶ τὰς ἴσας γωνίας καὶ ὁμόλογοι αἱ ὑπὸ τὰς ἴσας γωνίας ὑποτείνουσαι. « Dans les triangles équiangles, les côtés comprenant les angles égaux sont en proportion, et les côtés sous-tendant les angles égaux sont homologues. »

Éléments, VI, 6 : ᾽Εὰν δύο τρίγωνα μίαν γωνίαν μιᾷ γωνίᾳ ἴσην ἔχῃ, περὶ δὲ τὰς ἴσας γωνίας τὰς πλευρὰς ἀνάλογον, ἰσογώνια ἔσται τὰ τρίγωνα καὶ ἴσας ἕξει τὰς γωνίας ὑφ' ἃς αἱ ὁμόλογοι πλευραὶ ὑποτείνουσιν. « Si deux triangles ont un angle égal à un angle et les côtés comprenant les angles égaux en proportion, les triangles seront équiangles et les angles sous-tendus par les côtés homologues seront égaux. »

Éléments, VI, 7 : ᾽Εὰν δύο τρίγωνα μίαν γωνίαν μιᾷ γωνίᾳ ἴσην ἔχῃ, περὶ δὲ ἄλλας γωνίας τὰς πλευρὰς ἀνάλογον, τῶν δὲ λοιπῶν ἐκατέραν ἅμα ἤτοι ἐλάσσονα ἢ μὴ ἐλάσσονα ὀρθῆς, ἰσογώνια ἔσται τὰ τρίγωνα καὶ ἴσας ἕξει τὰς γωνίας, περὶ ἃς ἀνάλογον εἰσιν αἱ πλευραί. « Si deux triangles ont un angle égal à un angle, les côtés comprenant d'autres angles en proportion et chacun des deux autres angles à la fois ou bien plus petit ou bien non plus petit qu'un droit, les triangles seront équiangles et les angles compris par les côtés en proportion seront égaux. »

Éléments, VI, 8 : Ἐὰν ἐν ὀρθογωνίῳ τριγώνῳ ἀπὸ τῆς ὀρθῆς γωνίας ἐπὶ τὴν βάσιν κάθετος ἀχθῇ, τὰ πρὸς τῇ καθέτῳ τρίγωνα ὅμοιά ἐστι τῷ τε ὅλῳ καὶ ἀλλήλοις. « Si, dans un triangle rectangle, est menée une perpendiculaire de l'angle droit vers la base, les triangles adjacents à la perpendiculaire sont semblables au triangle entier et entre eux. »

Éléments, VI, 8, *porisme* : Ἐκ δὴ τούτου φανερόν ὅτι, ἐὰν ἐν ὀρθογωνίῳ τριγώνῳ ἀπὸ τῆς ὀρθῆς ἐπὶ τὴν βάσιν κάθετος ἀχθῇ, ἡ ἀχθεῖσα τῶν τῆς βάσεως τμημάτων μέση ἀνάλογόν ἐστιν... [καὶ ἔτι τῆς βάσεως καὶ ἑνὸς ὁποιουοῦν τῶν τμημάτων ἡ πρὸς τῷ τμήματι πλευρὰ μέση ἀνάλογόν ἐστιν]. « Il résulte manifestement de cela que, si, dans un triangle rectangle, est menée une perpendiculaire de l'angle droit vers la base, la droite menée est moyenne proportionnelle des segments de la base ;... [et en outre que le côté adjacent au segment est moyen proportionnel de la base et de n'importe lequel des segments.] »

Éléments, VI, 14 : Τῶν ἴσων τε καὶ ἰσογωνίων παραλληλογράμμων ἀντιπεπόνθασιν αἱ πλευραὶ αἱ περὶ τὰς ἴσας γωνίας· καὶ ὧν ἰσογωνίων παραλληλογράμμων ἀντιπεπόνθασιν αἱ πλευραὶ αἱ περὶ τὰς ἴσας γωνίας, ἴσα ἐστὶν ἐκεῖνα. « Dans les parallélogrammes égaux et équiangles, les côtés comprenant les angles égaux sont inversement proportionnels ; et les parallélogrammes équiangles dont les côtés comprenant les angles égaux sont inversement proportionnels sont égaux. »

Éléments, VI, 16 : Ἐὰν τέσσαρες εὐθεῖαι ἀνάλογον ὦσιν, τὸ ὑπὸ τῶν ἄκρων περιεχόμενον ὀρθογώνιον ἴσον ἐστὶ τῷ ὑπὸ τῶν μέσων περιεχομένῳ ὀρθογωνίῳ· κἂν τὸ ὑπὸ τῶν ἄκρων

περιεχόμενον ὀρθογώνιον ἴσον ᾖ τῷ ὑπὸ τῶν μέσων περιεχομένῳ ὀρθογωνίῳ, αἱ τέσσαρες εὐθεῖαι ἀνάλογον ἔσονται.
« Si quatre droites sont en proportion, le rectangle compris
par les droites extrêmes est égal au rectangle compris par
les droites moyennes ; et, si le rectangle compris par les
droites extrêmes est égal au rectangle compris par les droites
moyennes, les quatre droites seront en proportion. »

Éléments, VI, 17 : Ἐὰν τρεῖς εὐθεῖαι ἀνάλογον ὦσιν, τὸ
ὑπὸ τῶν ἄκρων περιεχόμενον ὀρθογώνιον ἴσον ἐστὶ τῷ ἀπὸ
τῆς μέσης τετραγώνῳ· κἂν τὸ ὑπὸ τῶν ἄκρων περιεχόμενον
ὀρθογώνιον ἴσον ᾖ τῷ ἀπὸ τῆς μέσης τετραγώνῳ, αἱ τρεῖς
εὐθεῖαι ἀνάλογον ἔσονται. « Si trois droites sont en proportion, le rectangle compris par les droites extrêmes est égal
au carré sur la droite moyenne ; et si le rectangle compris par
les droites extrêmes est égal au carré sur la droite moyenne,
les trois droites seront en proportion. »

Éléments, VI, 19 : Τὰ ὅμοια τρίγωνα πρὸς ἄλληλα ἐν
διπλασίονα λόγῳ ἐστὶ τῶν ὁμολόγων πλευρῶν. « Les triangles
semblables sont entre eux dans un rapport doublé de celui
des côtés homologues. »

Éléments, VI, 20 : Τὰ ὅμοια πολύγωνα εἴς τε ὅμοια τρίγωνα
διαιρεῖται καὶ εἰς ἴσα τὸ πλῆθος καὶ ὁμόλογα τοῖς ὅλοις, καὶ
τὸ πολύγωνον πρὸς τὸ πολύγωνον διπλασίονα λόγον ἔχει ἥπερ
ἡ ὁμόλογος πλευρὰ πρὸς τὴν ὁμόλογον πλευράν. « Les polygones semblables se divisent en triangles semblables, égaux
en multitude et homologues aux polygones entiers, et le polygone a avec le polygone un rapport doublé de celui du côté
homologue au côté homologue. »

Éléments, VI, 22 : Ἐὰν τέσσαρες εὐθεῖαι ἀνάλογον ὦσιν, καὶ
τὰ ἀπ' αὐτῶν εὐθύγραμμα ὅμοιά τε καὶ ὁμοίως ἀναγεγραμμένα ἀνάλογον ἔσται· κἂν τὰ ἀπ' αὐτῶν εὐθύγραμμα ὅμοιά τε
καὶ ὁμοίως ἀναγεγραμμένα ἀνάλογον ᾖ, καὶ αὐταὶ αἱ εὐθεῖαι
ἀνάλογον ἔσονται. « Si quatre droites sont en proportion, les
figures rectilignes semblables et décrites semblablement sur
elles seront aussi en proportion ; et, si les figures rectilignes
semblables et décrites semblablement sur elles sont en proportion, les droites elles-mêmes seront aussi en proportion. »

Éléments, VI, 33 : Ἐν τοῖς ἴσοις κύκλοις αἱ γωνίαι τὸν αὐτὸν ἔχουσι λόγον ταῖς περιφερείαις, ἐφ' ὧν βεβήκασιν, ἐάν τε πρὸς τοῖς κέντροις ἐάν τε πρὸς ταῖς περιφερείαις ὦσι βεβηκυῖαι. « Dans les cercles égaux, les angles ont le même rapport que les arcs sur lesquels ils s'appuient, qu'ils soient [appuyés] aux centres ou aux arcs. »

Éléments, XI, *définition 3* : Εὐθεῖα πρὸς ἐπίπεδον ὀρθή ἐστιν, ὅταν πρὸς πάσας τὰς ἁπτομένας αὐτῆς εὐθείας καὶ οὔσας ἐν τῷ [ὑποκειμένῳ] ἐπιπέδῳ ὀρθὰς ποιῇ γωνίας. « Une droite est à angles droits avec un plan, lorsqu'elle fait des angles droits avec toutes les droites qui la rencontrent et qui sont dans le plan [sous-jacent]. »

Éléments, XI, *définition 4* : Ἐπίπεδον πρὸς ἐπίπεδον ὀρθόν ἐστιν, ὅταν αἱ τῇ κοινῇ τομῇ τῶν ἐπιπέδων πρὸς ὀρθὰς ἀγόμεναι εὐθεῖαι ἐν ἑνὶ τῶν ἐπιπέδων τῷ λοιπῷ ἐπιπέδῳ πρὸς ὀρθὰς ὦσιν. « Un plan est à angles droits avec un plan, lorsque les droites, menées dans l'un des plans à angles droits avec l'intersection des plans, sont à angles droits avec l'autre plan. »

Éléments, XI, 3 : Ἐὰν δύο ἐπίπεδα τέμνῃ ἄλληλα, ἡ κοινὴ αὐτῶν τομὴ εὐθεῖά ἐστιν. « Si deux plans se coupent l'un l'autre, leur intersection est une droite. »

Éléments, XI, 4 : Ἐὰν εὐθεῖα δύο εὐθείαις τεμνούσαις ἀλλήλας πρὸς ὀρθὰς ἐπὶ τῆς κοινῆς τομῆς ἐπισταθῇ, καὶ τῷ δι' αὐτῶν ἐπιπέδῳ πρὸς ὀρθὰς ἔσται. « Si une droite est élevée, sur leur intersection, à angles droits avec deux droites se coupant l'une l'autre, elle sera aussi à angles droits avec le plan passant par elles. »

Éléments, XI, 6 : Ἐὰν δύο εὐθεῖαι τῷ αὐτῷ ἐπιπέδῳ πρὸς ὀρθὰς ὦσιν, παράλληλοι ἔσονται αἱ εὐθεῖαι. « Si deux droites sont à angles droits avec le même plan, les droites seront parallèles. »

Éléments, XI, 9 : Αἱ τῇ αὐτῇ εὐθείᾳ παράλληλοι καὶ μὴ οὖσαι αὐτῇ ἐν τῷ αὐτῷ ἐπιπέδῳ καὶ ἀλλήλαις εἰσὶ παράλληλοι. « Les parallèles à une même droite et qui ne sont pas dans le même plan qu'elle sont aussi parallèles entre elles. »

Éléments, XI, 10 : Ἐὰν δύο εὐθεῖαι ἁπτόμεναι ἀλλήλων παρὰ δύο εὐθείας ἁπτομένας ἀλλήλων ὦσι μὴ ἐν τῷ αὐτῷ ἐπιπέδῳ, ἴσας γωνίας περιέξουσιν. «Si deux droites se rencontrant l'une l'autre sont parallèles, tout en n'étant pas dans le même plan, à deux droites se rencontrant l'une l'autre, elles comprendront des angles égaux.»

Éléments, XI, 15 : Ἐὰν δύο εὐθεῖαι ἁπτόμεναι ἀλλήλων παρὰ δύο εὐθείας ἁπτομένας ἀλλήλων ὦσι μὴ ἐν τῷ αὐτῷ ἐπιπέδῳ οὖσαι, παράλληλά ἐστι τὰ δι' αὐτῶν ἐπίπεδα. «Si deux droites se rencontrant l'une l'autre sont parallèles, tout en n'étant pas dans le même plan, à deux droites se rencontrant l'une l'autre, les plans passant par elles sont parallèles.»

Éléments, XI, 16 : Ἐὰν δύο ἐπίπεδα παράλληλα ὑπὸ ἐπιπέδου τινὸς τέμνηται, αἱ κοιναὶ αὐτῶν τομαὶ παράλληλοί εἰσιν. «Si deux plans parallèles sont coupés par un certain plan, leurs intersections sont parallèles.»

Éléments, XI, 18 : Ἐὰν εὐθεῖα ἐπιπέδῳ τινὶ πρὸς ὀρθὰς ᾖ, καὶ πάντα τὰ δι' αὐτῆς ἐπίπεδα τῷ αὐτῷ ἐπιπέδῳ πρὸς ὀρθὰς ἔσται. «Si une droite est à angles droits avec un certain plan, tous les plans passant par elle seront aussi à angles droits avec ce même plan.»

Éléments, XII, 2 : Οἱ κύκλοι πρὸς ἀλλήλους εἰσὶν ὡς τὰ ἀπὸ τῶν διαμέτρων τετράγωνα. «Les cercles sont entre eux comme les carrés sur les diamètres.»

Éléments, XII, 11 : Οἱ ὑπὸ τὸ αὐτὸ ὕψος ὄντες κῶνοι καὶ κύλινδροι πρὸς ἀλλήλους εἰσὶν ὡς αἱ βάσεις. «Les cônes et les cylindres sous la dépendance de la même hauteur sont entre eux comme les bases.»

Éléments, XII, 15 : Τῶν ἴσων κώνων καὶ κυλίνδρων ἀντιπεπόνθασιν αἱ βάσεις τοῖς ὕψεσιν· καὶ ὧν κώνων καὶ κυλίνδρων ἀντιπεπόνθασιν αἱ βάσεις τοῖς ὕψεσιν, ἴσοι εἰσὶν ἐκεῖνοι. «Dans les cônes et cylindres égaux, les bases sont inversement proportionnelles aux hauteurs ; et les cônes et les cylindres dont les bases sont inversement proportionnelles aux hauteurs sont égaux.»

INDEX DES TERMES TECHNIQUES

L'index répertorie exclusivement les emplois arithmétiques, géométriques et optiques des mots retenus. Les particules y figurent en raison de leur emploi spécifique dans la proposition mathématique. Lorsqu'il s'agit d'expressions usuellement abrégées, les éléments de la forme longue excisés sont entre crochets droits. Seules les cinq premières occurrences dans chacun des deux traités ont été citées. M. D.-F.

voir τετράγωνος ; ἀφ' οὗ μέρους : voir μέρος.

ἀποδεικνύναι *démontrer* : *Cyl.* 1, 14 ; 40, 18 ; 70, 24.

ἀπόδειξις (ἡ) *démonstration* : *Cyl.* 1, 10 ; *Cône* 122, 8.

ἀποκαθιστάναι *faire revenir* <à sa place initiale> : *Cyl.* 2, 25 ; 7, 14 ; 24, 5.

ἀπολαμβάνειν *découper* : découper un segment de droite *Cyl.* 41, 4 ; 42, 18 ; 62, 12 ; 76, 11 ; 79, 8 ; *Cône* 124, 4 ; 180, 11 ; 204, 14 ; 218, 11 ; découper un arc de cercle *Cône* 211, 20 ; 212, 2 ; découper une surface *Cyl.* 3, 5.

ἀπονεύειν (avec ἀπό + gén.) *s'incliner depuis* : *Cône* 185, 12 ; 193, 19.

ἅπτεσθαι *rencontrer* (intersection ou contact) : *Cyl.* 3, 11 ; 4, 19, 20 ; 4, 23 ; 5, 1.

ἀπώτερον *plus éloigné* : *Cône* 148, 9 ; 150, 17 ; 163, 15 ; 165, 11 ; 220, 20.

ἄρα : *donc* (conclusion du raisonnement) *Cyl.* 5, 10 ; 7, 12, 17, 20 ; 9, 5 ; *Cône* 123, 3, 5 ; 124, 15 ; 126, 12, 14 ; *alors*, dans l'expression de la conséquence en corrélation avec ἐπεί *Cyl.* 5, 8 ; 7, 6, 9 ; 9, 3, 8 ; *Cône* 124, 14 ; 126, 2, 11 ; 128, 6, 10.

ἀρχικός <propriété> *principale* : *Cyl.* 44, 2.

ἄτοπος *absurde* : *Cône* 133, 5 ; 161, 1, 8.

αὐξάνειν *s'accroître* : *Cyl.* 24, 6.

αὔξεσθαι *s'accroître* : *Cyl.* 3, 2 ; 24, 8.

ἀφαιρεῖν *retrancher* : *Cyl.* 34, 11 ; *Cône* 128, 7 ; 193, 9 ; retranchement d'une grandeur commune *Cône* 167, 1 ; 206, 3.

ἀφή (ἡ) *point de contact* : *Cyl.* 73, 18, 22.

βαίνειν (βεβηκέναι avec ἐπί + gén.) *s'appuyer sur* : *Cône* 219, 5 ; 223, 6.

βάσις *base* (du triangle, du cylindre ou du cône) : *Cyl.* 3, 6, 10, 14 ; 6, 4 ; 8, 3 ; *Cône* 125, 6, 7, 12 ; 126, 1, 12.

γάρ: *en effet* (explication postposée) *Cyl.* 13, 18 ; 15, 17 ; 20, 6 ; 21, 17 ; 24, 1 ; *Cône* 125, 10 ; 128, 4, 15 ; 142, 5 ; 173, 11 ; emploi figé au début de l'*ecthèse Cyl.* 30, 6 ; 33, 20 ; 76, 20 ; *Cône* 122, 14 ; 124, 8 ; 126, 7 ; 129, 10 ; 139, 9 ; emploi figé au début du développement qui suit le diorisme *Cyl.* 10, 1 ; 21, 2 ; 29, 9 ; 30, 11 ; 42, 1 ; *Cône* 140, 1 ; 143, 1 ; 150, 1 ; 164, 1 ; 174, 6. — εἰ γὰρ δυνατόν : voir δυνατός ; εἰ γὰρ μή : voir εἰ.

163, 14 ; 165, 11 ; 220,
19 ; ἐγγύτερον *Cyl.* 75, 20.

εἰ (+ indicatif) *si* : εἰ δέ (traitement des cas) *Cyl.* 29,
14 ; *Cône* 132, 7 ; 176, 2 ;
200, 20 ; 203, 5, 13 ; εἰ
γὰρ μή (*s.e.* ἔστιν) *si ce
n'est pas le cas*, introduction du raisonnement
par l'absurde (après le
diorisme) *Cône* 133, 1 ;
160, 7 ; — εἰ δυνατόν :
voir δυνατός ; εἰ μὲν οὖν
(traitement des cas) :
voir οὖν.

εἶδος (τό) : *forme Cyl.* 1, 15 ;
figure Cyl. 56, 12 , 20 ;
58, 6 ; rectangle caractéristique ayant pour base
le *côté transverse* et pour
hauteur le *côté droit* de
l'ellipse : *Cyl.* 39, 5 ; 40,
9, 10, 11 ; 41, 5.

εἰς (+ acc.) *dans, vers* : *Cyl.*
2, 25 ; 26, 15 ; 66, 13 ;
Cône 210, 10. — εἰς μὲν
ἴσα (*s.e.* μέρη)... εἰς δὲ
ἄνισα (*s.e.* μέρη) διαιρεῖν
(ou τέμνειν) : voir διαιρεῖν
et τέμνειν.

εἷς *un seul* : *Cyl.* 3, 17 ; 17, 5,
10 ; 44, 21 ; 52, 5 ; *Cône*
124, 3, 9 ; 138, 6 ; 142,
4 ; 145, 10.

ἐκ (+ gén.) *de* : dans
l'expression du rayon du
cercle ou de la conique :
voir κέντρον ; dans la
formule du *porisme* : voir
φανερός ; dans l'expres-
sion de la composition
des rapports : voir
συγκεῖσθαι.

ἑκάτερος *chacun des deux* :
Cyl. 4, 15 ; 6, 10 ; 12,
7 ; 13, 7 ; 52, 5 ; *Cône*
128, 11 ; 138, 8, 9 ; 139,
12 ; ἑκάτερος ἑκατέρῳ
chacun à chacun Cyl. 4,
20 ; *Cône* 229, 9 ; ἐφ'
ἑκάτερα (*s.e.*τὰ μέρη) ou
παρ' ἑκάτερα (*s.e.*τὰ μέρη)
de part et d'autre Cyl. 18,
24 ; 24, 3 ; 52, 10 ; 60,
21 ; 62, 13.

ἐκβάλλειν : *prolonger* <une
droite> *Cyl.* 3, 3 ; 18,
12, 24 ; 23, 6 ; 24, 3 ;
Cône 148, 18 ; 151, 10 ;
158, 15 ; 166, 1 ; 179, 7 ;
mener <un plan> *Cyl.* 6,
6 ; 12, 7 ; 16, 10 ; 21,
3, 7 ; *Cône* 137, 10 ; 146,
18 ; 147, 5 ; 161, 25 ;
170, 9.

ἔκκεισθαι *être placé sur la
figure* : *Cyl.* 44, 23 ; 48,
22 ; 50, 9 ; *Cône* 234, 20.

ἐκπίπτειν *projeter* : *Cyl.*
84, 7.

ἐκτός *à l'extérieur* (adv.),
à l'extérieur de (prép. +
gén.) : *Cyl.* 7, 17 ; 18, 2,
9, 22 ; 26, 23 ; *Cône* 126,
17 ; 127, 6 ; 129, 4 ; 133,
11, 18.

ἐλάσσων *plus petit* : *Cyl.* 45,
2 ; 52, 13 ; *Cône* 126, 18 ;
127, 8 ; 128, 5, 6 ; 130, 7.

ἐλάχιστος *le plus petit* <de>
(avec gén. partitif), *plus
petit* <que> (avec gén. à
valeur « ablative ») : *Cyl.*
60, 18 ; *Cône* 148, 7 ;
149, 3 ; 150, 15 ; 154,
16 ; 154, 24.

ἐλλείπειν *être déficient de* (+ datif), dans l'application des aires : *Cyl.* 39, 5 ; 40, 9 ; 41, 4 ; 42, 9.

ἔλλειψις (ἡ) *ellipse* : *Cyl.* 1, 6 ; 2, 15, 16 ; 4, 14 ; 40, 15.

ἐμπίπτειν (+ datif) *tomber sur* : *Cyl.* 60, 20.

ἐν (+ dat.) *dans* <une figure, une portion d'espace> : *Cyl.* 1, 16 ; 2, 22 ; 3, 17, 19 ; 4, 4 ; *Cône* 121, 3 ; 125, 5 ; 126, 5, 13 ; 127, 1.

ἐναλλάξ *par permutation* : *Cyl.* 30, 12 ; 34, 8 ; 43, 10 ; 75, 7 ; *Cône* 126, 11 ; 155, 4 ; 160, 11 ; 173, 8 ; 185, 3.

ἐναρμόζειν *placer* (un segment de droite à l'intérieur d'une figure) : *Cône* 134, 9 ; 135, 1 ; 137, 8, 9 ; 141, 13.

ἐνδεικνύναι *démontrer* : *Cyl.* 44, 17.

ἐντός *à l'intérieur* (adv.), *à l'intérieur de* (prép. + gén.) : *Cyl.* 17, 7, 13 ; 18, 6 ; 24, 23 ; 25, 7.

ἐξισάζειν *rendre égal* : *Cyl.* 2, 16.

ἔξωθεν *à part* : dans la construction des figures *Cyl.* 50, 9.

ἐπαφή *contact* : *Cyl.* 71, 5, 11 ; 80, 8, 15.

ἐπεί *puisque* : *Cyl.* 5, 7 ; 13, 9, 11 ; 18, 17 ; 21, 16 ; *Cône* 123, 1 ; 136, 4 ; 138, 1 ; 138, 16 ; 140, 3 ; ἐπεὶ γάρ, pour introduire la démonstration qui suit un diorisme *Cyl.* 10, 1 ; 21, 2 ; 28, 8 ; 29, 9 ; 30, 11 ; *Cône* 126, 1, 10 ; 147, 3 ; 153, 1 ; 156, 17) ; καὶ ἐπεί *Cyl.* 9, 7, 13 ; 18, 3 ; 30, 14 ; 37, 12 ; *Cône* 128, 9 ; 131, 8 ; 134, 5 ; 141, 12 ; 157, 7 ; ἐπεὶ οὖν, dans les subordonnées anaphoriques *Cyl.* 7, 3 ; 11, 9 ; 13, 3, 7 ; 15, 7 ; *Cône* 128, 5 ; 130, 3 ; 131, 12 ; 137, 1 ; 138, 6 ; πάλιν ἐπεί *Cyl.* 32, 9 ; 47, 14 ; 77, 10 ; 78, 17 ; 83, 10 ; *Cône* 155, 9 ; 165, 1 ; 171, 9, 25 ; 205, 12.

ἐπειδή *puisque* : *Cône* 242, 6 ; 244, 13.

ἐπ' εὐθείας *dans le prolongement en ligne droite* (locution adverbiale résultant de l'abréviation de ἐπὶ τῆς αὐτῆς εὐθείας *sur la même droite*, complétée ou non par un complément au datif) : *Cyl.* 27, 2, 7, 12 ; 31, 12 ; 35, 9 ; *Cône* 158, 22.

ἐπί (+ acc.) : droite prolongée jusqu'à ou menée à un point, une droite, une ligne, une surface *Cyl.* 4, 2, 7 ; 13, 14 ; 15, 22 ; 18, 12 ; *Cône* 124, 3, 9 ; 148, 5, 18 ; 149, 2 ; droite perpendiculaire à une droite, à un plan *Cyl.* 8, 13 ; 9, 9 ; 10, 12 ; 11, 2 ; 15, 3 ; *Cône* 128, 2, 4 ; 130, 1 ; 131, 7 ; 132, 16 ; ordonnée abaissée sur le diamètre *Cyl.* 3, 22 ; 31, 13, 28 ; 35, 9, 14 ; dans l'expression de la direction (avec μέρος exprimé ou sous-entendu) *Cyl.* 24, 9 ; 66, 10 ; 71, 9 ; 72, 17 ; 73, 18 ; *Cône* 148, 14 ; 167, 4 ; 171, 6 ; 172, 10 ; 173, 13. — ἐπ' ἄπειρον : voir ἄπειρος ; ἐφ' ἑκάτερα : voir ἑκάτερος.

ἐπί (+ gén.) *sur* : élément géométrique situé sur une ligne ou une surface *Cyl.* 3, 9 ; 7, 5, 6, 16 ; 9, 17 ; *Cône* 177, 1 ; 205, 5 ; 206, 12 ; 209, 10 ; 211, 15 ; figure construite sur un segment de droite ou sur un plan *Cyl.* 44, 23 ; 45, 18 ; 57, 16 ; 60, 6 ; *Cône* 126, 12 ; 170, 16 ; 171, 2 ; 172, 9 ; 174, 7 ; renvoi à la figure du texte *Cyl.* 67, 15 ; *Cône* 126, 7 ; 213, 18 ; 244, 10 ; 246, 24 ; 250, 11. — ἐπ' εὐθείας : voir cette expression.

ἐπιδεικνύναι *démontrer* : *Cyl.* 43, 16.

ἐπιζευγνύναι *joindre* : joindre deux points ou deux droites *Cyl.* 2, 24 ; 4, 21 ; 17, 6 ; 9, 17, 24 ; *Cône* 134, 6 ; 189, 8 ; mener une droite de jonction *Cyl.* 5, 3, 6 ; 7,

1 ; 8, 16 ; 11, 7 ; *Cône* 128, 1, 3, 8 ; 131, 6 ; 135, 2.

ἐπίπεδος *plan* : τὸ ἐπίπεδον le plan *Cyl.* 2, 22 ; 3, 17 ; 6, 2, 6 ; 7, 4 ; *Cône* 125, 4, 9 ; 126, 16 ; 135, 14 ; 137, 10.

ἐπιπροσθεῖν *faire écran* : *Cyl.* 75, 12 ; 84, 4.

ἐπιτάττειν *proposer* : *Cyl.* 60, 8 ; *Cône* 136, 2 ; 161, 19 ; 165, 24 ; 167, 15 ; 169, 5.

ἐπιφάνεια (ἡ) surface : *Cyl.* 2, 26 ; 3, 1, 6, 9, 12 ; *Cône* 208, 11.

ἔρχεσθαι (avec διὰ + gén.) passer par : *Cyl.* 76, 19.

εὐθύγραμμος *rectiligne* : τὸ εὐθύγραμμον la figure rectiligne *Cyl.* 19, 5 ; 19, 15 ; 20, 1 ; 20, 2, 11.

εὐθύς *droit* : ἡ εὐθεῖα (*s.e.* γραμμή) la droite *Cyl.* 2, 25, 26 ; 3, 3, 8, 9 ; *Cône* 122, 10, 14 ; 124, 3, 10 ; 127, 8. — ἐπ' εὐθείας : voir cette expression.

εὑρίσκειν *trouver* : *Cyl.* 13, 15 ; 44, 15 ; 48, 25 ; 50, 7 ; 52, 4 ; *Cône* 122, 4 ; 208, 17 ; 209, 5.

ἐφάπτεσθαι *être tangent* : *Cyl.* 69, 6 ; 70, 4 ; 71, 2 ; 72, 19 ; 80, 7 ; ἡ ἐφαπτομένη (*s.e* εὐθεῖα) la tangente *Cyl.* 73, 17, 21 ; 82, 7, 8, 10.

ἐφιστάναι *élever* : *Cyl.* 50, 14.

κλᾶν *briser* (droite brisée en un de ses points pour former un angle) : *Cône* 220, 17, 21 ; 221, 2 ; 222, 10, 13.

κλάσις (ἡ) *brisure* : *Cône* 220, 18.

κλίνεσθαι *être incliné* : *Cône* 164, 3.

κοῖλος *concave* : *Cône* 218, 13.

κοινός *commun* : *Cyl.* 9, 19 ; 54, 1 ; 76, 2 ; *Cône* 128, 9 ; 148, 20 ; 150, 5 ; 162, 4 ; 163, 7 ; τὰ κοινῇ συμβαίνοντα *Cyl.* 44, 1. — ἡ κοινὴ τομή : voir τομή.

κορυφή (ἡ) *sommet* : sommet du triangle, du cône ou de la conique *Cyl.* 3, 21 ; 52, 8 ; 58, 12 ; 76, 8, 15 ; *Cône* 121, 4 ; 122, 2 ; 125, 4, 9 ; 126, 16 ; ἡ πρὸς τῇ κορυφῇ γωνία *l'angle au sommet Cône* 188, 1, 2 ; 189, 6 ; 192, 10.

κύκλος (ὁ) *cercle* : *Cyl.* 2, 20, 22 ; 3, 5, 7 ; 6, 5 ; *Cône* 134, 4 ; 141, 10 ; 145, 3 ; 148, 11, 13 ; ὁ περὶ τὸ Β κέντρον [γραφό-μενος] κύκλος *le cercle décrit autour du centre* B *Cyl.* 6, 5 ; 8, 4 ; 52, 8 ; 57, 21 ; 80, 10 ; *Cône* 125, 8 ; 127, 4 ; 133, 15 ; 135, 18 ; 144, 24 ; ὁ κέντρῳ μὲν τῷ Α (*s.e.* σημείῳ), διαστή-ματι δὲ τῷ ΑΒ γραφόμενος κύκλος *le cercle décrit de centre* A *et de rayon* AB

Cyl. 55, 15 ; *Cône* 157, 25, 27 ; 159, 4, 6 ; 168, 7.

κυλινδρικός *cylindrique* : *Cyl.* 3, 1, 6, 12 ; 71, 2.

κύλινδρος (ὁ) *cylindre* : *Cyl.* 1, 4, 17 ; 2, 5, 10 ; 3, 4.

κυρτός *convexe* : *Cône* 218, 12.

κωνικός *conique* : *Cyl.* 1, 19 ; 47, 12 ; 80, 6 ; 82, 10 ; τὰ Κωνικά *les* Coniques <d'Apollonios> *Cyl.* 40, 16 ; 42, 12 ; 43, 15, 44, 10 ; 72, 24.

κῶνος (ὁ) *cône* : *Cyl.* 1, 5, 16 ; 2, 1, 4, 14 ; *Cône* 121, 5 ; 125, 4, 7, 8 ; 126, 5.

λαμβάνειν *prendre* (par la pensée) *Cyl.* 15, 1 ; 17, 4, 9 ; 18, 7, 22 ; *Cône* 143, 1 ; 177, 1.

λέγειν *dire* : dans le diorisme *Cyl.* 5, 4 ; 6, 10 ; 8, 11 ; 11, 6 ; 12, 5 ; *Cône* 122, 16 ; 124, 11 ; 125, 13 ; 126, 9 ; 127, 10 ; dans le second diorisme, et suivi de δὴ ὅτι [καί] *Cyl.* 9, 26 ; *Cône* ; 232, 17.

λημμάτιον (τό) *lemme* : *Cyl.* 44, 16 ; *Cône* 128, 19.

λόγος (ὁ) *rapport* <entre deux grandeurs> : *Cyl.* 4, 16 ; 31, 1, 3, 16 ; 32, 3 ; *Cône* 122, 11, 14 ; 123, 1 ; 124, 5, 11.

λοιπός *restant* : dans l'opération de soustrac-tion *Cyl.* 34, 12 ; *Cône* 130, 6 ; 155, 10 ; 160, 15, 16 ; 167, 2.

μαθηματικῶς *en termes mathématiques* : *Cyl.* 70, 22.

μέγας *grand* : μείζων *plus grand Cyl.* 44, 24 ; 45, 2 ; 48, 18 ; 52, 12 ; 55, 13 ; *Cône* 122, 11, 14, 16 ; 123, 1, 4 ; μέγιστος *le plus grand* <de> (avec gén. partitif), *plus grand* <que> (avec gén. à valeur « ablative ») *Cône* 127, 2 ; 129, 5 ; 133, 11, 16 ; 135, 9.

μέγεθος (τό) *grandeur* : *Cône* 139, 6, 11 ; 140, 19 ; *grandeur mathématique abstraite Cône* 154, 11, 1, 23 ; 157, 12.

μένειν *rester fixe* : *Cyl.* 2, 20, 23 ; 7, 12 ; 24, 4.

μέρος (τό) *partie* : *Cyl.* 24, 24 ; 25, 9 ; 26, 15 ; 27, 9 ; 28, 4 ; *emploi analogique pour désigner une portion d'espace, au singulier ou au pluriel Cyl.* 24, 9 ; *Cône* 148, 14 ; 164, 4 ; 171, 6 ; 172, 11 ; 173, 12.

μέσος *au milieu* : *moyenne proportionnelle Cyl.* 45, 4 ; 49, 5 ; 52, 14 ; 55, 12 ; *Cône* 234, 6.

μετά (+ gén.) *avec* : *somme de deux figures Cône* 156, 19 ; 157, 1, 2, 4 ; 191, 2.

μεταξύ (+ gén.) *entre* : *Cyl.* 3, 5 ; 65, 3 ; 75, 16 ; *Cône* 134, 9 ; 139, 6, 11 ; 140, 19 ; 176, 19.

μέχρι (+ gén.) *jusqu'à* : *Cyl.* 24, 8 ; 25, 8 ; 26, 16.

μονηρής *singulier* : *Cyl.* 70, 2.

νεύειν *s'incliner* : *Cône* 182, 14.

νοεῖν *se donner par la pensée* : *Cyl.* 7, 13 ; 49, 9 ; 51, 10 ; 53, 3 ; 58, 11 ; *Cône* 174, 11.

νῦν *maintenant* : *Cyl.* 62, 19 ; *Cône* 170, 13 ; 199, 8 ; 214, 2.

οἷος : οἷον (adverbe) *comme par exemple* : *Cyl.* 55, 10 ; 79, 8 ; *Cône* 228, 3.

οἱοσδήποτε *quelconque* : *Cyl.* 50, 13.

ὅλος *tout* ; *entier* : *Cyl.* 2, 16 ; 76, 9 ; *Cône* 158, 5, 22 ; 171, 22 ; 214, 9 ; 282, 6.

ὅμοιος *semblable* : *Cyl.* 4, 14 ; 21, 17 ; 33, 11 ; 38, 4 ; 39, 5 ; *Cône* 126, 5, 8 ; 128, 12 ; 135, 4 ; 138, 10.

ὁμοίως *pareillement, de la même manière que* (suivi du datif) : *Cyl.* 4, 3 ; 7, 18 ; 9, 23 ; 11, 12 ; 13, 9 ; *Cône* 132, 8 ; 148, 7 ; 176, 4 ; 206, 13 ; 222, 6. — Avec le verbe δεικνύναι : voir δεικνύναι.

ὁμόλογος *homologue* : *Cône* 135, 5 ; 217, 12, 22.

ὁμοταγής *placé dans le même ordre* : *Cône* 211, 22 ; 213, 16, 19.

ὁμοῦ *ensemble* : *Cyl.* 44, 21.

ὀξύς *aigu* : *Cyl.* 60, 17 ; *Cône* 158, 7 ; 184, 20 ; 207, 6 ; 208, 6.

ὁποτεροσοῦν   n'importe lequel des deux : Cône 220, 7 ; 221, 6 ; 228, 5.

ὀπτικός qui se rapporte à la vue et la lumière : Cyl. 84, 9 ; τὰ 'Οπτικά l'Optique <d'Euclide> : Cyl. 75, 22.

ὄρθιος droit : ἡ ὀρθία [πλευρά] le côté droit <de l'εἶδος> Cyl. 40, 11 ; 42, 19, 24 ; 43, 7, 8.

ὀρθογώνιος rectangle : Cyl. 2, 1 ; Cône 124, 2, 8 ; 128, 15 ; 132, 18 ; 136, 4 ; τὸ ὀρθογώνιον le rectangle Cyl. 42, 7 ; τὸ ὑπὸ [τῶν] ΑΒΓ (s.e. εὐθειῶν) [περιεχόμενον ὀρθογώνιον] le rectangle compris par les droites AB et ΒΓ Cyl. 10, 13 ; 11, 4, 10 ; 15, 15, 16 ; Cône 122, 12, 15 ; 123, 3, 4, 5.

ὀρθός droit, perpendiculaire : cône ou cylindre droit Cyl. 2, 3, 6, 10, 14 ; 3, 13 ; Cône 125, 4 ; 126, 16, 13, 16 ; 133, 10 ; droite ou plan perpendiculaire Cyl. 13, 24 ; 14, 9 ; 15, 20 ; 31, 22 ; 38, 11 ; Cône 163, 17 ; 196, 2 ; 197, 11 ; 199, 9 ; 215, 19 ; angle droit Cyl. 22, 1 ; Cône 124, 3, 6, 8, 14 ; 128, 11 ; πρὸς ὀρθάς (s.e. γωνίας) à angles droits Cyl. 3, 15 ; 13, 23 ; 14, 7 ; 15, 2, 5 ; Cône 134, 4 ; 141, 10, 17 ; 146, 11, 15.

ὁρίζειν : définir : Cyl. 2, 18 ; 3, 16 ; limiter : Cyl. 75, 15.

ὁρισμός (ὁ) définition : Cyl. 2, 13.

ὁσοσοῦν (au pluriel) autant qu'on voudra : Cyl. 48, 12 ; Cône 206, 14.

ὁστισοῦν n'importe lequel : Cône 137, 19 ; 181, 13 ; 182, 10.

οὖν donc : Cyl. 45, 20 ; 52, 23 ; 82, 1 ; Cône 206, 13, 15 ; 221, 6 ; variante de δή après un impératif Cyl. 26, 4 ; 65, 7 ; Cône 140, 7 ; 160, 8 ; 205, 1 ; 215, 15, 16 ; εἰ μὲν οὖν (traitement des cas) Cône 146, 16 ; 151, 5 ; 170, 5 ; 176, 1 ; 229, 17 ; ἐὰν οὖν : Cyl. 60, 24 ; 63, 9 ; 84, 3 ; Cône 137, 8 ; 198, 20 ; 200, 14 ; ὅτι μὲν οὖν : Cyl. 20, 1 ; 75, 18 ; Cône 214, 1. — ἐπεὶ οὖν : voir ἐπεί.

οὕτως : dans ces conditions Cyl. 40, 12 ; 50, 19 ; Cône 201, 1 ; 203, 11. — dans l'expression de la proportionnalité : voir ὡς.

ὄψις (ἡ) moyen de voir : Cyl. : 75, 21.

πάλιν de nouveau, de même : Cyl. 2, 25 ; 57, 7 ; 62, 13 ; 64, 15 ; 66, 9 ; Cône 139, 4 ; 140, 1 ; 153, 11 ; 186, 8 ; 198, 20. — πάλιν ἐπεί : voir ἐπεί.

παρά (+ acc.) : parallèlement à Cyl. 4, 9, 12, 19 ; 5, 1 ; 19, 2 ; Cône 124, 13 ; 135, 2 ; 181, 1 ; 184, 11 ;

200, 3 ; *le long de* (application des aires) *Cyl.* 39, 2 ; 40, 8 ; 41, 2 ; 42, 8 ; 56, 12.

παραϐάλλειν *appliquer* <une aire> : *Cyl.* 42, 8 ; 56, 12, 17, 19 ; 58, 6.

παρακεῖσθαι *être placé auprès de* : dans l'application des aires *Cyl.* 40, 7.

παραλληλόγραμμος *parallélogramme* : τὸ παραλληλόγραμμον *le parallélogramme Cyl.* 6, 3 ; 7, 20, 24 ; 8, 2, 5 ; *Cône* 186, 6 ; 191, 1.

παράλληλος *parallèle* : *Cyl.* 2, 20, 21 ; 3, 5, 20 ; 4, 22 ; *Cône* 137, 24 ; 138, 17 ; 140, 20 ; 152, 1 ; 158, 13 ; ἡ παράλληλος (*s.e.* εὐθεῖα) *la droite parallèle Cyl.* 3, 23 ; 15, 4, 21 ; 21, 10 ; 25, 4 ; *Cône* 127, 7 ; 136, 7, 8 ; 138, 16 ; 139, 12.

παραλλήλως *parallèlement* : *Cyl.* 19, 4, 8 ; 23, 5 ; 60, 12.

πέρας (τό) *extrémité* : *Cyl.* 2, 24 ; 3, 21 ; 4, 21 ; 42, 18 ; *Cône* 129, 12.

περατοῦν *limiter* : *Cyl.* 4, 20 ; 28, 4.

περί (+ acc.) *autour de* : mouvement de rotation *Cyl.* 2, 23 ; 7, 14 ; côtés comprenant un angle *Cône* 124, 3 ; 138, 8 ; 142, 6 ; 180, 13 ; 184, 18 ; cercle circonscrit autour d'une figure *Cône*

136, 4 ; 225, 12 ; 227, 12 ; cercle décrit autour d'un diamètre *Cyl.* 45, 10, 12 ; 49, 10 ; 51, 10 ; 52, 17 ; *Cône* 204, 13 ; 213, 1 ; 233, 17. — cercle décrit autour du centre : voir κύκλος.

περιγράφειν *circonscrire* : *Cyl.* 62, 22 ; *Cône* : 188, 14.

περιέχειν *comprendre* : comprendre un angle *Cône* 179, 11 ; 180, 12 ; 189, 6 ; 190, 6 ; 194, 14 ; comprendre une figure *Cyl.* 3, 4 ; comprendre une aire rectangulaire *Cyl.* 39, 5 ; 41, 5 ; 42, 17, 21.

περίμετρος (ὁ) *périmètre* : *Cône* 230, 12, 13, 19 ; 232, 6, 7.

περιφέρεια (ἡ) *circonférence de cercle, arc de cercle* : *Cyl.* 10, 14 ; 11, 6 ; 12, 5 ; 18, 12, 23 ; *Cône* 148, 6 ; 149, 2 ; 150, 3 ; 159, 7 ; 165, 14.

περιφέρεσθαι *tourner* : *Cyl.* 2, 1 ; 2, 22, 26 ; 3, 11 ; 7, 13.

πίπτειν *tomber* : *Cyl.* 17, 7, 13 ; 18, 1, 6, 12 ; *Cône* 134, 9 ; 146, 23 ; 148, 18 ; 161, 22 ; 204, 11.

πλάγιος *transverse* : *Cyl.* 1, 5 ; 4, 5 ; ἡ πλαγία [πλευρά] *le côté transverse* <de l'εἶδος> *Cyl.* 40, 10 ; 42, 19, 20, 24 ; 43, 8.

πλάτος (τό) *largeur* : *Cyl.* 39, 3 ; 40, 8 ; 41, 3 ; 42, 9.

πλευρά (ἡ) *côté* : côté d'un triangle ou d'un parallélogramme *Cyl.* 9, 16, 18, 20, 22 ; 17, 5 ; *Cône* 124, 6 ; 138, 8 ; 142, 6 ; 148, 4 ; 150, 20 ; côté d'un cylindre : *Cyl.* 3, 8 ; 16, 3, 8 ; 17, 2 ; 18, 4. — ἡ ὀρθία πλευρά : voir ὄρθιος ; ἡ πλαγία πλευρά : voir πλάγιος.

ποιεῖν *faire* : conséquence d'une opération géométrique *Cyl.* 6, 7 ; 8, 8 ; 9, 15 ; 12, 3, 8 ; *Cône* 125, 10 ; 135, 14 ; 137, 11 ; 139, 6 ; 141, 8 ; ὅπερ ἔδει (ou προστέτακται) ποιῆσαι, dans les problèmes de construction *Cyl.* 50, 5 ; 52, 2 ; *Cône* 142, 12 ; 146, 8 ; 147, 8 ; 167, 15 ; 169, 14 ; dans l'expression de l'établissement d'une proportion *Cyl.* 38, 17 ; 40, 21.

πολύς : πολλῷ (devant le comparatif) *a fortiori* *Cône* 179, 19 ; 185, 7.

πορίζειν *procurer* : *Cyl.* 41, 6 ; 69, 17.

πρό (+ gén.) *avant* : pour renvoyer à une proposition antérieure *Cyl.* 24, 10 ; 29, 5 ; 36, 3 ; 50, 1 ; 56, 3 ; *Cône* 140, 5 ; 157, 20 ; 181, 8 ; 183, 10 ; 221, 8.

πρόβλημα (τό) *problème* : *Cyl.* 1, 10 ; 70, 7 ; 84, 15.

προδεικνύναι   *démontrer précédemment* : *Cyl.* 44, 15 ; 51, 14 ; 58, 8 ; 79, 13 ; *Cône* 128, 15 ; 175, 6 ; 209, 11 ; 228, 6, 15.

προδιορίζειν *définir préalablement* : *Cyl.* 4, 14.

πρόκεισθαι : *être proposé* *Cyl.* 2, 5, 18 ; 44, 11 ; 70, 25 ; *Cône* 122, 8 ; 238, 9 ; *précéder* *Cône* 126, 7 ; 213, 18. — ὃ προέκειτο δεῖξαι : voir δεικνύναι.

πρός (+ acc.) : dans l'expression du rapport entre deux grandeurs *Cyl.* 4, 15 ; 30, 3, 4, 8, 9 ; *Cône* 2, 2, 3, 5, 8, 9 ; droite perpendiculaire à une droite *Cyl.* 31, 22 ; 33, 6 ; plan perpendiculaire à un plan *Cyl.* 13, 24 ; 14, 9 ; *Cône* 163, 17 ; 196, 2 ; 197, 12 ; 199, 9 ; 215, 19 ; droite élevée (<sur une droite>) sous un angle *Cyl.* 50, 13 ; *Cône* 187, 22 ; 189, 8. — πρὸς ὀρθάς : voir ὀρθός ; πρὸς ἴσας γωνίας : voir ἴσος.

πρός (+ dat.) *auprès de* (situe sur la figure un objet géométrique par rapport à un autre) : *Cyl.* 3, 22 ; 15, 18 ; 39, 4 ; 41, 4 ; 42, 18 ; *Cône* 124, 5 ; 211, 20 ; 212, 2 ; 220, 19 ; 222, 6. — ἡ πρὸς τῷ Α : voir γωνία.

προσεκβάλλειν *prolonger* : *Cyl.* 24, 7 ; 24, 24 ; 25, 8 ; 27, 8 ; 28, 3 ; *Cône* 218, 10.

TABLE DES MATIÈRES

Ce volume,
le cinq cent quarante-quatrième
de la série grecque
de la Collection des Universités de France,
publié aux Éditions Les Belles Lettres,
a été achevé d'imprimer
en février 2019
sur les presses
de la Nouvelle Imprimerie Laballery
58500 Clamecy, France

N° d'édition : 9191 - N° d'impression : 901547
Dépôt légal : février 2019